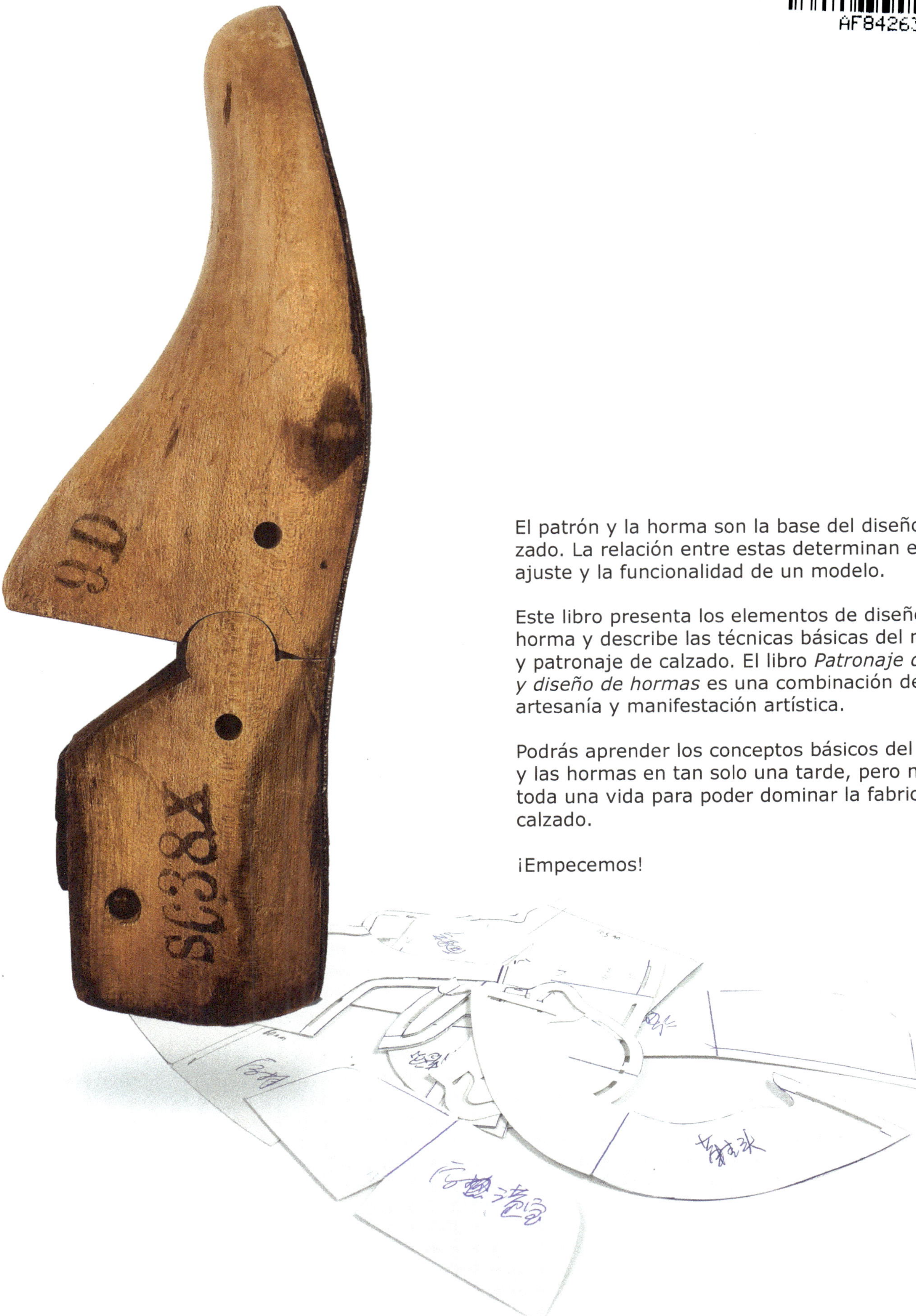

El patrón y la horma son la base del diseño de calzado. La relación entre estas determinan el estilo, el ajuste y la funcionalidad de un modelo.

Este libro presenta los elementos de diseño de la horma y describe las técnicas básicas del modelismo y patronaje de calzado. El libro *Patronaje de calzado y diseño de hormas* es una combinación de ciencia, artesanía y manifestación artística.

Podrás aprender los conceptos básicos del patronaje y las hormas en tan solo una tarde, pero necesitarás toda una vida para poder dominar la fabricación del calzado.

¡Empecemos!

WWW.SNEAKERFACTORY.NET
Patronaje de calzado y diseño de hormas

Escrito y editado por
Wade y Andrea Motawi

Traducido por Enrique Puente

ISBN:978-1-7358833-2-8
ISBN: 1-7358833-2-8

Ya disponible:
How Shoes are Made
How to Start Your Own Shoe Company
Shoe Material Design Guide
Cómo se hacen los zapatos
Cómo empezar tu propia empresa de calzado
鞋子是怎样制成的
Guía para el diseño de materiales de calzado
Patronaje de calzado y diseño de hormas

Próximamente:
How to Design Sneakers
How to Design Women's Shoes

Querido zapatero,
Este libro fue escrito para educar, informar e inspirar a la próxima generación de zapateros, diseñadores, desarrolladores y empresarios del calzado. Nuestro objetivo es ayudar a las personas a prepararse en las diferentes carreras profesionales del mundo de los zapatos.

¡Disfrutadlo!

Agradecimientos:
Andrea, Alex y Erik, Karim, Halla, mamá y papá, Joanne, Dave, Alfredo, Jason, David, Lizzie, Johnson, Steve, Lenny, Bernie, Jenny, Simon, Ben, David, Jean Marc, Suresh, Abdón y Paolo, Enrique.

Gracias a todos mis compañeros de trabajo en Estados Unidos, China, Hong Kong, Corea, Taiwán y Europa.

¡Manteneos seguros!

Dedicatoria:
En memoria de
Kamal El Din Hussein Motawi y
Paul Richard Salvage
El futuro prometedor de Erik Salvage Motawi

ask_a_shoe_dog@sneakerfactory.net

Patronaje de calzado y diseño de hormas

WADE MOTAWI

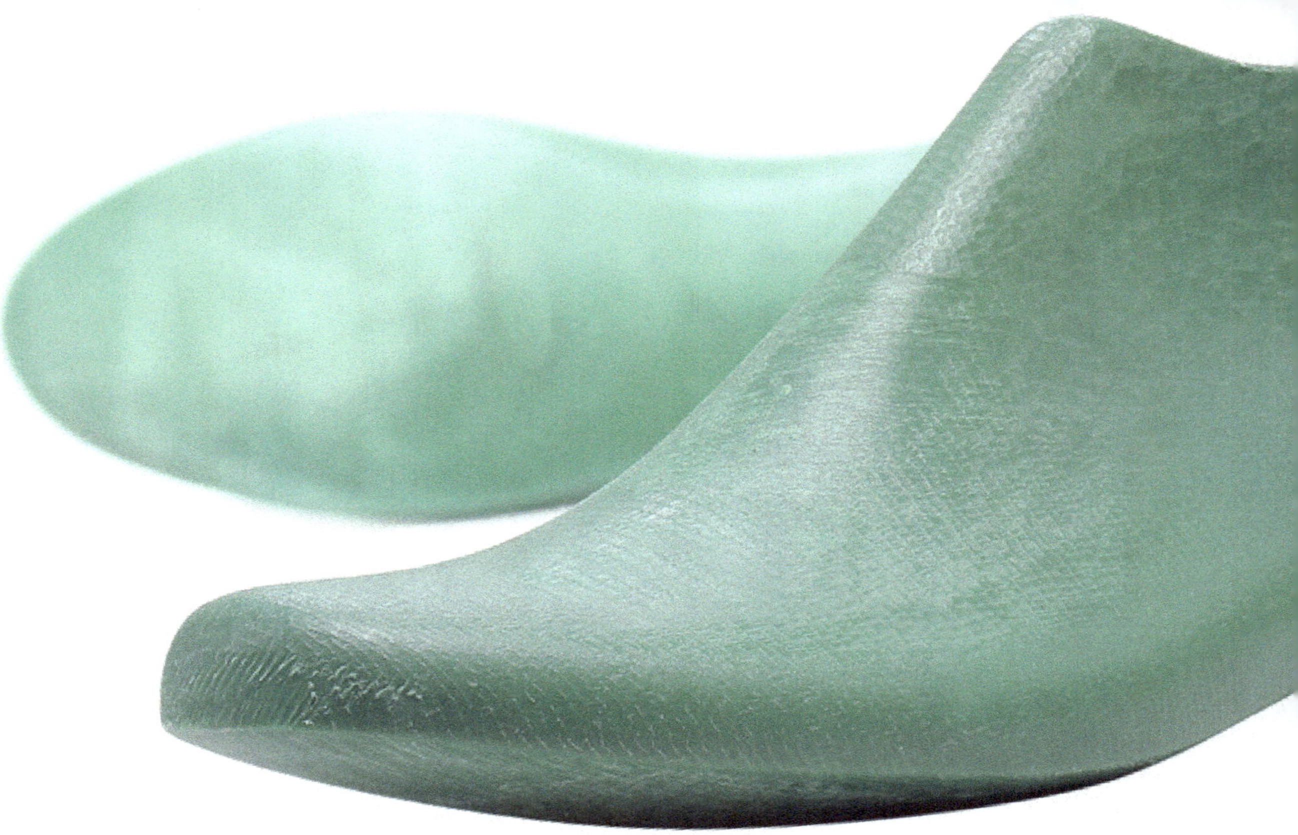

DISEÑO DE HORMAS

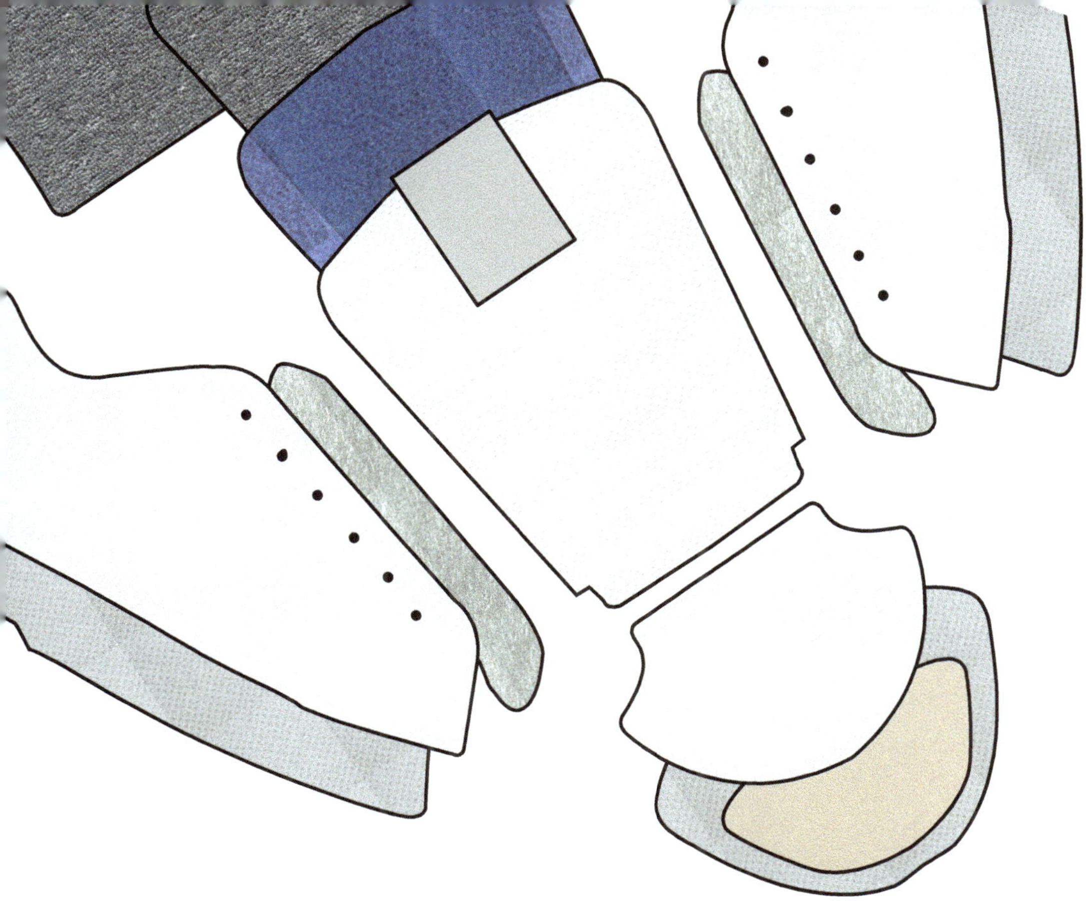

PATRONAJE

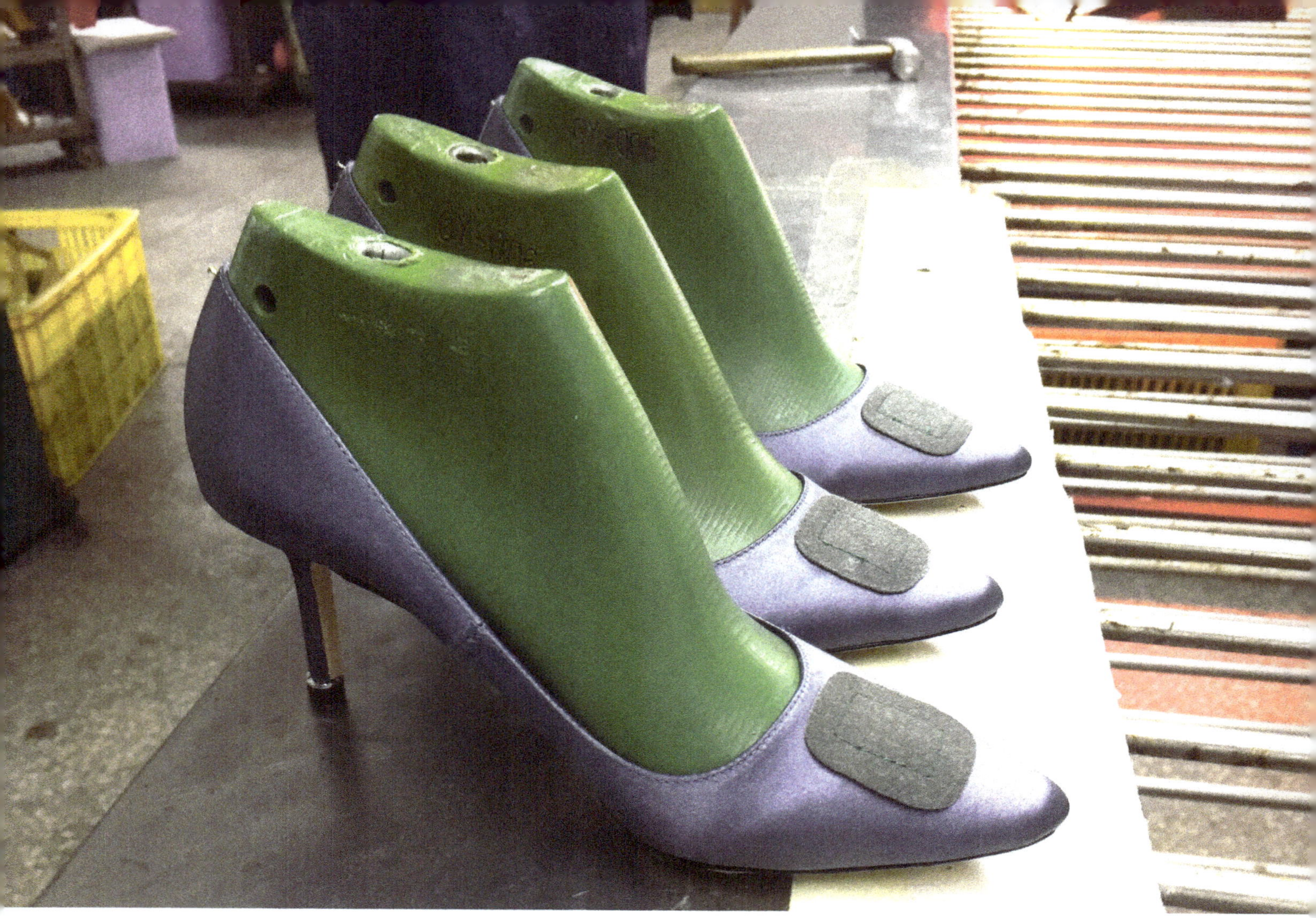

PARTE 1: DISEÑO DE HORMAS

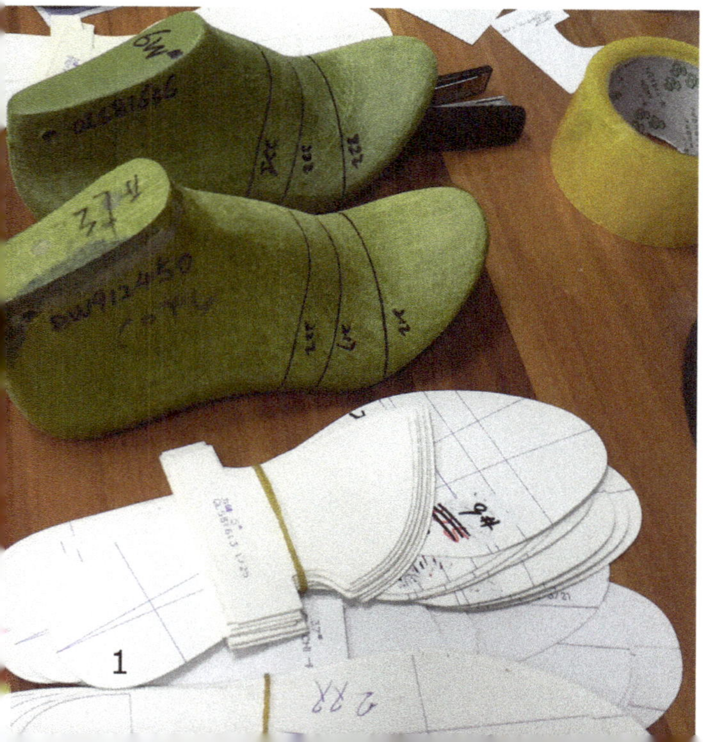

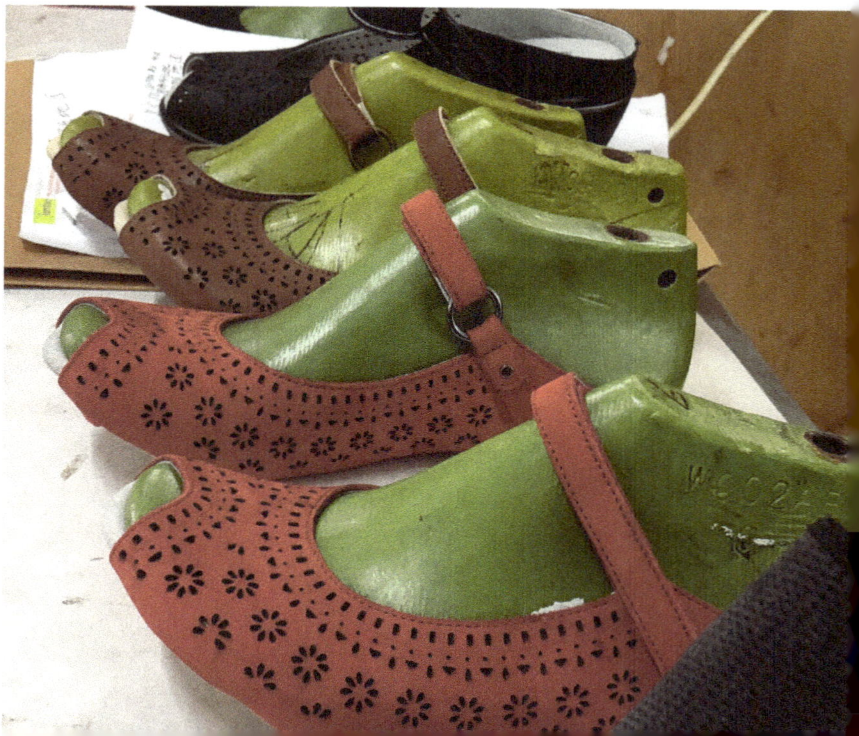

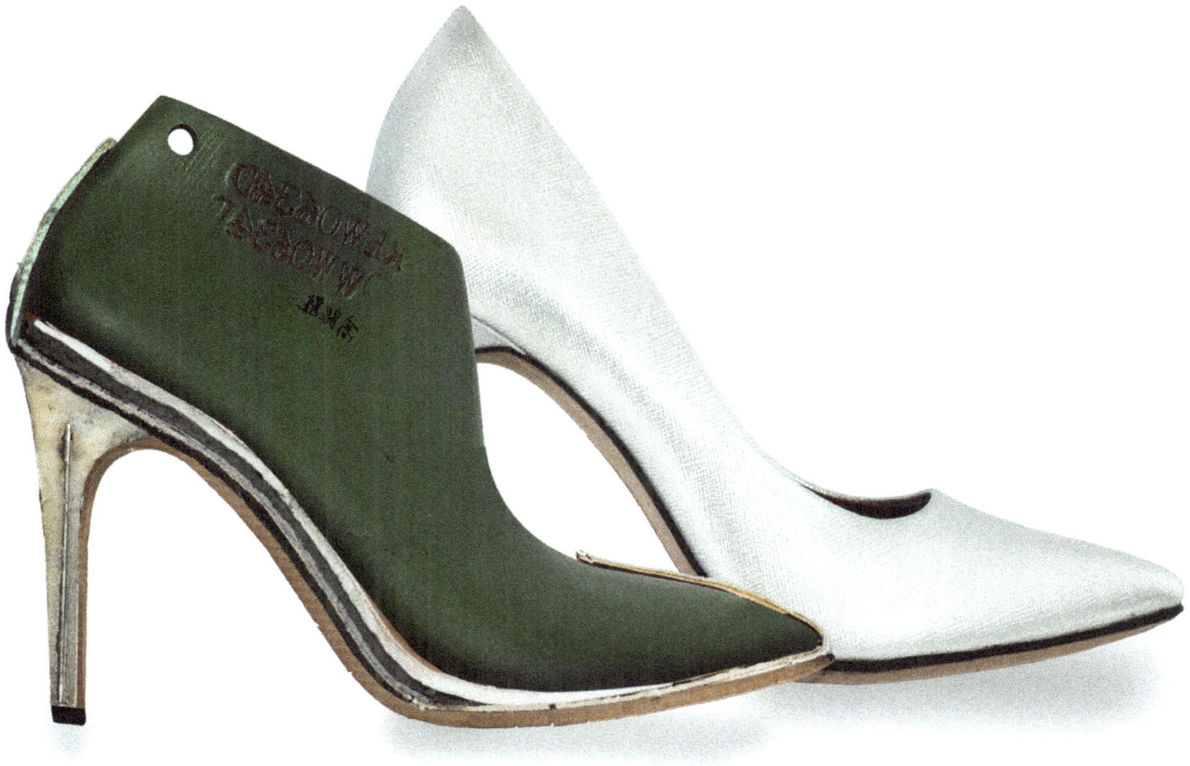

Capítulo 1: la horma primero

La horma es el corazón del zapato, el punto de partida de todo diseño de calzado y el centro de todo el proceso de fabricación; el zapatero comienza con la horma y desarrolla el modelo en base a ello.

La forma de la horma determina el calce, el rendimiento, la ergonomía y el estilo de un zapato. También hace que un modelo sea adecuado para jugar baloncesto, escalar montañas o correr una maratón. Un buen diseño no es nada si la horma no es la apropiada para la funcionalidad del modelo.

La horma

La horma se asemeja a la forma del pie, y suele hacerse en plástico moldeado, madera tallada, aluminio fundido o plástico impreso en 3D. ¿Por qué la horma se llama así? La palabra "horma" proviene del latín "forma", que significa "molde, forma". Las primeras hormas fueron utilizadas por los griegos y romanos. Por los escritos antiguos, sabemos que las hormas se usaron para hacer zapatos alrededor del 400 a. C.

Igual que lo era antes, la horma es ahora la pieza fundamental para la forma y el calce de un zapato. Se utiliza en todas las fases del proceso de fabricación del calzado, y establece el tamaño, la silueta y el contorno del zapato. Es el pilar central que empieza en la fase de diseño, y lo lleva hasta el proceso de desarrollo y la línea de montaje en producción.

La horma en el diseño

El diseñador de calzado puede dibujar un nuevo modelo directamente en la horma, o dibujar el diseño en papel utilizando la silueta de la horma como guía. Se debe seguir el contorno del piso de la horma para dibujar un diseño de suela lo más real posible.

La horma en el desarrollo

Cuando se pasa un diseño al equipo de desarrollo, el patronista o modelista necesitará la horma para transformar los dibujos en piezas o patrones que se ajusten a la horma 3D. El operario puede utilizar la horma física, o un modelo creado por ordenador para hacer el patrón del zapato. La horma se utiliza para probar el ajuste de todas las piezas cortadas y las piezas moldeadas necesarias para el diseño.

La horma en producción

Cuando un zapato está en producción, el patrón aparado se estira sobre la horma para crear la silueta final. Esta operación se llama montado. Hay varias técnicas de montado diferentes que se utilizan para dar forma a los patrones: montado tradicional, con palmilla, a cordón, de puntas, de talones, a mano y a máquina. Una vez que el patrón se ajusta a la horma, se puede colocar la suela. La horma mantiene el corte en su lugar mientras la suela se cose o se pega con *cement* o cemento (adhesivo).

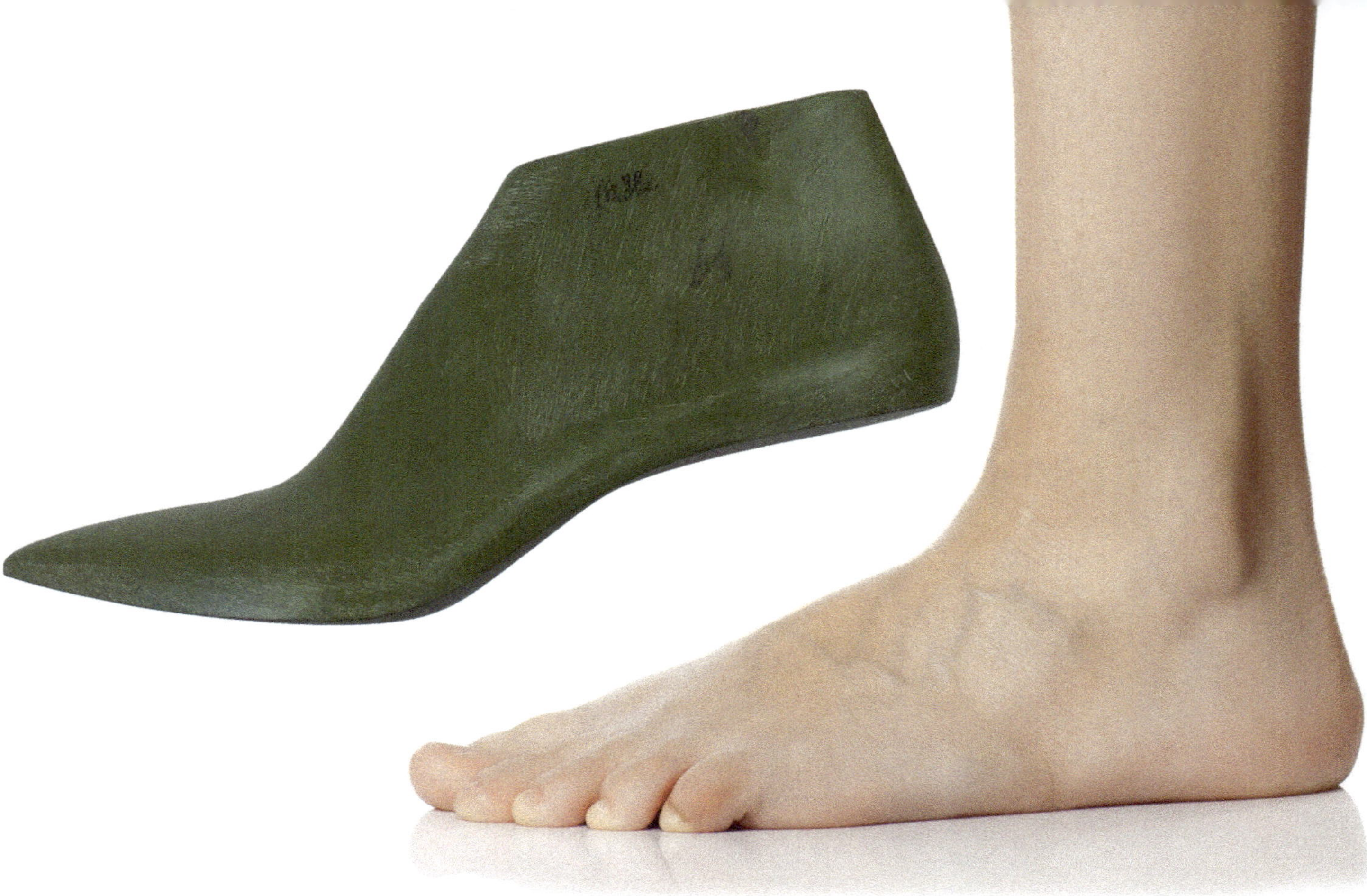

Funcionalidad y moda

La horma del zapato moderno no es una réplica del pie humano, es una adaptación que tiene en cuenta las articulaciones y los cambios volumétricos a medida que el pie se mueve y flexiona. Una zapatilla de *running* de buena calidad tendrá una horma cuidadosamente desarrollada. Una gran marca de calzado cuenta con la ayuda de zapateros, podólogos y kinesiólogos para desarrollar formas biomecánicamente perfectas.

¿En qué se diferencia la horma del pie humano?

La superficie de la horma es lisa y dura, con transiciones suaves. El pie humano tiene una forma irregular y combina superficies suaves y con arrugas.

La mayoría de las hormas no tienen dedos individuales, excepto la horma de las sandalias, que tienen una ranura. Las nuevas tendencias de calzado tienen hormas con dedos, pero es poco habitual; la mayoría de las hormas no tienen dedos.

La inclinación del talón que encontramos en el piso de la horma no existe en el pie humano, al igual que la salida o el quebrante de la horma, inexistente en la anatomía humana, pero que ayuda a caminar a que el zapato se flexione con el pie sin arrugarse. Las medidas del perímetro del pie son más grandes en la horma que en el pie porque se tiene en cuenta los cambios volumétricos a medida que el pie se flexiona al caminar bajo carga.
Las hormas también son ligeramente más largas que el pie. Esta longitud adicional permite que el pie se mueva dentro del zapato al caminar o correr. La forma del contorno de la horma y la extensión de la longitud permiten abordar una gran variedad de pies diferentes. Esta zona extra en la puntera permite al diseñador esculpir el zapato siguiendo las tendencias en moda.

Las tallas y dimensiones de las hormas de calzado cambian, o se escalan, de manera aritmética sistemática. Las hormas también son simétricas, el par derecho es una imagen especular del izquierdo.
La anatomía humana no obedece a tales reglas de talla y simetría.

Aproximadamente, en el 80% de la población, el pie de la mano dominante es de 1/8 a 1/3 de pulgada más corto que el pie de la mano no dominante. Por lo tanto, las personas diestras tendrán un pie izquierdo ligeramente más grande.

Finalmente, las hormas de los zapatos están diseñadas por mentes humanas para seguir los caprichos de la moda y las necesidades funcionales.
El pie en sí, ha evolucionado durante millones de años para proporcionar el impulso para caminar y funciones para el soporte del peso en entornos naturales. La evolución no ha preparado la biología del pie para el asfalto caliente, los suelos de las fábricas o de las oficinas modernas.

La silueta de la horma también es fundamental para la tendencia y el estilo del zapato.
El trabajo de la mejor diseñadora de calzado italiana se echa a perder si el patrón se hace en una horma creada para una bota de montaña.

La horma del zapato es la estructura invisible del arte escultórico de los diseñadores de calzado de alta costura de hoy en día. Cuando el estilo es lo más importante, a veces se deja de lado la preocupación por la anatomía humana.

Los zapatos, los patrones y las hormas se crean para transformar el pie humano en un instrumento deportivo, una herramienta de trabajo, un medio de transporte o incluso un objeto de deseo.

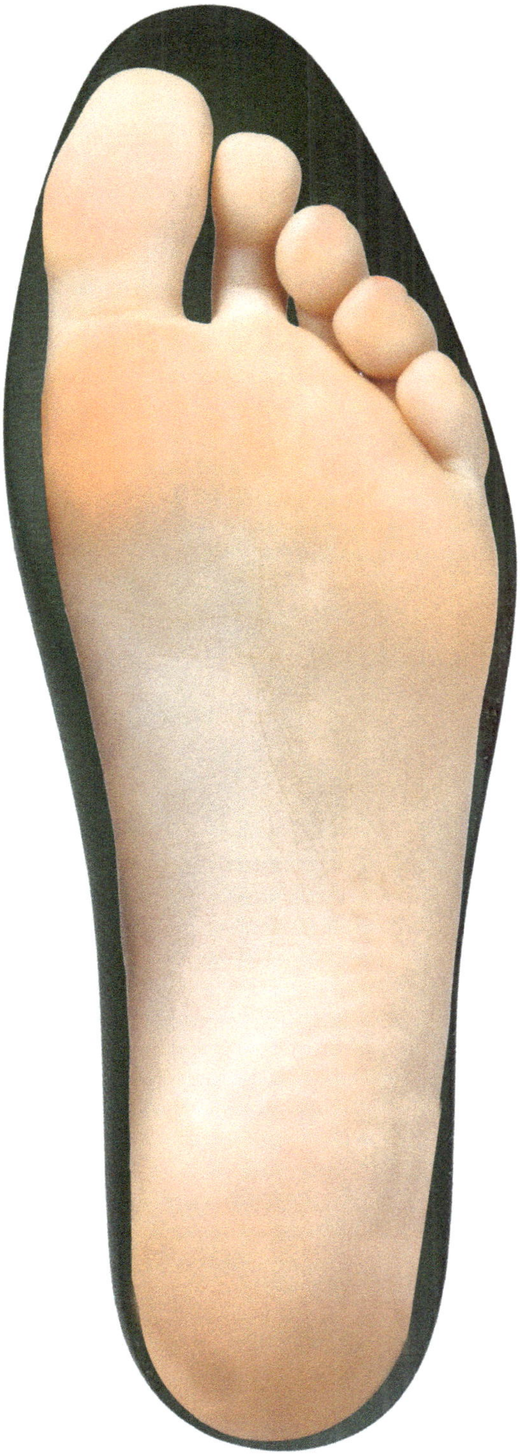

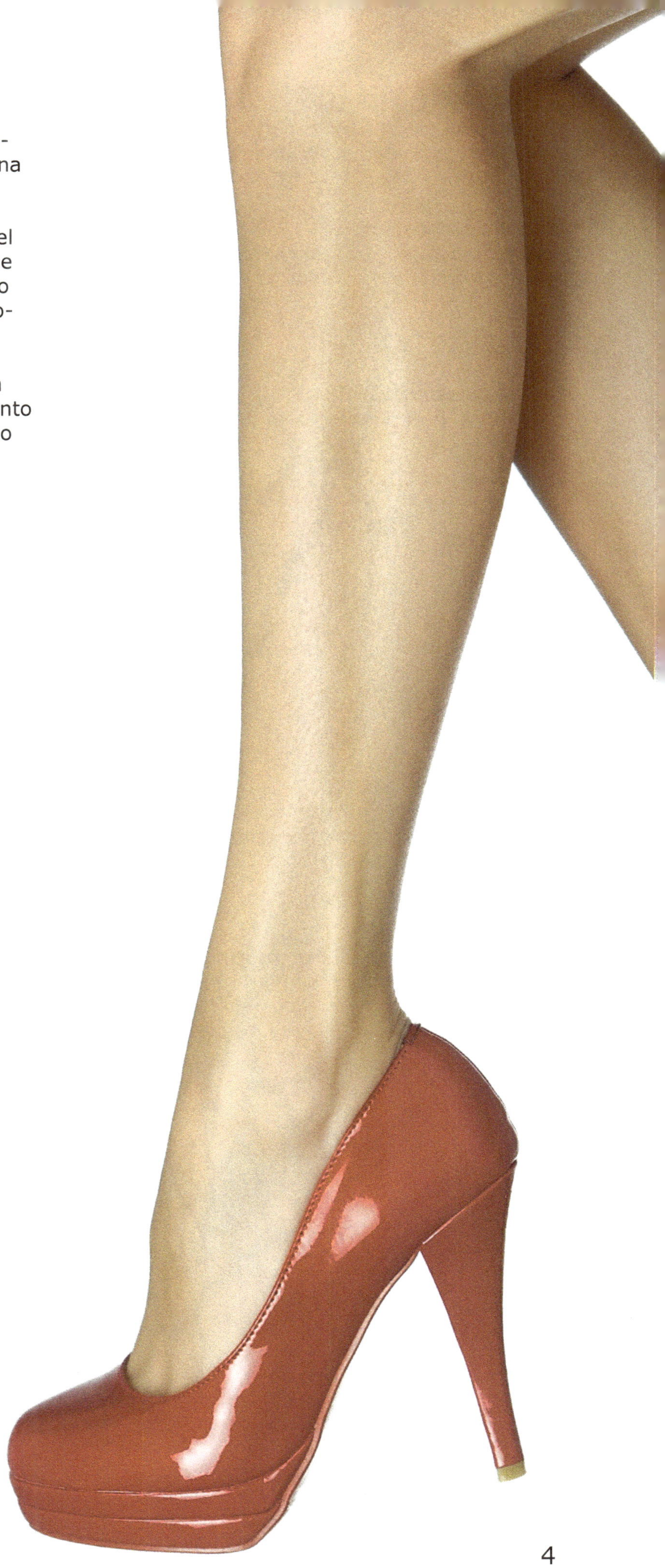

El lenguaje de los hormeros

Al estudiar las características de una horma, necesitarás conocer los términos más utilizados para nombrar sus partes. Se han separado estos términos en tres grupos: las partes de la horma, medidas estándar de la horma y los puntos de patrón.

Partes de la horma

Aunque puede parecer un objeto simple, tiene muchas partes que se necesitan nombrar para poder interpretar correctamente la horma y explicar sus características.

Lado medial:
El lado medial es la parte interior del pie.
El dedo gordo y el arco del pie están en el lado medial.

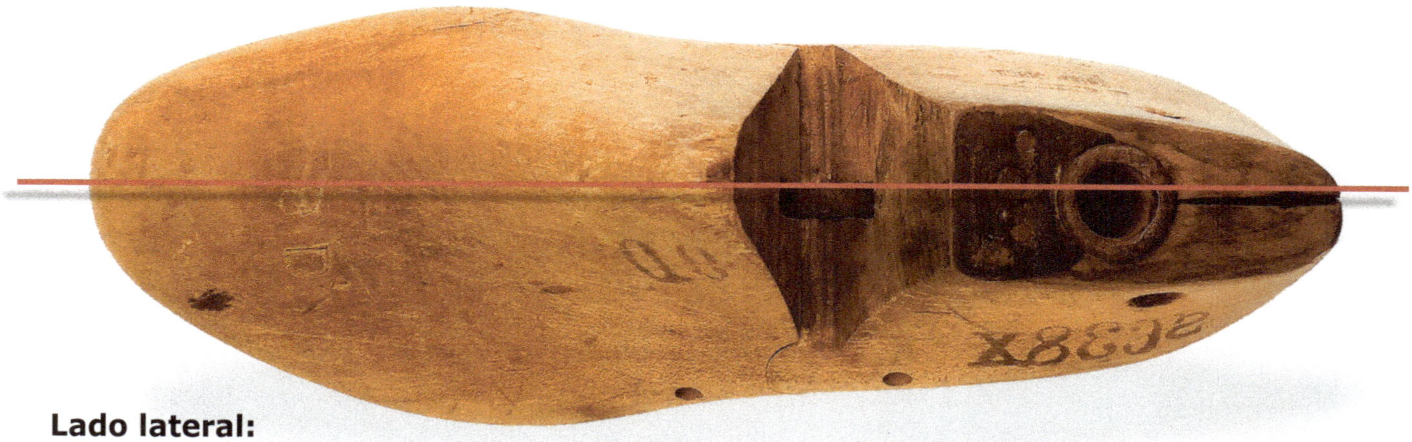

Lado lateral:
El lado lateral, o externo, es el exterior del pie.
El dedo meñique se encuentra en el lado lateral.

Parte delantera:
La parte delantera empieza a partir de la línea de perímetro de la bola o articulación.

Parte trasera:
La parte trasera empieza en la línea de bola o articulación, y llega hasta el talón.

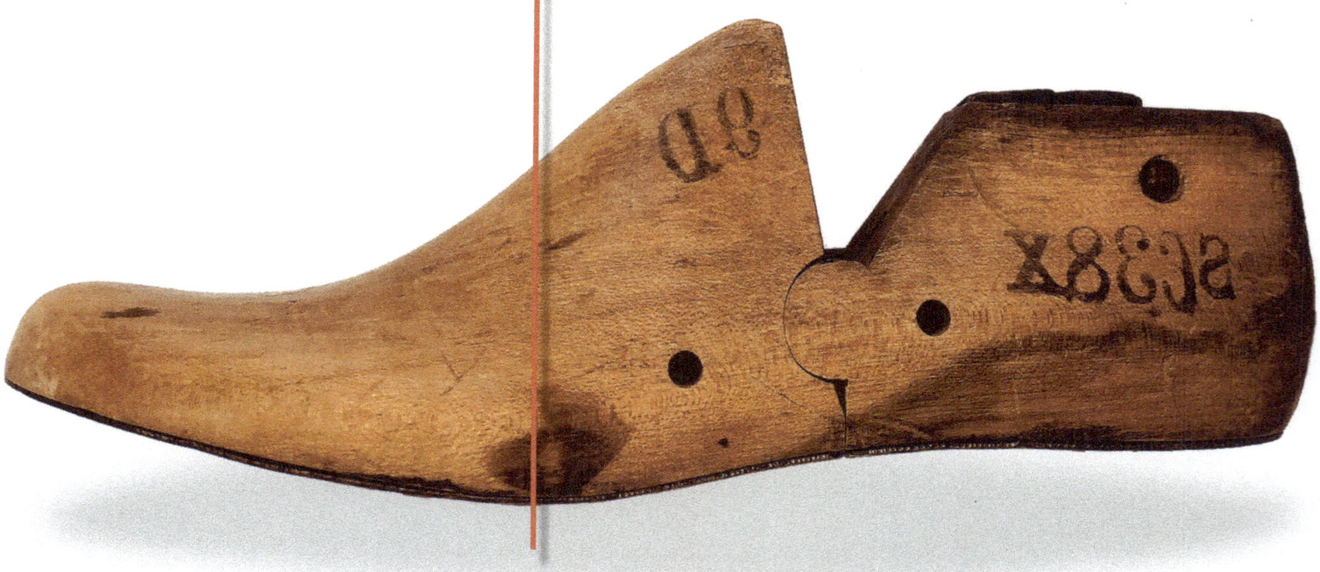

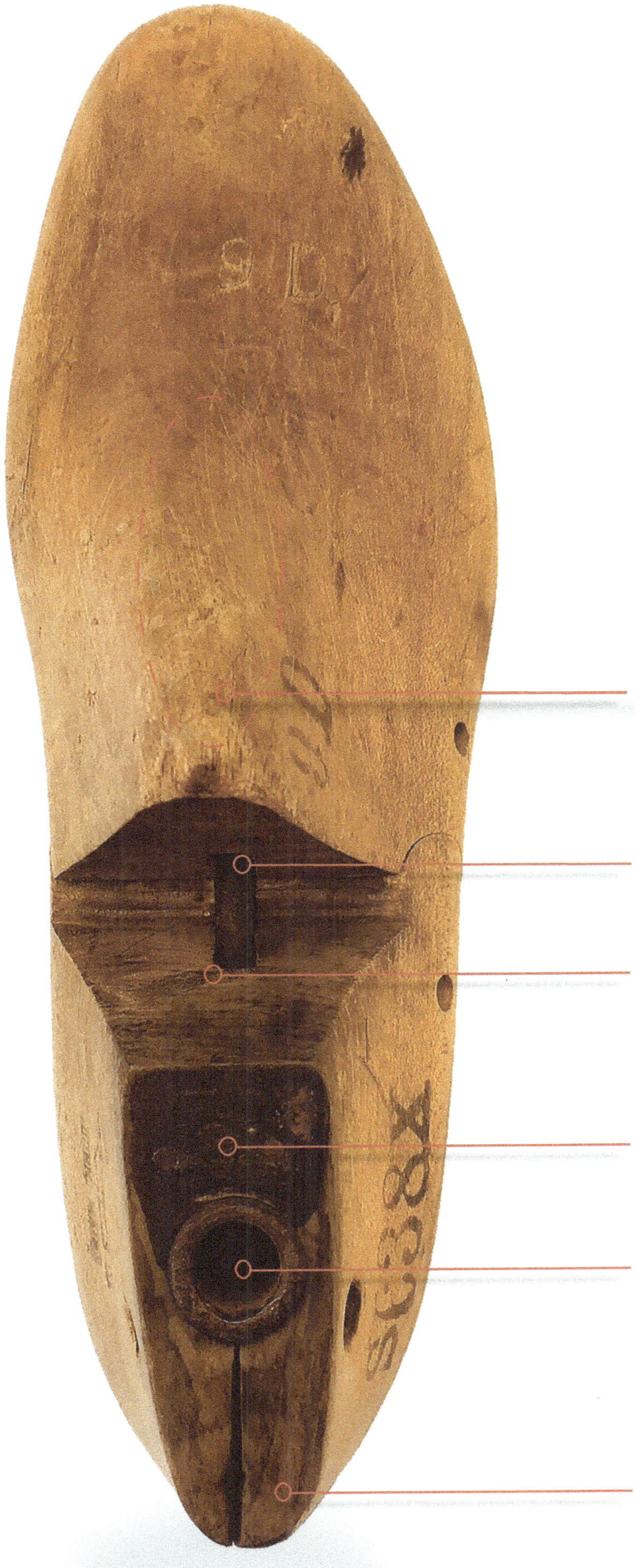

Cono:
El cono comienza en la parte más alta, y se extiende hasta el punto del empeine. Este punto de la horma coincide con la misma parte del pie.

Bisagra:
La pieza que permite articular la horma.

Apertura:
La apertura es la sección recortada de la horma, tiene bisagras que permite que la horma se doble o articule. Esta pieza tiene una cara delantera y una cara trasera.

Talla:
La talla debe ser legible cuando el corte esté montado en la horma.

Tubo:
El tubo es el agujero perforado que se encuentra en la parte superior de la horma. La medida de tubo más común son 10,5 mm de diámetro y 38 mm de profundidad. Se utiliza para montar la horma en los equipos de producción y en las estanterías de almacenamiento.

Lupe:
La lupe, es la superficie plana donde se encuentra el tubo y la talla de la horma.

Perfil de la puntera:
El perfil de la puntera es la superficie curva que comienza en el punto del empeine, y termina en el canto de la horma, a la altura del dedo gordo.

Cono:
El cono comienza en la parte más alta, y se extiende hasta el punto del empeine. Este punto de la horma coincide con la misma parte del pie.

Orificios:
Los orificios de los laterales de la horma se usan para sujetar las piezas metálicas de la bisagra.

Apertura:
La apertura es la sección recortada de la horma que permite que esta sea articulada. Esta pieza tiene una cara delantera y una cara trasera.

Talón:
También llamado cuboide, esta zona se encuentra en los laterales de la parte posterior, por encima del canto de la horma. El talón es la medida más ancha de la parte trasera de la horma.

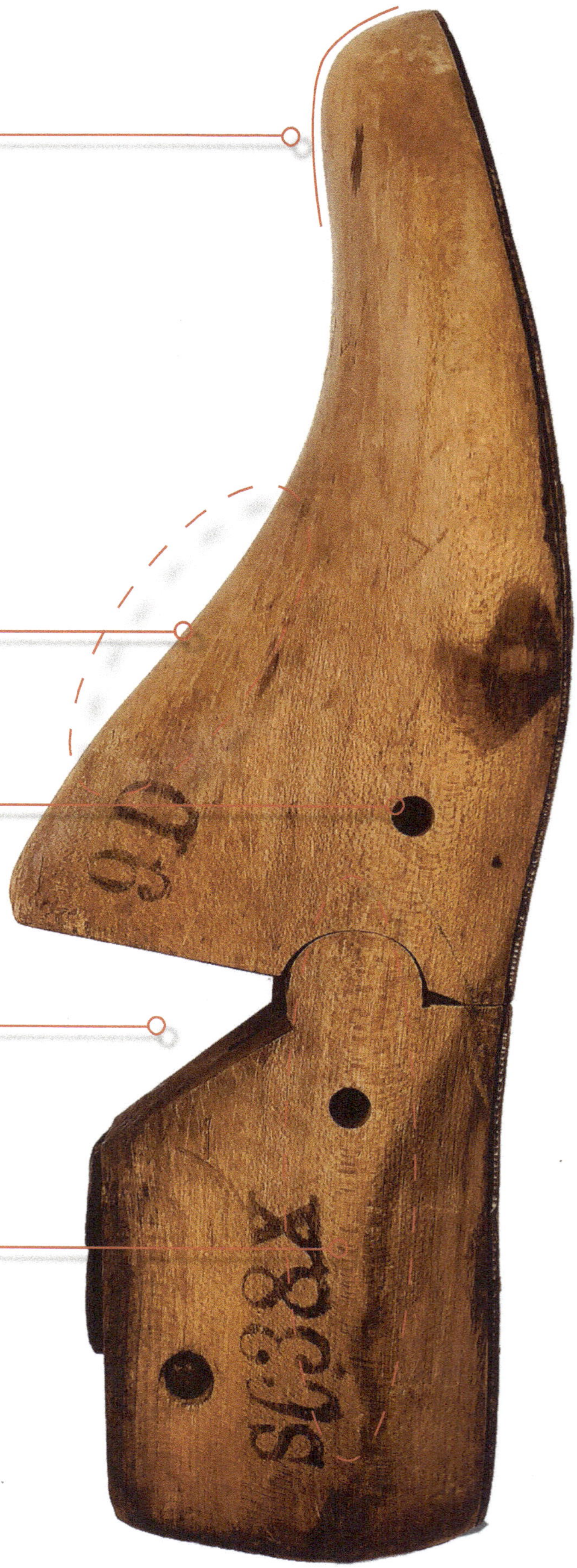

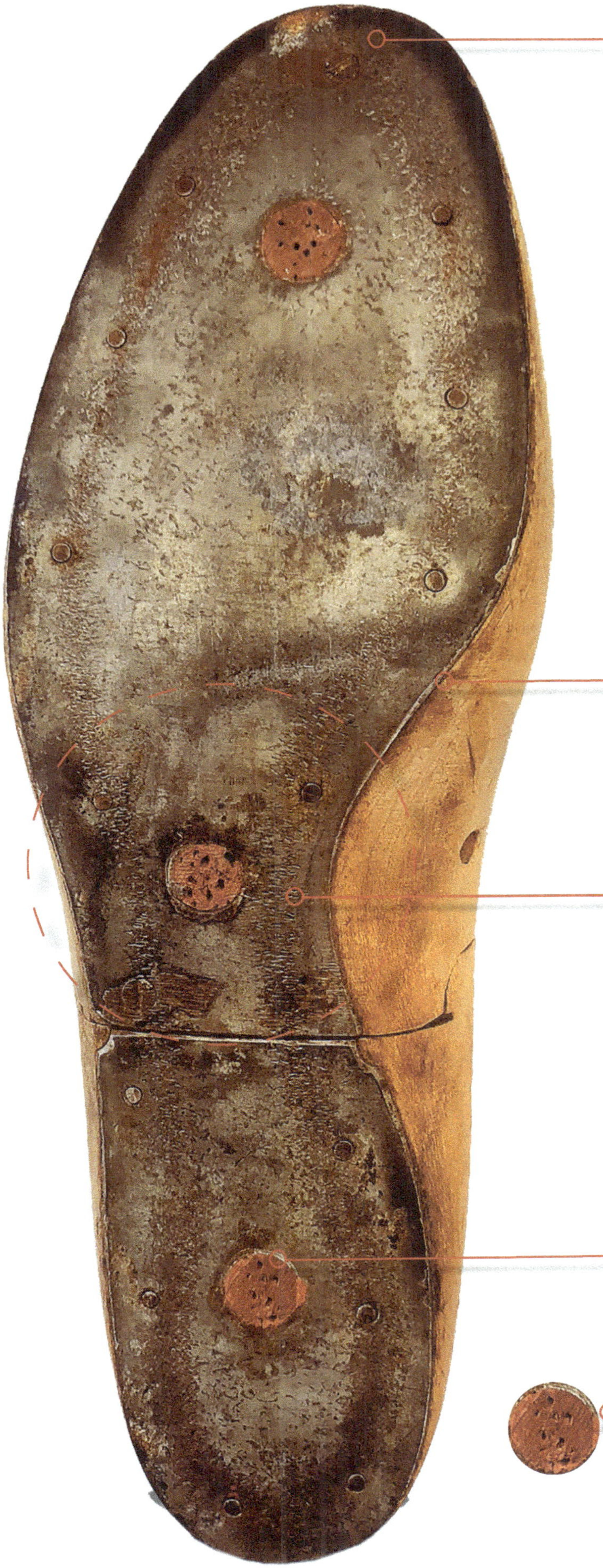

Placa para montar:
La placa inferior es una delgada hoja de acero que está clavada en el piso de la horma para protegerlo de posibles daños. Tanto las hormas de madera como las de plástico pueden tener estas placas de metal. Las placas pueden ser piezas pequeñas en la puntera y el talón, medias hojas u hojas completas que cubren todo el piso inferior. Las placas para montar suelen tener incisiones para poder clavar la pieza al piso de la horma.

Canto:
El canto, contorno, o dima de la horma es la esquina donde la pared y la planta se unen. La horma puede tener un canto suave y redondeado, o un quiebre de 90º. El contorno de una horma creada para una construcción tipo *slip* puede tener una dima suave.

Enfranque:
El enfranque es el área de la parte inferior de la horma que queda en el medio, entre el talón y la parte delantera.

Agujero para tachuelas o clavos:
Este orificio es la abertura que encontramos en la placa de montado que permite clavar, embastar o grapar provisionalmente la palmilla o tabla de montado en la horma.

Taco:
El taco para el agujero de la tachuela es un pequeño inserto hecho de caucho o plástico elástico. El taco reemplaza la pieza de madera o plástico duro del orificio.

Horma de tacón alto

La horma de un zapato de mujer comparte las nomenclaturas, pero en proporciones es totalmente diferente en comparación con una horma de hombre.

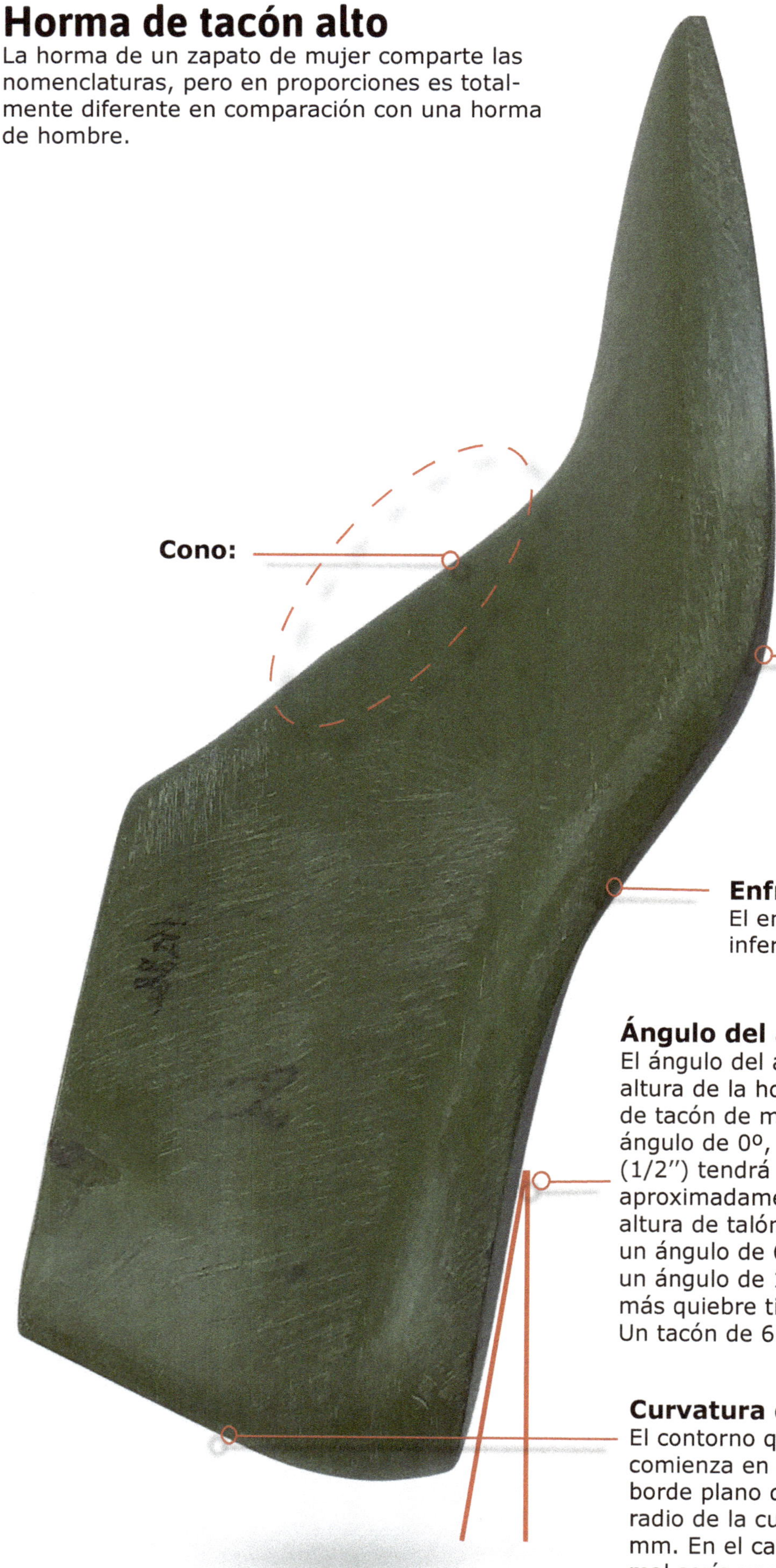

Cono:

Punto de quiebre:
Este punto se encuentra en la parte inferior de la horma, debajo de la línea del perímetro de la articulación; y es la línea divisoria que separa la parte delantera y el enfranque.

Enfranque:
El enfranque se encuentra en la mitad inferior de la horma.

Ángulo del asiento del talón:
El ángulo del asiento del talón aumenta con la altura de la horma. Una horma con una altura de tacón de menos de 1 cm (3/8″) tendrá un ángulo de 0º, mientras que un tacón de 1,3 cm (1/2″) tendrá un ángulo de 1º. El aumento es de aproximadamente 1º por cada 3 mm (1/8″) de altura de talón. Un tacón de 2,54 cm (1″) tiene un ángulo de 6º, y un tacón de 5 cm (2″) tiene un ángulo de 16º. Cuanto más alto sea el tacón, más quiebre tiene el ángulo.
Un tacón de 6,35 cm tendrá un ángulo de 27º.

Curvatura del talón:
El contorno que existe en la talonera de la horma, comienza en el borde del canto y sube hasta el borde plano de la horma. En hormas de mujer, el radio de la curvatura es de aproximadamente 90 mm. En el caso de las hormas de hombre, lo normal sería una curvatura de 115 mm a 105 mm.

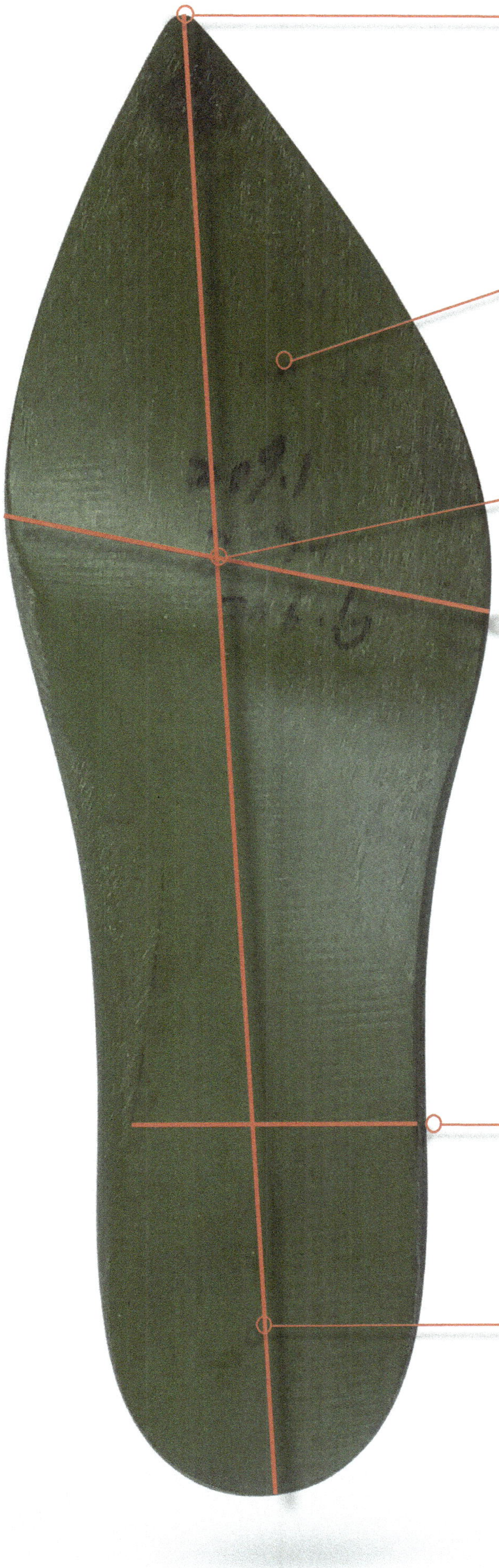

Puntera:
La punta, ubicada en el canto o borde de la horma.

Delantera:
La zona de la horma anterior a la banda de rodadura, o donde se pisa o apoya el pie.

Punto de enfranque:
El punto donde la línea de rodadura se encuentra con el eje central de la horma.

Línea de enfranque:
El punto de la zona inferior donde el enfranque comienza a levantarse del suelo.

Línea del frente del tacón:
La línea del frente del tacón se mide desde el talón, y se ubica en el 25%, o 1/4 de la longitud de la horma.

Canto del plano del tacón:
El canto del plano del tacón es la línea que se encuentra en la parte inferior de la horma que divide el enfranque de la talonera.

Talonera:
También denominada asiento del talón, es la sección plana del talón.

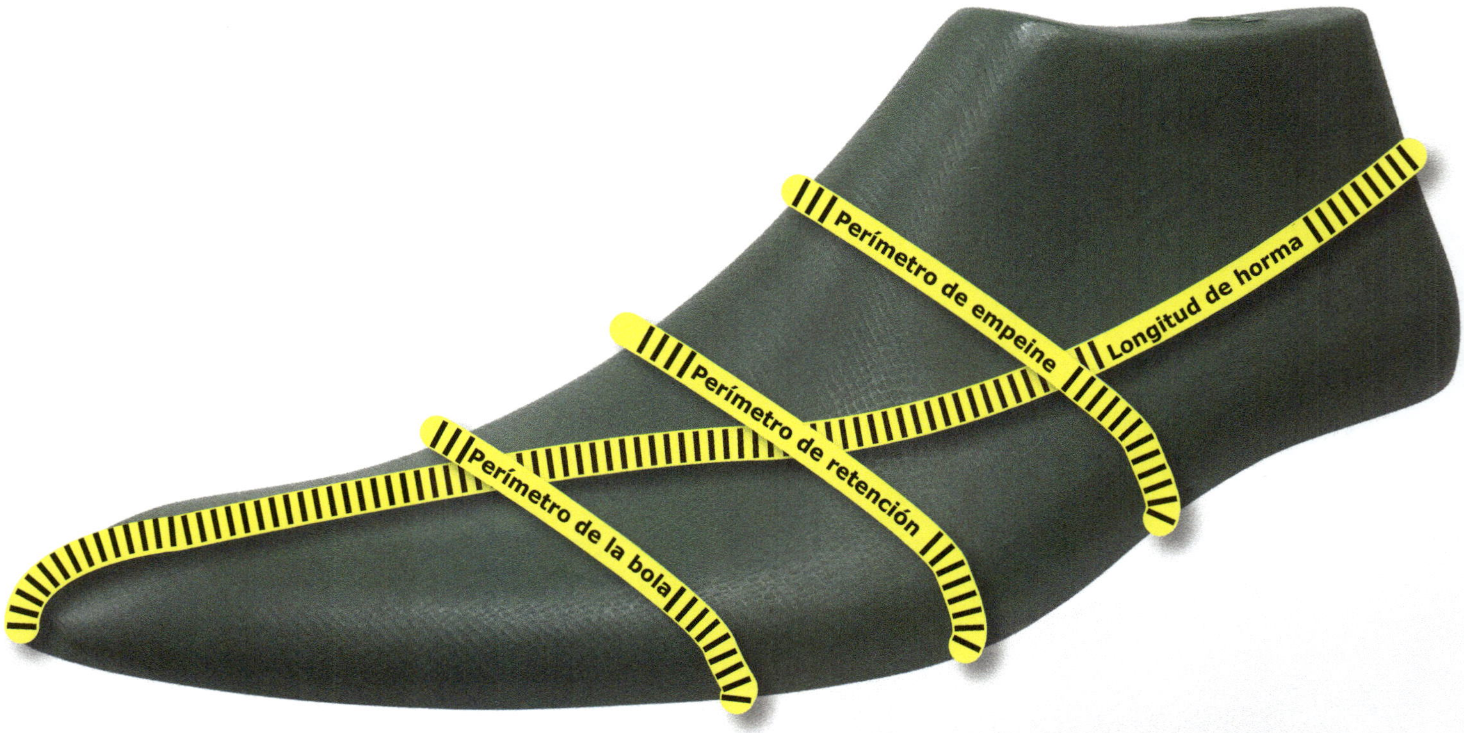

Dimensiones de la horma

La horma tiene una silueta 3D bastante complicada. Hay normas que deben seguirse para garantizar que esta se haga con las dimensiones correctas. Existe una forma tradicional de sacar las medidas de la horma.

Es importante seguir el procedimiento y medir correctamente para comunicar los cambios en la horma. No puedes especificar cambios en una horma a menos que puedas explicar las dimensiones necesarias; y debes conocer los términos para explicar los problemas dimensionales en el zapato terminado.

Las dimensiones estándar son medidas a lo largo y ancho de la horma. Las medidas de circunferencia son volúmenes tomados alrededor de la horma. En zapatería, solo se utilizan el largo y el ancho para sacar la talla. En el desarrollo y la fabricación de calzado a medida, se requieren muchas más medidas.

Largo de horma

Denominado también longitud de calce (en inglés S.S.L), se mide desde la talonera hasta la punta. Esta medida se toma en la superficie de la horma con una cinta métrica. Esta dimensión se utiliza como base para la creación de patrones.

Perímetro de la bola

También se le llama perímetro de articulación. Es la medida alrededor de la horma en el punto más ancho de la parte delantera; corresponde a la bola del pie. Se encuentra al 65% de la longitud plantar. El perímetro de la bola sigue una línea que conecta la bola medial, la bola lateral y el punto de bridaje.

Perímetro de retención

Se mide desde el punto medio entre el perímetro de articulación y el perímetro de empeine hasta la mitad del cono. Mide 25 mm desde el punto de bridaje en el cono de la horma y 25 mm desde la línea de ancho de la bola en la planta de la horma.

Perímetro de empeine

Se mide desde el enfranque hasta la parte superior del cono de la horma. Mide 25 mm por encima del perímetro de retención, y 25 mm por detrás del perímetro de retención en la planta de la horma.

Salida o quebrante de la punta
El quebrante de la punta, es la medida desde el plano del suelo hasta el borde de la puntera. Es posible que una zapatilla no tenga quebrante de la punta, mientras que una bota de senderismo puede tener una salida de 10 mm o más.

Altura de la puntera
La altura de la puntera es el grosor o volumen de la horma medida en el dedo gordo del pie.

Perímetro talón-cuñas
Se mide desde el canto del talón de la horma, a través del cuboide, hasta el punto donde la circunferencia del empeine cruza el eje principal. Esta medida determina el tamaño de la abertura del zapato. Para un modelo sin cordones talla 9 americano de hombre, esta longitud suele estar entre 360 mm y 378 mm.

Perímetro talonera-empeine
También llamado perímetro de la entrada, se mide desde el punto del talón de la horma, a través del cuboide, hasta el punto de bridaje del eje principal.

Altura de tacón
La medida desde la talonera al suelo. Una horma con la planta plana tendrá una altura de tacón de 0 mm, mientras que un zapato de tacón de mujer puede tener una altura de 100 mm.

Longitud de calce
La longitud de calce de la horma se mide desde la puntera hasta la curva del talón, con la horma apoyada en plano. La medida se toma como si dos planos verticales estuviesen tocando el talón y la puntera de la horma.

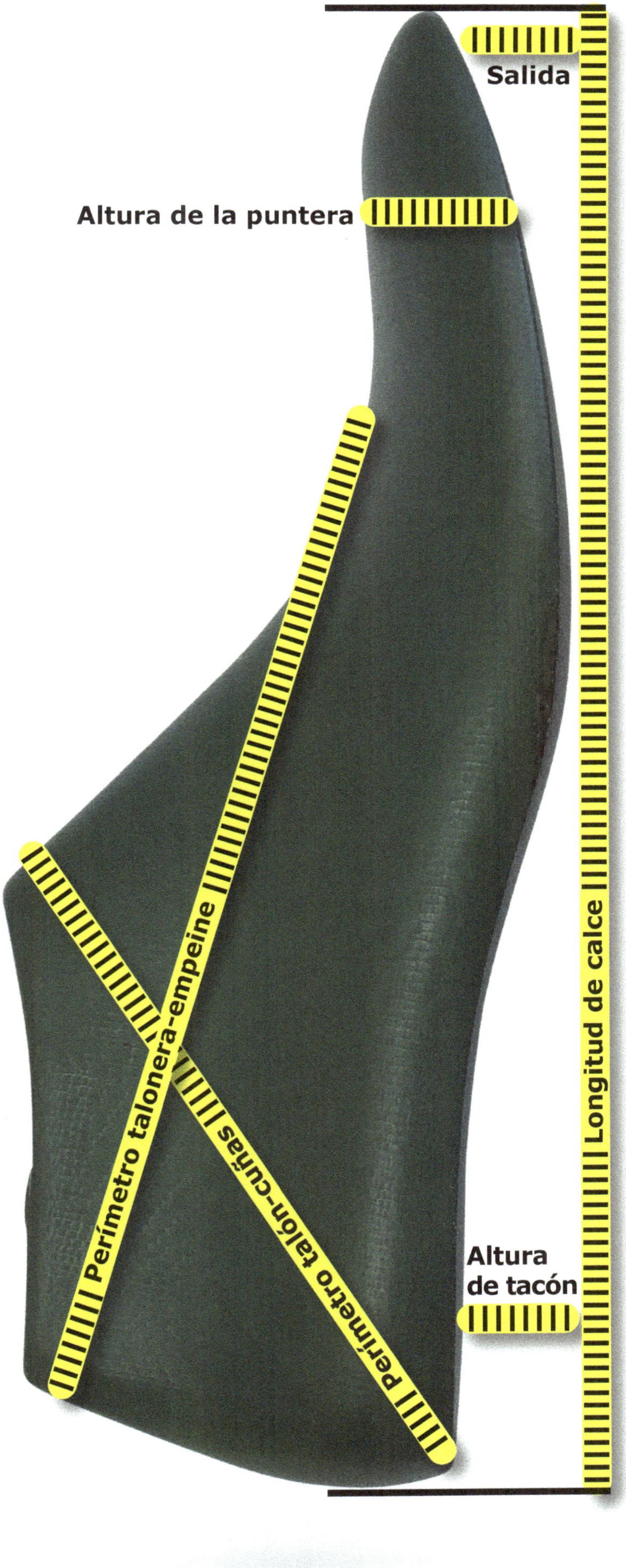

Longitud plantar
La medida de la longitud plantar se toma directamente de los extremos inferiores de la horma siguiendo el eje principal.

Ancho de flancos
Se mide atravesando el punto más ancho de la base en la parte delantera. El ancho de flancos conecta el punto de la bola medial con la punta de la bola lateral.

Anchura plantar
La anchura plantar se mide en la parte inferior de la horma, a 25 mm por detrás del ancho de la bola.

Anchura de la cintura
Se mide en la parte inferior de la horma, a 25 mm por detrás de la anchura plantar.

Anchura del talón
La anchura del talón se mide en la base de la horma, un punto por delante de la talonera. La medida de la anchura del talón está a una distancia del 25% de la longitud plantar de la horma.

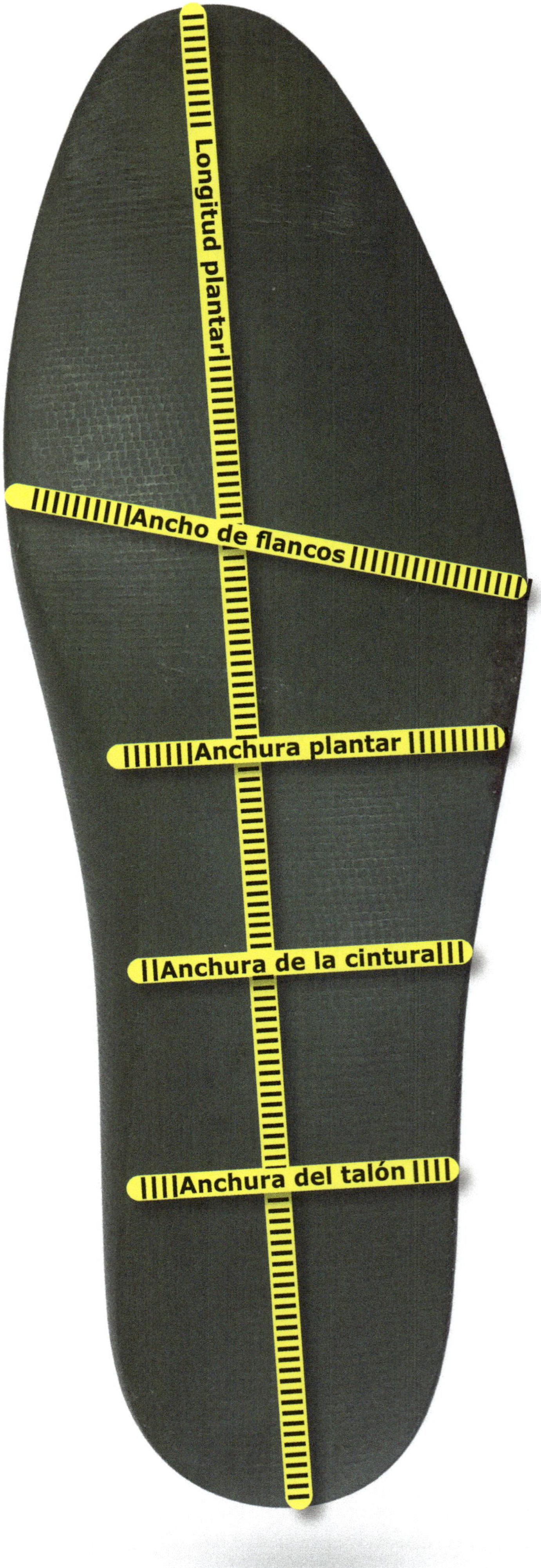

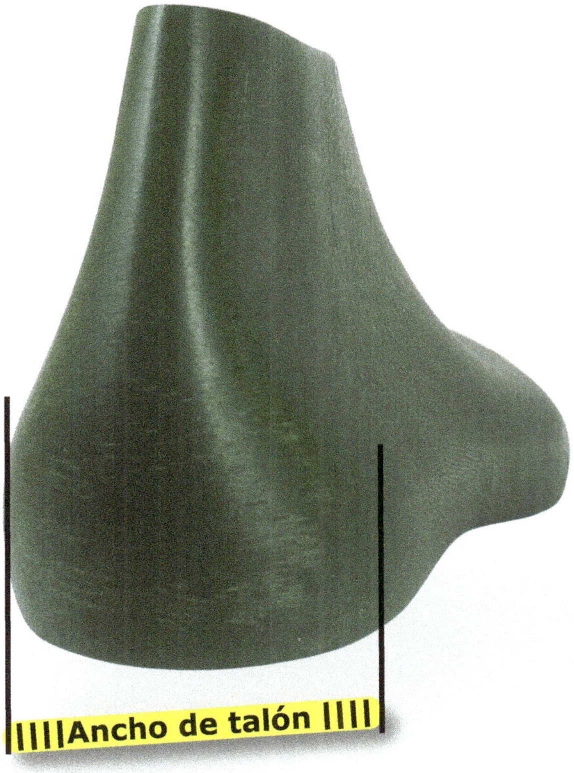

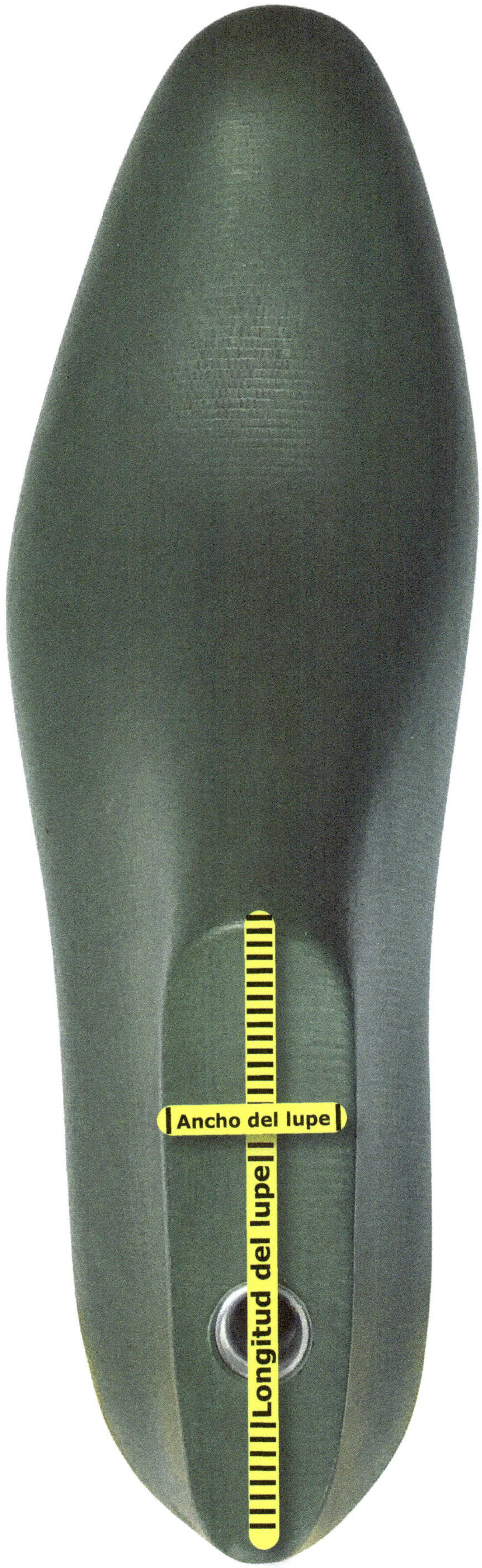

Ancho de talón
El ancho de talón o cuboide se mide en el ancho máximo de la parte trasera de la horma.

Longitud del lupe
Se mide desde el frente hasta la parte posterior del lupe.

Ancho del lupe
Se mide a través de la placa superior, de la parte medial a la lateral.

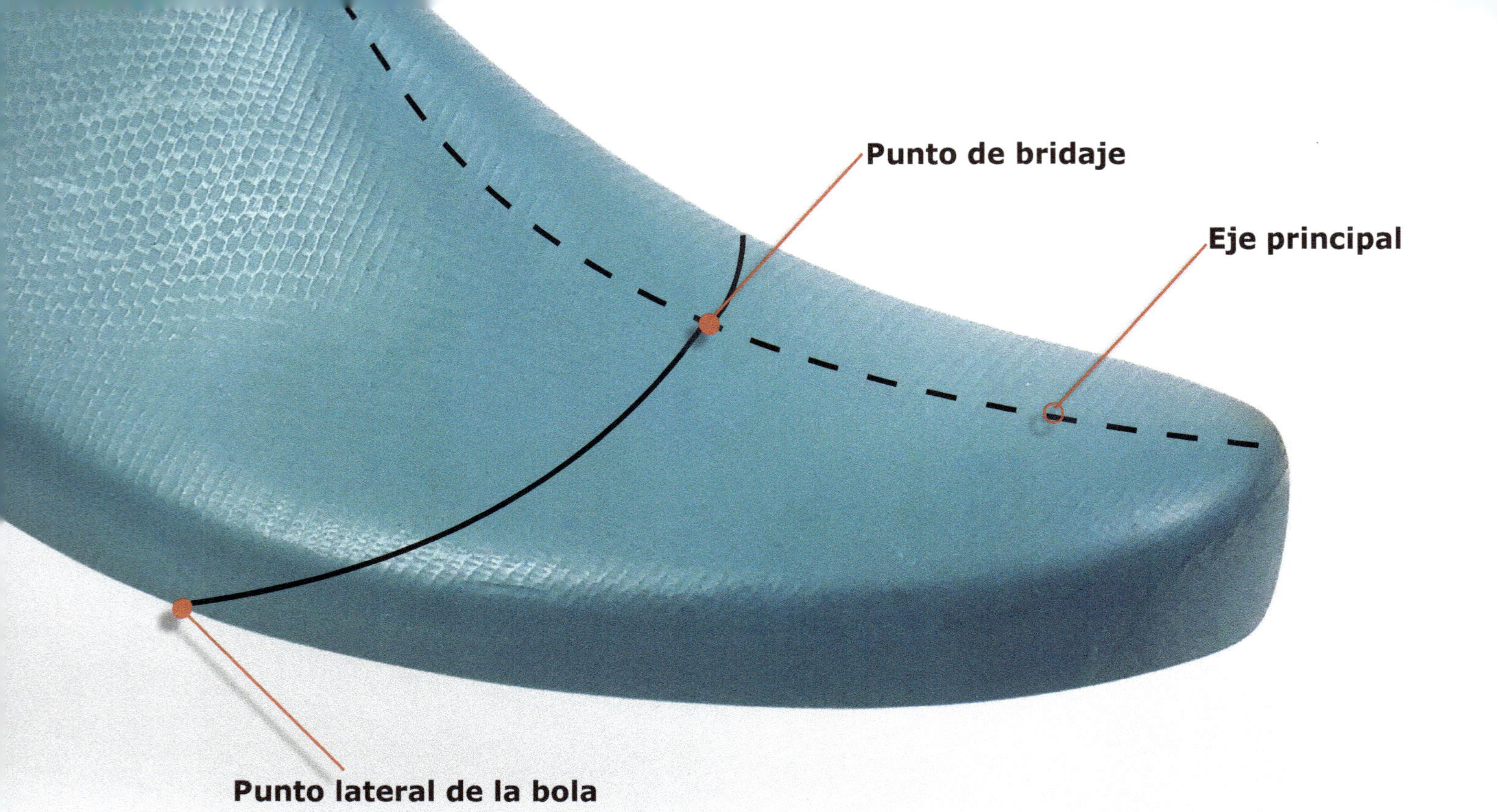

Puntos y líneas de construcción en modelismo de calzado

Cuando te dispones a dibujar un patrón sobre la horma, hay zonas específicas para utilizar como puntos de referencia para el diseño. Estas zonas se denominan puntos de patrón o puntos de control de patrón.

Son el punto de partida para guiar el diseño en la horma. Según el tipo de patrón que se haga, se deberá marcar diferentes puntos, por lo que estos varían para hacer una bota de montaña o un tacón alto. Aquí describimos los puntos básicos del patrón.

Estos puntos a veces se marcan en horma final con pequeñas muescas. No te preocupes si tus hormas no están marcadas, estas posiciones son fáciles de ubicar y las puedes marcar tú mismo. También deberás marcar estos puntos en el patrón en plano.

Punto de bola lateral

Se encuentra en el canto del lado exterior de la horma. Aproximadamente entre el 60% y el 65% de la longitud de calce o largo de la horma, medida desde el talón. En una talla 9 americano de hombre (270 mm), el punto de bola lateral se encuentra a 176 mm del talón. También puedes encontrarlo posicionando la horma contra el borde de una mesa; el punto saliente de los flancos es el punto de bola lateral, que corresponde a la quinta articulación metatarso-falange.

Punto de bola medial

El punto de bola medial se encuentra en el borde del canto del interior de la horma. Midiendo desde el talón hacia adelante, se encuentra entre el 70% y el 75% del largo de la horma. En una talla 9 americano de caballero (270 mm), el punto de bola medial se encuentra a aproximadamente 195 mm del talón. También puedes encontrarlo posicionando la horma contra el borde de una mesa; el punto saliente corresponde a la primera articulación metatarso-falange.

Punto de bridaje

Se encuentra en el eje central de la horma. En el caso de los zapatos de mujer, el punto de bridaje es el 75% de la longitud de calce que se mide desde la curva del talón hacia adelante. En el caso del calzado deportivo de hombre, el 75% de la longitud. Y en zapatos de vestir de hombre, se encuentra aproximadamente al 50% del largo de la horma.

Línea del perímetro de articulación

Este punto conecta el punto de la bola y el punto de bridaje.

Eje principal

El eje principal es el plano que divide la horma a lo largo de la línea central del cono y la curva de talón.

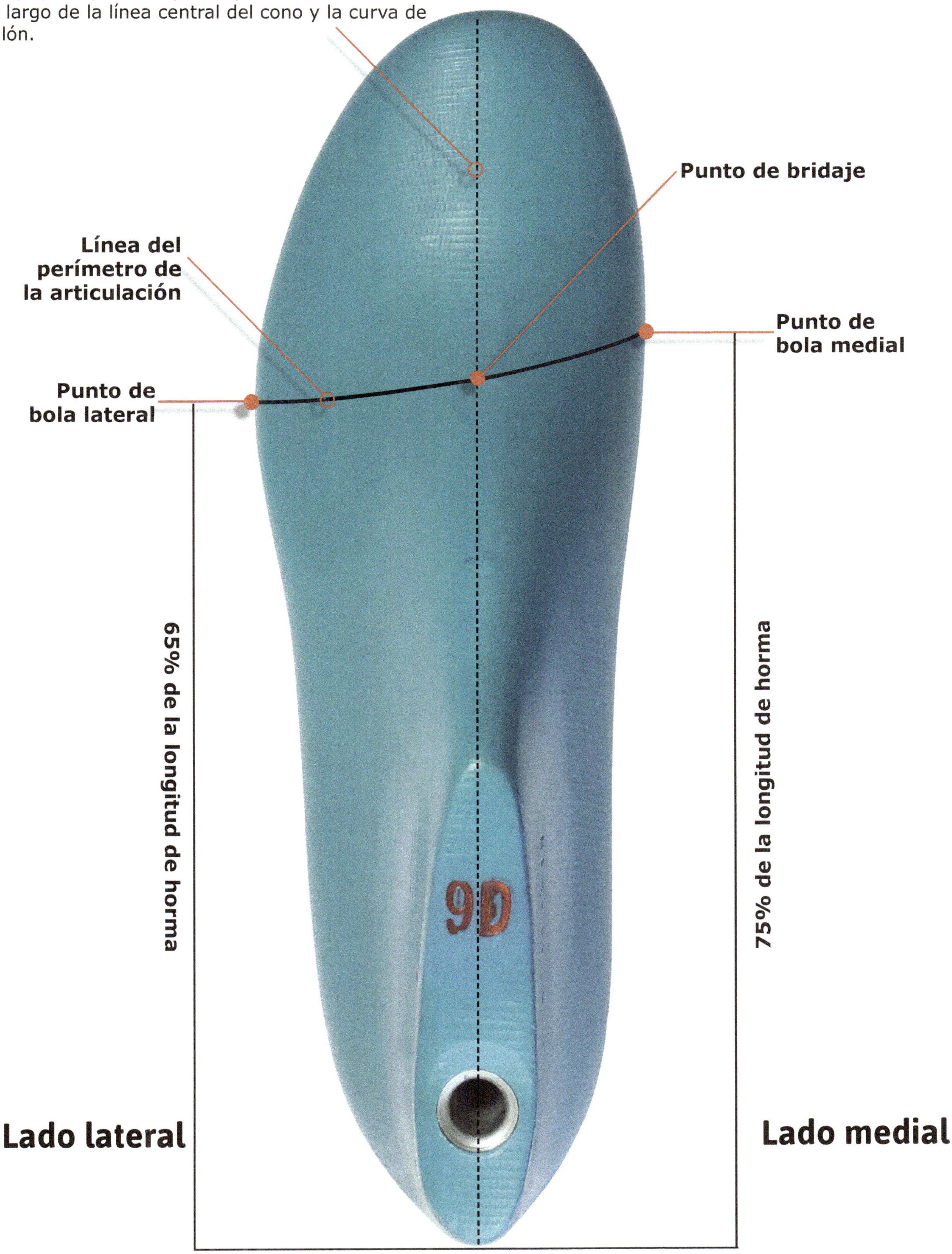

Punto de la talonera
Este punto está marcado en la línea central de la curva del talón. Hay varios métodos para calcular el punto de la talonera, y generalmente se encuentra al 20% del largo de la horma. Para un zapato de caballero talla 9 americano: largo de la horma de 270 mm x 0,20 = 55 mm. Echa un vistazo al capítulo 6 para estudiar la tabla de la altura de la talonera estándar.

Punto de la caña
Es el punto marcado en la línea central de la curva del talón, 10 mm por encima del punto de la talonera. También se puede localizar utilizando el tallaje europeo + 23 mm. En una talla 9 americano = talla 43 europea + 23 mm = 66 mm.

Punto medio de la pared medial
Este punto está ubicado en la línea de perímetro de la bola a la mitad de la distancia desde el canto de la horma y el punto de bridaje.

Línea de la pared lateral
La línea de la pared lateral se encuentra por encima de la línea de la pared medial. Empieza a la mitad de la línea de perímetro, debajo de la altura del empeine en la línea del perímetro, y llega hasta la talonera.

Línea de la pared medial
La línea de la pared medial se encuentra por encima de la línea de la pared lateral. Empieza a 1/3 de la línea del perímetro, debajo del empeine en la línea de la circunferencia y se extiende hasta el punto de la talonera.

Altura del empeine
Se mide desde el punto de bridaje hacia arriba, entre 70 y 75 mm hasta el cono de la horma si se trata de calzado de cuero para hombre. En el caso de deportivas y zapatillas de baloncesto de corte bajo, la altura del empeine se sitúa en torno a los 90 mm; son valores aproximados y dependen del diseño y del patrón.

Abertura de hueco
La abertura del hueco es la curva que conecta el punto de la altura del empeine con el punto de la talonera.

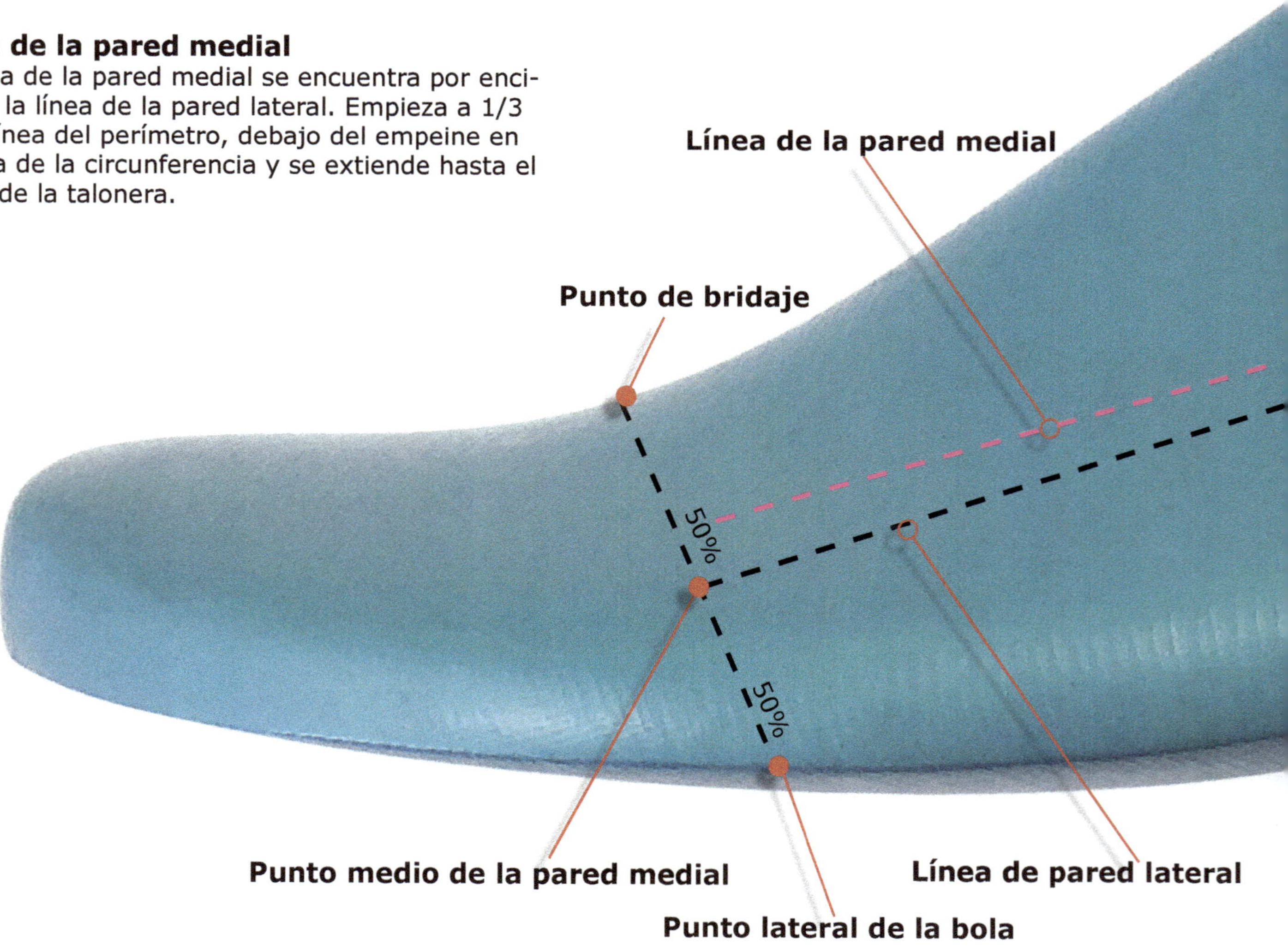

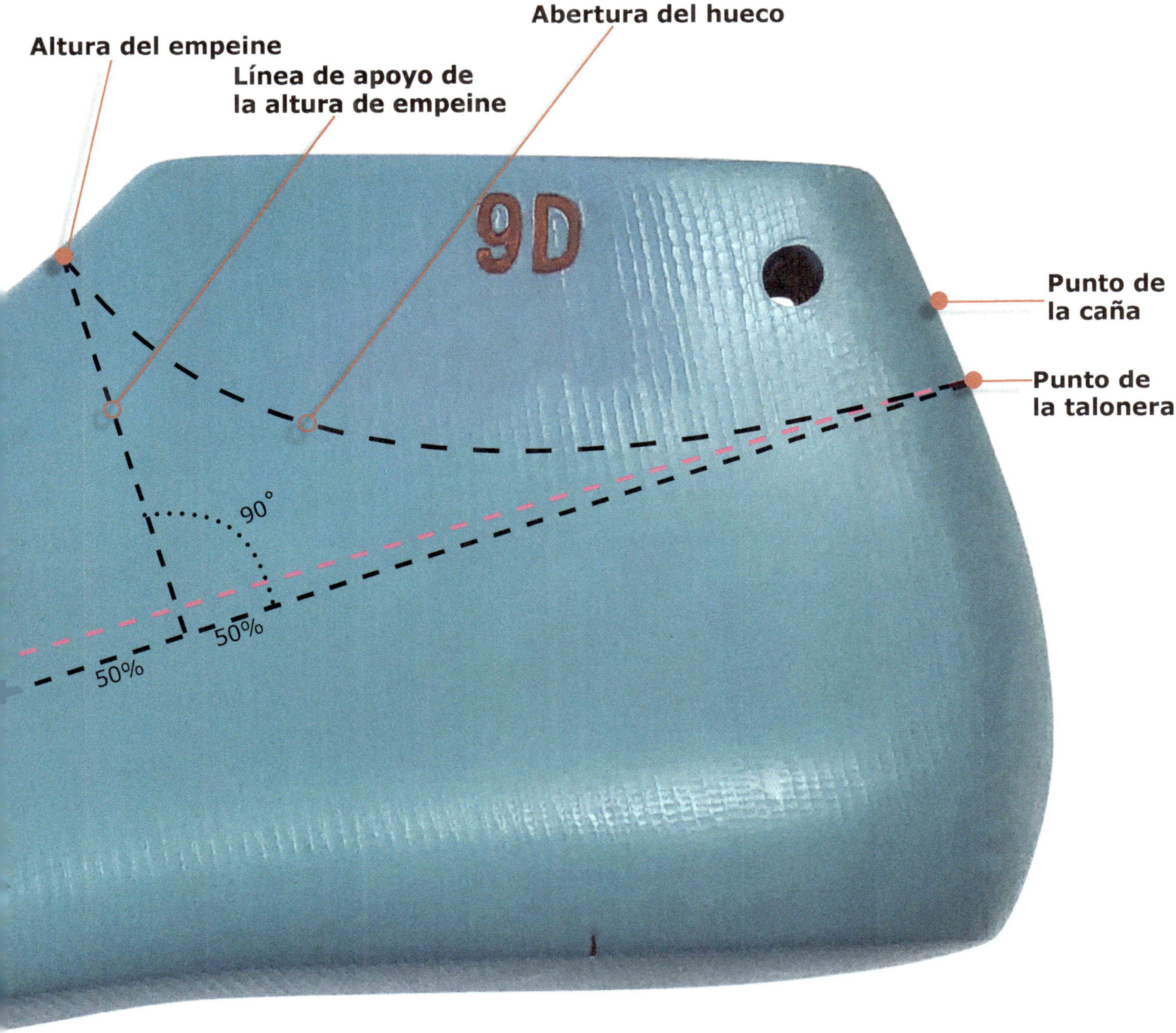
Abertura del hueco
Altura del empeine
Línea de apoyo de
la altura de empeine
9D
Punto de
la caña
Punto de
la talonera
90°
50%
50%

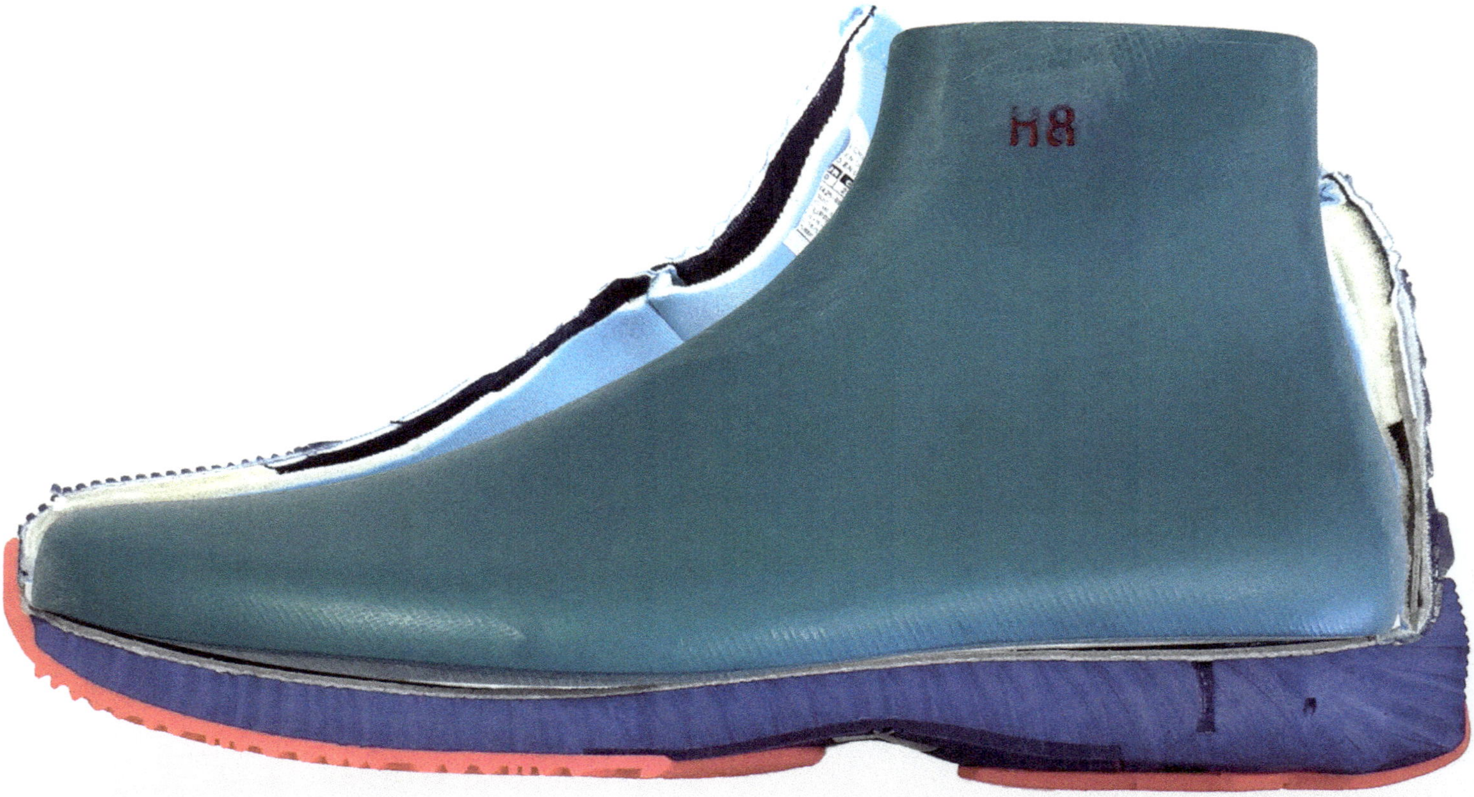

Capítulo 2: características y funcionalidad de la horma

Ahora que hemos hablado de las partes de la horma, ya podemos ver las características técnicas y de diseño de las hormas de calzado. Hay muchos tipos de modelos de zapato diferentes, y los patrones y las hormas deben reflejar los mismos requisitos funcionales.

Los diseñadores y los desarrolladores de calzado deben entender las necesidades en el calce del pie. Deben equilibrar estos requisitos con las exigencias de la moda y la funcionalidad; al igual que deben tener en cuenta las diferentes construcciones para cada tipo de calzado. Las botas de trabajo y las zapatillas para correr tienen procesos de construcción muy diferentes, y las hormas de cada uno de ellos tienen características concretas.

En este capítulo, estudiaremos las características que engloban el diseño de las hormas de calzado, y cómo se relacionan con la función, el estilo y la construcción de varios tipos de zapatos.

Ajuste de la horma
Algunas de las medidas de las hormas son específicas para el ajuste del zapato. El perímetro de la bola y la longitud de una talla 9 americano de una zapatilla de *skate*, y de una bota de montaña serán parecidas para asegurar que se ajusten a las escalas de las tallas. Estas dimensiones varían de una marca a otra, pero normalmente serán muy parecidas. El grosor del corte y la rigidez de los materiales también afectan al ajuste y el calce. La popularidad de las tiendas de calzado *online* ha dado pie a que se incluya una leyenda de calce: se ajusta a la talla, son pequeños o grandes, etc.

Funciones específicas
Aparte de la circunferencia y la longitud de la bola, hay otras medidas que ayudan a determinar la idoneidad de un modelo de zapato para la función prevista.

Construcción
El proceso de construcción de un zapato afecta al diseño de la horma. Las zapatillas para correr, los zapatos de oficina y botas de montaña tienen cada uno un proceso de montado de la suela diferente, por lo que cada uno requiere un diseño de horma diferente. El diseño del corte de mocasines y botas altas requieren hormas diferentes para garantizar que se puedan producir sin dañar el corte.

Tipos de hormas especiales

Dependiendo del tipo de zapato que estés haciendo, la horma puede necesitar algunas características especiales que permitan que el zapato deshorme después de las operaciones de montado. La tensión al montar el corte hará que este quede muy tenso. Deshormar el zapato puede dañar el corte si no se hace con cuidado.

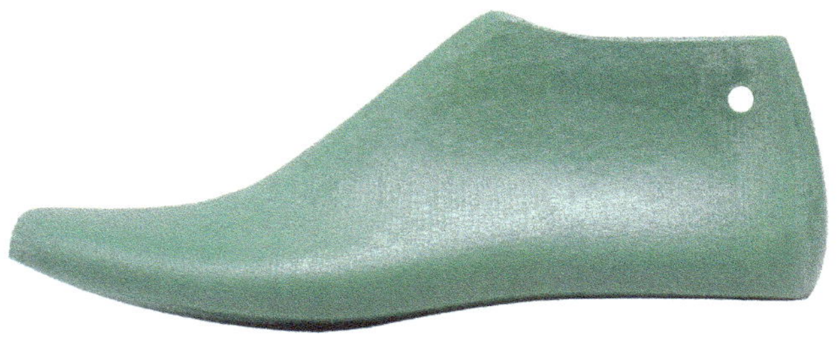

El calzado deportivo estándar, con lengüeta, cordones y un empeine bajo, utiliza una horma sólida. El operario puede quitar los cordones del montado para retirar el modelo fácilmente la horma sin dañar la zapatilla. También se puede utilizar una máquina para este tipo de montado. Las suelas de EVA y goma se doblan fácilmente para liberar la horma sin dañar el modelo.

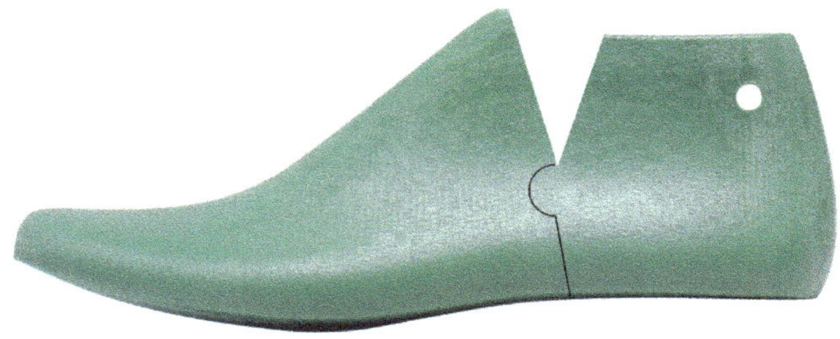

Los mocasines, *oxfords* y botas con un diseño de pala más alto necesitan una horma que se pueda articular para que el corte y las suelas de cuero no se dañen en el deshormado.

Horma entera

Es el tipo de horma más común para calzado, es sólida y puede estar hecha de plástico, aluminio o madera.

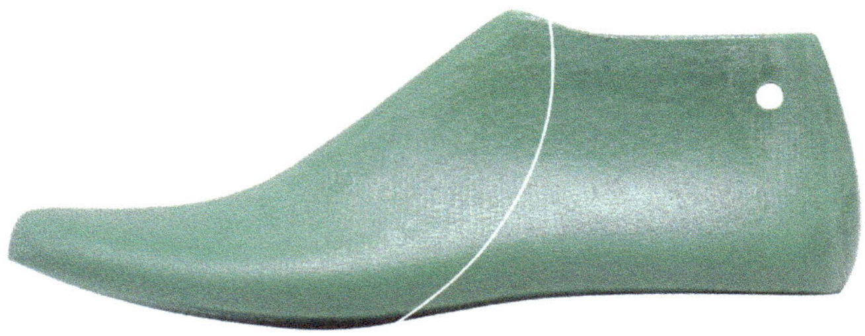

Horma articulada

La horma articulada, o articulado alfa, se utiliza normalmente cuando se fabrican zapatos de cuero para hombre. La horma se "abre" para permitir un fácil deshormado. Suele estar hecha de madera o plástico.

Horma con articulado tendo

Este modelo de horma se usa para hacer calzado de moda para mujeres. La horma se desliza para liberar el talón, acortando la horma para permitir la extracción.

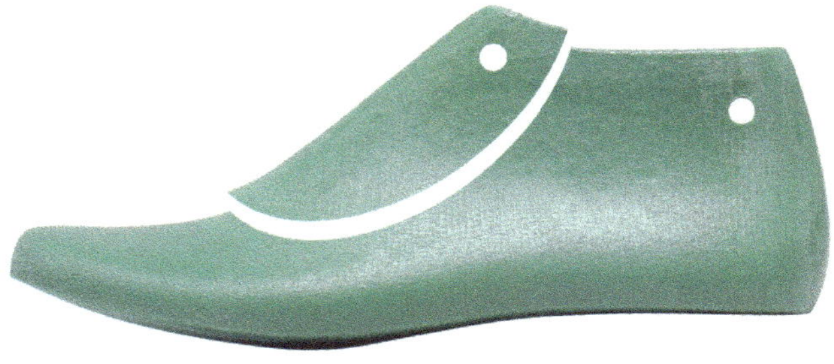

Horma con cuña

La horma con cuña tiene el empeine extraíble, lo que permite dar forma a la zona del cono del zapato.

Horma telescópica

Utilizada para botas altas, este tipo de horma se separa en piezas para poder retirar la horma sin dañar el corte.

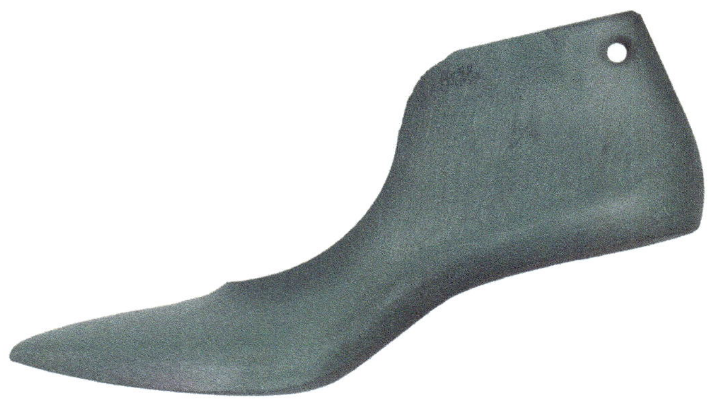

Horma sin cono

Los zapatos de moda para mujer hay veces que se fabrican con hormas sin cono. Esta horma tiene libre el empeine, y permite que la máquina de prensado aplique fuerza a la suela durante las operaciones de cementado sin dañar el material o los adornos del corte.

Características funcionales

A continuación veremos ocho características principales y cómo se combinan para crear las hormas de calzado más comunes.

Juntando estas características, se crea el ajuste, la funcionalidad y el estilo del modelo de zapato.

Con estas características disponibles para los fabricantes de hormas y los diseñadores, se pueden crear nuevas hormas para cualquier tipo de calzado. Estas características se utilizan combinándolos de diferentes maneras para crear un número infinito de variaciones. Aunque la mayoría de los diseños de calzado requieren de una variante de un estilo concreto, es posible que te encuentres diseñando un zapato para una aplicación especial que necesite algo completamente nuevo.

Este es el gran arte de la creación de hormas.

- **Quebrante de la punta**
- **Altura de talón**
- **Perímetro de la bola**
- **Puntera**
- **Canto de la horma**
- **Cuboide**
- **Cono**
- ***Sock allowance***

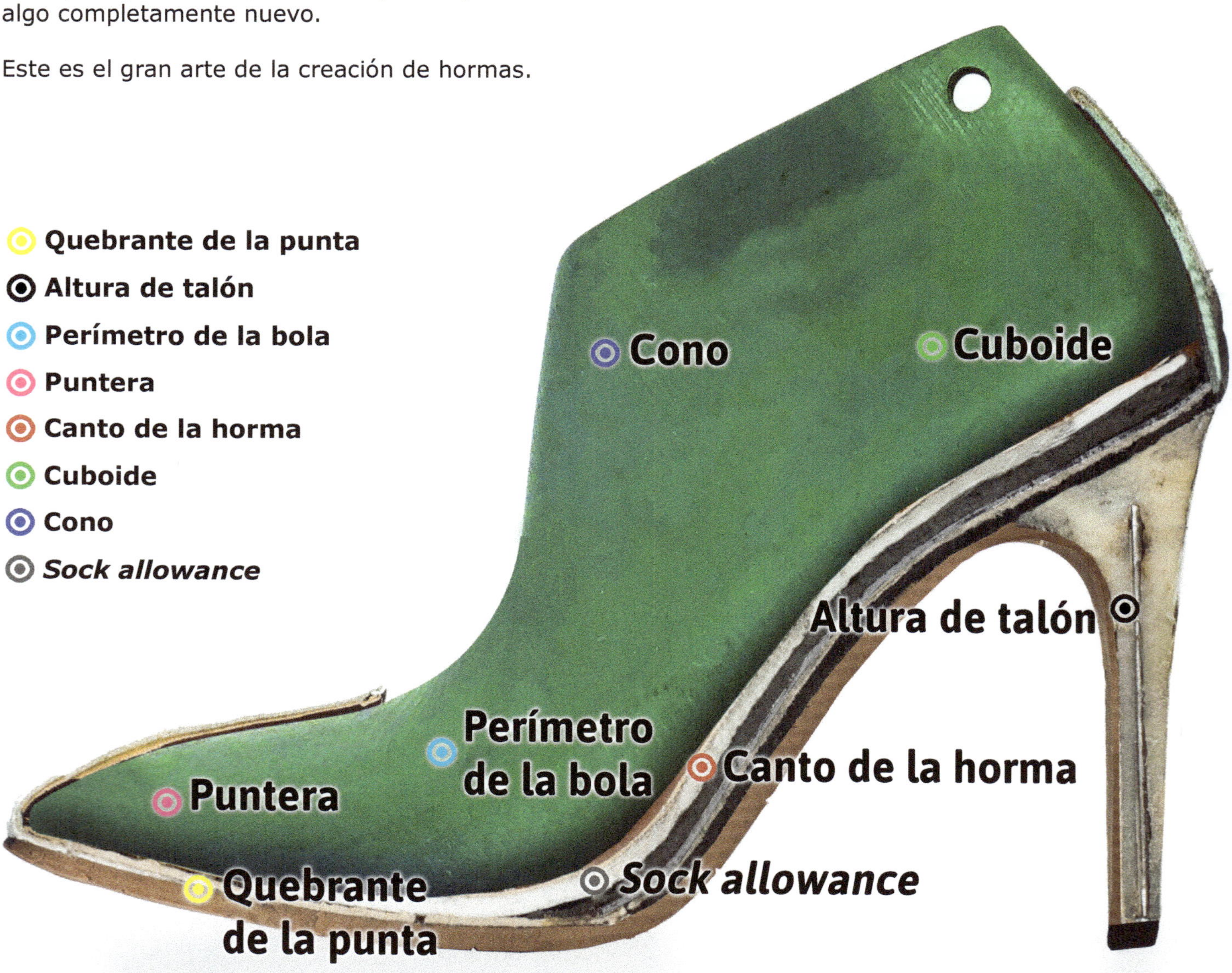

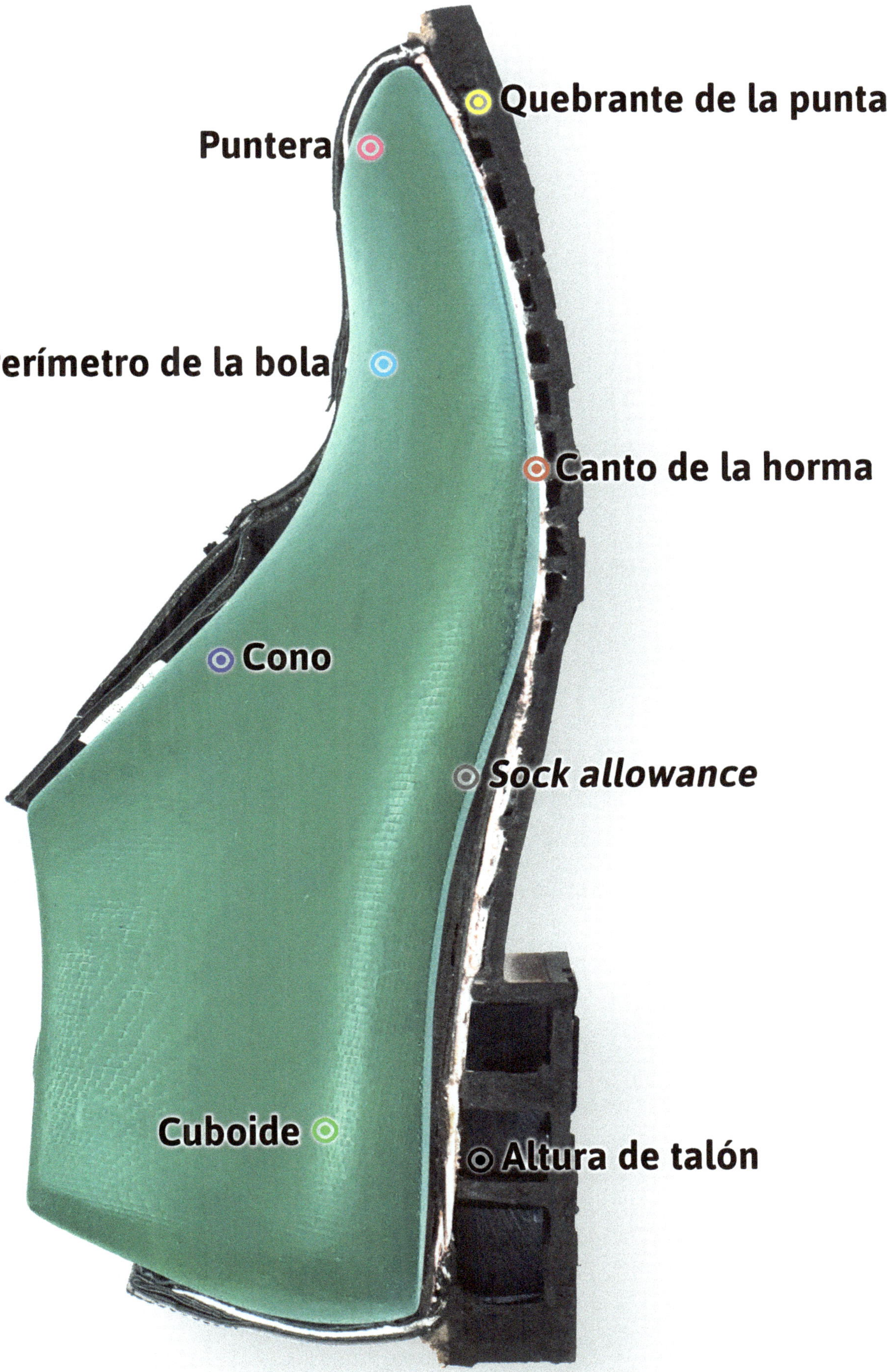
Quebrante de la punta
Puntera
Perímetro de la bola
Canto de la horma
Cono
Sock allowance
Cuboide
Altura de talón

Quebrante de la punta

También denominado salida; si el pie humano no tiene quebrante en la punta, ¿por qué el zapato sí? El quebrante de la punta o salida ayuda a compensar la poca flexibilidad del pie cuando está calzado.

Como norma general, cuanto más rígida sea la suela de un zapato o bota, más salida tendrá. Las botas militares y los zapatos de *trekking* siempre tienen quebrante de la punta para permitir que la suela tenga un movimiento más natural al caminar. En el caso de los zapatos para exteriores, la salida puede reducir los tropiezos.

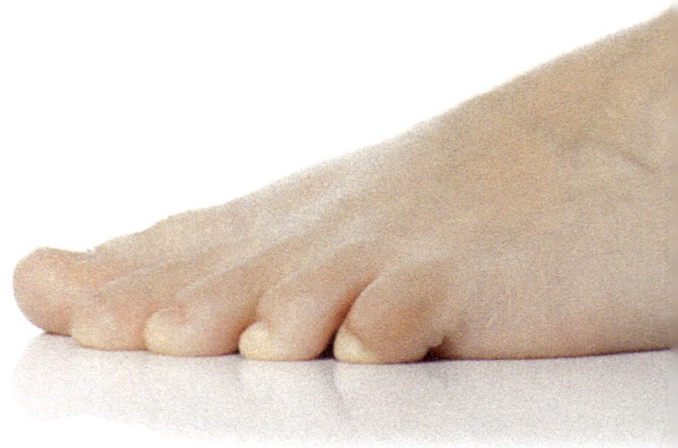

Cuanto más suave y flexible es un zapato, menos quebrante de la punta se necesita para caminar de manera cómoda.

Las zapatillas de suela blanda, como las zapatillas de lona y las zapatillas vulcanizadas, son planas. El pie puede flexionarse de forma natural sin ayuda.

La salida en la horma también reduce el consumo de material en la parte superior del pie. En el caso de una bota de trabajo rígida, la salida evita que el material se arrugue en la pala cuando el pie se flexiona hacia adelante.

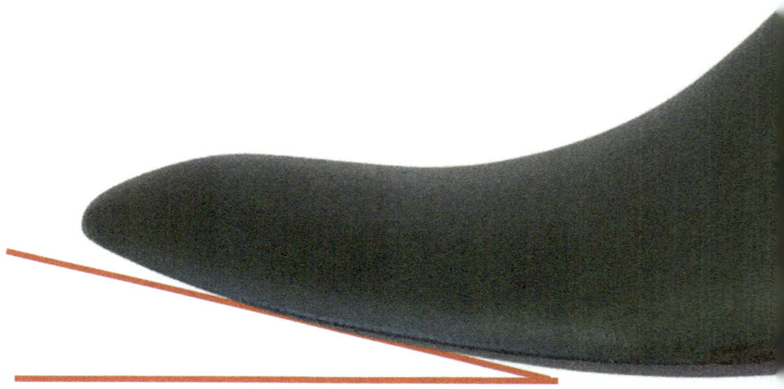

La medida estándar del quebrante de la punta para calzado deportivo de hombre es de 15 mm, y para zapatos de vestir más rígido, 10 mm.

En zapatos de mujer, se da la proporción inversa a la altura de talón. Cuanto más alto sea el tacón, menor será el quebrante de la punta.

El calzado deportivo terminado puede parecer que tenga mucha salida, ya que la mayoría de las entresuelas de las deportivas se estrechan en esta zona.

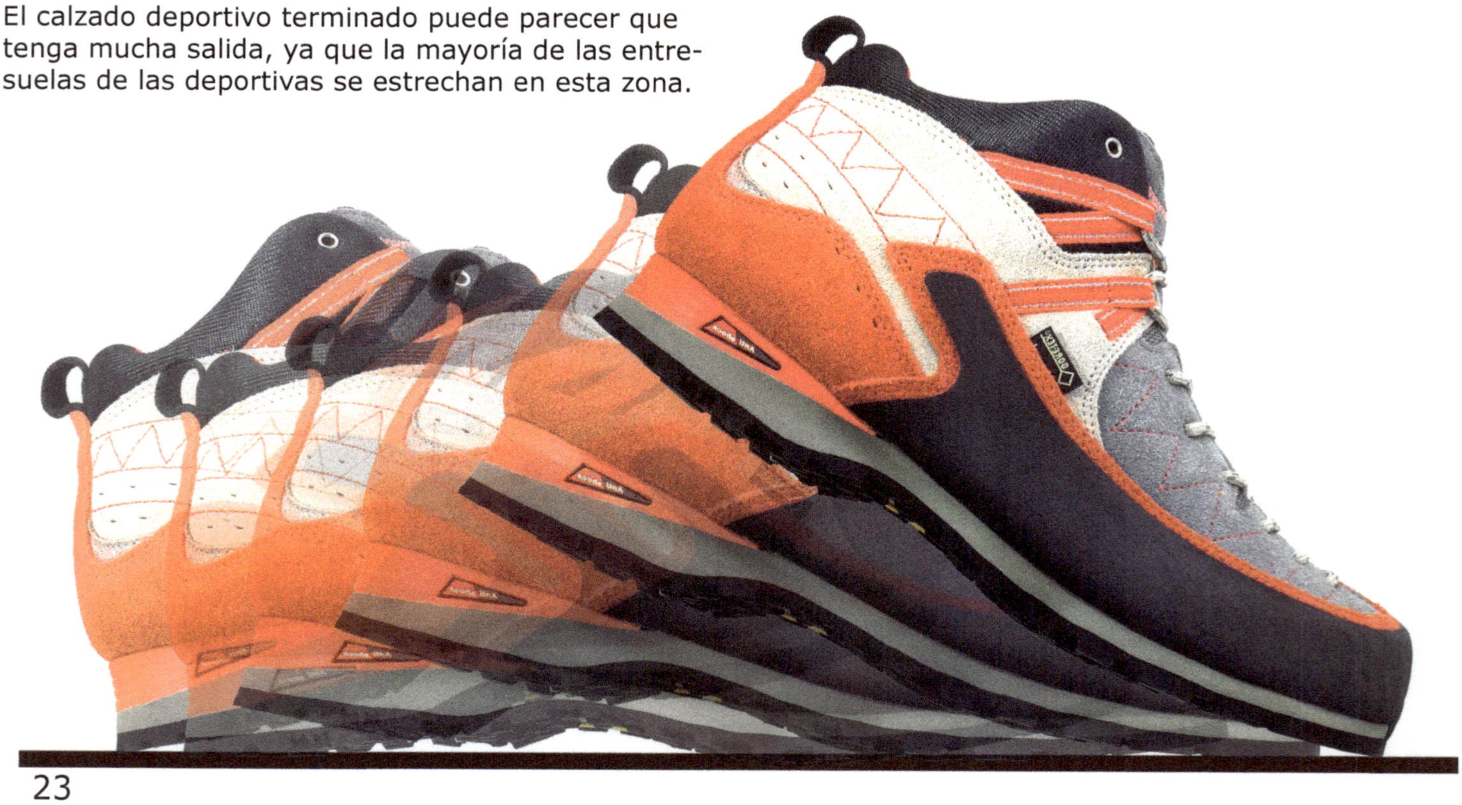

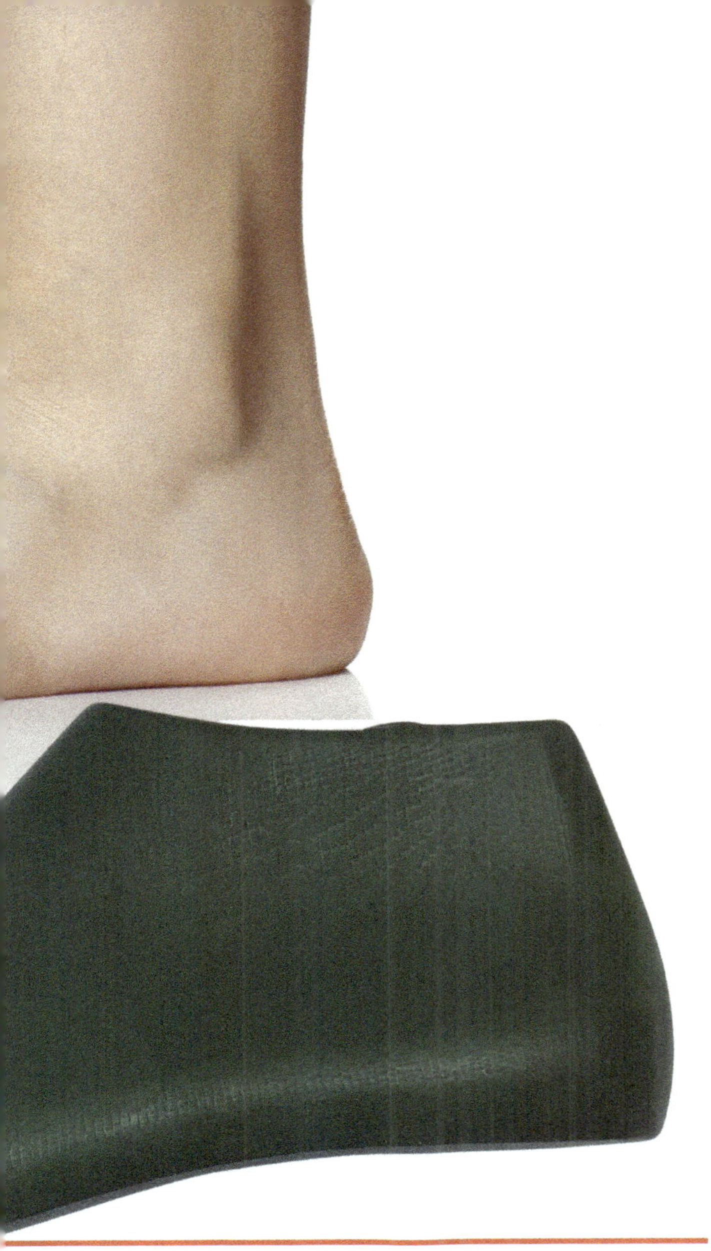

Altura de talón

Si el pie humano no tiene el talón elevado, ¿por qué la horma sí? La función práctica sería la de sujetar un estribo para montar a caballo. En el otro extremo existen otras funciones, como hacer que una mujer sea más alta y flexionar los músculos de la pantorrilla para una apariencia más sexy.

En el caso del calzado deportivo, también depende de la posición ergonómica del pie en la zapatilla. Una elevación de 6 a 10 mm proporciona un impulso adicional, y elimina la sensación de pie plano.

Esta altura del talón también llena el espacio para el sistema de amortiguación. Las entresuelas de espuma de poliuretano, EVA y las cámaras de aire necesitan alrededor de 12 mm para colocarse.

Un modelo deportivo estándar tendrá una entresuela de 8 mm, combinada con 6 mm de altura de talón; siendo la altura total de unos 14 mm.

Esta medida también se relaciona con el quebrante de la punta. Un zapato con tacón alto tendrá menos salida. En cambio, un mocasín tendría lo contrario, apenas altura de talón, y tan solo un poco de salida en la puntera.

La altura de talón de un zapato determina la distribución del peso. Un modelo plano coloca el 57% del peso en el talón, y el 43% restante en el antepié. Una ligera elevación de tan solo 20 mm en el talón cambiaría la distribución del peso a 50/50; siendo esta distribución mejor para el calzado deportivo.

Una altura superior a 2 cm desplaza la distribución del peso hacia adelante. Con un tacón de 60 mm, se transfiere el 75% del peso al antepié, y una elevación de 100 mm coloca el 90% del peso en el antepié. Tanto el diseño del zapato, como el de la horma deben tener en cuenta el aumento del peso.

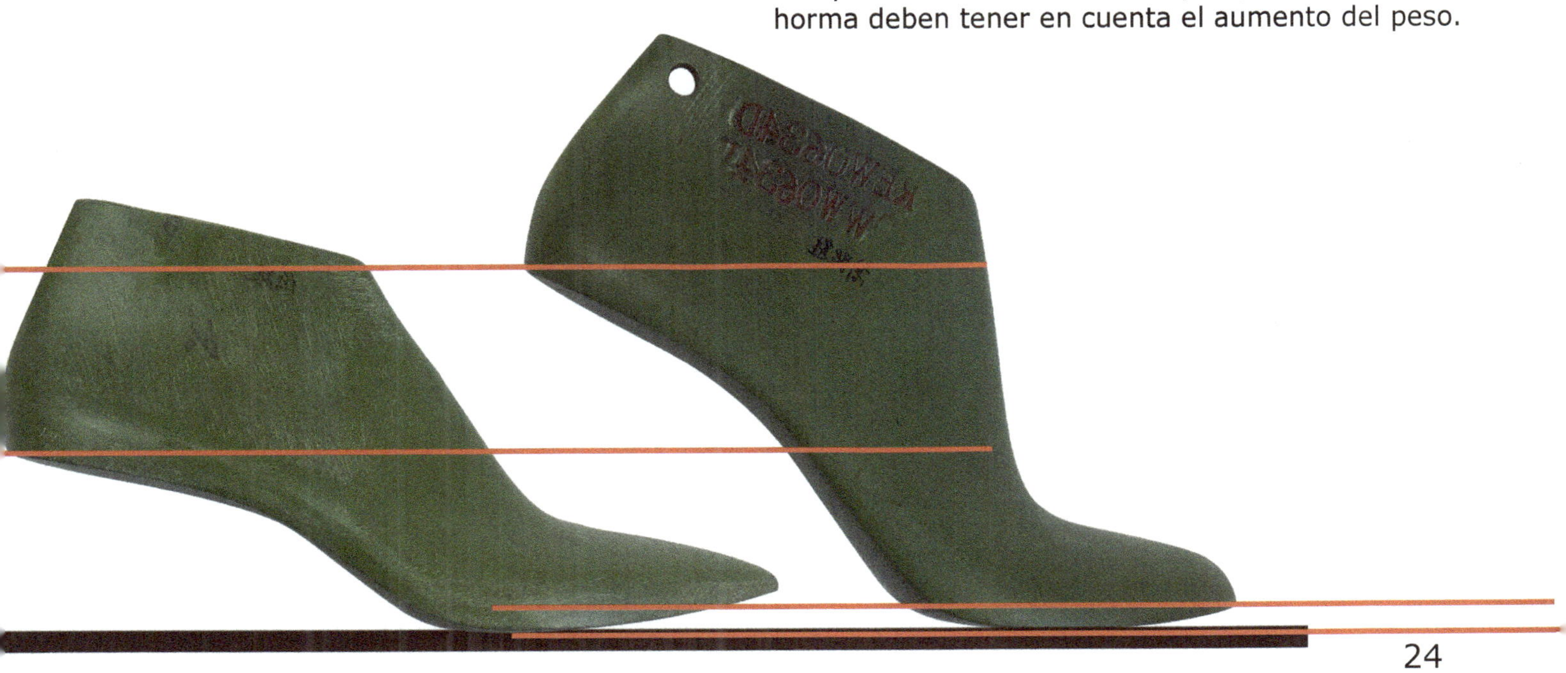

Perímetro de la bola

El perímetro de la bola se suele dar siguiendo los estándares de las tallas, pero se puede ajustar para alterar el ajuste de un estilo de concreto.

Las zapatillas de escalada deben ajustarse muy bien para proporcionar impulso y seguridad. Una bota de invierno debe tener un perímetro de la bola más grande para garantizar una correcta circulación sanguínea en climas fríos. Una zapatilla de carrera de pista, con clavos, debe ajustarse para que quede perfecta, incluso un poco incómoda, aunque solo se use durante períodos cortos de tiempo.

Los zapatos más blandos pueden tener un perímetro de la bola más pequeño, mientras que un modelo más rígido de la misma talla necesitará una medida un poco más grande.

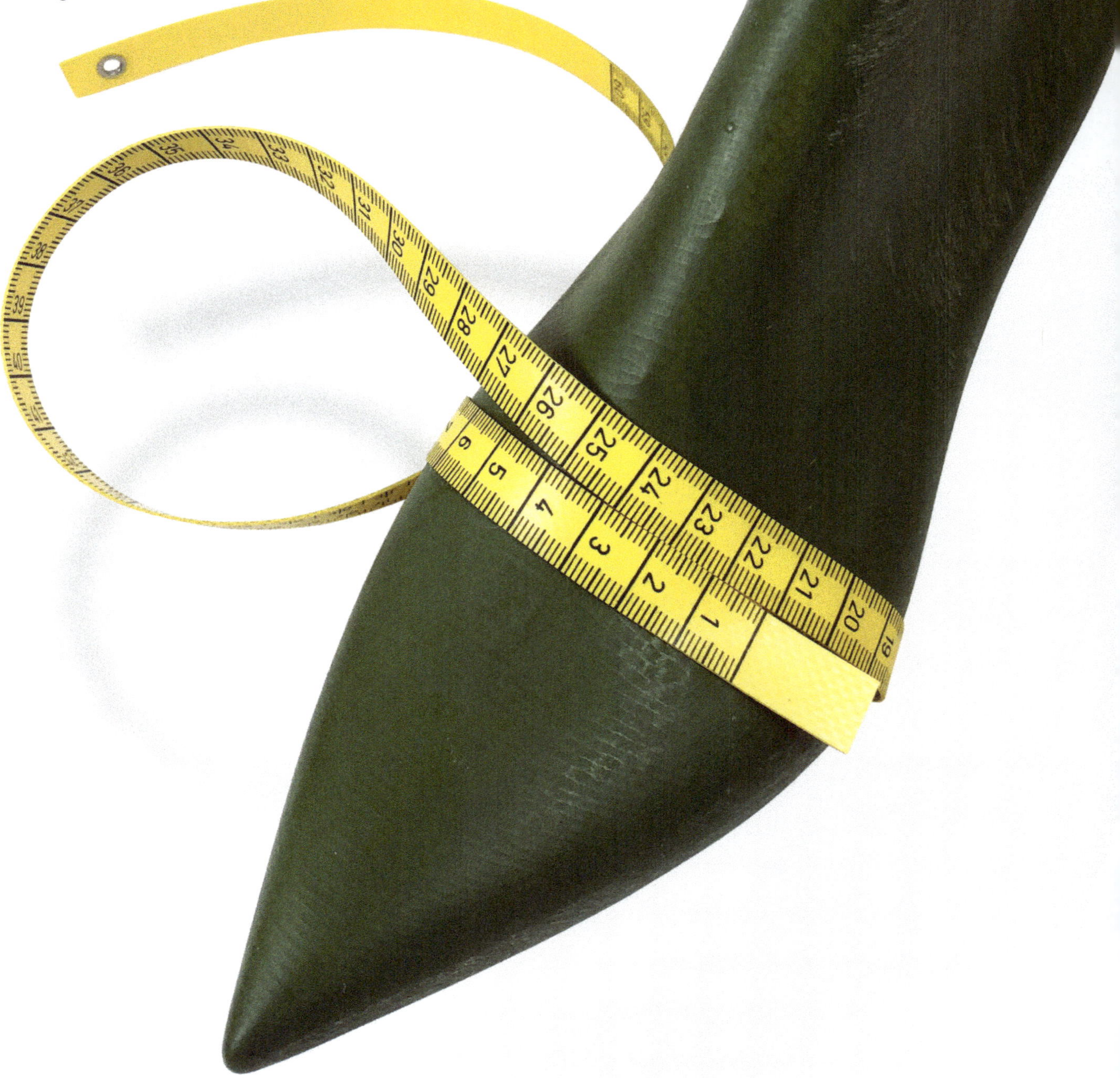

Cuboide

El cuboide es un hueso con forma irregular cúbica ubicado en el lado lateral del pie, debajo del hueso del tobillo, justo delante del calcáneo (hueso del talón). El cuboide en la horma permite que un modelo de calzado de corte bajo se agarre al costado del pie. Las hormas diseñadas para zapatos de tacón de mujer, mocasines de hombre y náuticos suelen tener cuboide pronunciado.

Un zapato o bota de caña alta tendrá una curvatura más reducida que permitirá que el pie se deslice hacia arriba y hacia afuera del zapato de ajuste más estrecho.

Los mocasines con un talón holgado o suelto y la abertura o el hueco abierto, son indicios de un cuboide con la forma incorrecta.

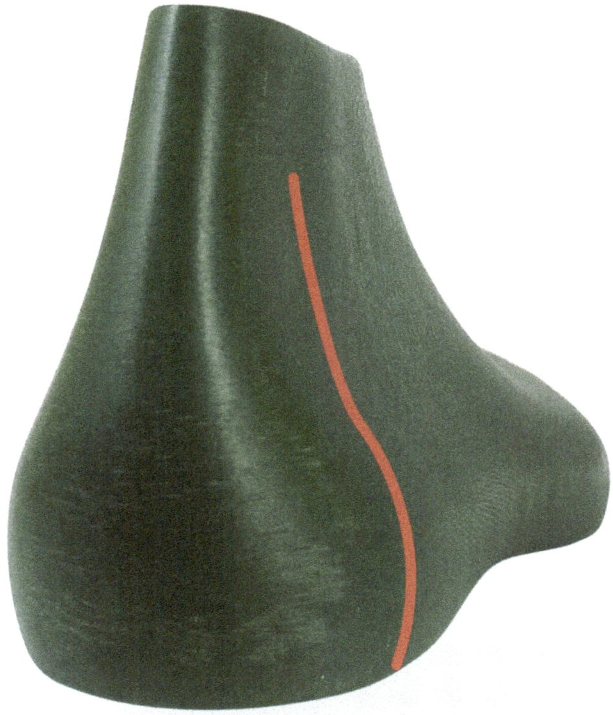

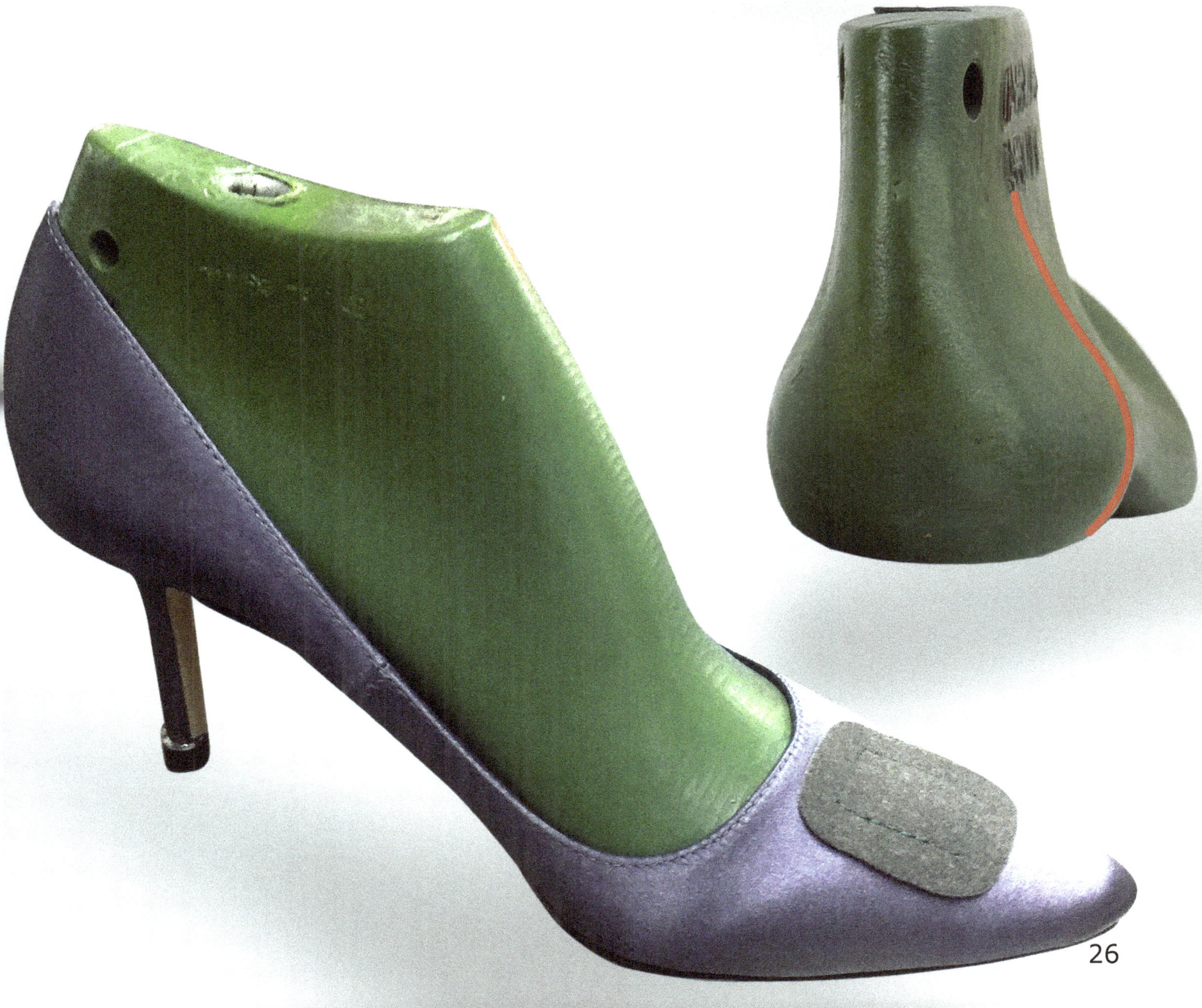

Puntera

La puntera de una horma varía mucho. Los zapatos con la puntera muy puntiaguda tienden a ser muy bajos en los dedos, mientras que los modelos con puntera de acero o las botas de *snowboard* tienen punteras altas y cómodas. Las zapatillas para correr pueden tener la pala baja, con espacio extra para que los dedos no toquen el extremo del zapato.

El contorno de la puntera varía de puntiagudos a forma de pato, redondos u oblicuos, siguiendo un propósito funcional, a la moda o ergonómico.

A excepción de esta horma de sandalia con la puntera redondeada, lo normal es añadir una holgura en la punta para las diferentes formas de los dedos. En una horma puntiaguda, esta debe ser más larga, ya que los dedos no cabrían en un espacio pequeño.

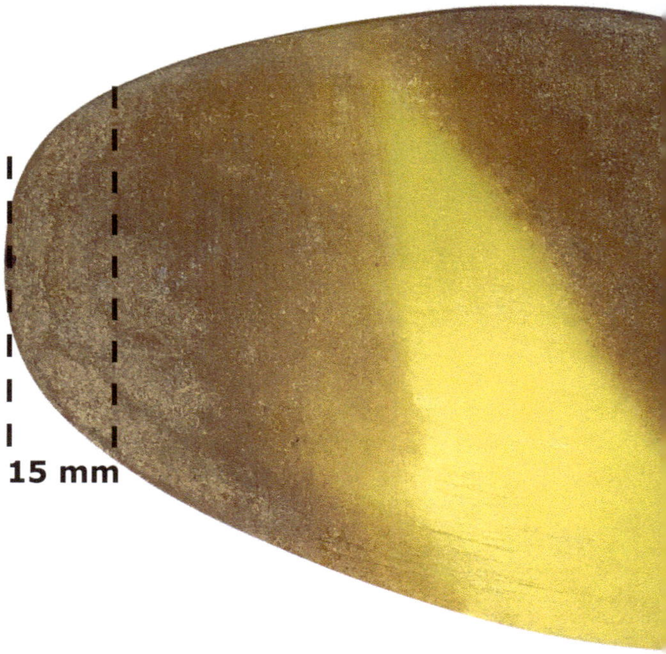

Holgura de la punta
Es la distancia desde la punta de la horma hasta la punta del dedo gordo; la holgura de la punta ronda los 15 mm.

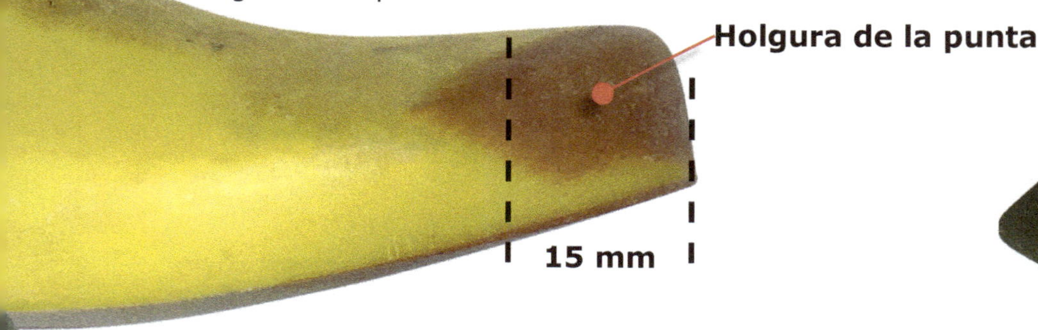

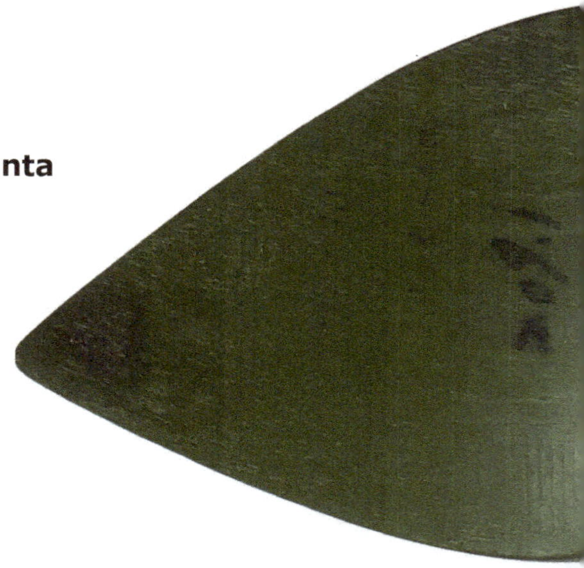

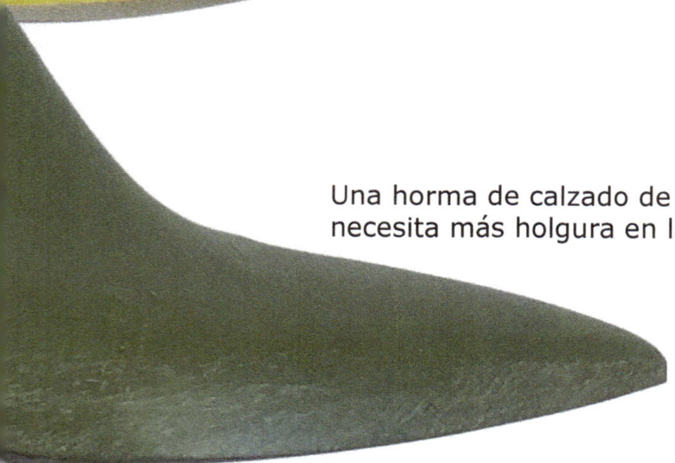

Una horma de calzado de moda necesita más holgura en la puntera.

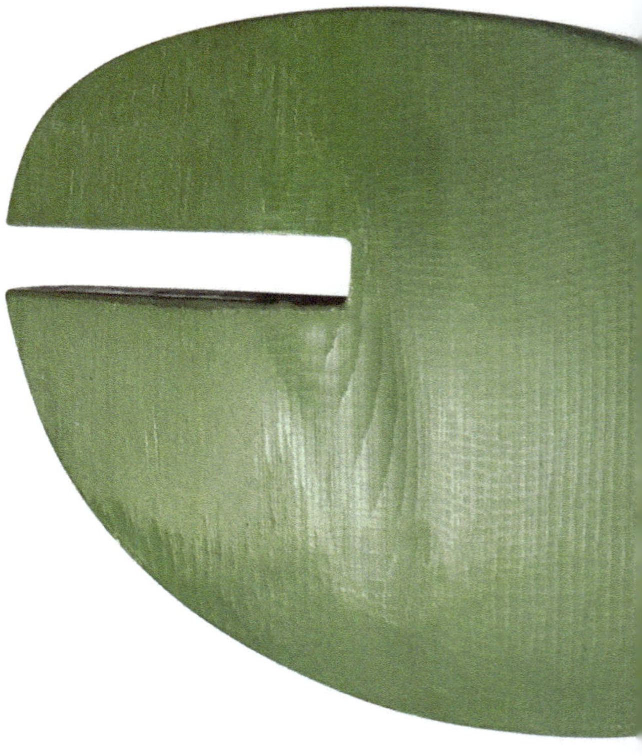

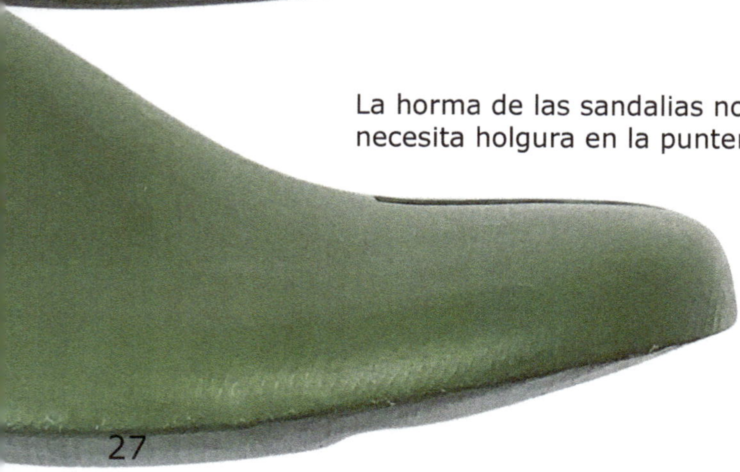

La horma de las sandalias no necesita holgura en la puntera.

Cono

El cono de la horma cambia mucho si un zapato es con o sin cordones. Una bota alta sin cordones necesita mucho más espacio para permitir que el pie salga. Una bota con cordones, como unos botines de lucha libre, pueden tener un cono mucho más estilizado y con poco volumen. Una pala corta y una lengüeta larga permiten que el zapato se abra por completo.

En términos generales, las zapatillas deportivas con el hueco grande y lengüetas acolchadas, tienden a tener un cono inclinado y fino; mientras que los zapatos de vestir para caballero es al contrario, un empeine más bajo y vertical. Algunas hormas de calzado de mujer no tienen cono.

Aquí se puede ver que la horma verde del zapato tiene un cono ancho que llega hasta el empeine. Esta horma es adecuada para hacer calzado de vestir en piel con escote largo y bajo.

La horma azul, con un cono estrecho e inclinado, se utiliza para hacer calzado deportivo con una pala corta y una lengüeta larga y acolchada.

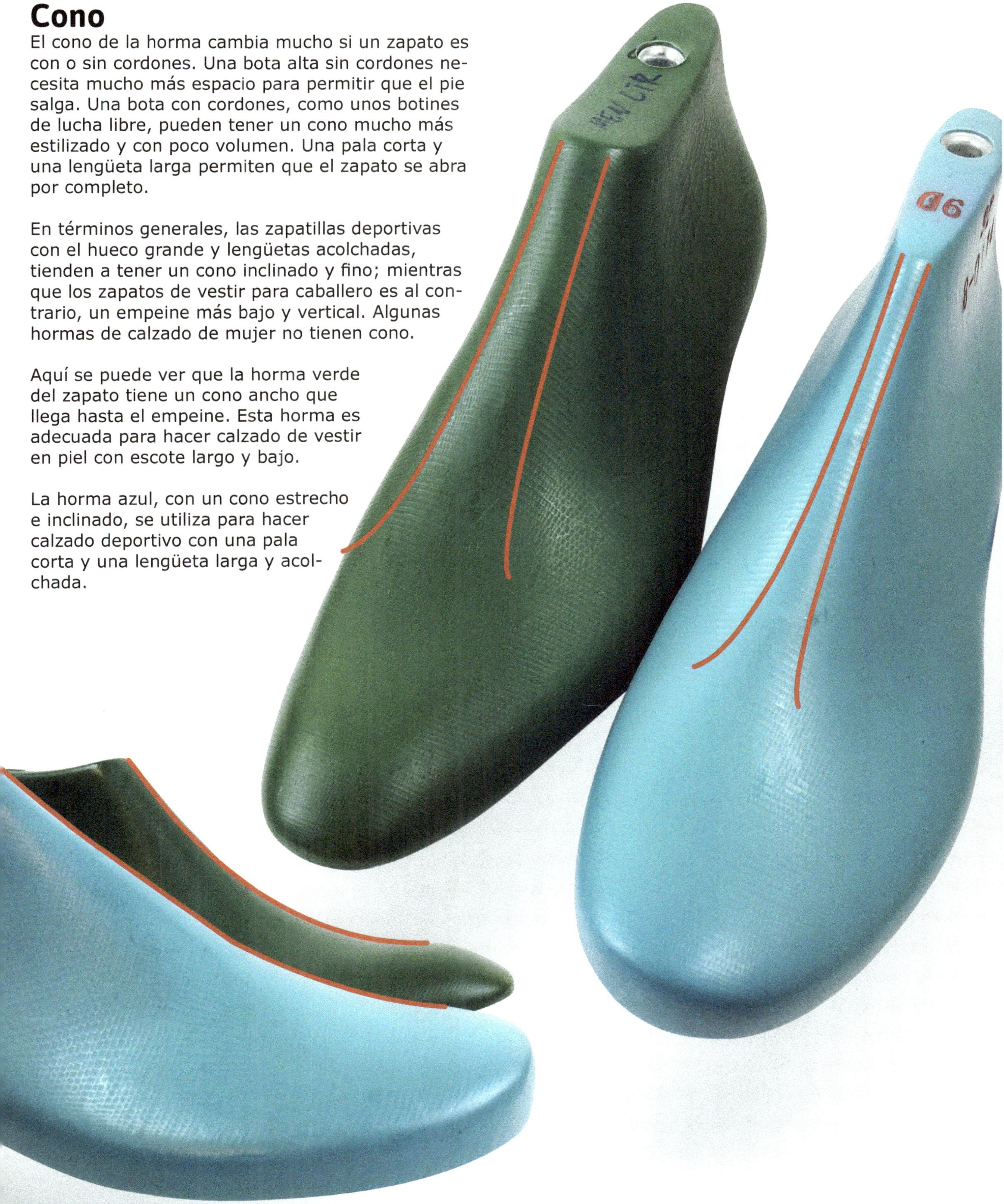

El canto de la horma

El canto biselado o borde de una horma se basa varios parámetros, incluidos los necesarios para la construcción, calce y diseño. El borde puede tener un quiebre de 90º, o una curvatura suave de 30 mm. Las hormas pueden tener bordes rectos y curvos en su contorno.

Las hormas diseñadas para botas militares montadas con palmilla tendrán un canto plano de 90º en todo el perímetro; una moderna zapatilla para correr montada con Strobel tendrá un canto suave y curvo; y un pie de gato con un diseño novedoso puede tener una combinación de cantos planos y rectos, y finos y curvos.

Como regla general, la mayoría de los modelos que se montan con tabla de montado o palmilla tienen un canto plano de 90º, mientras que los modelos montados con Strobel o a la fuerza, pueden mezclar cantos planos y curvos.

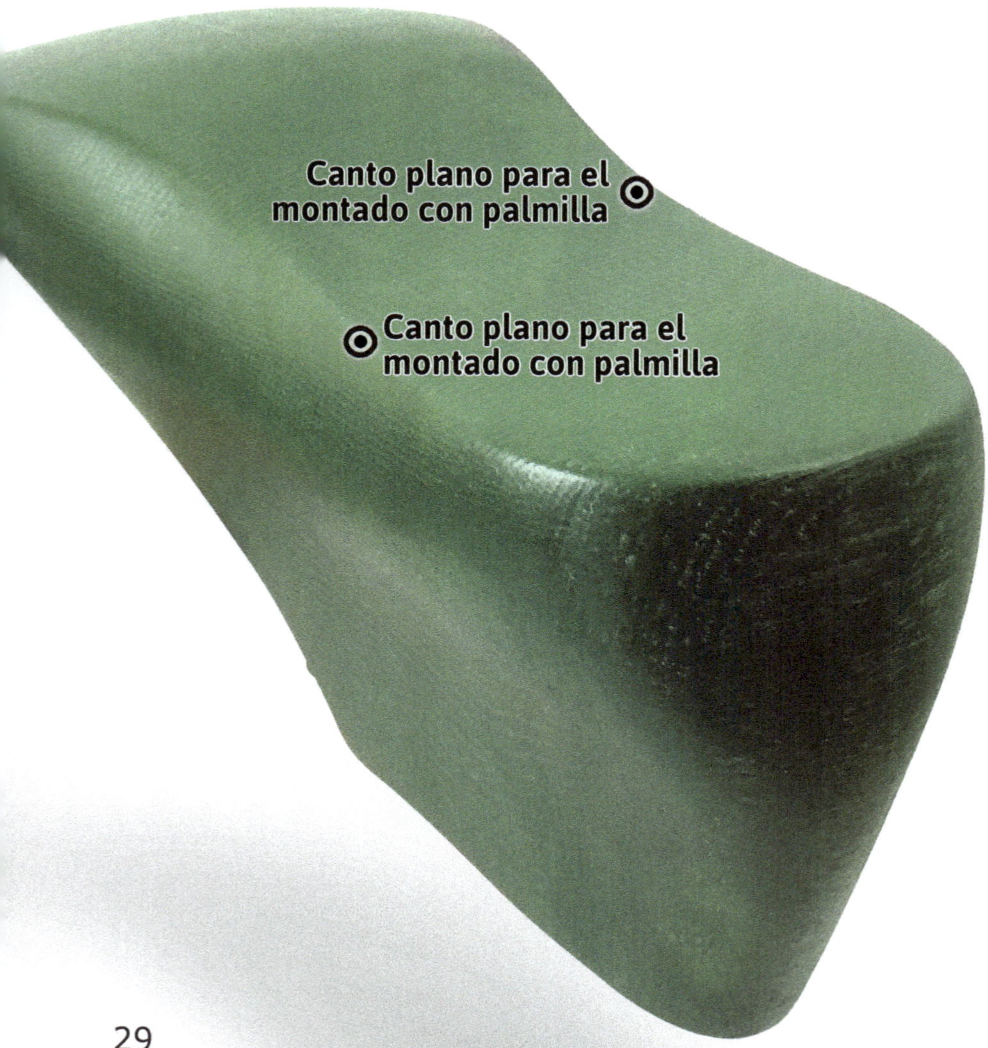

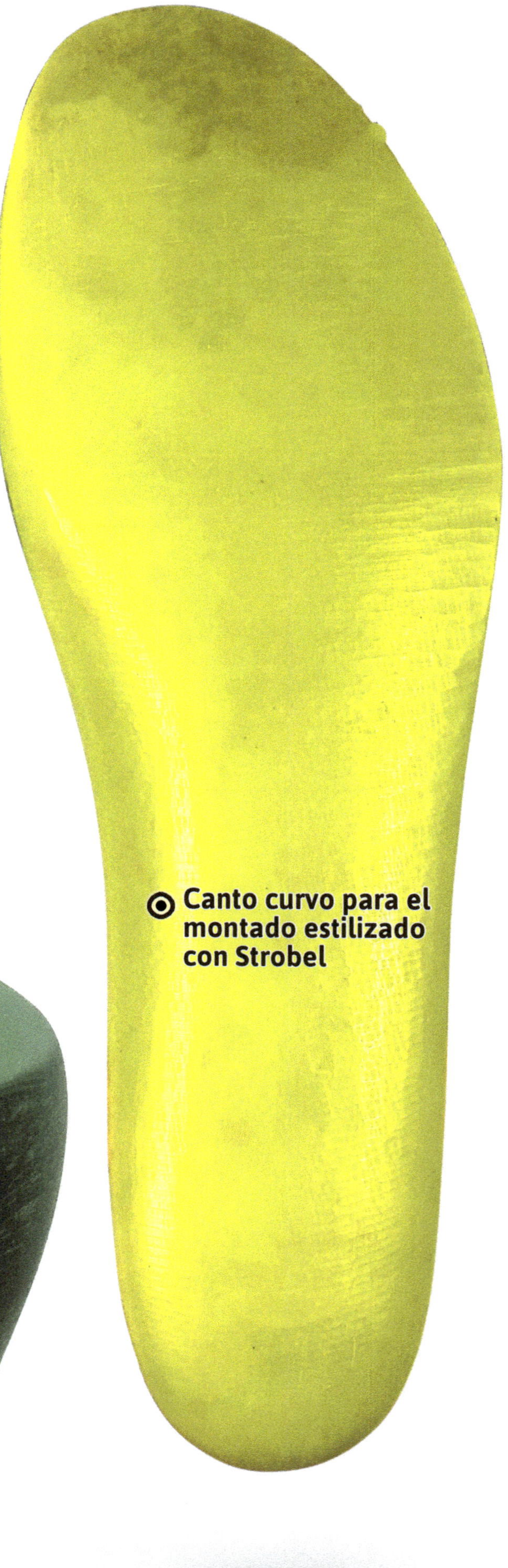

Sock allowance

Así se denomina a la cantidad de espacio que el hormero crea dentro del modelo para la plantilla. Se añade material extra en la planta de horma para que el modelo se ajuste y calce correctamente una vez que se introduzca la plantilla.

El *sock allowance* para botas de montaña puede tener un grosor de hasta 6 mm, mientras que para una zapatilla de correr básica varía de 3 a 5 mm.

Algunas hormas no tienen *sock allowance*, ya que depende del tipo de montado, o la construcción.

Los zapatos de tacón alto no tienen este espacio porque ya se encuentra dado en la suela durante el montado. Los zapatos de vestir de caballero tienen un pequeño margen de cara a colocar posteriormente una plantilla de cuero un poco más gruesa, que se instala después del montado.

Los desarrolladores utilizan el *sock allowance* para modificar el ajuste de un modelo durante la comercialización. El desarrollador puede ajustar el grosor de la plantilla o, en el caso de zapatos montados con palmilla, adicionar una capa extra de material a la horma para crear más espacio dentro del zapato.

En zapatillas como las Nike™ Kobe 11™, se puede ver que el *sock allowance* supera los 15 mm para dejar espacio a la entresuela.

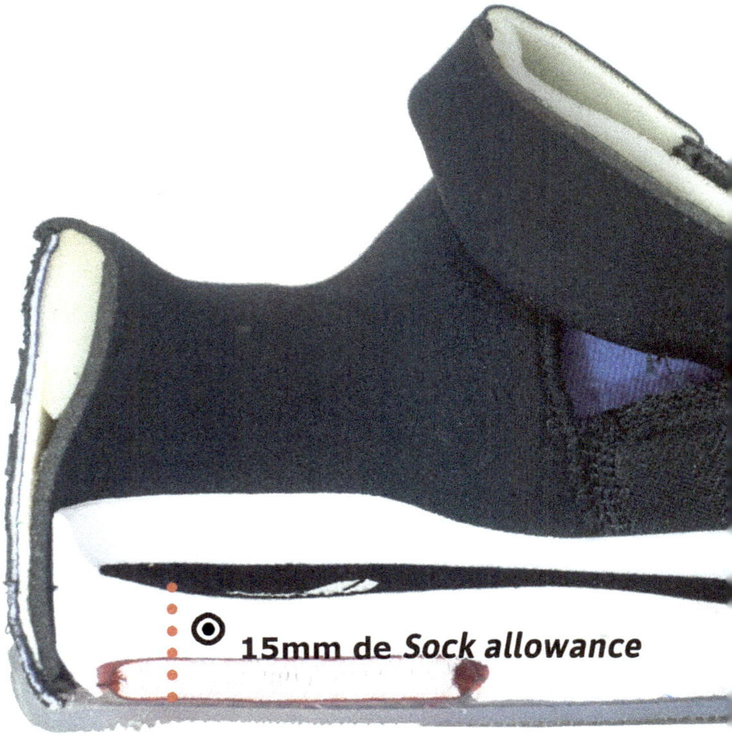

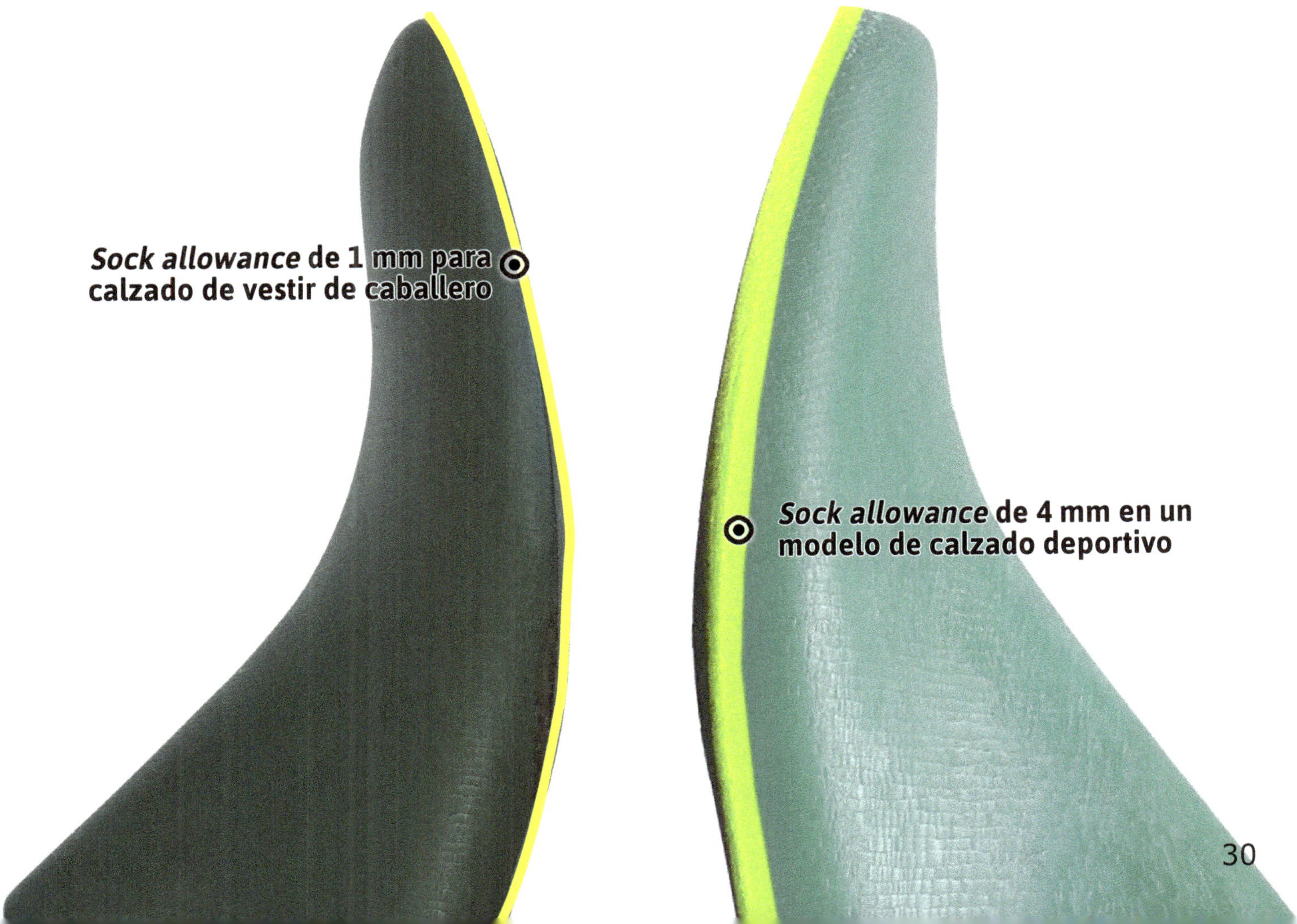

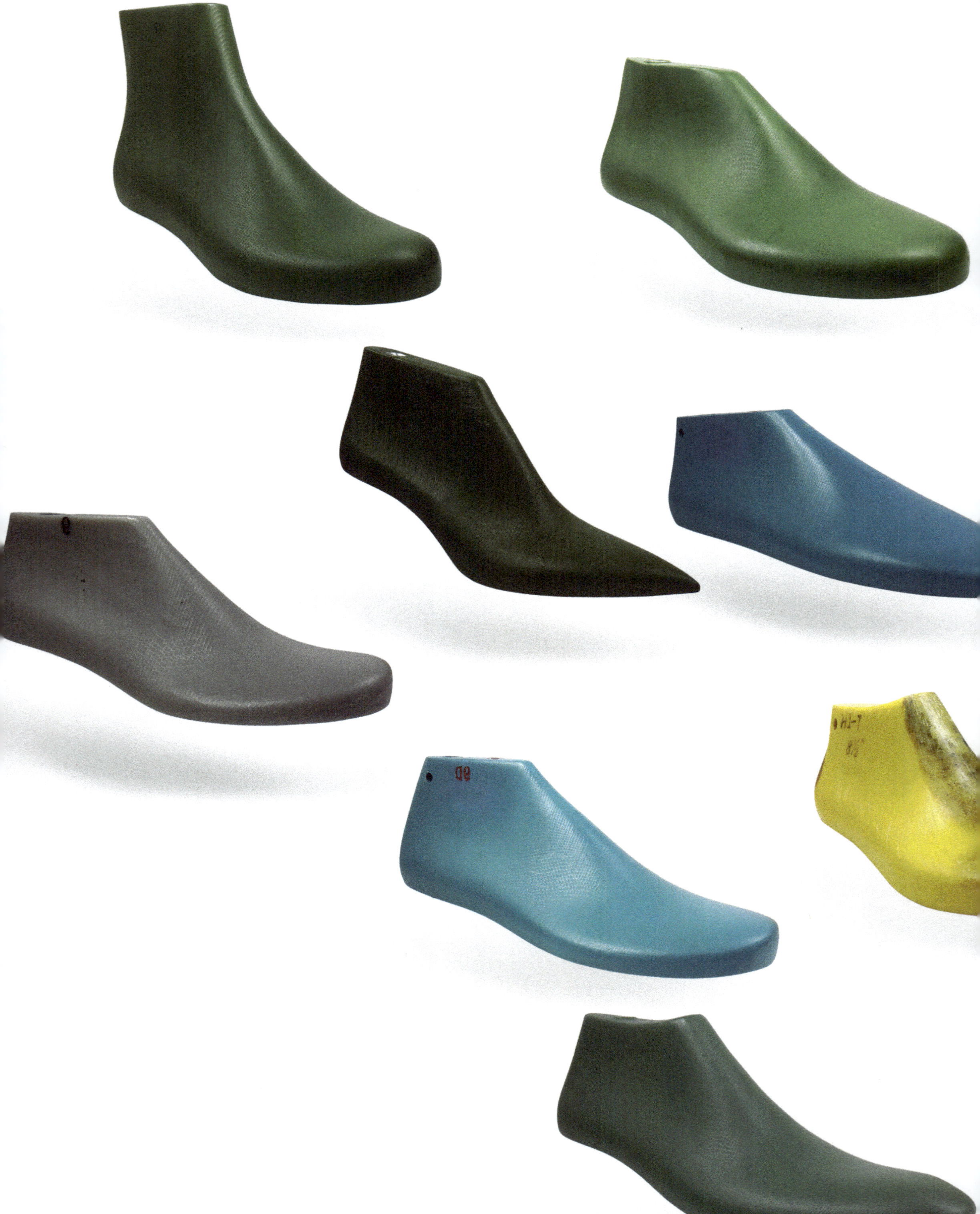

Capítulo 3: diseño de hormas de calzado

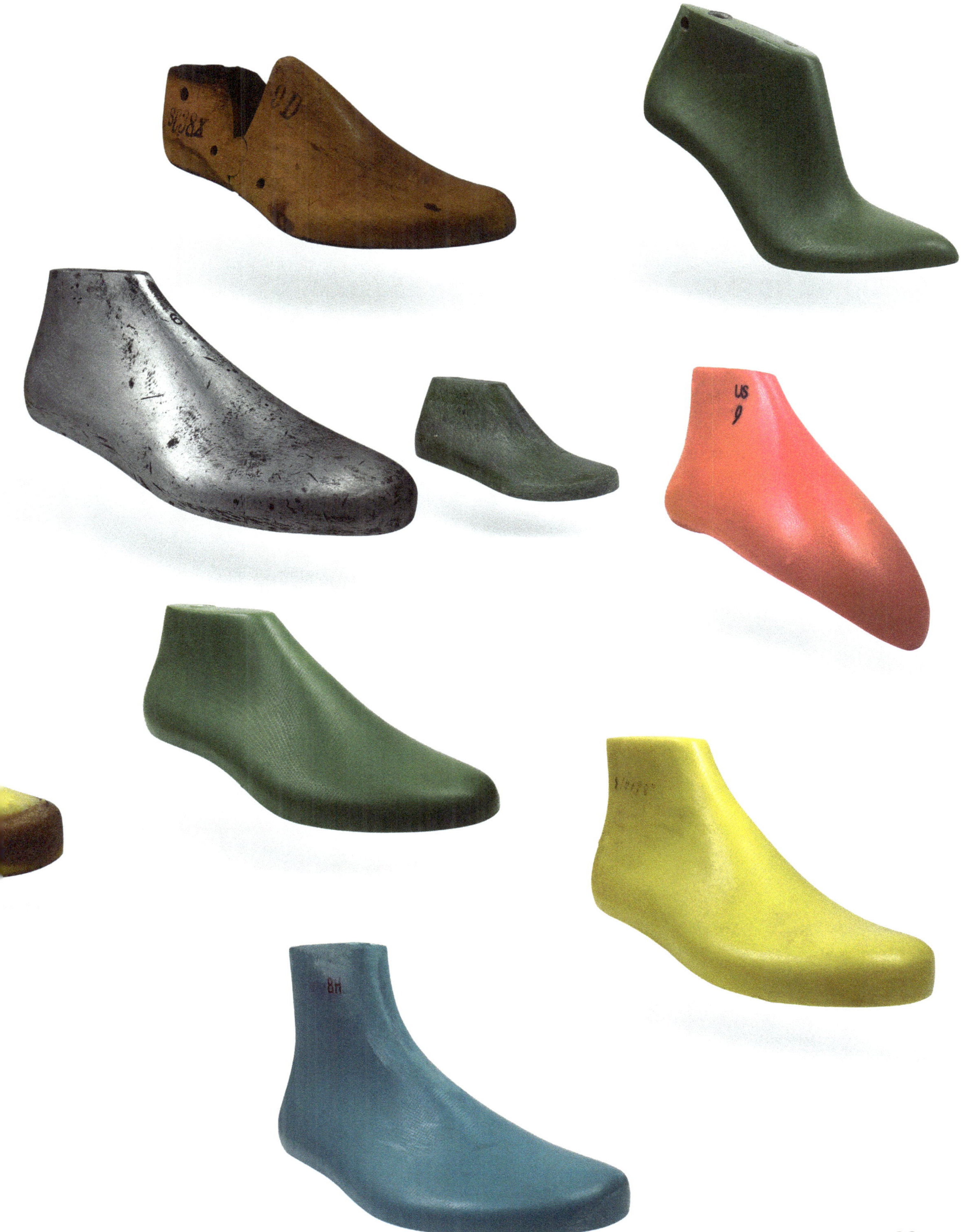
US
9
8H

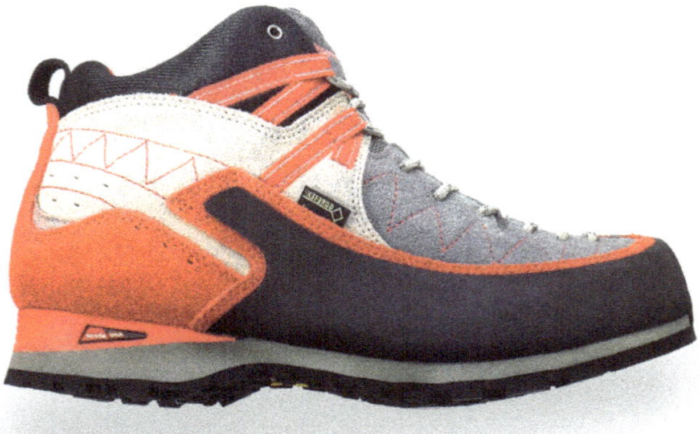

Horma de bota de senderismo

La bota de senderismo está diseñada para soportar el pie bajo cargas pesadas y protegerlo en terrenos difíciles. El producto final debe tener un calce o ajuste cómodo y una suela rígida.

El diseño de la horma debe tener espacio para introducir plantillas extra, y tener en cuenta los cambios del pie durante las horas de caminata.

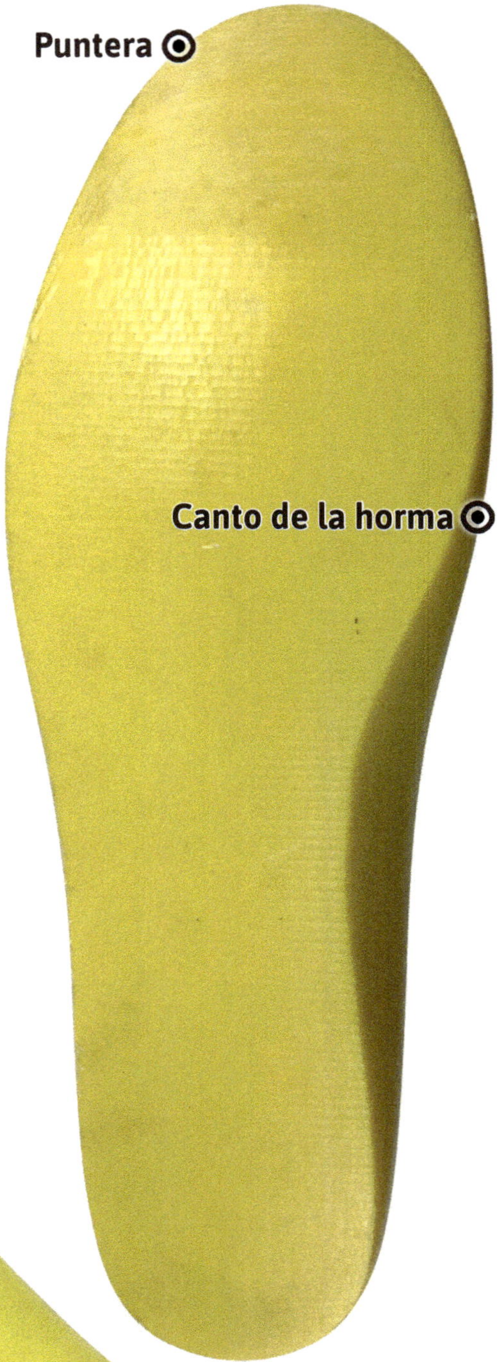

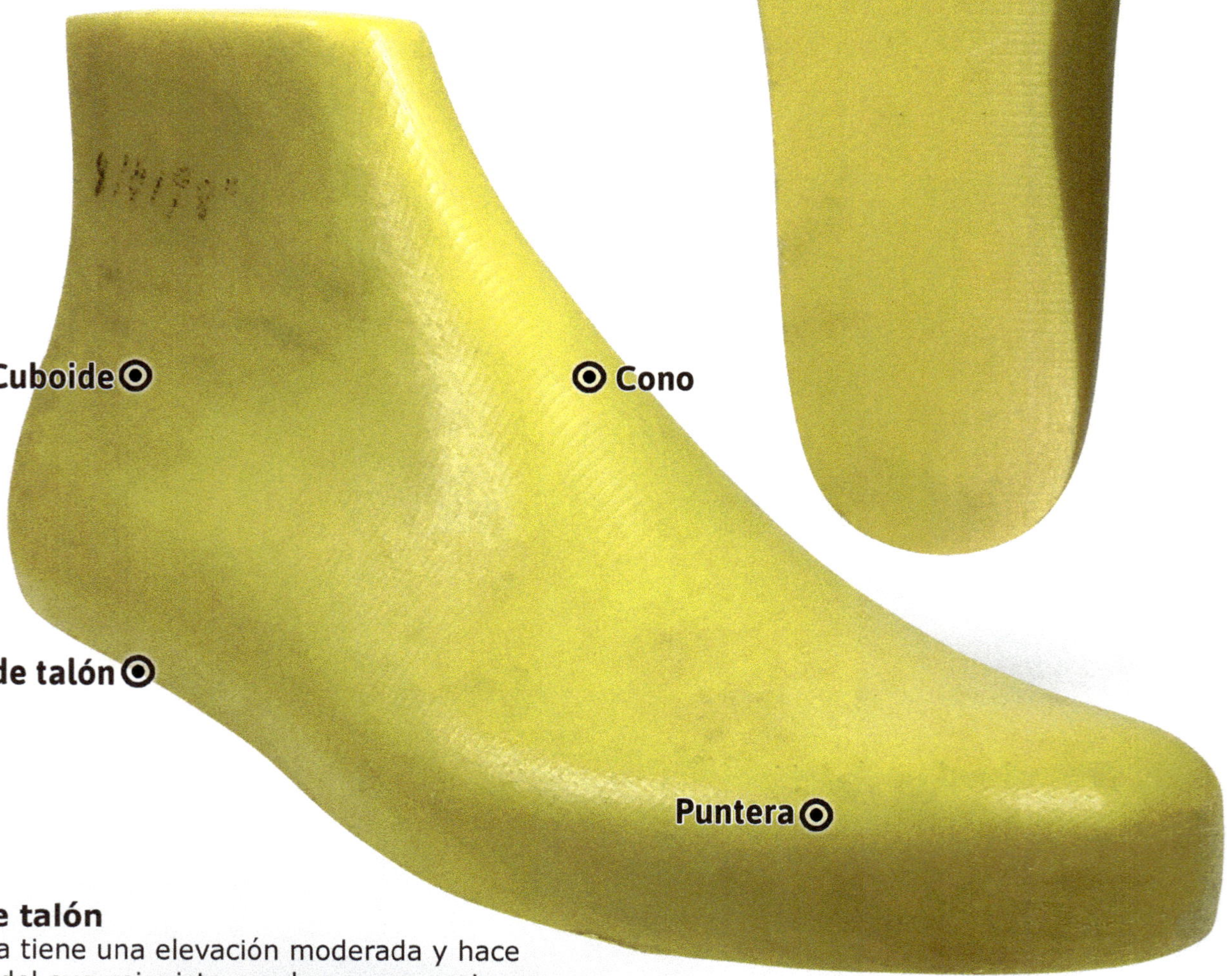

Altura de talón

Esta horma tiene una elevación moderada y hace que el pie del excursionista quede en una postura atlética al crear espacio debajo de la bota para un pequeño tacón. La altura de tacón de una bota de senderismo es importante para poder romper los obstáculos necesarios en el descenso.

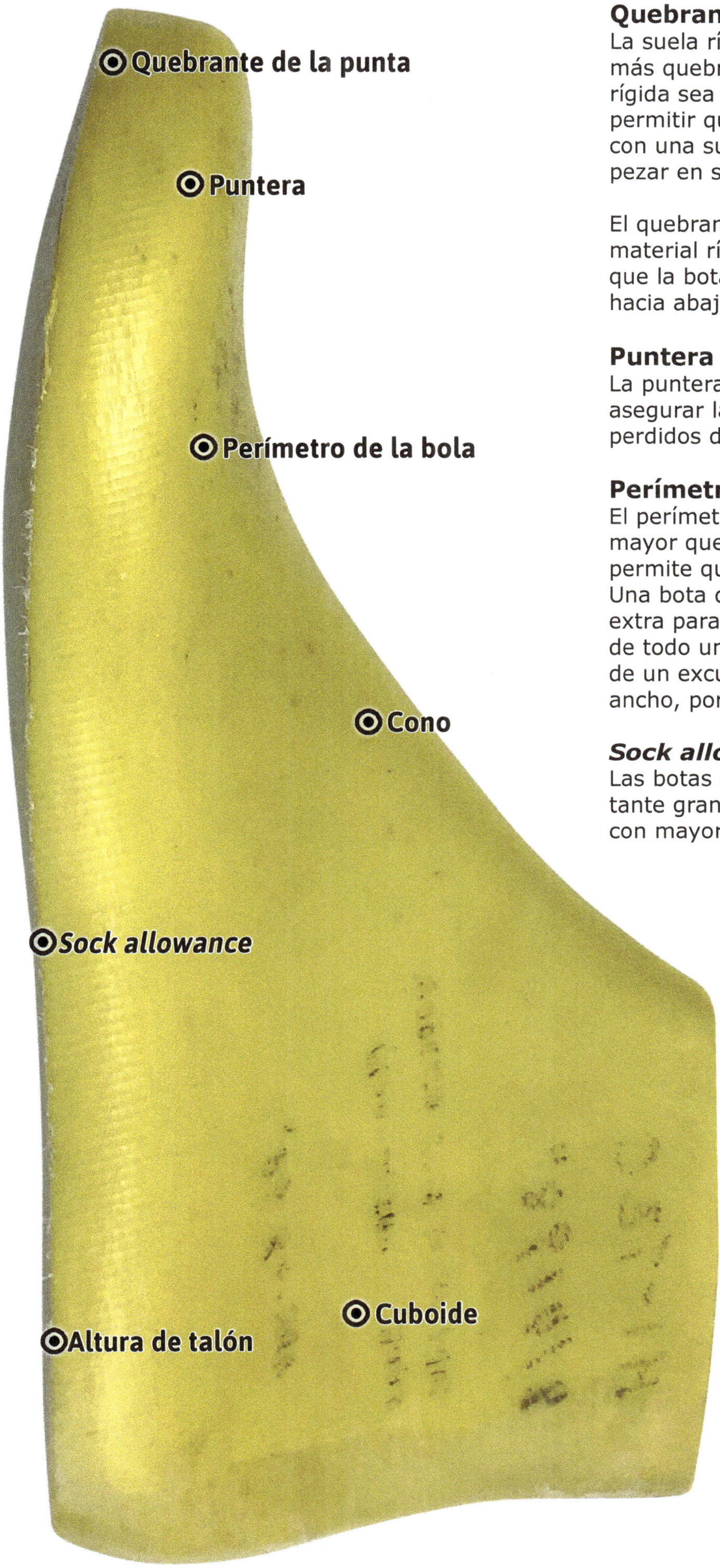

Quebrante de la punta

La suela rígida de una bota de montaña necesita más quebrante o salida en la puntera. Cuanto más rígida sea la suela, más elevada será la salida para permitir que el pie tenga un balanceo más natural con una suela tan rígida, y reduce el peligro de tropezar en superficies irregulares.

El quebrante de la punta también reduce el uso de material rígido en la parte superior del pie; permite que la bota se flexione sin que los materiales tensen hacia abajo en la zona superior del pie.

Puntera

La puntera es más larga para evitar hematomas y asegurar la circulación en climas fríos. Los puntos perdidos de la puntera serán el estándar de 15 mm.

Perímetro de la bola

El perímetro de la bola para una bota rígida es mayor que el estándar. Dar un porcentaje adicional permite que el pie se expanda cuanto tiene peso. Una bota de senderismo también debe tener espacio extra para su uso con calcetines gruesos. Después de todo un día llevando una mochila con peso, el pie de un excursionista puede aumentar una talla a lo ancho, por lo que la bota debe poder adaptarse.

Sock allowance

Las botas de montaña suelen tener un espacio bastante grande bajo la horma para plantillas gruesas y con mayor apoyo.

Cono

El cono de una horma de senderismo tiene una curva suave y ancha para permitir la entrada del pie. Un diseño de cono más hundido en la parte inferior de la abertura de la garganta o hueco, ayuda a retener el pie en la bota y evita que el pie se deslice hacia adelante, reduciendo la posibilidad de lesiones en los dedos.

Cuboide

El cuboide con una curvatura suave hace que el pie entre en la zona del talón. La horma de este tipo de bota se estrecha por encima del cuboide para permitir un hueco más ajustado alrededor del tobillo.

Canto de la horma

El canto de la horma de una bota de montaña es casi siempre un canto de 90º para permitir que la palmilla monte perfectamente con suelas rígidas.

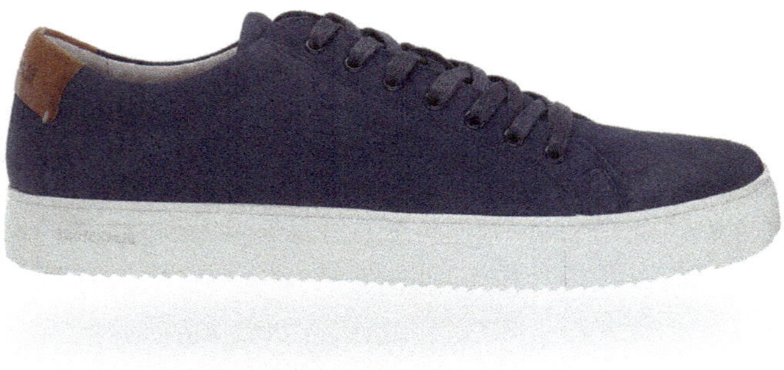

Horma de zapatilla casual

Diseñada para tener un calce ceñido y cómodo, debe tener una abertura de la garganta que facilite la entrada del pie. Los modelos hechos con un corte blando o maleable, deben estar muy bien montados para que flexionen sin que se abran al caminar.

Quebrante de la punta

Un modelo con suela blanda requiere poca salida. Tan solo 2 mm y una entresuela que adelgace gradualmente, proporciona el ángulo necesario en la puntera para evitar tropiezos con los umbrales de las puertas o con las alfombras.

Puntera

La puntera es baja y redondeada. Si los materiales del corte son blandos, estos no presionan los dedos; un calce normal, es lo más habitual. La holgura de la punta suele ser el estándar de 15 mm.

Perímetro de la bola

Para una zapatilla blanda e informal será la medida estándar. Un corte blando se adapta al pie a medida que este se flexione.

Sock allowance

El *sock allowance* para estos modelos suele ser media o bajo. De 2 mm a 5 mm es suficiente para una plantilla anatómica de cuero o una plantilla de EVA forrada en tejido.

Cono

El cono de estas hormas tiene una curva suave y ancha. Adecuado para poner una lengüeta con un acolchado fino o un diseño del corte sin cordones.

Altura de talón

La altura del talón es casi nula. Para un modelo informal y flexible, se puede caminar cómodamente con una buena sensación de ir caminando en plano; por el contrario, no sería adecuado para correr.

Cuboide

El cuboide está conformado cerca del canto, inclinándose después hacia un cono más ancho para crear un hueco mayor y poder meter el pie más cómodamente.

Canto de la horma

El canto es un quiebre de 90º, con una pequeña curvatura en el arco. Es adecuado para el montado con palmilla o con Strobel y pieles o tejidos ligeros.

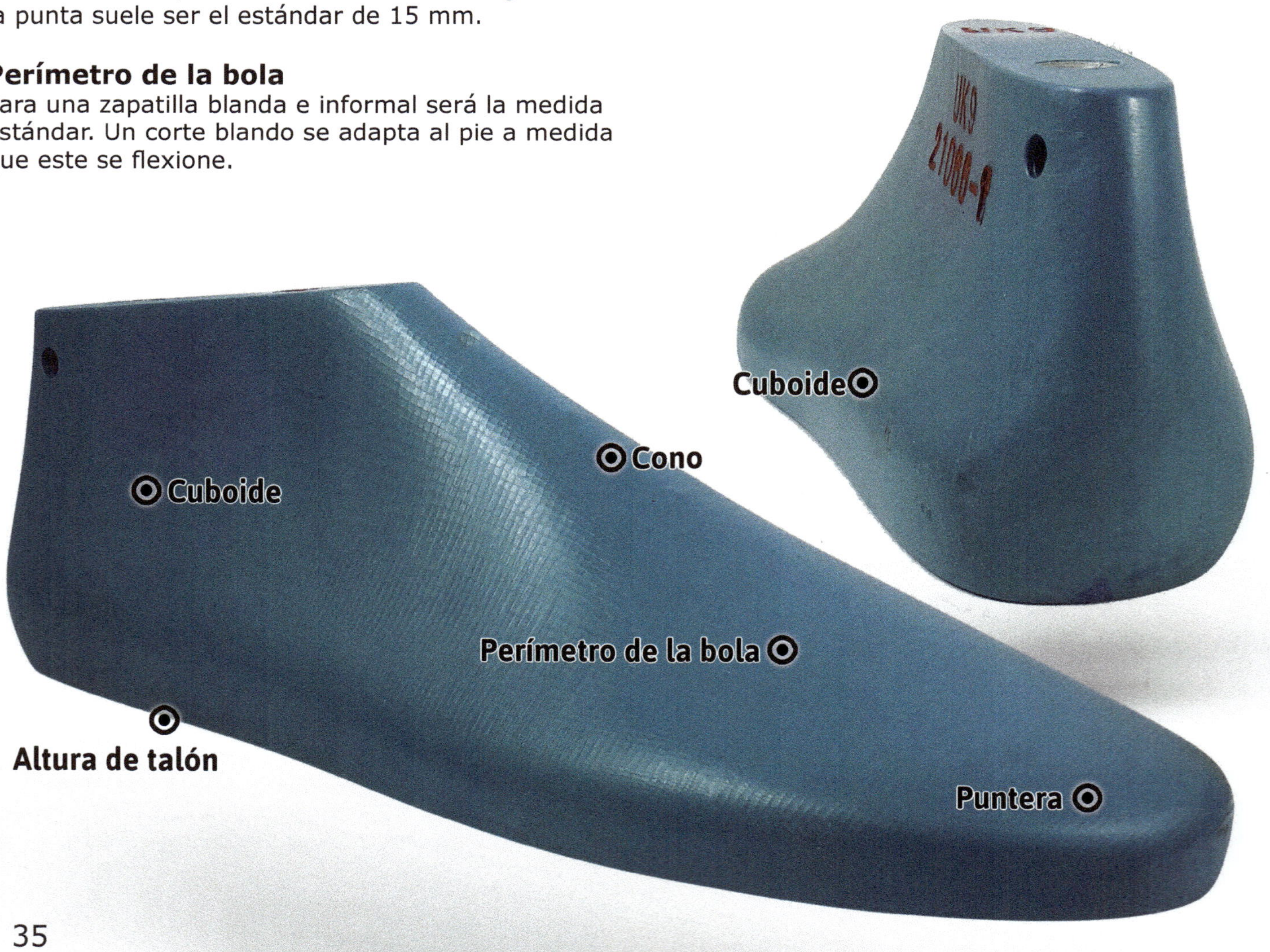

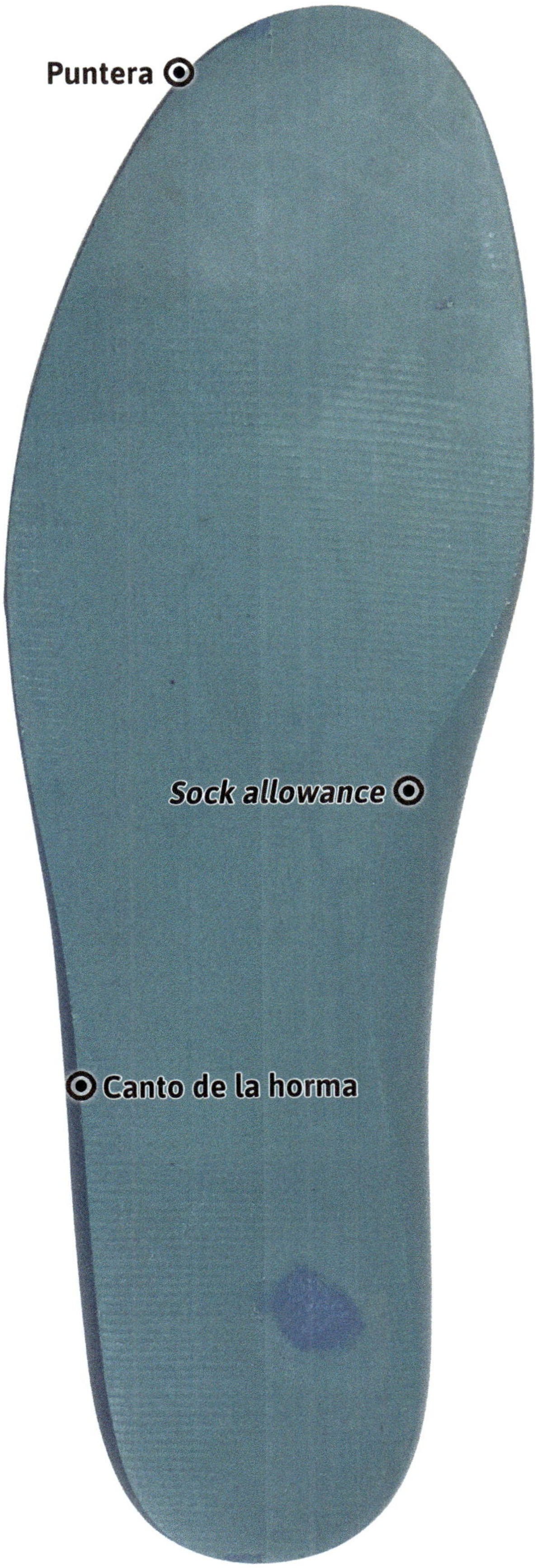
Puntera
Sock allowance
Canto de la horma

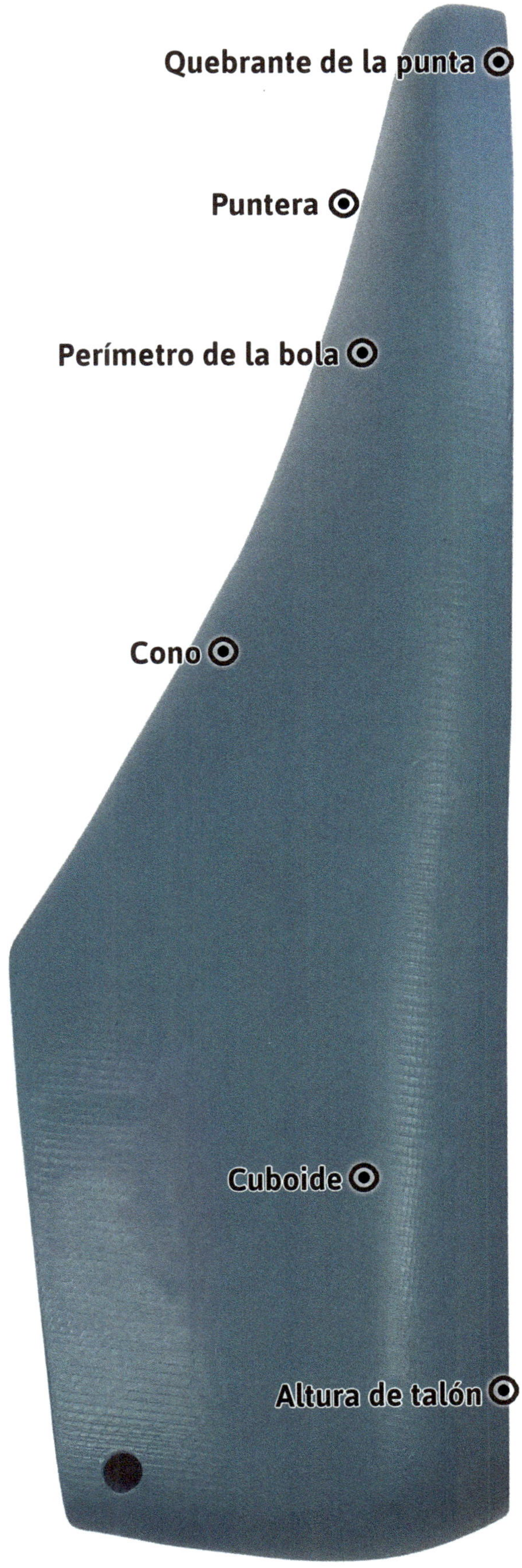
Quebrante de la punta
Puntera
Perímetro de la bola
Cono
Cuboide
Altura de talón

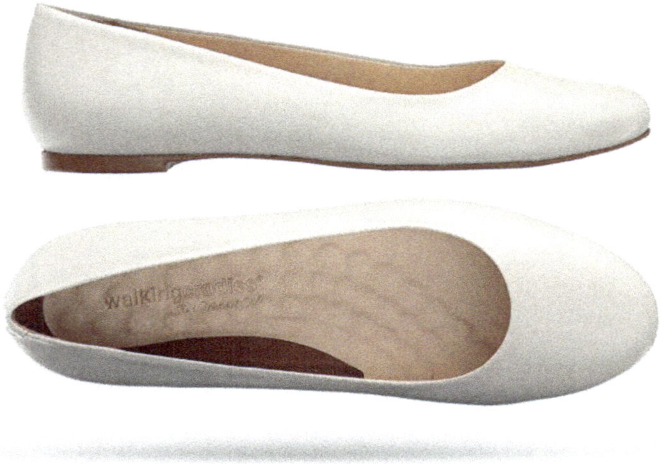

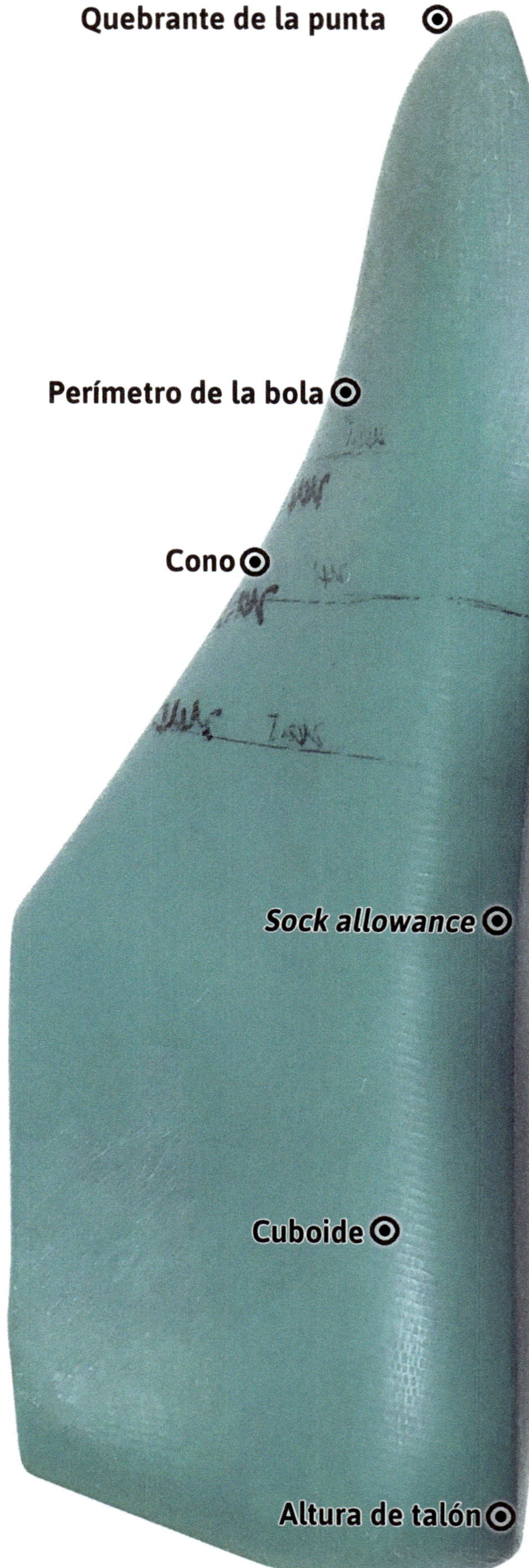

Horma de bailarinas

Esta horma está creada para un *look* casual. La bailarina no tiene casi quebrante en la puntera. El corte es flexible y el escote abierto no deja material para que arrugue al caminar. La altura de talón es mínima y el empeine está bien tallado para un acabado más elegante.

Quebrante de la punta

Las bailarinas son un modelo muy flexible. Al patrón se le da la salida o quebrante de la punta, lo que hace que el zapato final tenga mucho más quebrante en la punta que en la horma. Esta salida extra mantiene la línea del escote ajustada mientras el pie se flexiona al caminar.

Puntera

Las bailarinas se pueden encontrar con puntera redondeada o puntiaguda. En este ejemplo con punta redondeada, la horma tiene unos puntos perdidos estándar para calzado de mujer, de 12 mm a 15 mm. Es elegante y mantiene el espacio suficiente para los dedos.

Perímetro de la bola

Para un modelo muy flexible, se utiliza la medida estándar de la talla 7 americana de mujer, ancho C, 215,9 mm. Si el material del corte es flexible o elástico, el perímetro de la bola puede reducirse.

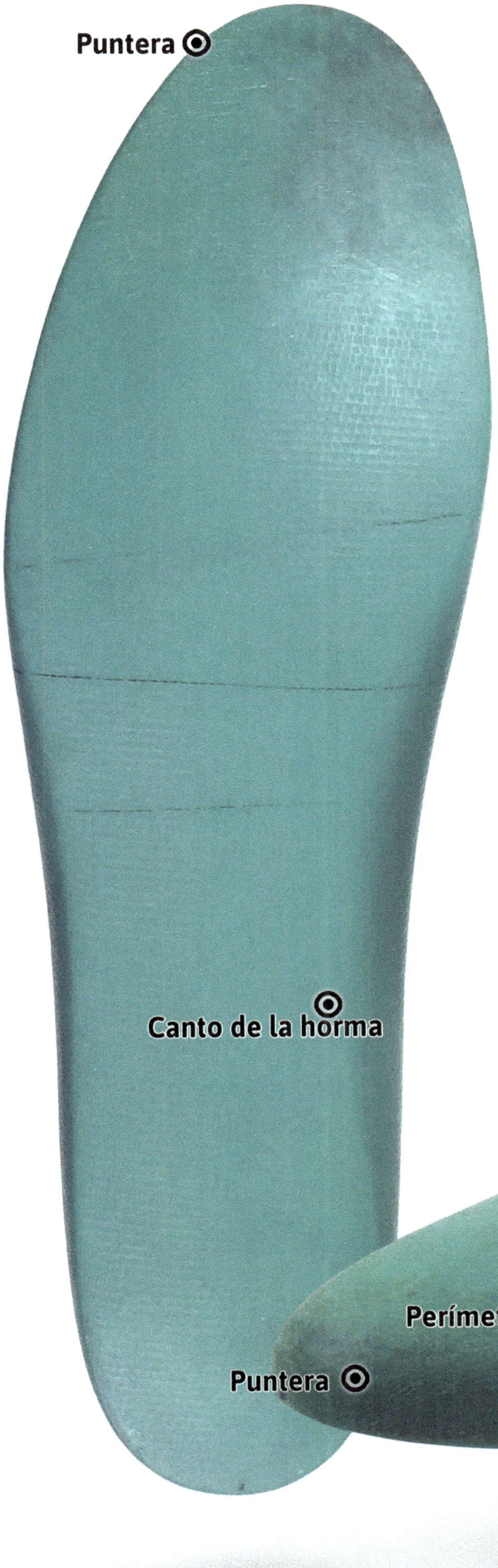

Sock allowance

Es posible que las bailarinas que encontremos en la tienda tengan una plantilla forrada y necesiten tan solo 3 mm, o menos, de *sock allowance*. Las bailarinas más atléticas o para caminar pueden tener un forro de mayor grosor que necesite 4 mm o más.

Cono

El cono de esta horma es ancho para permitir la abertura del escote.

Altura de talón

La bailarina necesita una altura de talón mínima, ya que casi no tiene amortiguación. La altura suele empezar en 5 mm, lo suficiente para evitar la incómoda sensación de pies planos.

Cuboide

Los zapatos planos necesitan un cuboide pronunciado justo por encima del canto de la horma para ayudar a mantener el pie en su lugar.

Canto de la horma

Las bailarinas se pueden montar con palmilla o con Strobel, según el material del corte. Los materiales elásticos o hechos en tejido suelen fabricarse con Strobel. El ejemplo que enseñamos está fabricado en piel, montado con palmilla y a máquina con algunos procesos manuales en el arco medial.

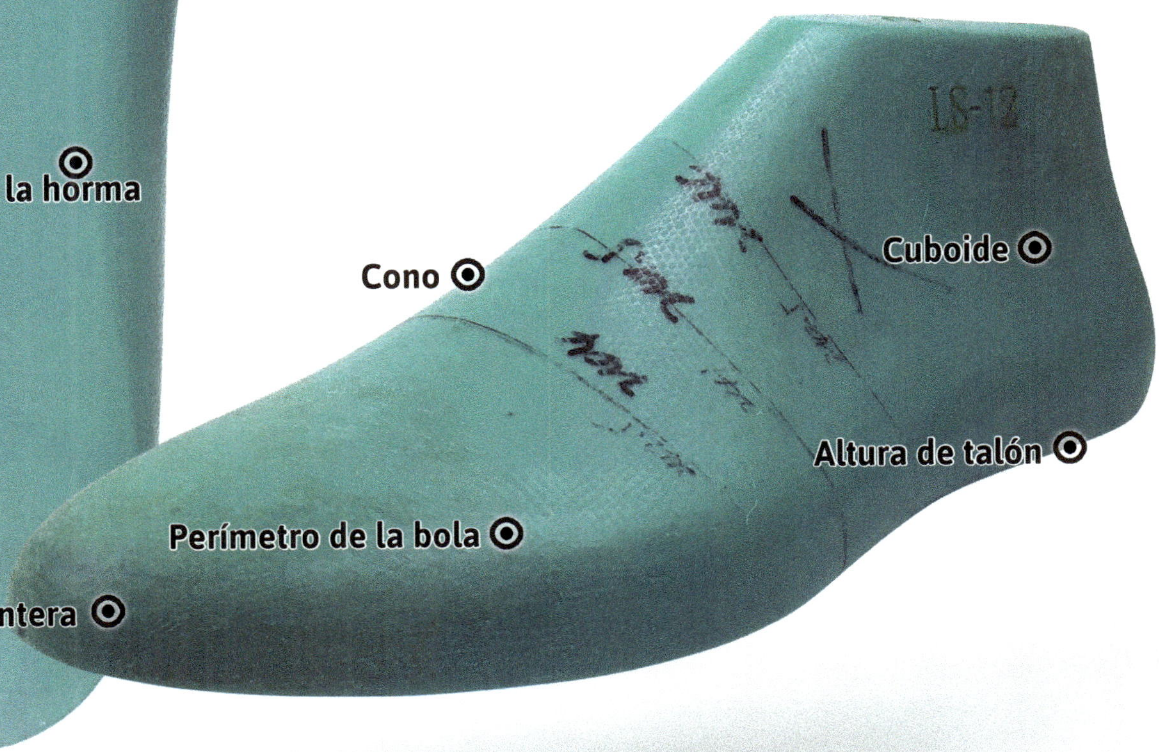

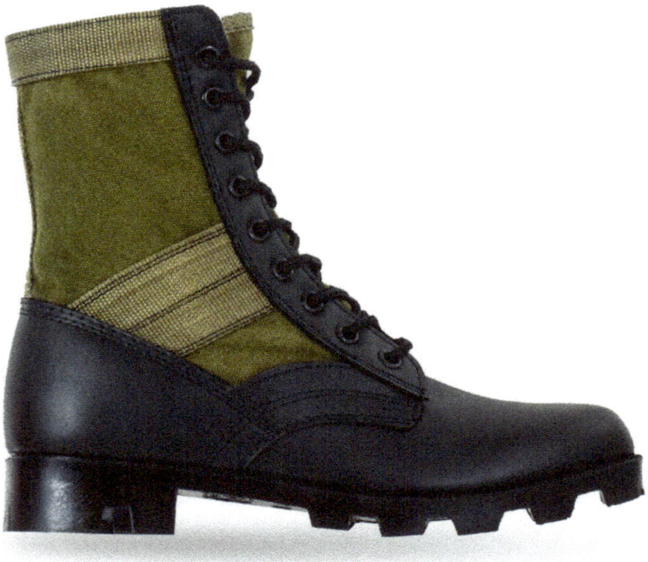

Horma de bota militar

La horma con la que se hacen las típicas botas militares es de corte alto para poder crear de manera precisa la forma del cono y el talón en el patrón. La horma no tiene un eje trasero pronunciado, ya que esta zona no requiere presión en el montado para dar forma a la boca-caña en tejido.

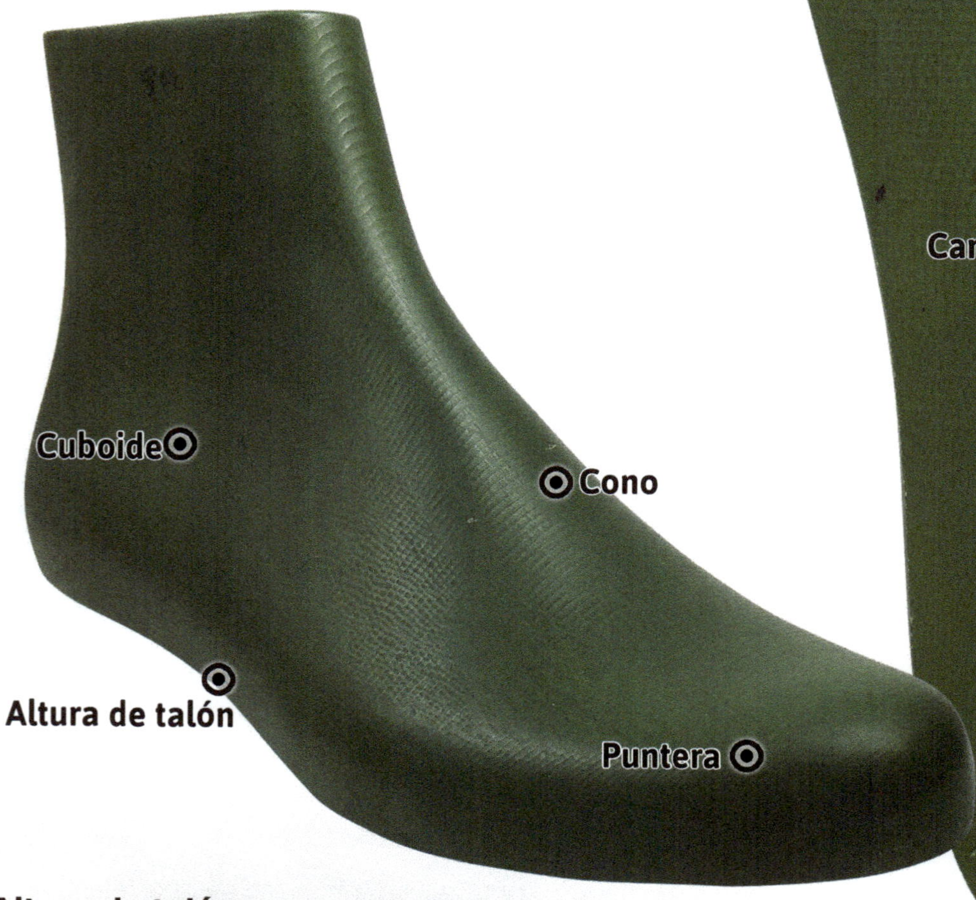

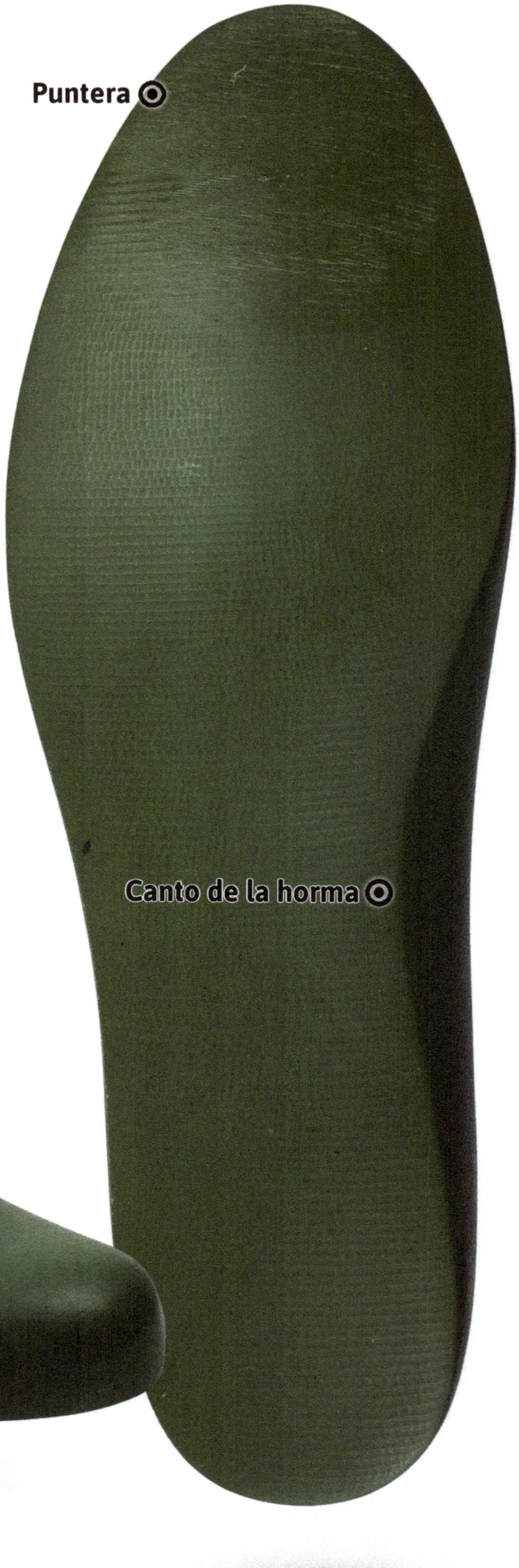

Altura de talón

La altura de talón es mayor que la del calzado deportivo o de vestir estándar. Tiene un talón resistente que aporta mayor tracción y amortiguación; también proporciona una postura atlética y ayuda a caminar hacia arriba y hacia abajo en pendientes con barro.

Quebrante de la punta
En este tipo de calzado encontramos más salida de lo normal para permitir que la bota con suela rígida tenga un movimiento más natural. Se necesita una suela rígida con soporte para transportar mochilas pesadas sobre terrenos accidentados.

Puntera
Tiene una puntera recta de gran tamaño. Esta forma crea espacio suficiente para una puntera rígida y reforzada que no apriete. La puntera reforzada es necesaria para proteger los dedos al escalar, golpear y caminar sobre obstáculos. Una bota de clima frío tendrá más espacio en el interior para garantizar una circulación sanguínea correcta.

Perímetro de la bola
El perímetro de la bola de esta horma es ligeramente mayor que el estándar para contrarrestar un empeine y una puntera más rígidos. Los soldados suelen llevar mochilas pesadas y, por lo tanto, la horma de las botas deben tener un ancho adecuado.

Cono
El cono de la horma es fino en la parte superior de la boca-caña para crear un acabado fino, pero se ensancha para dar más espacio en la base de la garganta.

Cuboide
El cuboide ensancha justo por encima del canto de la horma, y se estrecha suavemente hasta formar una boca-caña estrecha.
Esta forma permite que el pie entre por completo en la bota asentando el pie en el talón, mientras que el puño superior mantiene el pie en su lugar cuando la bota está firmemente abrochada.

Canto de la horma
El canto de la hora es un ángulo de 90º, ya que estas botas casi siempre son montadas con palmilla. Este modelo, clásico de los años 70, tiene un cambrillón de acero anclado en la palmilla. El ancho de la base no está tallado, lo que permite más espacio para el pie.

Sock allowance
Aunque pueda parecer difícil de creer, esta bota no tiene ningún espacio para las plantillas. En la jungla, los soldados usan calcetines para amortiguar.

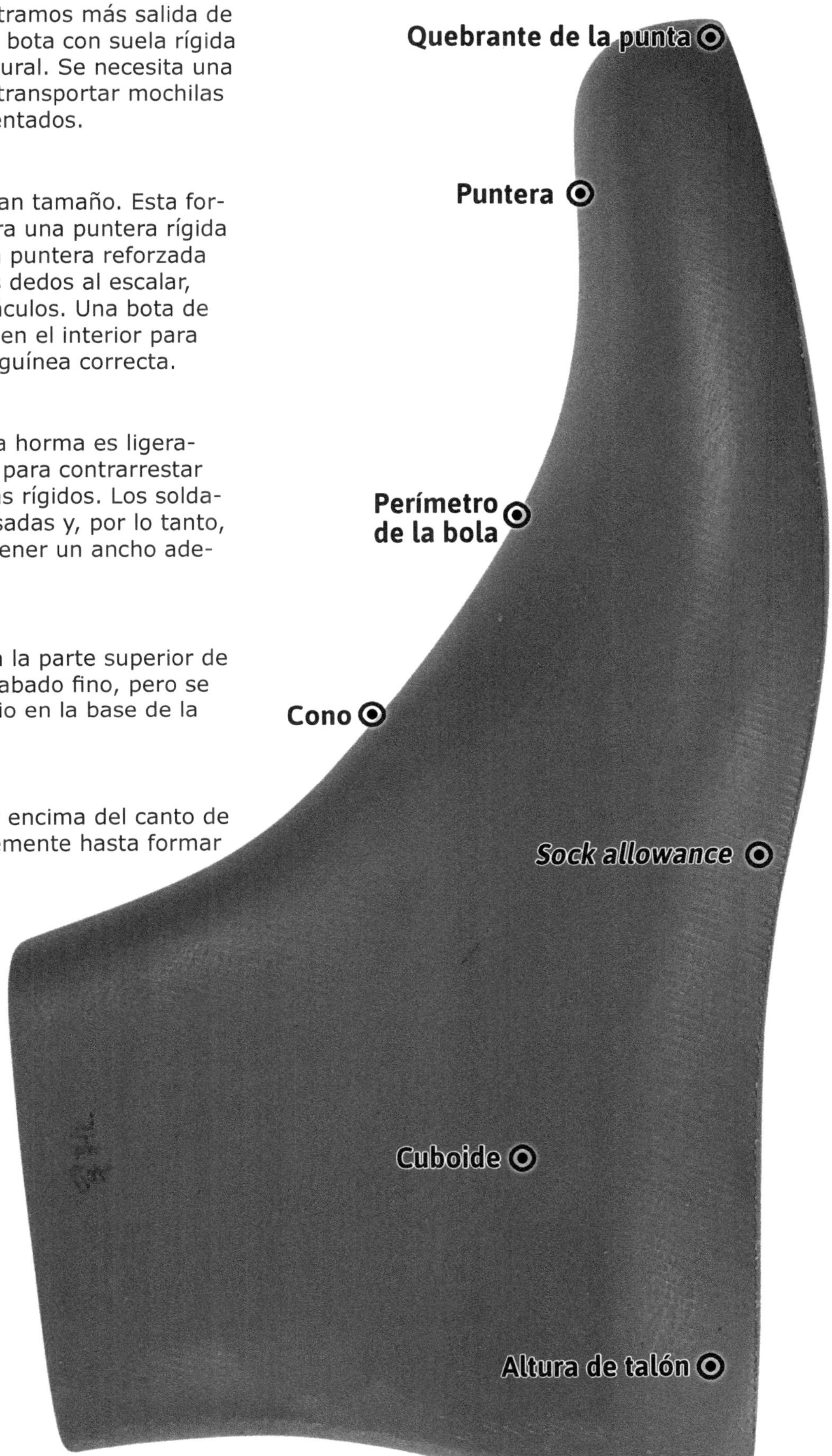

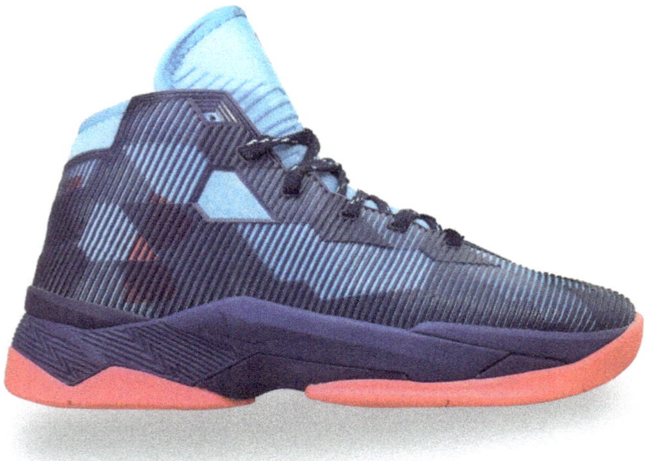

Horma de zapatilla de baloncesto de caña alta

La horma para una zapatilla de este tipo está diseñada para apoyar el pie con movimientos laterales, pivotear y hacer *sprints* cortos; y es ceñida para asegurar el pie.

Normalmente, se trabajan hormas con la caña alta para crear una curvatura posterior completamente tallada. Una curva más pronunciada agarra mejor el talón.

La base de la horma es ligeramente convexa en el antepié para crear mayor efecto de apoyo, y el talón es plano para dar mayor estabilidad.

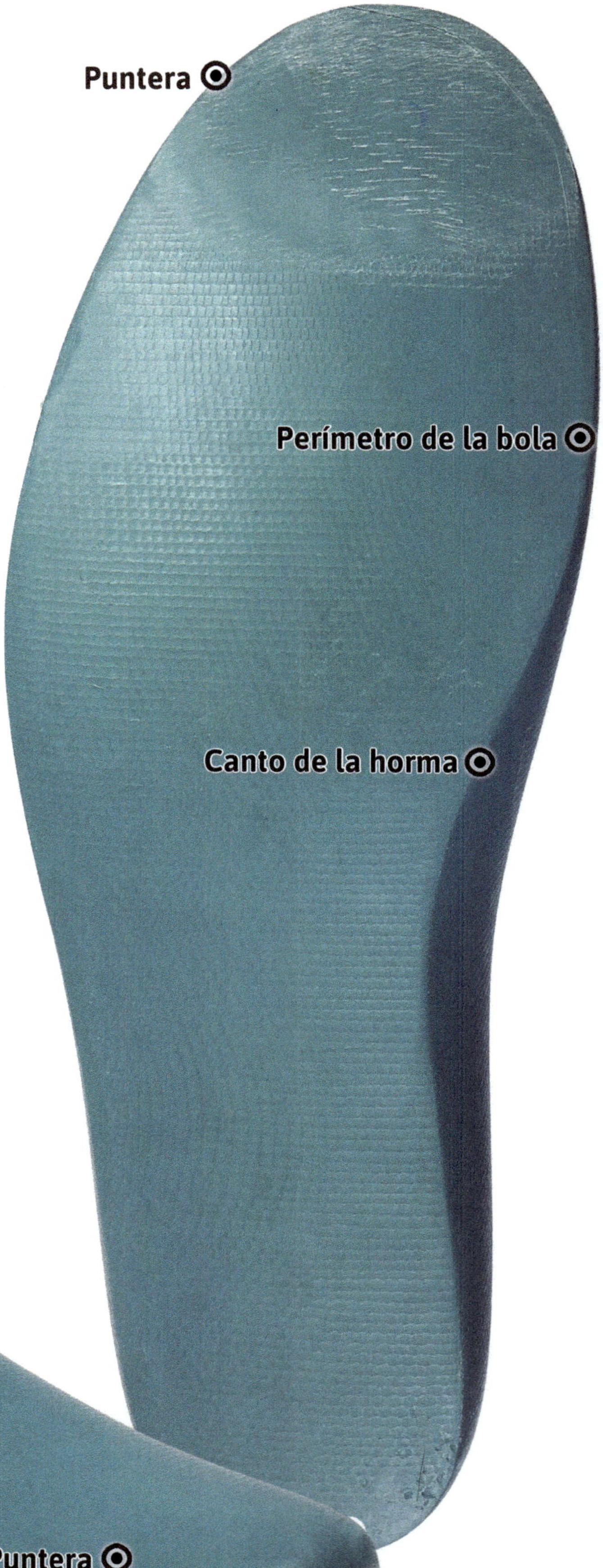

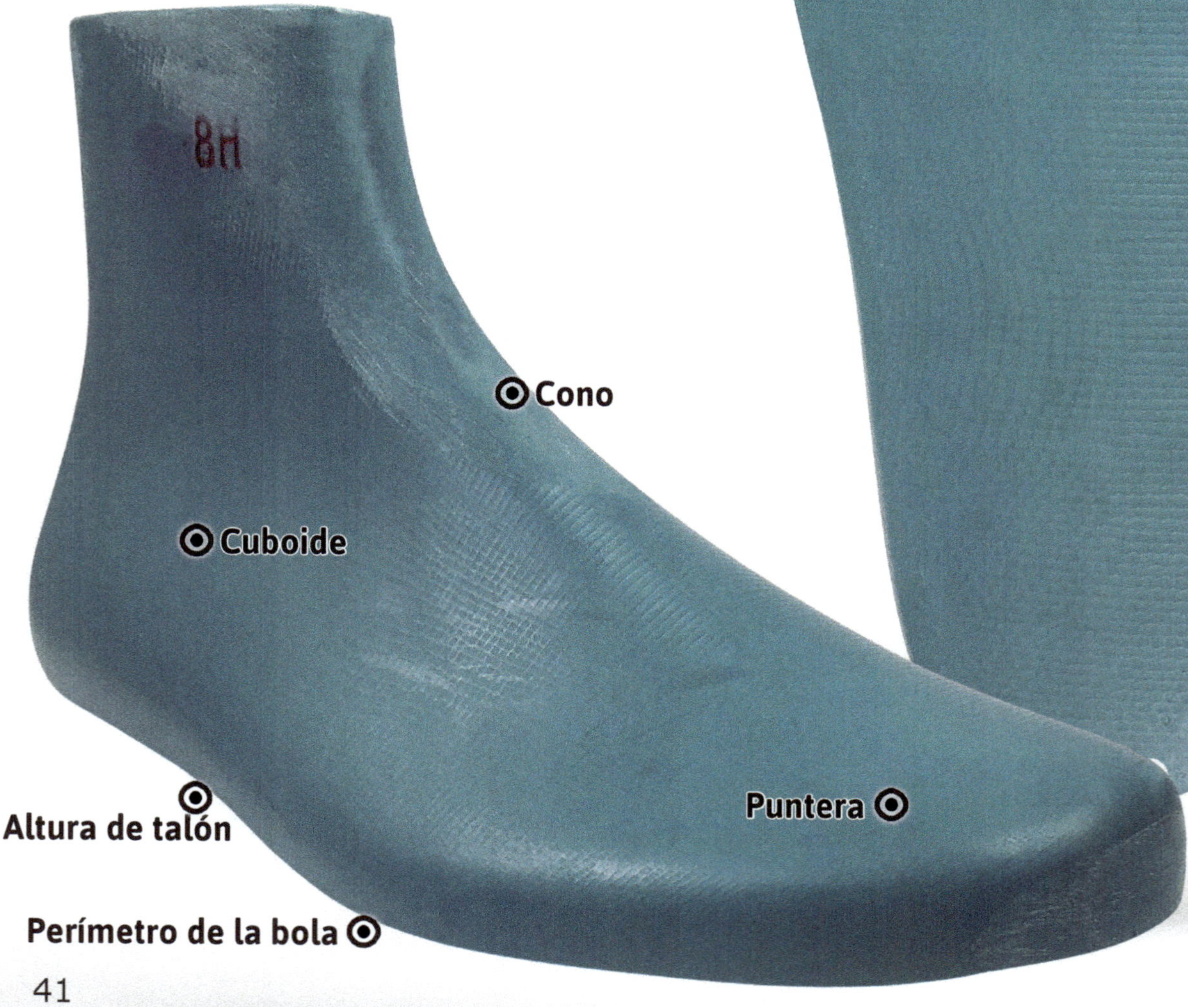

Quebrante de la punta
El quebrante de la punta es el estándar de 15 mm. La entresuela se estrecha hacia delante de la línea de circunferencia, creando más superficie de agarre en la parte delantera del modelo. Ya que la zapatilla de baloncesto es flexible y la superficie de la cancha es lisa, el quebrante de la punta es suficiente para evitar que el corte se arrugue.

Puntera
La puntera tiene su altura completa en la punta, y es plana por encima de los dedos. El contorno de la horma se levanta suavemente hacia el cono para crear una curvatura gradual.

Perímetro de la bola
El perímetro de la bola de esta zapatilla es el estándar para una talla 9D, 241 mm. El volumen se desplaza hacia el lado medial, la horma se estrecha hacia la base en el lado lateral para crear un corte ajustado que agarra el pie de forma segura durante las paradas y el pivotaje. La medida de la circunferencia es fundamental para retener el pie y permitir que flexione de forma natural.

Cono
El cono debe ajustarse bien, manteniendo el pie en la talonera. Al hacer paradas en seco, el cono debe evitar que el pie se deslice hacia adelante.

Sock allowance
Este modelo tendrá entre 4 mm y 5 mm, suficiente para una plantilla de EVA completamente acolchada forrada en tejido.

Cuboide
El cuboide es ancho en el canto de la horma, pero se estrecha para ser fino y delgado por encima del tobillo, y crear un escote ajustado que sujete el pie dentro de la zapatilla.

Canto de la horma
El canto es relativamente duro. Se puede utilizar tanto para construcciones con palmilla, como con Strobel.

Altura de talón
La altura de talón es la estándar para calzado deportivo, 15 mm. Con esto se proporciona espacio debajo del talón de cara a amortiguar. El contorno de la horma en la zona del talón está completamente formado para hacer que asiente de manera firme para el pie.

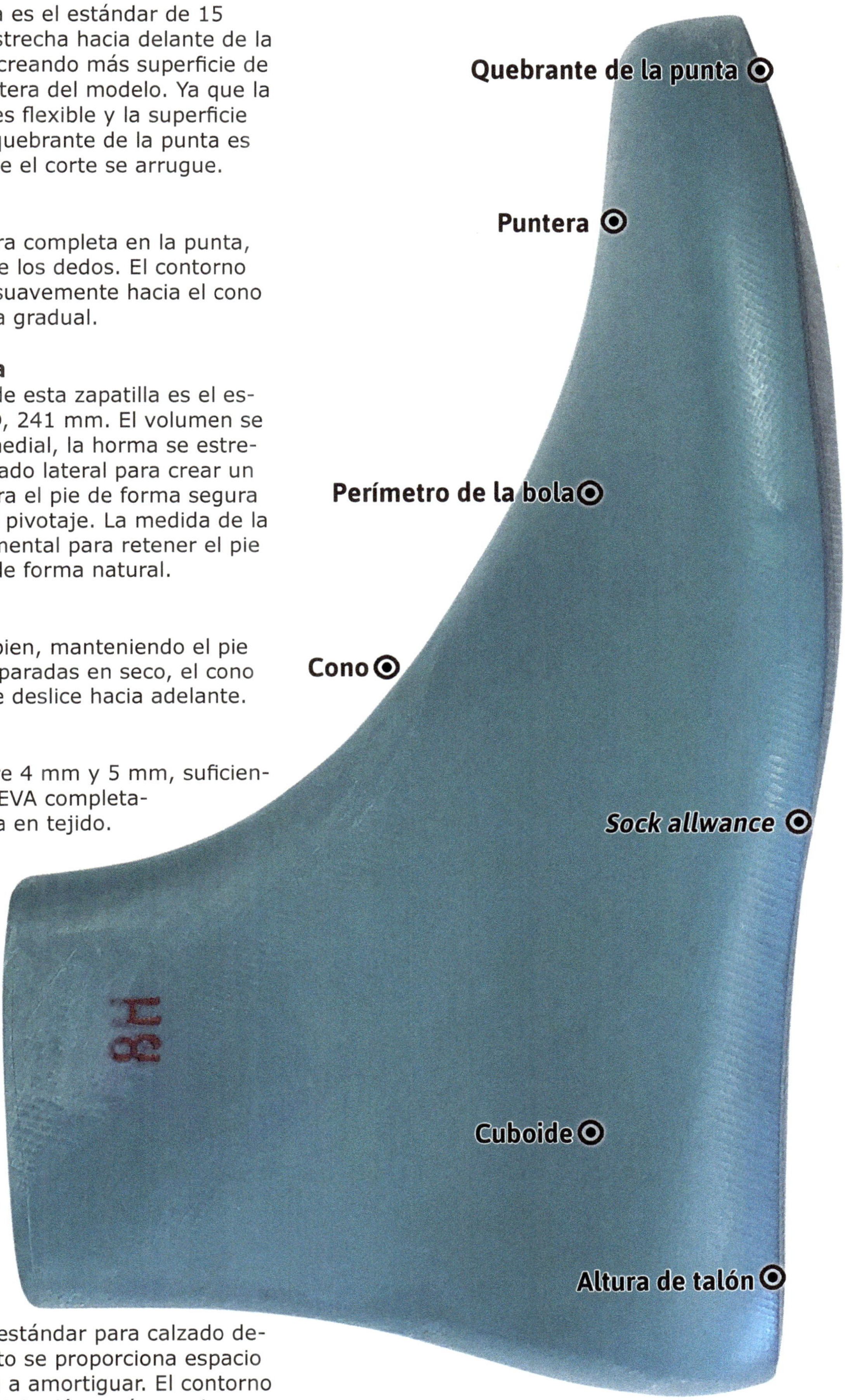

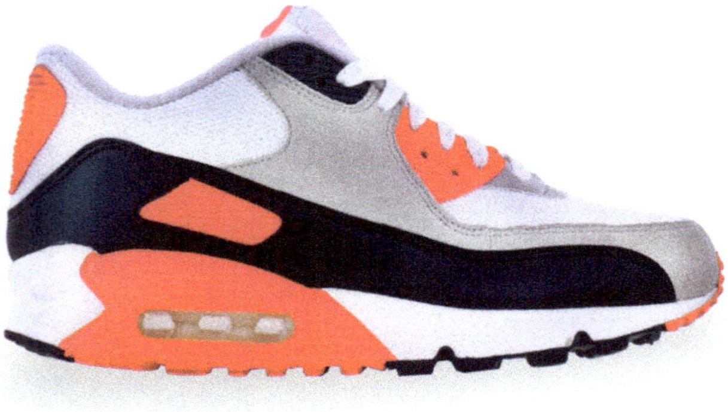

Horma de zapatilla de *running*

La horma está diseñada para crear un modelo ligero, ajustado y flexible con suficiente altura de talón para una amortiguación que absorbe los impactos. Esta horma tiene una pared lateral medial baja que se ensancha para crear un espacio adicional para los dedos; dando a la zapatilla una flexibilidad extra y ayuda a mantener el pie dentro del modelo para un ajuste perfecto sin tocar los dedos del corredor.

Canto de la horma

El canto de la horma es relativamente duro. Esta horma se puede utilizar tanto para construcciones con Strobel como con palmilla. La mayoría de los zapatos para correr son montados con Strobel para ser ligeros y flexibles. Sin embargo, algunas zapatillas para correr pueden combinar el Strobel con una palmilla de 3/4 de largo desde el talón para dar estabilidad adicional.

Quebrante de la punta

El quebrante de la punta es de 15 mm. La entresuela se estrecha por delante del perímetro de la bola, creando más elevación en la parte delantera del modelo. Esta zapatilla es flexible, un poco de salida evita que el corte se arrugue.

Puntera

La puntera tiene la altura completa en la punta y se mantiene plana por encima de los dedos. El contorno se eleva suavemente hacia el cono para crear una pendiente gradual.

Perímetro de la bola

El perímetro de la bola en la talla 9D es 241 mm. Esto crea un corte ceñido que sujeta el pie de forma segura. La medida de la circunferencia es fundamental para mantener el pie hacia atrás y permitir que se flexione de forma natural.

Cono

El cono debe ajustarse bien, manteniendo el pie en la talonera.

Sock allowance

Entre 4 mm y 5 mm para una plantilla EVA acolchada con una capa superior en tejido.

Cuboide

El cuboide es ancho en el canto de la horma, y se estrecha para ser más fino por encima del tobillo y hacer un hueco ajustado que sujete el pie.

Altura de talón

La altura de talón es de 15 mm, el estándar para calzado deportivo. Proporciona el suficiente espacio debajo del talón para amortiguar. El contorno del talón está completamente tallado en la horma para hacer que el pie asiente lo mejor posible dentro de la zapatilla.

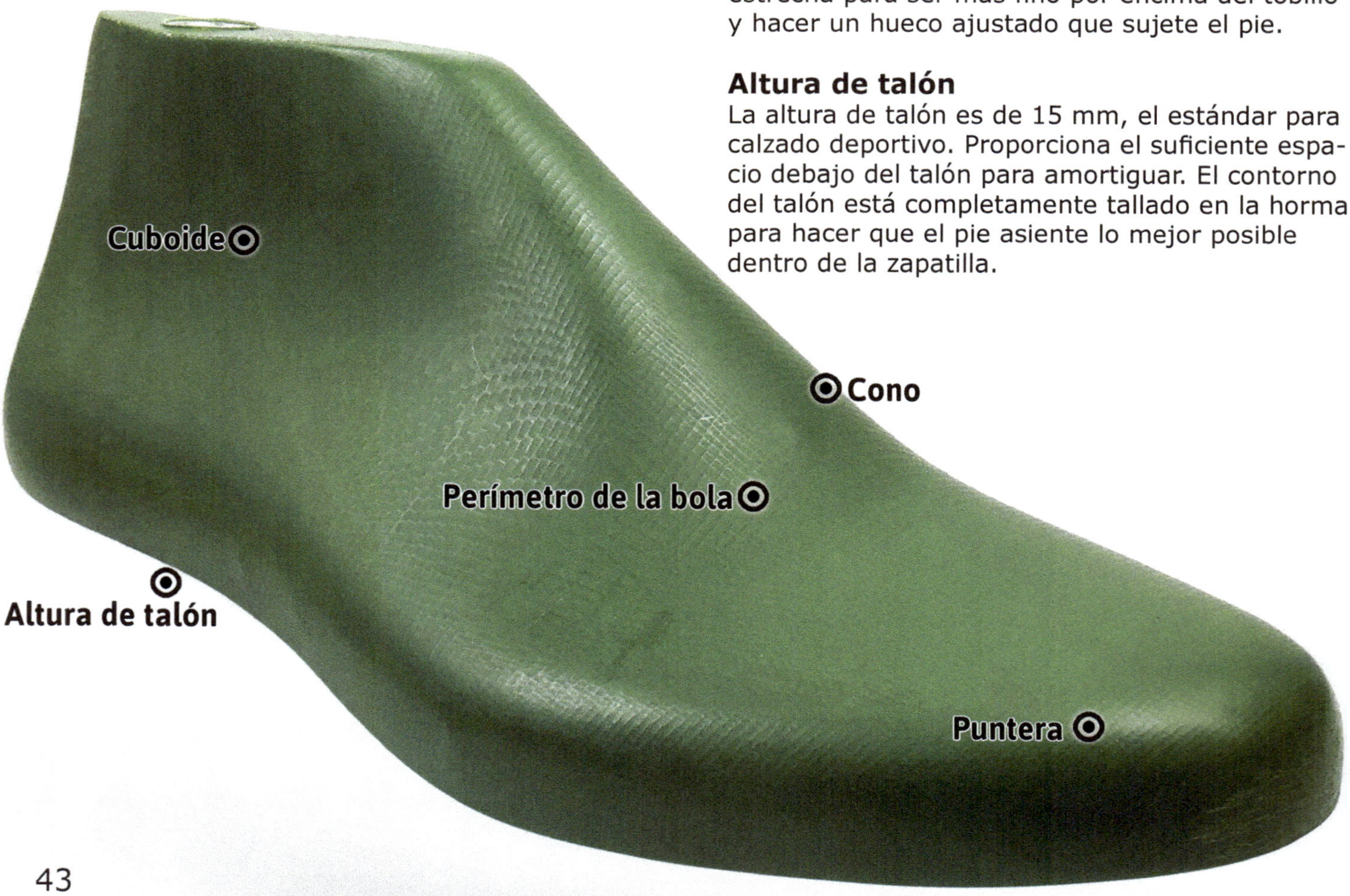

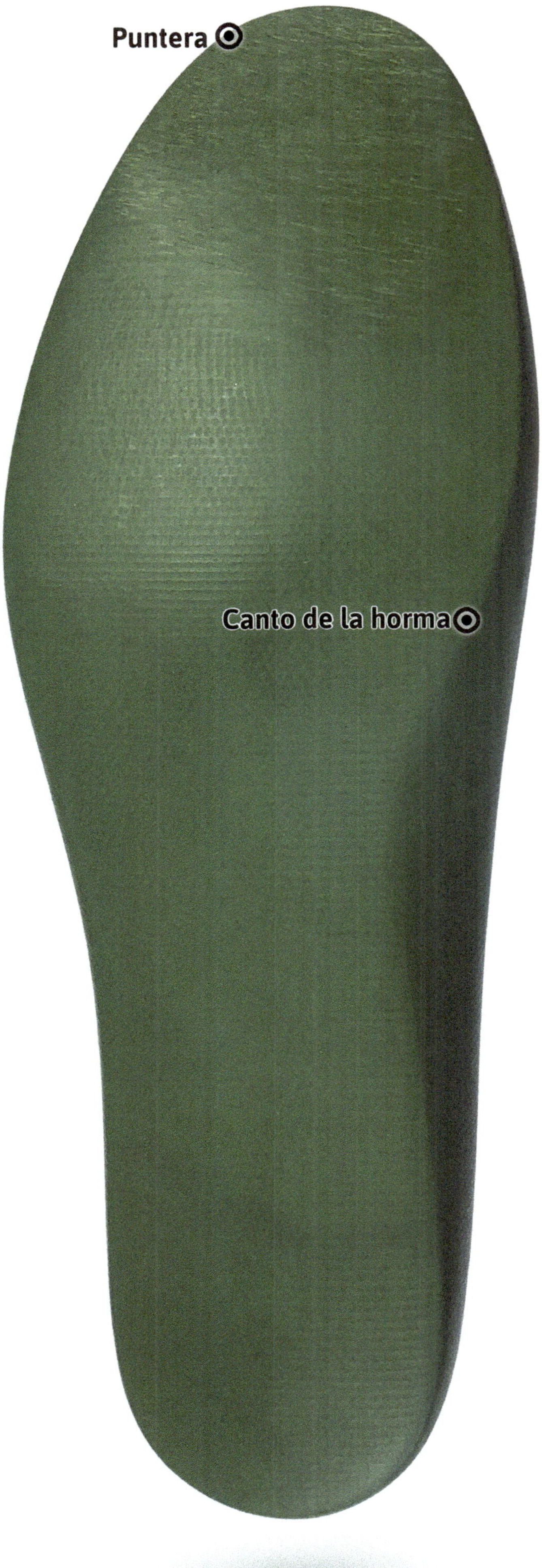
Puntera
Canto de la horma
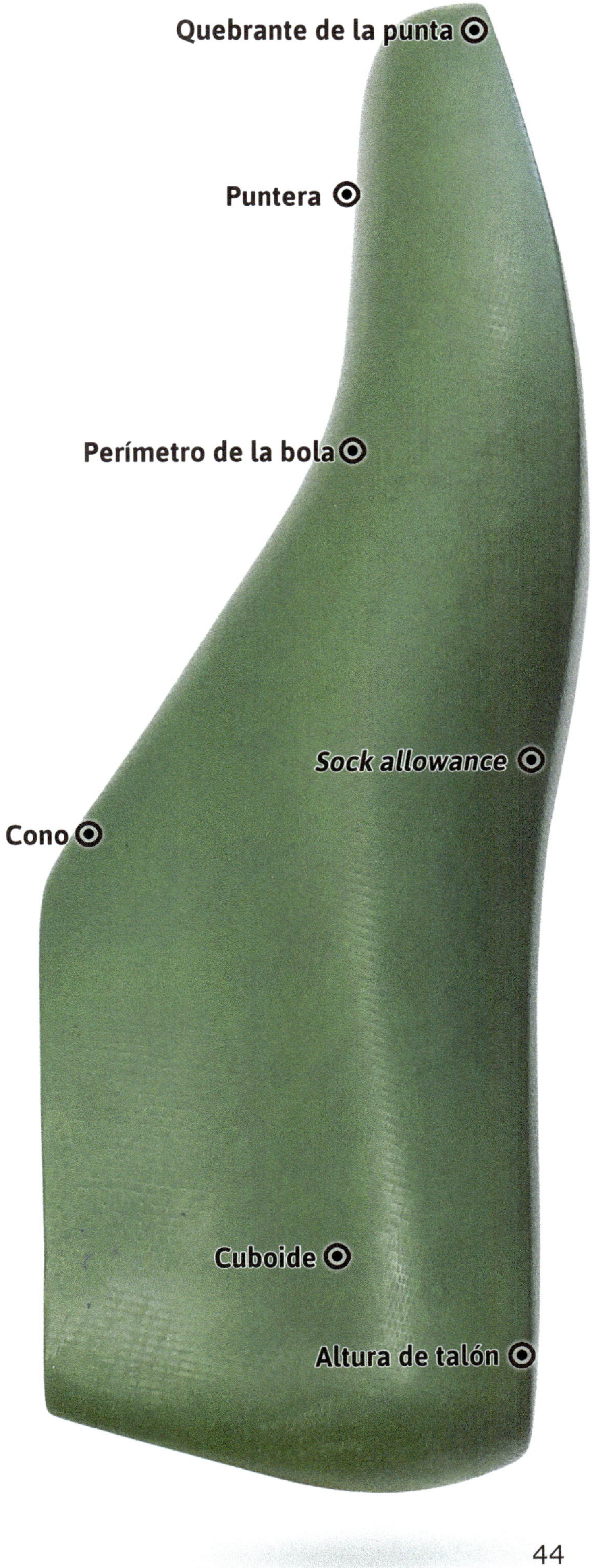
Quebrante de la punta
Puntera
Perímetro de la bola
Sock allowance
Cono
Cuboide
Altura de talón

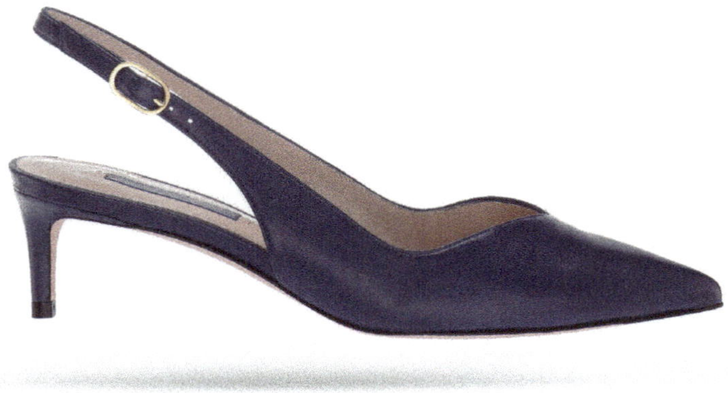

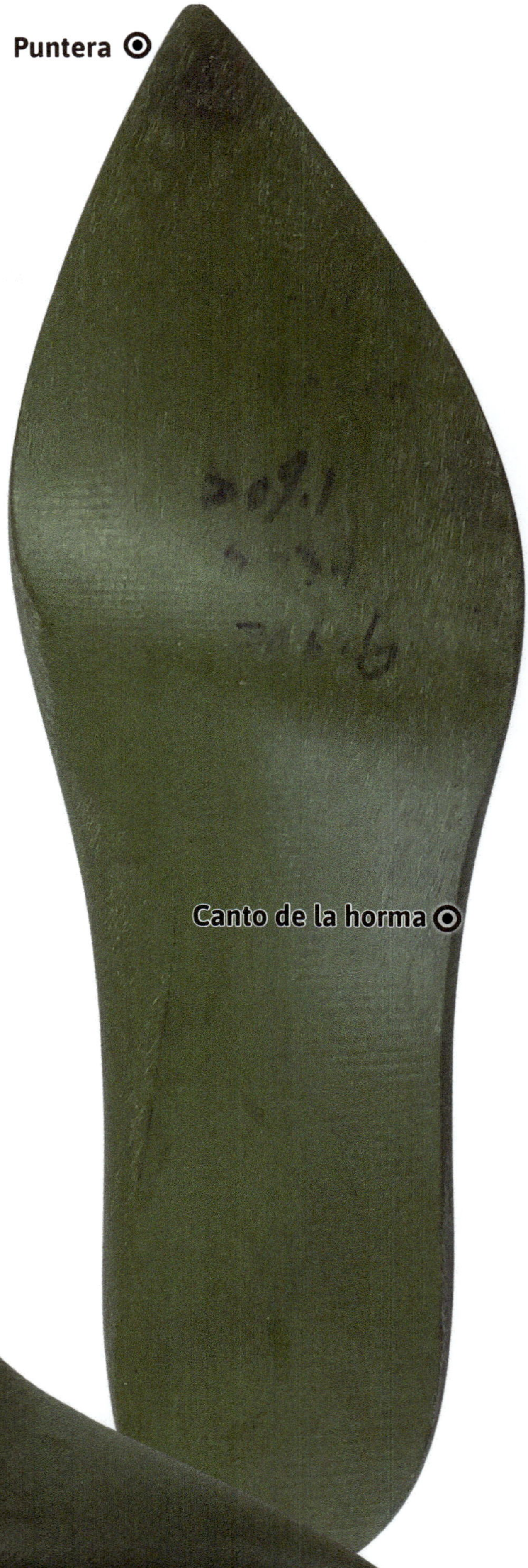

Horma de zapato de tacón

Las hormas que se utilizan no se parecen en nada a un pie humano. ¿Cómo es que se utiliza una horma con estas características y se hace un zapato funcional? ¿Por qué la horma está así diseñada?

Un zapato de tacón hace que las mujeres parezcan más altas y flexionen la pantorrilla, creando más definición muscular, mientras que las puntera crea la ilusión óptica de pies más pequeños y sexys. Una vez que se dejan de lado estas características superficiales, la horma de tacón correctamente diseñada tiene características para hacer que el zapato terminado sea ergonómicamente funcional.

Perímetro de la bola

El perímetro de la bola es ligeramente mayor para acomodar un pie que se ensancha al soportar más carga en la posición flexionada.

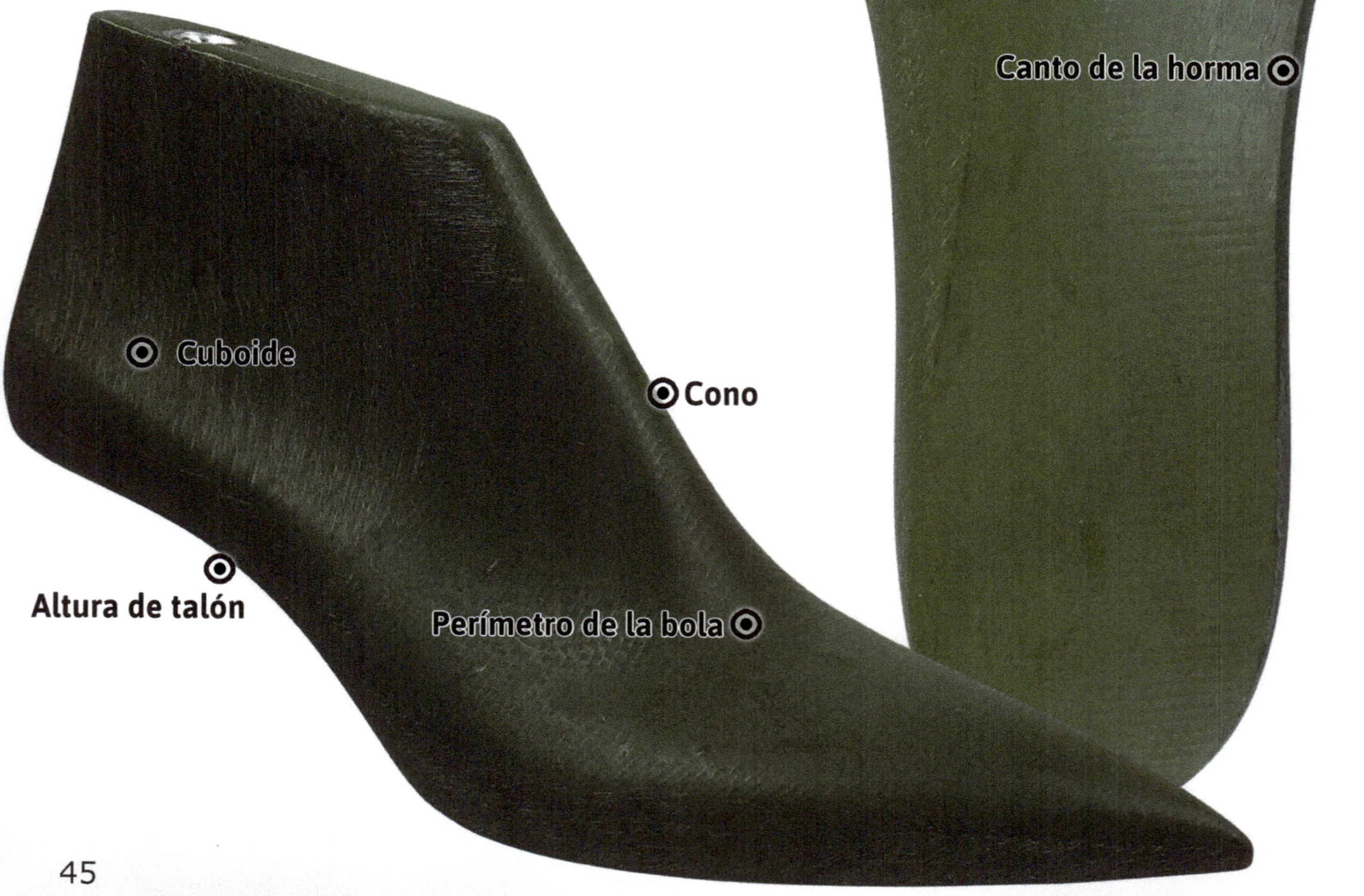

Quebrante de la punta
El quebrante de la punta es bajo, de solo 5 mm. No dar salida hará que el escote quede holgado cuando se flexiona el pie.

Puntera
La puntera de un zapato de moda parece demasiado pequeña para adaptarse a la anatomía del pie humano. Estos zapatos tienen una holgura de la punta de entre 15 mm y 30 mm para crear ese punto de moda.

Cuboide
La curvatura del cuboide de la horma puede ser muy pronunciada. El cuboide puede ser la única parte que mantenga el pie en su lugar si el escote es bajo.

Arco
El arco de esta horma de tacón puede ser casi vertical. Este área soporta tan solo un poco del peso del pie, pero debe tener suficiente anchura para que la suela lo soporte. Suele estar muy reforzado para sostener el talón y el pie en posición vertical.

Cono
A muchas hormas de tacón se les quita el cono. El corte de estos zapatos se extiende un poco más allá del punto de bridaje, según el gusto del diseñador.

Altura de talón
El diseñador de calzado selecciona la altura de talón y se escala por tallas. Las tallas más pequeñas tendrán una altura más baja.

La altura afecta la distribución del peso de carga del pie. En este caso, una altura de talón de 6 cm transfiere el 75% del peso al antepié. El perímetro y el ancho de la bola deben ajustarse y ser ligeramente más anchos para compensarlo.

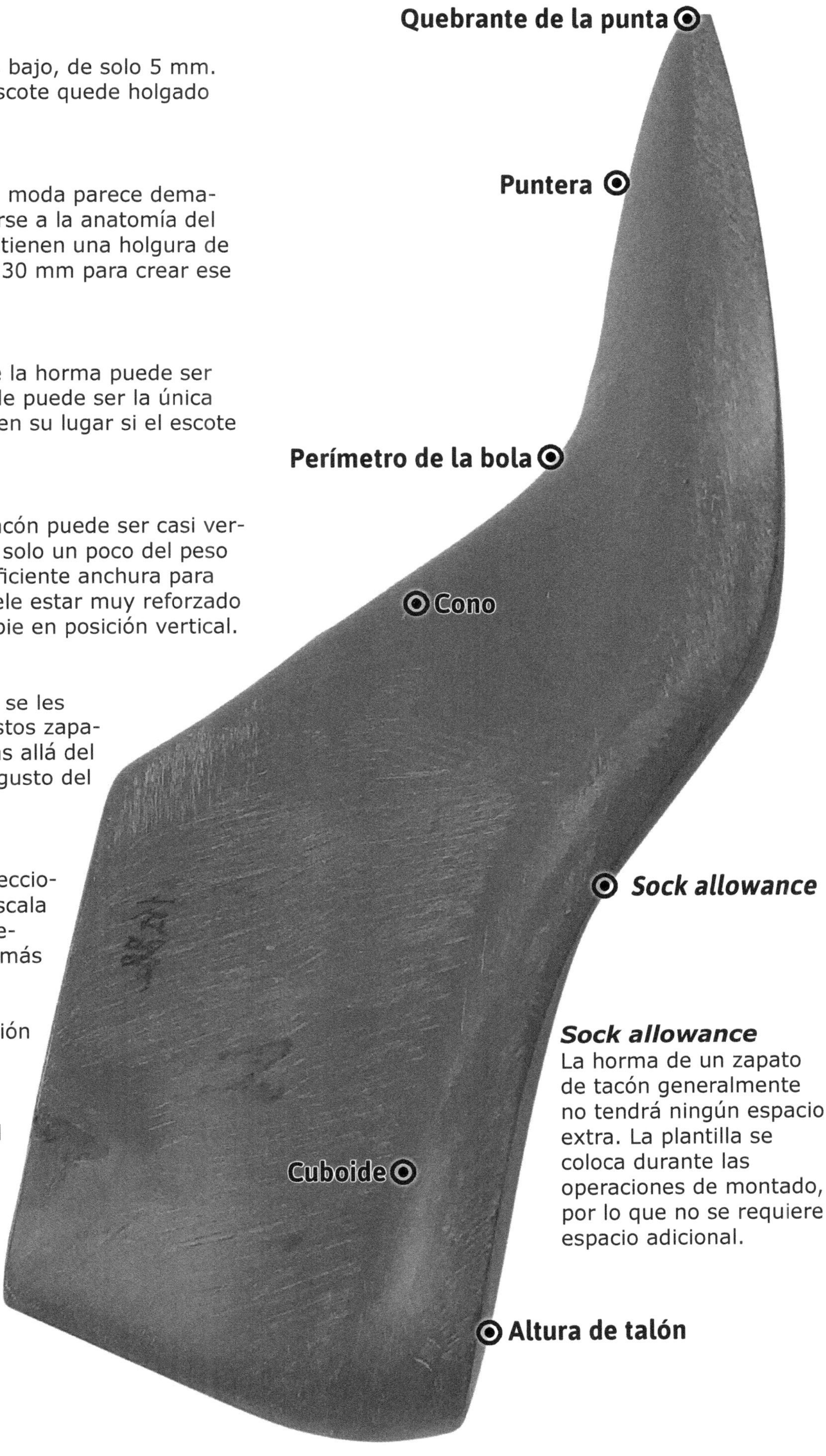

Sock allowance
La horma de un zapato de tacón generalmente no tendrá ningún espacio extra. La plantilla se coloca durante las operaciones de montado, por lo que no se requiere espacio adicional.

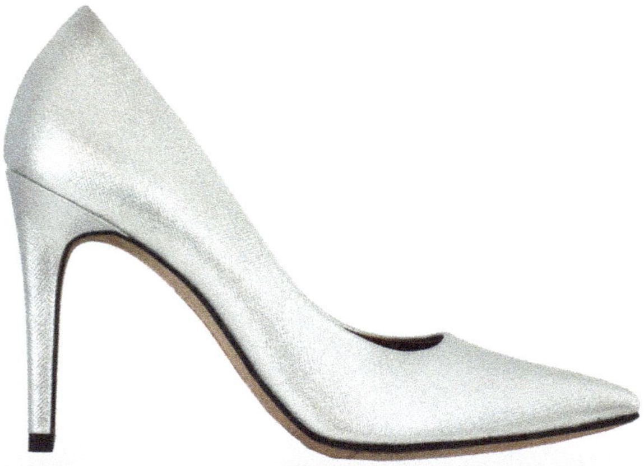

Horma de tacón alto

La horma de un zapato de tacón alto es una pieza de escultura moderna. Te preguntarás cómo puede hacerse un zapato con esto. Esta horma sigue las mismas medidas que una horma de tacón bajo. Aunque el cono y el quiebre inferior parezcan bastante extremos, hacen eco de la anatomía del pie en posición flexionada. El enfranque o quiebre de la horma sigue las líneas que se establecieron tiempo atrás.

Perímetro de la bola
El perímetro de la bola de una horma de tacón alto es ligeramente más grande que en la horma de tacón para acomodar el pie cuando se ensancha al soportar más carga en la posición flexionada.

Quebrante de la punta
El quebrante de la punta es más bajo, casi nulo. Un zapato sin salida hará que el escote haga huecos, pero la suela de estos zapatos es muy rígida y se flexiona muy poco.

Puntera
La puntera parece demasiado pequeña para adaptarse a la anatomía humana. Este modelo tiene una holgura de la punta de entre 15 mm y 30 mm para dar el diseño afilado y moderno.

Curvatura de cuboide
Puede ser muy pronunciada. El cuboide puede ser la única parte que mantenga el pie en su lugar si el escote es bajo.

Arco
El arco de esta horma de tacón alto puede ser casi vertical. Este área soporta tan solo un poco del peso del pie, pero debe tener suficiente anchura para que la suela lo soporte. Suele estar muy reforzado para sostener el talón y el pie en posición vertical.

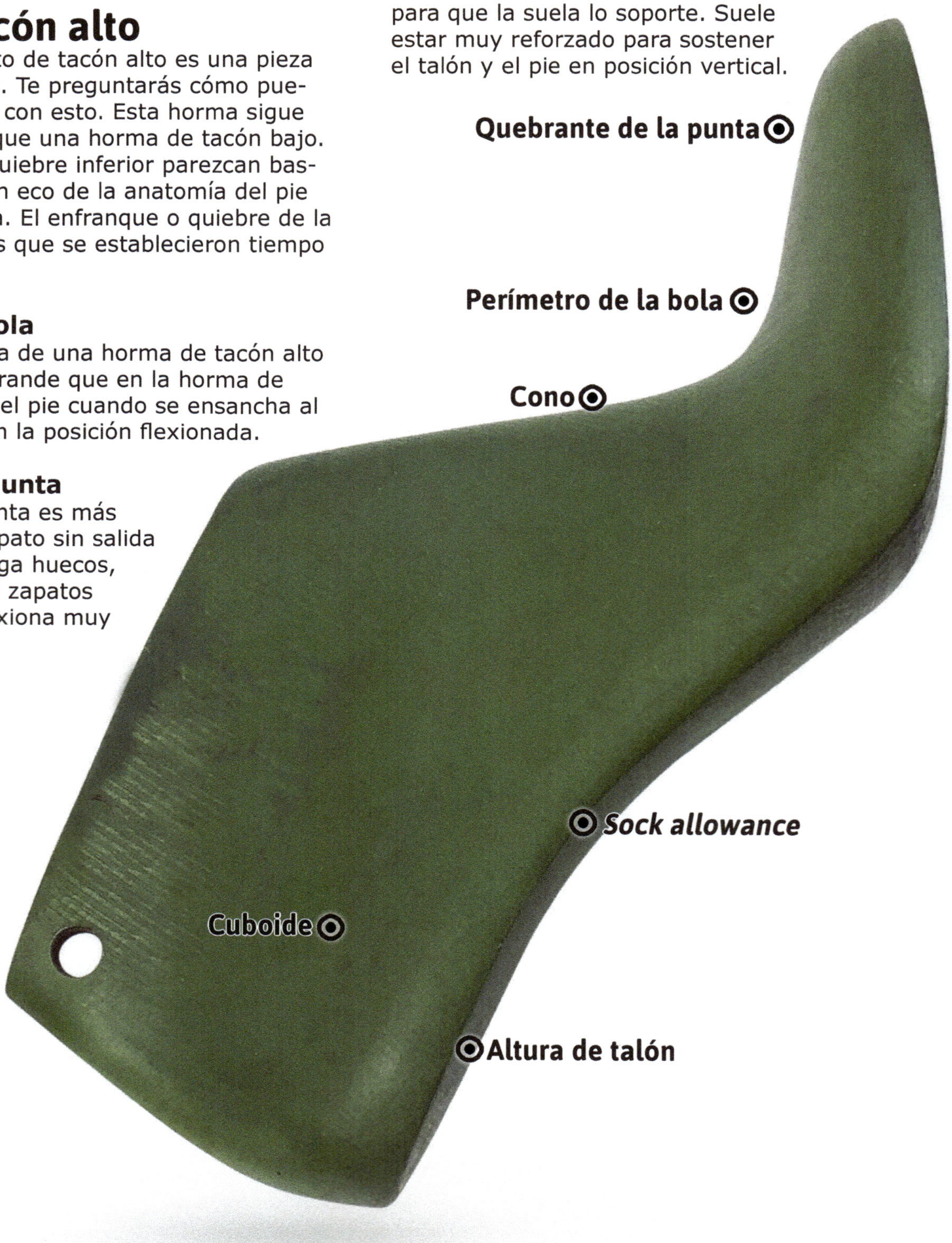

Cono

A muchas hormas se les quita el cono. El corte de los zapatos de tacón alto se extiende un poco más allá del punto de bridaje, según el gusto del diseñador.

Sock allowance

La horma de un zapato de tacón alto generalmente no tendrá ningún espacio extra. La plantilla se coloca durante las operaciones de montado, por lo que no se requiere espacio adicional.

Altura de talón

El diseñador de calzado selecciona la altura de talón y se escala por tallas. Las tallas más pequeñas tendrán una altura más baja.

La altura afecta a la distribución del peso de carga del pie. En este caso, una altura de talón de 10 cm transfiere el 75% del peso al antepié. El perímetro y el ancho de la bola deben ajustarse y ser ligeramente más anchos para compensarse.

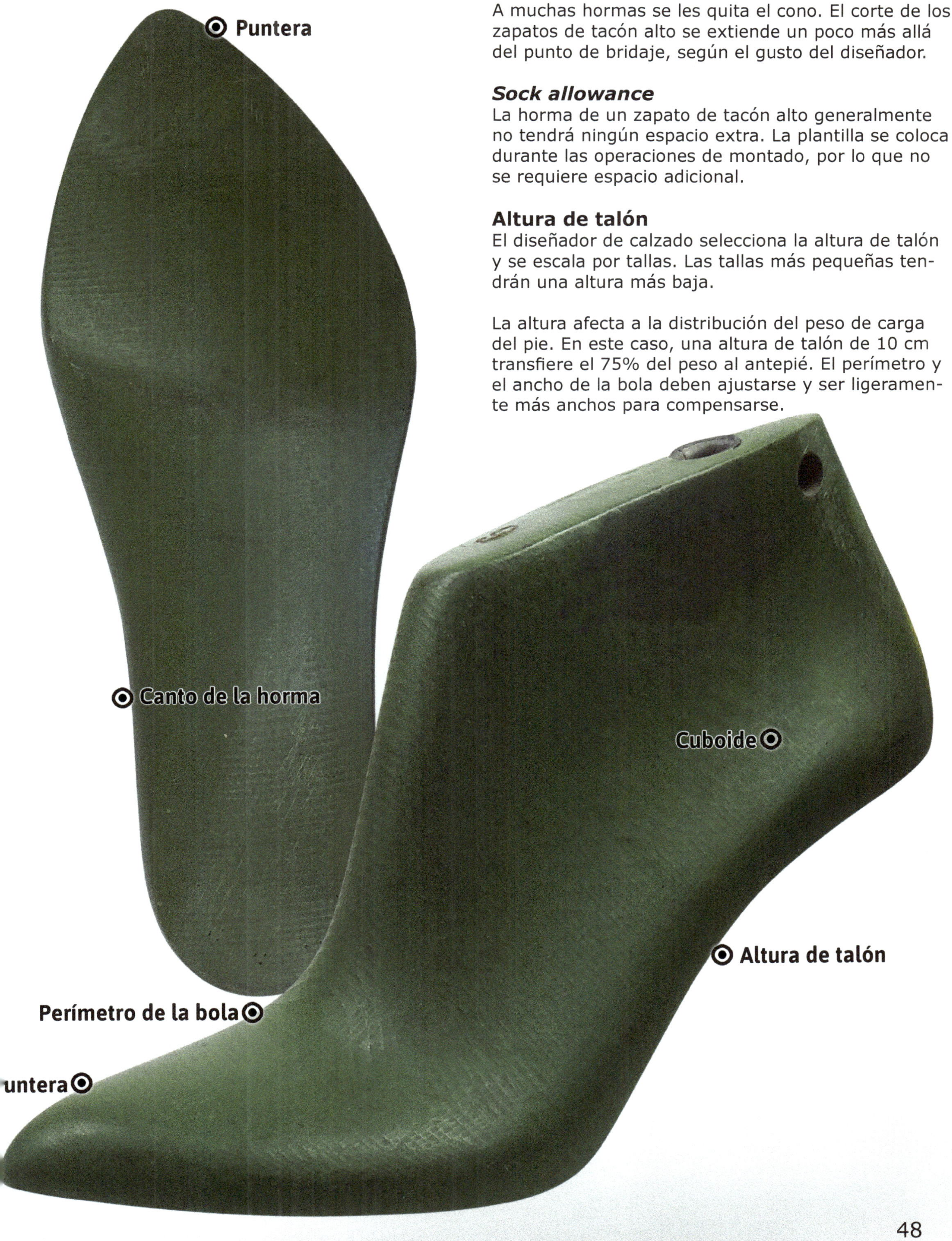

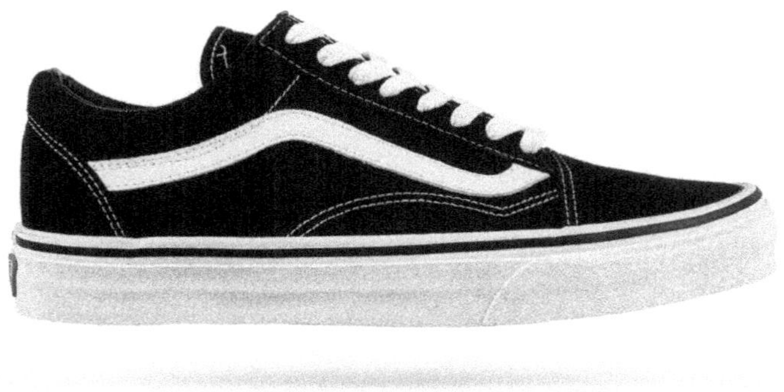

Horma de zapatilla vulcanizada

La zapatilla de *skate* clásica es ancha y baja. La silueta tiene su origen en las bambas o modelo Plimsoll de 1800, pero la horma de la actualidad se ha adaptado para una postura más atlética.

Esta horma se fabrica en aluminio fundido, se puede utilizar para hacer calzado vulcanizado. Las hormas de madera o plástico no resisten el calor necesario para unir las piezas de goma.

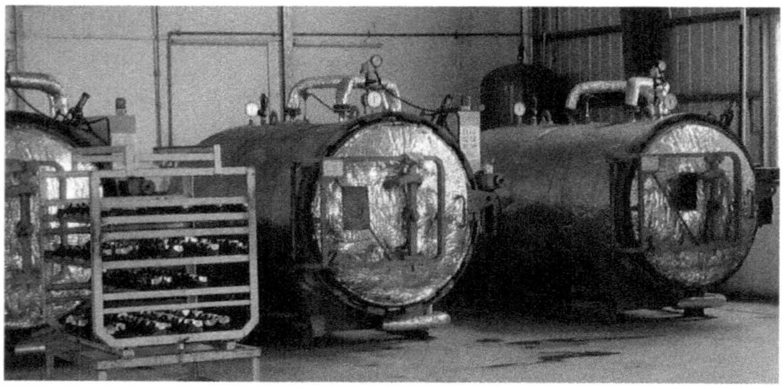

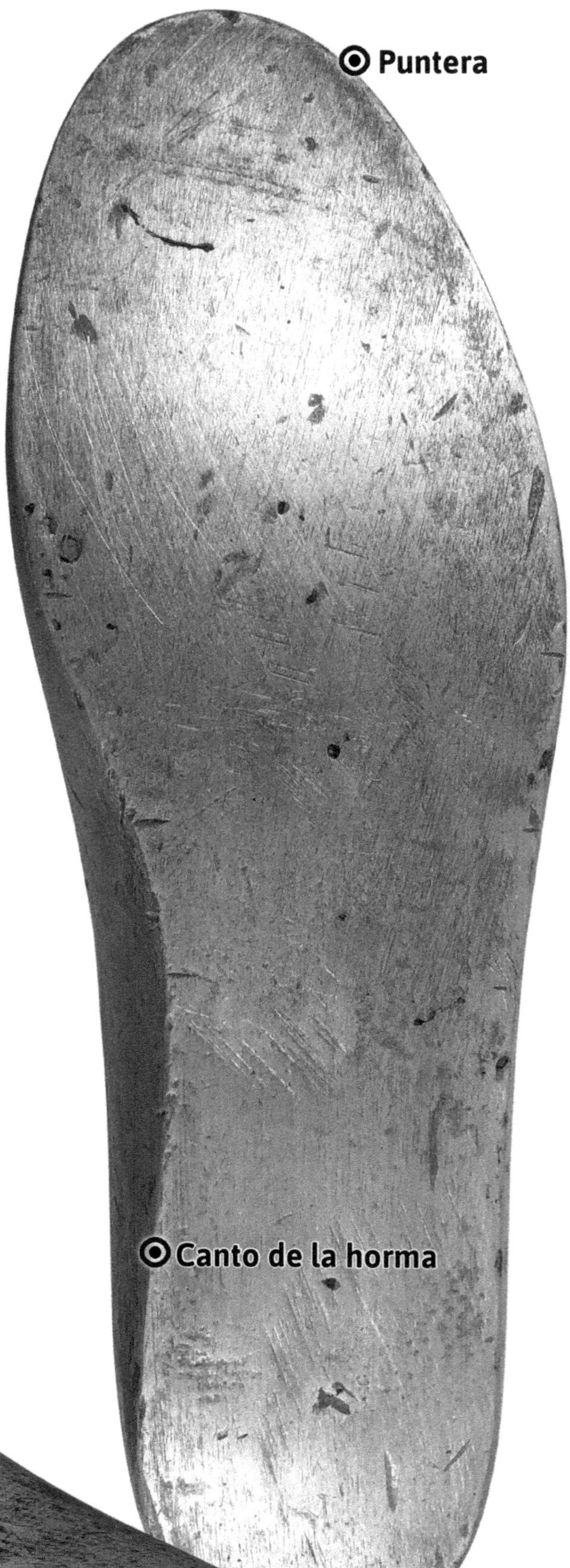

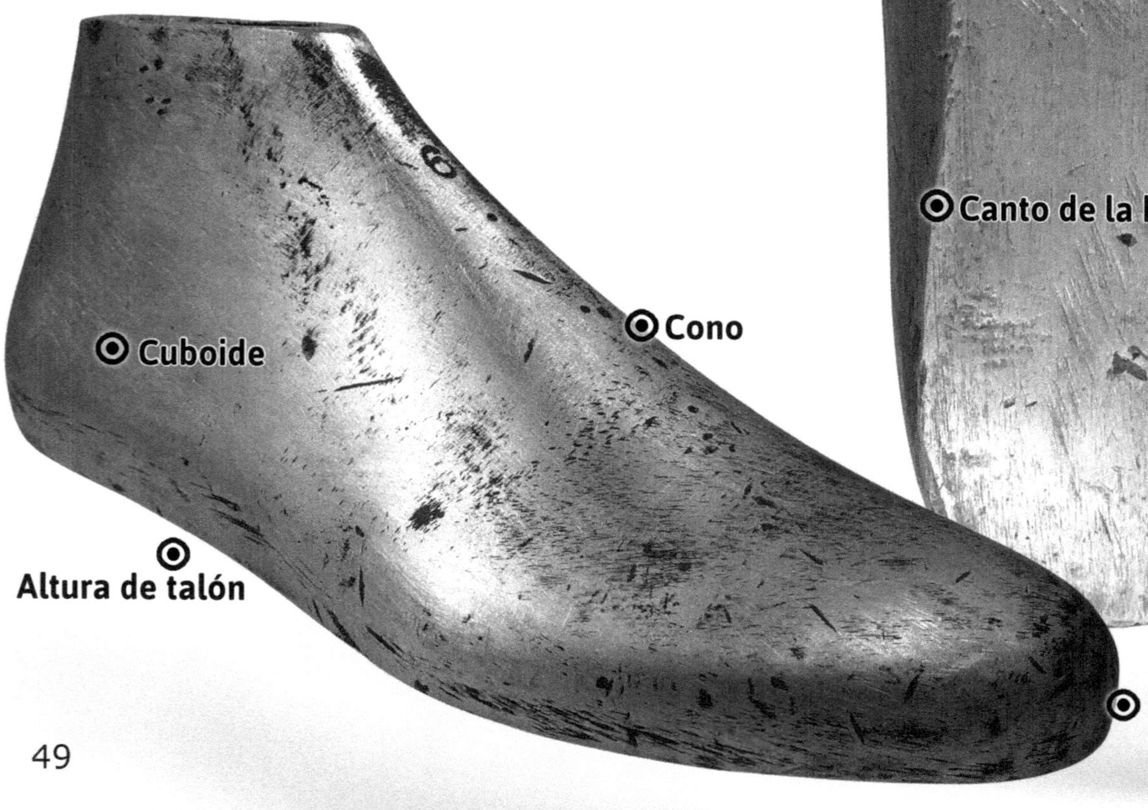

Quebrante de la punta
La salida de esta zapatilla es relativamente baja para ser calzado deportivo. Entre 5 mm y 10 mm es el estándar tratándose de calzado casual. La suela es blanda y se flexiona fácilmente para un mejor agarre.

Puntera
La puntera es baja y redondeada para una zapatilla de calce ceñido. La pala queda bajo el *foxing*, por lo que se necesita una pared lateral vertical para una buena unión.

Perímetro de la bola
El perímetro de la bola para una zapatilla maleable o flexible es la medida estándar. Sin ningún ajuste.

Sock allowance
Puede que la horma de una zapatilla de *skate* vulcanizada no tenga *sock allowance* si la plantilla está pegada a la palmilla. Un modelo clásico tiene una amortiguación en la plantilla anatómica de goma que soporta el calor del vulcanizado o autoclave. Un diseño moderno puede tener un *sock allowance* de 3 mm a 5 mm para una plantilla de EVA colocada después del vulcanizado.

Cono
Esta horma tiene un cono largo, de corte bajo y suavemente afilado, adecuado para modelos sin cordones tipo *slip-on* o zapatillas de caña alta con cordones.

Altura de talón
Para este modelo, la altura de talón es mínima; una elevación de 5 mm a 8 mm es suficiente. Los Plimsoll originales del siglo XIX tenían el piso plano. La zapatilla de *skate* actual tiene más espacio para la amortiguación y la altura adicional del talón elimina la sensación de pies cansados de los modelos anteriores.

Cuboide
El cuboide tiene una curva suave, permite que el pie entre y asiente en el talón cómodamente. La horma se estrecha mínimamente sobre el cuboide para un ajuste más holgado.

Canto de la horma
El canto de esta horma es un quiebre de 90º en todo el perímetro de la horma. Esta horma está diseñada para ser utilizada con palmilla, que es el proceso de construcción más utilizado de las zapatillas de *skate* vulcanizadas.

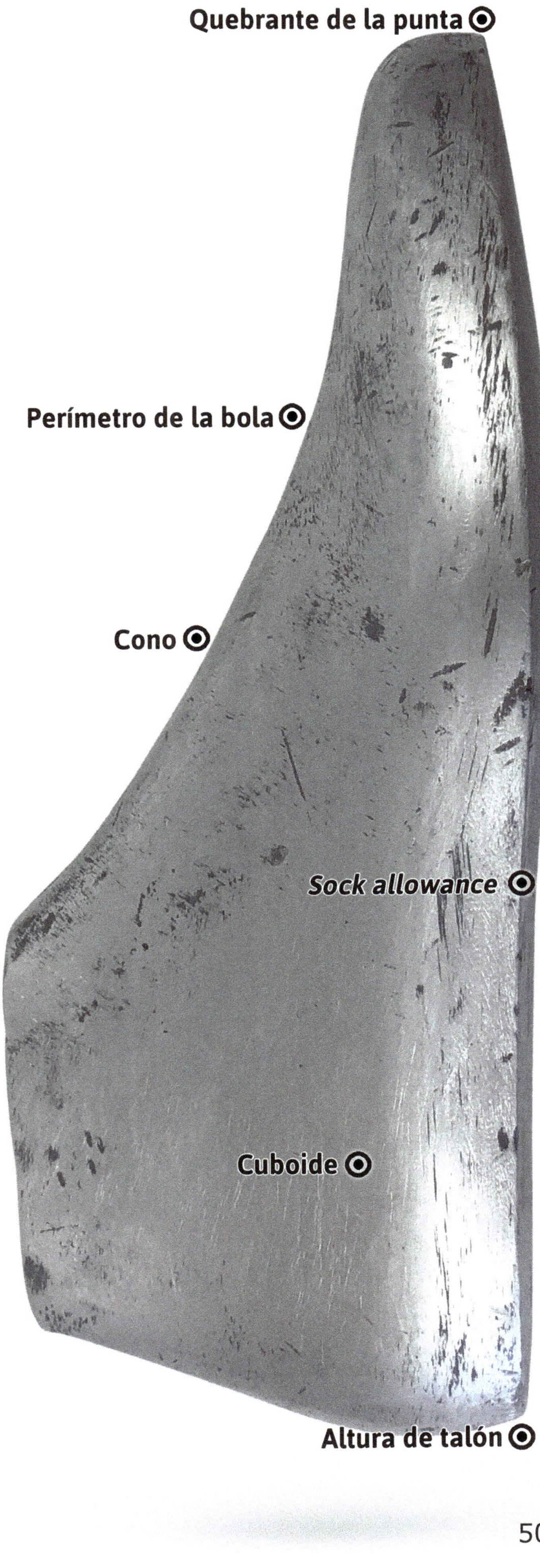

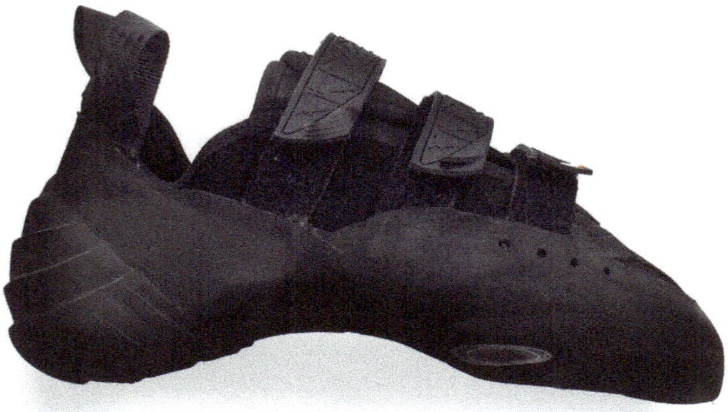

Horma de zapatilla de escalada

Esta zapatilla está diseñada específicamente para una sola cosa: escalar. No son aptas para caminar, ni están diseñadas para la comodidad, los pies de gato tienen una forma única que no se encuentra en ningún otro tipo de calzado. Sin casi ninguno de los componentes funcionales que se encuentran en el calzado normal, es solo una pieza funcional.

Quebrante de la punta

Esta horma tiene la peculiaridad de tener el quebrante de la punta invertido, esto dificulta el caminar y hace que los dedos se doblen hacia abajo. Con estas zapatillas, los dedos se enganchan en todos los posibles salientes del terreno, lo que le da al escalador más impulso sin flexionar los dedos.

Perímetro de la bola

La forma estilizada está diseñada para agarrar el pie de forma segura sin que el pie flexione o cambie de posición con la fuerza de carga.

Puntera

La puntera se estrecha y quiebra hacia abajo para agarrarse lo mejor posible a los salientes del terreno.

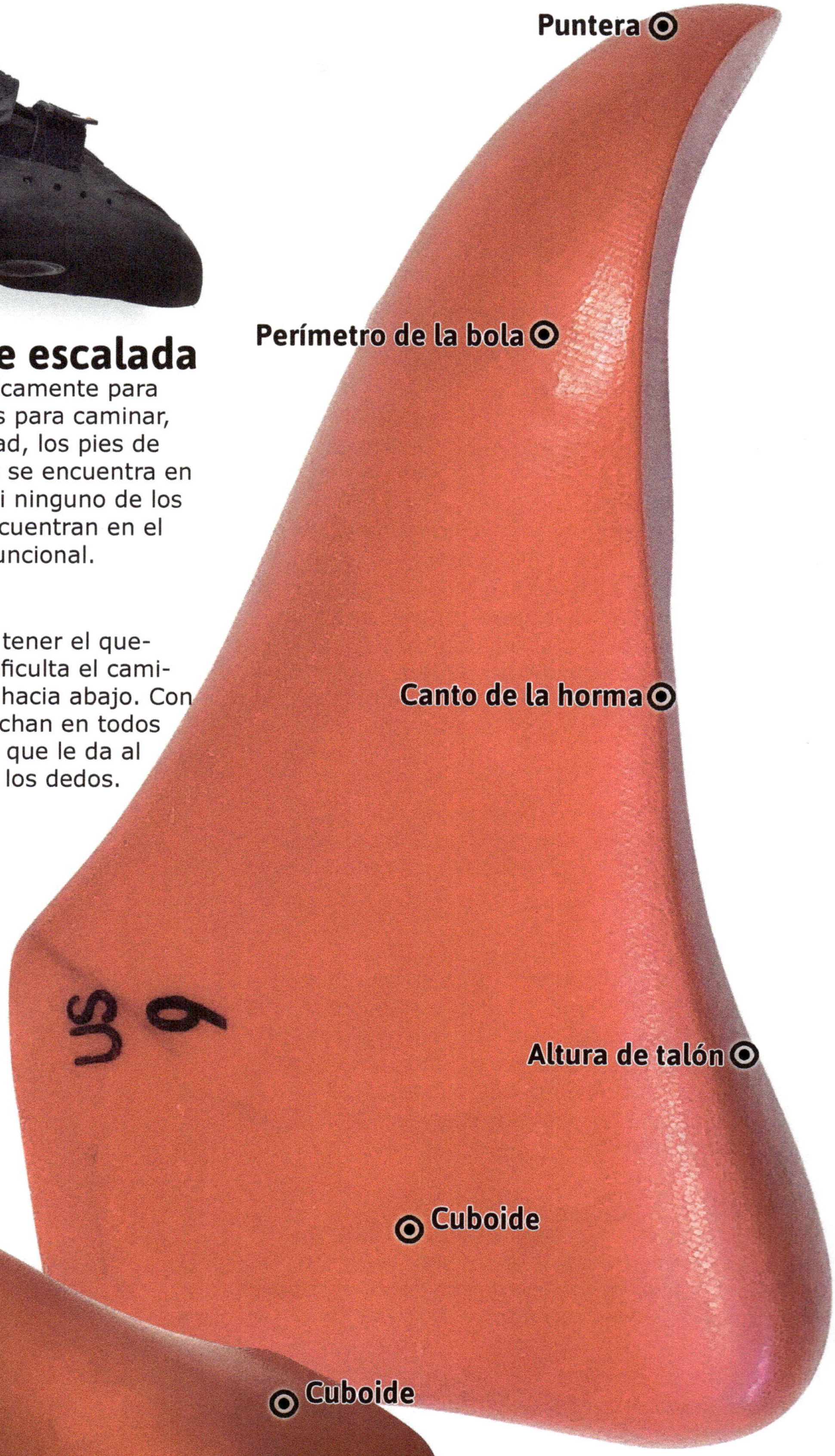

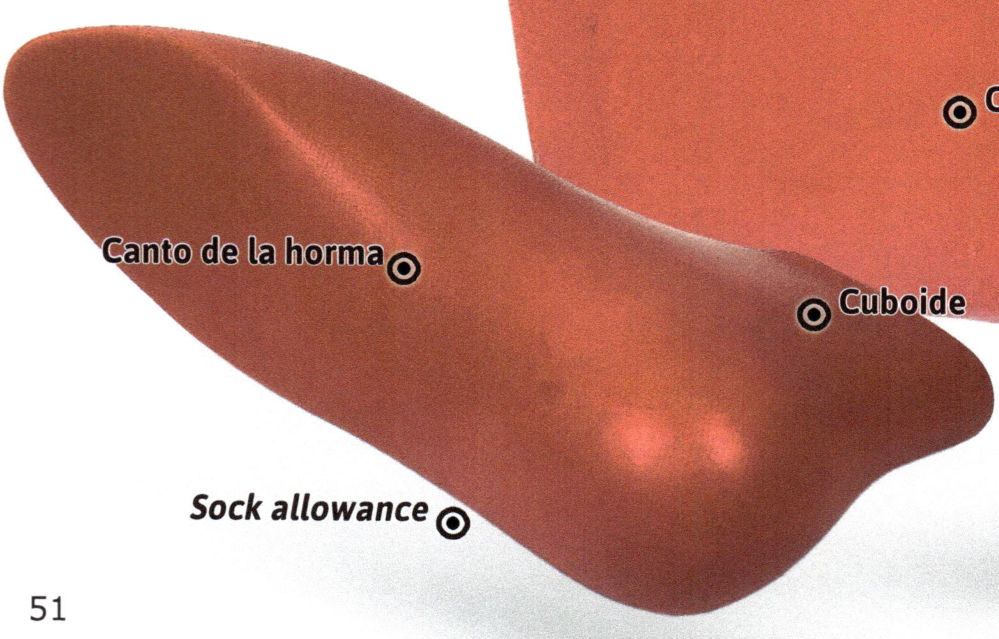

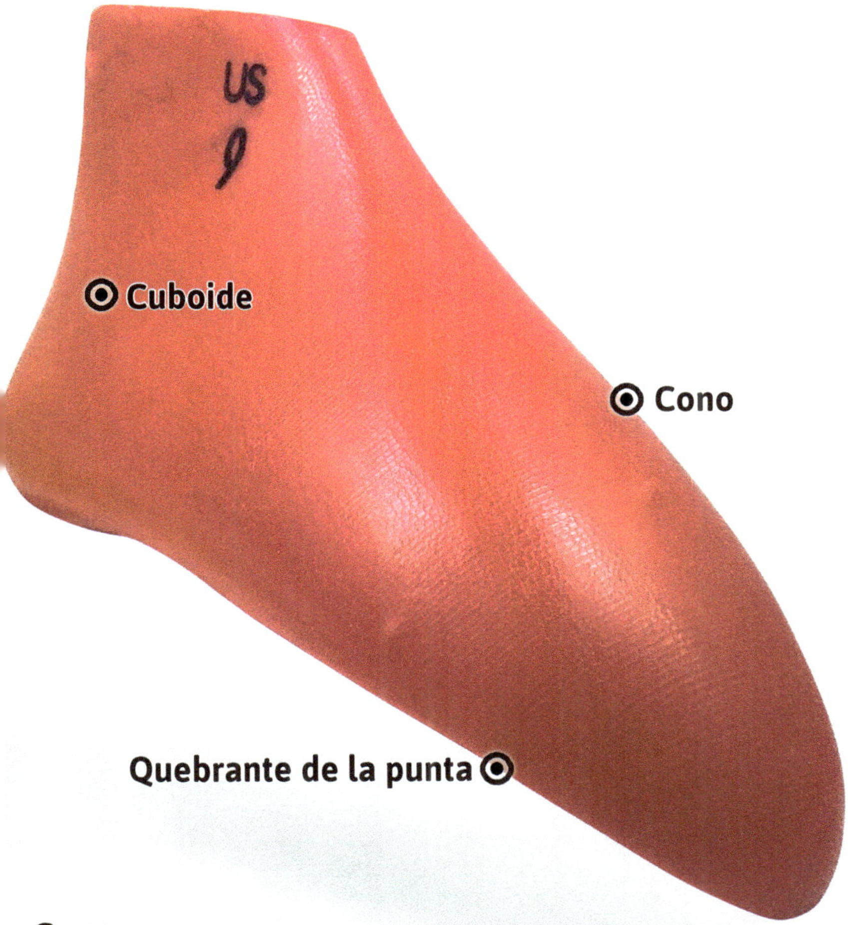

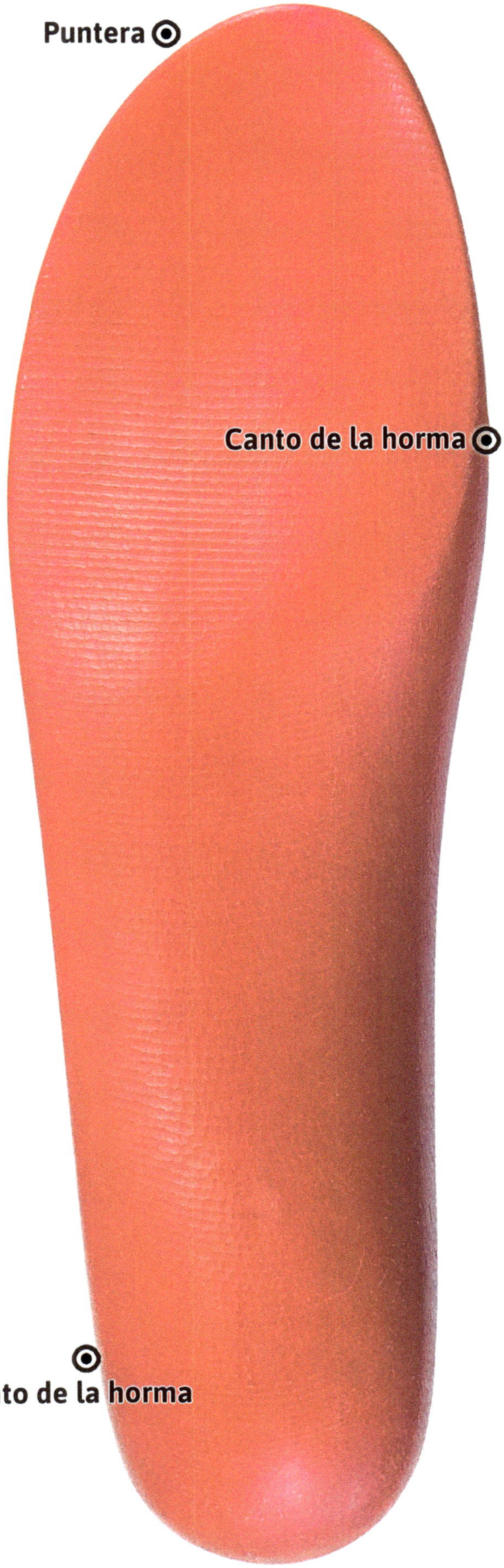

Cono
El cono de los pies de gato se inclina igual que una horma convencional hasta el punto de bridaje. En lugar de la curva ascendente esperada para un empeine plano, la horma quiebra hacia abajo para ayudar al escalador a ganar impulso

Canto de la horma
El canto de la horma es redondeado en el talón y pasa a ser afilado en la parte anterior del pie con un ángulo de 90º que le da a la zapatilla un canto firme para engancharse a los salientes.

El canto lateral es más definido en la zona de la cintura o enfranque, lo que aporta a la zona exterior del zapato un canto más recto para un mejor agarre.

Arco
El arco lateral medial está muy recogido en el área de la cintura de la horma para permitir que la zapatilla de escalada envuelva el pie para un ajuste más seguro.

Cuboide
El área cuboide es fino y se estrecha hacia la parte superior. Esto crea un escote cómodo y seguro.

Sock allowance
Los pies de gato están diseñados para usarse sin calcetines, y no llevan plantillas en su interior. El forro se coloca durante el montado, por lo que no se necesita *sock allowance*.

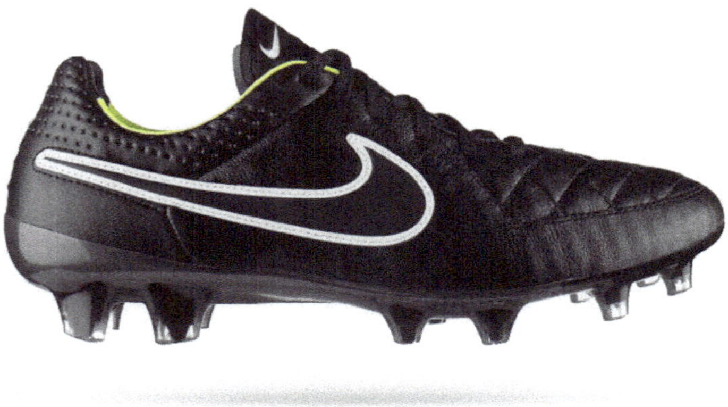

Horma de bota de fútbol

La horma de la bota de fútbol con tacos es una variante muy interesante de la horma de calzado deportivo. Está diseñada para dar velocidad, manejo y movimiento lateral en una superficie blanda. Se diseña con un ajuste ceñido y estilizado, con tan solo un poco de acolchado en la lengüeta. El talón, diseñado para dar estabilidad, está hecho de un plástico resistente moldeado por inyección.

Puntera

La punta es baja y se estrecha de manera pronunciada hasta el canto de la horma para crear un zapato de calce ceñido y poder manejar el balón de manera suave.

Quebrante de la punta

Es un poco más alto que el utilizado en calzado deportivo. Permite correr de manera eficiente llevando una zapatilla con una suela relativamente rígida. Tener más salida también ayuda a mantener en su sitio la línea del escote.

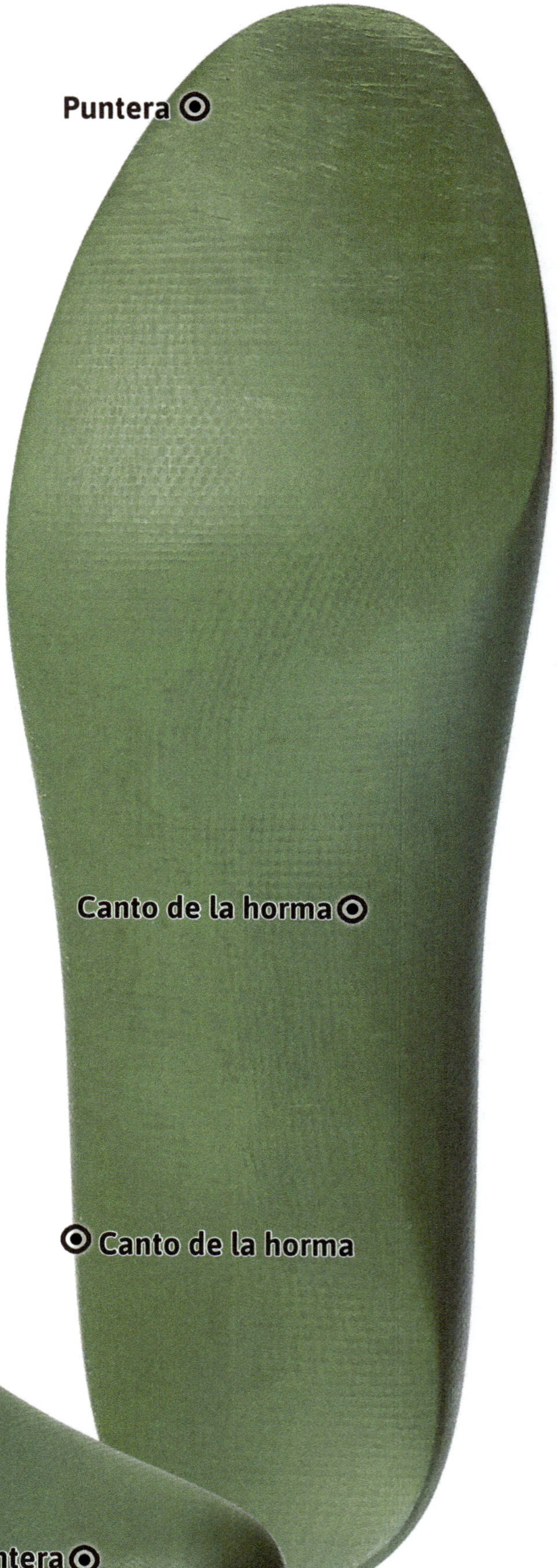

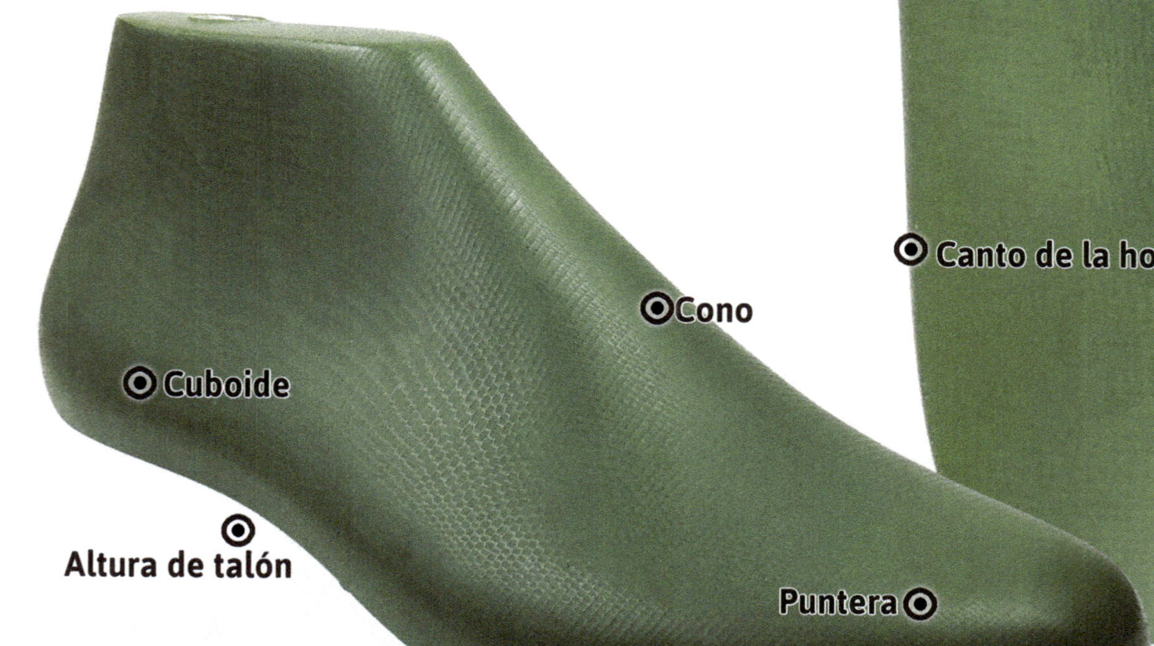

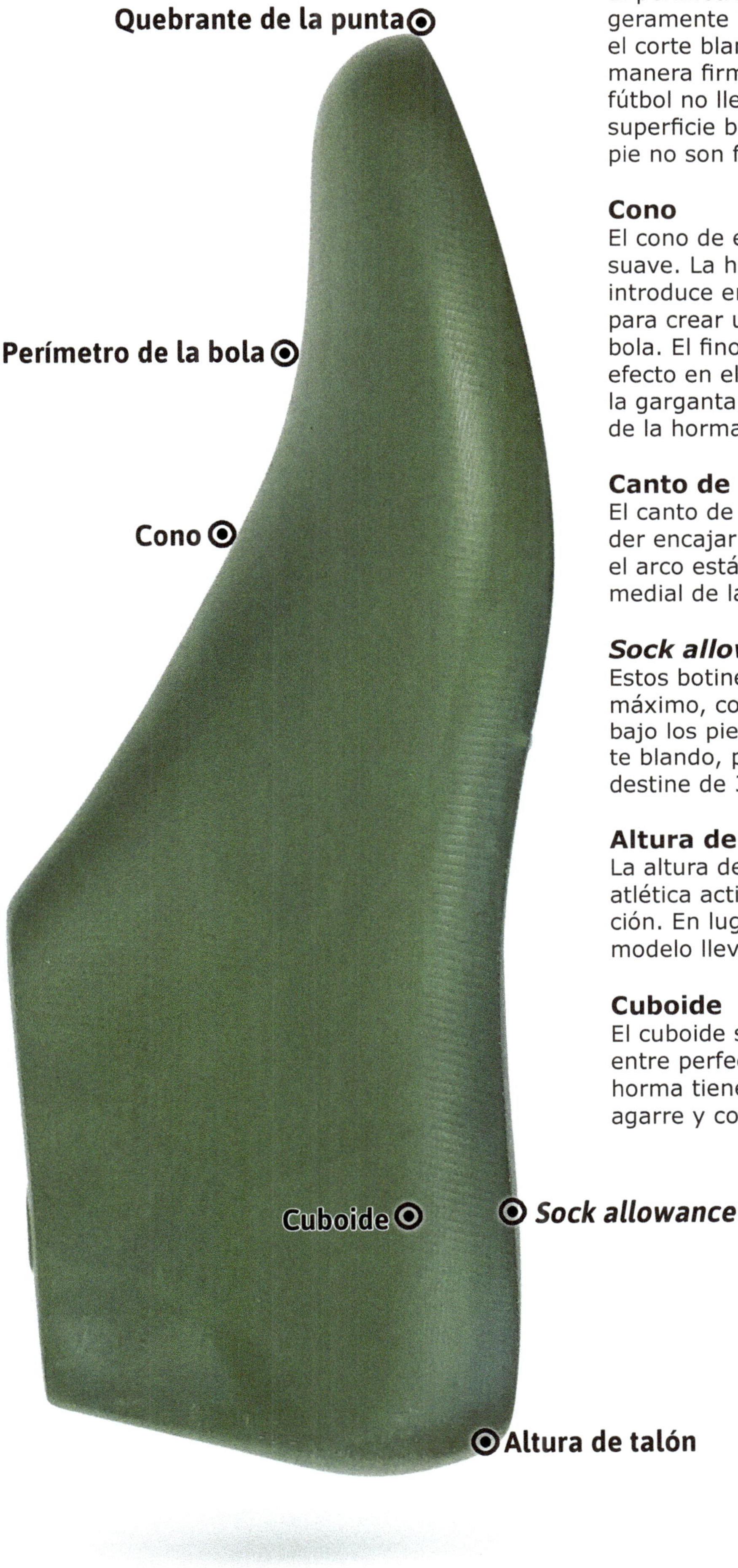

Perímetro de la bola

El perímetro de la bola para una bota de fútbol es ligeramente inferior al estándar. La suela más rígida y el corte blando se combinan para mantener el pie de manera firme en su lugar. Ya que los jugadores de fútbol no llevan carga pesada, y se juega sobre una superficie blanda, el aplanamiento y la expansión del pie no son factores críticos.

Cono

El cono de esta horma es bajo y tiene una curvatura suave. La horma tiene un empeine más largo que se introduce en el cono con una transición muy suave para crear una superficie consistente para patear la bola. El fino acolchado de la lengüeta exagera este efecto en el modelo acabado y hace que el hueco de la garganta esté en contacto con la parte superior de la horma.

Canto de la horma

El canto de la horma es un ángulo de 90º para poder encajar la palmilla y la suela de inyección. Solo el arco está trabajado, lo que permite que el lado medial de la bota se ajuste ceñido.

Sock allowance

Estos botines están diseñados para ajustarse al máximo, con poco espacio para la amortiguación bajo los pies. Ya que el campo juego es relativamente blando, puede que no haya entresuela y solo se destine de 3 mm a 4 mm para el forro interior.

Altura de talón

La altura de talón se utiliza para crear una postura atlética activa, no para dar espacio a la amortiguación. En lugar de una entresuela de espuma, este modelo lleva tacos más largos.

Cuboide

El cuboide suavemente inclinado permite que el pie entre perfectamente y asiente rápido en el talón. La horma tiene un cuboide más alto para dar un mejor agarre y compensar el escote bajo.

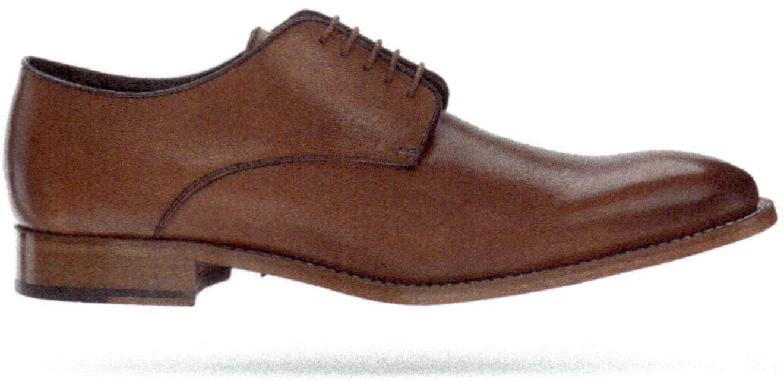

Horma de zapato de vestir

La construcción de un zapato de vestir para caballero es un arte que combina moda, tradición, artesanía y ergonomía.

La horma varía en la forma de la puntera y contorno, pero dejando de lado las tendencias, sigue unas medidas estándar para el calce y funcionalidad.

Altura de talón

En este tipo de zapato es de unos 25 mm, se crea una postura cómoda para caminar y mantenerse de pie. Este modelo no está diseñado para actividades deportivas, por lo que la altura de talón no está hecha para adaptarse a la amortiguación.

Puntera

La puntera se guía por la tradición y los caprichos de la moda. El diseñador puede seleccionar el tipo de puntera que más se ajuste a la tendencia: redonda, cuadrada, ancha, etc.

Quebrante de la punta

Es mucho mayor que en el calzado deportivo. Suele rondar los 30 mm para contrarrestar la suela rígida, los materiales del corte que no ceden, la necesidad de sujetar el escote y reducir las arrugas del empeine. El quebrante de la punta permite que el pie haga el movimiento y se flexione sin que el material de la pala tire.

Perímetro de la bola

El perímetro de la bola para un zapato rígido es ligeramente mayor que el estándar. Ya que el zapato de vestir no está diseñado para la actividad física, no se requiere longitud adicional para contrarrestar el peso. Un ajuste del perímetro algo escaso puede explicar la hinchazón del pie en el transcurso de un día de uso normal.

Sock allowance

El zapato de vestir clásico para caballero solo tiene una fina plantilla de cuero colocada después del montado; se necesitan 2 mm de *sock allowance*. Un modelo más moderno tendrá un poco más para una plantilla acolchada o una plantilla ortolésica.

Cono

El cono tiene más volumen para permitir que el zapato se abra; comienza en un punto bajo y se eleva rápidamente. La pala larga del zapato se ajusta bien al pie sin tener nada de relleno.

Cuboide

El cuboide es bajo y ancho para que asiente bien en el talón. La horma se estrecha por encima del cuboide para permitir un hueco más ajustado por encima del tobillo. La línea del escote debe ajustarse bien, ya que el corte del zapato apenas tiene relleno o acolchado.

Canto de la horma

En esta horma, es de 90º para permitir una construcción con palmilla y cerco.

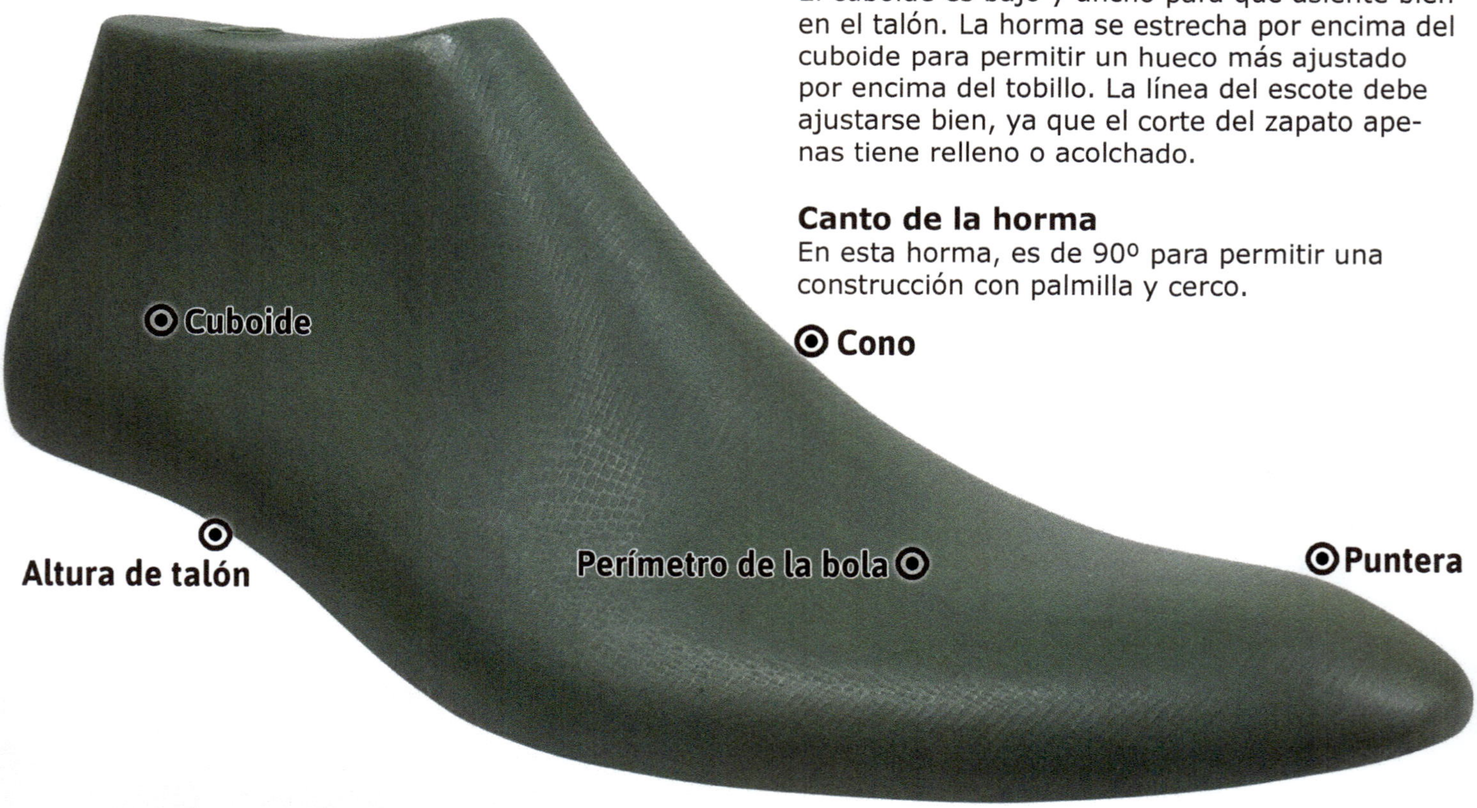

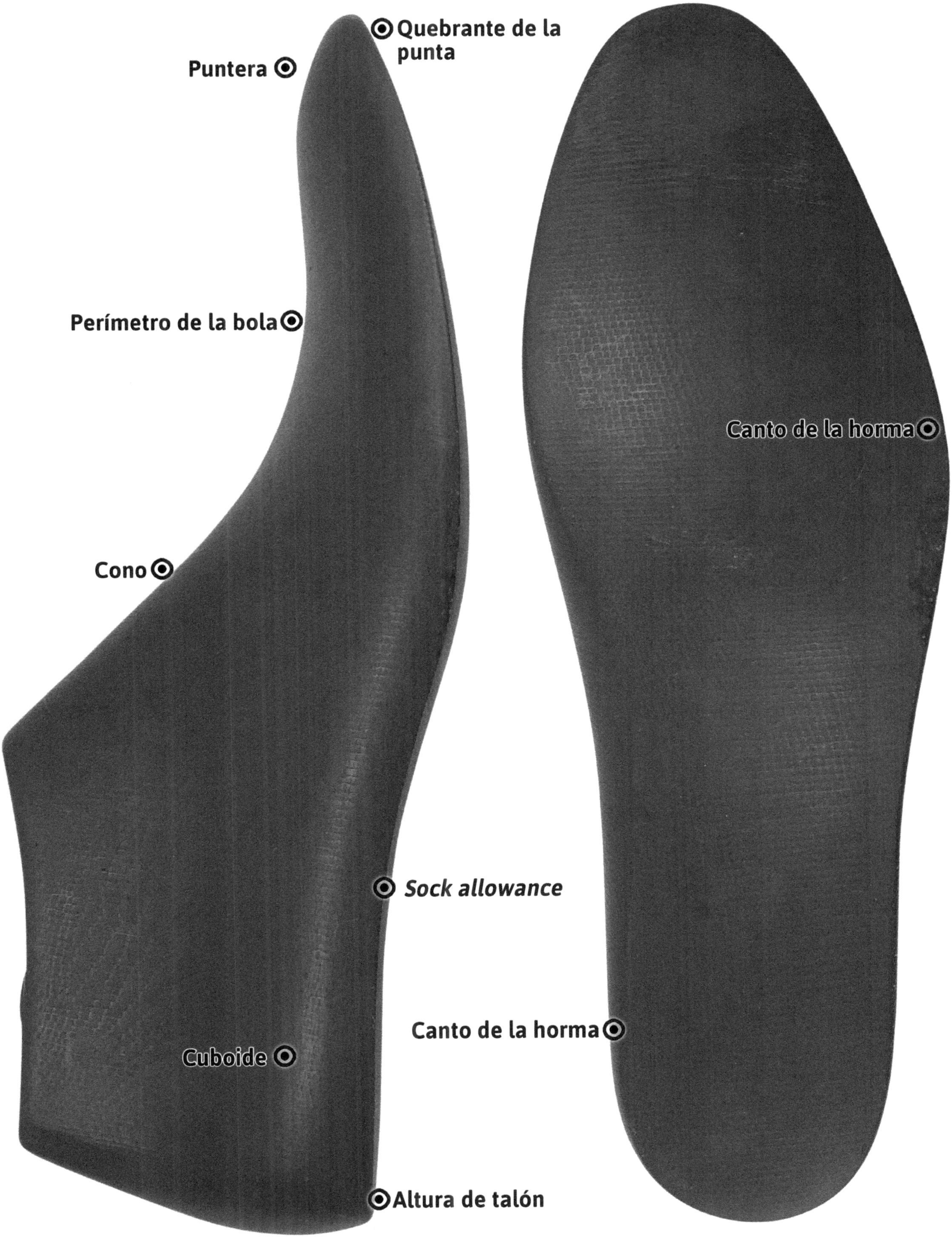
Quebrante de la punta
Puntera
Perímetro de la bola
Cono
Canto de la horma
Sock allowance
Canto de la horma
Cuboide
Altura de talón

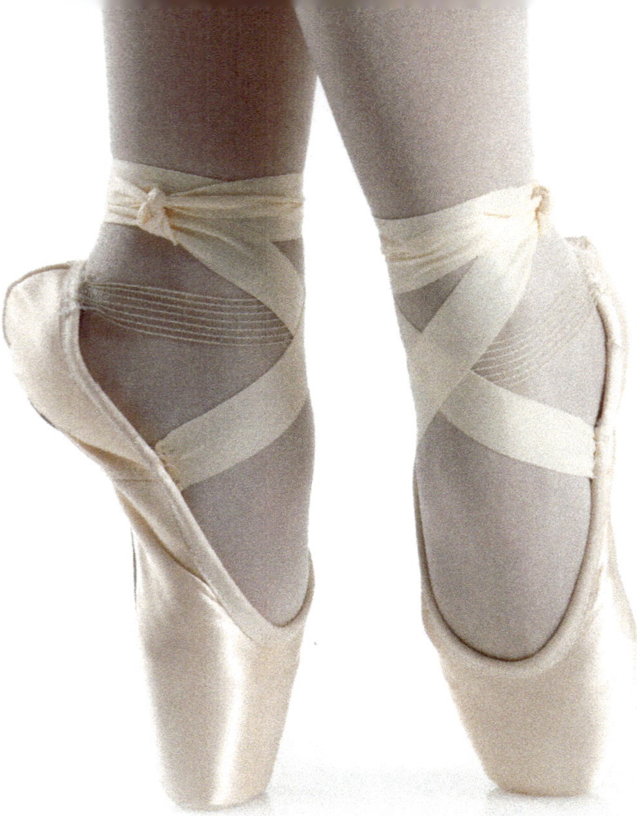

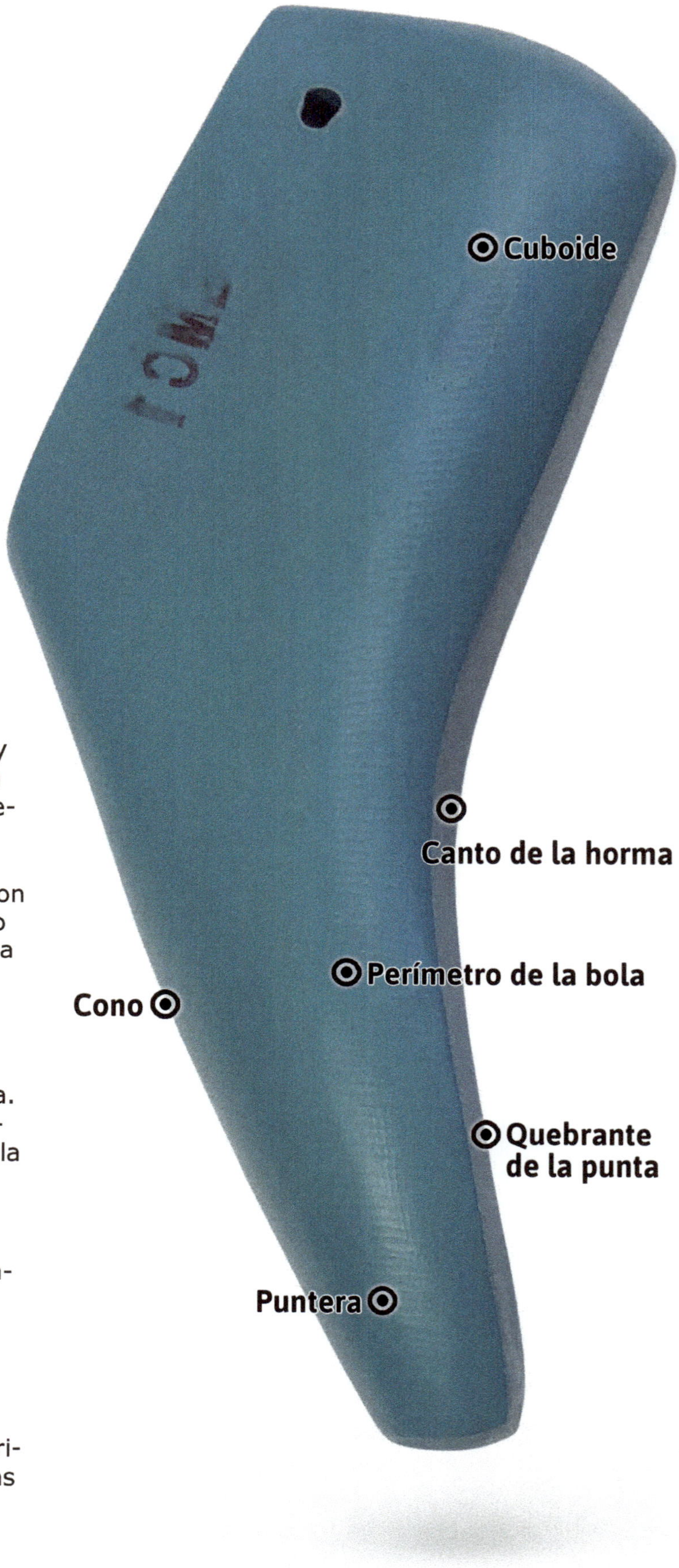

Horma de puntas de ballet

La horma de las puntas de ballet son únicas y muy interesantes en el mundo del calzado. A diferencia de cualquier otra horma, esta se diseña para sostener el pie mientras se está en puntillas.

Esta horma es simétrica, el lado medial y lateral son idénticos; por lo tanto, no hay zapatilla izquierda o derecha. Cuando el bailarín o la bailarina se prueba las puntas por primera vez, las marcará como pie izquierdo y derecho.

Puntera

La horma tiene la punta plana, 90º desde la planta. Esta superficie plana es la base para el pie del bailarín. La puntera es de gran tamaño para permitir la inserción de almohadillas.

Perímetro de la bola

Este modelo tiene unas medidas que no se encuentran en ningún otro tipo de calzado. Se fabrica en diez anchos y tres alturas de pala por talla para garantizar que se ajuste perfectamente.

Cono

El cono de la horma es casi recto en todo su recorrido. La forma sigue al pie en su posición en puntillas completamente flexionada.

Canto de la horma
El canto de la horma es afilado para que se pueda ensamblar con palmilla. El borde de la horma se redondea desde la cintura hasta el talón para crear una zapatilla ajustada. La forma del antepié tiene el canto afilado para fijar los refuerzos de las punteras.

Cuboide
El cuboide está exagerado para mantener el pie en su lugar aunque el escote sea relativamente bajo.

Altura de talón / Quebrante de la punta
Esta horma no tiene una altura convencional ni un quebrante en la puntera. La curvatura inferior está diseñada para apoyar el pie de la persona en la posición erguida (en puntillas). La suela es blanda, se aplana cuando se baja el talón, y retrocede cuando vuelve a estar de puntillas.

Sock allowance
No admite *sock allowance*. Solo se encuentra una fina plantilla de satén dentro de las zapatillas.

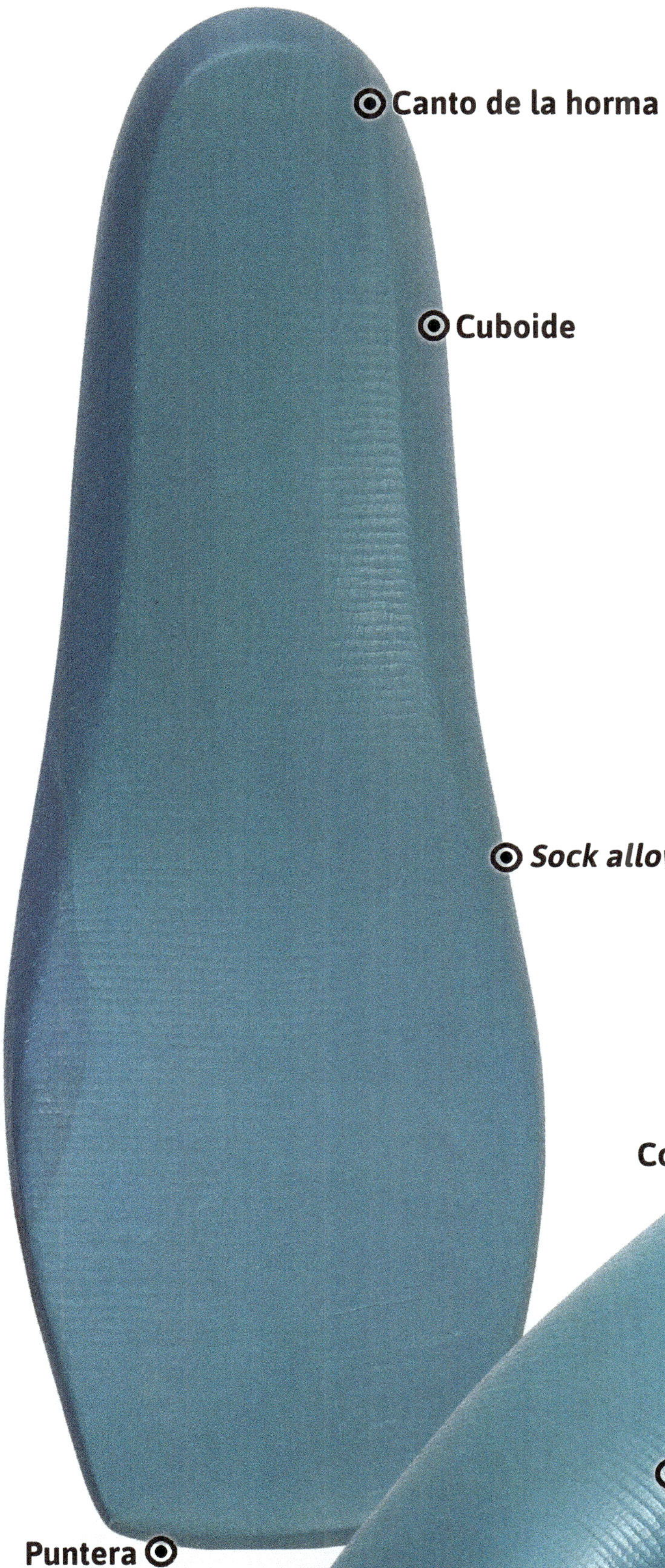

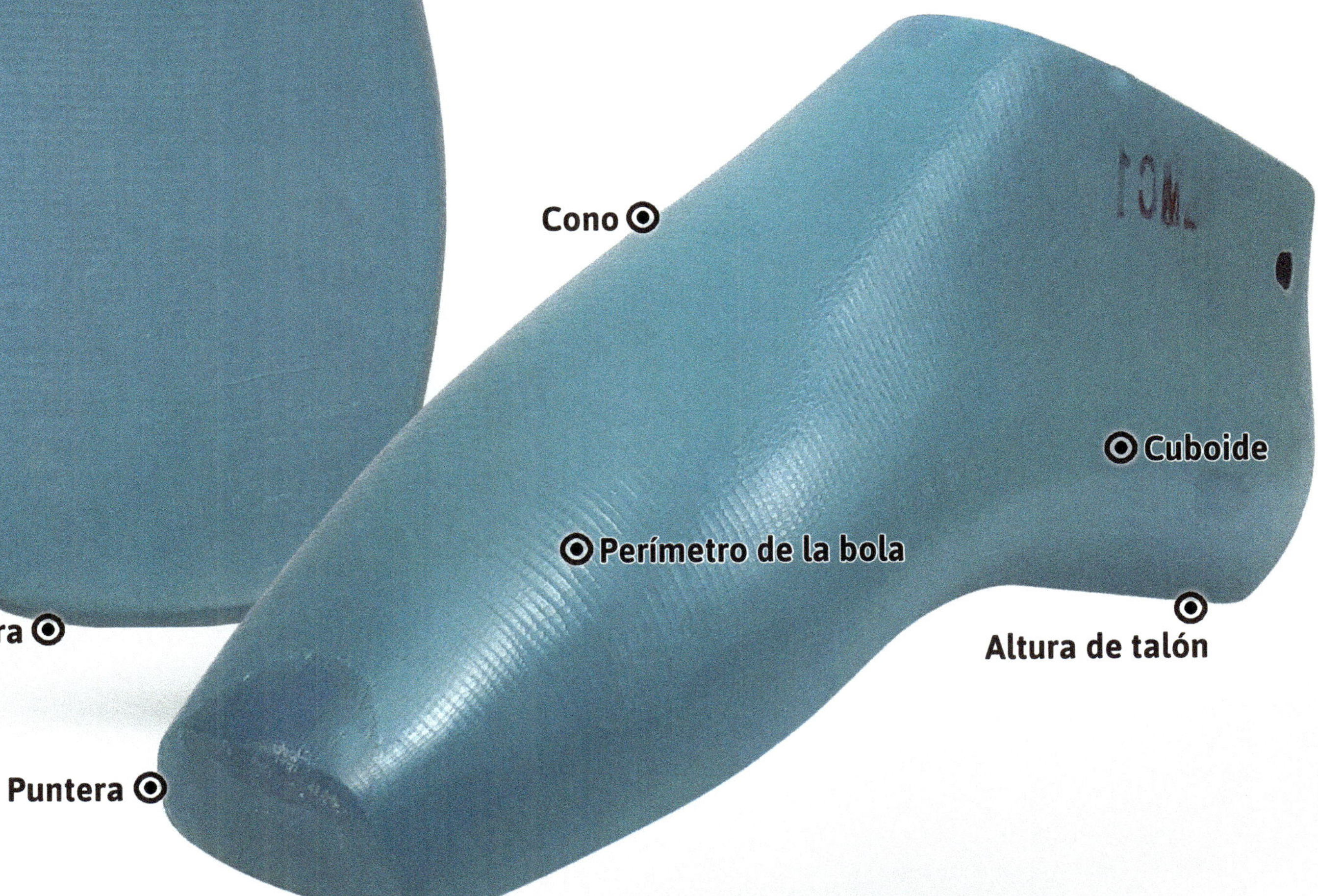

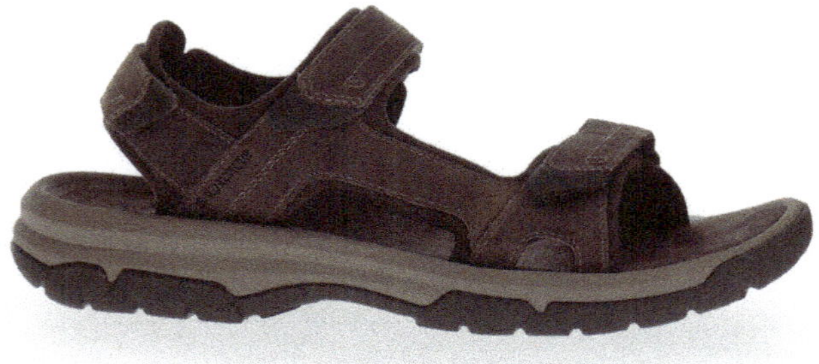

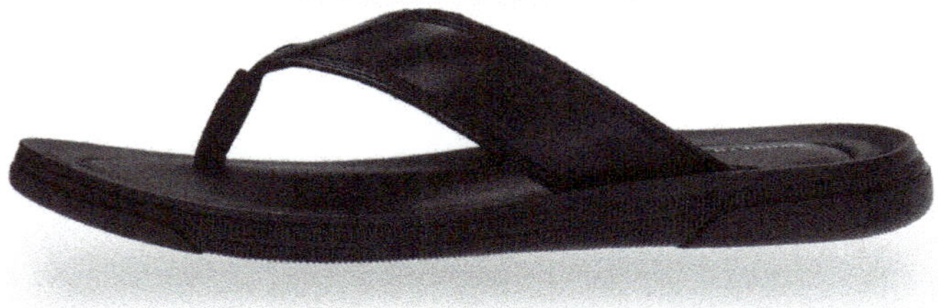

Horma de sandalia deportiva

Esta horma de sandalia tiene algunos elementos especiales, algunas bastante claras y otras no. Las hormas de las sandalias tienen una ranura muy notoria en la puntera para ubicar la esclava; pero no tan obvio es la anchura extra de la bola, la cintura y el talón de una sandalia. Esta medida adicional permite que la horma aplique presión para unir las cintas ancladas en la entresuela. Aunque la anchura es mayor, las medidas generales de perímetros siguen siendo el estándar.

La horma de las sandalias, por norma general, es más pequeña de lo normal, ya que no lleva la holgura del forro añadida. Aquí puedes ver un ejemplo de una horma utilizada para hacer este tipo de sandalias y sandalias de río.

Quebrante de la punta

En modelos de uso exterior suelen tener una salida de 15 mm, el estándar en calzado deportivo. Es necesario para evitar tropiezos y ayudar al caminar. La horma de chanclas de playa con esclava no suele tener nada de quebrante en la punta.

Perímetro de la bola

El perímetro de la bola en hormas de sandalia es la medida estándar, no se necesitan ajustes. La distribución del volumen puede ser menor en el punto de bridaje, con algo de volumen desplazado hacia afuera.

Sock allowance

No hay un espacio designado en las hormas de este tipo de sandalia. Durante el montado, las plantillas ya están colocadas en su lugar.

Cono

El cono es ancho y bajo en el punto de bridaje. El empeine tiene una curvatura gradual, siendo ancho para permitir la entrada del pie más fácilmente.

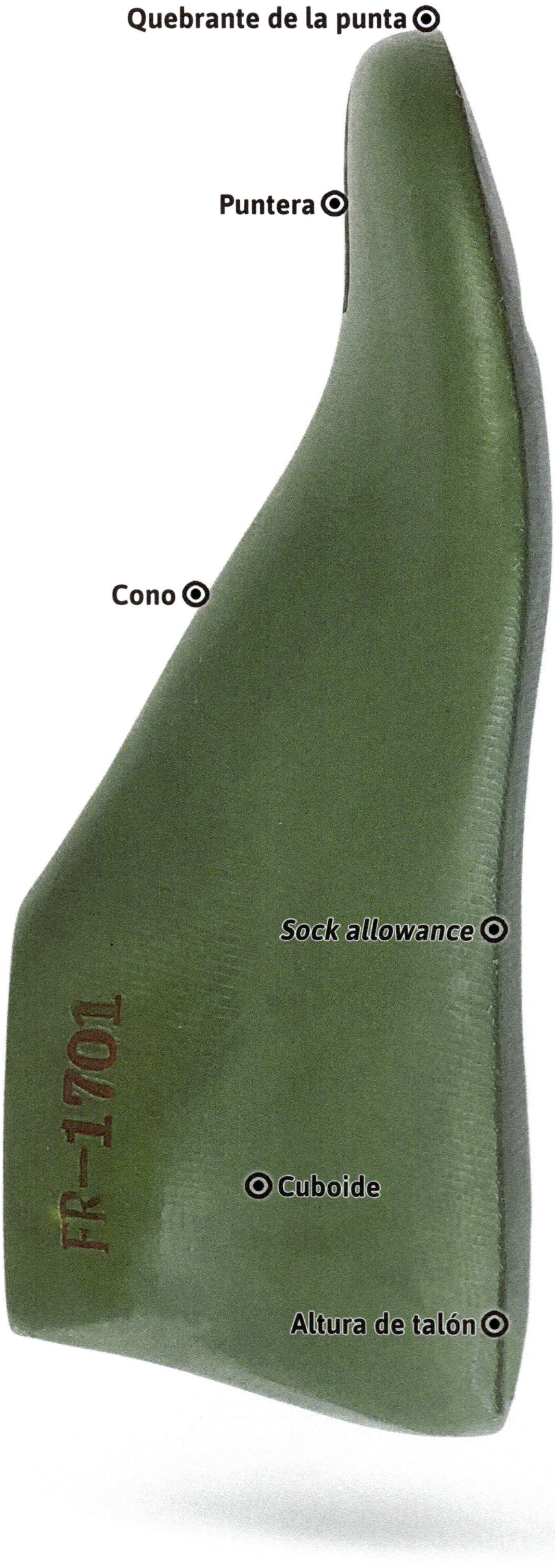

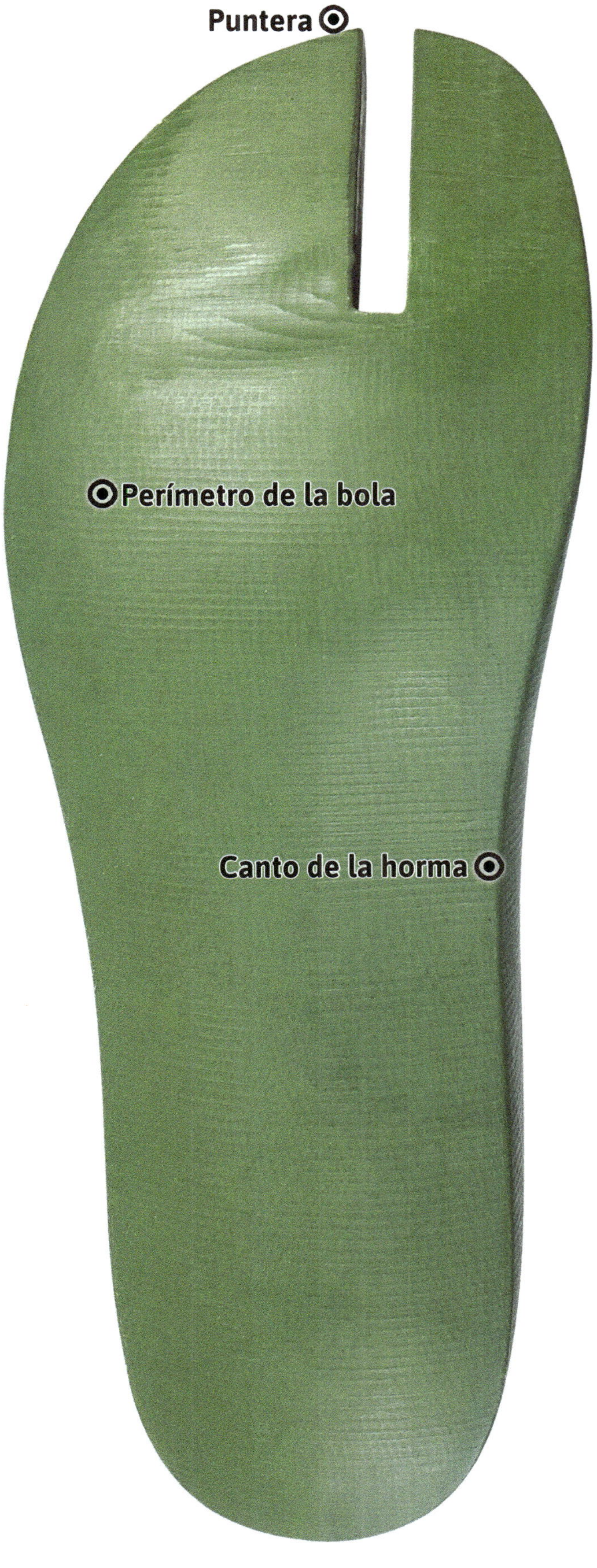

Altura de talón

La altura de talón es de 10 a 15 mm, permite una amortiguación adicional y una distribución uniforme del peso. La horma con ranura para la esclava puede tener una altura de talón de 0 mm a 5 mm.

Cuboide

El cuboide de esta horma es ancho y más recto que las anteriores hormas que hemos visto. Para sandalias con esclava de tres puntos, esta parte de la horma no es necesaria. Para sandalias de tiras, o sandalias de río, el cuboide marca la medida de la tira del talón, necesaria para la forma de la talonera.

Canto de la horma

El canto de la horma es de 90º para poder marcar las posiciones de las aberturas para las correas del corte. La planta de la horma puede tener una ligera curvatura para que coincida con la curvatura de la entresuela.

Puntera

La forma de la puntera por encima del canto de la horma no suele tener importancia; esta parte de la horma no es necesaria para crear la sandalia. En el caso de las sandalias tipo esclava de tres puntos, la puntera se corta con el troquel del dedo para ubicar la parte delantera, trasera, izquierda y derecha del modelo.

La puntera de las hormas de sandalias será 15 mm más corta que las anteriores, ya que no es necesario ningún tipo de holgura en la punta.

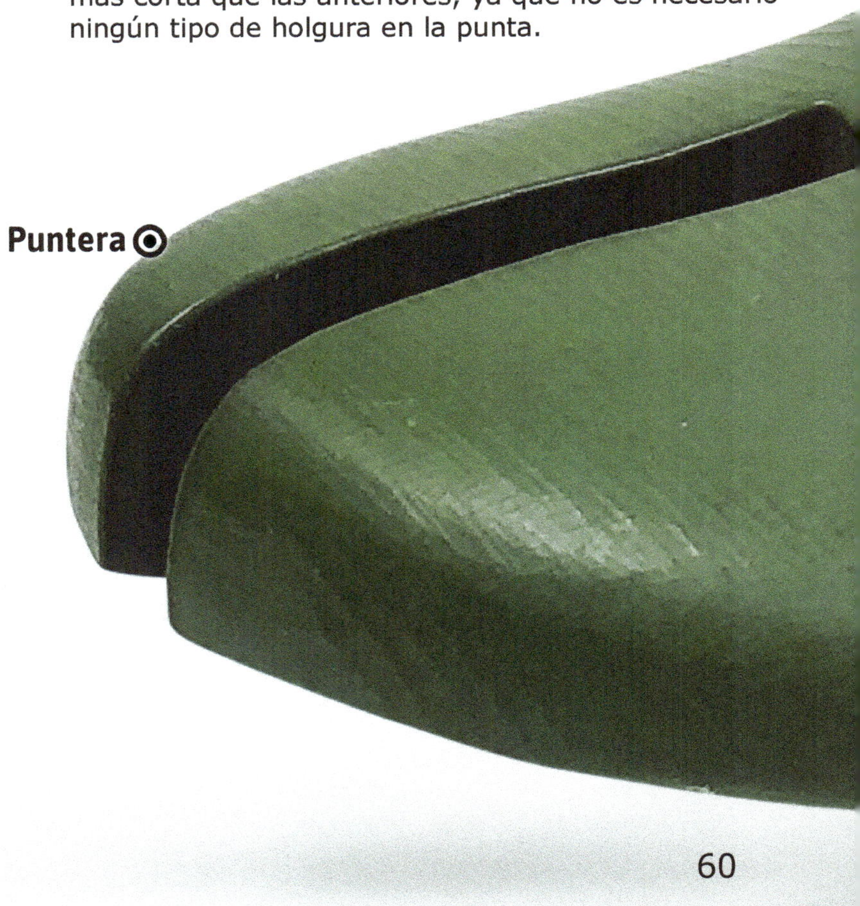

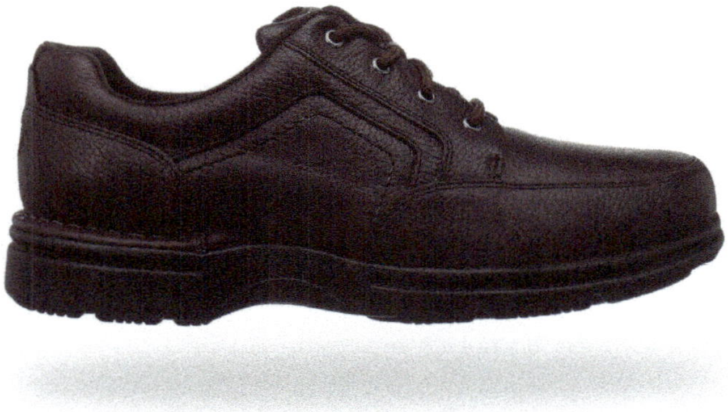

Horma de zapato para andar

Este tipo de zapato para caminar al aire libre tiene un calce más ancho, con más espacio en la puntera. La horma es un poco más gruesa para permitir colocar una buena plantilla de alta gama.

Quebrante de la punta

La suela de este modelo es más rígida que en el calzado deportivo, por lo que necesita más salida en la punta para un movimiento más natural al caminar. El quebrante de la punta también reduce el peligro de tropiezo en superficies irregulares y reduce el material duro que conforma el corte de cara a permitir que el zapato flexione sin que la pala empuje hacia abajo en la parte superior del pie.

Puntera

La puntera es un poco más alta y cuadrada. La holgura de la punta es la estándar de 15 mm.

Perímetro de la bola

Para un zapato rígido será más grande que la medida habitual para permitir que el pie se expanda después de todo un día caminando.

Sock allowance

Los zapatos hechos para caminar suelen tener un mayor *sock allowance* para dar espacio a plantillas más gruesas con mejor apoyo o plantillas ortopédicas con un ajuste personalizado.

Cono

El cono de una horma de calzado para caminar tiene una curvatura suave, y es ancho para permitir la entrada del pie. Un cono ligeramente inferior en la parte de la abertura de la garganta ayuda a mantener el pie dentro del zapato y evita que el pie se deslice hacia adelante, reduciendo la posibilidad de lesión en los dedos.

Cuboide

El cuboide se esculpe con una curvatura suave que permite la entrada del pie y genera un buen asentamiento del talón. La horma se estrecha por encima del cuboide para permitir un escote o hueco más ajustado en el tobillo.

Canto de la horma

El canto de esta horma es afilado, un ángulo de 90º para una óptima construcción con palmilla o planta de montado, aunque estos modelos también se pueden fabricar con Strobel. Se necesita el montado con palmilla para suelas rígidas, el montado Strobel se reserva para calzado más suave y flexible.

Altura de talón

La elevación es moderada en el talón, colocando el pie del usuario en una postura atlética con una distribución del peso al 50/50. La altura de talón da más espacio para el sistema de amortiguación interior.

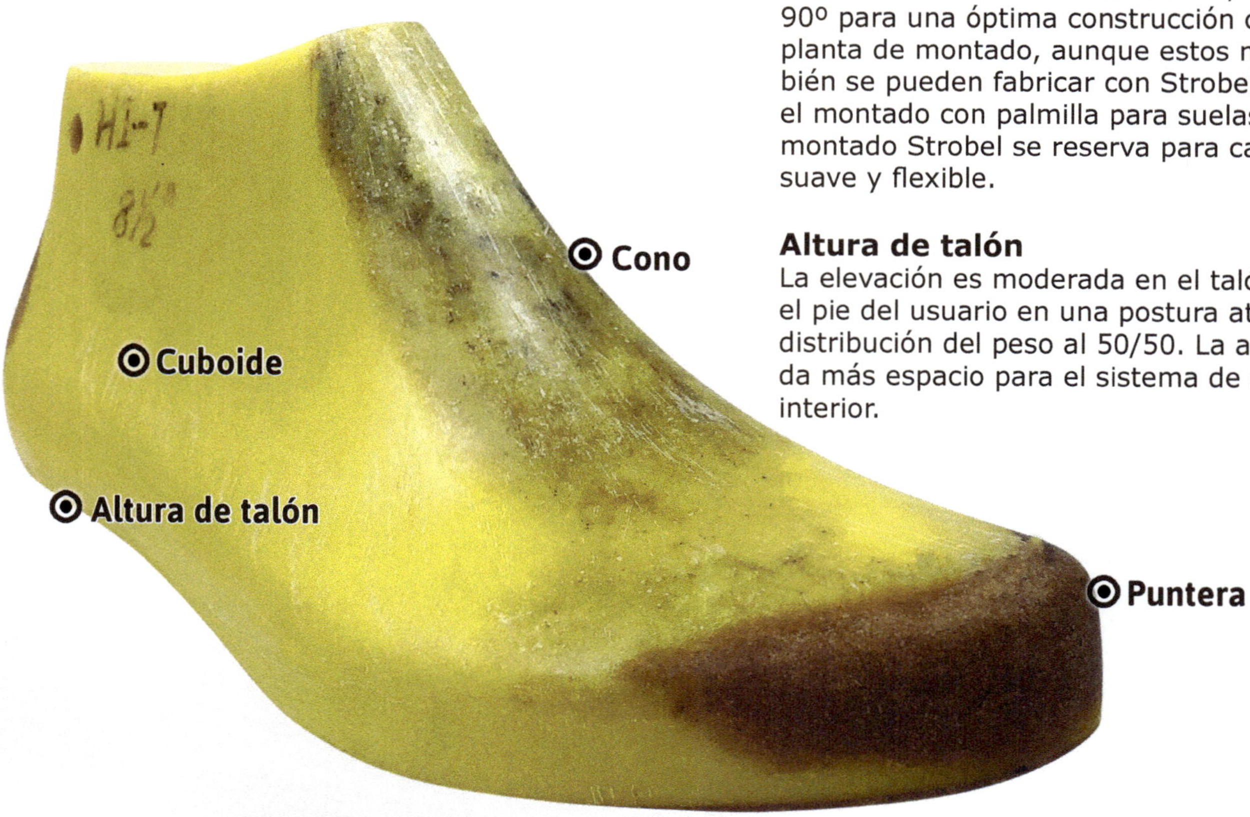

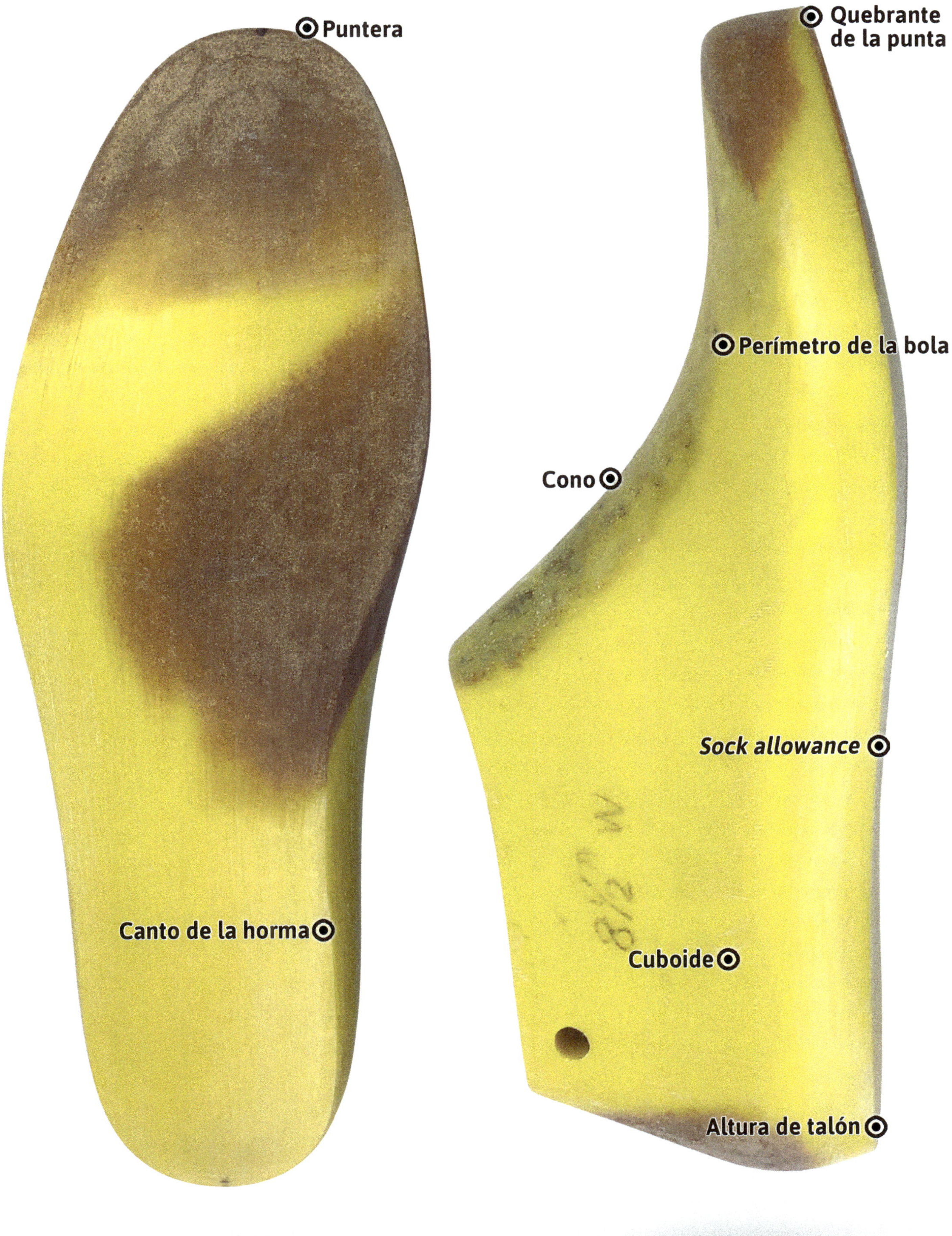
Puntera
Quebrante de la punta
Perímetro de la bola
Cono
Sock allowance
Canto de la horma
Cuboide
Altura de talón

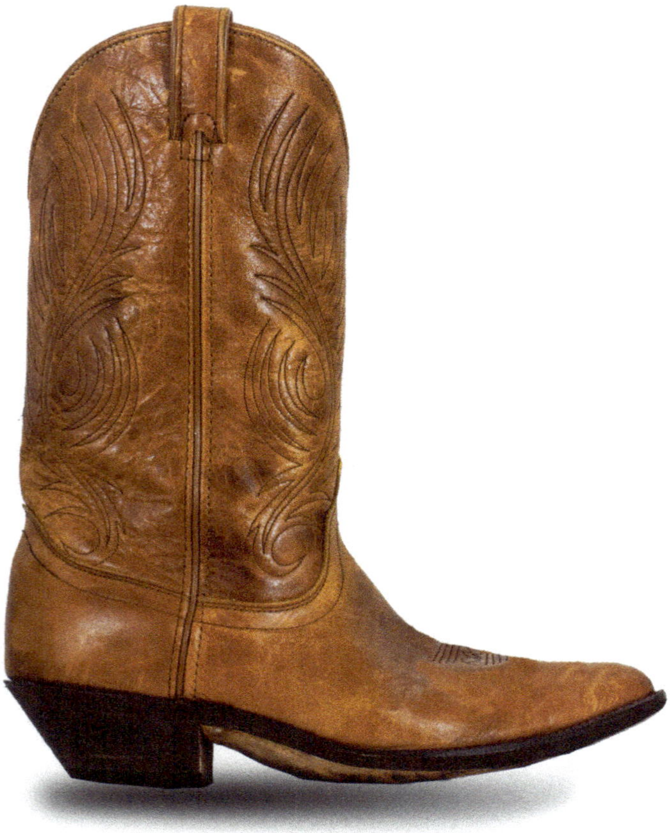

Horma de bota *cowboy*

La bota *cowboy* combina funcionalidad y moda; lo que antes era ropa de trabajo, ahora es un accesorio de moda.

Aquí estudiaremos los requisitos funcionales que hacen que esta bota sea adecuada para montar a caballo.

Quebrante de la punta

La suela rígida de esta bota necesita un quebrante de la punta más alto, en este caso son 20 mm. La salida extra que se le da a la puntera reduce el material duro en el corte para que este se pueda flexionar cómodamente. El quebrante de la punta reduce la posibilidad de tropezar en terrenos difíciles y facilita la posición en los estribos.

Puntera

La puntera es más larga y puntiaguda para ayudar a introducir el pie en los estribos. La holgura de la punta suele ser superior a los 15 mm de otros modelos, dependiendo del diseño de la bota.

Perímetro de la bola

El perímetro de la bola es ligeramente de mayor longitud que el estándar para permitir que el pie entre y salga de la bota.

Sock allowance

El modelo tradicional casi no tiene *sock allowance*, 2 mm para un forro pegado es más que suficiente.

Cono

El cono es alto y estrecho. Como estas botas no tienen cordones, debe haber espacio para que el pie entre por completo. Un cono estrecho permite que el pie entre y se contraiga una vez dentro para ayudar a asentar el pie en su lugar.

Cuboide

Sin apenas curva, tiene agarre en el pie para permitir que el pie entre y salga. Es una de las características de seguridad de las botas de montar.

Tanto el cono como el cuboide se esculpen en un solo bloque para mantener el pie en su sitio sin cordones. La bota vaquera está diseñada para que el pie se deslice hacia afuera en caso de que la persona se caiga del sillín y la bota quede enganchada en el estribo.

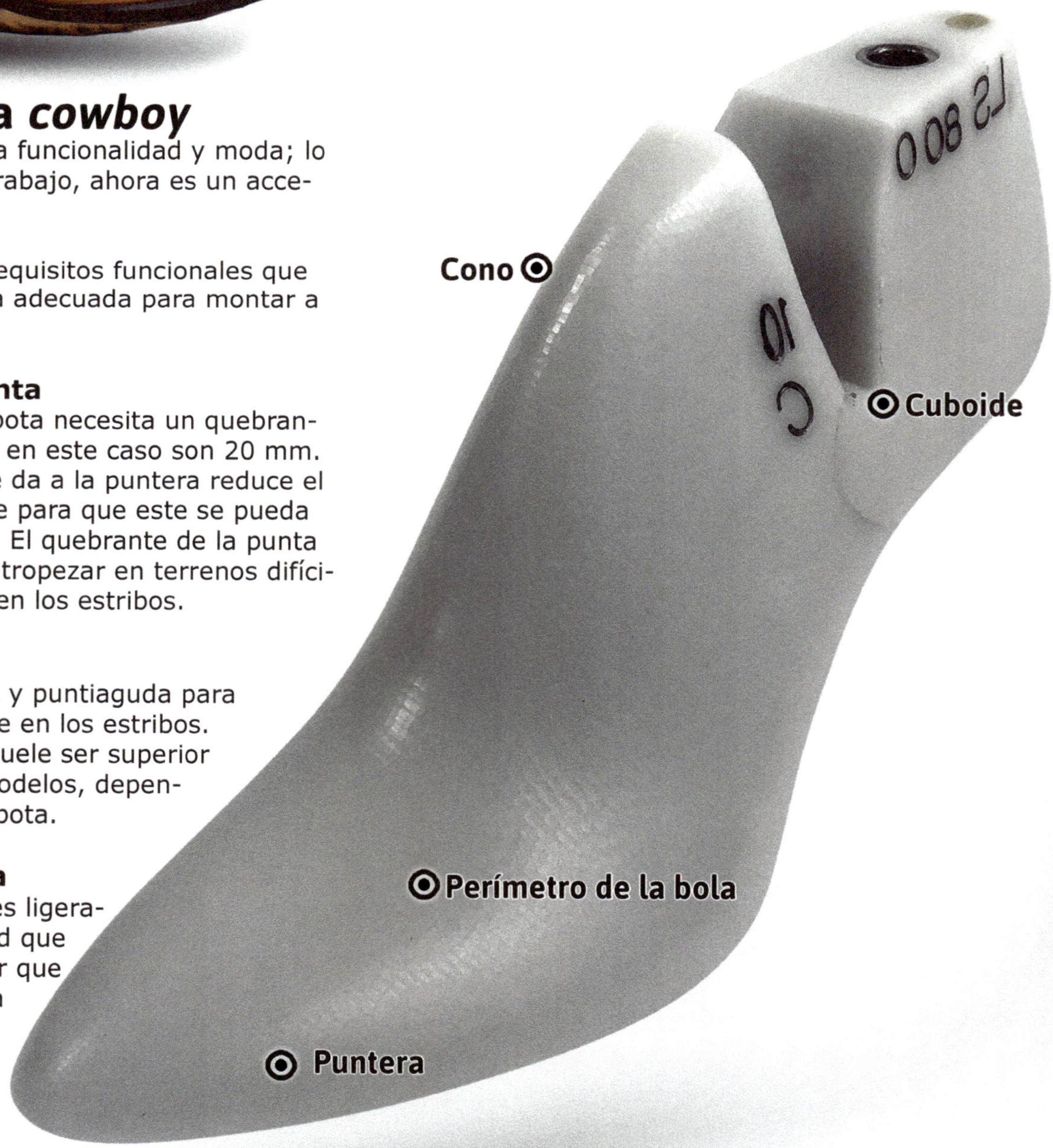

Canto de la horma
El canto de la horma es un ángulo 90º para su construcción con palmilla.

Altura de talón
La altura de talón de una bota *cowboy* vuelve guiarse por las tendencias y la funcionalidad. El tacón alto facilita el agarre y la sujeción del estribo al montar. En el ámbito de la moda, algunas mujeres prefieren las botas con tacón alto.

Chapa en el talón
Este modelo de horma lleva chapa en el talón. El clavado de tacones de madera y cuero se hace con clavos que se insertan en la suela. El metal protege la horma de posibles daños y evita que la bota quede clavada permanentemente a la horma.

El agujero en el centro de la chapa permite clavar una tachuela o clavo de manera temporal para sujetar la planta de montado en su lugar durante el ensamblaje; posteriormente, se quita antes de colocar el tacón.

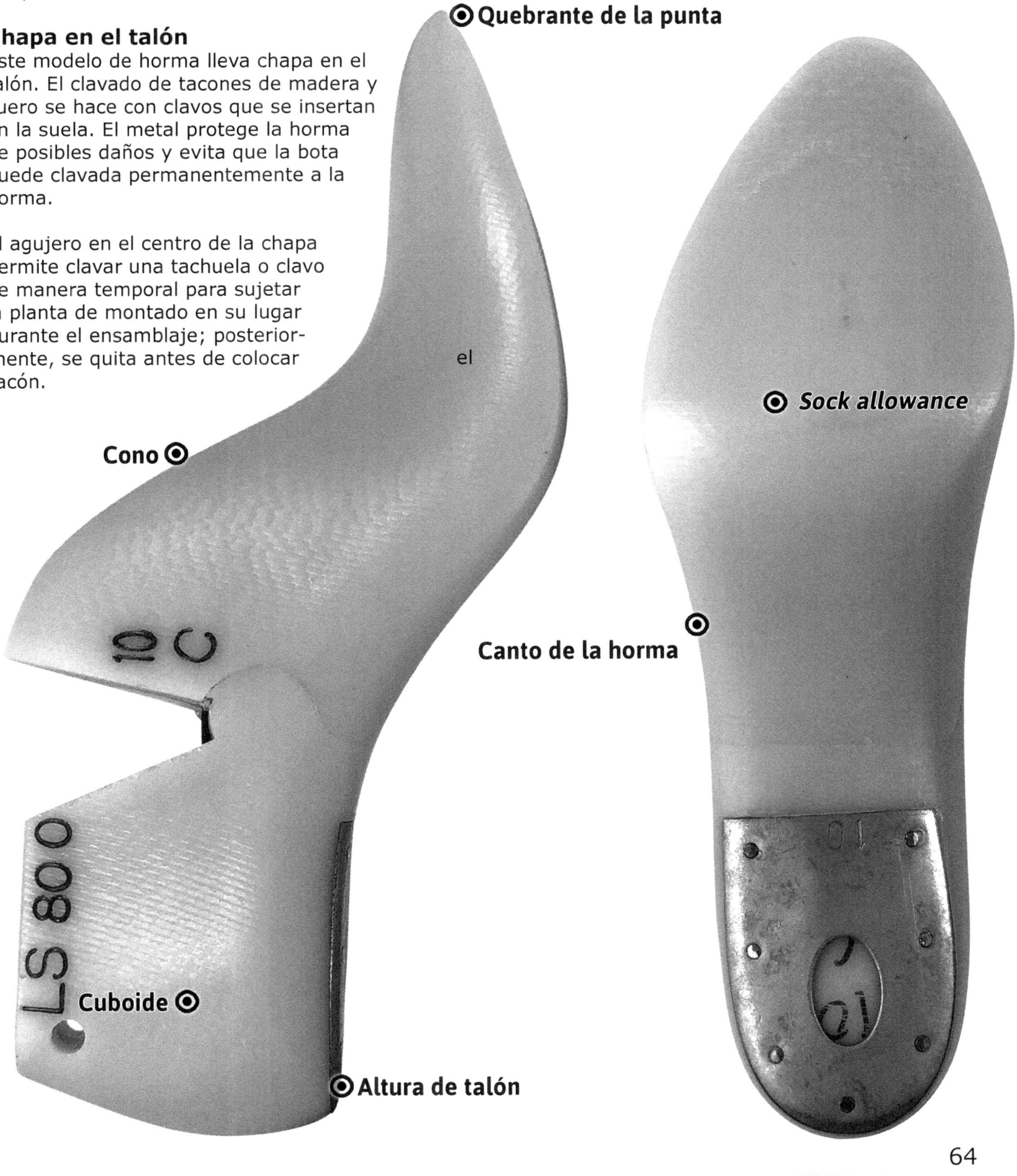

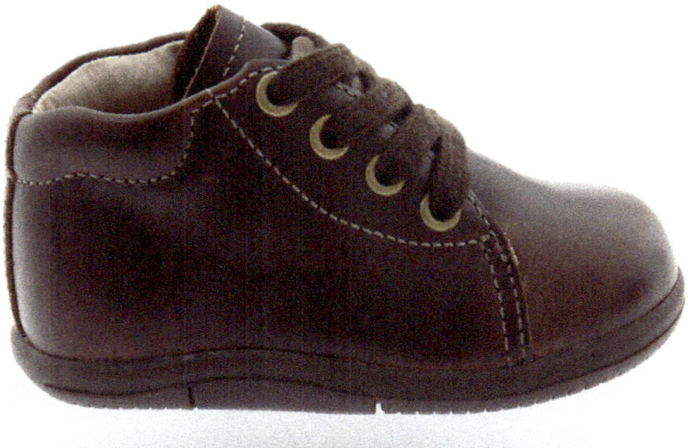

Cono
El cono de estas hormas es ancho y muy vertical para crear una gran abertura. Los padres agradecen que un zapato se abra de par en par para facilitar la colocación de los zapatos al bebé.

Cuboide
Las paredes blandas permiten que se abra completamente para meter el pie; un cuboide más esculpido mantiene el zapato en su lugar una vez que se ata. El objetivo es crear un zapato blando para el pie, y que quede ajustado para que no se caiga.

Horma de zapato de bebé

El calzado para bebés está diseñado para proteger los diminutos pies y proporcionar estabilidad en sus primeros pasos. Lo que más llama la atención es la proporción del largo y ancho. A medida que el pie del bebé crece, este se transforma con un apéndice más estilizado, adecuado para una marcha o locomoción más activa.

Quebrante de la punta
La suela y el corte del calzado infantil suelen ser muy blandos y flexibles. Por lo tanto, la salida se usa para reducir los tropiezos en lugar de adaptarse a la rigidez de los materiales del corte.

Puntera
La puntera es un poco más alta y cómoda para dar espacio y asegurar la correcta circulación.

Perímetro de la bola
El perímetro de la bola sigue las medidas infantiles, ya que este calzado no necesita alteraciones.

Sock allowance
Estas hormas suelen tener entre 2 mm y 3 mm para un interior forrado con un acolchado fino.

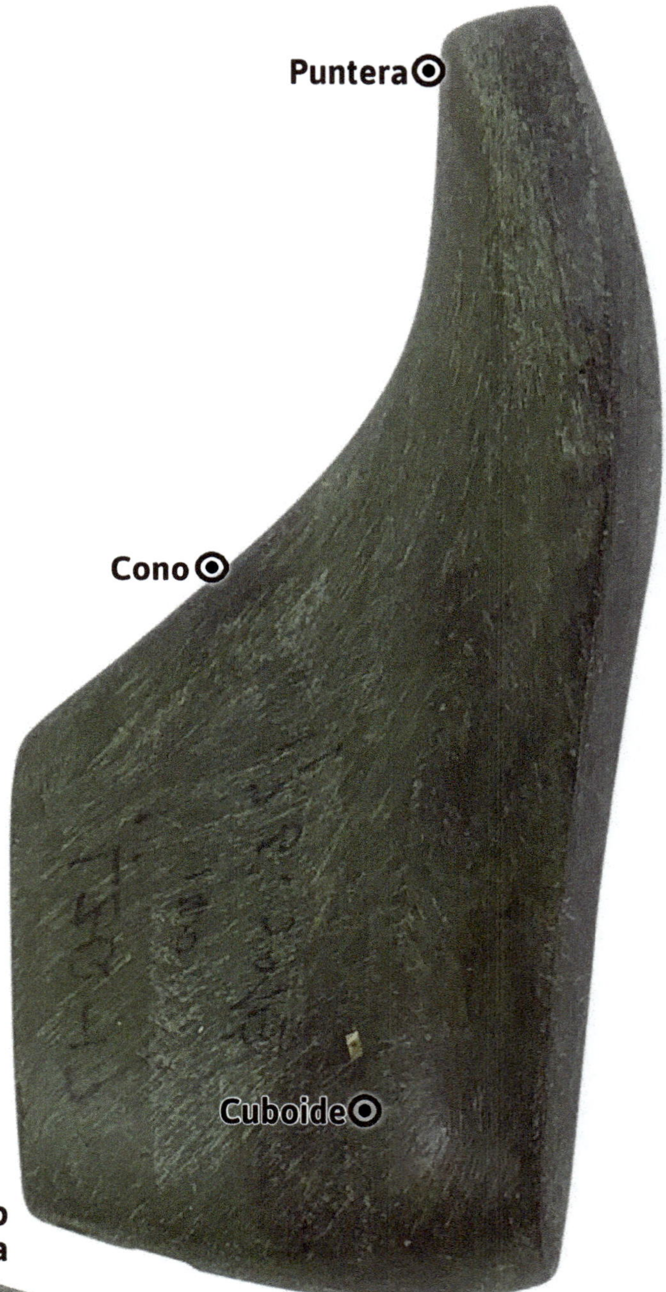

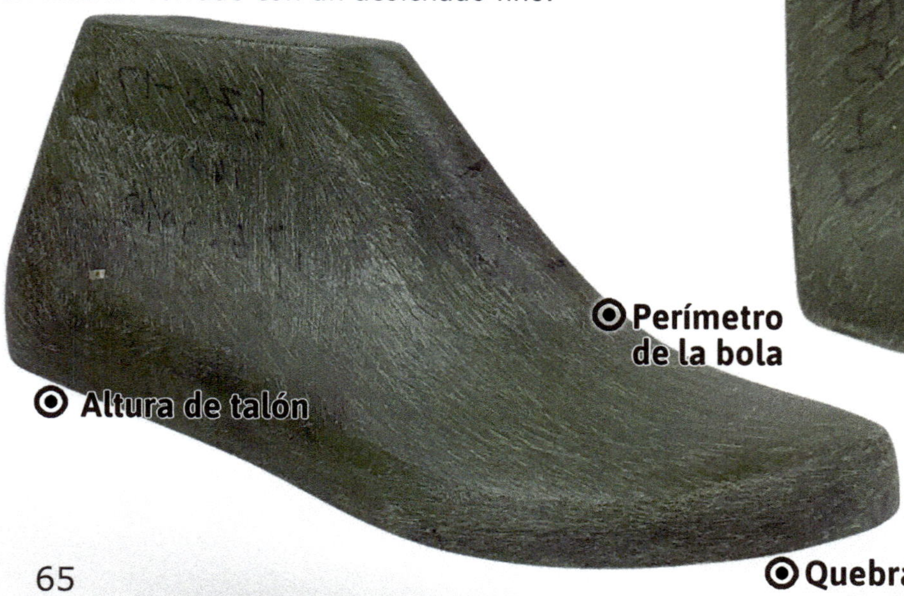

Canto de la horma

El canto de la horma es afilado, de 90º; es adecuado para el montado con palmilla, aunque la mayoría del calzado de bebé se fabrica con Strobel para garantizar que sean blandos y flexibles. El canto en ángulo recto da un espacio extra a la horma y añade un margen adicional para el rápido crecimiento de los pies.

Altura de talón

Suele tener una altura de talón de tan solo unos pocos milímetros, colocando el pie del bebé en una postura estable con una distribución del peso 50/50 para un mejor equilibrio.

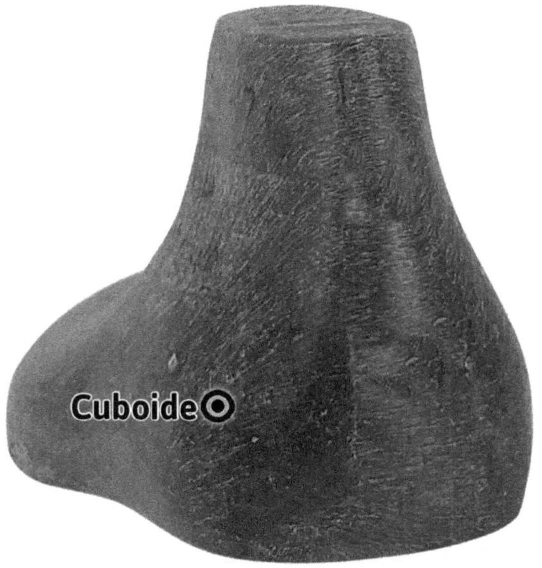

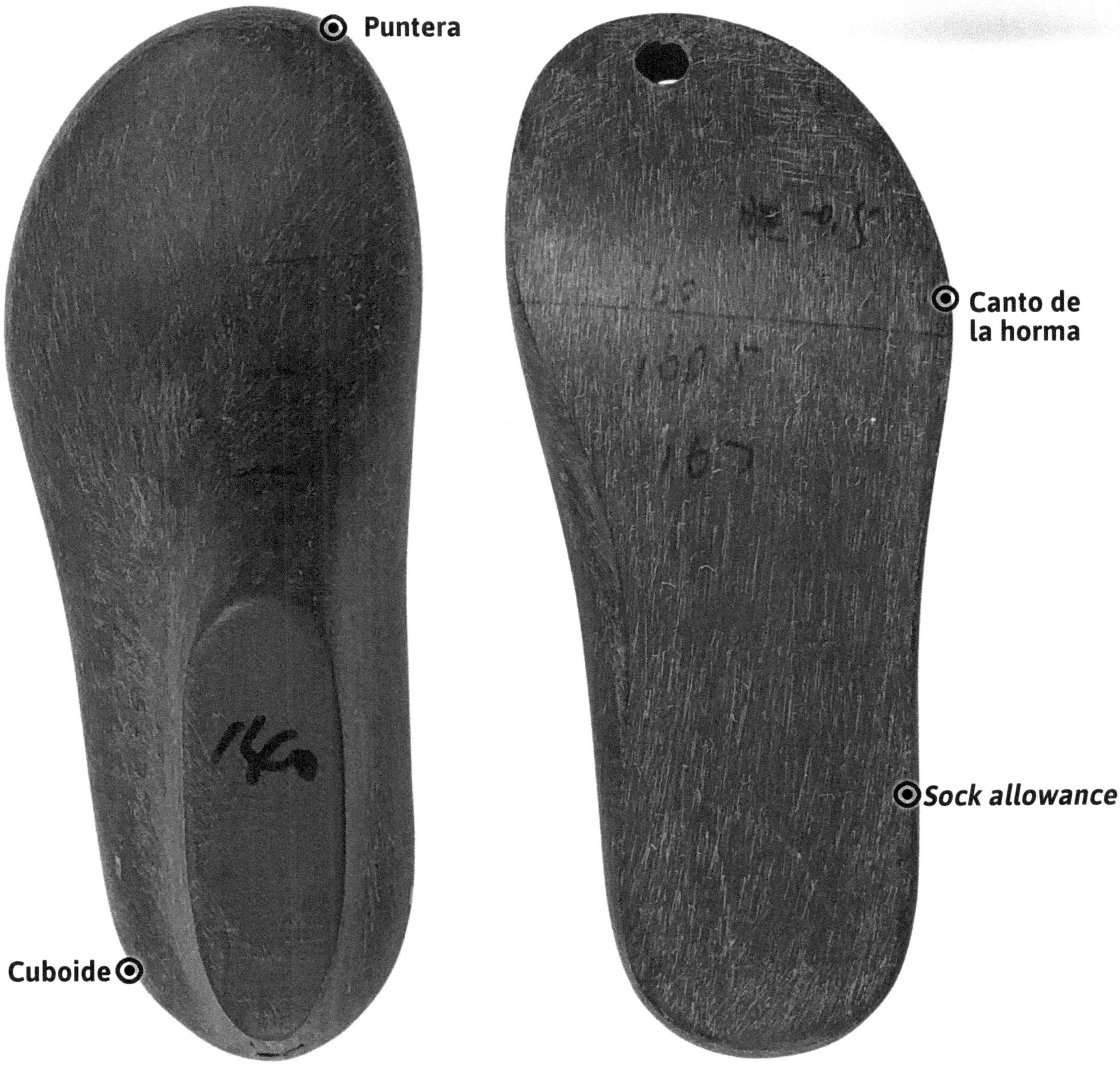

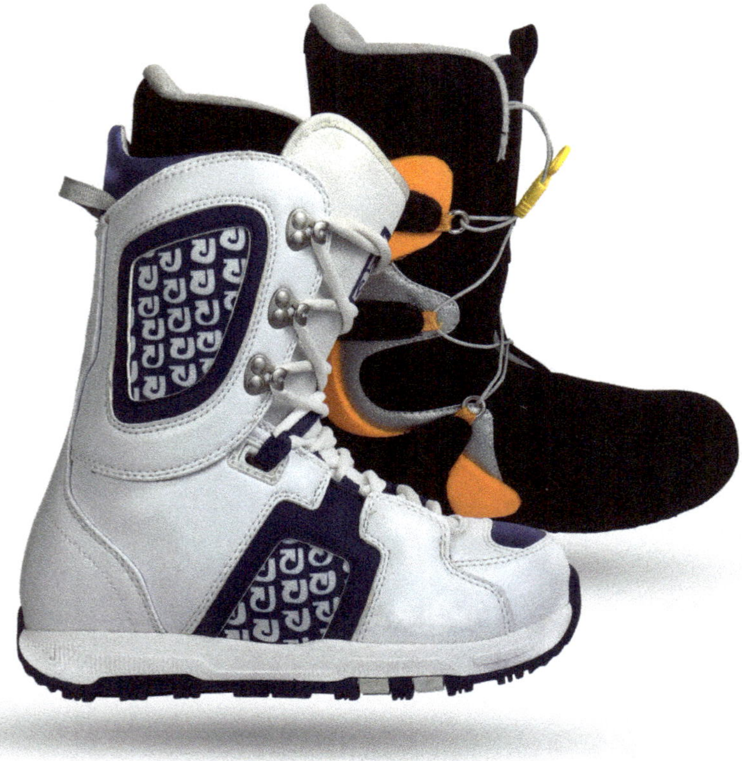

Horma de bota de *snowboard*

La producción de botas de *snowboard* requiere dos hormas. Una primera horma forma el forro interior de la bota, y la segunda horma forma el exterior.

Las hormas para botas de *snowboard* también tienen una característica especial con respecto a las anteriores, tiene una inclinación en el eje superior. Esta inclinación hacia adelante, de 15º como máximo, se combina con una altura de talón de 6 mm para colocar al usuario en una postura adecuada para el *snowboard*.

Horma de bota externa de *snowboard*

Esta horma exterior está diseñada para adaptarse al forro interior de la bota. Las dimensiones se crean midiendo la horma del forro, y añadiendo después la holgura para la espuma y la plantilla anatómica.

Quebrante de la punta

Las botas suelen tener suelas blandas, pero por su grosor, no son flexibles. La longitud extra que se da en el quebrante de la punta permite que el pie tenga un movimiento más natural, y también hace que el pie se enganche en la placa de la tabla haciendo menos fuerza.

Canto de la horma

La bota de *snowboard* actual se monta con Strobel, y la horma exterior tiene un canto afilado que se acerca a los 90º.

Cuboide

El cuboide tiene una curva muy suave y permite que el forro asiente en el talón. El tobillo se estrecha por encima del cuboide, haciendo que la bota se ajuste ceñido al forro.

Cono

El cono está completamente esculpido, y se extiende hasta el escote o boca-caña, permitiendo que la bota tenga el contorno completo. A diferencia de la bota *cowboy*, el eje trasero de la bota de *snowboard* está diseñado para mantener el pie y el forro en su sitio.

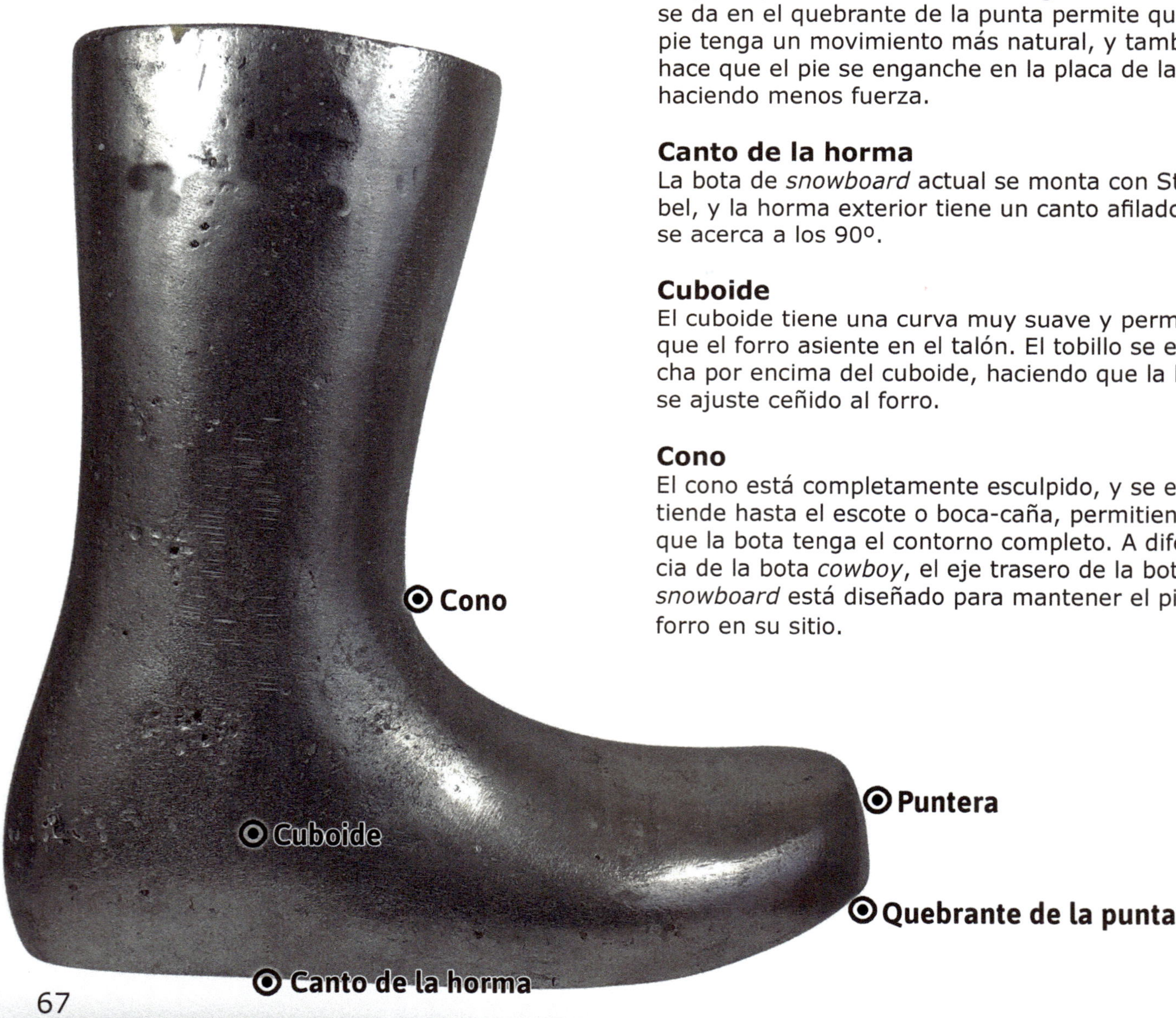

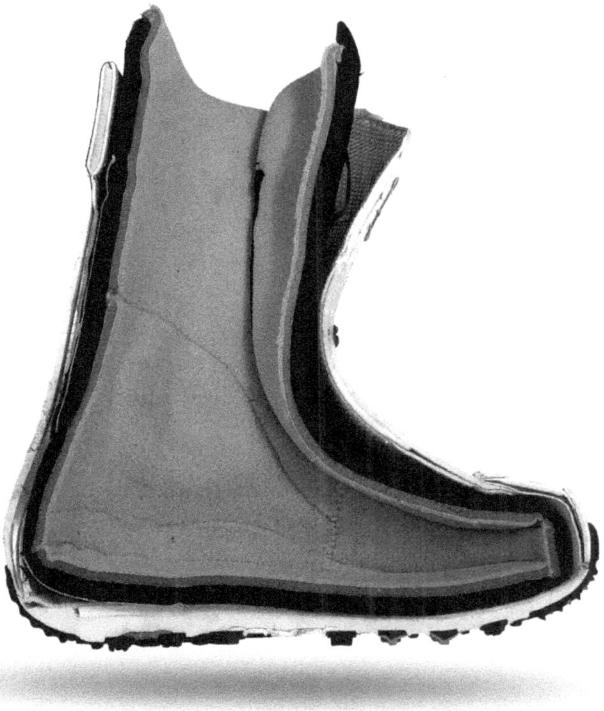

Horma del forro de la bota

La horma utilizada para crear el forro tiene características ergonómicas diseñadas para mantener el pie en su sitio. Montar el forro en la horma se hace para moldear la capa interior de la espuma del forro durante la producción.

Canto de la horma

El forro se hace con hormas de canto redondeado para que se ajuste bien al pie. Algunos forros se moldean con bases o plantas con curva, mientras que existen otros tipos que tienen la planta plana para poner después las plantillas.

Puntera

La puntera es alta y ancha para garantizar que los dedos se muevan libremente y no se interrumpa la circulación sanguínea.

Cuboide

Esta horma para el forro tiene el tobillo y el cuboide esculpido de manera notoria. Está diseñado para que una vez asiente el talón, quede ajustado y agarre el pie; necesario para evitar que el talón suba.

Perímetro de la bola

El perímetro de la bola es el estándar. El forro está acolchado, y lleva una lengüeta flotante para permitir que el usuario use calcetines gruesos que aporten calor y puedan absorber el sudor.

Sock allowance

El *sock allowance* varía según el fabricante. Algunas hormas se diseñan para su uso sin forro, mientras que otras tienen espacio para plantillas anatómicas.

Cono

El cono para el forro es bajo y ancho, lo que permite que la lengüeta de la bota exterior se cierre para un ajuste apretado. También se ciñen hasta el tobillo, relativamente estrecho, para permitir que el forro y la bota exterior envuelvan el pie de manera ceñida, un esfuerzo por reducir la altura de talón mientras la pierna se inclina hacia adelante.

Altura de talón

La altura de talón de la horma del forro tiene muy poca altura, 5 mm o menos. Ambas hormas se combinan para crear una postura activa con una distribución de peso 50/50.

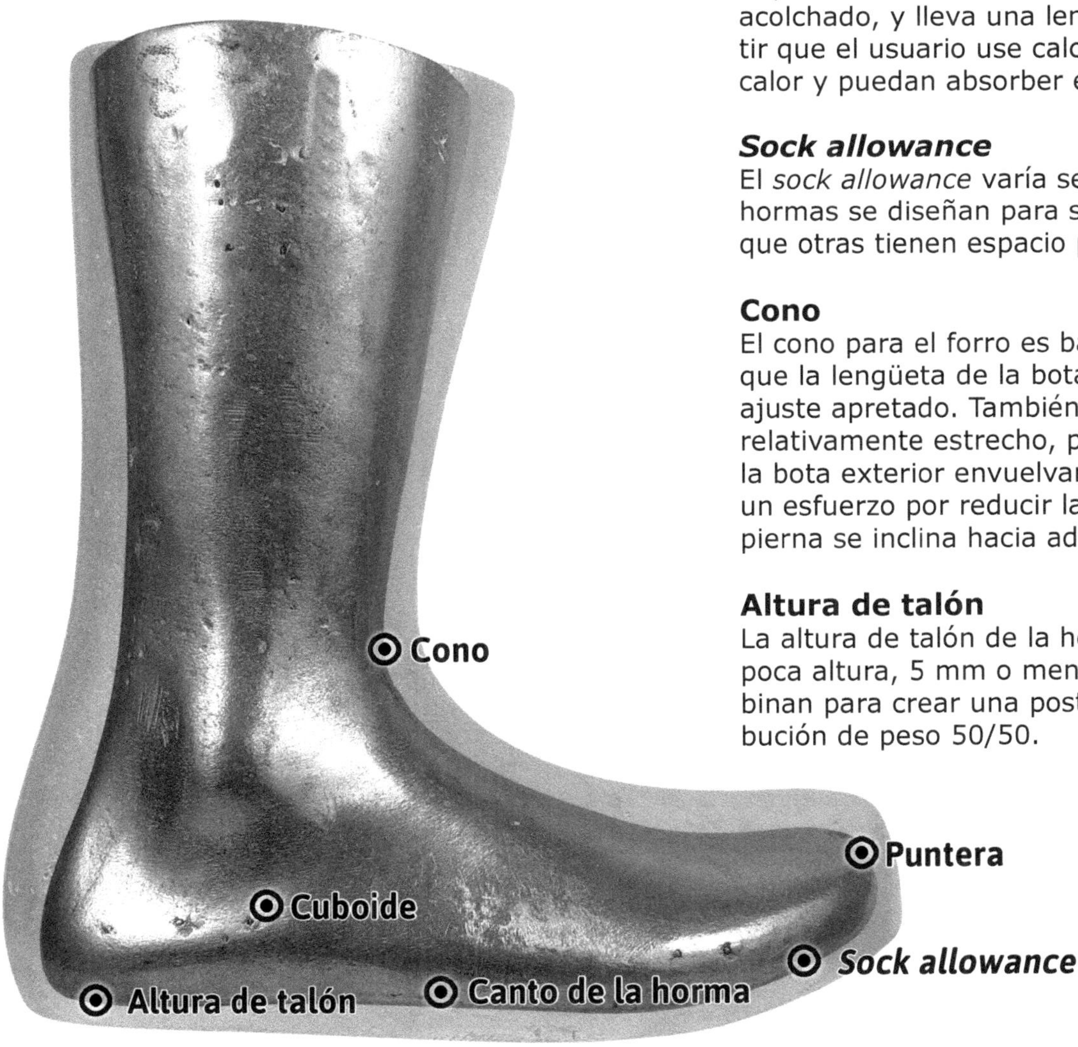

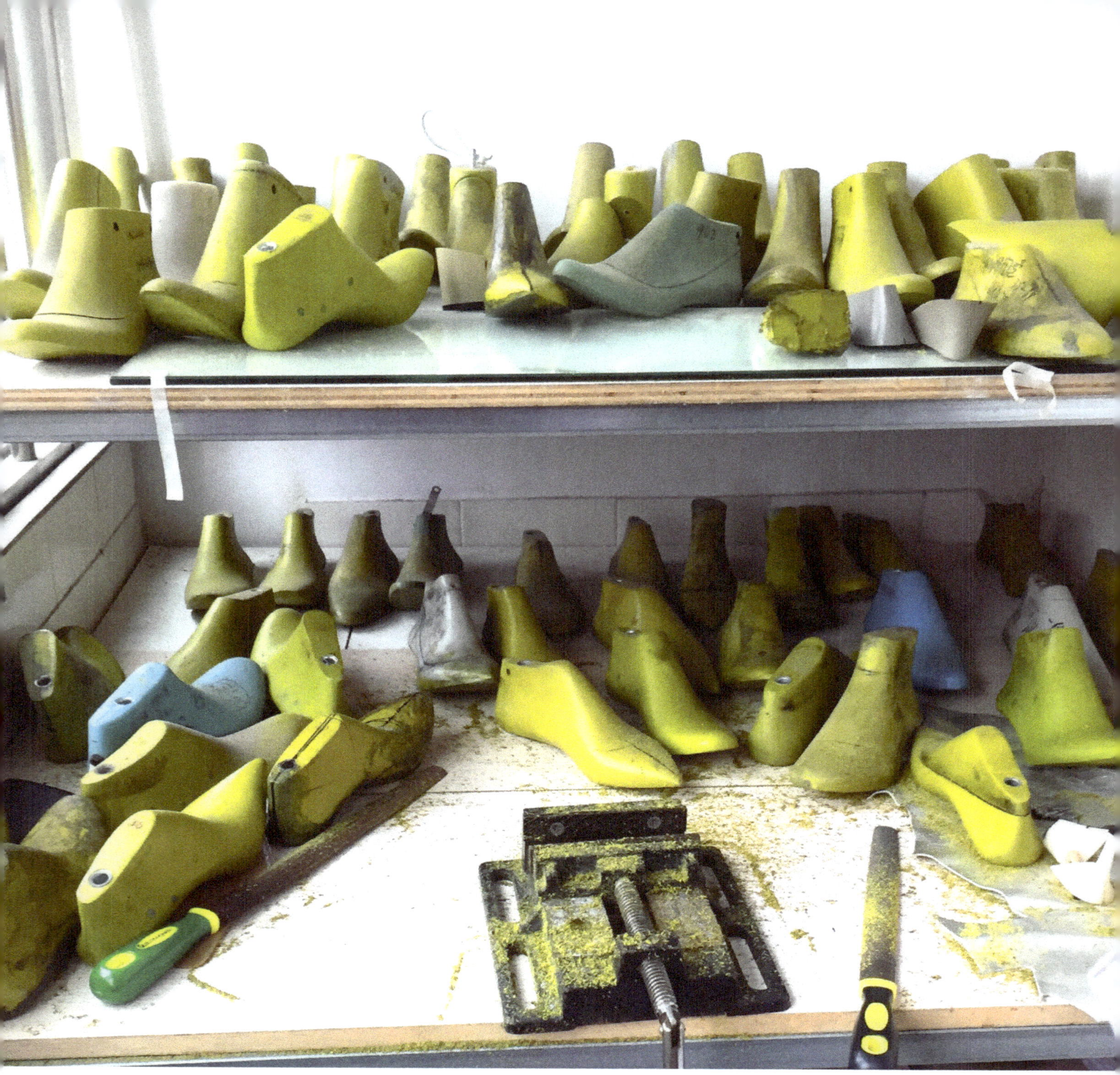

Capítulo 4: el proceso de diseño de la horma

Como diseñador de calzado o jefe de producto, es posible que te encarguen crear un zapato que requiera una nueva horma. Existen muchas razones para actualizar o crear la pieza de cero, siendo la necesidad de un nuevo ajuste la razón más habitual para modificar una horma ya existente. Una nueva tendencia en el diseño de la puntera o la altura del talón también puede impulsar de cambios. Querer una nueva funcionalidad o un cambio en la construcción puede necesitar el desarrollo de una horma completamente nueva.

Cuando se habla de cómo hacer hormas para calzado, primero debemos observar cómo se desarrollan y se producen las hormas. Antes de empezar un nuevo proyecto de calzado, se debe desarrollar la horma del zapato. Una vez que se confirman las medidas, el ajuste y el diseño, se debe hacer la escala de tallas y producir una cantidad determinada que respalde la producción en masa del modelo.

Encontrar una nueva horma

¿Cómo se hace para encontrar o diseñar una nueva horma para calzado? Si trabajas para una empresa de calzado, seguramente tendrás un archivo de hormas a tu disposición. Puedes seleccionar una horma para usarla tal cual está, o seleccionar una horma para modificarla.

Hormas de la fábrica de calzado

También puedes encontrar hormas en una fábrica de zapatos de la cual son socios. La fábrica tendrá las hormas en propiedad, al igual que dispondrán de hormas que pertenezcan a sus clientes. Los fabricantes suelen tener productos obsoletos, o producto de clientes que ya no trabajan con ellos. Cuesta dinero desechar las hormas, y las fábricas pueden no disponer del espacio para almacenarlas, por lo que pueden venderse para su reciclaje o reutilización. Vale la pena preguntar a la fábrica de calzado para ver qué equipo tienen disponible, puede que tengas suerte.

Proveedores de hormas

También podrás visitar proveedores de hormas. Estas empresas tienen almacenes físicos o un archivo digital de hormas. Los proveedores de hormas de Estados Unidos y Europa pueden tener miles de hormas que se remontan a principios del siglo XX. Los proveedores de China pueden estar asociados con estos mismos proveedores y tener acceso a las hormas. Incluso las fábricas de hormas más pequeñas de China tendrán una buena biblioteca con diferentes diseños y estilos.

Cuando visites al proveedor, necesitarás una muestra del zapato como guía, y diseñar bocetos del modelo o hacer un esquema con las características necesarias que el hormero pueda seguir. El hormero buscará una horma en su archivo, o creará un dibujo CAD siguiendo tus necesidades. El diseñador no es el responsable de las medidas importantes de la horma, eso hay que dejárselo a los técnicos profesionales.

Rectificaciones de las hormas

Si necesitas una modificación específica de una horma ya existente, como puede ser un tacón más bajo, puedes dar las instrucciones al técnico de tu empresa o al proveedor de hormas para hacer los ajustes. Las rectificaciones del ajuste o del diseño se pueden dibujar directamente en la superficie de la horma, o sobre un archivo CAD.

Crear hormas nuevas

Hacer una horma nueva es un proceso que se deja a los técnicos hormeros. Comenzarán con las medidas, longitudes y perímetros básicos para crear la base, y después desarrollarán las necesidades específicas descritas en el *briefing* de diseño.

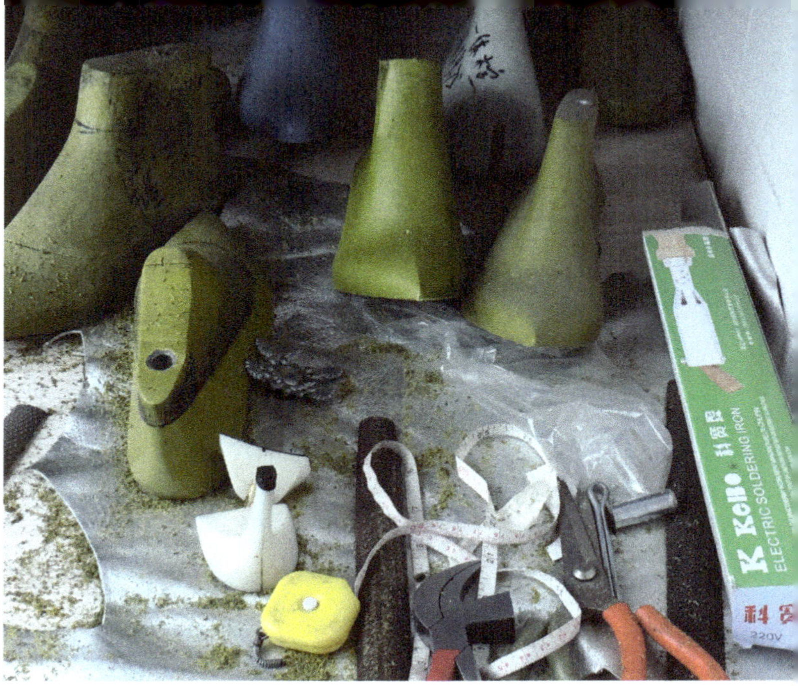

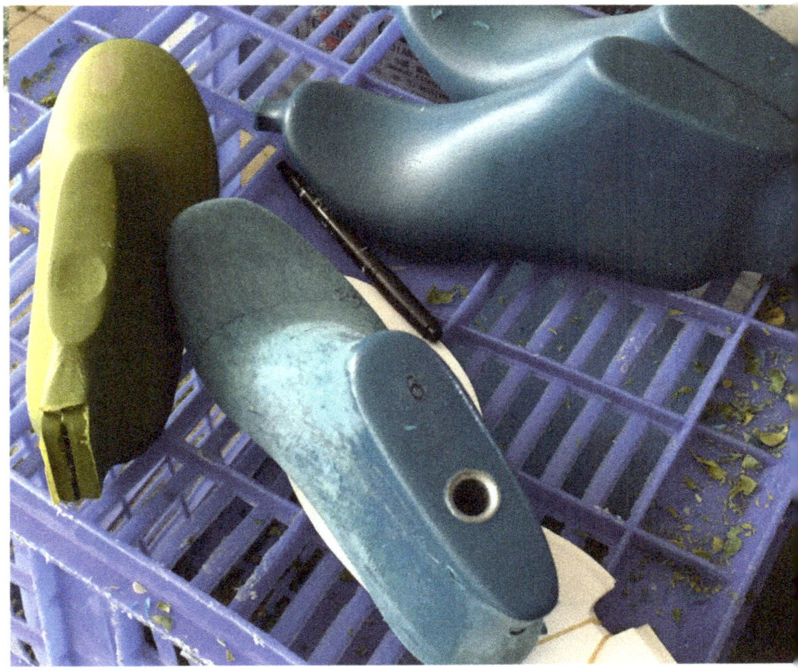

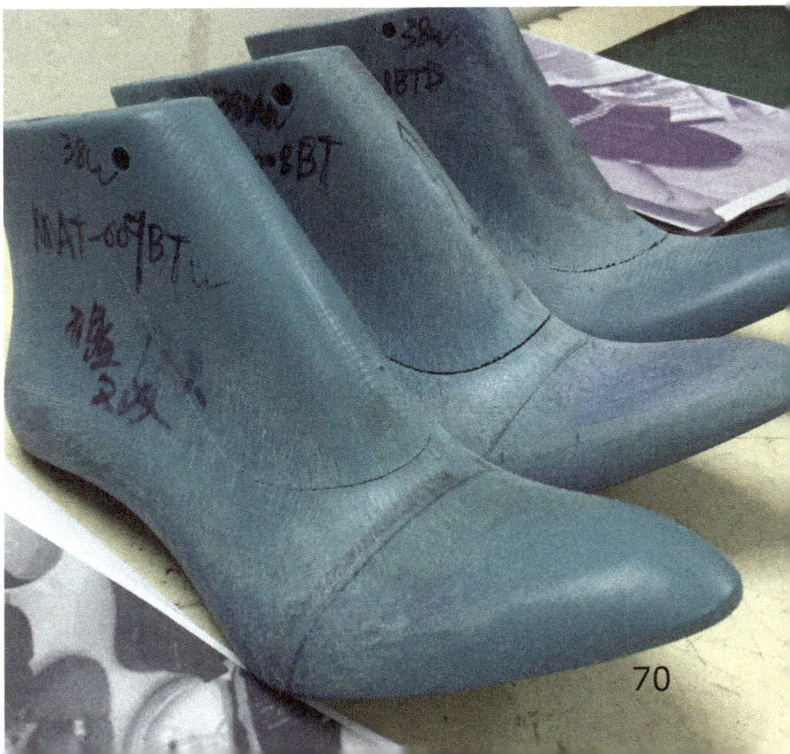

Desarrollo de las hormas

Como aprendimos en el capítulo 2, los diferentes tipos de calzado necesitan hormas diferentes para cumplir con el ajuste, calce, función y diseño. El desarrollo de hormas puede comenzar con un boceto de un nuevo perfil para un zapato, una muestra física de un modelo para replicar, o un *briefing* que describa las necesidades funcionales. Ya que las medidas de la horma están estandarizadas según la talla, el hormero puede comenzar haciendo el marco dimensional de los perímetros, y después crear las necesidades del nuevo modelo.

El fabricante necesitará algunos detalles, ya que la construcción y el tipo de horma determinarán el piso o la base de la horma. Por ejemplo, una zapatilla de *running* que tenga un montado tipo *slip* (California) necesita un canto de horma redondeado, mientras que una bota de montaña que se monte con palmilla, tendrá un filo de 90º.

Al igual que en el diseño de calzado, una nueva horma debe tener un *briefing*, diseñarse, crear el prototipo, probar el ajuste, el desgaste, hacer la escala de tallas y aprobar todo antes de que se pueda empezar con la producción. Un nuevo proyecto de calzado no puede comenzar sin una horma aprobada. No tener la horma aprobada retrasa muchos calendarios de desarrollo de calzado.

Crear la muestra de la hormas

En una fábrica moderna se combina tecnología antigua y actual. El hormero puede comenzar con un diseño asistido por ordenador para construir la forma básica o sacar una horma existente del stock para modificar. Estas primeras muestras pueden estar hechas de madera o plástico. La madera es el material más tradicional; es suave y fácil de tallar. El plástico es ahora más utilizado, ya que se pueden tallar y cubrir repetidamente, y los desechos se pueden reciclar. Independientemente del material, el proceso de desarrollo es el mismo.

El hormero

La fábrica de calzado puede tener un hormero contratado. En una fábrica pequeña, el patronista y el hormero pueden ser la misma persona. Una gran fábrica contará con profesionales de todas las ramas en plantilla. El proveedor de hormas también tendrá muchos técnicos capacitados, ya que es el responsable de transformar el diseño y las necesidades de construcción del patronista en una forma tridimensional. El patronista o modelista tiene formación técnica y habrá sido aprendiz durante muchos años para tener la experiencia al trabajar el escaneado digital, el diseño por ordenador, las máquinas de corte automático, las herramientas manuales y el uso de la cinta métrica para crear las hormas.

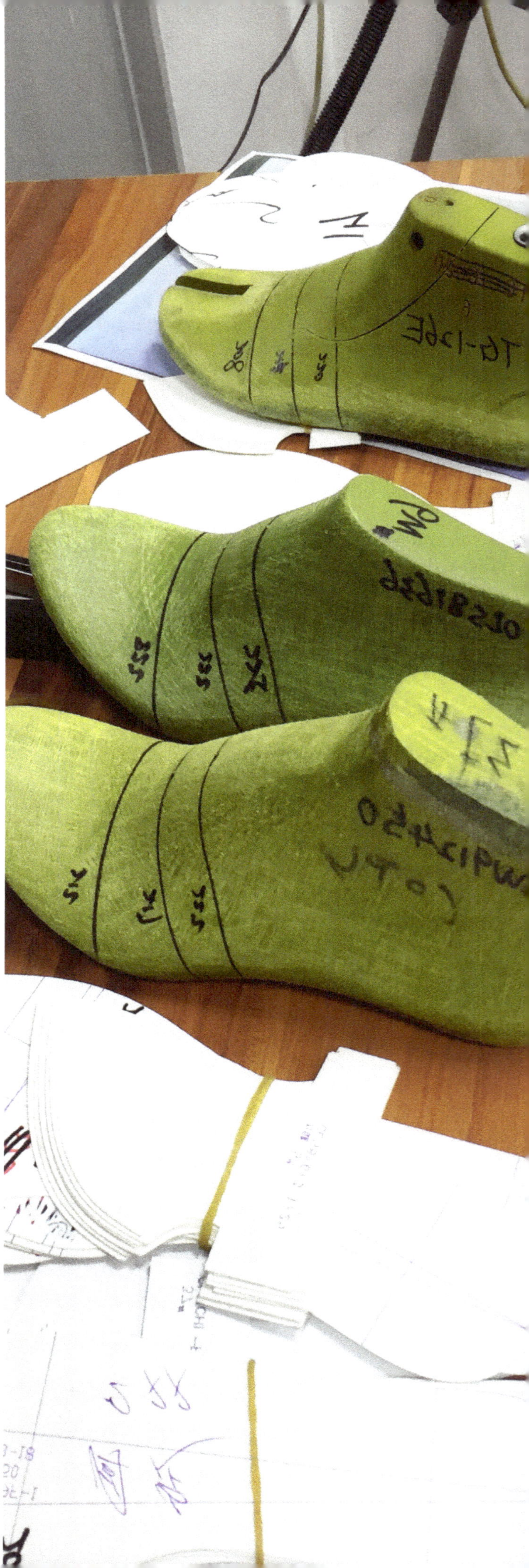

Briefing de diseño para hormas

El *briefing* de diseño contiene imágenes de zapatos, las necesidades funcionales, la construcción deseada e información sobre el ajuste o calce. El documento puede especificar medidas concretas para la altura de talón, el quebrante de la punta, el *sock allowance* o cualquier otro detalle. También se debe mencionar la forma, o el diseño de la puntera y la altura de la horma.

Diseño de la horma

Con el *briefing*, el diseñador puede utilizar hormas físicas o programas CAD para crear una primera muestra de la horma; pudiéndose revisar en el programa o tallarse para verlo en mano. La horma se esculpe y después se mide para asegurarse de que tenga las medidas correctas antes de enviarla a la sala de muestras de la fábrica para probarla.

Prototipo de la horma

Los prototipos de las hormas se llevan a la sala de muestras de la fábrica para hacer *pullovers* o la primera prueba del patrón que conforma el corte. Estos prototipos pueden tener suelas no definitivas o usar una suela existente de otro modelo para ver el efecto completo. El prototipo se utiliza para comprobar el diseño y el calce; y se manda de vuelta al hormero para corregir el ajuste.

La única forma de probar una nueva horma de calzado es hacer la prueba del patrón del nuevo zapato. El prototipo se revisa para determinar el calce y el diseño, toda fábrica de calzado u oficina que se dedique al desarrollo de calzado debe tener a una persona con la que probar el calce. Esta persona es un miembro del personal con una talla de pie estándar.

Pruebas de calce

Se requiere una prueba de calce para poder confirmar la horma, y se debería probar en varias personas para asegurarse de que la talla sea la correcta.

Si tienes una talla 7 americano (37 talla europea) de señora o una talla 9 americano (42 talla europea) de caballero con las medidas correctas, puedes dedicarte profesionalmente a ser modelo de calce. Aunque parezca fácil, es todo un desafío. Se testan muchos modelos de calzado con problemas de calce o situaciones difíciles de explicar. Un modelo de calce evalúa nuevas hormas, nuevos patrones del modelo, la función y la comodidad.

El propietario o el jefe de la fábrica puede medir a todos los trabajadores para encontrar a la persona perfecta, pudiendo ser ascendido a la oficina de desarrollo, o tendrá sus días de trabajo interrumpidos para hacer el calce de los nuevos modelos.

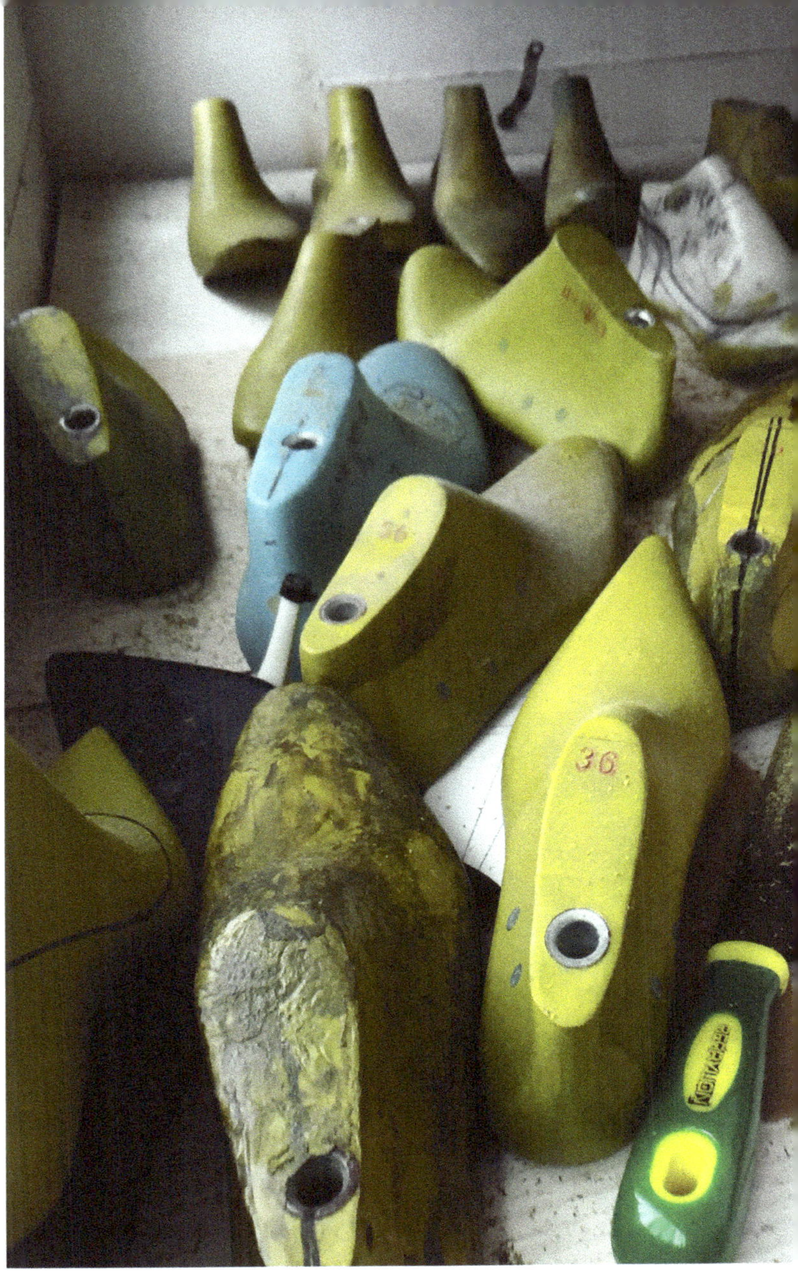

Prueba de uso

El uso del modelo es el siguiente paso después del calce. Llevar el modelo puesto garantiza que las hormas y los zapatos funcionen correctamente para el propósito previsto. Las empresas suelen fabricar varios pares de zapatos para que atletas o empleados los utilicen durante una semana o más.

Escala de tallas

Una vez que se aprueba la horma, el hormero hará la escala de tallas y creará todas las tallas restantes, que también deberán someterse a pruebas de calce y uso para confirmar que son fieles a las medidas de las tallas.

Aprobación final

Cuando la nueva horma cumple con todos los criterios detallados en el *briefing* de diseño, se testa, se da la aprobación del calce y se ha hecho la escala de tallas, está lista para ser lanzada para producción una vez se de el OK de producción.

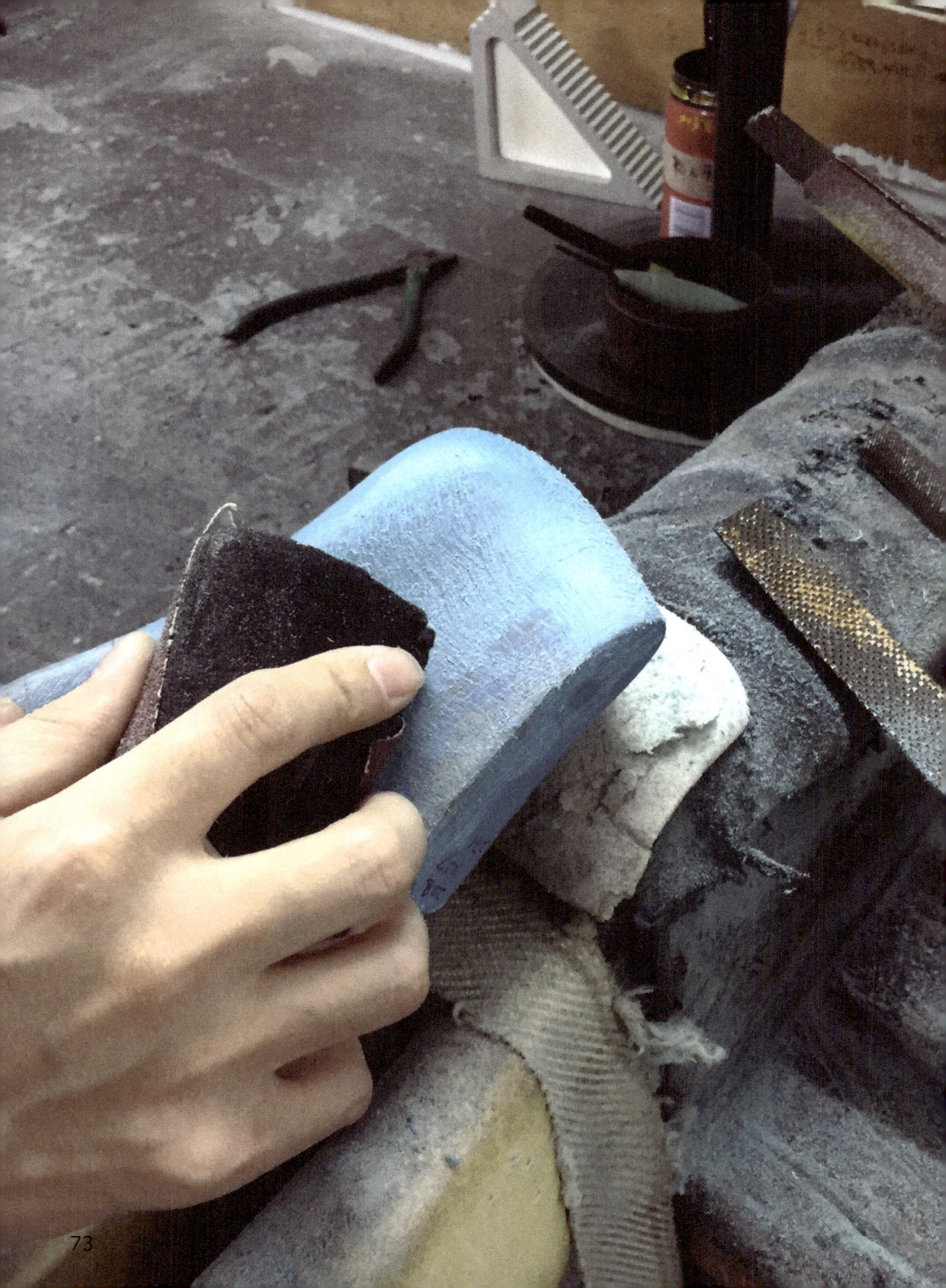

Confirmación de la nueva horma

Una vez aprobado el diseño, se firma el zapato con el que se haya hecho el calce, y la nueva horma está lista para la producción. Una horma puede necesitar muchas revisiones para cumplir todas las necesidades. Los cambios en el material del corte de un zapato, el diseño de unas plantillas anatómicas o el acolchado pueden crear rectificaciones en la horma. Muchas veces, con tan solo añadir o quitar uno o dos milímetros hace que la horma tenga el calce perfecto.

Una vez que se confirma la talla, la horma debe ser escalada para crear las tallas restantes y verificar y confirmar cada talla por separado.

El equipo de desarrollo debe tener cuidado al aprobar una horma, ya que será la base de todo el trabajo de patronaje y herramientas utilizadas para crear el modelo. Deben evitarse los cambios en una horma después de confirmarla. Una vez hecha la escala de tallas y las herramientas abiertas, las correcciones pueden ser caras y difícil de hacer.

Producción de las hormas

Con el OK de producción de la horma, la fábrica de calzado puede seguir adelante y pedir la producción de las hormas. La fábrica de calzado deberá escoger el material adecuado para las hormas: madera, metal o plástico. Cada uno con sus ventajas y desventajas.

Para producir calzado hecho a medida, se necesita tan solo un par de hormas, pero para una producción en masa, la fábrica puede necesitar de 250 a 1.000 pares por cada línea de producción.

Ahora, imagínate una fábrica de calzado de gran tamaño con veinte líneas de producción. La fábrica debería tener cerca de 20.000 pares de hormas. Está claro que las fábricas de calzado hacen más de un modelo, por lo que tendrán muchas hormas diferentes.

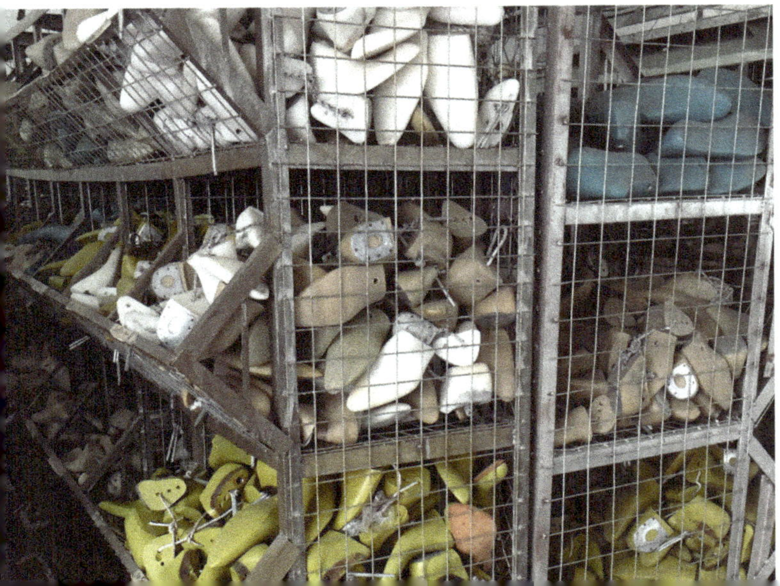

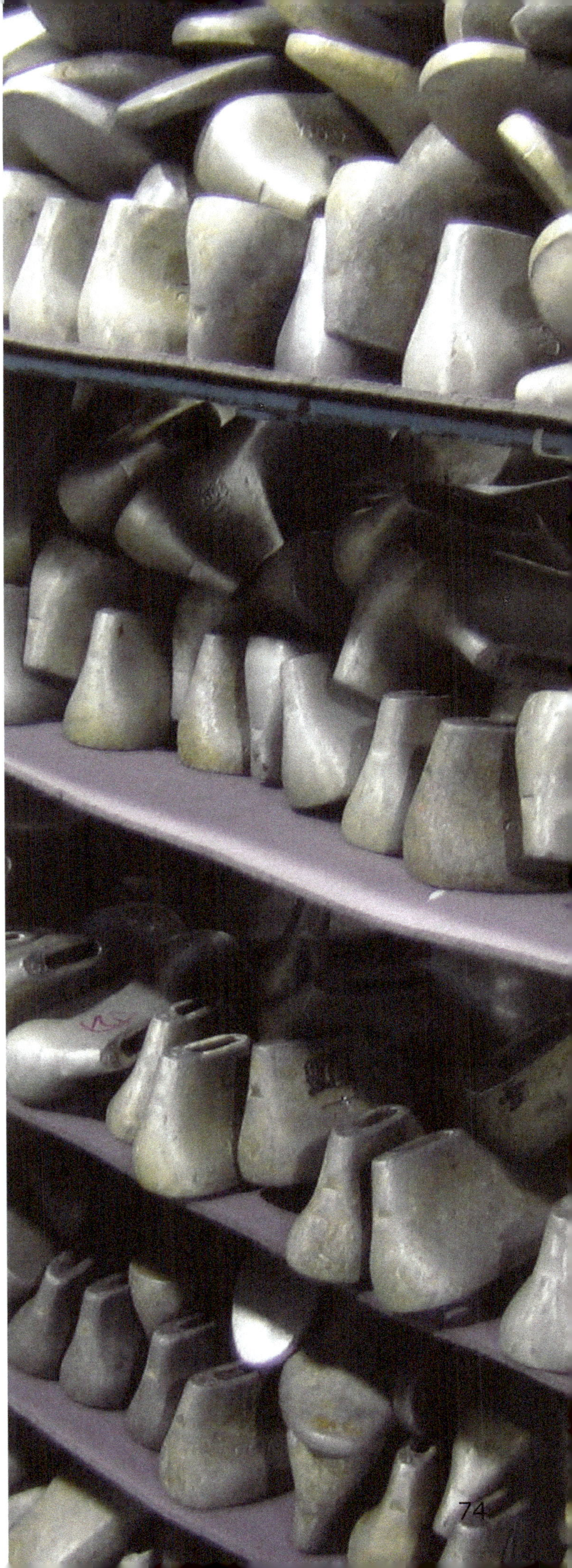

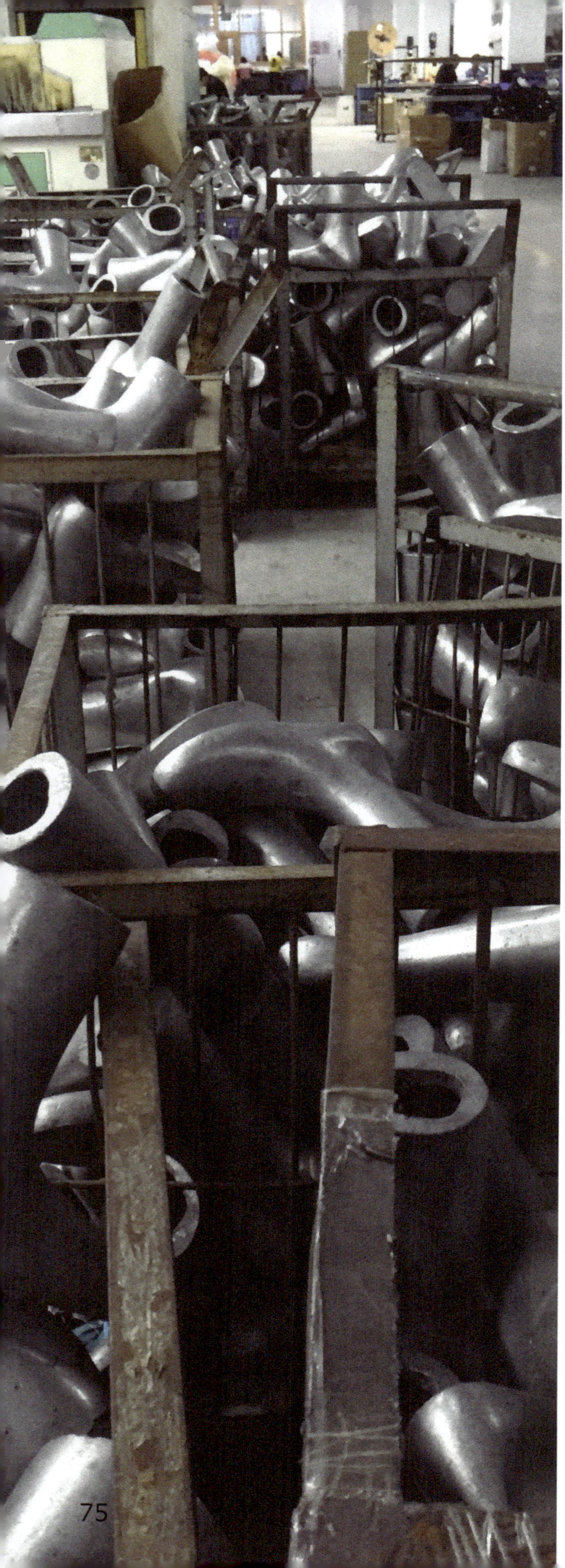

Hormas de madera

Las hormas de madera se utilizan mucho para el calzado a medida, fabricación a mano y en pequeñas producciones. El hormero puede adaptar fácilmente una horma de madera para un cliente específico. Este material es fácil de tallar, acepta bien el pegamento y se pueden clavar piezas de cuero en la superficie de la horma para ajustarlo a cada cliente, ya que la madera acepta clavos o tachuelas, tan necesario en la fabricación del calzado.

La desventaja es que la madera es cara, frágil, susceptible a la deformación y puede pudrirse en climas húmedos. No son aptas para la producción en masa actual. Las fibras de la madera no aceptan el calor y el enfriamiento rápido y continuado que se necesita en una línea de producción moderna con cementado en frío; se deforman rápidamente con estos ciclos de calentamiento; el calor del vapor húmedo del autoclave o vulcanizado es muy dañino para las hormas de madera.

Además, las hormas de madera necesitan chapas de metal que incrementan el precio, no se pueden reciclar, se suelen romper con el uso continuado de clavos y martillazos, y los climas húmedos del sudeste asiático hacen que el uso de la madera no sea práctico para la producción en masa. Estas hormas solo se usan en producción de calzado para tiradas pequeñas, no en tiradas grandes.

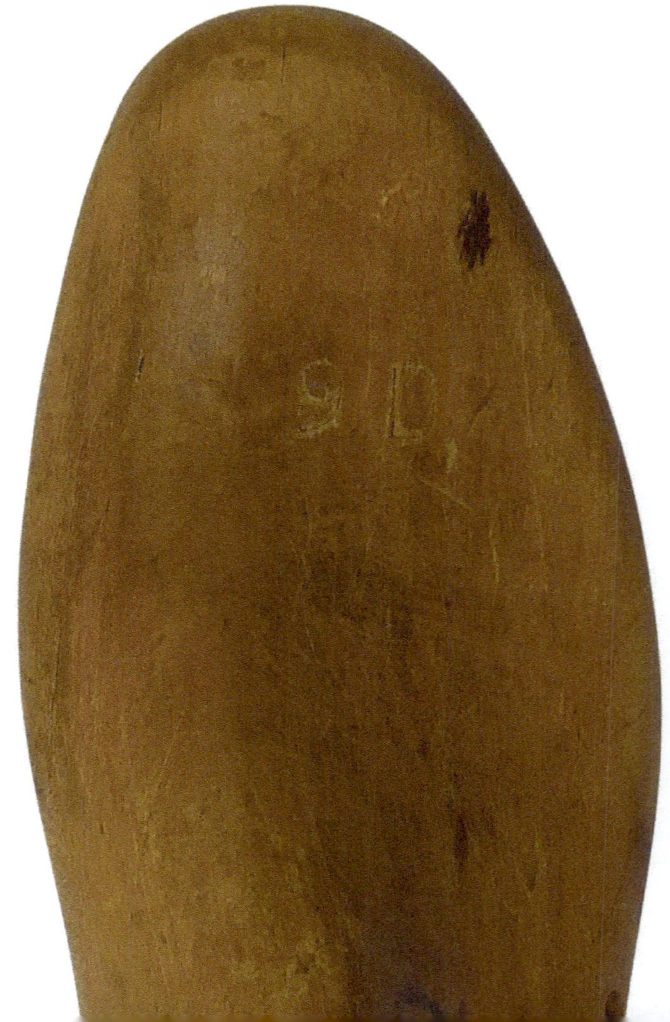

Hormas de plástico

Las hormas de plástico son las más usadas en la fabricación del calzado actual. Son fáciles de crear y de reparar, y el ordenador que se encarga de esculpir el plástico es muy preciso de cara a crear un modelo exacto. Es fácil de producir en masa y soporta bien el calor de las líneas de producción convencionales. El plástico de polietileno de alta densidad (HDPE) es impermeable, por lo que no se ve afectado por los cambios de humedad. Las hormas de plástico son el gran todoterreno de las fábricas de calzado de alta calidad.

Por su superficie lisa, son adecuados para zapatos de alta gama forrados en materiales delicados. Estas hormas se mecanizan fácilmente para crear modelos articulados, son fáciles de limpiar y la maquinaria para su mantenimiento es muy simple.

Estas hormas son más baratas que las de madera, pero más caras que las hormas de metal fundido. El plástico suele ser muy duradero pero se puede abollar o rayar, y no se puede utilizar en procesos de vulcanizado o autoclave. Se hacen con un bloque macizo, por lo que las tallas más grandes pueden ser pesadas y difíciles de maniobrar para los trabajadores. El plástico se puede utilizar para el desarrollo de botas de *snowboard*, pero las hormas de la producción serán de metal fundido (hueco). El plástico de las hormas se puede reciclar triturando y refundiendo.

Hormas de metal

Las hormas de metal es una manera económica y fácil de producir calzado en masa. Están hechas de aluminio fundido a la arena, que permite fabricar las distintas tallas con moldes de arena temporales y reciclables; también, resisten el calor y la humedad.

La producción de calzado vulcanizado requiere el uso de hormas de metal. La alta temperatura y humedad del horno de vulcanizado estropean el plástico y la madera. Estas hormas tienen una mejor transferencia de calor para acelerar el calentamiento y enfriamiento necesarios para una producción vulcanizada.

Las fábricas de calzado suelen preferir hormas metálicas para producciones pequeñas, ya que son económicas, fáciles de reciclar y duraderas. Estas hormas son huecas para ahorrar material, convirtiéndose en herramientas ligeras.

Las principales desventajas de este tipo de hormas están relacionadas con el material, ya que el metal fundido no tiene las articulaciones necesarias para algunos tipos de zapatos, y la forma del metal no es tan precisa como la madera o el plástico producido a máquina. Son difíciles de mantener limpias, y la calidad del metal puede ser algo dudosa; se pueden encontrar variaciones entre hormas de la misma talla, y las hormas con la superficie arañada pueden dañar el material del forro durante el montado.

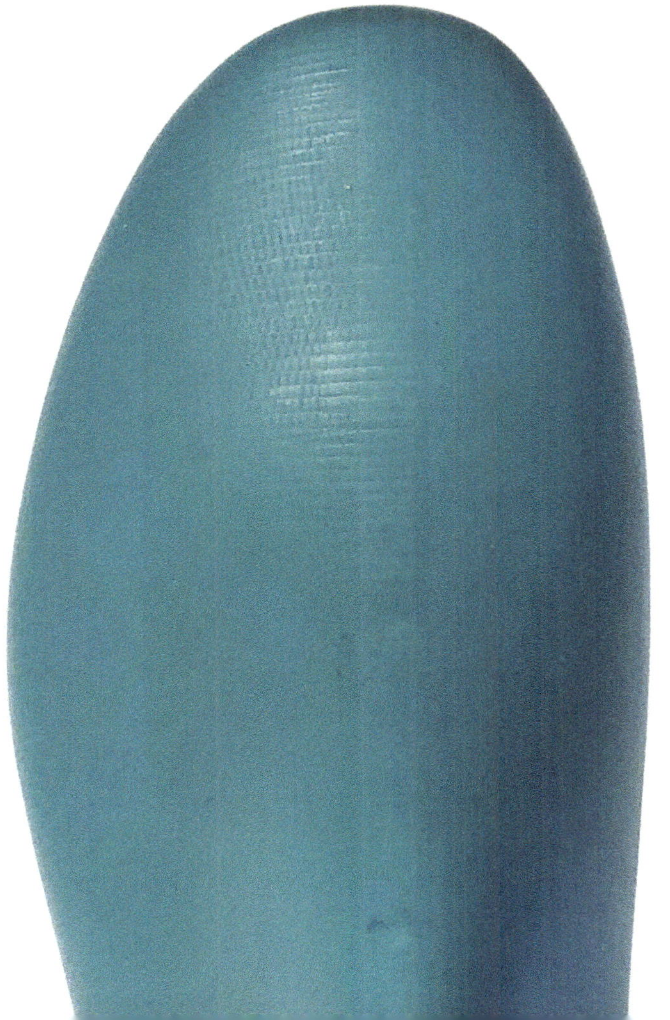

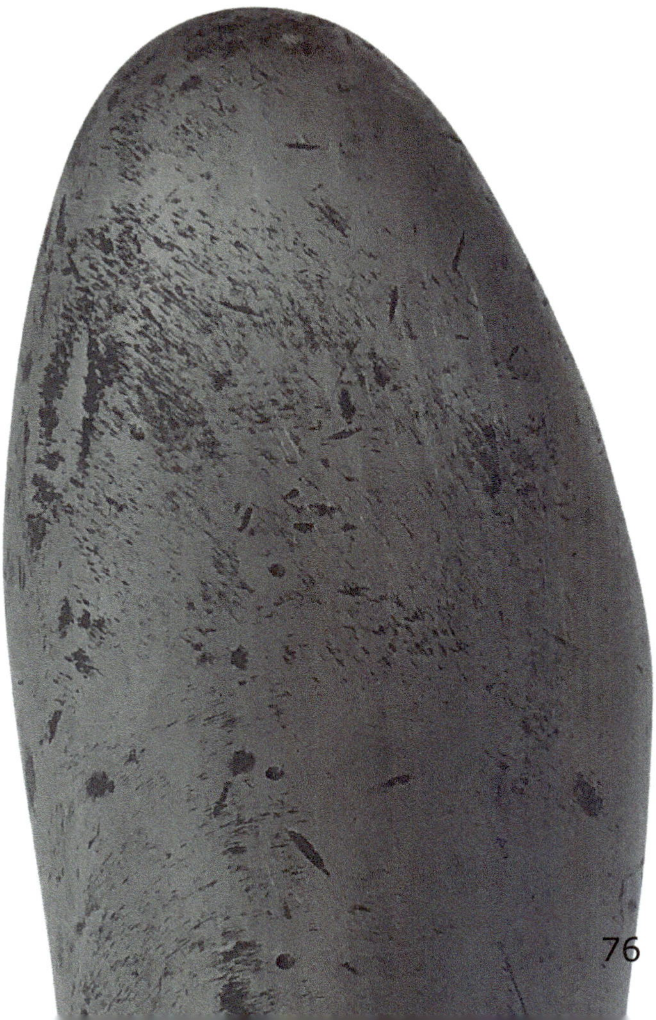

Producción de hormas de madera

Históricamente, las hormas se tallaban en madera de roble, haya y carpe (una variedad de madera de abedul). Un hormero artesano seleccionaba los árboles con troncos rectos y cilíndricos para la fabricación de hormas. Los troncos seleccionados se almacenaban en el exterior durante varios años, reposando antes de cortarlos en bloques del tamaño de hormas, después se secaban con cuidado para garantizar que la madera no partiera durante el tallado.

El hormero tallaba los bloques utilizando una cuchilla o guillotina, y terminaría de conseguir la silueta con un pequeño hacha y limas de metal. Cada par de hormas se hacía de una vez, siendo un procedimiento tedioso y lento.

Este proceso artesanal todavía se utiliza hoy en día por los zapateros que realizan encargos a medida.

Con la llegada de la era industrial y las ayudas mecánicas, las hormas de madera se produjeron en masa mediante tornos motorizados.

Alrededor de 1820, el estadounidense Thomas Blanchard creó una máquina para fabricar culatas de pistola. El torno Blanchard se adaptó más tarde para la producción de hormas, y así se pudo mecanizar la fabricación creando hormas perfectas. Este avance fue muy importante, y permitió la fabricación de zapatos para el pie izquierdo y derecho.

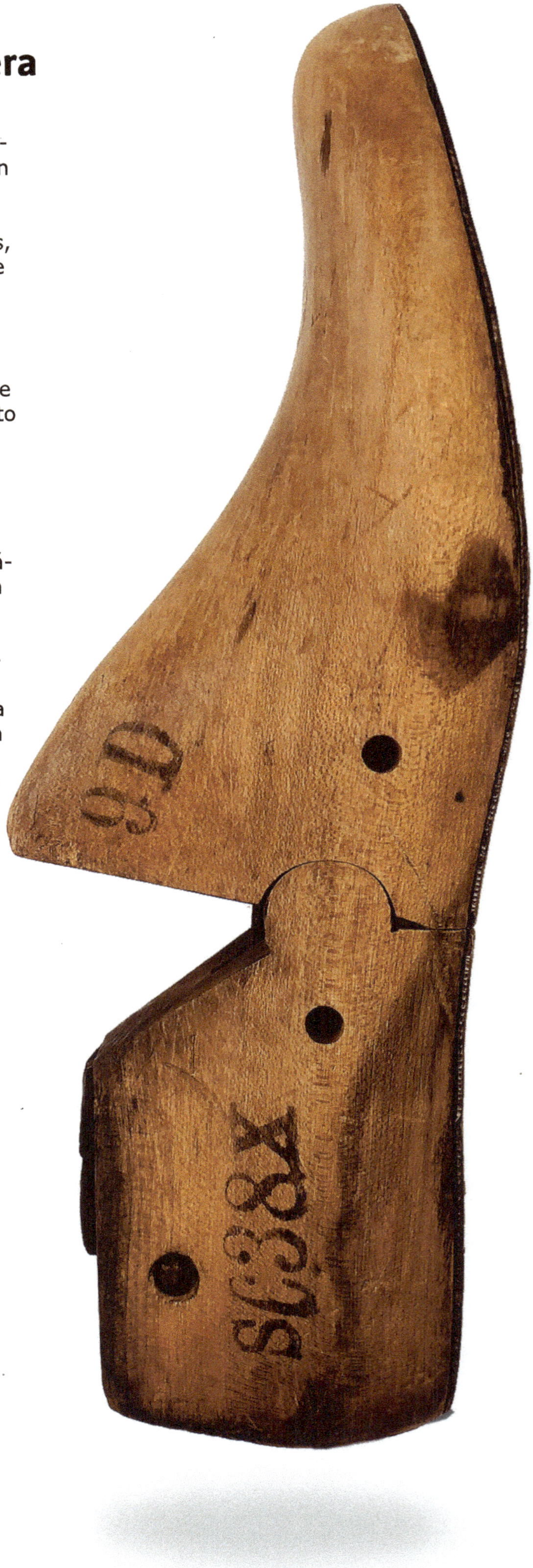

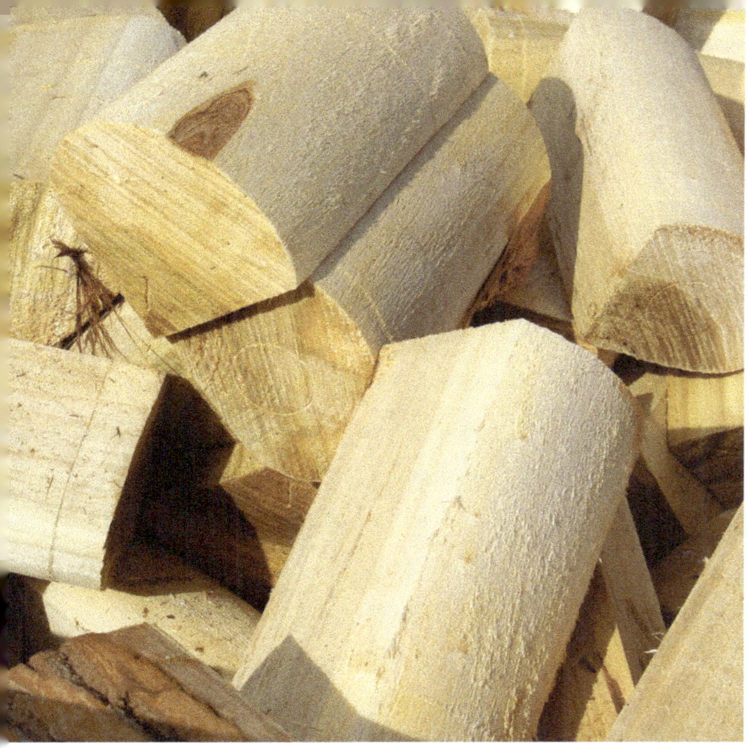
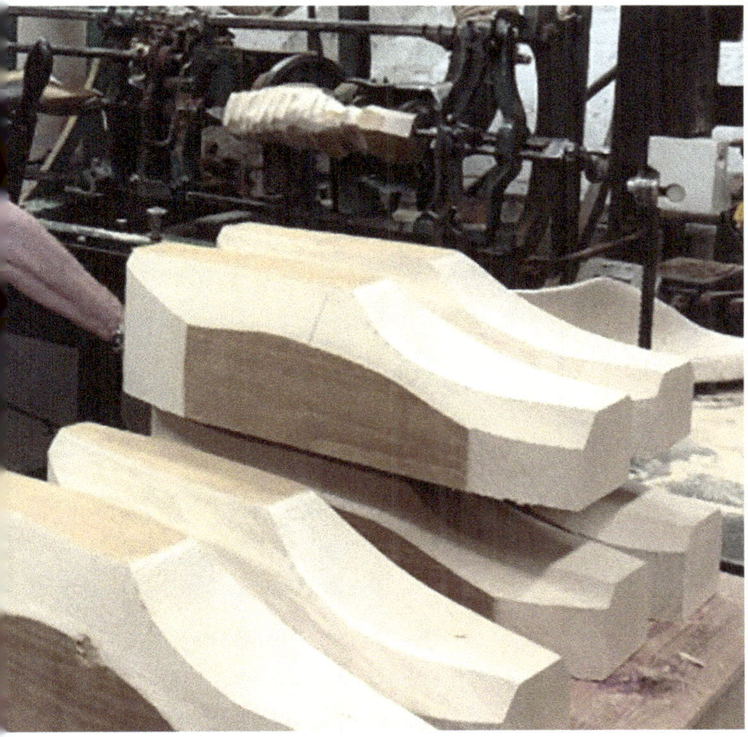
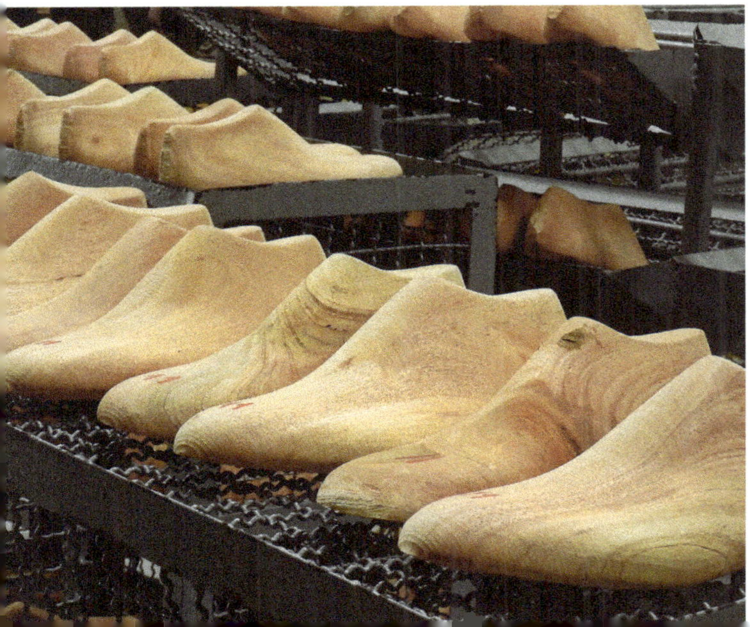
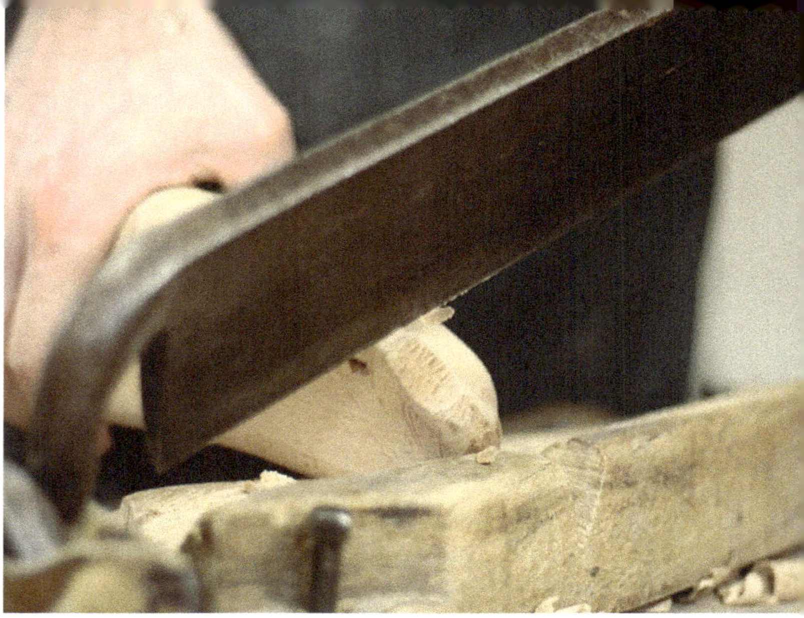
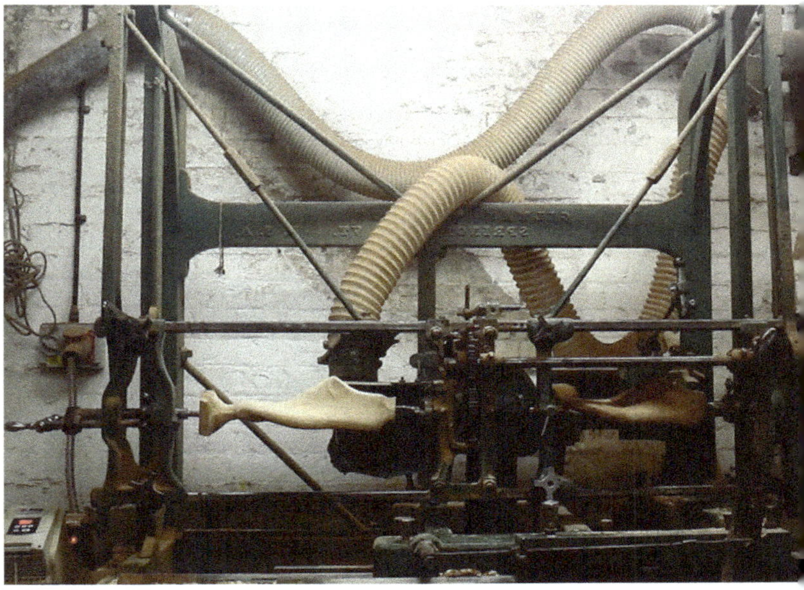
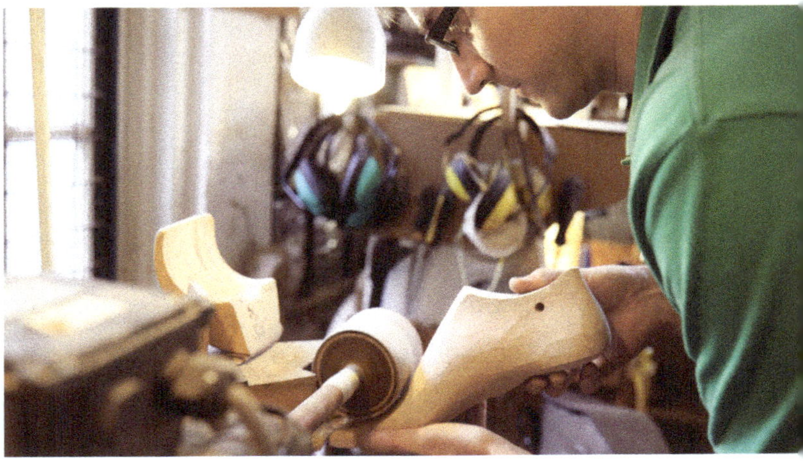
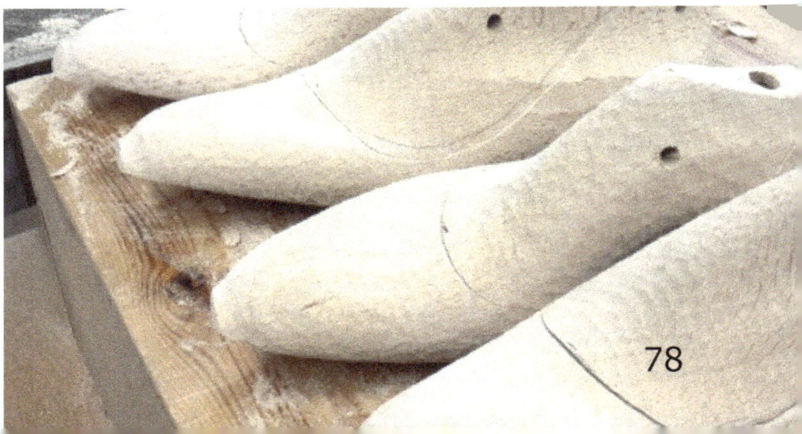

Producción de hormas de plástico

Una horma de plástico empieza siendo un bloque de material plástico moldeado por inyección con la forma y tamaño muy aproximado al de una horma. Se crean con material nuevo, o con desperdicios de plástico picado. Algunas fábricas y marcas quieren materiales nuevos o colores especiales, y otros compradores son conscientes de los costes y aceptan usar material reciclado que pueda tener variaciones de color.

Las hormas se hacen con la refinadora, que hace girar la horma a la vez que talla la pieza. En la actualidad, está controlado por ordenador y puede cortar cerca de seis hormas a la vez con los diferentes archivos con todas las tallas, formas y siluetas de las que disponen las fábricas. Antes de la invención de la refinadora controlada por ordenador, se utilizó un torno copiador.

Los bloques en bruto se cargan en la máquina, que utiliza un primer cabezal de corte para que elimina la mayor parte del material. Este proceso se hace a gran velocidad y las virutas de plástico sobrantes se reciclan. Una vez que la horma está pre-cortada, un trabajador la transfiere a una segunda máquina de corte preciso y fino.

Esta máquina sigue el archivo digital de la computadora para cortar la forma exacta del bloque. Cuando se completa la operación, solo queda cortar las piezas de apoyo de la puntera y talón.

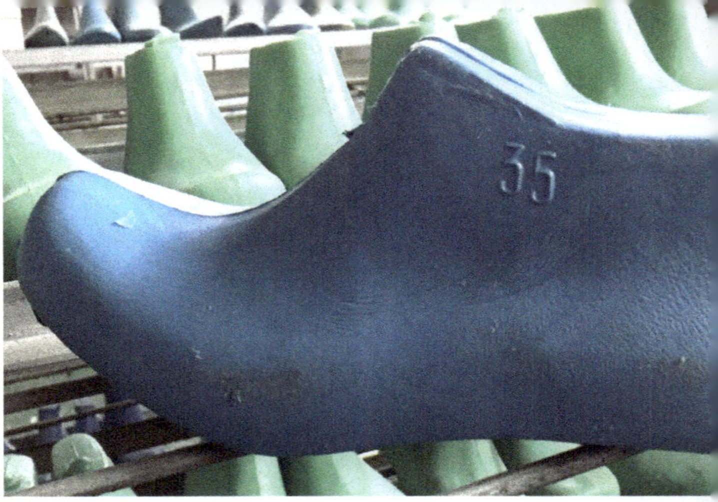

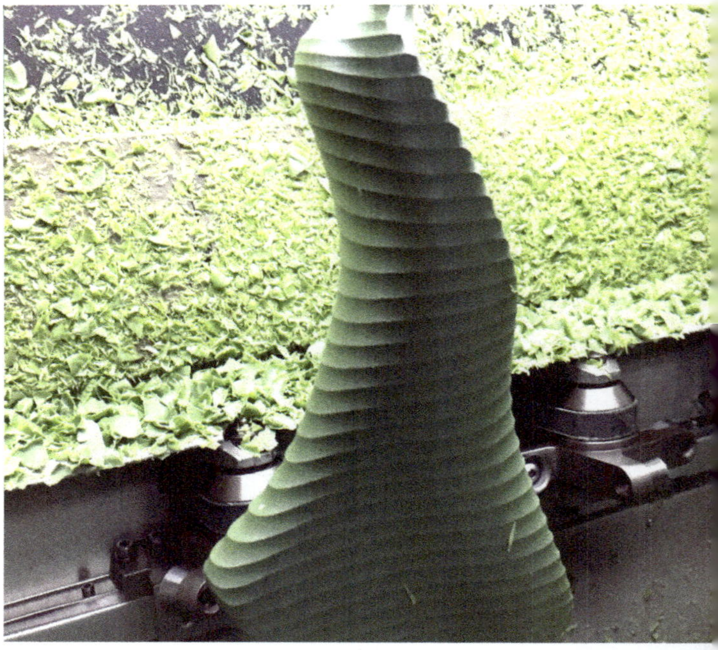

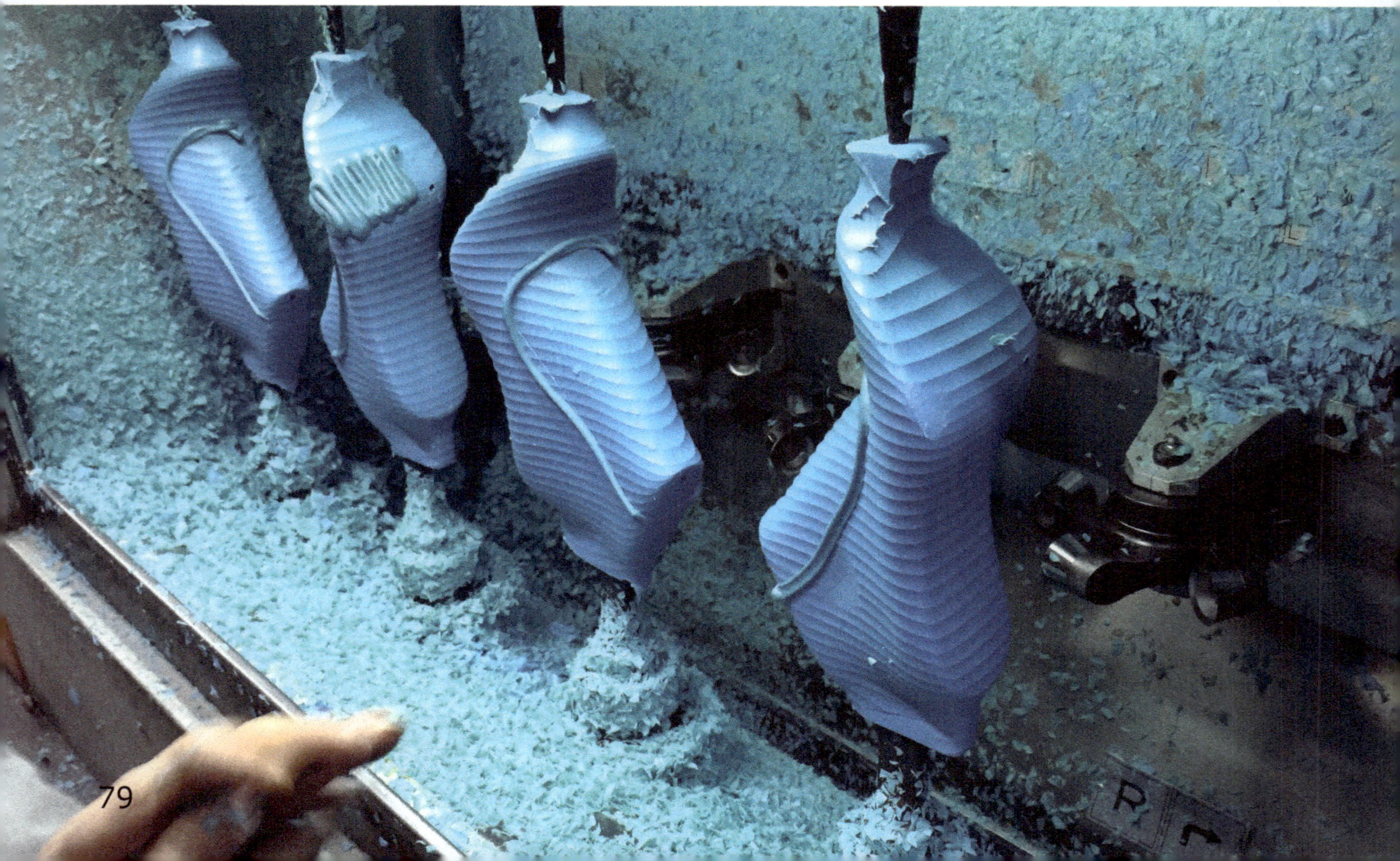

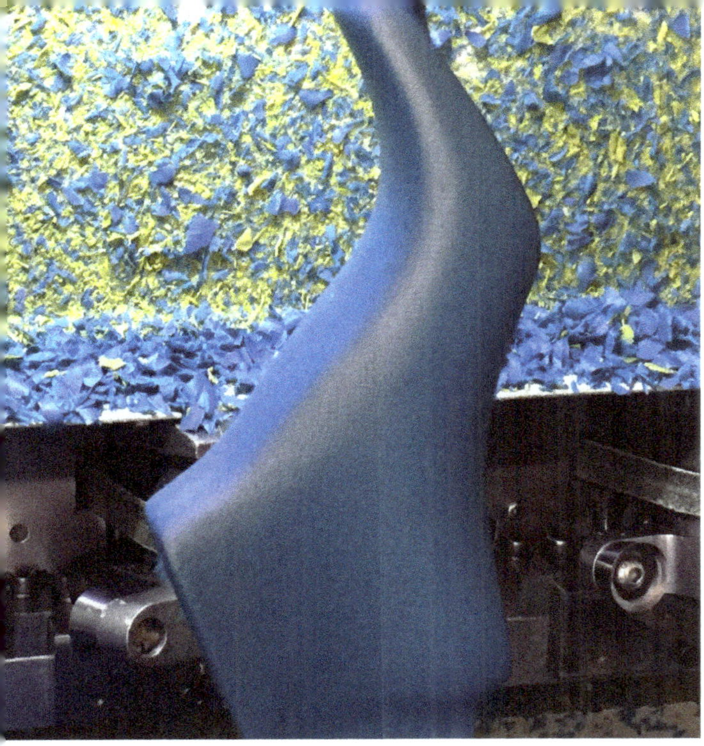

Un trabajador recorta los apoyos con una sierra de cinta. Los extremos de las hormas ya cortadas se repasan con una muela para que coincida con la forma requerida. Los trabajadores utilizan plantillas de papel para confirmar la curvatura final. Una vez completado el moldeado, los bordes se lijan hasta que queden suaves; y posteriormente, se marca el código y la talla de la horma con un sello caliente.

Cada horma debe marcarse con cuidado y de forma clara para garantizar que los operarios de la fábrica de calzado puedan encontrar rápidamente la horma correcta en la línea de producción.

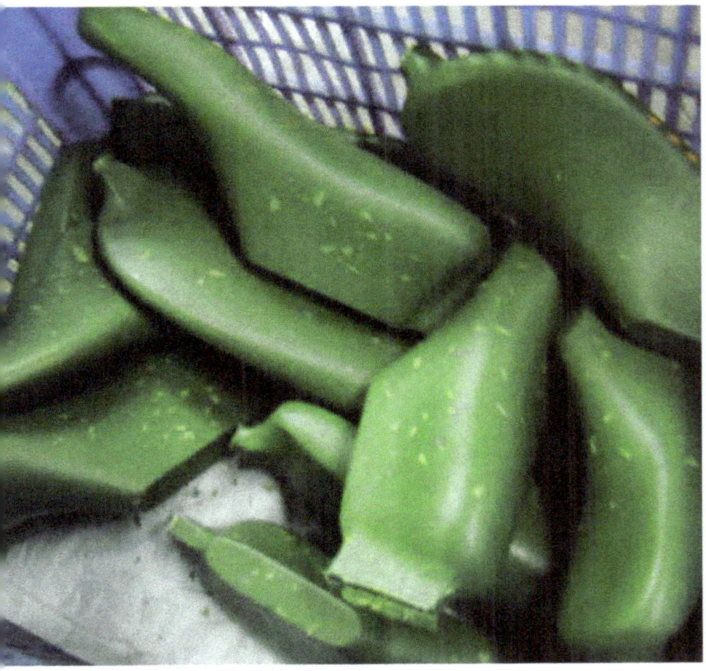

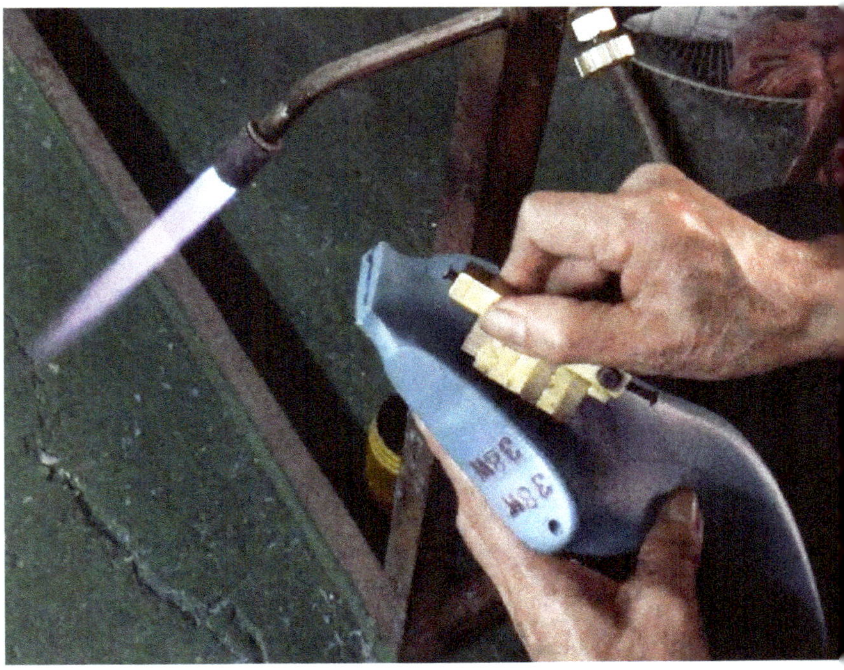

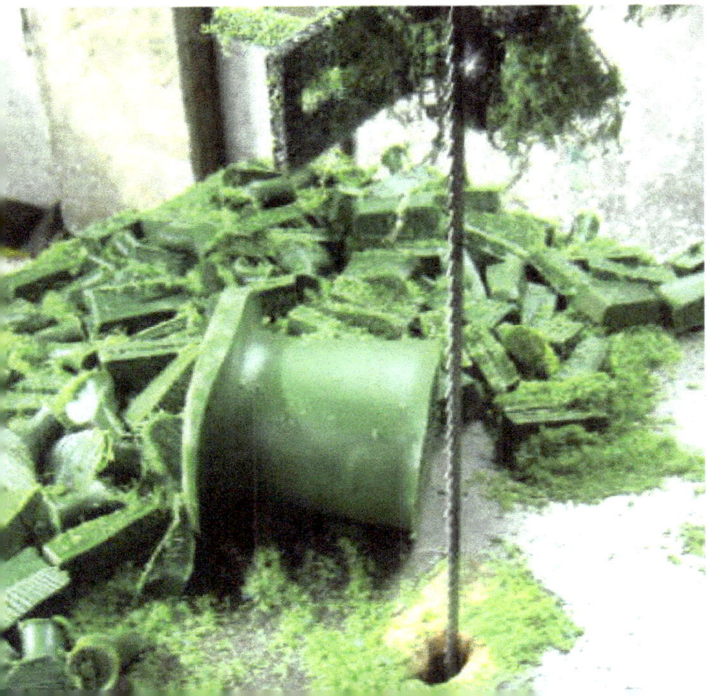

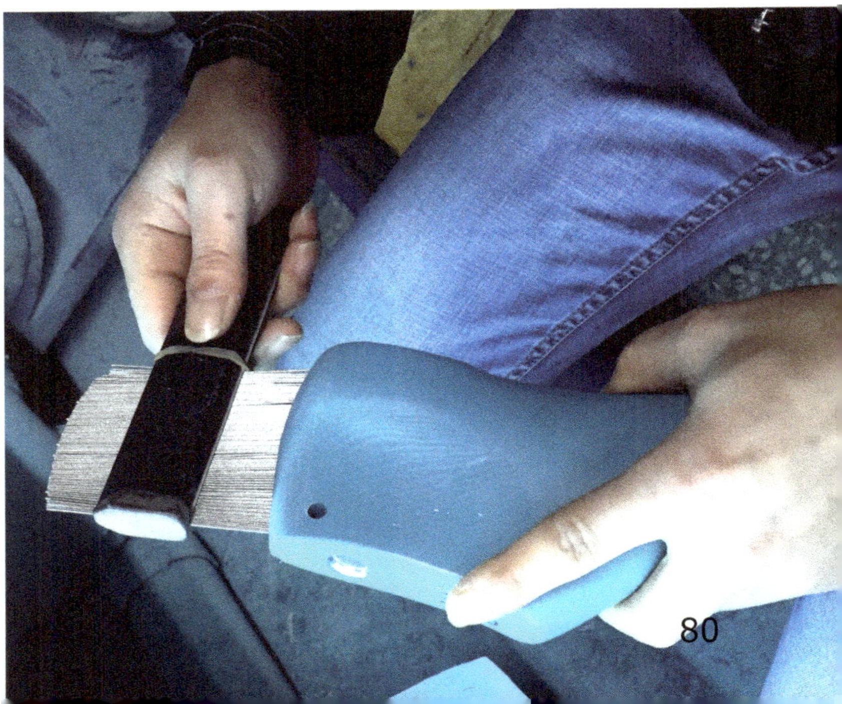

Producción de hormas de metal

La producción de hormas de aluminio fundido empieza con un juego de patrones o moldes de hormas de plástico que llevan un pequeño bloque de madera en la parte superior; estos moldes se crean mediante una máquina CNC.

El molde de la horma se utiliza para formar la parte exterior de la horma final. La fábrica también creará un molde interior de la horma para hacer que sea hueco.

La horma de plástico se introduce en un molde de dos piezas. Este molde se llena con arena verde, que es pegajosa y mantendrá la forma cuando se vierta el metal. El molde de la horma se introduce en la cavidad con la arena para crear el exterior del molde. Una vez retirada la horma, dejando la figura marcada en la arena, el trabajador coloca la pieza interior de arena que hará el molde hueco en la cavidad y cierra el molde.

El aluminio fundido se vierte en el molde, se enfría en tan solo unos minutos permitiendo que el molde se separe. La horma se retira y se lleva al siguiente proceso de acabado. La arena utilizada para modelar se reutiliza varias veces en un día.

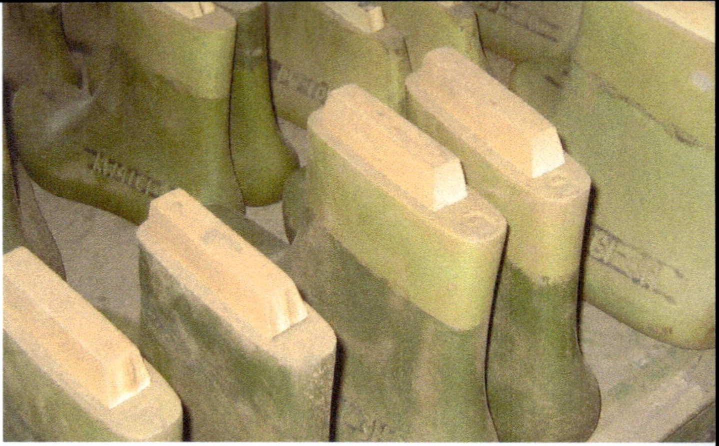

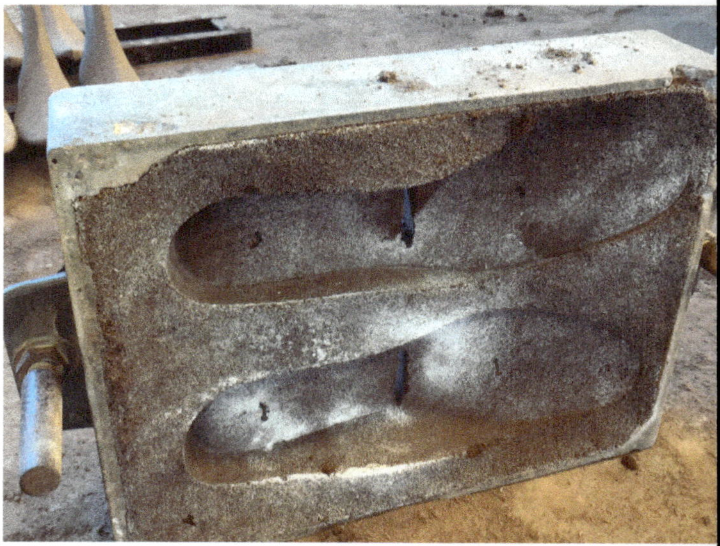

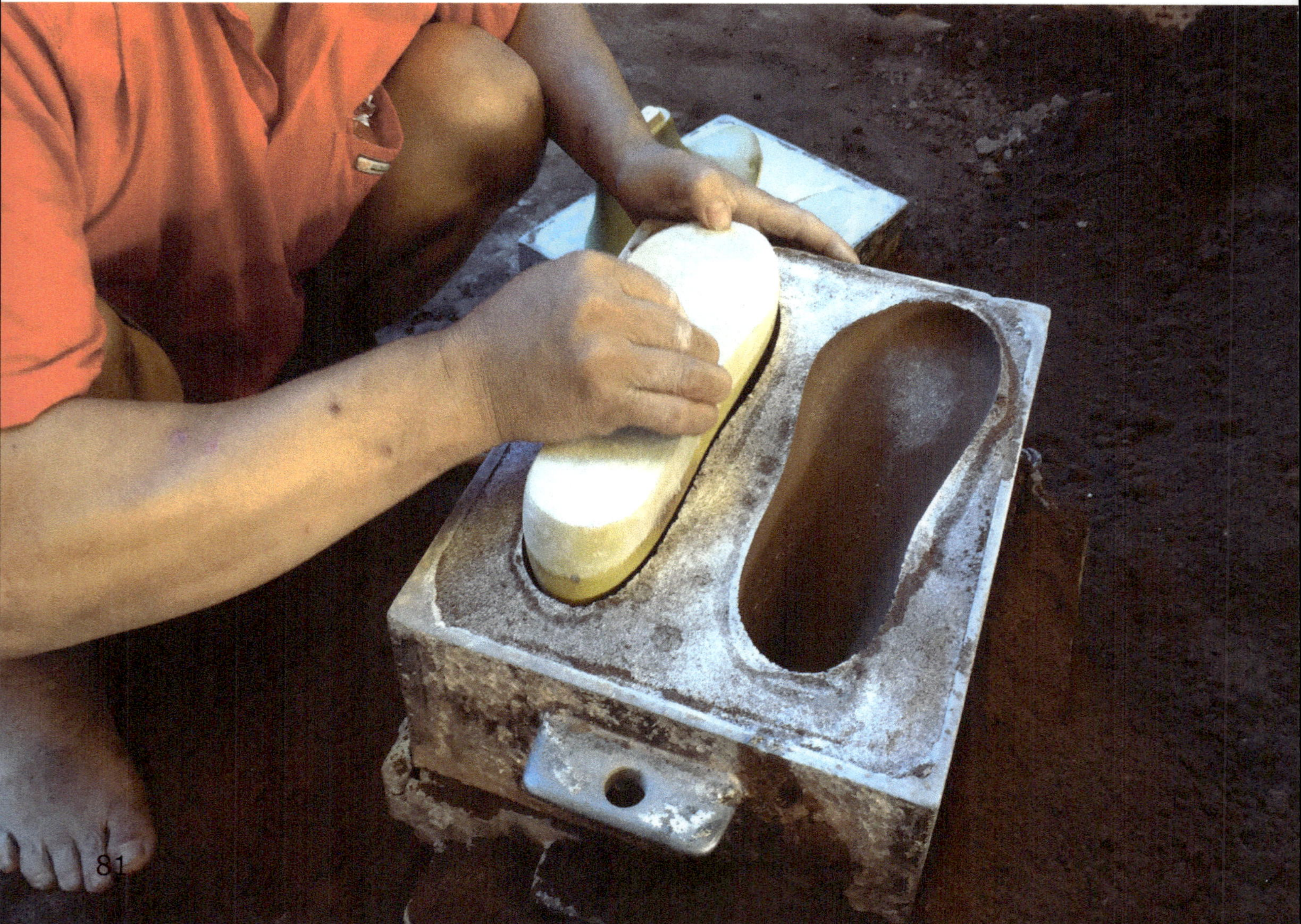

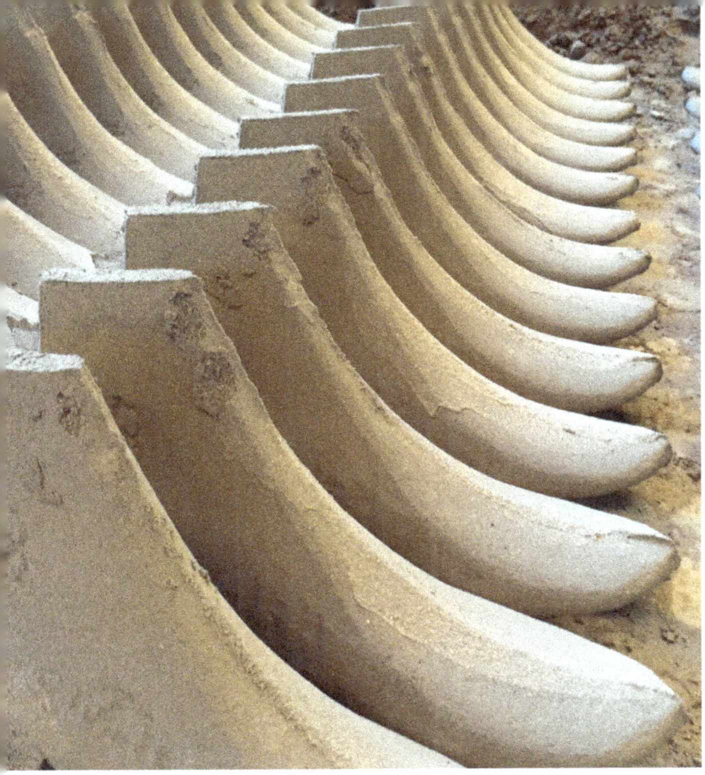

Después de modelar la horma, se quita la arena de la horma con vibración. Posteriormente, se corta el sobrante del molde y se corrige la punta y el talón.

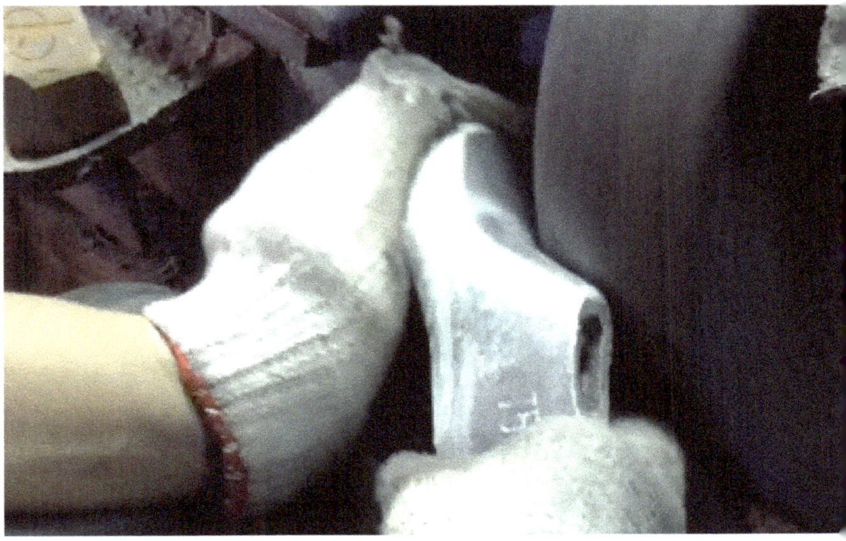

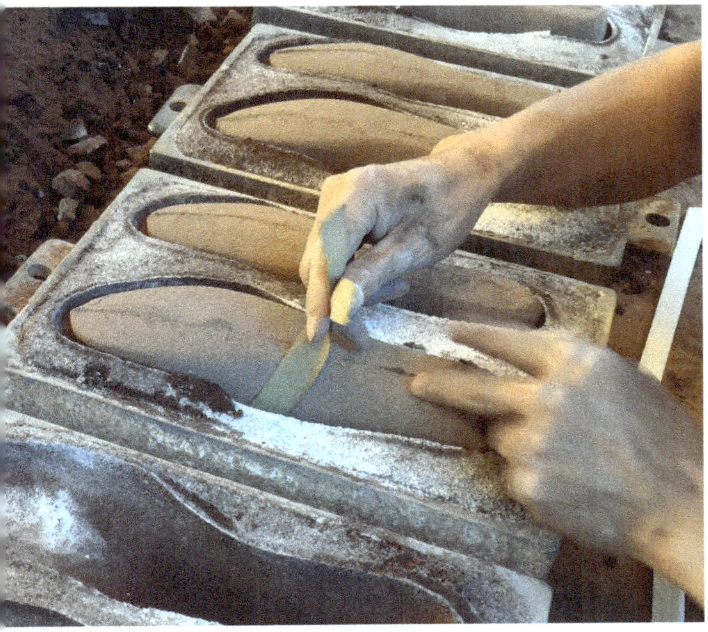

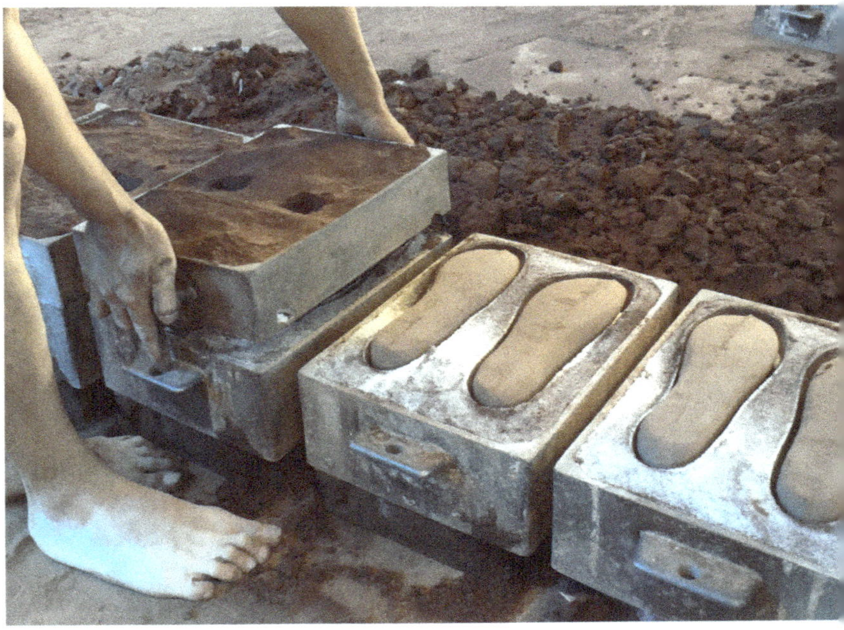

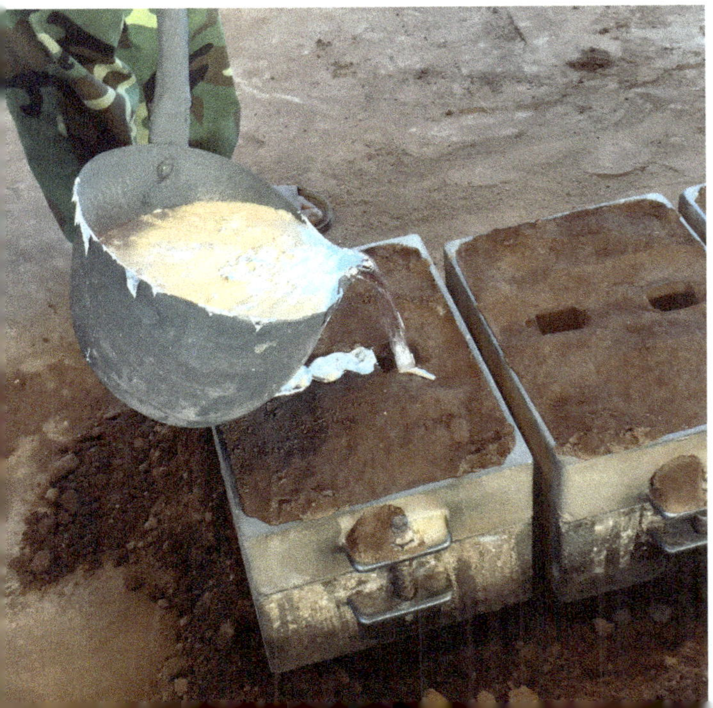

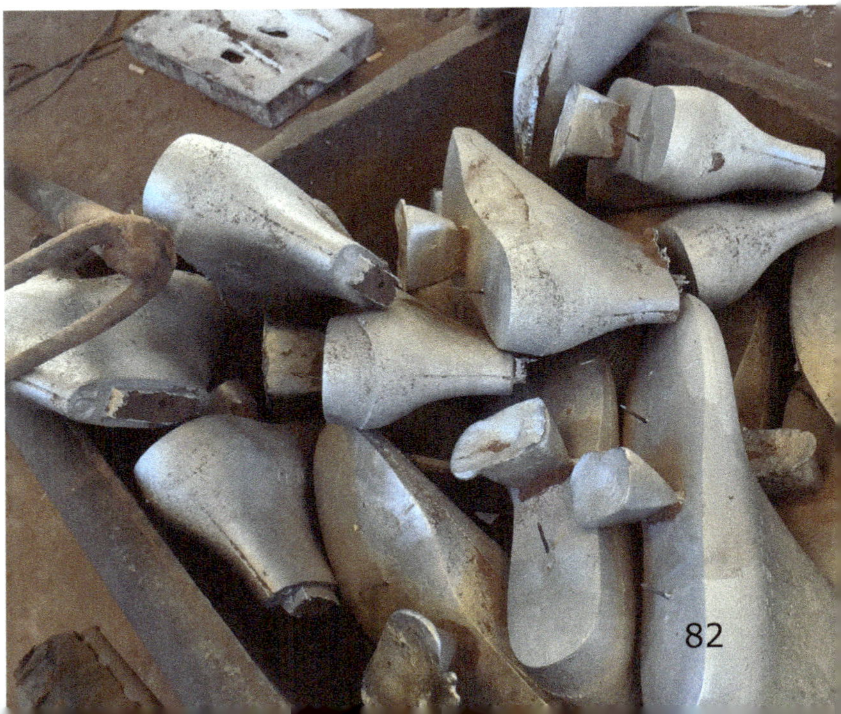

Revisión de las hormas

Independientemente de cómo se fabriquen, las hormas deben comprobarse antes de utilizarse en la producción de calzado; para ello se realizan plantillas de papel grueso o se usan calibradores y galgas con los que se comparan las medidas más importantes junto con la talla de la horma y el código. Las plantillas de papel se utilizan para comprobar cada talla de muestra de cada horma nueva. El técnico medirá la puntera, el talón y la longitud plantar para revisar las medidas importantes.

Una vez confirmado el ajuste de la horma, se utilizan las mismas plantillas o moldes de papel para confirmar que el resto de las hormas de producción son iguales a la original. Los técnicos de calidad de la fábrica de calzado utilizan sus propias copias de los moldes para garantizar que el equipo de producción no esté desgastado o dañado.

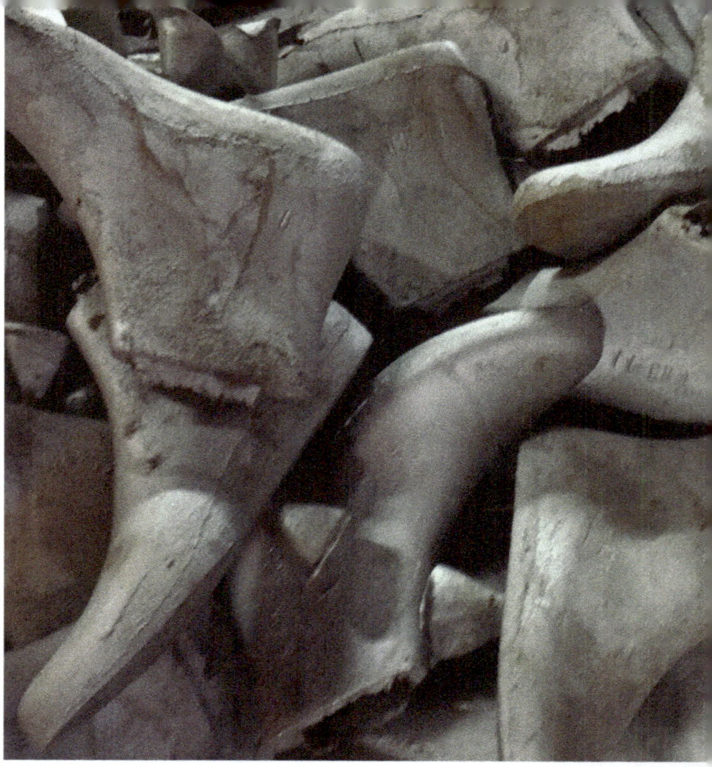

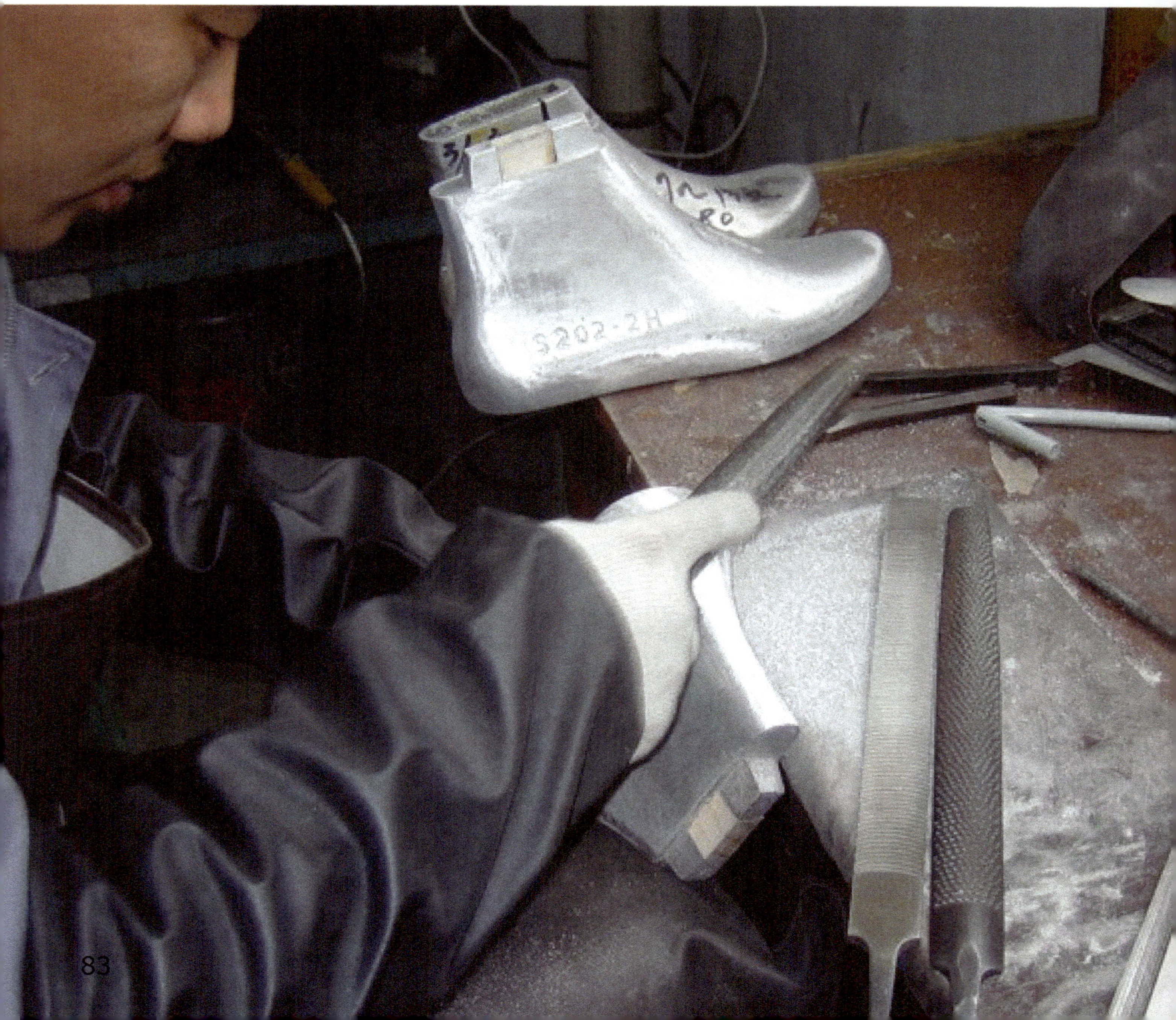

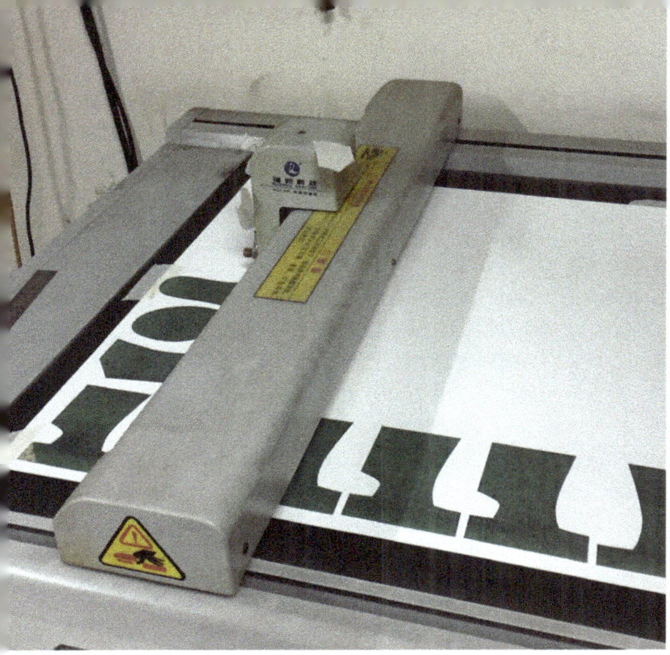

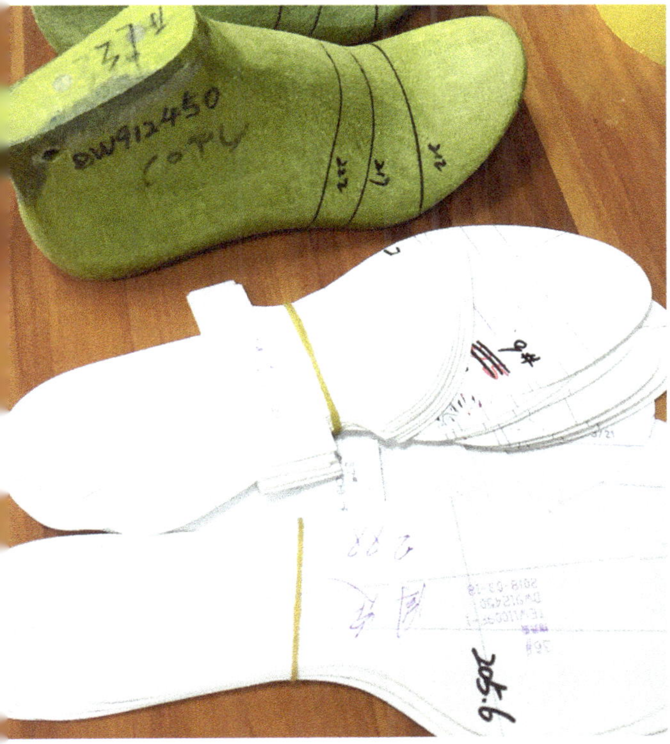
DW912450
COPY

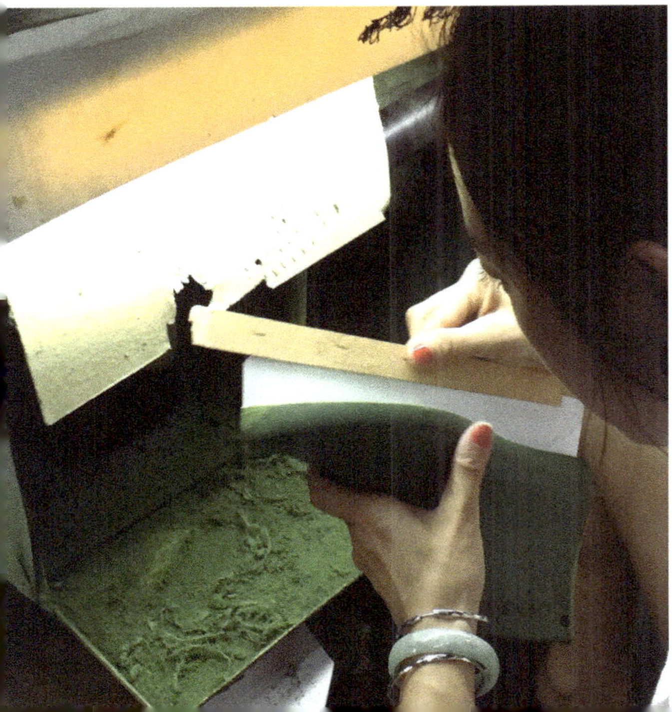

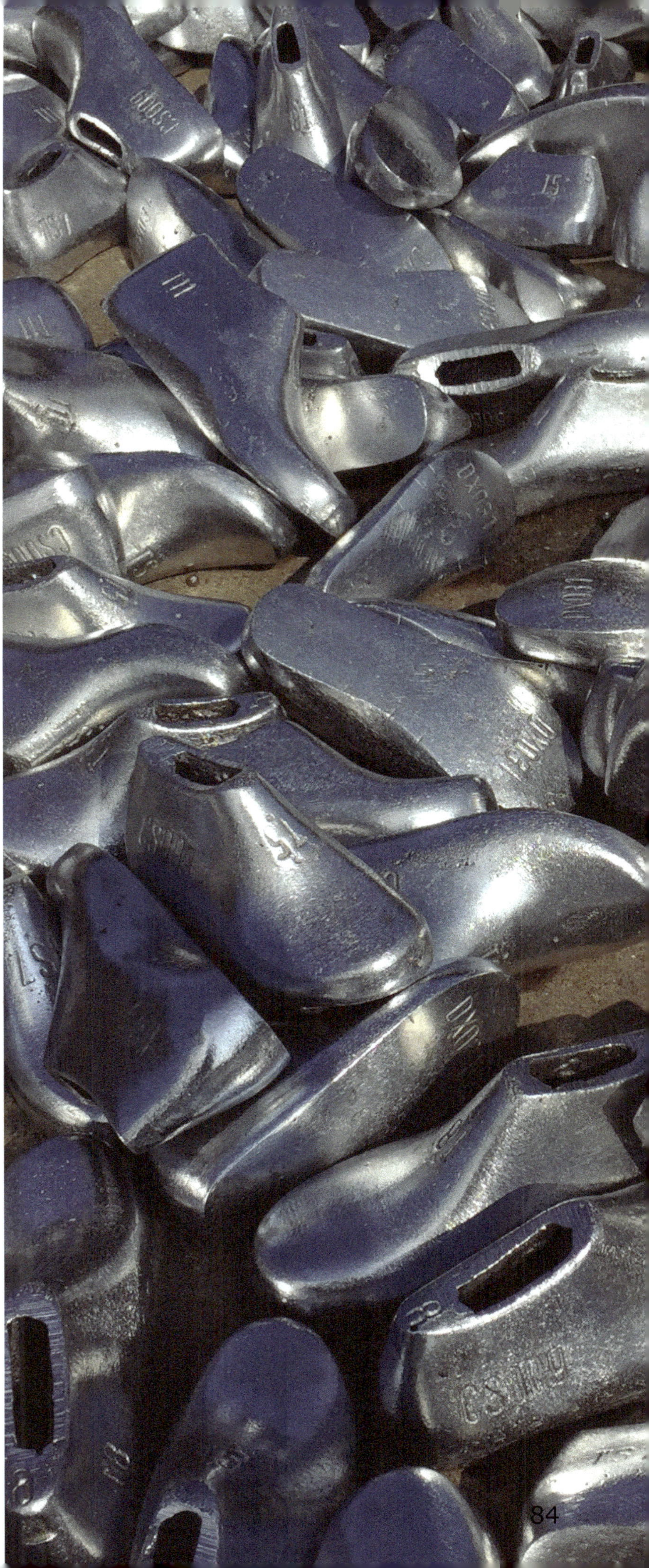

Capítulo 5: La geometría de la horma

Rara vez se pedirá a un diseñador de calzado que diseñe una horma desde cero, pero es importante entender los principios geométricos de la horma.

Si una horma con la que estés trabajando tiene un fallo técnico, es posible que debas encontrarlo, especificarlo y dar una solución para el problema. Entender los elementos básicos te permitirá comunicarte de manera más eficaz con el hormero. Puedes aprender los conceptos básicos del diseño de hormas en unas pocas horas, pero necesitarás años para dominar el arte de las hormas.

Diseñar hormas de calzado

Puede ser necesario crear una horma personalizada de cero si tienes un nuevo proyecto de gran producción para un cliente. La base para crear el contorno y el perfil lateral son los mismos. El hormero utiliza las medidas del pie del cliente para el proyecto, mientras que los datos del calce o ajuste ya estandarizados se utilizan para crear hormas de producción en masa.

La horma parece una figura orgánica que fluye con naturalidad, pero durante más de cien años de investigación, los fabricantes de hormas han desarrollado una geometría que puede usarse para crear una figura bien proporcionada que se adapte al pie humano. Por supuesto, cada pie es diferente, pero la estructura de carga del pie humano tiene una forma definida que puede describirse mediante proporciones sistemáticas. Para diseñar el contorno de la base plantar y el perfil lateral, usaremos las medidas y proporciones estándar de las tablas de medidas. Este sistema se llama AKA/WMS.

Para diseñar la horma, se necesita el contorno de la planta, un perfil lateral y las secciones de talón. Primero se dibuja el contorno inferior, ya que será la base para construir el resto.

Diseñar la planta

Empezaremos con la talla 9 americano de hombre para crear la silueta de la horma. Puedes seguir este procedimiento con tu propio pie o el pie de un cliente, sin importar la talla.

El pie de una talla 9 americano de hombre mide aproximadamente 270 mm. Puedes consultar el resto de tallas en las tablas del capítulo 6.

Cómo empezar

1. Dibuja una línea recta vertical de 90º con una longitud de 270 mm. Marca esta línea con los puntos A-B.

2. Las hormas estándar para calzado de caballero y señora tienen en torno a 15 mm extra de holgura de la punta. A medida que el pie se flexiona al caminar, el zapato debe adaptarse a los cambios en la longitud. Este espacio se puede llamar holgura de la punta o puntos perdidos.
La línea B-C mide 285 mm.

Localiza los puntos de la bola y define el ancho de la bola

3. El perímetro de la bola se encuentra al 62% de la longitud de la horma, medida desde el talón: 285 mm x 0,62 = 176 mm desde el punto B, comenzando en el talón de la horma. Lo marcaremos como punto D.

4. Para ubicar los puntos de bola lateral y medial, dibuja una línea de 80º que pase por el punto D.

5. Para delimitar el ancho, consulta la tabla de perímetros del final del capítulo 6. La anchura C (estándar) de la talla 9 americano para caballero es de 235 mm. El ancho es 1/3 de la circunferencia o 78 mm.

6. Midiendo desde la línea central en el punto D, divide 78 mm entre dos. Marca la línea a 39 mm del centro en los lados medial y lateral.

7. El punto de la bola lateral se encuentra un 24% descentrado; añade 39 mm x 0,24 = 9 mm en el lado lateral. Marca el punto de bola lateral medial E y el punto de bola lateral F.

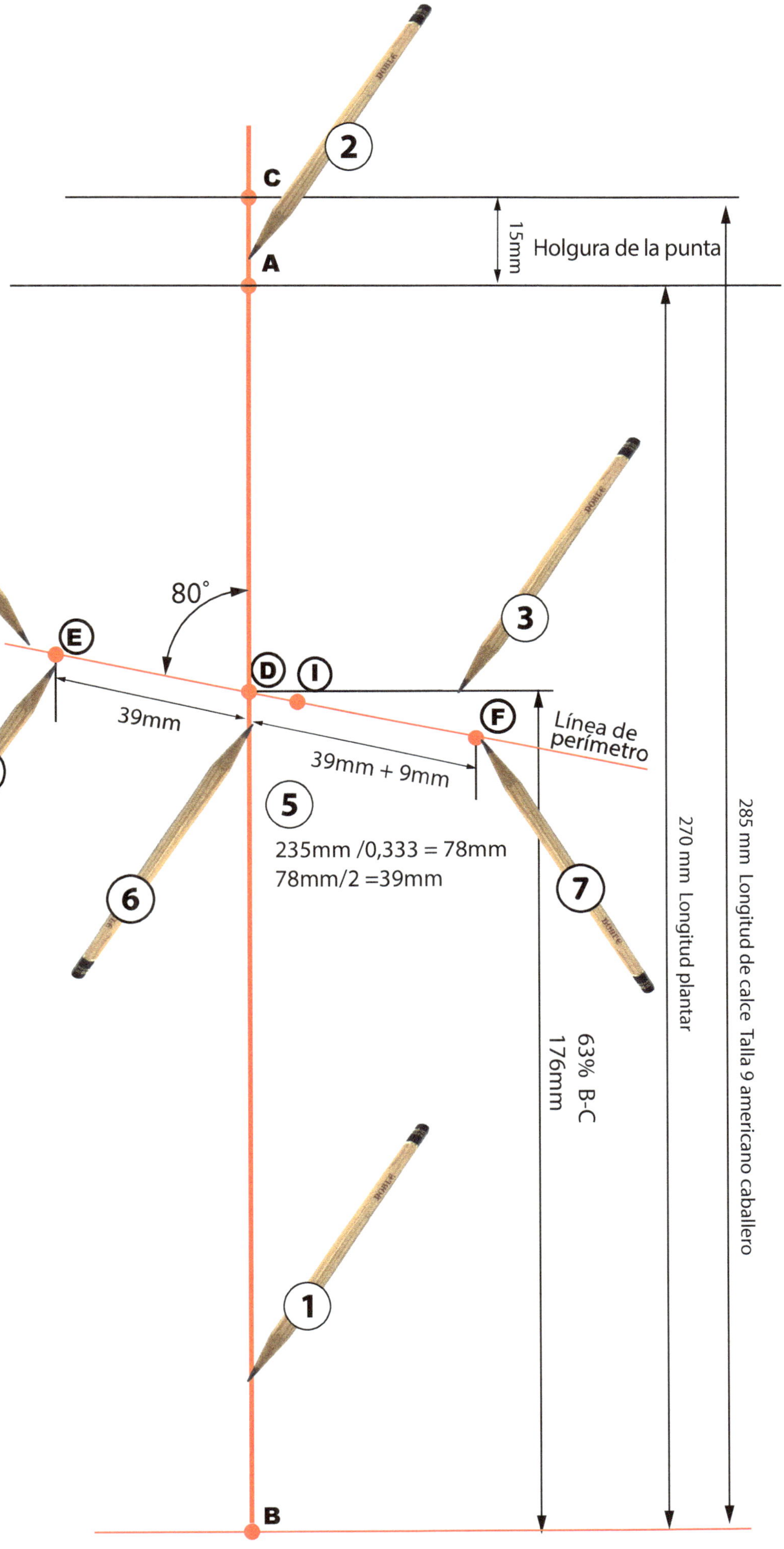
2
C
A
15mm
Holgura de la punta
4
80°
3
E
D
I
39mm
F
Línea de perímetro
39mm + 9mm
7
5
235mm /0,333 = 78mm
78mm/2 =39mm
6
7
63% B-C
176mm
270 mm Longitud plantar
285 mm Longitud de calce Talla 9 americano caballero
1
B

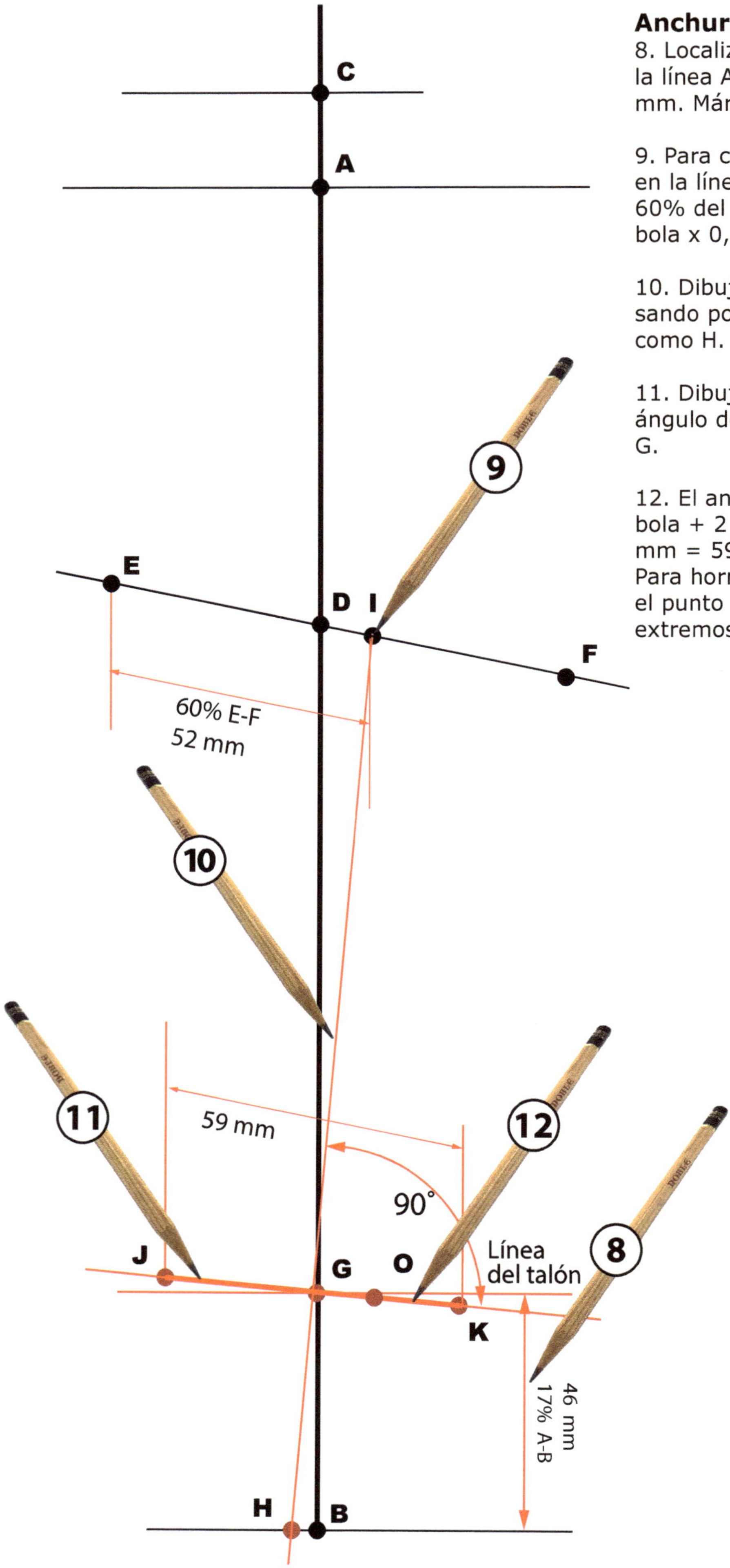

Anchura de talón

8. Localiza la línea del ancho del talón al 17% de la línea A-B del largo del pie. 270 mm x 0,17 = 46 mm. Márcalo en la línea central con la posición G.

9. Para crear el ángulo del talón, traza el punto I en la línea de la bola E-F. Mide desde el punto E el 60% del ancho de la bola. 87 mm de ancho de la bola x 0,60 = 52 mm.

10. Dibuja una línea recta desde el punto I, pasando por G hasta la línea base. Marca este punto como H.

11. Dibuja ahora la línea del ancho del talón, un ángulo de 90º usando la línea H-I sobre la posición G.

12. El ancho del talón es el 66% del ancho de la bola + 2 mm. 87 mm de ancho de bola x 0,66 + 2 mm = 59 mm.
Para hormas de mujer, añade tan solo 1 mm. En el punto medio quedará delimitado G. Marca los extremos J y K.

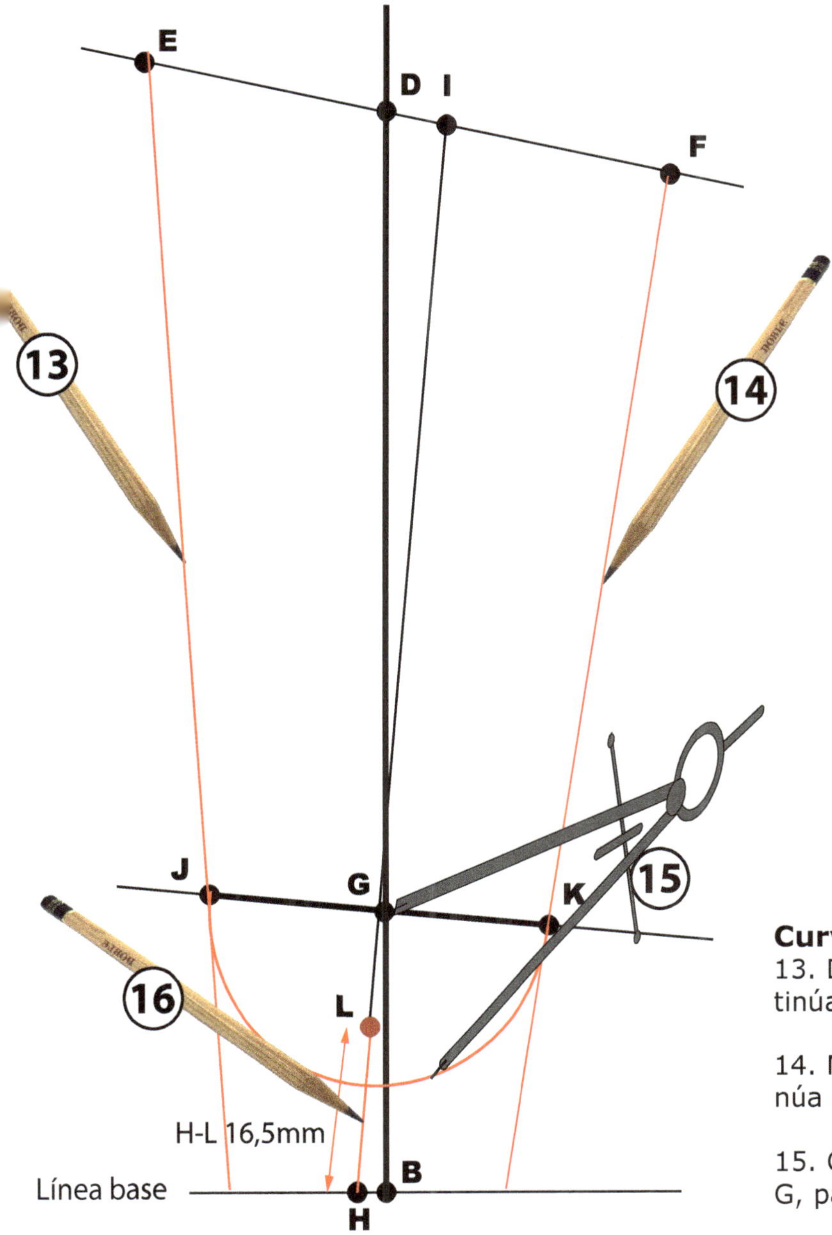

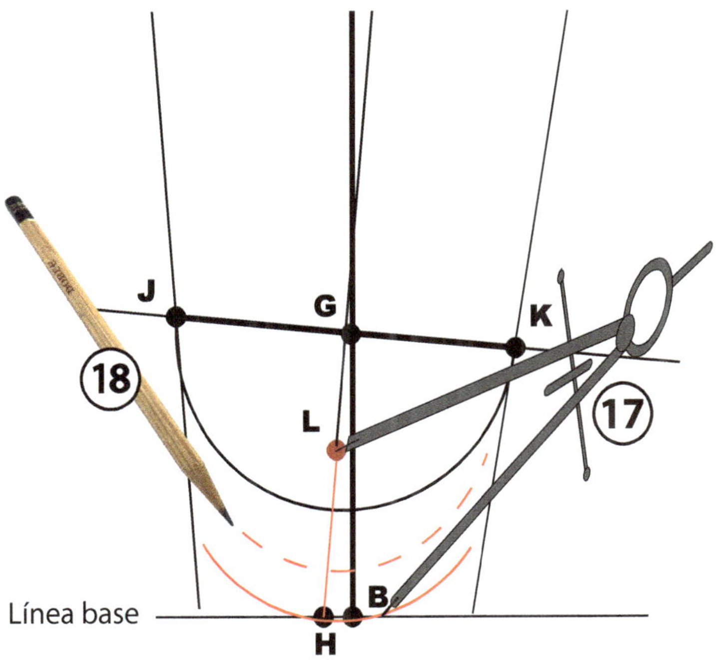

Curva del talón
13. Dibuja una línea desde el punto E hasta J y continúa hasta la base.

14. Marca la misma línea en el lateral, F-K y continúa hasta la base.

15. Con un compás, dibuja el arco con el centro en G, pasando por los puntos K y J.

16. El punto L en la línea del eje del talón queda entre H y G; L es 1/3% del ancho de la bola - 5%.
59 mm x 0,33 = 19,5 mm - 3 mm = 16,5 mm. Marca el punto L a 16,5 mm desde el punto H.

17. Con un compás, dibuja el arco con el centro en el punto L, pasando por el punto H. Esta es la línea exterior del talón.

18. Para terminar la línea del talón, dibuja una línea entre las dos curvas. Esta nueva curva
Es la línea de talón acortada.

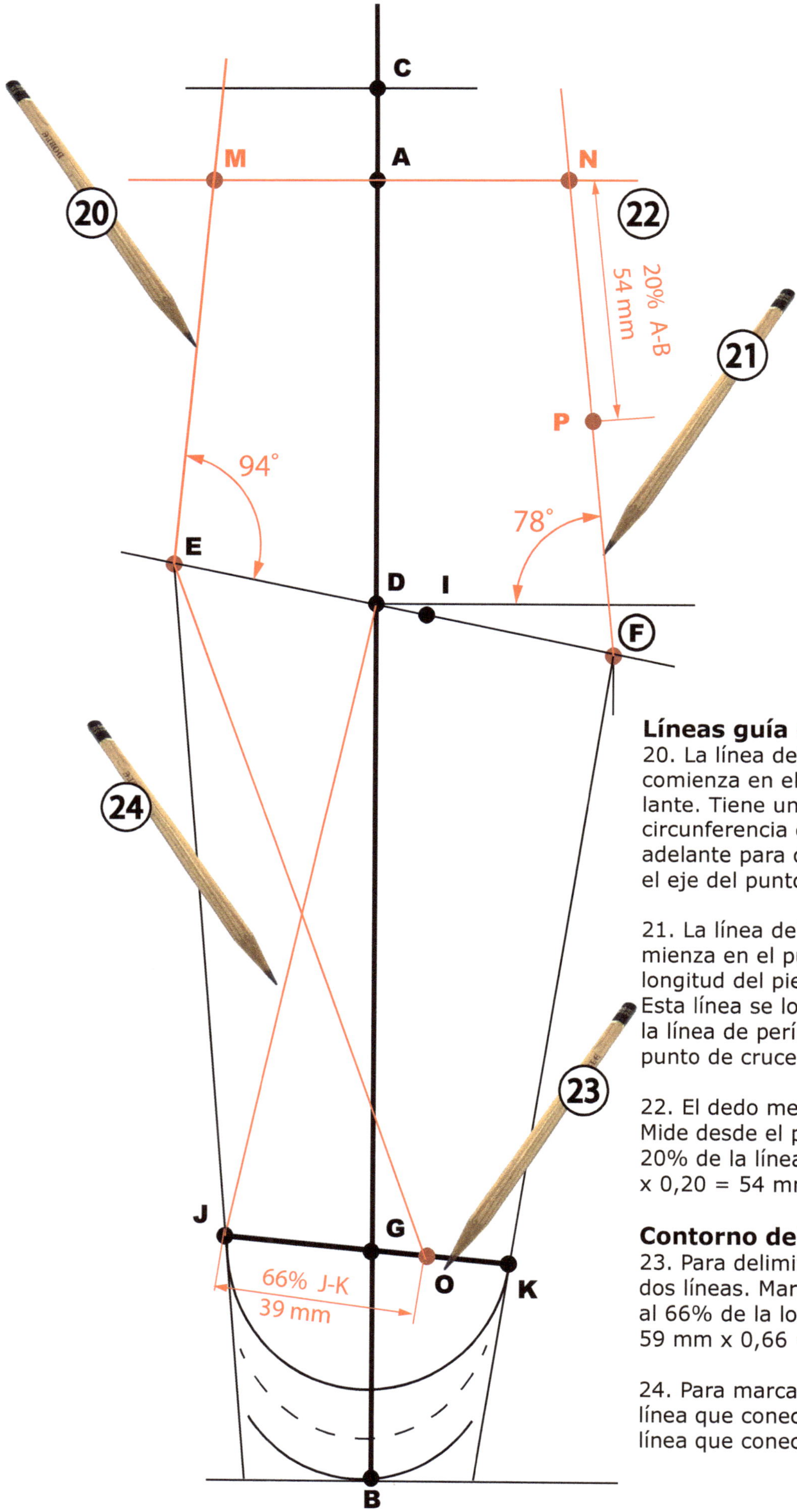

Líneas guía exteriores

20. La línea del lado medial (dedo gordo del pie) comienza en el punto E y se proyecta hacia adelante. Tiene un ángulo de 94º desde la línea de circunferencia de la bola E-F. Dibuja la línea hacia adelante para cruzar la línea de longitud del pie en el eje del punto A. Marca este punto como M.

21. La línea del lado lateral (dedo meñique) comienza en el punto F y va hasta la línea del largo o longitud del pie en el eje del punto A.
Esta línea se localiza con un ángulo de 78º desde la línea de perímetro de la bola E-F. Marca este punto de cruce con la letra N.

22. El dedo meñique se encuentra en la línea N-F. Mide desde el punto N una distancia equivalente al 20% de la línea A-B de la longitud del pie. 270 mm x 0,20 = 54 mm Marca este punto con la letra P.

Contorno del arco

23. Para delimitar el arco medial necesitamos crear dos líneas. Marca un punto en la línea del talón J-K al 66% de la longitud total a partir del punto J. 59 mm x 0,66 = 39 mm. Marca el punto con la O.

24. Para marcar el arco, dibuja dos líneas: una línea que conecte el punto E con el punto O y una línea que conecte el punto D con el punto J.

Contorno final

25. Para hacer el contorno final, dibuja la línea por fuera de los puntos básicos.

La longitud debe marcarse desde la línea de talón acortada hasta el punto C. Si tu diseño tiene una puntera puntiaguda, puedes llevar la línea más allá del punto C.

El contorno del arco puede ser ancho o estrecho. El contorno puede estar dentro o fuera de la línea base creada.

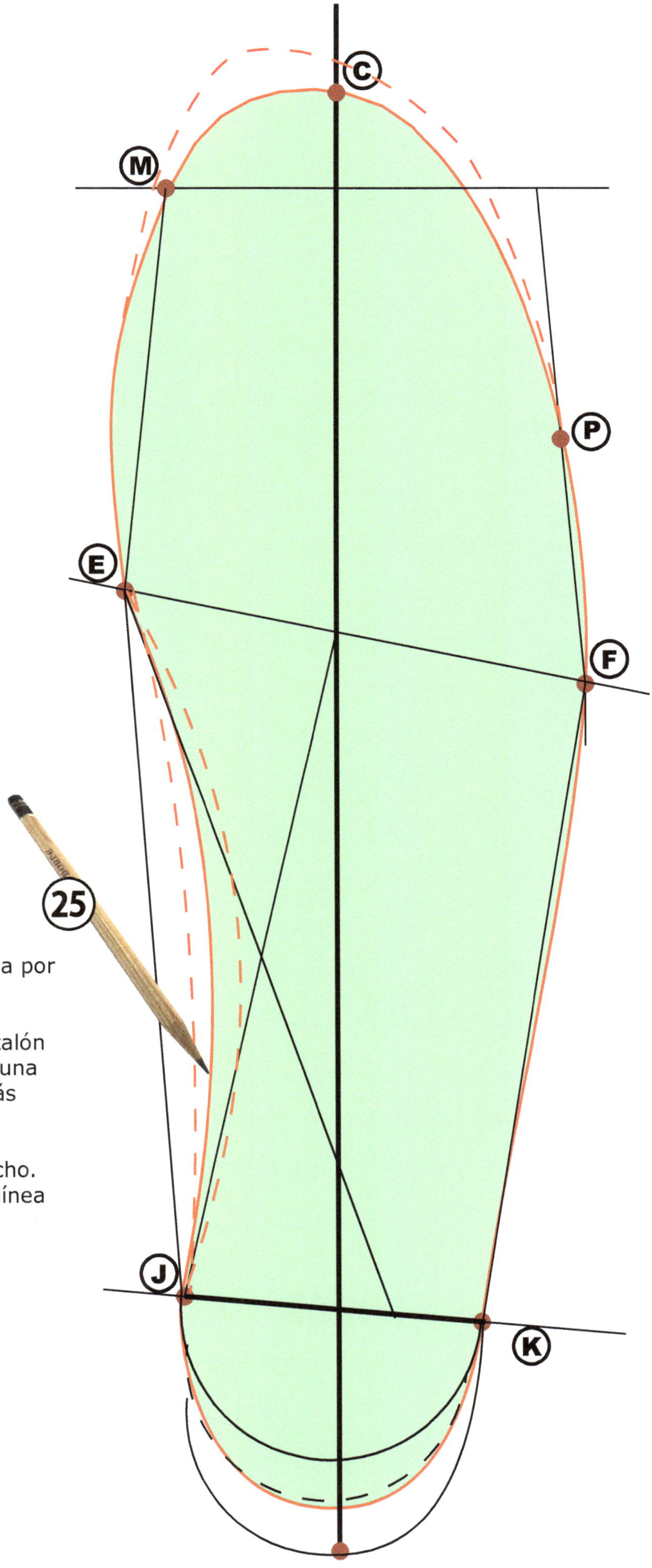

Quebrante de la punta

Al dibujar el perfil de la horma, empieza con las medidas más importantes reflejadas en la base de la horma y después añade las medidas variables. Para este ejercicio, dibujaremos una talla 9 americano para caballero con un ancho estándar C. El largo de pie es de 271 mm, el perímetro de la bola es de 235 mm, el perímetro de talón-cuñas es de 343 mm. Si estás creando una horma para ti, o para un cliente, utiliza las medidas tomadas directamente del pie.

1. Dibuja una línea base horizontal. Para la talla 9 americano para caballero, la línea debe tener unos 300 mm de largo. Marca el final en el lado derecho con el punto A.

2. Dibuja una línea vertical de 90º desde el punto A. Esta es la línea del talón, el eje vertical. Marca el punto B a 120 mm desde la línea base.

3. En la línea AB, marca la altura de talón. En este caso, para un zapato de vestir de caballero, mide 25 mm. Marca este punto con la letra C.

4. Marca el punto de la bola al 66% del largo de pie de la línea base. Mide desde el punto B. La longitud de la talla 9 americano para caballero es de 271 mm X 0,66 = 178 mm. Marca este punto con la letra D. Dibuja una línea de construcción que conecte los puntos C-D.

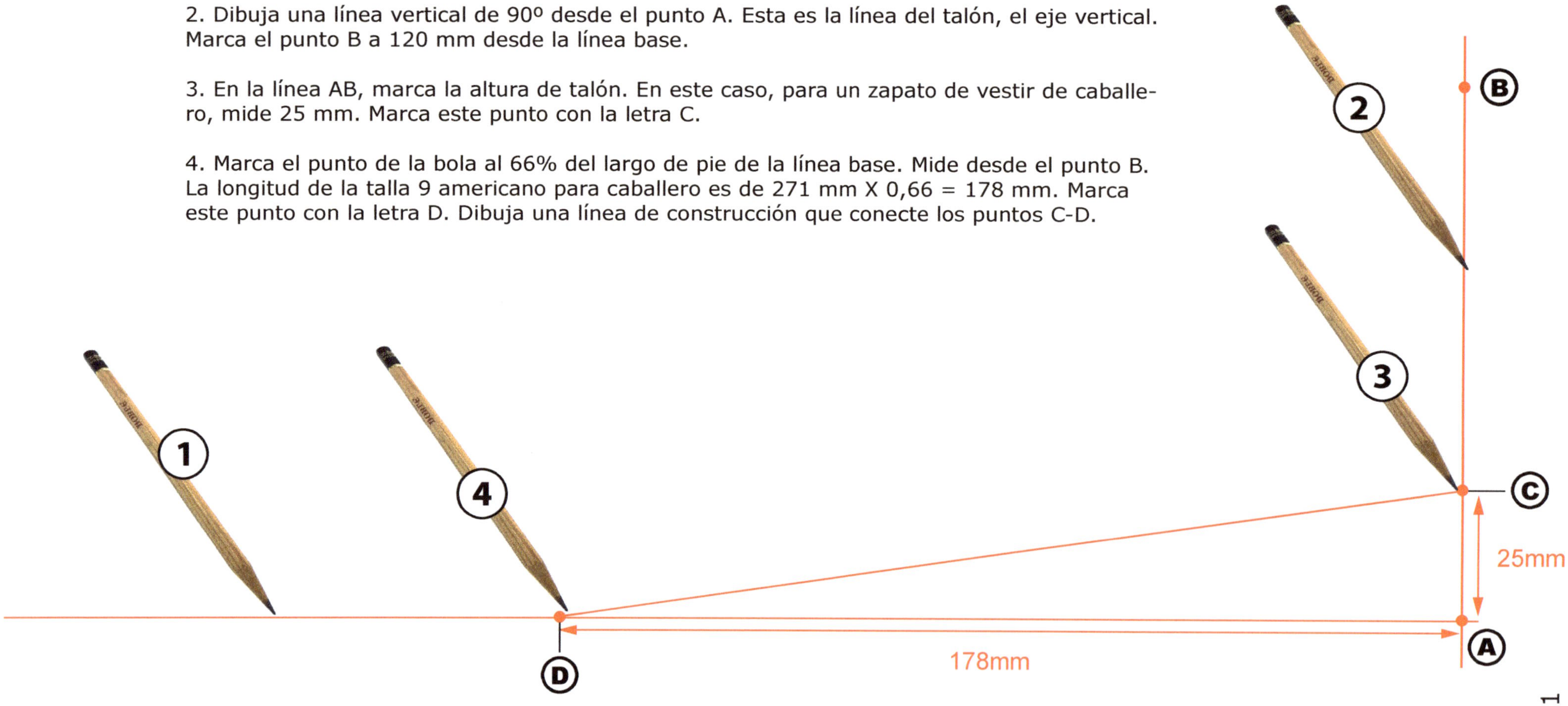

Ajuste de la longitud plantar, quebrante y altura de la punta

5. Para establecer la longitud total del pie, añade un 33% a la longitud del pie. 271 mm x 0,33 = 89 mm. Mide desde el punto D y marca este punto con la letra E.

6. Añade 15 mm de holgura de la punta desde el punto E y marca este punto con la letra F.

7. Dibuja una línea vertical de 90º que pase por el punto F y que tenga 40 mm de altura.

8. Marca el quebrante de la punta, que para un zapato de vestir de caballero es de 15 mm. Marca el punto G 15 mm por encima del punto F.

9. La altura de la punta es un 10% del perímetro de la bola -5 mm. En este caso: 23,5 mm x 0,10 = 23,5 mm -5 mm = 18,5 mm
Marca este punto con la letra H a 18,5 mm por encima del punto G.

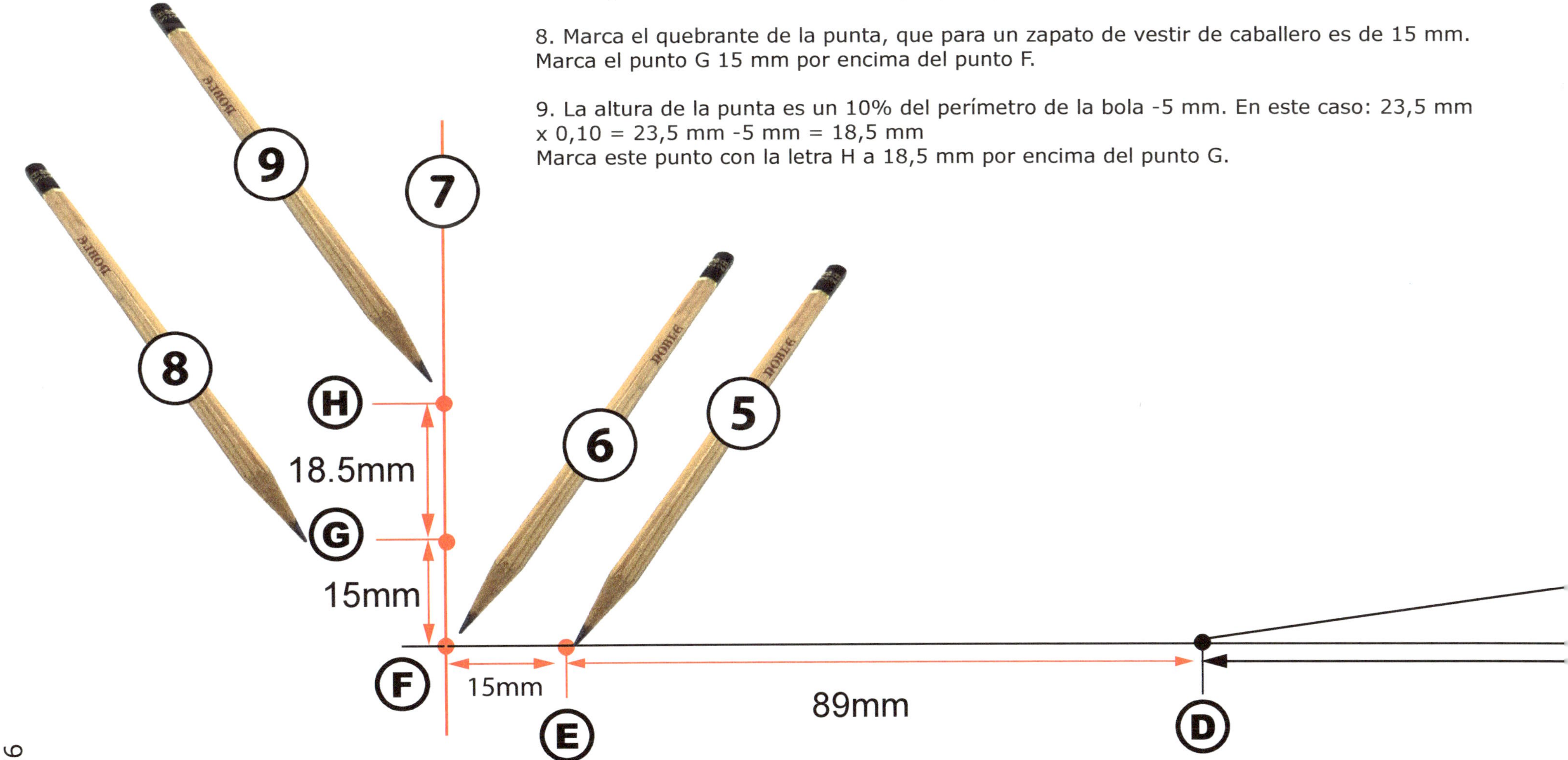

Dibujar el empeine

10. La altura del empeine es el 20% de la circunferencia de la bola. En este caso: 235 x 0,20 = 47 mm. Empezando en el punto D, dibuja una línea vertical de 90º en la línea D-C. Marca este punto con la letra I.

11. Dibuja una línea que conecte los puntos C-F.

12. Para establecer el punto del empeine, dibuja una línea desde el punto C a 37º de la línea C-F. La longitud de esta línea es el 45% del perímetro de talón-cuñas (343 mm x 0,45 = 154 mm). Marca este punto con la letra J.

13. Para establecer la altura del talón, dibuja una línea de 70 mm de largo desde el punto C. Esta línea se parte de un ángulo de 90º en la línea C-F. Marca el punto final con la letra K.

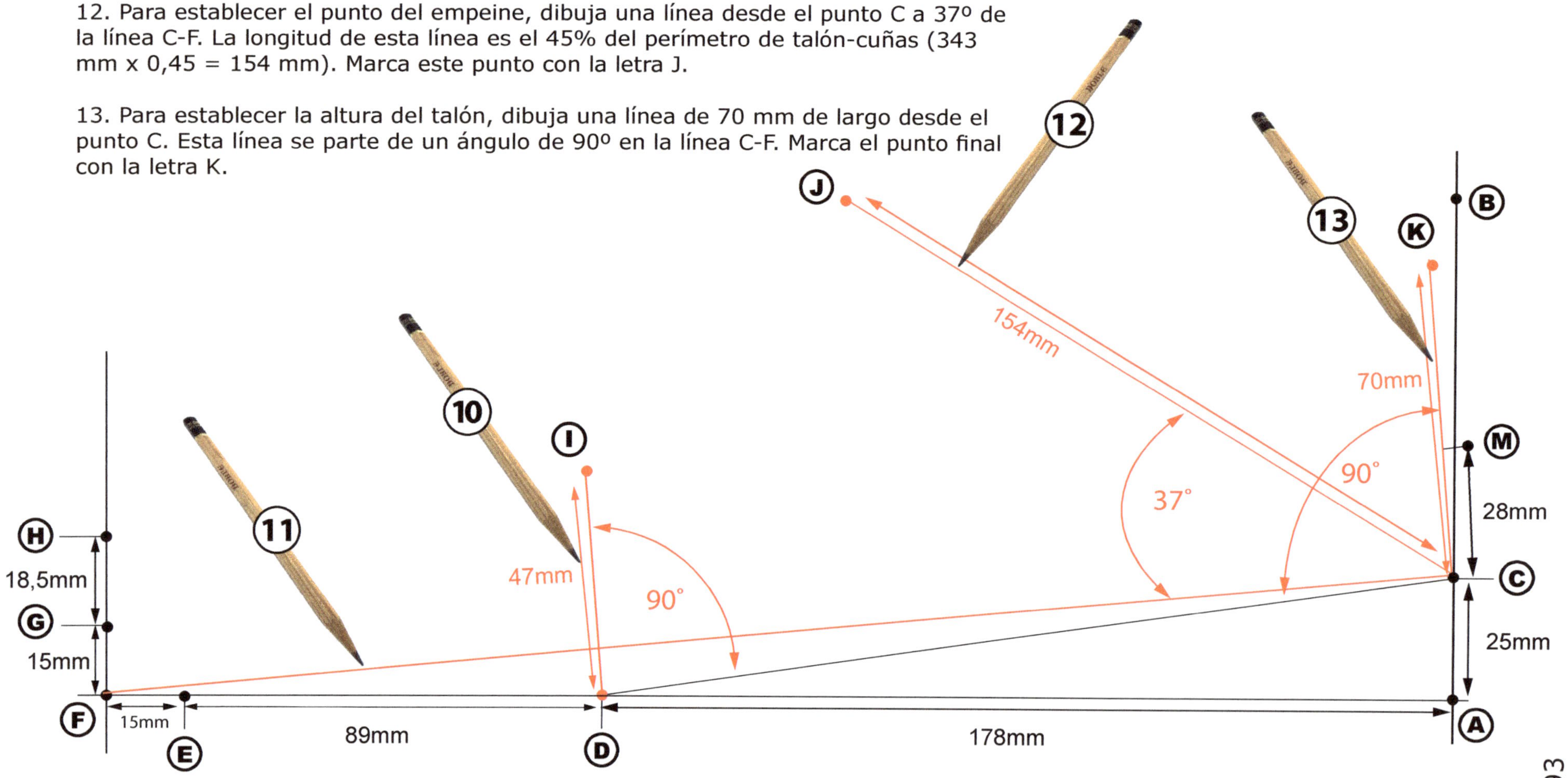

Esquema del perfil lateral

Para crear el esquema base del perfil lateral, conecta los puntos de construcción principales.

14. Para marcar la base de la horma en la zona del antepié, dibuja una línea desde el punto D a G.

15. Dibuja el empeine uniendo el punto H con I.

16. Para dibujar el cono, une I con J.

17. Extiende la línea I-J 15 mm, marca este punto como L.

18. Desde el punto L, dibuja una línea paralela a la línea base que parta de la línea A-B, para crear la lupe paralela a la línea base.

19. Para crear la curvatura del talón, marca el punto M al 40% de la línea C-K, empezando en el punto C. (70 mm X 0,40 = 28 mm.) Marca el punto M a 5 mm de la línea C-K. Este será el centro de la curvatura del talón.

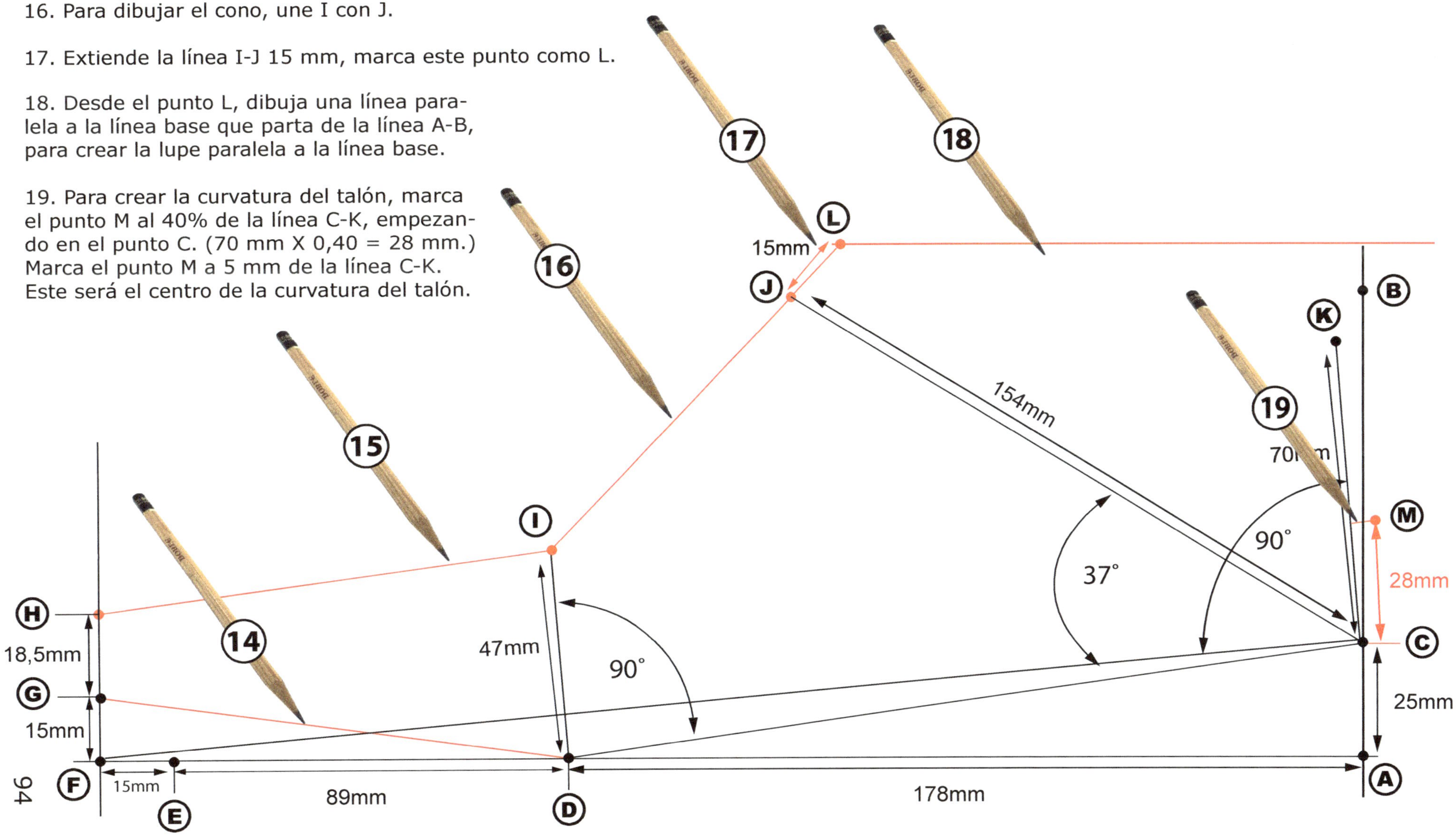

Dibujar el perfil lateral

20. Con los puntos del perfil ya construidos y las líneas guía marcadas, ahora dibuja las curvas que crean la horma.

Haz la curva del talón con un trazo que conecte C con K pasando por el punto M en el medio. Continúa la línea hasta que termines en la parte superior.

Para construir la curva inferior, sigue la línea C-F hasta que pase el plano del punto L. Inclina esta línea para pasar por el punto D.

Observa cómo la línea del cono está por encima de la línea guía I-J, mientras que en la delantera pasa por debajo de la línea guía I-H.

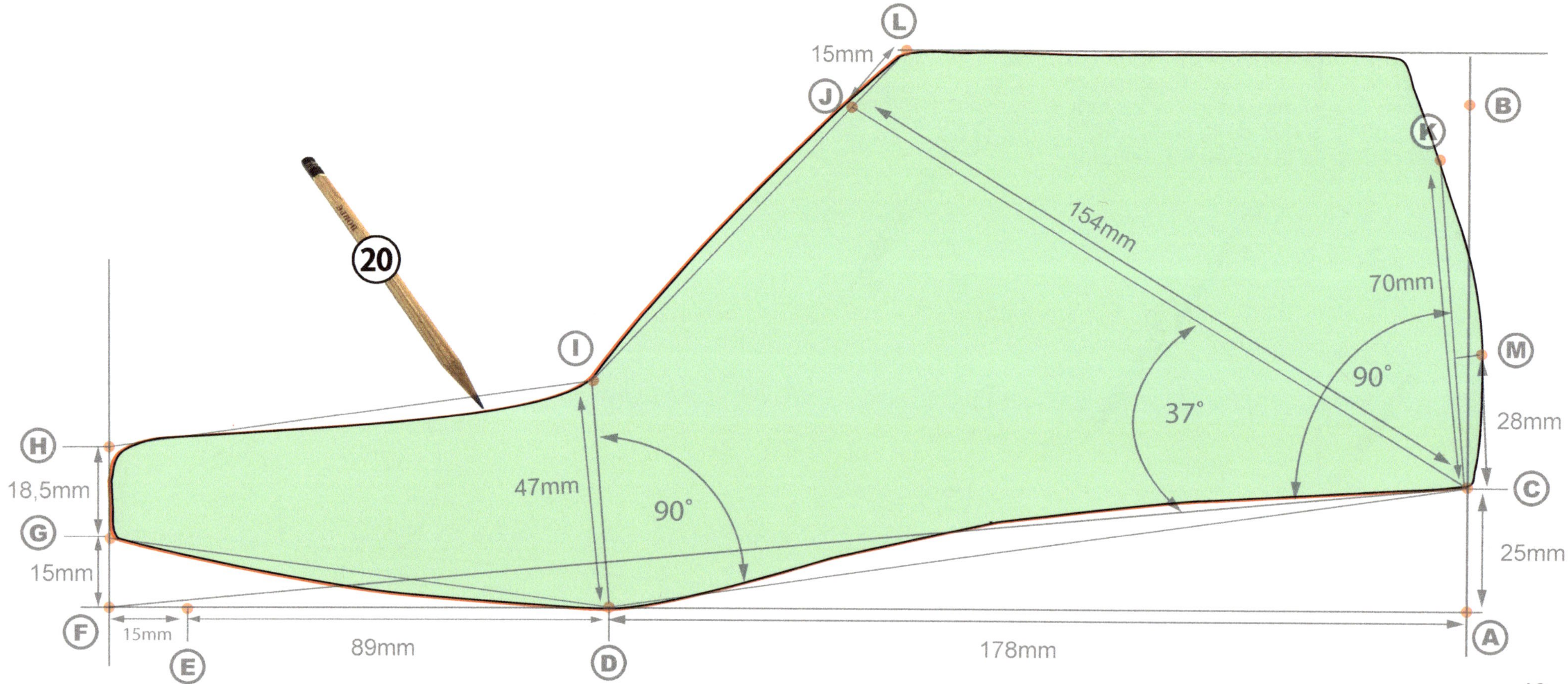

Dibujar el perfil del talón

1. Dibuja una línea horizontal más ancha que el talón. Marca el punto central con la letra A.

2. Dibuja una línea vertical en el centro.

3. Marca el ancho del talón en el eje A. (Página 87, el paso número 11, y usa el ancho del talón de la parte inferior de la horma). El ancho para la talla 9 americano de caballero es de 59 mm.

4. Dibuja el eje del cuboide 15 mm por encima de B-C.

5. Marca el ancho del cuboide medial a la mitad del ancho del talón + 5 mm. Márcalo con la letra E.

6. Marca el ancho del cuboide lateral a la mitad del ancho del talón + 3 mm. Nómbralo con la letra F.

7. Dibuja la línea de la lupe 73 mm por encima de B-C.

8. El ancho de la lupe para las tallas de caballero es de 25 mm. Divide entre 2 y marca el ancho medial: 12,5 mm. Para señora, 18 mm; niños, 16 mm.

9. Marca el ancho de la lupe en ambos laterales con una medida de 12,5 mm.

10. Marca el punto central de la parte inferior del talón 3 mm por debajo de la línea B-C. Este punto es la parte inferior de la curva del talón.

11. Marca el contorno de la horma conectando el talón, el cuboide y la lupe con un trazo.

12. El último paso es hacer el contorno; podemos ver la diferencia entre las curvas de los cuboides en el lateral y medial. La curva lateral medial está marcada en un punto más alto, con más material fuera de la línea guía.

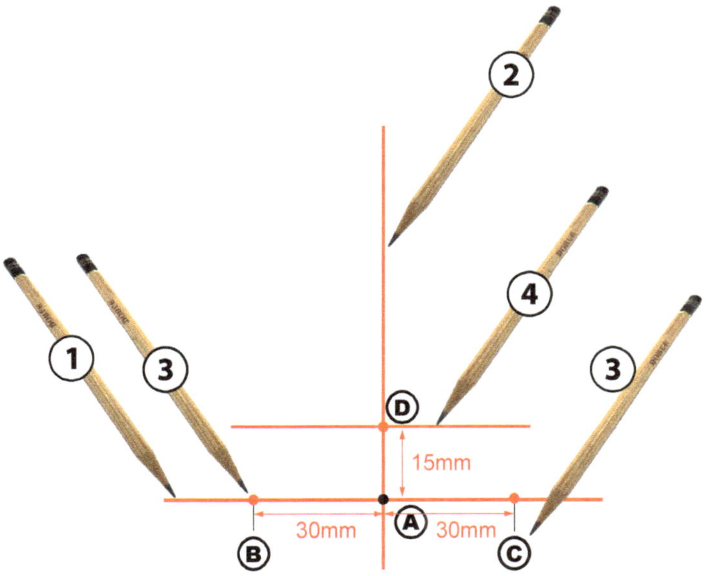

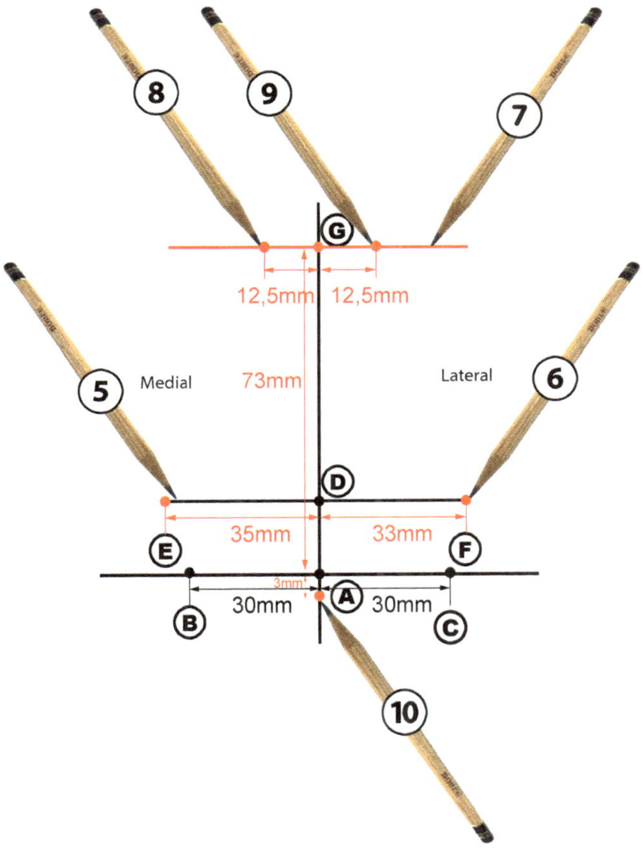

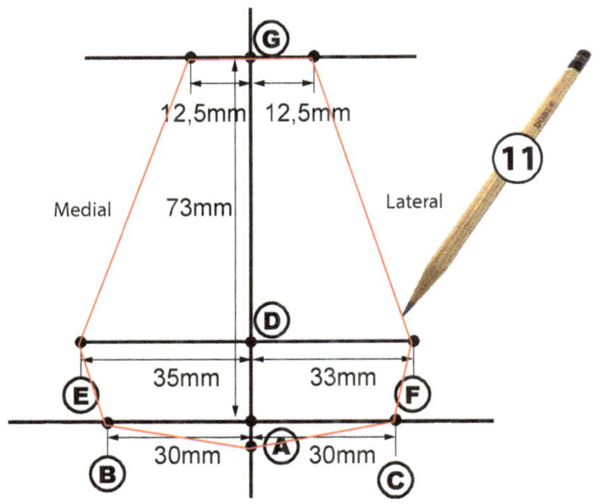

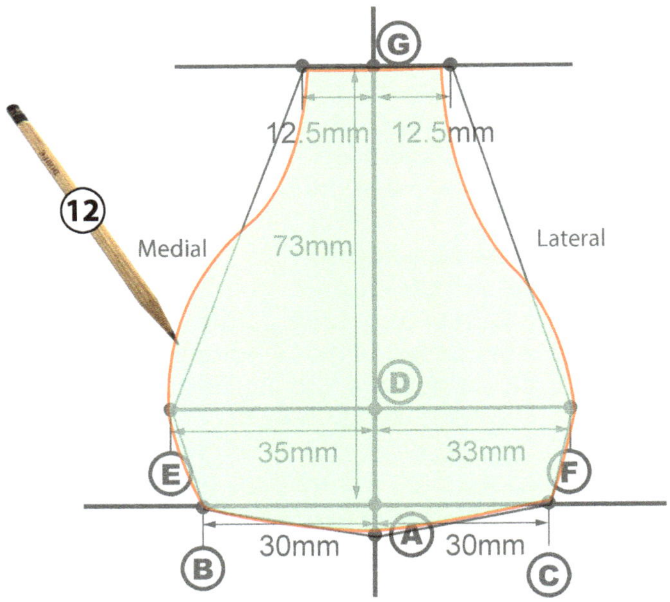

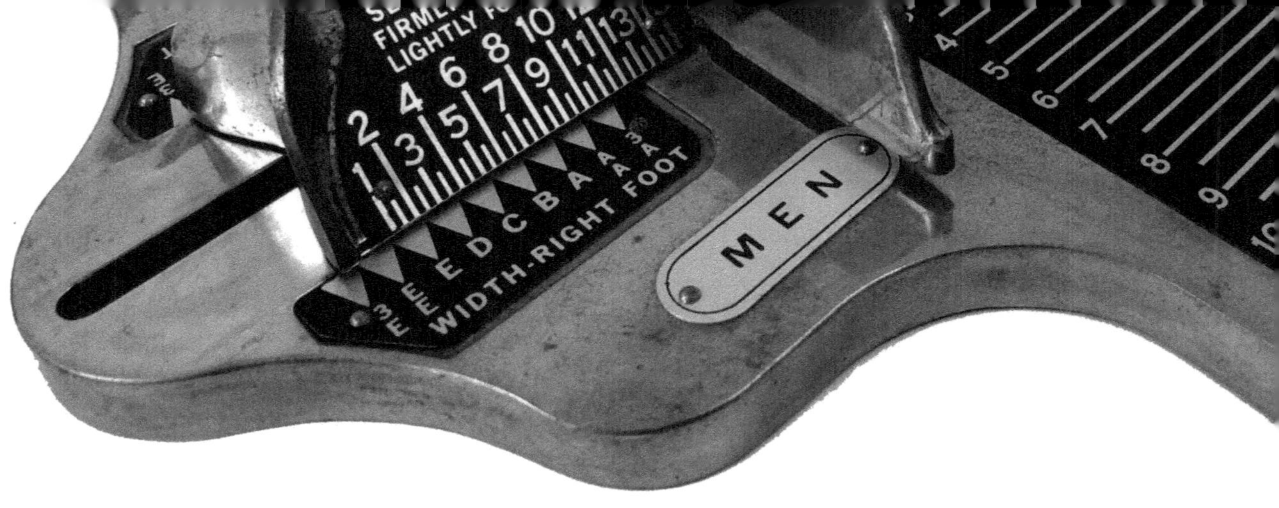

Capítulo 6: Escala de tallas de las hormas

¿Qué es la escala de tallas?

Una vez que se haya confirmado el calce y diseño de un prototipo de una nueva horma de calzado, es hora de hacer las tallas necesarias para la producción; a esto se le llama hacer la escala de tallas de la horma. El objetivo de la escala es crear tallas que se ajusten a la mayor cantidad de personas con la menor cantidad de tallas posible.

Este trabajo no es como usar una fotocopiadora para escalar un documento; una horma de la talla 12 no es el doble de una talla 6. A excepción de la escala métrica de tallas de calzado, la marca de la talla de un zapato no se relaciona proporcionalmente con las dimensiones de la horma. En el capítulo 1, aprendimos las medidas más importantes de la horma y cómo medirlas. En este capítulo aprenderemos cómo cambia cada una de estas medidas según cambia o se escala la talla de horma, ya que cada una de estas medidas básicas se escala diferente.

Podemos agradecer a Edwin B. Simpson de Nueva York por inventar la escala proporcional de hormas. En 1880, Simpson creó el primer sistema que escalaba el largo, el perímetro de la bola, el empeine, la cintura y el talón juntos, de manera organizada. También creó las medias tallas y aplicó el mismo sistema al calzado de mujer, infantil y bebé.

Dónde empezar la escala

Para escalar una horma, empieza con la talla 9 americano para caballero, y talla 7 americano para mujer; ya que son las tallas más habituales para los prototipos de las hormas. Las hormas se escalan hacia arriba y hacia abajo para hacer la escala completa. Hay que recordar que la longitud plantar no es la longitud del pie; ya que para una horma de zapato estándar, hay una holgura de la punta de 15 mm desde la punta del dedo gordo hasta la puntera de la horma.

Sistemas de escalado

Para crear una escala de tallas coherentes y que calcen correctamente, necesitarás seguir unas normas determinadas o un sistema concreto. El sistema utilizado para el escalado tiene dos características principales. Primero, cuáles son las normas dimensionales y segundo, cómo calcular las dimensiones.

Aritmética, geométrica y proporcional

Hay tres sistemas que se utilizan para escalar las hormas. La aritmética es la más antigua y común de los tres sistemas. La United Shoe Machinery Company inventó el escalado geométrico con la automatización mecánica en mente, y el sistema de escala proporcional intentó mejorar el ajuste con una relación más precisa entre la longitud y la anchura.

¿Cuál es la diferencia?

El sistema de escalado aritmético añade un número fijo a las medidas más importantes por cada talla. El escalado geométrico añade un porcentaje a estas mismas medidas. Este valor pasa a ser 3% por cada media talla. La escala proporcional utiliza una proporción establecida para aumentar el tamaño de cada horma, por lo que cada medida sigue una proporción diferente.

Cuando se comparan las medidas de las hormas, los valores son relativamente parecidos. El escalado geométrico tiene un distintivo añadido de crear intervalos más grandes entre las tallas más grandes e intervalos más pequeños entre las tallas más pequeñas. Varios estudios se centran en los resultados de estos sistemas y han encontrado que la calidad general del calce de un zapato en todos los rangos de tallas es igual. Los tres sistemas producen resultados comercialmente aceptables.

La evolución de la tecnología de fabricación digital del calzado ha dejado obsoletos los beneficios percibidos del escalado geométrico. Por lo general, es el escalado aritmético el que continúa como el sistema estándar.

Sistemas de tallas y escalas

Hay seis principales sistemas de tallas de calzado utilizados en el mundo. Cada sistema de tallas tiene sus propios puntos de partida e incrementos en el escalado. Cuando escalas una horma, debes escoger el sistema de talla (el inglés, por ejemplo) y el sistema de escalado (aritmético, por ejemplo).

Sistemas de tallas de calzado:

1. Escala inglesa, Reino Unido o británica.
2. Escala americana, EE.UU. o Boston.
3. Escala europea, francesa o puntos pares.
4. Escala japonesa.
5. Mondopoint / Sistema métrico.
6. Escala china.

Escala inglesa

El sistema de tallas del Reino Unido empieza en la talla 0 para niños con una longitud de horma de 4 pulgadas o 101,6 mm. La escala continúa con la talla 13, y cada talla tiene una diferencia de 1/3 de pulgada o 8,46 mm. Después de la talla infantil 13, la escala se restablece a 1 y continúa aumentando en la escala de adulto. El incremento de longitud para la escala de adulto es el mismo: 1/3 de pulgada o 8,46 mm. El grado de perímetro de la bola, cintura y empeine es de 6,35 mm por talla o 1/4 de pulgada.

El sistema del Reino Unido expresa los anchos con las letras que van de la A a la K. Cada incremento de perímetro de la bola es de 1/4 de pulgada y el ancho medio es "D".

Escala americana

El sistema de tallas americano sigue el sistema inglés, pero comienza en 3 11/12 pulgadas o 94 mm. Comienza en 0 para calzado infantil y continúa hasta la talla 13. Cada talla difiere 1/3 de pulgada o 8,46 mm. Después de la talla infantil 13, la escala empieza en 1 y continúa hacia adelante en la escala de adulto. El perímetro de la bola, cintura y empeine es de 6,35 mm por talla o 1/4 de pulgada.

Este sistema expresa las anchuras con las letras AAAA, AAA, AA, A, B, C, D, E, EE y EEE. Cada incremento en el perímetro de la bola es de 1/4 de pulgada y el ancho medio es C.

Escala europea

La escala de tallas europea comienza en 0 y aumenta 2/3 de centímetro o 6,66 mm por talla. Se sigue la numeración desde la talla 0 infantil hasta la talla 50 sin interrupción.

Normalmente, el calzado europeo no tiene medias tallas, pero verás medias tallas europeas en algunas tablas de conversión. Convertir una talla europea a mm es muy simple, solo tienes que multiplicar la talla x 6,66 mm. El perímetro de la bola, cintura y empeine tienen un incremento de 5 mm por talla o 2/3 de pulgada.

El sistema europeo expresa los anchos con números del 1 al 10. Cada incremento de perímetro de la bola es de 5 mm y el ancho medio es el número 5.

Escala japonesa

El sistema japonés utiliza centímetros para escalar la longitud. Cada talla completa es de 10 mm, mientras que cada media talla es de 5 mm. El perímetro de la bola, cintura y empeine aumenta 7,5 mm por cada talla.

La escala japonesa expresa los anchos con las letras A, B, C, D, E, EE, EEE, EEEE, F y G. El ancho estándar es la letra D.

Mondopoint / Sistema métrico

El sistema de puntos Mondo está diseñado para seguir el sistema métrico. Cada talla completa son 10 mm, mientras que cada talla media es 5 mm. La escala de puntos Mondo comienza en 0 y se extiende hasta los 35 cm. Este sistema es el único que toma las medidas directamente desde el pie sin necesidad de conversión.

Los anchos se expresan mediante las letras A, B, C, D, E, EE, EEE, EEEE, F y G. Cada incremento de perímetro de la bola, cintura y empeine es de 5 mm. El ancho es la letra D.

Escala china

El sistema de tallas chino comienza en 90 mm. La longitud del pie es igual a la talla de tu zapato, la longitud de la horma para una talla china de 90 mm es en realidad 105 mm cuando se tiene en cuenta los 15 mm de la holgura de la punta. Cada talla tiene un incremento de 5 mm a lo largo. El perímetro de la bola, cintura y empeine aumenta 3,5 mm por talla.

La escala china expresa los anchos con los números 1, 1,5, 2, 2,5, 3,3,5, 4, 4,5, 5. El ancho estándar es 2,5.

Escala británica

Talla británica	Largo horma Pulgadas	Largo horma (mm)	Largo pie (mm)	Perímetro talla B	Perímetro bola en horma (mm) C	D	E	F	G
0.5	4.2	105.8	90.8	110.5	115.5	120.5	125.5	130.5	135.5
1.0	4.3	110.1	95.1	113.0	118.0	123.0	128.0	133.0	138.0
1.5	4.5	114.3	99.3	115.5	120.5	125.5	130.5	135.5	140.5
2.0	4.7	118.5	103.5	118.0	123.0	128.0	133.0	138.0	143.0
2.5	4.8	122.8	107.8	121.0	126.0	131.0	136.0	141.0	146.0
3.0	5.0	127.0	112.0	124.0	129.0	134.0	139.0	144.0	149.0
3.5	5.2	131.2	116.2	126.5	131.5	136.5	141.5	146.5	151.5
4.0	5.3	135.5	120.5	129.0	134.0	139.0	144.0	149.0	154.0
4.5	5.5	139.7	124.7	131.5	136.5	141.5	146.5	151.5	156.5
5.0	5.7	143.9	128.9	134.0	139.0	144.0	149.0	154.0	159.0
5.5	5.8	148.2	133.2	137.0	142.0	147.0	152.0	157.0	162.0
6.0	6.0	152.4	137.4	140.0	145.0	150.0	155.0	160.0	165.0
6.5	6.2	156.6	141.6	142.5	147.5	152.5	157.5	162.5	167.5
7.0	6.3	160.9	145.9	145.0	150.0	155.0	160.0	165.0	170.0
7.5	6.5	165.1	150.1	147.5	152.5	157.5	162.5	167.5	172.5
8.0	6.7	169.3	154.3	150.0	155.0	160.0	165.0	170.0	175.0
8.5	6.8	173.6	158.6	153.0	158.0	163.0	168.0	173.0	178.0
9.0	7.0	177.8	162.8	156.0	161.0	166.0	171.0	176.0	181.0
9.5	7.2	182.0	167.0	158.5	163.5	168.5	173.5	178.5	183.5
10.0	7.3	186.3	171.3	161.0	166.0	171.0	176.0	181.0	186.0
10.5	7.5	190.5	175.5	163.5	168.5	173.5	178.5	183.5	188.5
11.0	7.7	194.7	179.7	166.0	171.0	176.0	181.0	186.0	191.0
11.5	7.8	199.0	184.0	169.0	174.0	179.0	184.0	189.0	194.0
12.0	8.0	203.2	188.2	172.0	177.0	182.0	187.0	192.0	197.0
12.5	8.2	207.4	192.4	174.5	179.5	184.5	189.5	194.5	199.5
13.0	8.3	211.7	196.7	177.0	182.0	187.0	192.0	197.0	202.0
13.5	8.5	215.9	200.9	179.5	184.5	189.5	194.5	199.5	204.5
1.0	8.7	220.1	205.1	182.0	187.0	192.0	197.0	202.0	207.0
1.5	8.8	224.4	209.4	185.0	190.0	195.0	200.0	205.0	210.0
2.0	9.0	228.6	213.6	188.0	193.0	198.0	203.0	208.0	213.0
2.5	9.2	232.8	217.8	190.5	195.5	200.5	205.5	210.5	215.5
3.0	9.3	237.1	222.1	193.0	198.0	203.0	208.0	213.0	218.0
3.5	9.5	241.3	226.3	195.5	200.5	205.5	210.5	215.5	220.5
4.0	9.7	245.5	230.5	198.0	203.0	208.0	213.0	218.0	223.0
4.5	9.8	249.8	234.8	201.0	206.0	211.0	216.0	221.0	226.0
5.0	10.0	254.0	239.0	204.0	209.0	214.0	219.0	224.0	229.0
5.5	10.2	258.2	243.2	206.5	211.5	216.5	221.5	226.5	231.5
6.0	10.3	262.5	247.5	209.0	214.0	219.0	224.0	229.0	234.0
6.5	10.5	266.7	251.7	211.5	216.5	221.5	226.5	231.5	236.5
7.0	10.7	270.9	255.9	214.0	219.0	224.0	229.0	234.0	239.0
7.5	10.8	275.2	260.2	217.0	222.0	227.0	232.0	237.0	242.0
8.0	11.0	279.4	264.4	220.0	225.0	230.0	235.0	240.0	245.0
8.5	11.2	283.6	268.6	222.5	227.5	232.5	237.5	242.5	247.5
9.0	11.3	287.9	272.9	225.0	230.0	235.0	240.0	245.0	250.0
9.5	11.5	292.1	277.1	227.5	232.5	237.5	242.5	247.5	252.5
10.0	11.7	296.3	281.3	230.0	235.0	240.0	245.0	250.0	255.0
10.5	11.8	300.6	285.6	233.0	238.0	243.0	248.0	253.0	258.0
11.0	12.0	304.8	289.8	236.0	241.0	246.0	251.0	256.0	261.0
11.5	12.2	309.0	294.0	238.5	243.5	248.5	253.5	258.5	263.5
12.0	12.3	313.3	298.3	241.0	246.0	251.0	256.0	261.0	266.0
12.5	12.5	317.5	302.5	243.5	248.5	253.5	258.5	263.5	268.5
13.0	12.7	321.7	306.7	246.0	251.0	256.0	261.0	266.0	271.0

Escala americana

Hombre-Niño	Mujer	Largo horma	Largo horma	Largo pie	Perímetro de la bola							
Talla EE.UU.	Talla EE.UU.	Pulgadas	(mm)	(mm)	AA	A	B	C	D	E	EE	EEE
0.5		4.08	103.7	88.7								
1.0		4.25	108.0	93.0								
1.5		4.42	112.2	97.2								
2.0		4.58	116.4	101.4								
2.5		4.75	120.7	105.7								
3.0		4.92	124.9	109.9								
3.5		5.08	129.1	114.1								
4.0		5.25	133.4	118.4								
4.5		5.42	137.6	122.6								
5.0		5.58	141.8	126.8		123.8	130.2	136.5	142.9	147.6	152.4	157.2
5.5		5.75	146.1	131.1		126.2	132.6	138.9	145.3	150.0	154.8	159.5
6.0		5.92	150.3	135.3		128.6	134.9	141.3	147.6	152.4	157.2	161.9
6.5		6.08	154.5	139.5		131.0	137.3	143.7	150.0	154.8	159.5	164.3
7.0		6.25	158.8	143.8		133.4	139.7	146.1	152.4	157.2	161.9	166.7
7.5		6.42	163.0	148.0		135.7	142.1	148.4	154.8	159.5	164.3	169.1
8.0		6.58	167.2	152.2		138.1	144.5	150.8	157.2	161.9	166.7	171.5
8.5		6.75	171.5	156.5		138.9	145.3	151.6	158.0	162.7	167.5	172.2
9.0		6.92	175.7	160.7		141.3	147.6	154.0	160.3	165.1	169.9	174.6
9.5		7.08	179.9	164.9		143.7	150.0	156.4	162.7	167.5	172.2	177.0
10.0		7.25	184.2	169.2		146.1	152.4	158.8	165.1	169.9	174.6	179.4
10.5		7.42	188.4	173.4		148.4	154.8	161.1	167.5	172.2	177.0	181.8
11.0		7.58	192.6	177.6		150.8	157.2	163.5	169.9	174.6	179.4	184.2
11.5		7.75	196.9	181.9		153.2	159.5	165.9	172.2	177.0	181.8	186.5
12.0		7.92	201.1	186.1		155.6	161.9	168.3	174.6	179.4	184.2	188.9
12.5		8.08	205.3	190.3		163.5	169.9	176.2	182.6	187.3	192.1	196.9
13.0	1.0	8.25	209.6	194.6		166.7	173.0	179.4	185.7	190.5	195.3	200.0
13.5	1.5	8.42	213.8	198.8		169.9	176.2	182.6	188.9	193.7	198.4	203.2
1.0	2.0	8.58	218.0	203.0		173.0	179.4	185.7	192.1	196.9	201.6	206.4
1.5	2.5	8.75	222.3	207.3		176.2	182.6	188.9	195.3	200.0	204.8	209.6
2.0	3.0	8.92	226.5	211.5		179.4	185.7	192.1	198.4	203.2	208.0	212.7
2.5	3.5	9.08	230.7	215.7		182.6	188.9	195.3	201.6	206.4	211.1	215.9
3.0	4.0	9.25	235.0	220.0		185.7	192.1	198.4	204.8	209.6	214.3	219.1
3.5	4.5	9.42	239.2	224.2		187.3	193.7	200.0	206.4	212.7	219.1	
4.0	5.0	9.58	243.4	228.4		190.5	196.9	203.2	209.6	215.9	222.3	
4.5	5.5	9.75	247.7	232.7		193.7	200.0	206.4	212.7	219.1	225.4	
5.0	6.0	9.92	251.9	236.9		196.6	203.2	209.6	215.9	222.3	228.6	
5.5	6.5	10.08	256.1	241.1		200.0	206.4	212.7	219.1	225.4	231.8	
6.0	7.0	10.25	260.4	245.4	196.9	203.2	209.6	215.9	222.3	227.0	231.8	
6.5	7.5	10.42	264.6	249.6	200.0	206.4	212.7	219.1	225.4	230.2	235.0	
7.0	8.0	10.58	268.8	253.8	203.2	209.6	215.9	222.3	228.6	233.4	238.1	
7.5	8.5	10.75	273.1	258.1	206.4	212.7	219.1	225.4	231.8	236.5	241.3	
8.0	9.0	10.92	277.3	262.3	209.6	215.9	222.3	228.6	235.0	239.7	244.5	
8.5	9.5	11.08	281.5	266.5	212.7	219.1	225.4	231.8	238.1	242.9	247.7	
9.0	10.0	11.25	285.8	270.8	215.9	222.3	228.6	235.0	241.3	246.1	250.8	
9.5	10.5	11.42	290.0	275.0	219.1	225.4	231.8	238.1	244.5	249.2	254.0	
10.0	11.0	11.58	294.2	279.2	222.3	228.6	235.0	241.3	247.7	252.4	257.2	
10.5	11.5	11.75	298.5	283.5	225.4	231.8	238.1	244.5	250.8	255.6	260.4	
11.0	12.0	11.92	302.7	287.7	228.6	235.0	241.3	247.7	254.0	258.8	263.5	
11.5	12.5	12.08	306.9	291.9	231.8	238.1	244.5	250.8	257.2	261.9	266.7	
12.0	13.0	12.25	311.2	296.2	235.0	241.3	247.7	254.0	260.4	265.1	269.9	
12.5		12.42	315.4	300.4	238.1	244.5	250.8	257.2	263.5	268.3	273.1	
13.0		12.58	319.6	304.6	241.3	247.7	254.0	260.4	266.7	271.5	276.2	

Escala europea (francesa)

Largo Talla	Largo de horma (mm)	Largo de pie (mm)	Perímetro talla A	Perímetro bola en horma (mm) B	C	D	E	F	G
16	106.7	91.7	105	110	115	120	125	130	135
17	113.3	98.3	110	115	120	125	130	135	140
18	120.0	105.0	114	119	124	129	134	139	144
19	126.7	111.7	118	123	128	133	138	143	148
20	133.4	118.4	122	127	132	137	142	147	152
21	140.0	125.0	126	131	136	141	146	151	156
22	146.7	131.7	131	136	141	146	151	156	161
23	153.4	138.4	135	140	145	150	155	160	165
24	160.0	145.0	139	144	149	154	159	164	169
25	166.7	151.7	143	148	153	158	163	168	173
26	173.4	158.4	147	152	157	162	167	172	177
27	180.0	165.0	152	157	162	167	172	177	182
28	186.7	171.7	156	161	166	171	176	181	186
29	193.4	178.4	160	165	170	175	180	185	190
30	200.1	185.1	164	169	174	179	184	189	194
31	206.7	191.7	168	173	178	183	188	193	198
32	213.4	198.4	173	178	183	188	193	198	203
33	220.1	205.1	177	182	187	192	197	202	207
34	226.7	211.7	181	186	191	196	201	206	211
35	233.4	218.4	185	190	195	200	205	210	215
36	240.1	225.1	189	194	199	204	209	214	219
37	246.7	231.7	194	199	204	209	214	219	224
38	253.4	238.4	198	203	208	213	218	223	228
39	260.1	245.1	202	207	212	217	222	227	232
40	266.8	251.8	206	211	216	221	226	231	236
41	273.4	258.4	210	215	220	225	230	235	240
42	280.1	265.1	215	220	225	230	235	240	245
43	286.8	271.8	219	224	229	234	239	244	249
44	293.4	278.4	223	228	233	238	243	248	253
45	300.1	285.1	227	232	237	242	247	252	257
46	306.8	291.8	231	236	241	246	251	256	261
47	313.4	298.4	236	241	246	251	256	261	266
48	320.1	305.1	240	245	250	255	260	265	270

Escala china

Largo talla	Largo horma (mm)	Largo horma (mm)	Perímetro talla	Perímetro bola en horma (mm)							
			1	1.5	2	2.5	3	3.5	4	4.5	5
90	105	90	117.0	120.5	124.0	127.5	131.0	134.5	138.0	141.5	145.0
95	110	95	120.5	124.0	127.5	131.0	134.5	138.0	141.5	145.0	148.5
100	115	100	124.0	127.5	131.0	134.5	138.0	141.5	145.0	148.5	152.0
105	120	105	127.5	131.0	134.5	138.0	141.5	145.0	148.5	152.0	155.5
110	125	110	131.0	134.5	138.0	141.5	145.0	148.5	152.0	155.5	159.0
115	130	115	134.5	138.0	141.5	145.0	148.5	152.0	155.5	159.0	162.5
120	135	120	138.0	141.5	145.0	148.5	152.0	155.5	159.0	162.5	166.0
125	140	125	141.5	145.0	148.5	152.0	155.5	159.0	162.5	166.0	169.5
130	145	130	145.0	148.5	152.0	155.5	159.0	162.5	166.0	169.5	173.0
135	150	135	148.5	152.0	155.5	159.0	162.5	166.0	169.5	173.0	176.5
140	155	140	152.0	155.5	159.0	162.5	166.0	169.5	173.0	176.5	180.0
145	160	145	155.5	159.0	162.5	166.0	169.5	173.0	176.5	180.0	183.5
150	165	150	159.0	162.5	166.0	169.5	173.0	176.5	180.0	183.5	187.0
155	170	155	162.5	166.0	169.5	173.0	176.5	180.0	183.5	187.0	190.5
160	175	160	166.0	169.5	173.0	176.5	180.0	183.5	187.0	190.5	194.0
165	180	165	169.5	173.0	176.5	180.0	183.5	187.0	190.5	194.0	197.5
170	185	170	173.0	176.5	180.0	183.5	187.0	190.5	194.0	197.5	201.0
175	190	175	176.5	180.0	183.5	187.0	190.5	194.0	197.5	201.0	204.5
180	195	180	180.0	183.5	187.0	190.5	194.0	197.5	201.0	204.5	208.0
185	200	185	183.5	187.0	190.5	194.0	197.5	201.0	204.5	208.0	211.5
190	205	190	187.0	190.5	194.0	197.5	201.0	204.5	208.0	211.5	215.0
195	210	195	190.5	194.0	197.5	201.0	204.5	208.0	211.5	215.0	218.5
200	215	200	194.0	197.5	201.0	204.5	208.0	211.5	215.0	218.5	222.0
205	220	205	197.5	201.0	204.5	208.0	211.5	215.0	218.5	222.0	225.5
210	225	210	201.0	204.5	208.0	211.5	215.0	218.5	222.0	225.5	229.0
215	230	215	204.5	208.0	211.5	215.0	218.5	222.0	225.5	229.0	232.5
220	235	220	208.0	211.5	215.0	218.5	222.0	225.5	229.0	232.5	236.0
225	240	225	211.5	215.0	218.5	222.0	225.5	229.0	232.5	236.0	239.5
230	245	230	215.0	218.5	222.0	225.5	229.0	232.5	236.0	239.5	243.0
235	250	235	218.5	222.0	225.5	229.0	232.5	236.0	239.5	243.0	246.5
240	255	240	222.0	225.5	229.0	232.5	236.0	239.5	243.0	246.5	250.0
245	260	245	225.5	229.0	232.5	236.0	239.5	243.0	246.5	250.0	253.5
250	265	250	229.0	232.5	236.0	239.5	243.0	246.5	250.0	253.5	257.0
255	270	255	232.5	236.0	239.5	243.0	246.5	250.0	253.5	257.0	260.5
260	275	260	236.0	239.5	243.0	246.5	250.0	253.5	257.0	260.5	264.0
265	280	265	239.5	243.0	246.5	250.0	253.5	257.0	260.5	264.0	267.5
270	285	270	243.0	246.5	250.0	253.5	257.0	260.5	264.0	267.5	271.0
275	290	275	246.5	250.0	253.5	257.0	260.5	264.0	267.5	271.0	274.5
280	295	280	250.0	253.5	257.0	260.5	264.0	267.5	271.0	274.5	278.0
285	300	285	253.5	257.0	260.5	264.0	267.5	271.0	274.5	278.0	281.5
290	305	290	257.0	260.5	264.0	267.5	271.0	274.5	278.0	281.5	285.0
295	310	295	260.5	264.0	267.5	271.0	274.5	278.0	281.5	285.0	288.5
300	315	300	264.0	267.5	271.0	274.5	278.0	281.5	285.0	288.5	292.0

Escala Japonesa

Largo talla	Largo horma (mm)	Largo horma (mm)	Perímetro talla Perímetro bola en horma (mm)									
			A	B	C	D	E	EE	EEE	EEEE	F	G
10.5	120	105		98	104	110	116	122	128	134	140	146
11	125	110		102	108	114	120	126	132	138	144	150
11.5	130	115		106	112	118	124	130	136	142	148	154
12	135	120		110	116	122	128	134	140	146	152	158
12.5	140	125		114	120	126	132	138	144	150	156	162
13	145	130		118	124	130	136	142	148	154	160	166
13.5	150	135		122	128	134	140	146	152	158	164	170
14	155	140		126	132	138	144	150	156	162	168	174
14.5	160	145		130	136	142	148	154	160	166	172	178
15	165	150		134	140	146	152	158	164	170	176	182
15.5	170	155		138	144	150	156	162	168	174	180	186
16	175	160		142	148	154	160	166	172	178	184	190
16.5	180	165		146	152	158	164	170	176	182	188	194
17	185	170		150	156	162	168	174	180	186	192	198
17.5	190	175		154	160	166	172	178	184	190	196	202
18	195	180		158	164	170	176	182	188	194	200	206
18.5	200	185		162	168	174	180	186	192	198	204	210
19	205	190		166	172	178	184	190	196	202	208	214
19.5	210	195		170	176	182	188	194	200	206	212	218
20	215	200	189	195	201	207	213	219	225	231	237	243
20.5	220	205	192	198	204	210	216	222	228	234	240	246
21	225	210	195	201	207	213	219	225	231	237	243	249
21.5	230	215	198	204	210	216	222	228	234	240	246	252
22	235	220	201	207	213	219	225	231	237	243	249	255
22.5	240	225	204	210	216	222	228	234	240	246	252	258
23	245	230	207	213	219	225	231	237	243	249	255	261
23.5	250	235	210	216	222	228	234	240	246	252	258	264
24	255	240	213	219	225	231	237	243	249	255	261	267
24.5	260	245	216	222	228	234	240	246	252	258	264	270
25	265	250	219	225	231	237	243	249	255	261	267	273
25.5	270	255	222	228	234	240	246	252	258	264	270	276
26	275	260	225	231	237	243	249	255	261	267	273	279
26.5	280	265	228	234	240	246	252	258	264	270	276	282
27	285	270	231	237	243	249	255	261	267	273	279	285
27.5	290	275	234	240	246	252	258	264	270	276	282	288
28	295	280	237	243	249	255	261	267	273	279	285	291
28.5	300	285	240	246	252	258	264	270	276	282	288	294
29	305	290	243	249	255	261	267	273	279	285	291	297
29.5	310	295	246	252	258	264	270	276	282	288	294	300
30	315	300	249	255	261	267	273	279	285	291	297	303

Mondopoint

			Ancho talla	Ancho pie (mm)					
Largo talla	Largo horma (mm)	Largo horma (mm)	Bebé / Niño	Mujer		Hombre			
110	125	110	49.4						
115	130	115	50.9						
120	135	120	52.3						
125	140	125	53.7						
130	145	130	55.1						
135	150	135	56.6						
140	155	140	58.0						
145	160	145	59.4						
150	165	150	60.9						
155	170	155	62.3						
160	175	160	63.7						
165	180	165	65.1						
170	185	170	66.6						
175	190	175	68.0						
180	195	180	69.4						
185	200	185	70.9						
190	205	190	72.3						
195	210	195	73.7						
200	215	200	75.1						
205	220	205	76.6						
210	225	210	78.0						
215	230	215	79.4		82	86			
220	235	220	80.9		84	88			
225	240	225	82.3	82	86	90			
230	245	230	83.7	84	88	92			
235	250	235	85.1	86	90	94			
240	255	240		88	92	96		90	94
245	260	245		90	94	98	88	92	96
250	265	250		92	96	100	90	94	98
255	270	255		94	98	102	92	96	100
260	275	260		96	100	104	94	98	102
265	280	265		98	102		96	100	104
270	285	270		100	104		98	102	106
275	290	275					100	104	108
280	295	280					102	106	110
285	300	285					104	108	
290	305	290					106	110	

Escalado de las hormas

La era de las hormas que se escalaban manualmente ya pasó. Hoy en día todas las operaciones de escalado se hacen con sistemas CAD por ordenador. El modelo se escanea digitalmente y se registra cada medida y contorno.

Con esta información digital, el técnico crea una tabla de tallas de acuerdo con la escala de tallas seleccionada por el cliente: americana, inglesa, europea, etc. La escala sigue el incremento para cada talla. Con esta información en mano, las tallas de los extremos (6 y 12) se harán primero para usarlos como muestras.

Una vez que las muestras y las tallas de los extremos se hayan confirmado con una prueba de ajuste de los patrones hechos a mano, se realizará la escala completa. Para una horma nueva, se debe probar el ajuste de toda la escala o surtido antes de pedir las hormas de producción.

Cada una de las hormas tendrá un ajuste ligeramente diferente debido a su forma única. Cada marca de calzado tiene sus propios estándares de ajuste. Nike™ es conocido por tener un ajuste más ceñido, mientras que un modelo de Adidas™ puede tener un poco más de holgura.

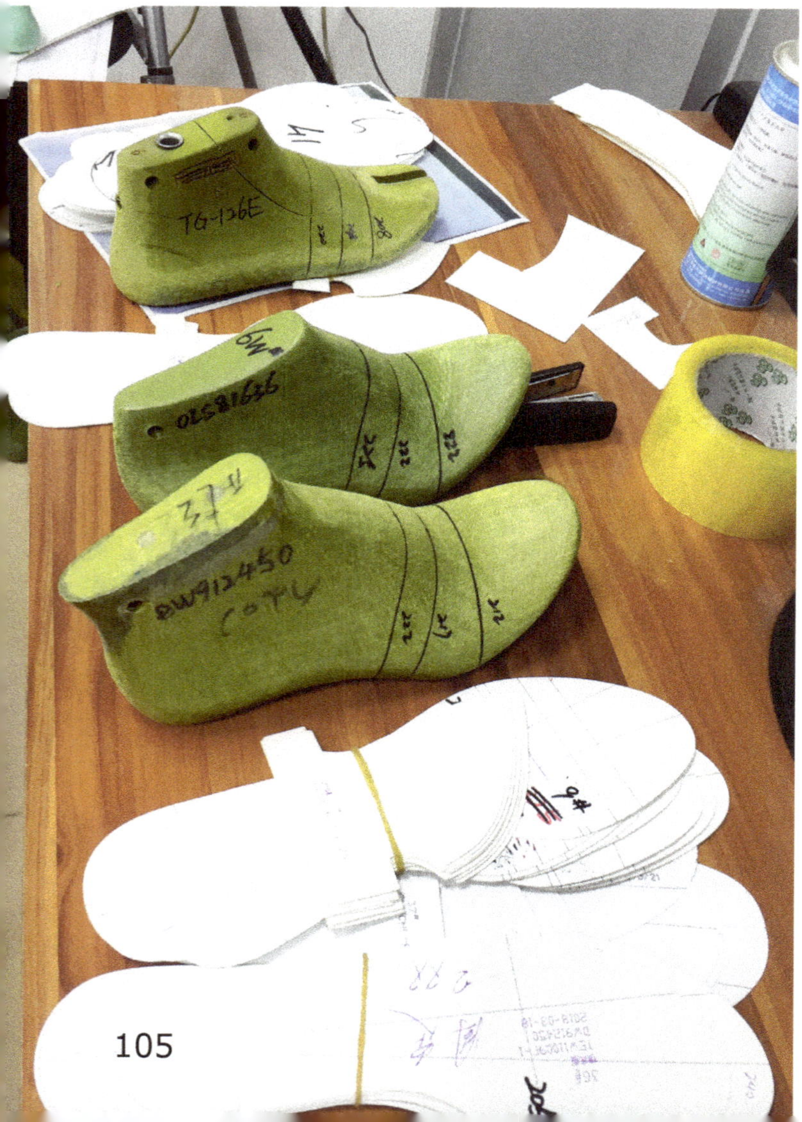

Estandarizado de los componentes

Con la escala de la talla 5 a la 14 completas, incluyendo las medias tallas, habrá un total de 17 tallas. Para ahorrar tiempo y complicaciones, no todos los componentes de la horma se escalan talla por talla.

La curva del talón, la curva inferior y la altura del talón pueden escalarse en grupo o estandarizarse para reducir el número de moldes de contrafuertes y de tacón (para mujeres).

Por ejemplo, en calzado de mujer, los tacones de las tallas 4-5, 6-7, 8-9, 10-11 pueden compartirse, reduciendo los moldes necesarios de 8 a 4. Verás que la altura del talón también escala. Un tacón de 10 cm en la talla 9 es viable, pero el mismo tacón para una talla 5 sería incómodo y demasiado empinado.

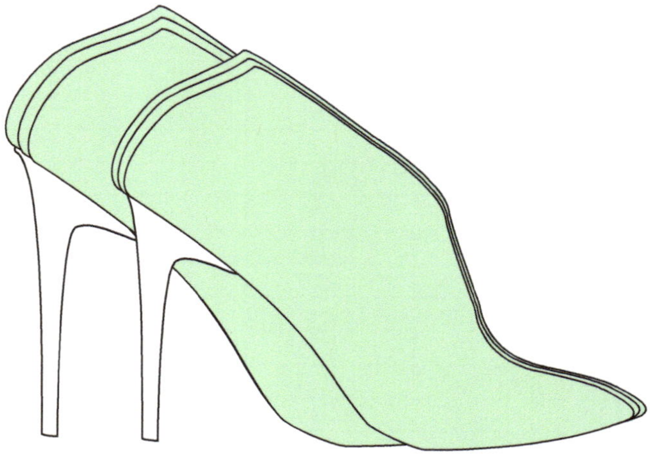

En el caso del calzado de caballero, se utiliza la misma técnica para reducir el número de piezas y moldes. Solo se puede estandarizar la mitad posterior de la horma. Notarás que la curva inferior está estandarizada para mantener la elevación del talón a lo largo de la escala.

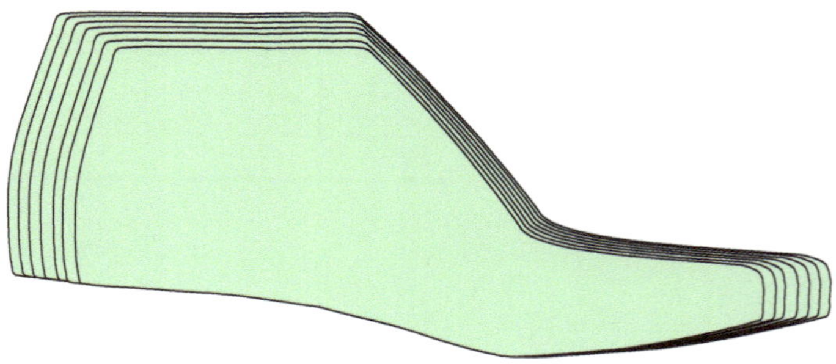

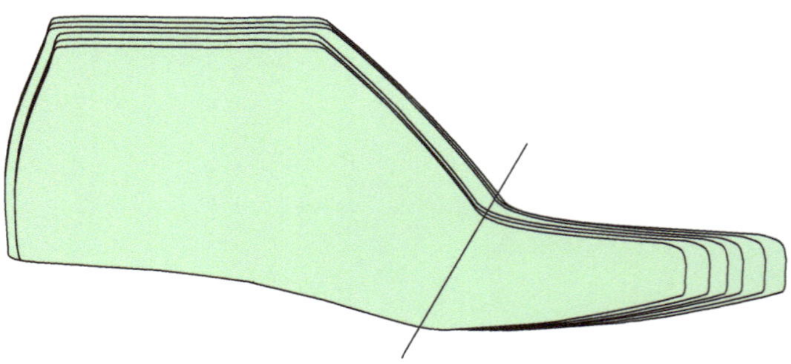

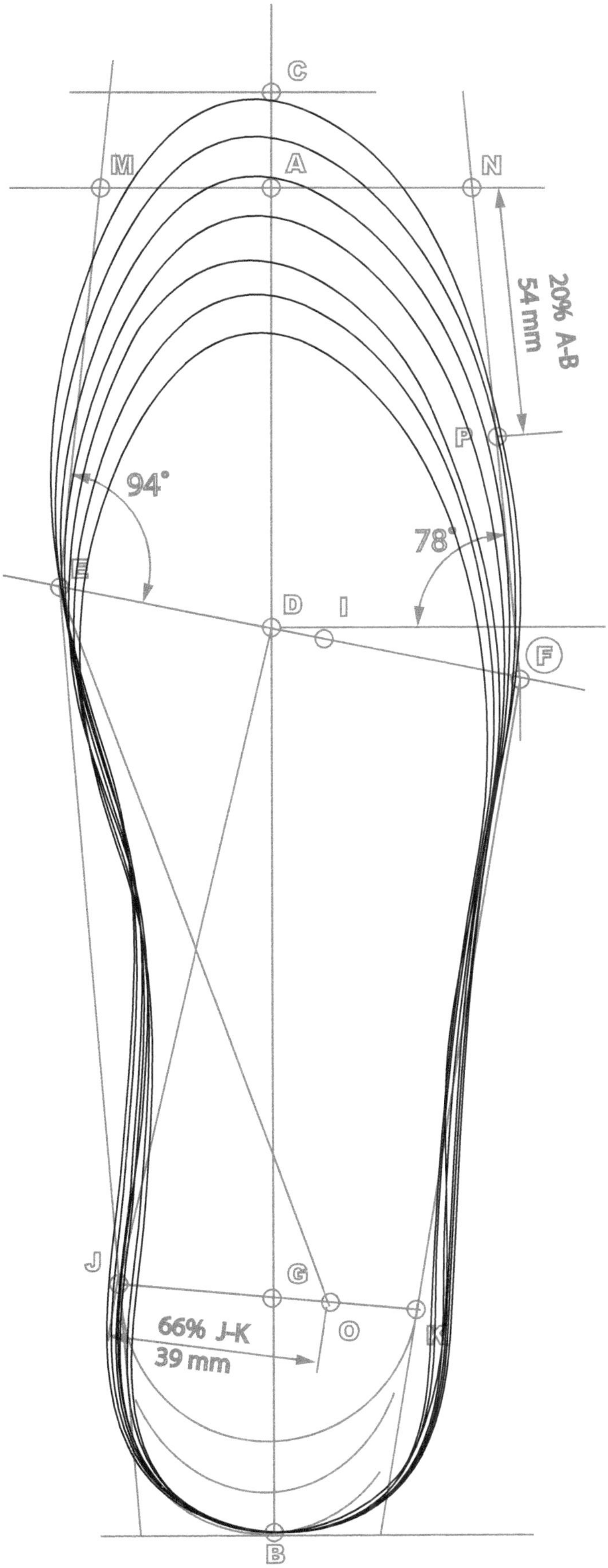
C
M
A
N
20% A-B
54 mm
P
94°
78°
E
D
I
F
J
G
O
K
66% J-K
39 mm
B

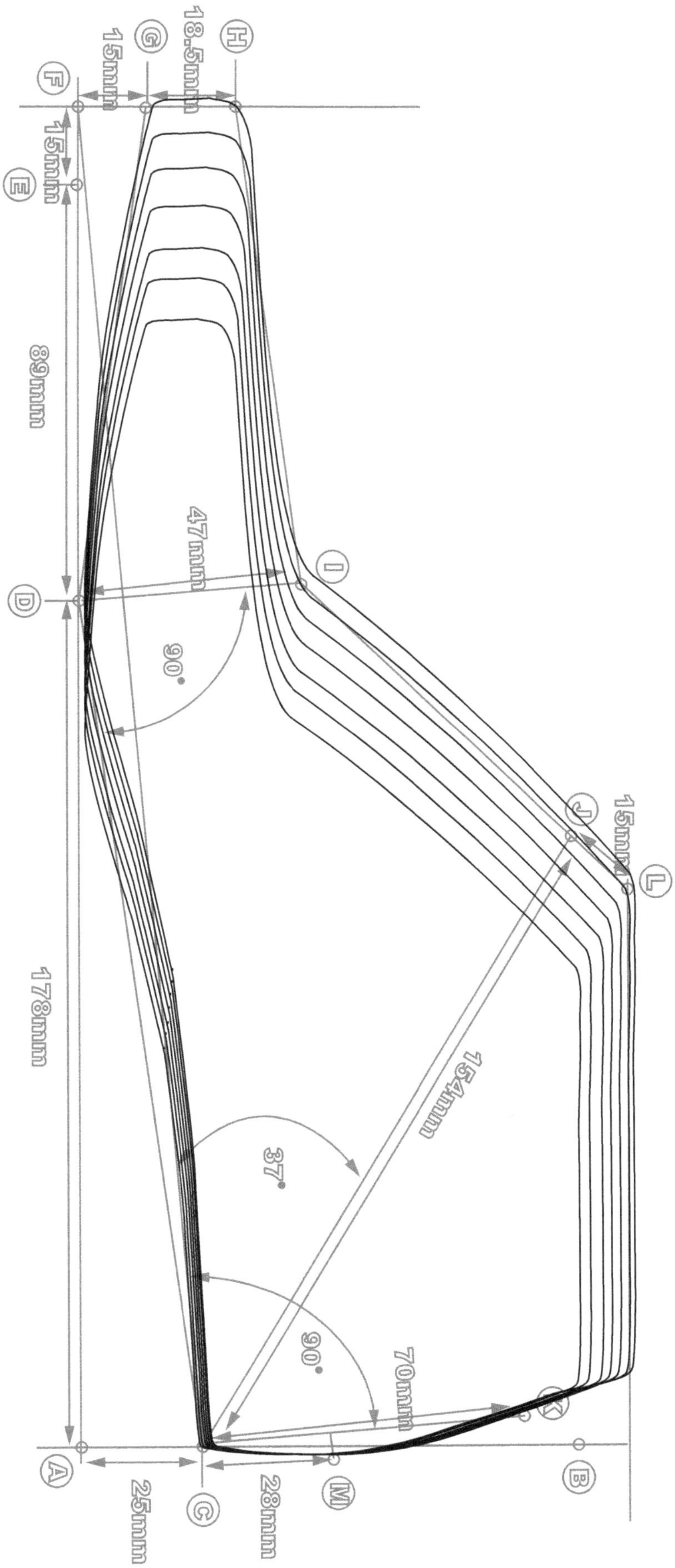
F
G
H
15mm
18.5mm
E
15mm
89mm
47mm
I
D
90°
J
15mm
L
178mm
154mm
37°
90°
70mm
K
A
C
M
B
25mm
28mm

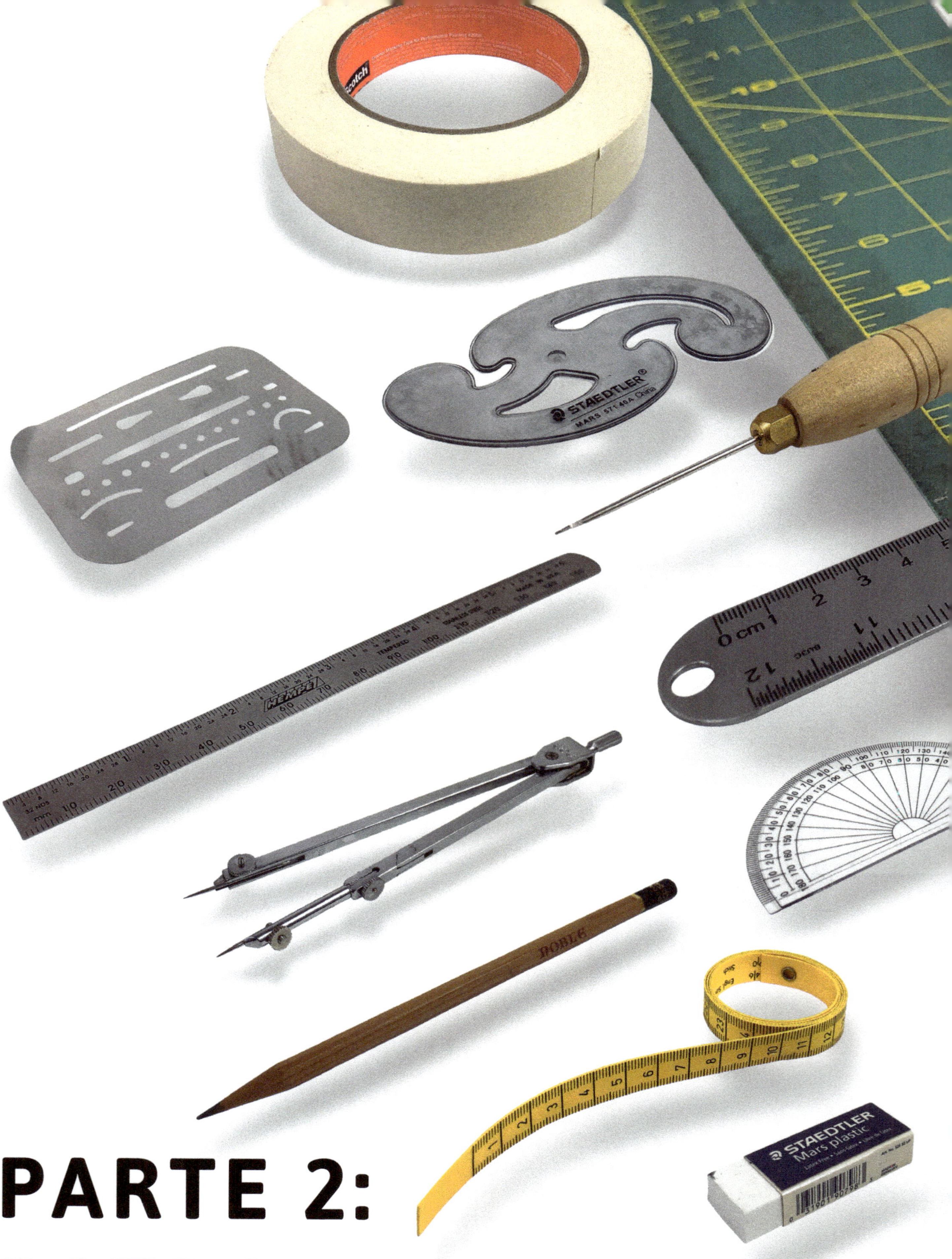

PARTE 2: PATRONAJE

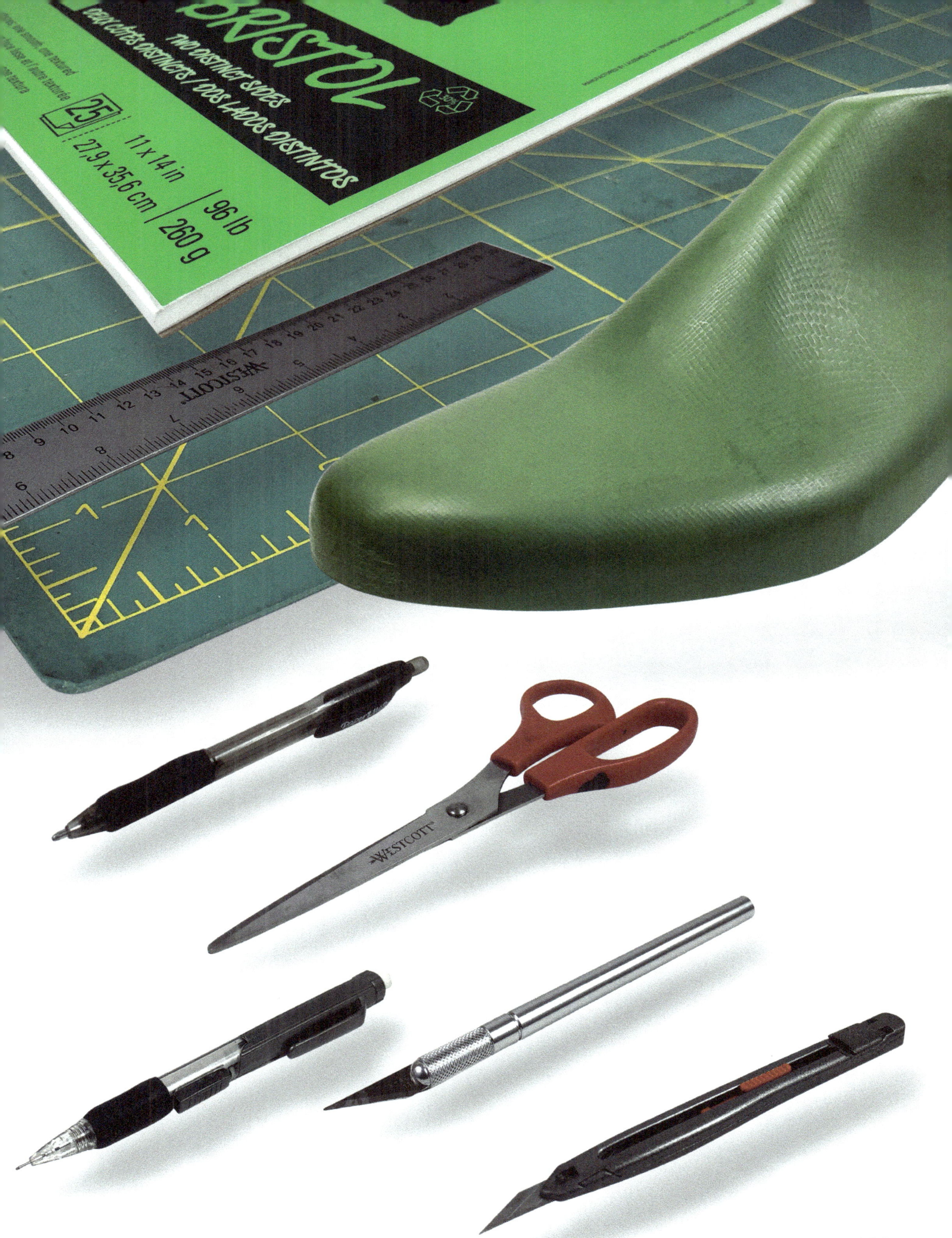
BRISTOL
TWO DISTINCT SIDES
DEUX CÔTÉS DISTINCTS / DOS LADOS DISTINTOS
25
11 x 14 in
27,9 x 35,6 cm
96 lb
260 g
WESTCOTT
WESTCOTT

Capítulo 7:
Herramientas para patronar

Cuando un modelista va a trabajar, necesita algunas herramientas básicas para empezar. La mayoría de estas herramientas se pueden encontrar en cualquier tienda de manualidades o suministros de oficina; y si eres estudiante de arte o diseñador, puede que ya tengas la mayoría de estas herramientas.

Herramientas:

1. X-acto™ o bisturí para manualidades
2. *Cutter*
3. Compás
4. Punzón
5. Regla de acero flexible
6. Cinta métrica de costura
7. Reglas curvas francesas
8. Plantillas para borrar
9. Base de corte

Consumibles:

10. Bolígrafos
11. Lápices
12. Cinta de carrocero
13. Papel de gramaje alto o de patronaje

X-acto™ o bisturí

También llamado cortaplumas, lo usarás para hacer cortes limpios en el papel y en la cinta. Ten varias hojas de repuesto. Es más seguro trabajar con la hoja afilada y cortar los patrones limpios.

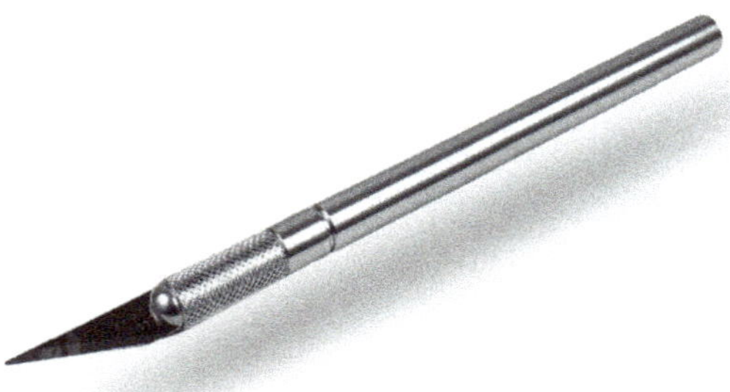

Cutter

Puede que también necesites una cuchilla más fuerte para cortar papel y varias capas de cinta.

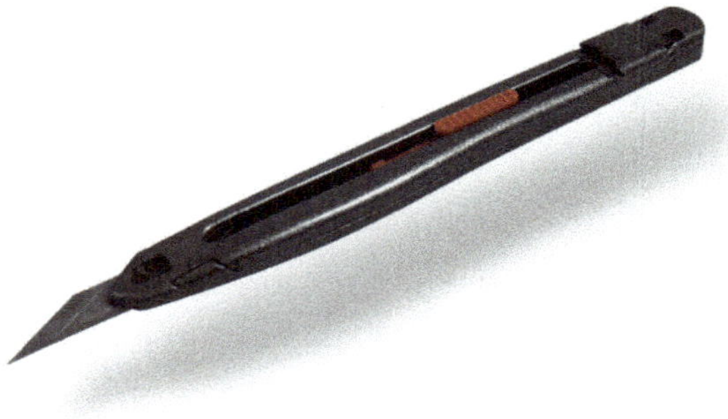

Tijeras

Un par de tijeras son muy útiles para recortar la cinta y hacer curvas limpias en el patrón. Los piquetes del patrón se hacen mejor con tijeras.

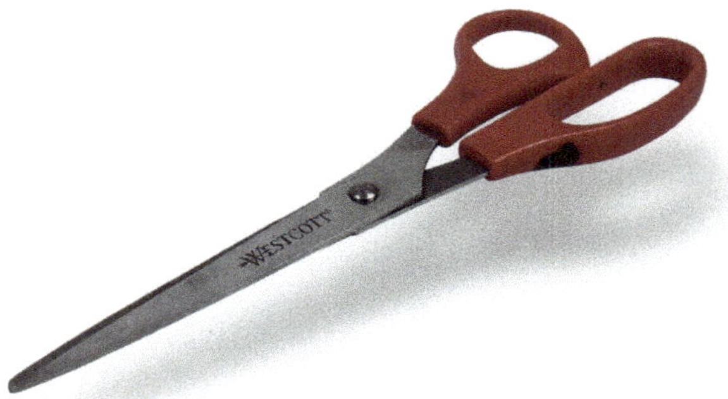

Compás

Un pequeño compás es importante para hacer líneas paralelas y marcar las entres y los márgenes de montado. También es útil para posicionar los ojetes y mantener una misma distancia. Un compás de unos 12 cm (5 pulgadas) con una abertura máxima de 50 mm será más que perfecto para hacer los patrones.

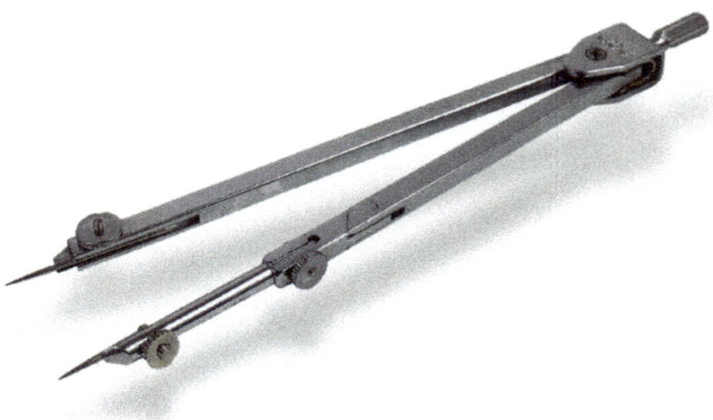

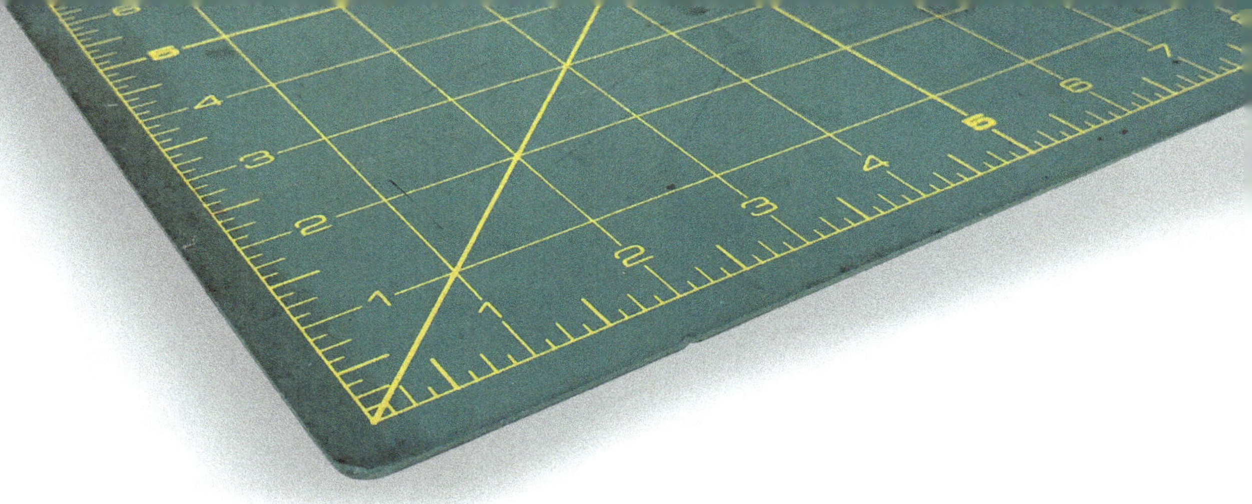

Base de corte

Una buena base de corte te ayudará a hacer cortes suaves y seguros en el papel y la cinta sin estropear tu mesa de trabajo.

Regla de acero: grande y pequeña

Se necesita una regla flexible para transferir las medidas hacia y desde los dibujos del diseñador al patrón. También necesitarás esta regla para marcar líneas rectas en la superficie curva de la horma.

Asegúrate de que las medidas de tu regla comienzan en los extremos; esto es útil, por ejemplo, para medir la altura del hueco de los zapatos, ya que es necesario que el extremo de la regla descanse sobre la palmilla para tener un valor exacto.

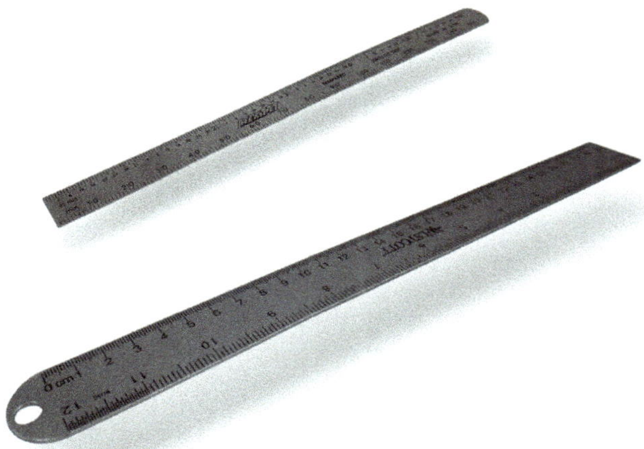

Punzón

Un punzón bien afilado se utiliza para marcar el patrón. Muchas veces necesitarás transferir puntos clave al forro o a los refuerzos, y perforarás el papel para transferir estos puntos.

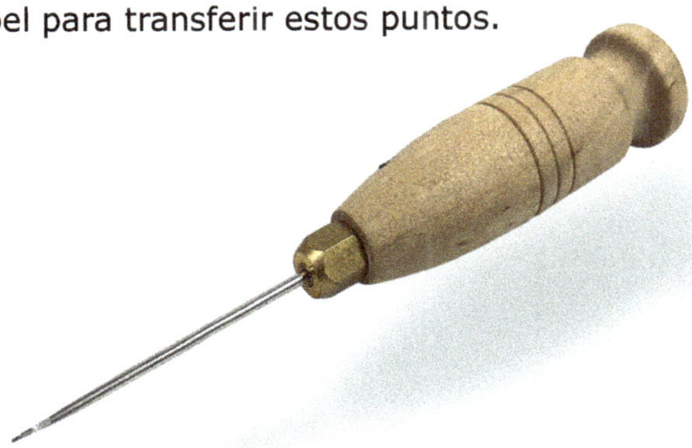

Cinta métrica de costura

Una cinta métrica flexible que no sea elástica es muy importante para medir los perímetros de la horma y las superficies curvas. Una cinta estándar con centímetros y pulgadas valdrá. La cinta métrica de un zapatero suele tener centímetros en la parte delantera y las tallas Europeas y Americanas marcadas en la parte posterior.

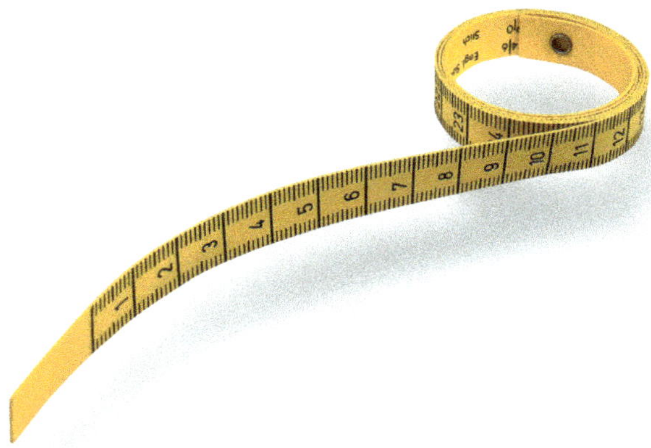

Reglas curvas francesas

Un conjunto de reglas curvas francesas son necesarias para suavizar las esquinas y hacer las curvas en tus patrones.

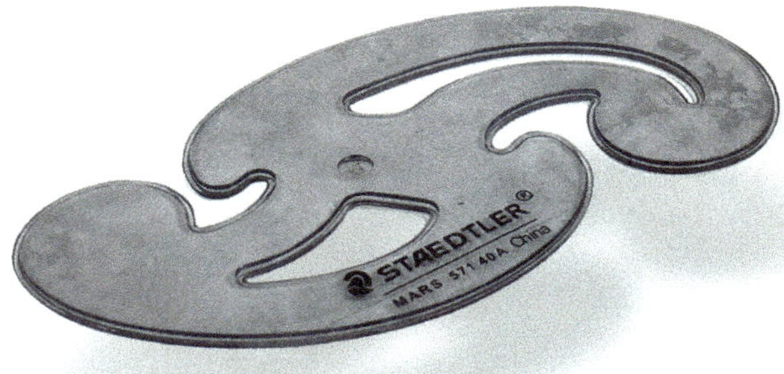

Plantillas para borrar

Una plantilla para borrar es una herramienta muy útil para trazar los patrones dentro y fuera de la horma. Esta fina pieza de acero te permite cubrir las líneas que quieras mantener y al mismo tiempo, borrar las líneas que no sean necesarias. Estas plantillas suelen tener figuras en vacío para hacer ojetes y otros detalles.

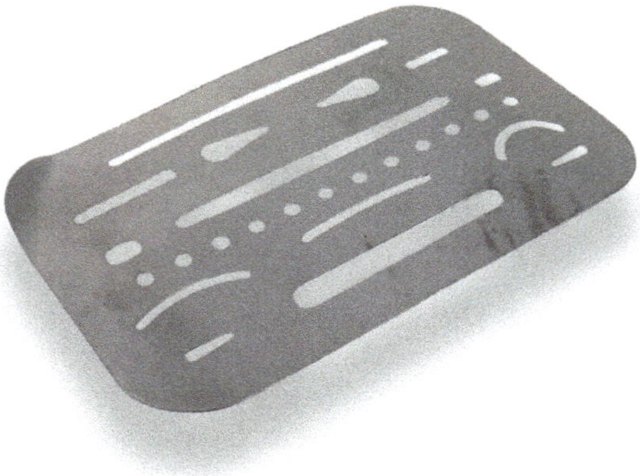

Transportador

Se necesita un pequeño transportador de ángulos de plástico (preferiblemente transparente), para marcar los ángulos en los patrones planos.

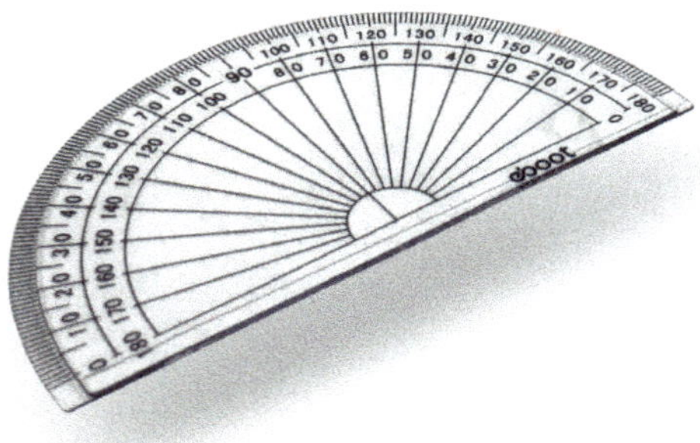

Bolígrafos

Ten a mano algunos bolígrafos finos para marcar las líneas finales del patrón. Intenta que sean de tinta de secado rápido para evitar manchar el patrón mientras trabajas. También puede que quieras probar varios bolígrafos para encontrar uno que funcione sobre la cinta de carrocero.

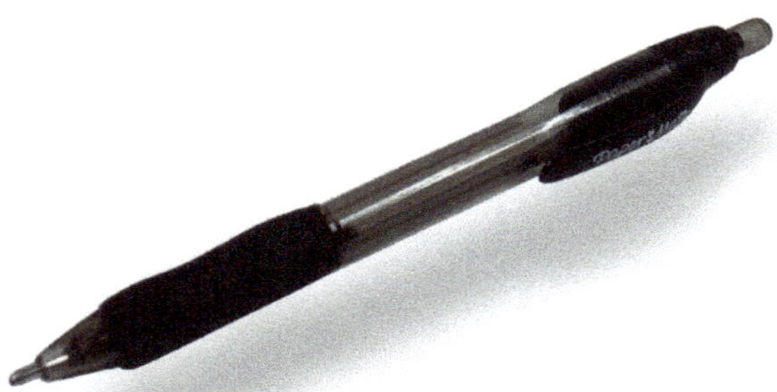

Lapices

Algunos lápices de grafito de dureza 2 o más suaves para traspasar el trazo de las líneas del patrón. Utiliza el borde del lápiz para marcar el canto de la horma; personalmente, me gusta usar un portaminas de mina blanda para trazar los patrones.

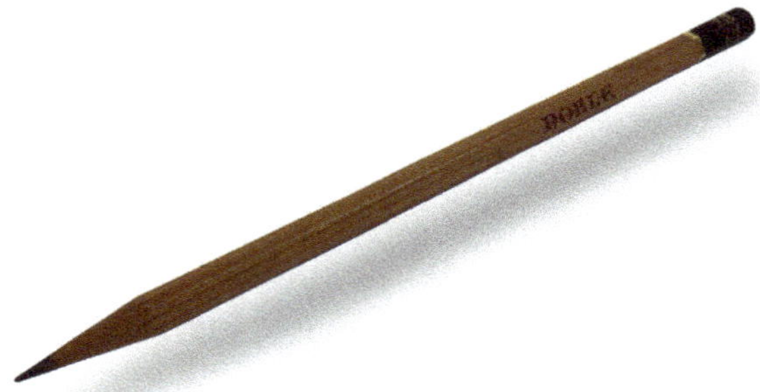

Portaminas

Para hacer líneas finas y marcar las puntadas, verás que el portaminas es muy útil.

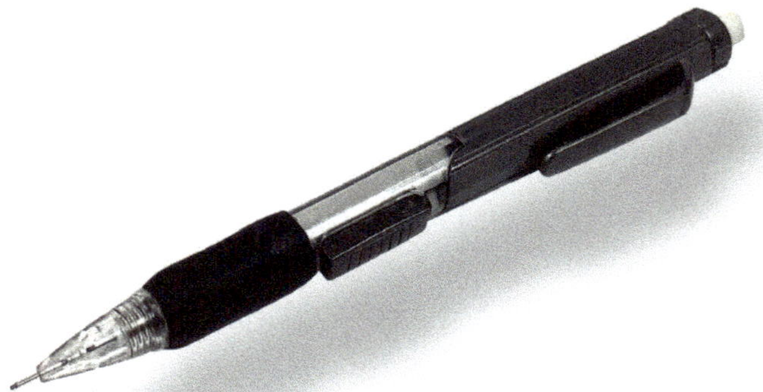

Goma de borrar

Necesitarás una goma de borrar para dejar limpio tu trabajo. Una vez que tengas trazadas las líneas que te gusten, repásalo con el bolígrafo y después borra las líneas del lápiz.

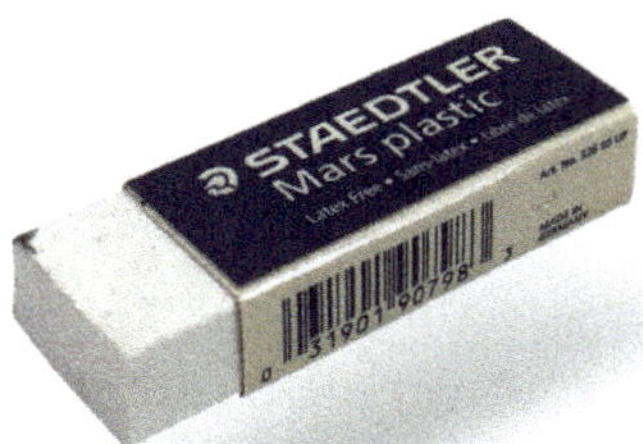

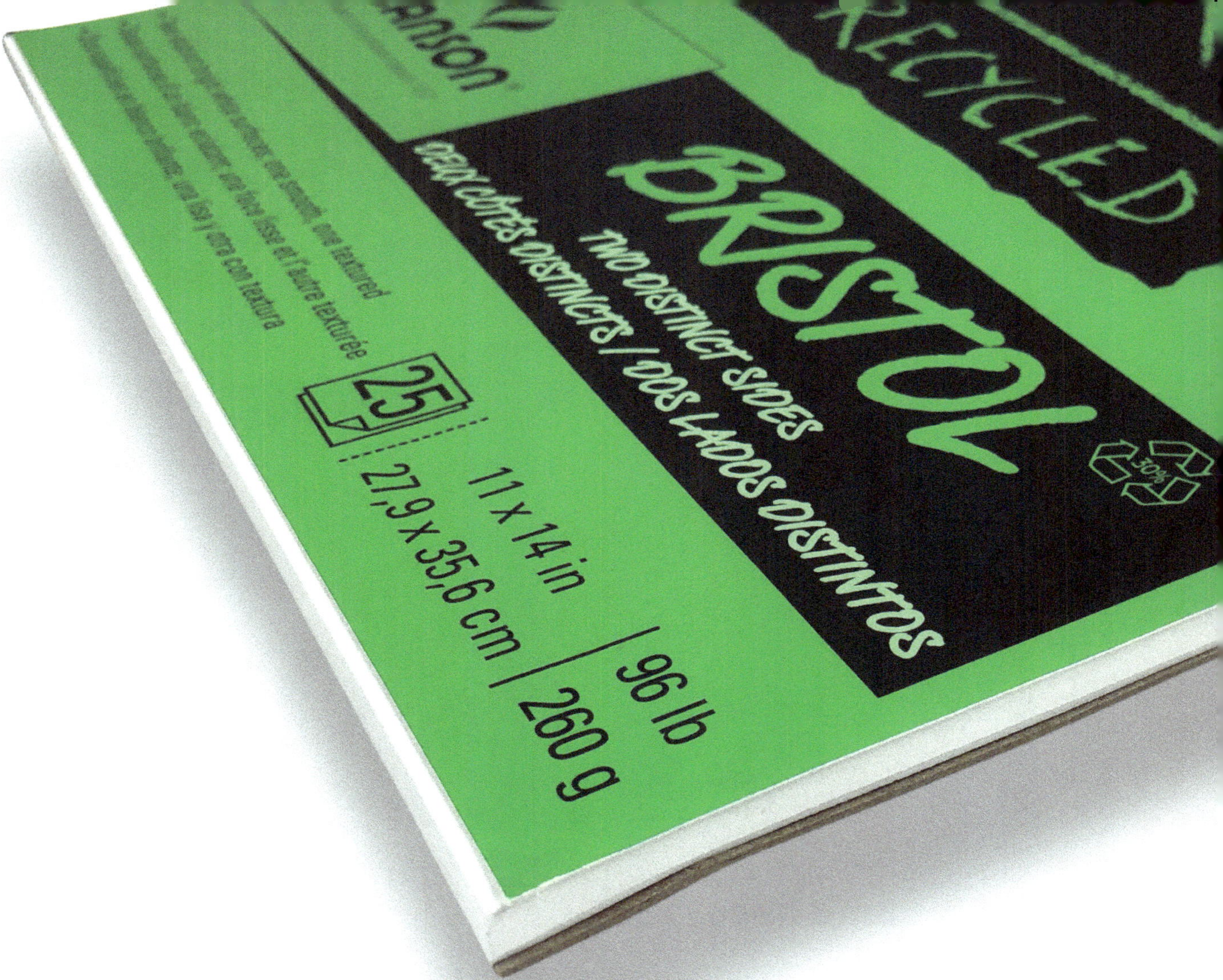

Papel de gramaje alto

Si puedes encontrar papel para patronar con una de las caras de color, mejor. El revés en otro color hace que sea más fácil saber qué lado tienes hacia arriba, fundamental cuando necesitas reflejar o hacer el otro pie del patrón. Si no encuentras papel para patronar, cualquier tienda de manualidades tiene cartulinas o cartón que igualmente sirve. El papel ideal acepta fácilmente el lápiz y la tinta, tiene una superficie firme que te permite poner y quitar la cinta de carrocero sin dañar la superficie.

Cinta de carrocero

La cinta de carrocero sirve para reproducir la superficie de la horma y tener una superficie de dibujo. Se necesita una cinta de entre 1 cm y 2,5 cm (1/2 a 1 pulgada) para crear una superficie lisa y uniforme que se pueda quitar y hacer el patrón o trepa. Puedes probar varias cintas de carrocero hasta encontrar una marca que te guste, ya que algunas marcas no absorben bien la tinta o tienen una superficie tan lisa que los lápices no marcan bien. Encuentra la que te guste.

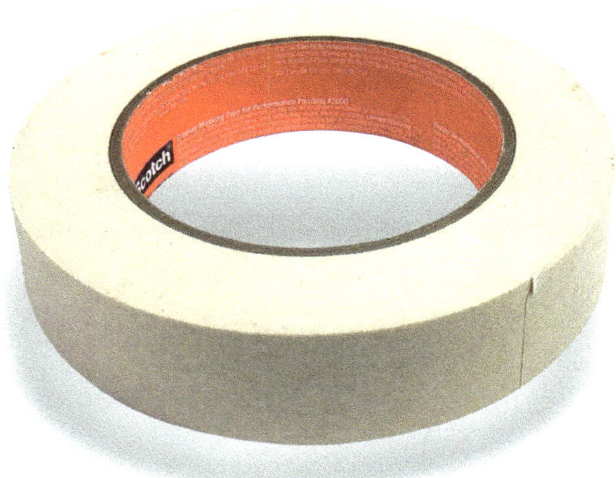

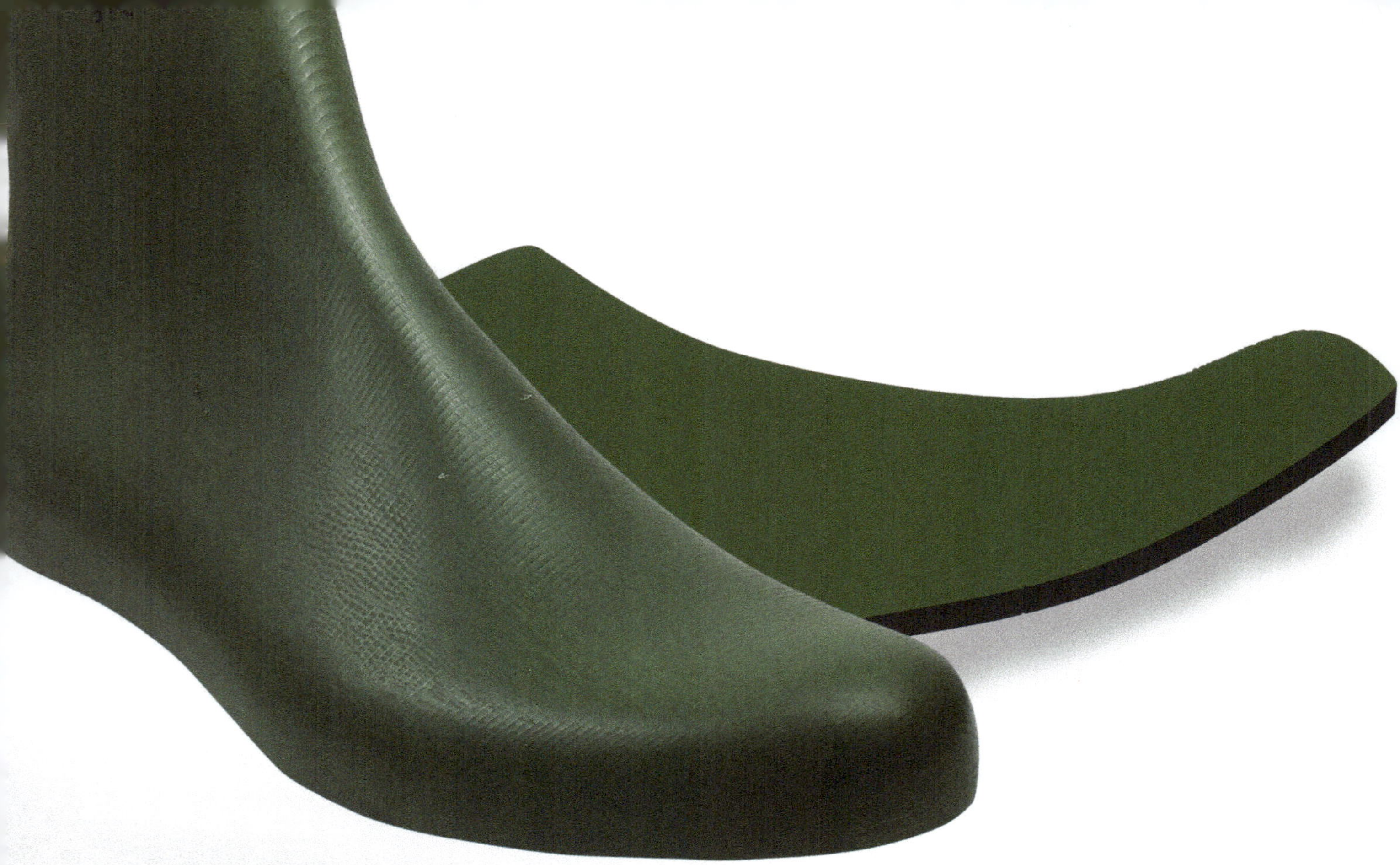

Capítulo 8: cómo hacer la trepa

¿Qué es la trepa?
La trepa, patrón plano o patrón en bruto es la forma bidimensional de la horma tridimensional; no es el perfil lateral de la horma.

El patrón final se crea cuando el patrón plano se divide en piezas individuales. Esta operación se llama dividir la trepa o despiezado de la trepa. El patrón en plano ya dividido es lo que conocemos como patrón.

Es necesario aplanar la figura para hacer el patrón en bruto, creando algunos pliegues en el patrón. Algunas piezas sacadas de la horma pueden estar ligeramente agrandadas y otras partes pueden estar ligeramente reducidas. El modelista o patronista debe entender dónde están estos fallos para poder ajustar el patrón plano y eliminar cualquier fallo.

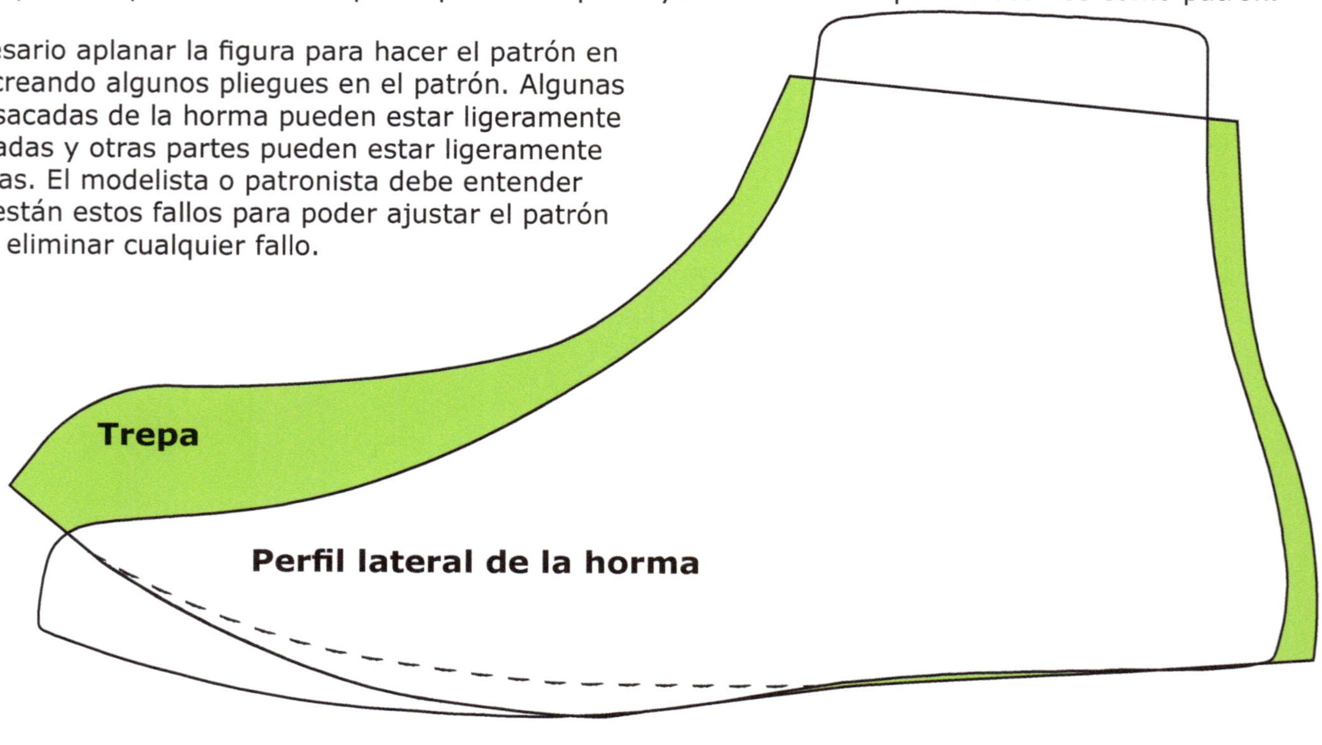

El principio de la reversibilidad
Siguiendo el principio de reversibilidad, una trepa creada correctamente se puede volver a colocar en la horma sin problemas.

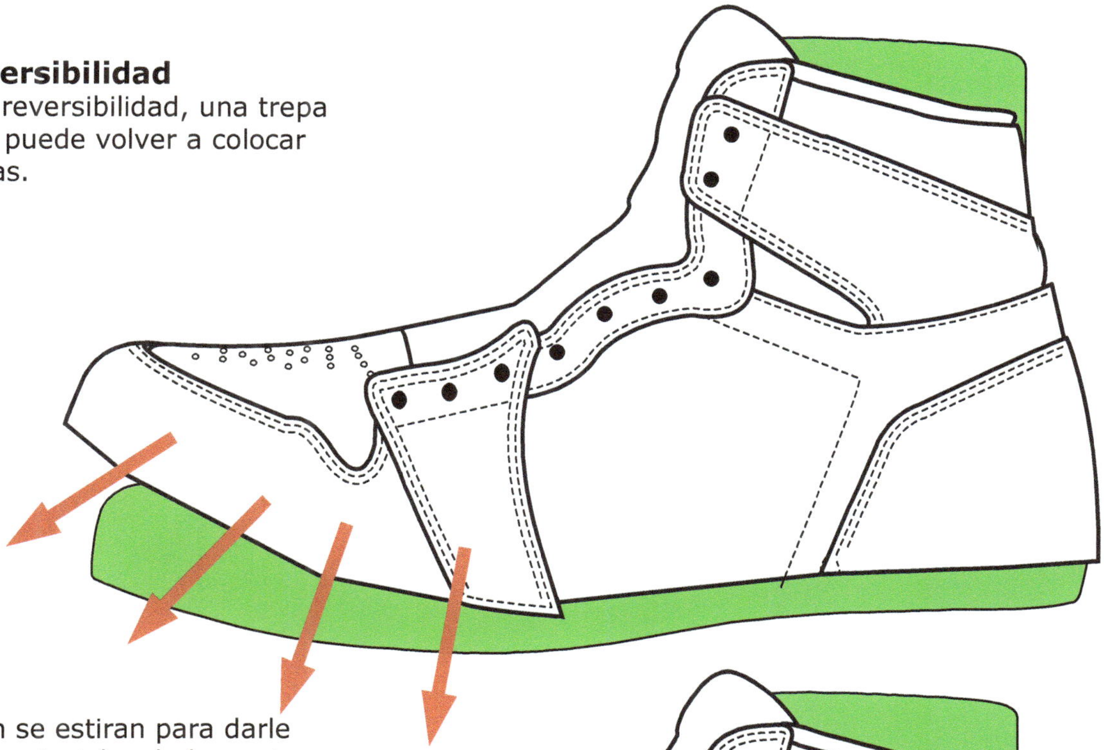

Fuerza del montado
Algunas piezas del patrón se estiran para darle una forma concreta. Los materiales de la puntera y la pala suelen tener la mayor fuerza a la hora de montar el corte. Las carrilleras, el hueco y la zona del arco necesitan menor fuerza de montado.

Un patrón plano mal hecho hará que los materiales queden holgados o sueltos, haciendo que no ajuste a la horma. Una operación de montado con mucha fuerza puede romper los materiales, hacer que el grano del cuero quede sin textura o hacer que las costuras se abran.

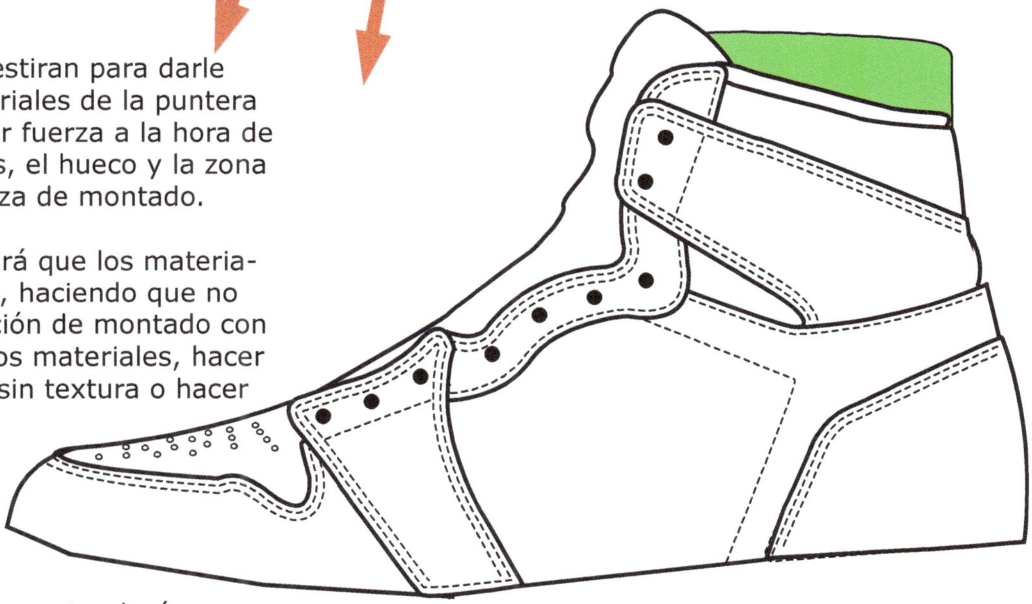

Si la trepa está hecha correctamente, dará como resultado un patrón final con una silueta perfecta que llena la horma sin dañar los materiales del corte.

Cómo hacer la trepa

Hay varias formas de crear la trepa: con papel al que se van haciendo cortes, plástico moldeado al vacío, cinta de carrocero o con herramientas digitales.

Los programas CAD actuales pueden generar un patrón en bruto en unos pocos segundos a partir de un modelo de horma digital. Hablaremos de esto en profundidad en el capítulo 10.

A continuación, describiremos en detalle los dos métodos más utilizados para crear la trepa: con cinta de carrocero y haciendo cuadrículas y muescas en papel o cartulina.

El más útil de los dos es, con diferencia, el de la cinta de carrocero, ya que es fácil de llevar a cabo con herramientas normales y se pueden ver los resultados en tan solo unos minutos. Hacerlo con papel e ir haciendo las muescas es un proceso menos utilizado, pero funciona igualmente. Una tercera opción que casi no se utiliza, es aplanar las piezas creadas con plástico al vacío.

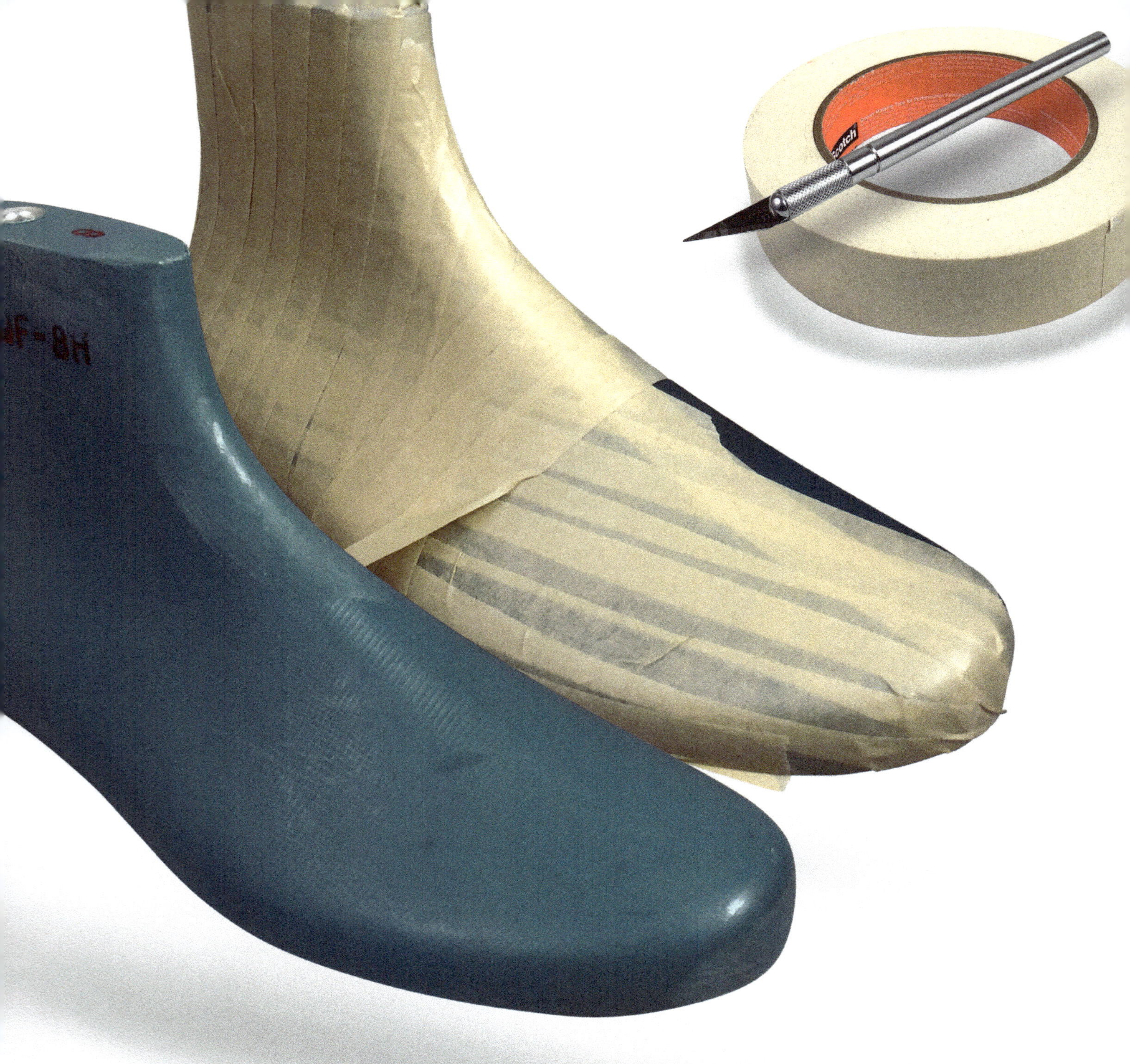

Encintado

El objetivo de este método es crear una segunda capa con cinta de carrocero sobre la superficie de la horma que más tarde se quita para que la superficie se pueda aplanar. Para este ejemplo usaremos una horma de una zapatilla de baloncesto de alto rendimiento.

Encintar la horma

Preparar la horma para hacer un patrón plano te llevará cerca de diez minutos, e incluye cubrir la horma con la cinta y tomar los perímetros.

Si trabajas para una marca de calzado, lo más probable es que la horma que te den para trabajar provenga de un fabricante y esté en buenas condiciones. Sin embargo, si la horma viene directamente de una fábrica de calzado, deberás asegurarte de que la horma no esté dañada o deformada. Las hormas de las fábricas pueden tener mucho uso, y después de unos meses en las líneas de montaje, estas pueden abollarse, rayarse, agrietarse o perforarse con clavos o tachas. Intenta trabajar siempre con hormas de calidad y asegúrate de que estén libres de suciedad, polvo o pegamento antes de encintarla.

Herramientas necesarias:
Cinta de carrocero de 1 a 2 cm de ancho
Regla de metal
Bolígrafo y lápiz
X-acto™ o cortaplumas
Tijeras
Papel para patronar
Reglas curvas francesas

Encintar el eje principal

1. Con la horma apoyada en la base y la punta mirando hacia ti, pega una tira de cinta en la línea central de la horma. Empieza en la parte superior y traza el cono hasta la punta. Asegúrate de sobrepasar el canto.

2. Repite esta misma operación en el talón.

Cubrir la superficie de la horma

3. Empieza en la parte superior y pega tiras de cinta en horizontal desde el talón hasta la punta.

4. Asegúrate de que cada tira de cinta se solape ligeramente sobre la anterior y sobre la cinta del eje central. Es necesario que la cinta se solape o se pise para garantizar que puedas despegar la trepa de una sola pieza, manteniendo la pieza unida.

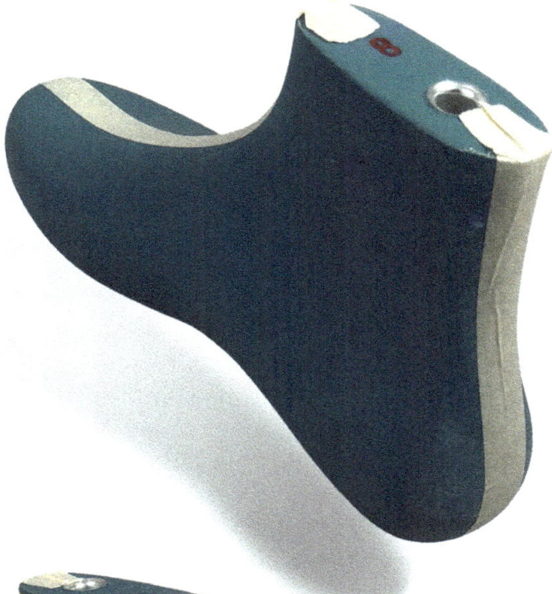

②

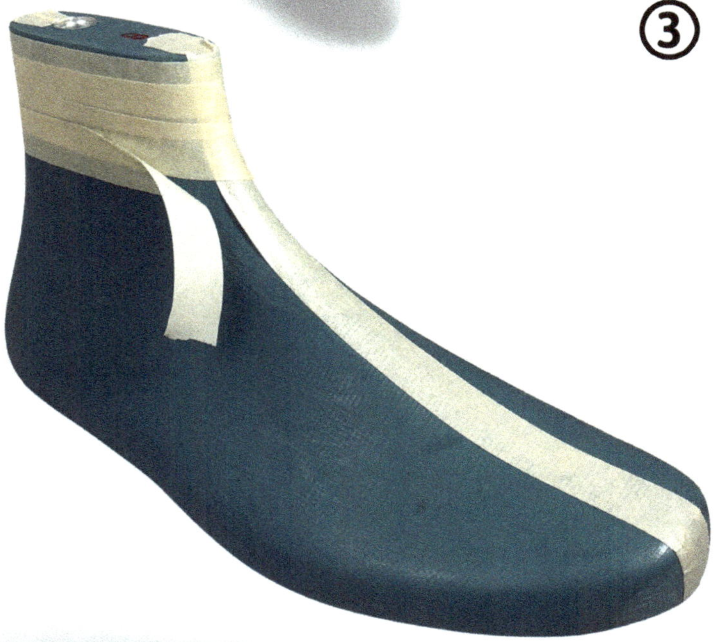

③

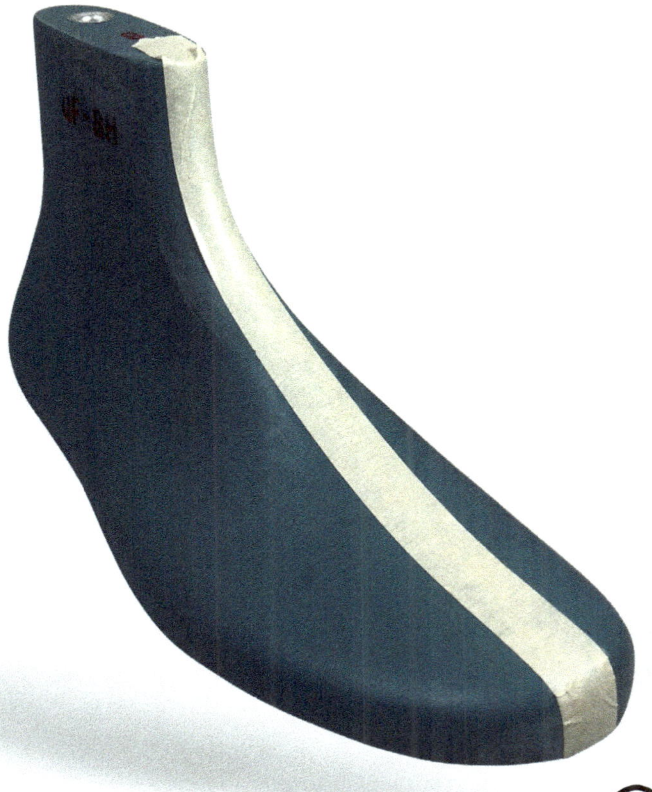

①

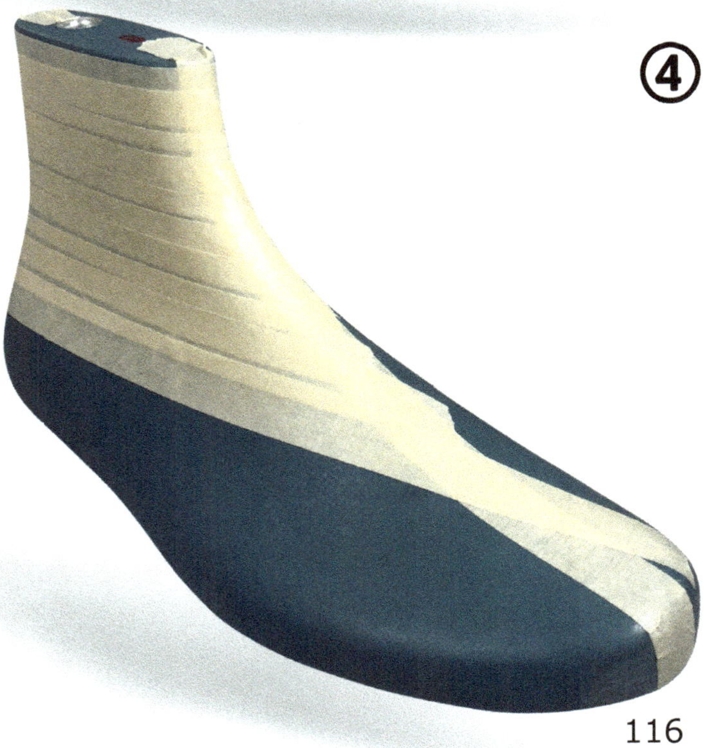

④

Cubrir la superficie de la horma

5. Haz que las tiras envuelvan también el canto de la horma hasta entrada la base.

6. Para asegurarte de que la trepa encintada no se desarma al retirarlo de la horma, pega una segunda capa de cinta. Esta vez, empieza en el medio de la horma y encinta de arriba hacia abajo, acabando en el talón.

7. Una vez que la mitad posterior de la horma esté cubierta, repite la operación desde la mitad anterior hasta la punta. Pega la cinta a ambos lados de la horma para tener toda la horma bien cubierta.

8. No te preocupes si la base queda con picos de cinta, es importante que quede el extremo bien pegado en la base, ya que se recortará más tarde.

9. Fíjate que las líneas de la cinta queden planas y sin arrugas. Puedes utilizar el lateral de un bolígrafo para alisar la superficie hasta que quede liso. No tengas miedo de levantar el carrocero y volver a pegarlo si no queda plano.

⑤
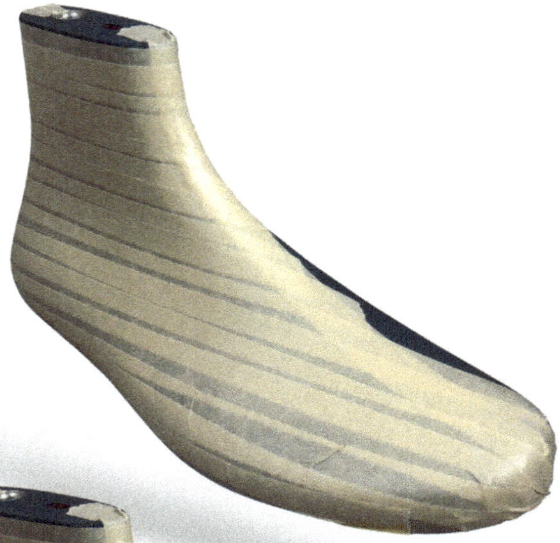

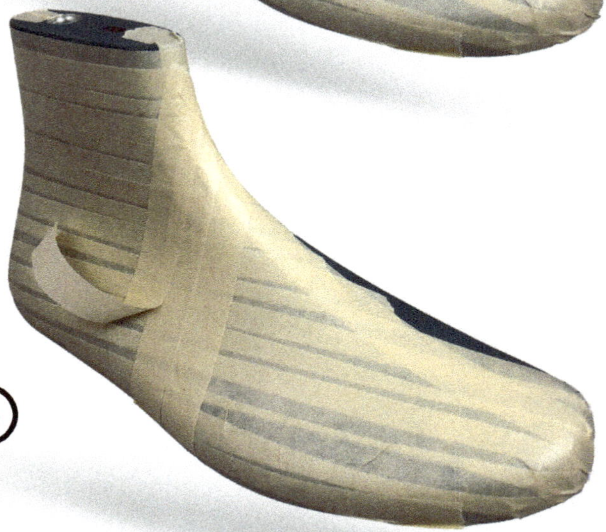
⑥

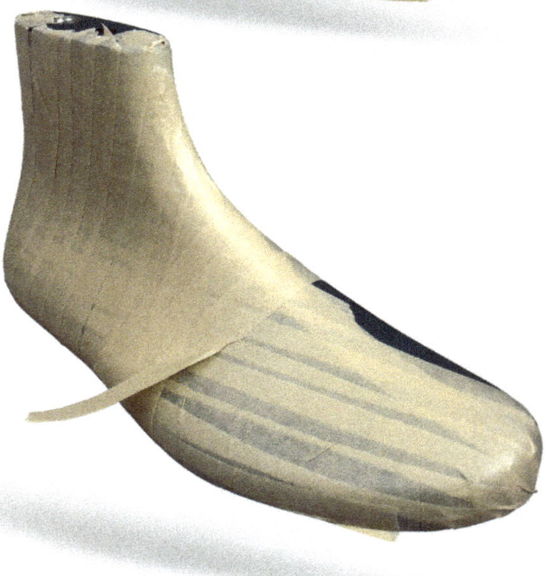
⑦

⑨
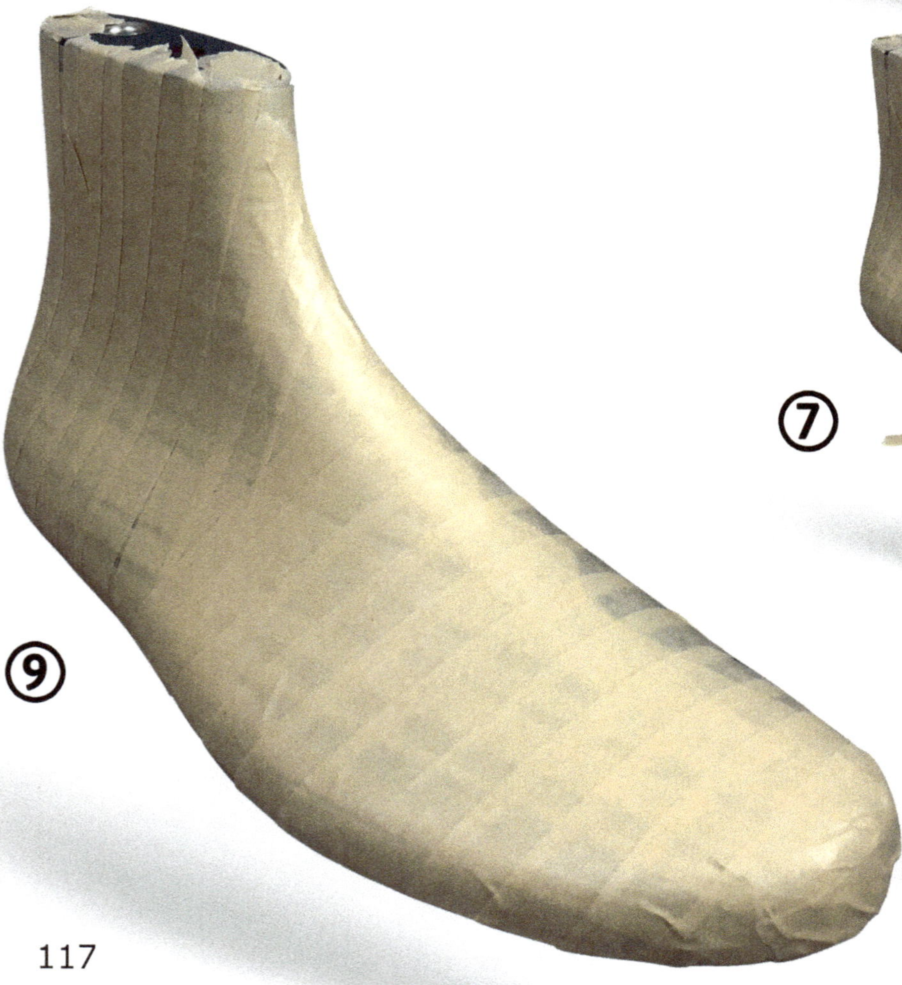

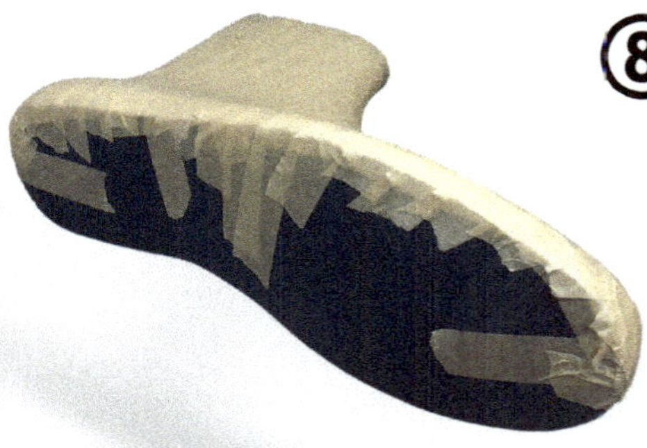
⑧

Marcar el eje principal
Antes de quitar la cinta, marca la línea central de la horma. En lugar de dibujar la línea central a mano, lo haremos con un sencillo truco:

10. Coloca una tira de cinta sobre tu base de corte; después, utilizando la regla rígida y un bolígrafo, traza una línea a lo largo de esta cinta.

11. Con el cortaplumas, corta la cinta para tener dos tiras finas.

12. Con la línea dibujada en la cinta, ya puedes pegar y ajustar el eje central en la horma hasta que quede recto.

13. Repite el proceso para obtener el eje central en la línea del talón.

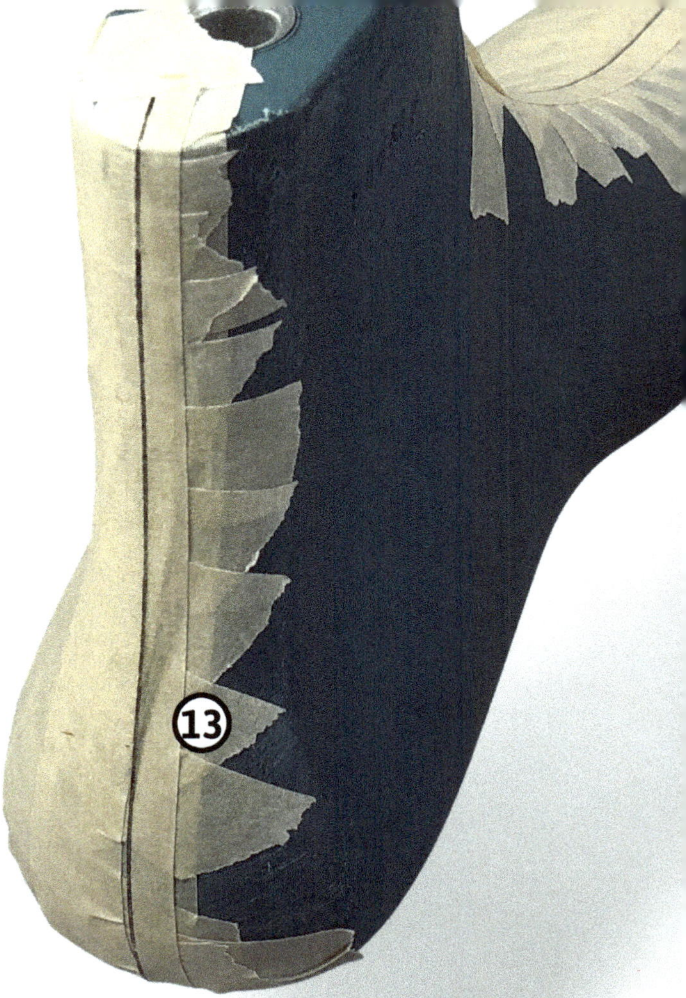

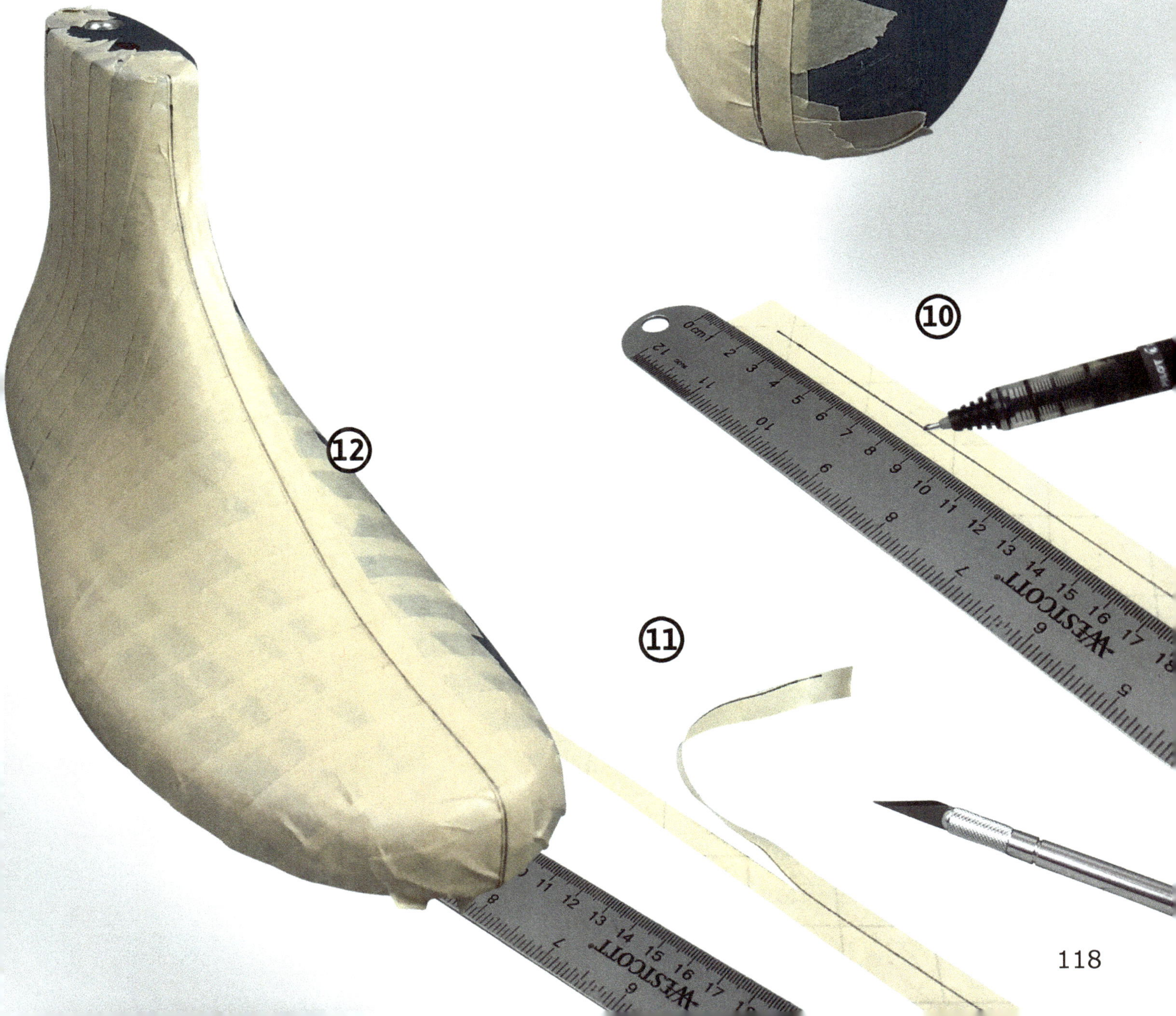

Marcar el canto de la horma

14. Antes de despegar la cinta, marca el canto de la horma con la mina de un lápiz. Es muy importante marcar con precisión esta línea, ya que será una línea esencial en el patrón para construcciones con Strobel o para el montado de la punta.

15. Con el cortaplumas, corta cuidadosamente siguiendo el canto para quitar la cinta sobrante de la base. Seguir el canto con la cuchilla puede ser difícil, pero si lo has marcado bien con el lápiz, podrás colocar esta pieza de nuevo una vez hayas aplanado el patrón.

Recortar la cinta

16. Utiliza el cortaplumas con cuidado para cortar la línea del eje central en la punta y el talón. Una pequeña regla de acero puede servirte de guía para el corte. Hazlo lentamente, manteniendo la otra mano fuera de la zona de corte.

14

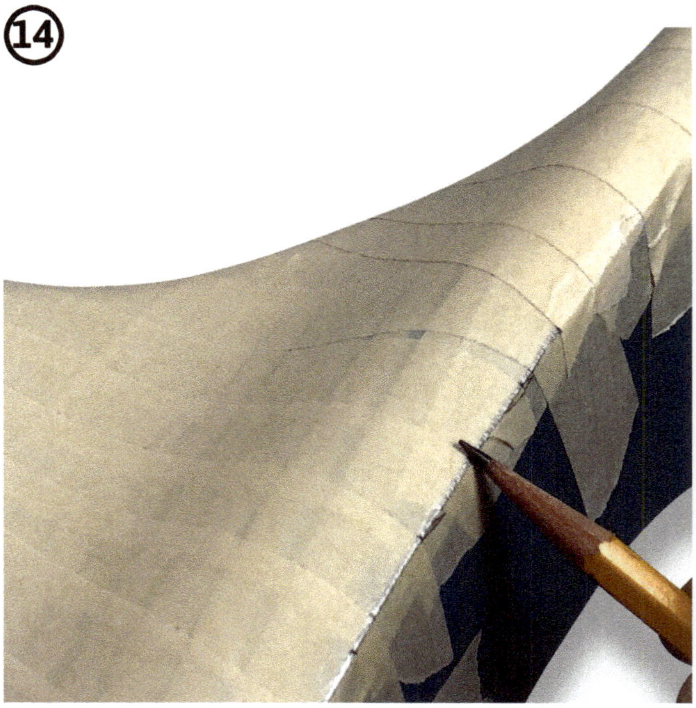

15

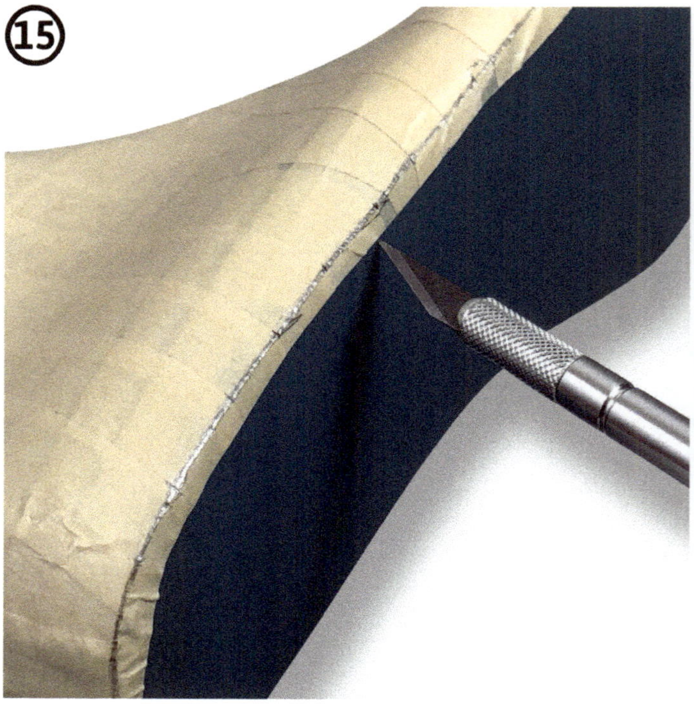

16

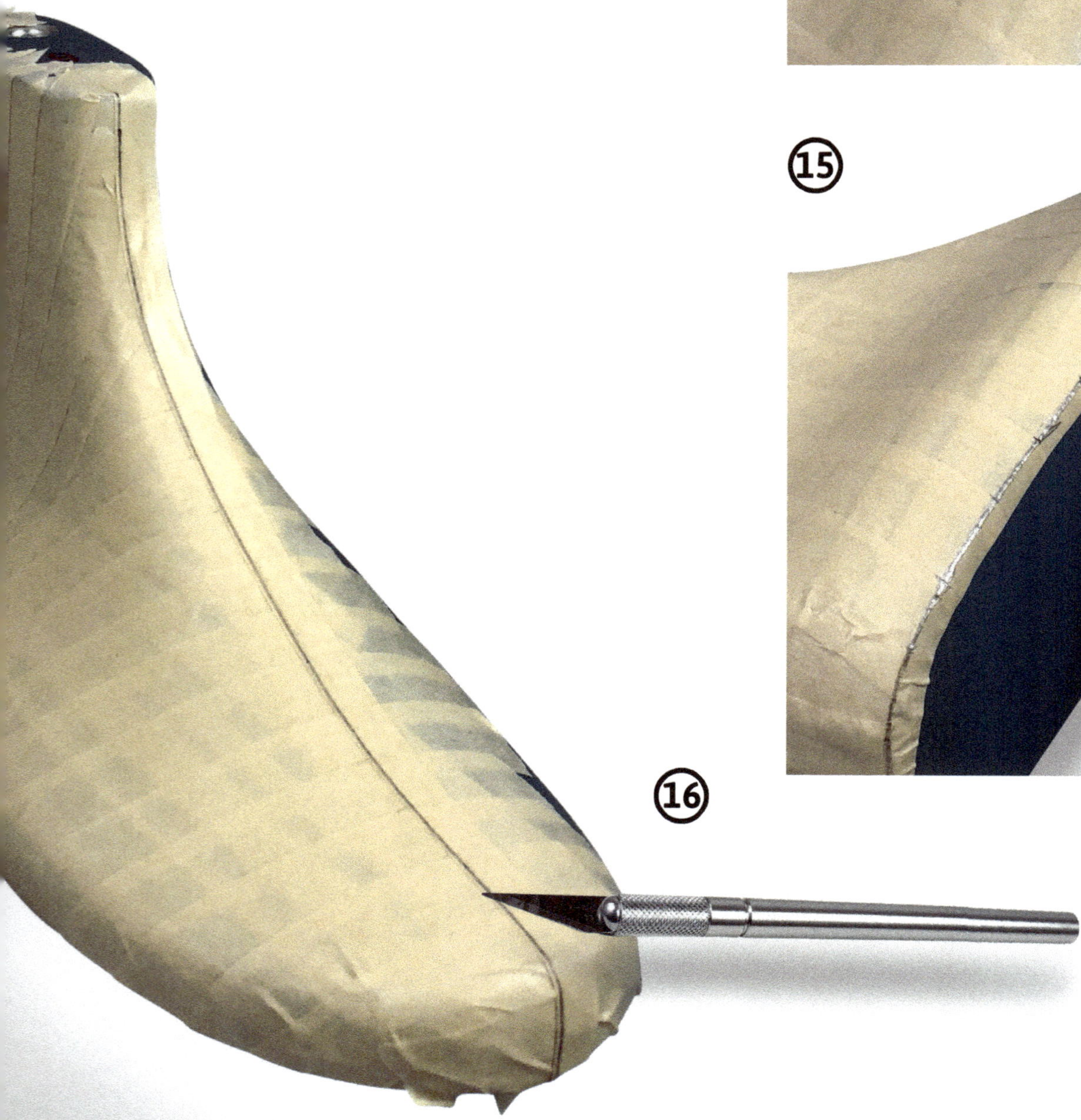

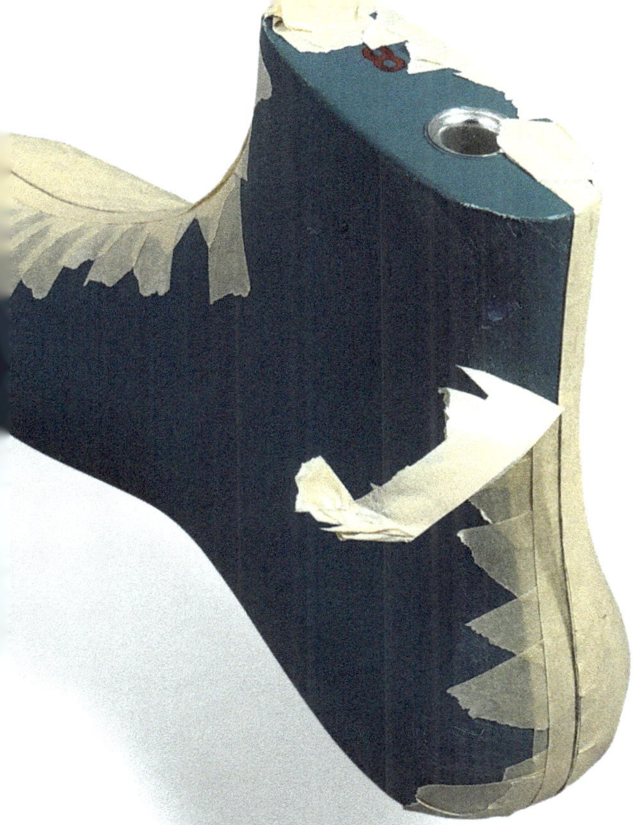

⑰

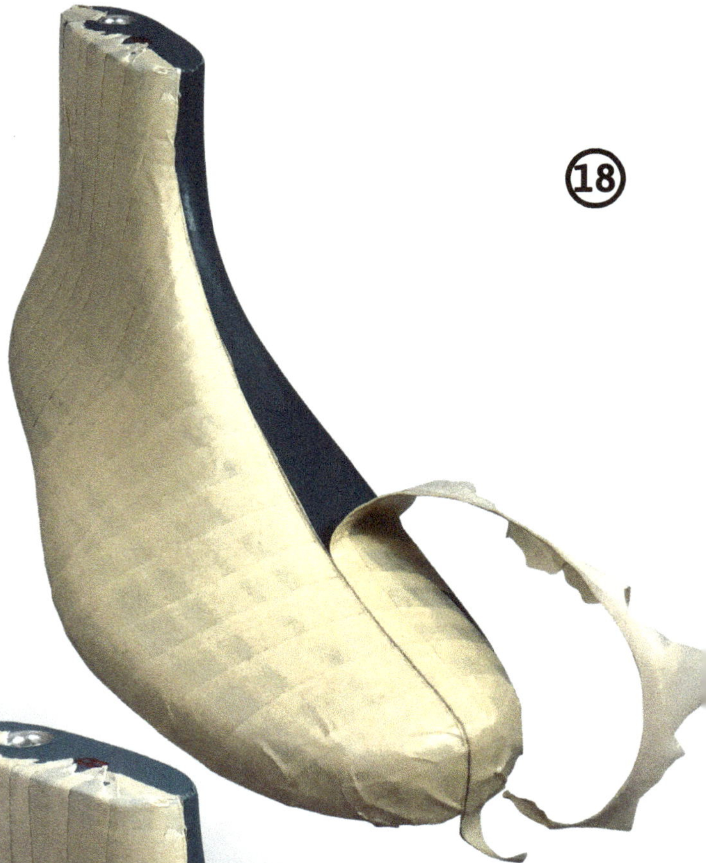

⑱

Quitar el exceso

17. Retira con cuidado la cinta del talón.
18. Vuelve a retirar con cuidado la cinta del empeine.

Marcar los puntos

Una vez que la horma está encintada y con las líneas centrales marcadas. El siguiente paso es marcar algunos de los puntos para el patrón.

19. Sigue las instrucciones del capítulo 1 para marcar estos puntos:

1. Punto de la bola lateral
2. Punto de la bola medial
3. Punto de bridaje
4. Punto de la talonera
5. Punto de la caña / Altura posterior

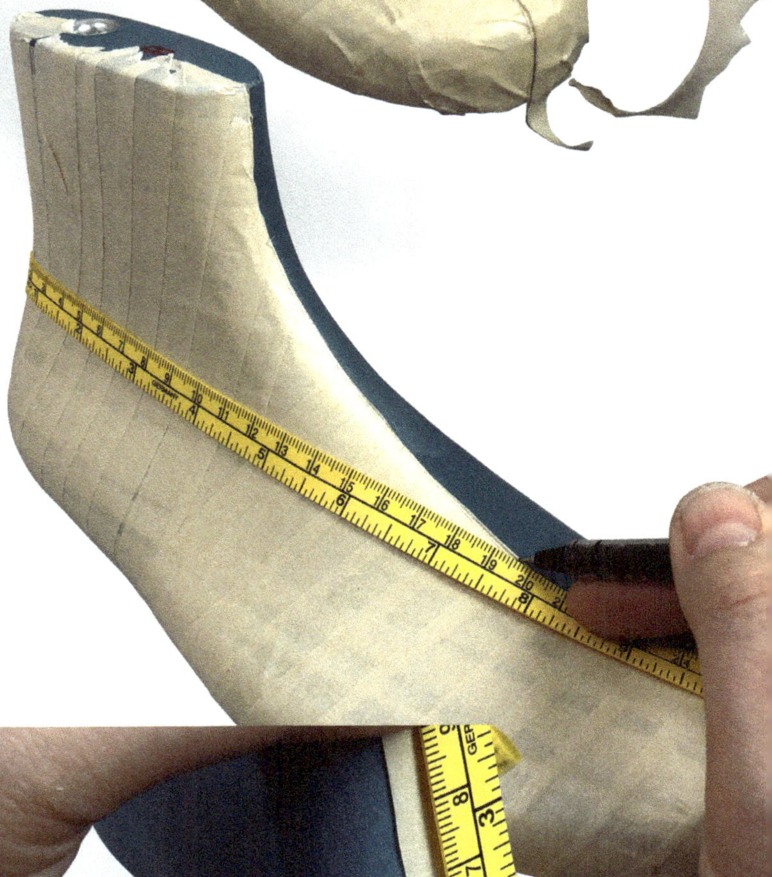

⑲

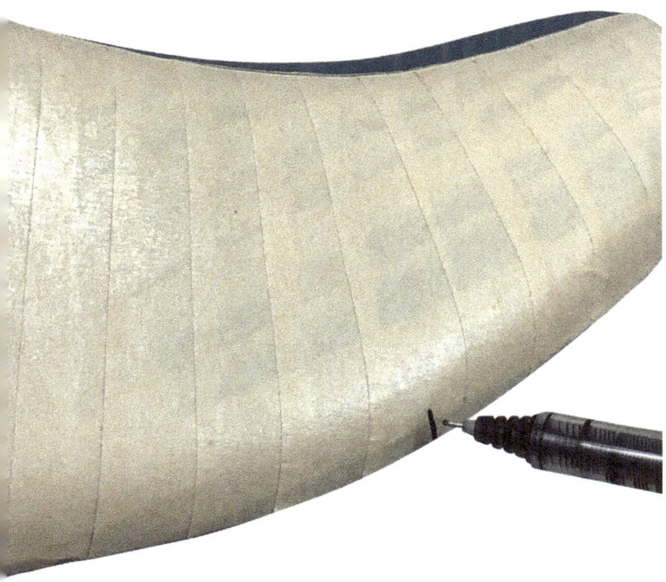

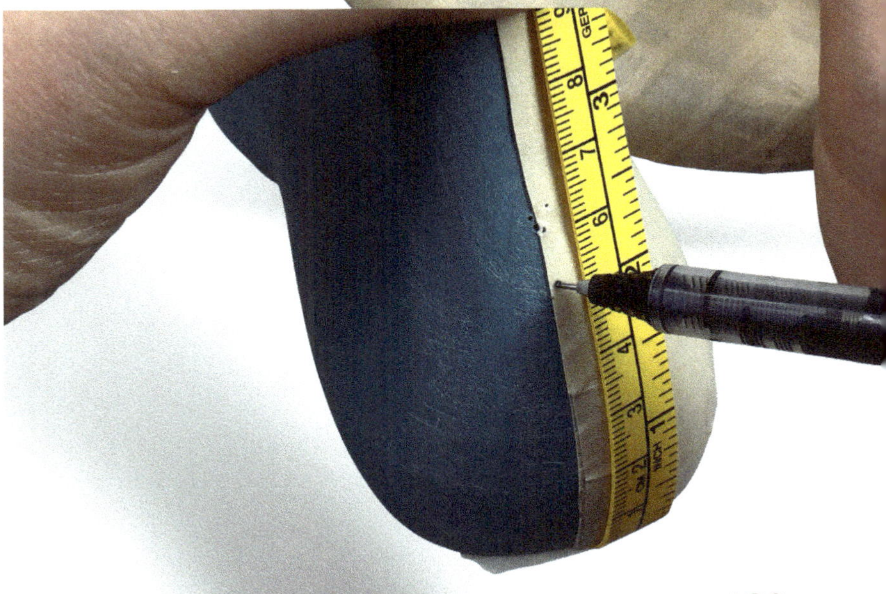

Despegar la cinta

Antes de despegar la cinta de la horma, asegúrate de tener a mano un trozo de papel de patronar para pegar el patrón en plano.

20. Con mucho cuidado, empieza a despegar por el talón y ve avanzando hacia la punta. Puedes alternar ir despegando desde la línea central hasta el canto de la horma.

21. Hazlo despacio, tirar demasiado fuerte puede estirar el patrón o romper la cinta.

22. Una vez que la cinta esté despegada de la horma, pégalo en el papel para patronar.

Aplanar la trepa

23. Empieza con el centro del patrón en contacto con el papel y ve aplanándolo hacia la zona del talón. Aplana la cinta hacia abajo alternando la dirección desde el canto de la horma hasta la parte posterior. Este área podrás aplanarlo sin hacer ningún corte en la cinta.

24. Utiliza una presión media para pegar la cinta sobre el papel de patrón, e intenta que no queden arrugas, ya que quedará reflejado en el patrón.

25. Ahora ve a la zona de la carrillera, aplánalo según avanzas. Pega el empeine y aplánalo hasta la línea del escote o hueco.

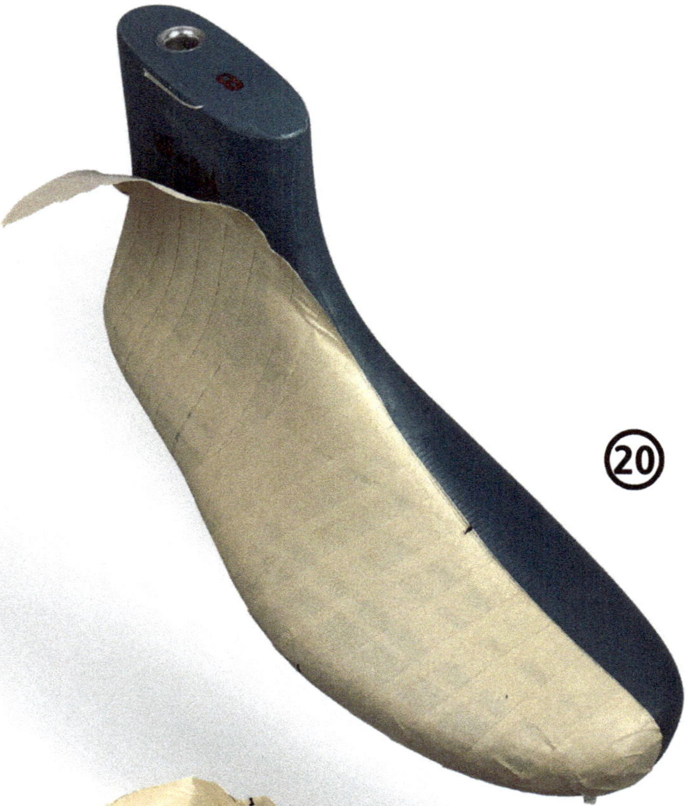

(20)

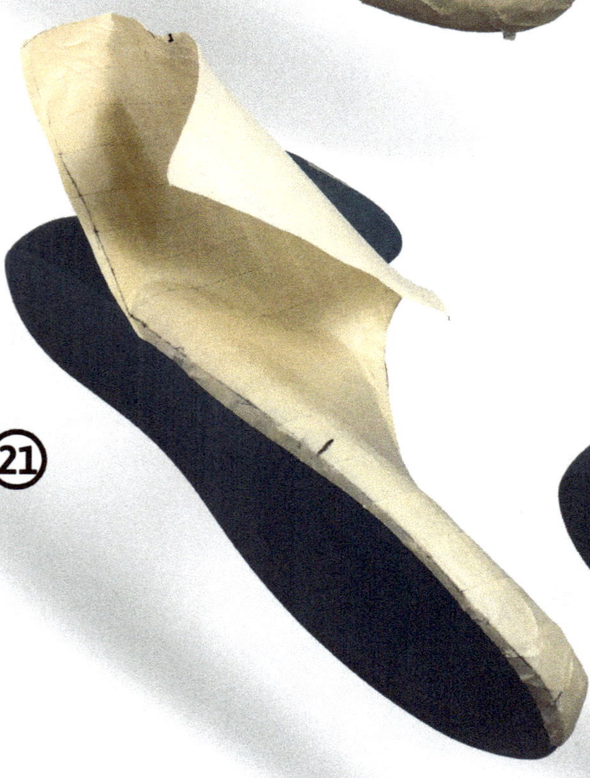

(21)

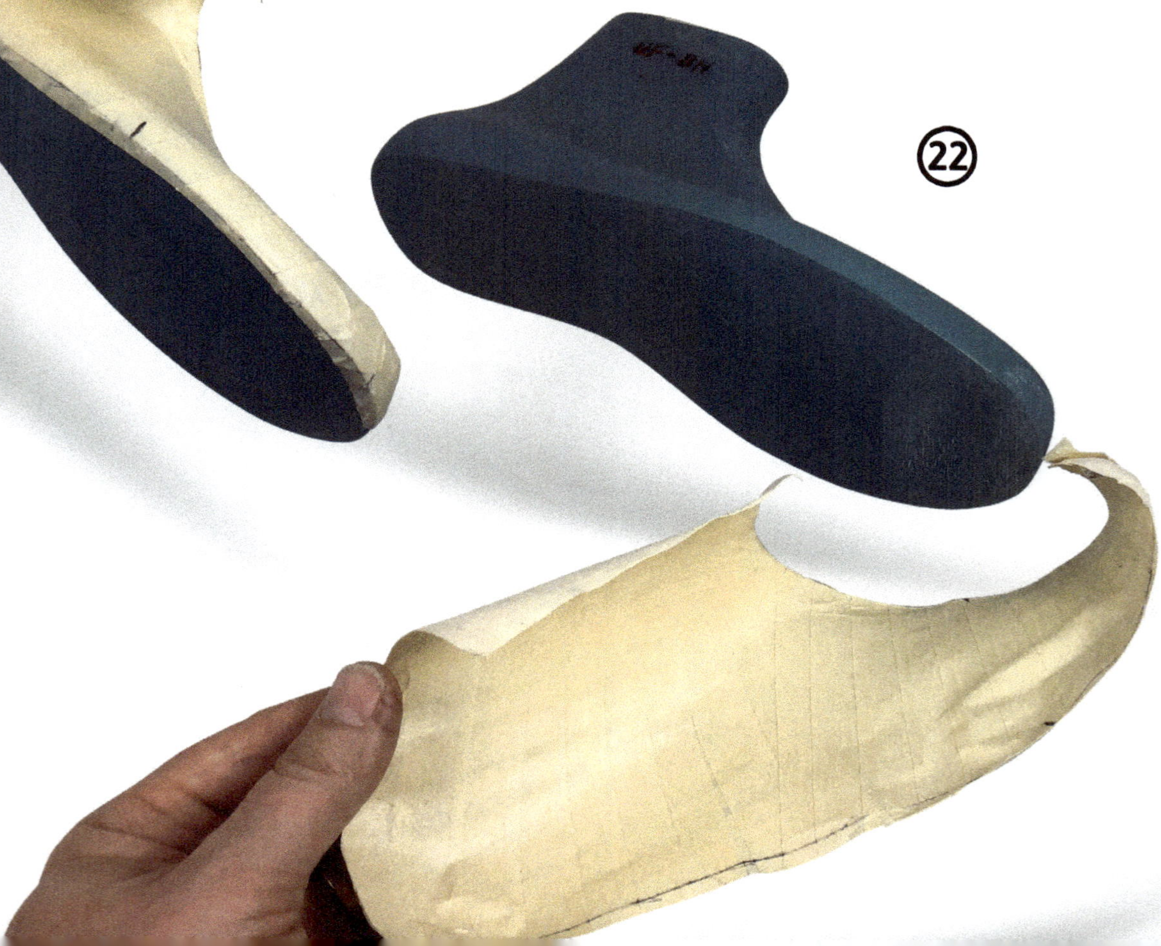

(22)

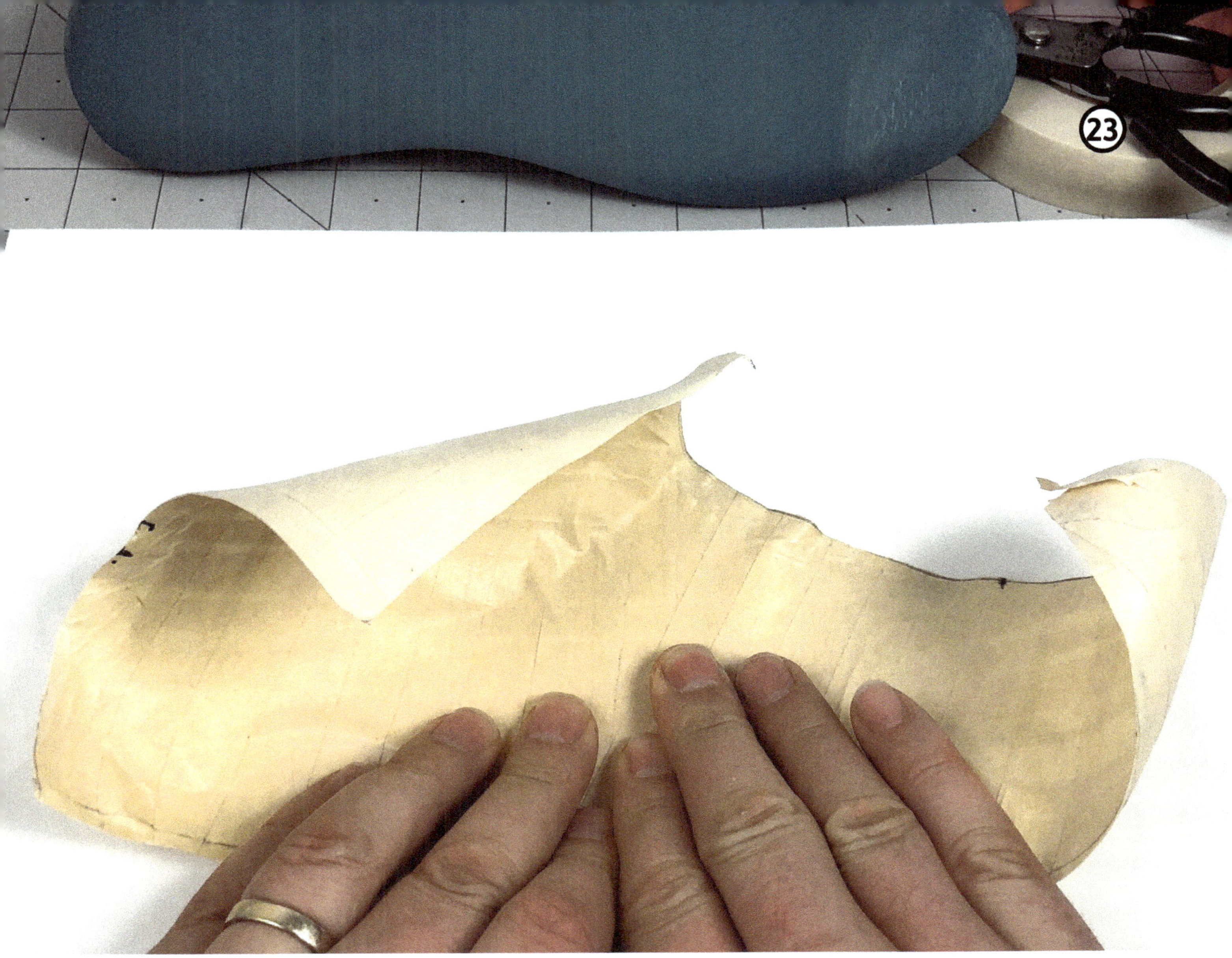
23

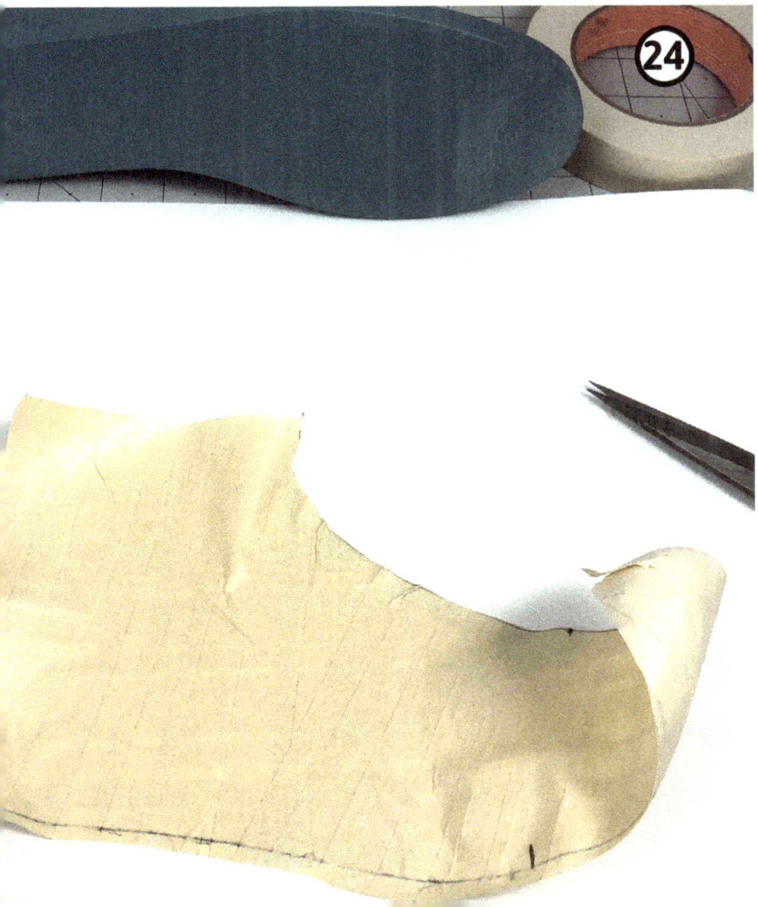
24

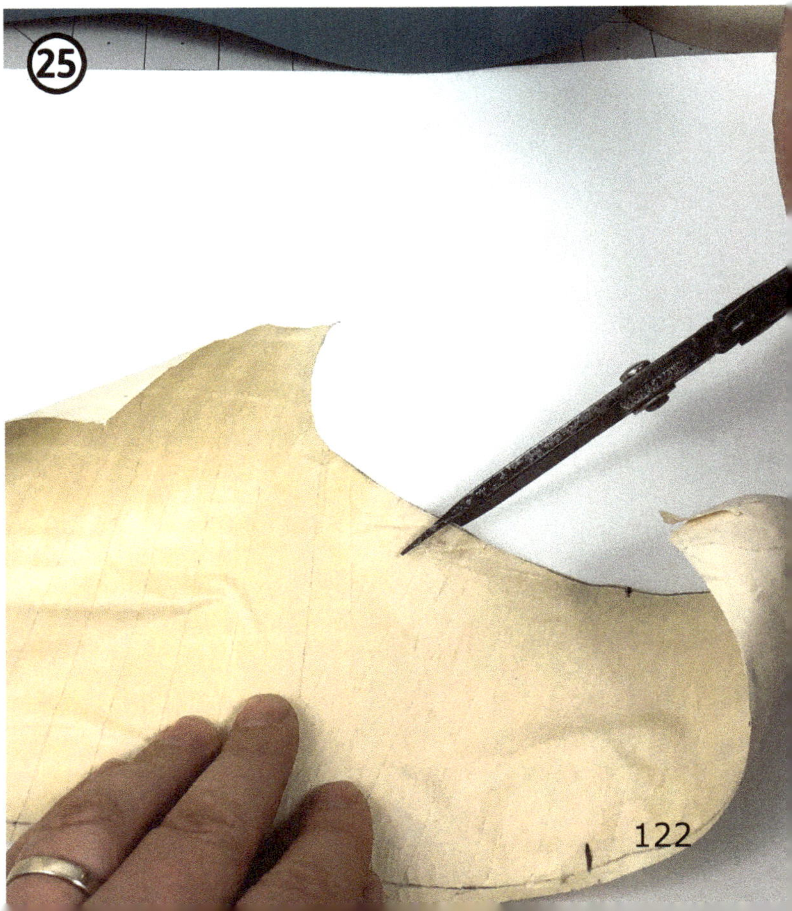
25

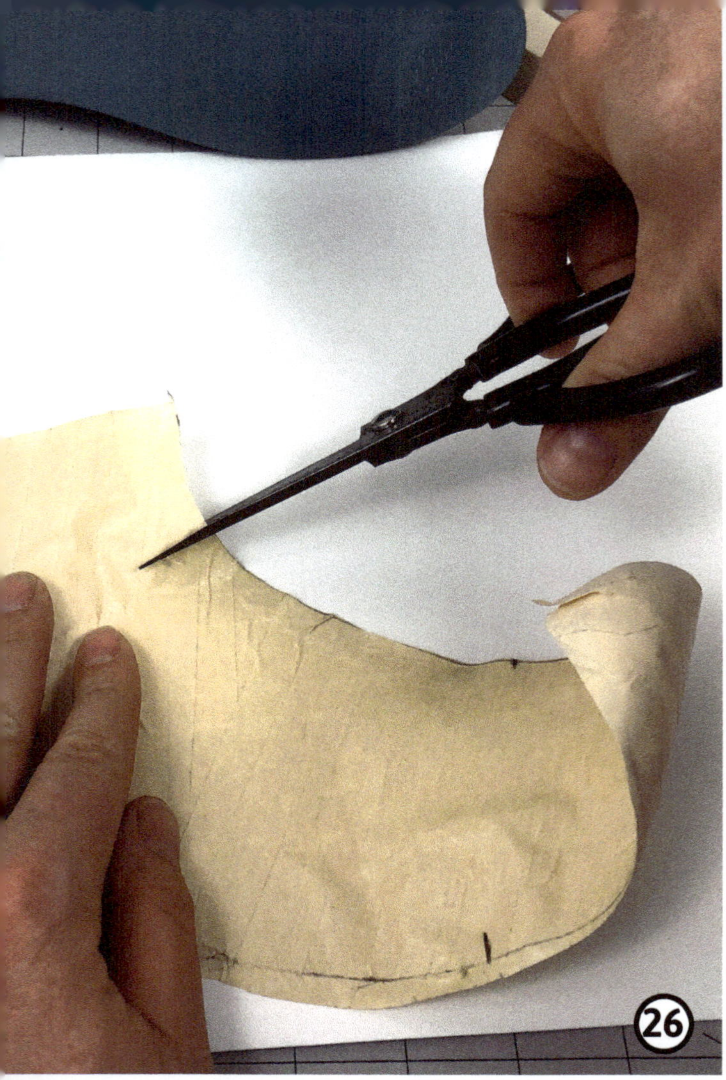
26

27

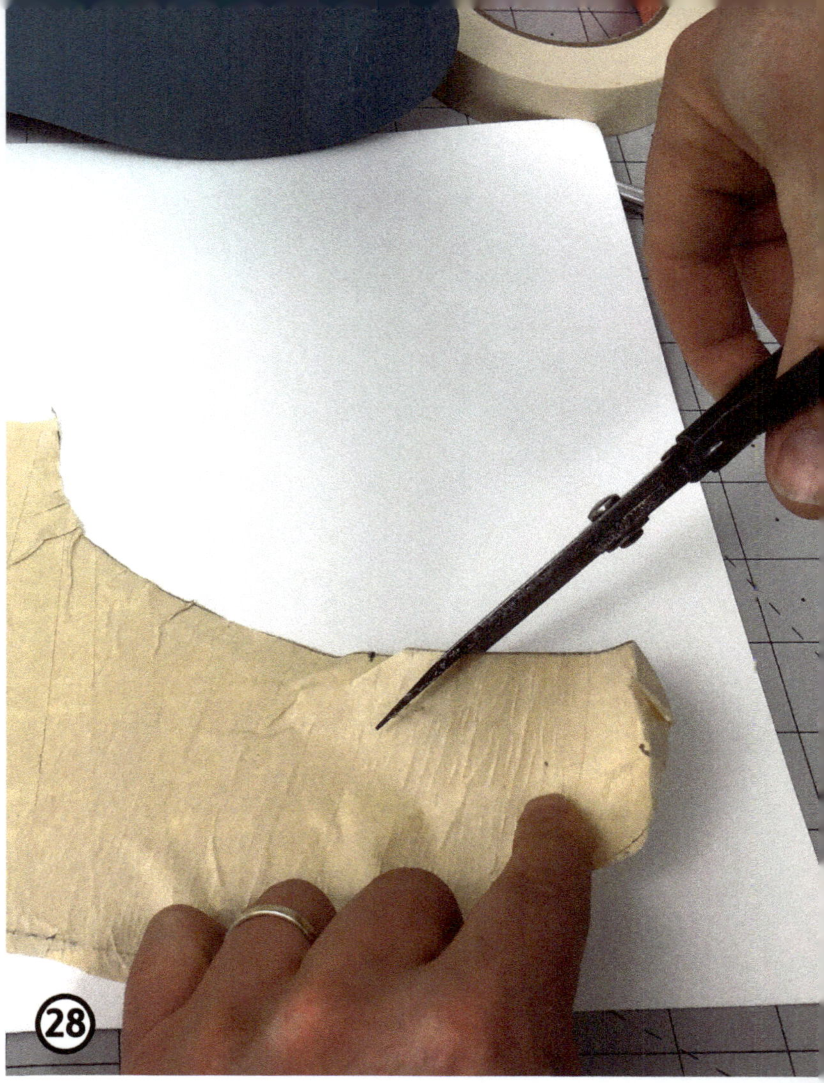
28

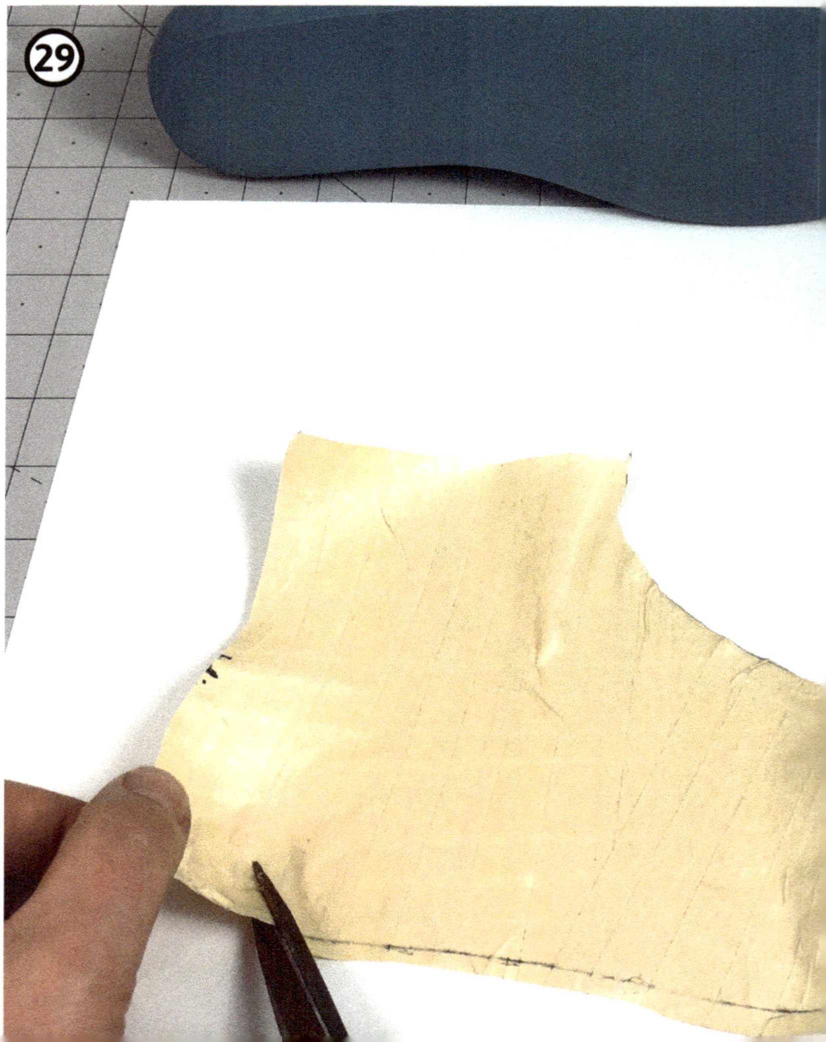
29

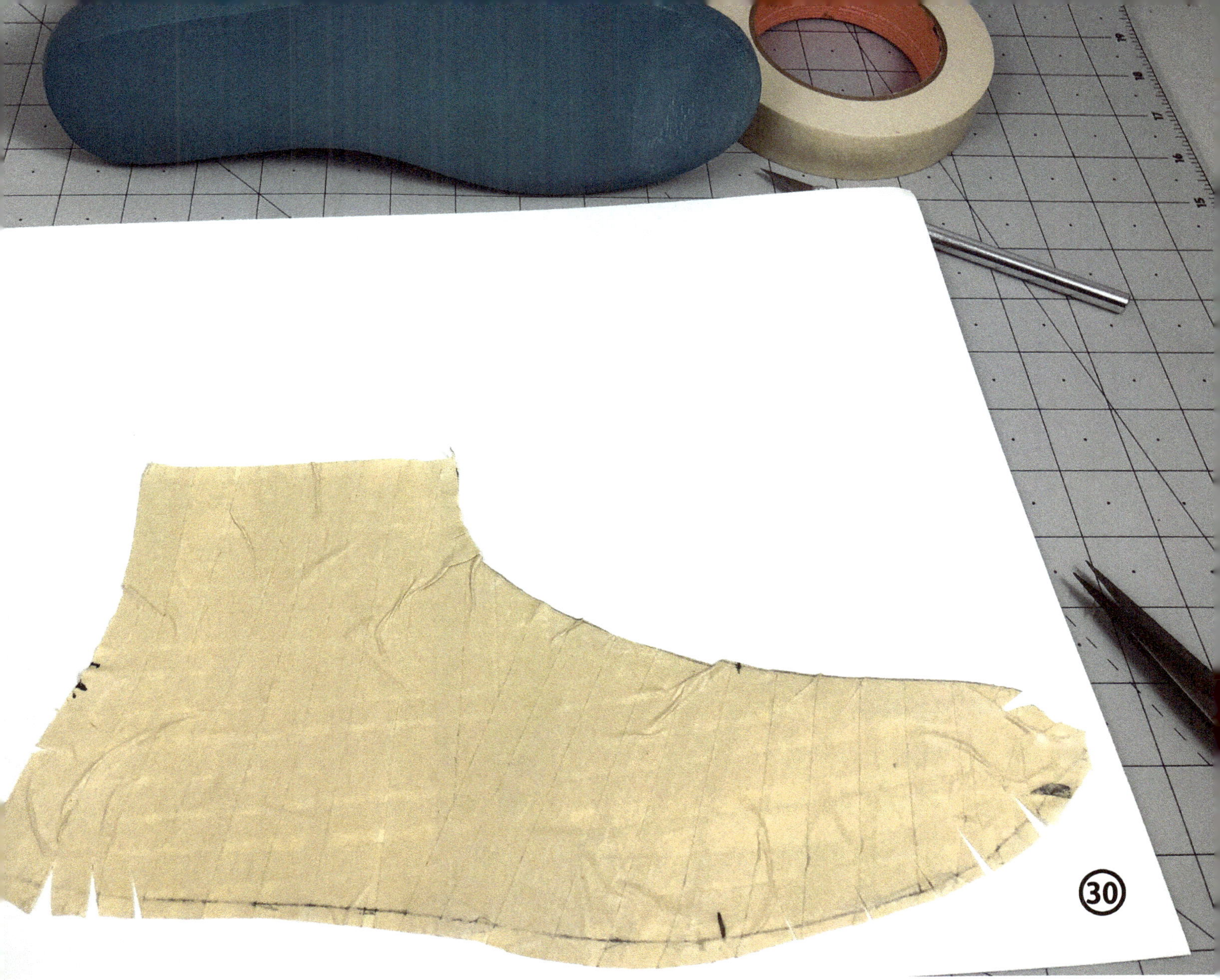

Hacer los cortes

Estos cortes permiten que el patrón se abra, expandiendo el patrón, y también necesitarás los cortes para reducir las arrugas. Con un poco de práctica, cada vez te saldrán menos arrugas. En esta horma de caña alta, el cono, la punta y el canto de la horma necesitarán muescas para poder aplanarlo correctamente.

26. La zona del cono puede necesitar varios cortes para hacer que el patrón quede plano.

27. Ocurre lo mismo en la puntera, también necesitará algunos cortes para quedar plano. Con unas tijeras, haz las muescas en el patrón.

28. Necesitarás hacer más muescas en el empeine y a lo largo del canto de la horma para que la zona de la punta quede plana.

29. Dependiendo de la silueta o contornos inferiores y de la curvatura del talón, puede que necesites hacer más cortes en la zona de la talonera.

30. Una vez realizados los cortes, ya puedes colocar la trepa. Utiliza un bolígrafo, una regla o las yemas de los dedos para aplanar el patrón. Recuerda evitar las arrugas.

Recorte

Con el patrón en bruto aplanado en el papel de patronaje, traza con cuidado el exterior para dibujar un contorno firme y suavizado. Las reglas tipo curva francesa te ayudan a dibujar un contorno limpio.

31. Puedes cortar el papel sobrante acercándote a la línea de la horma, esto te ayudará a hacer el corte final con más soltura.

32. Con el cortaplumas, o con unas tijeras, corta el patrón. Al recortar el canto de la horma, sigue la línea hecha con el lápiz.

33. Con cuidado, recorta la curva del empeine.

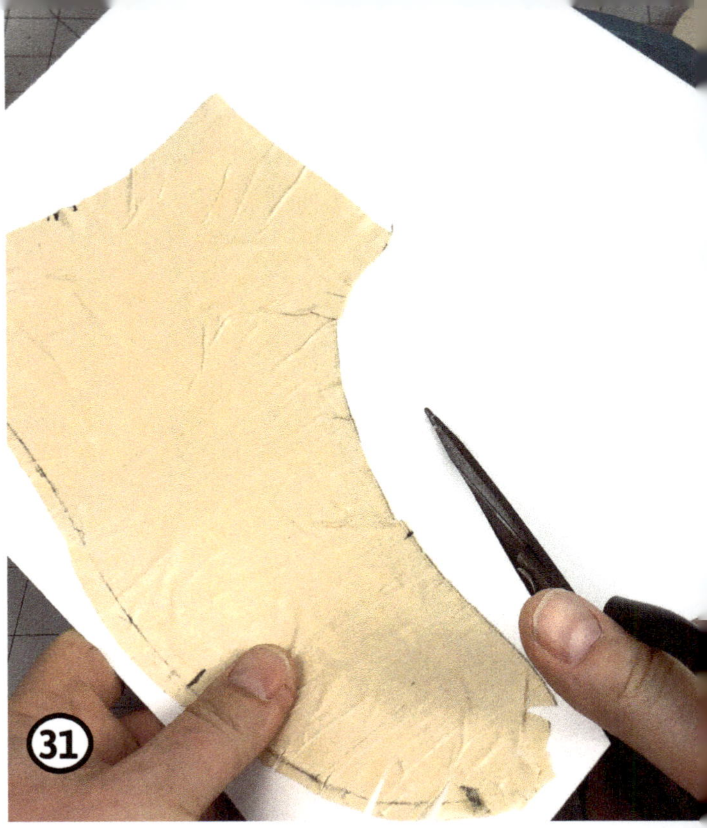

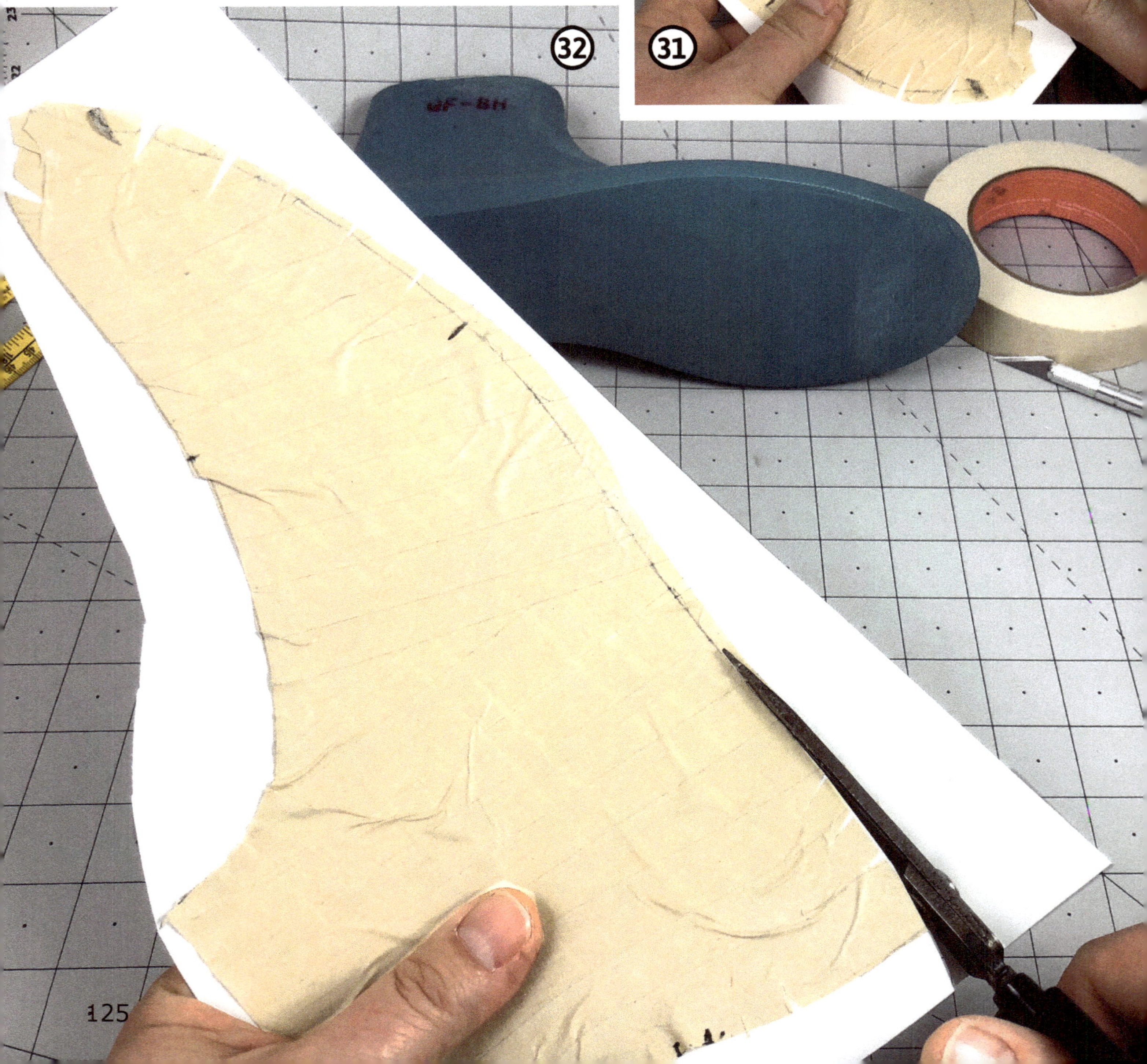

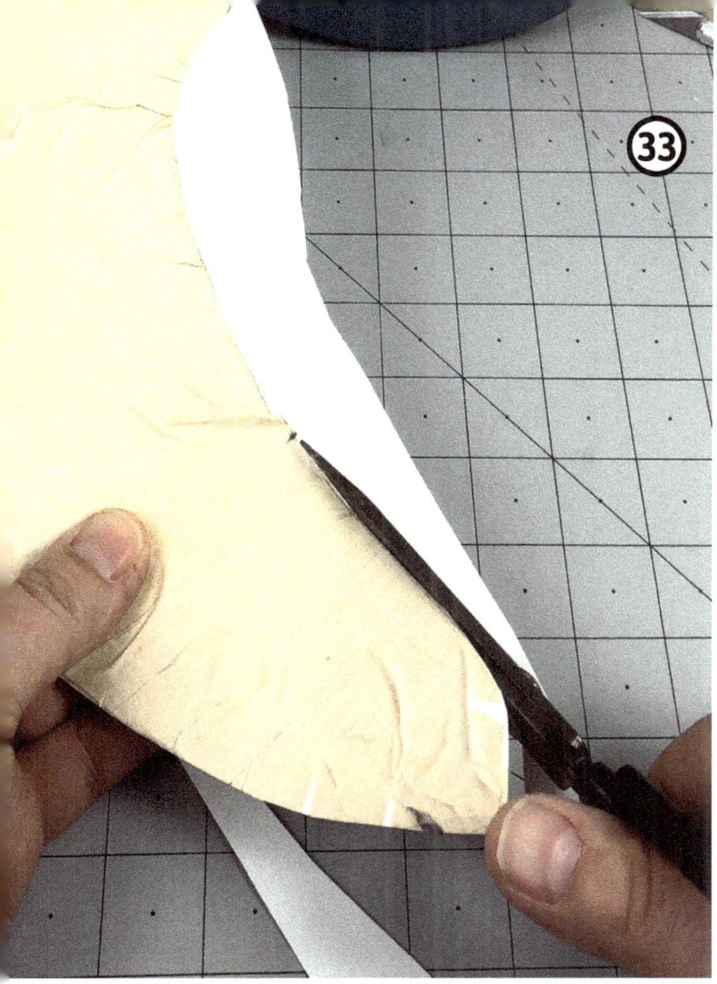

Terminar la trepa

34. Después de haber recortado el patrón en bruto, utilízalo como plantilla para trazar un nuevo patrón en una cartulina limpia, y si es posible, retira el patrón hecho con la cinta sin rasgar el papel.

En el patrón, escribe el nombre, talla, fecha y si es el lado lateral o medial.

Para crear el patrón completo con los dos lados, deberás repetir esta operación para hacer el otro lado de la horma. Este paso se explica en las páginas 135 a 138.

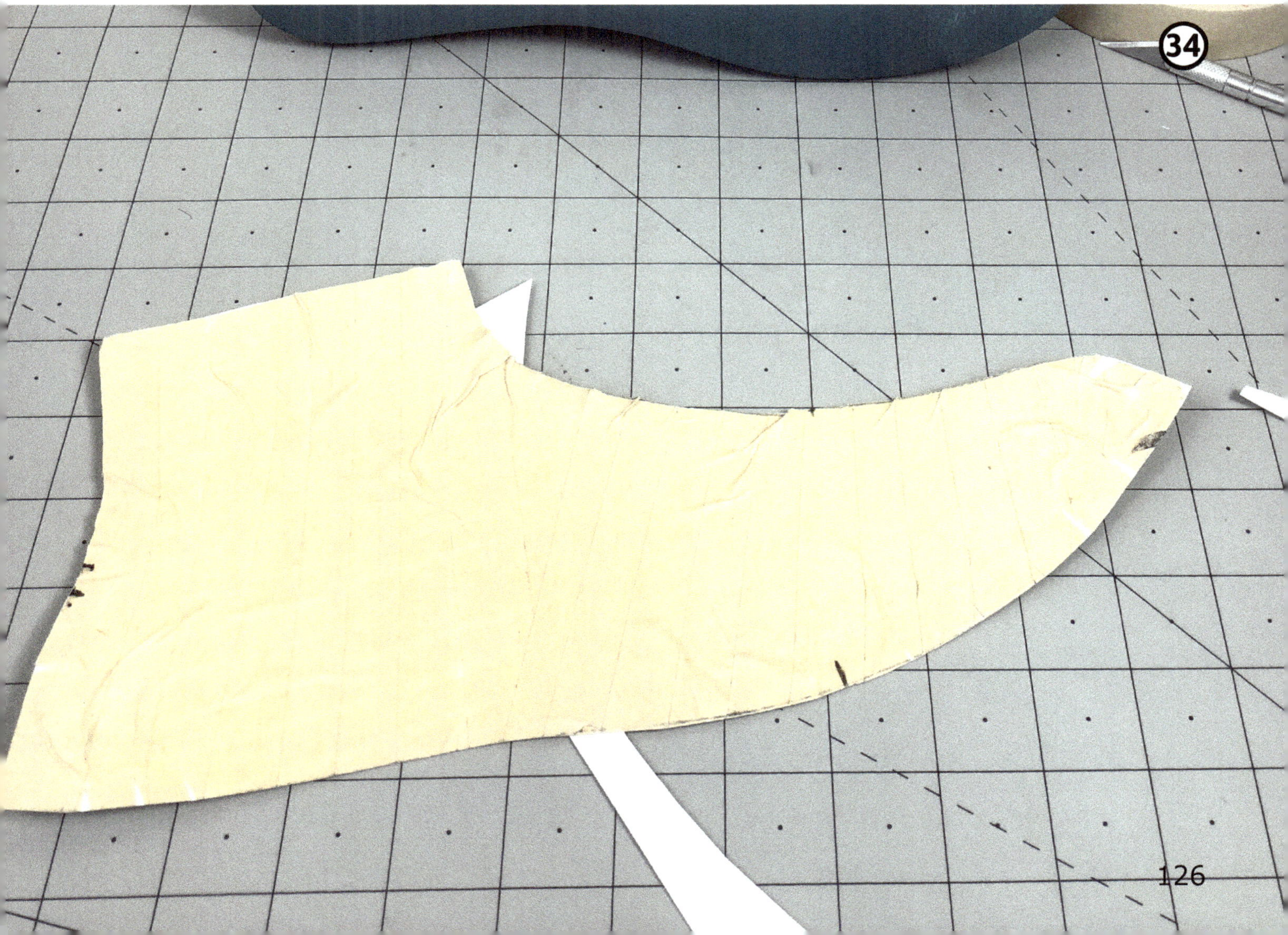

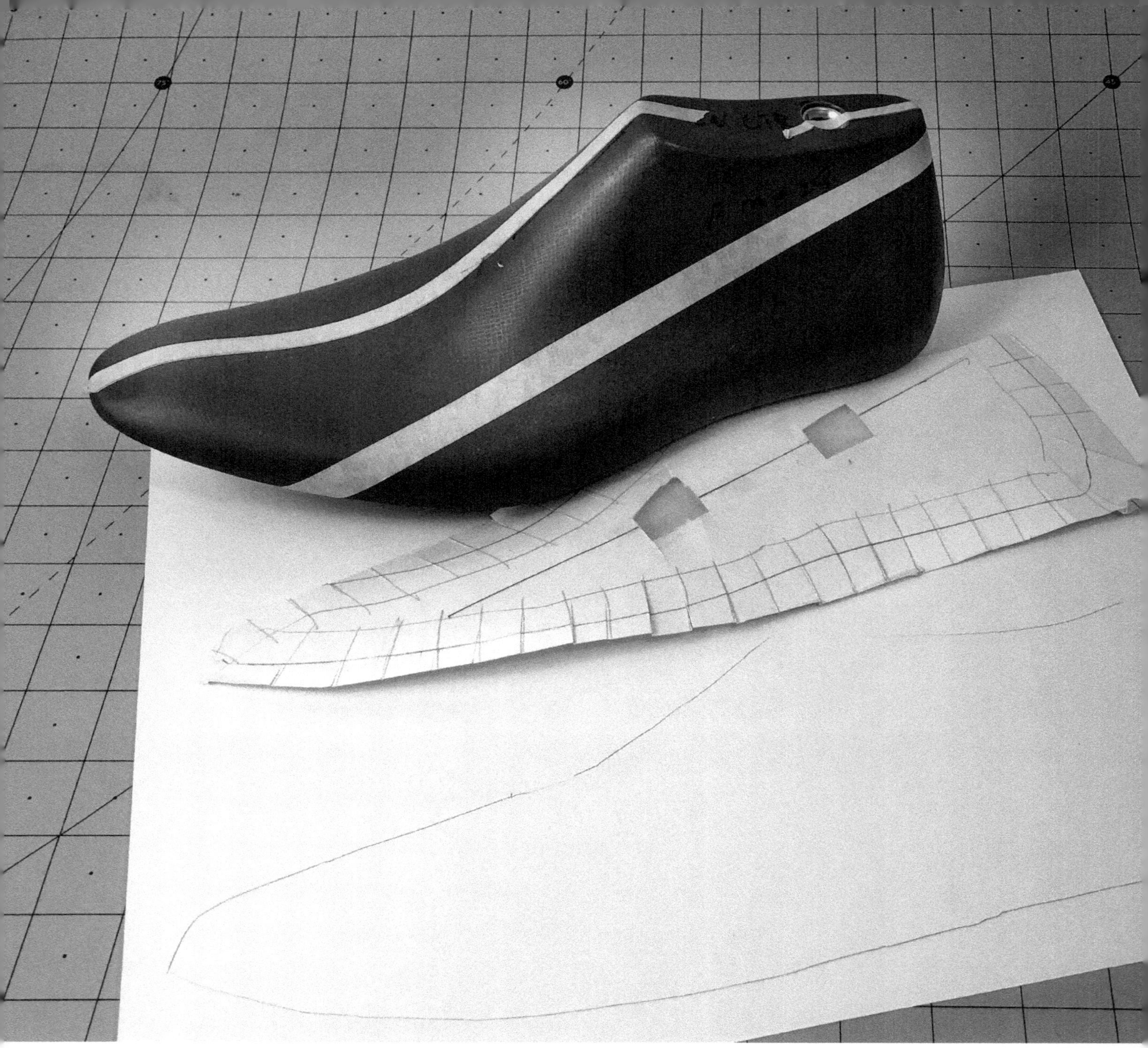

Cómo hacer el patrón con cuadrículas en el papel

A este método también se le llama *fish-bone*; crear la trepa con cuadrículas en papel también se utiliza para registrar la forma tridimensional de la horma con medios bidimensionales. Necesitarás las mismas herramientas del método anterior, añadiendo celo o cinta adhesiva. Para este ejemplo, utilizaremos la horma de un zapato de vestir clásico de caballero.

Herramientas necesarias:

Cinta de carrocero de entre 1 cm y 2 cm de ancho
Cinta adhesiva de 1 cm de ancho
Regla de metal
Bolígrafo y lápiz
X-acto™ o cortaplumas
Tijeras
Papel para patronar
Reglas curvas francesas
Compás

Marcar la horma

1. El primer paso es marcar la línea central en del talón y empeine. Puedes dibujar las líneas con un bolígrafo sobre la horma.

2. También puedes marcar el eje central sobre la cinta colocada previamente en la horma. Asegúrate de que estas líneas estén bien marcadas.

3. Marca el eje del talón.

4. Con las cintas pegadas, marca el punto de bridaje, el punto de la talonera y las articulaciones. Coloca la horma con el lado medial hacia abajo sobre tu superficie de trabajo. Con un trozo de cinta marcado previamente con una línea, posiciónalo desde el punto de la talonera hasta el punto de la articulación de la bola. Usa la cinta para ayudarte a ubicar los puntos ya marcados en la horma.

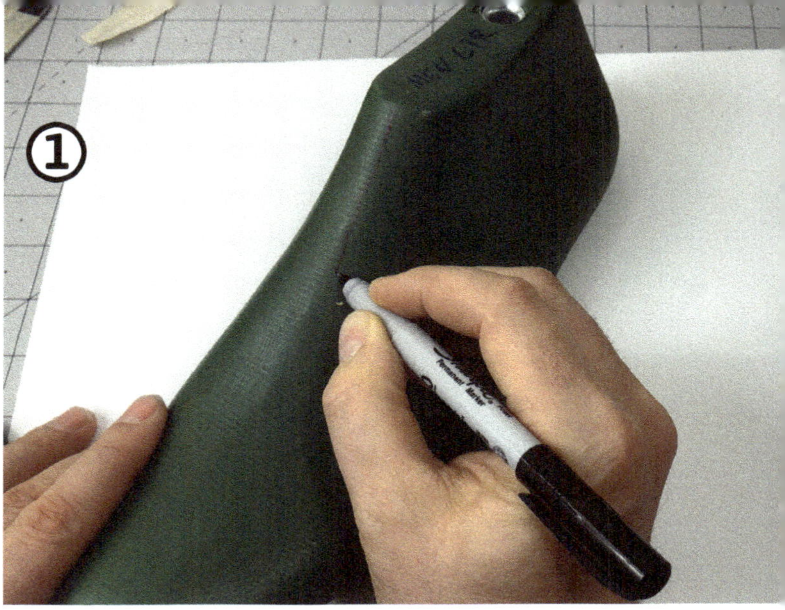

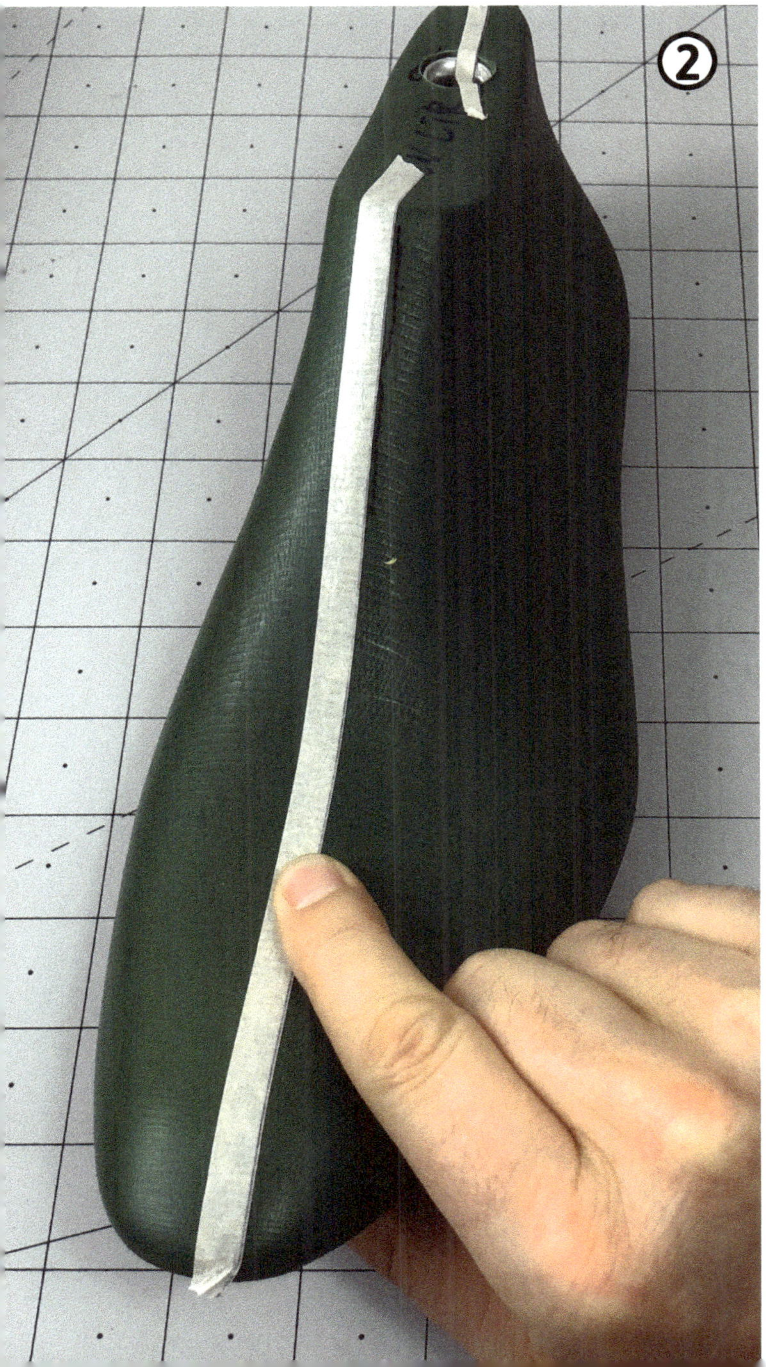

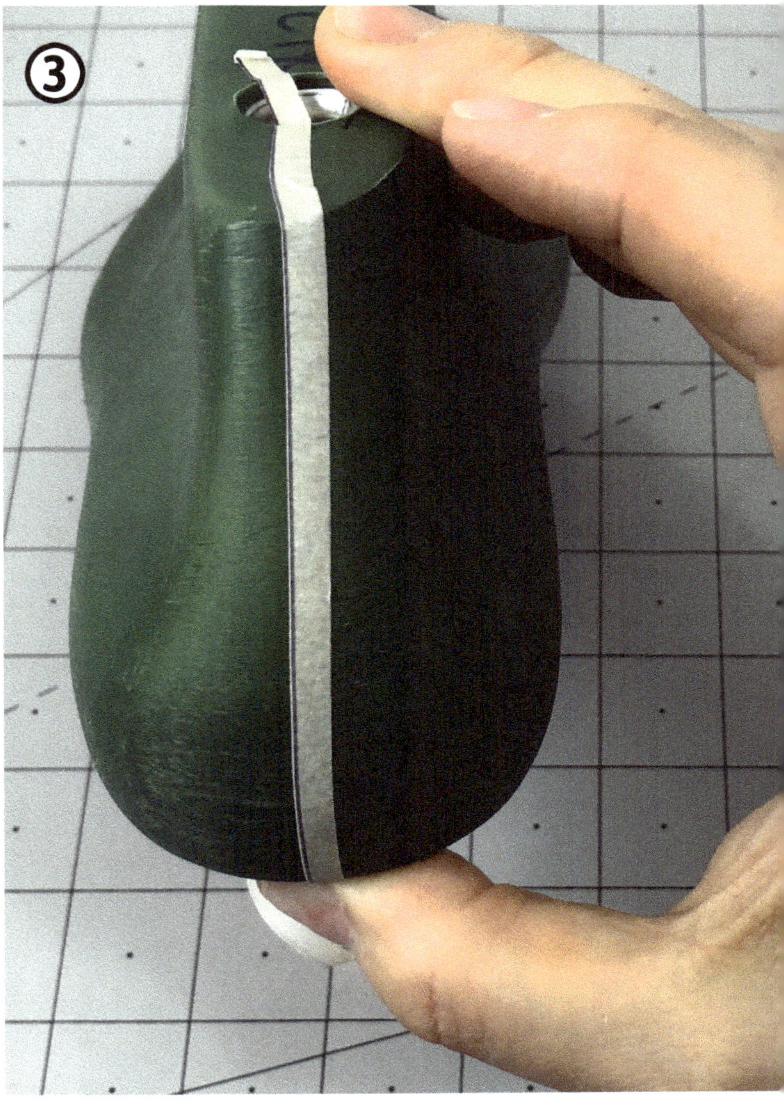

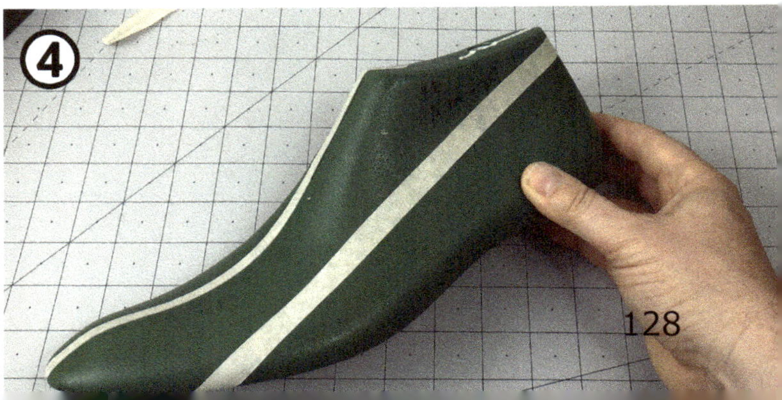

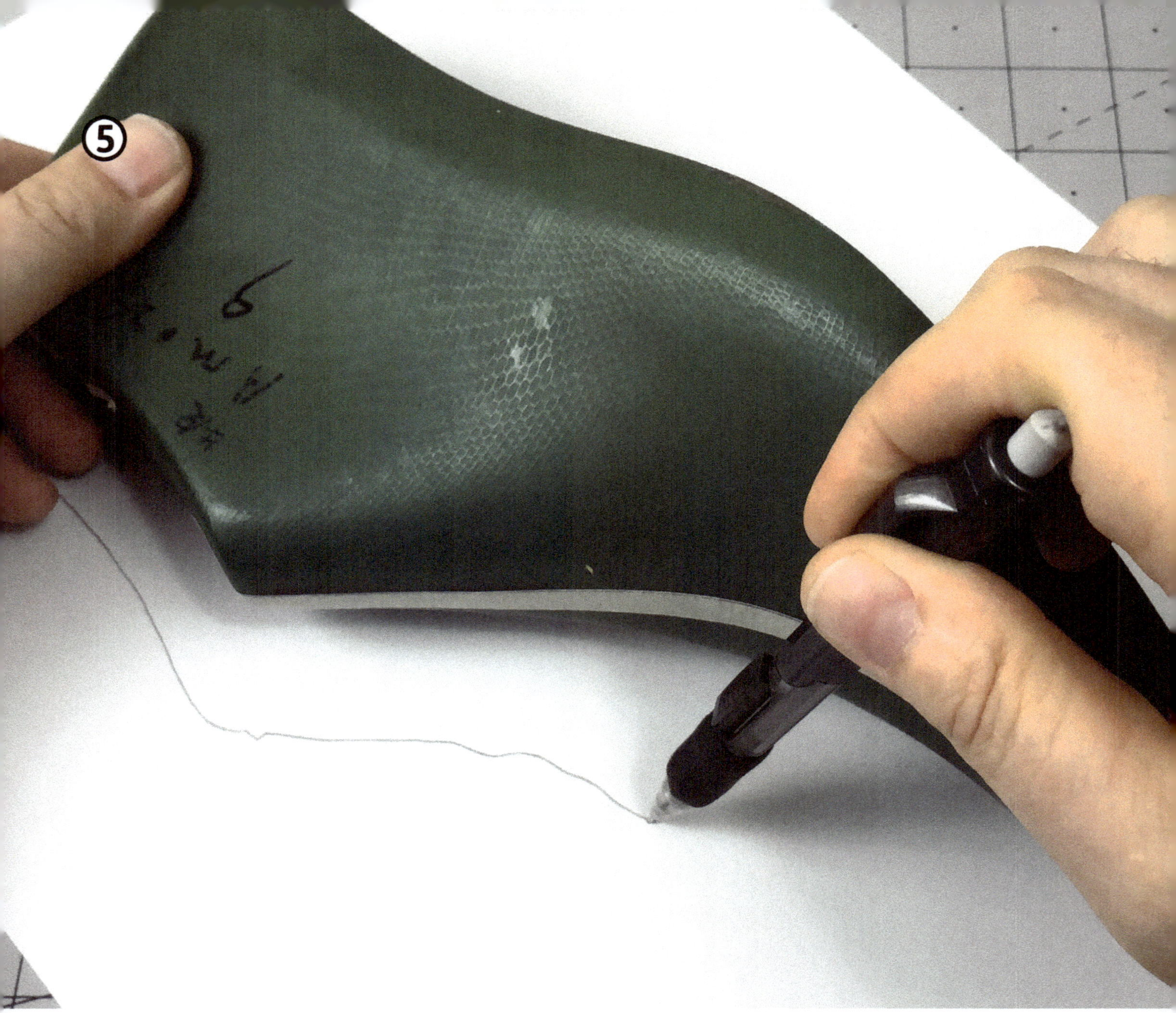
⑤

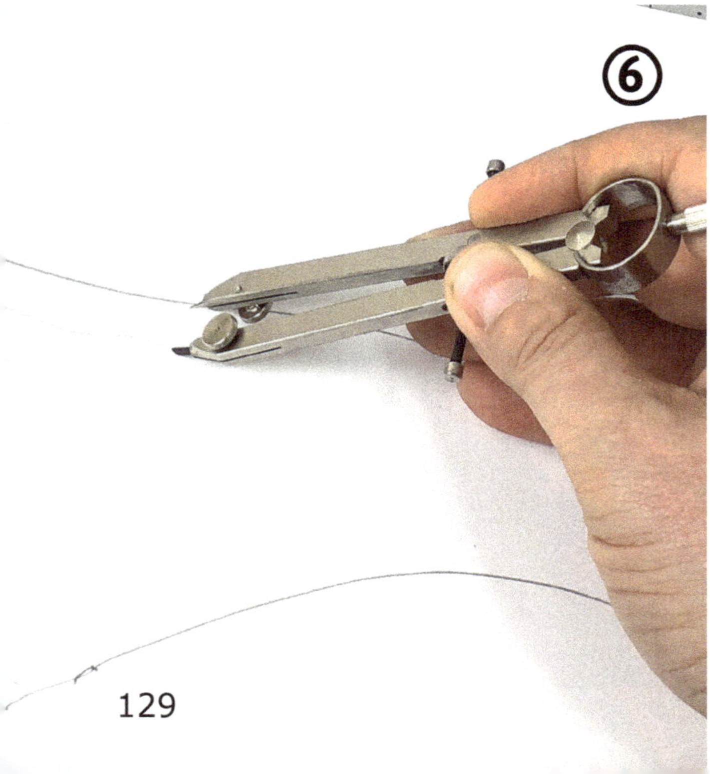
⑥

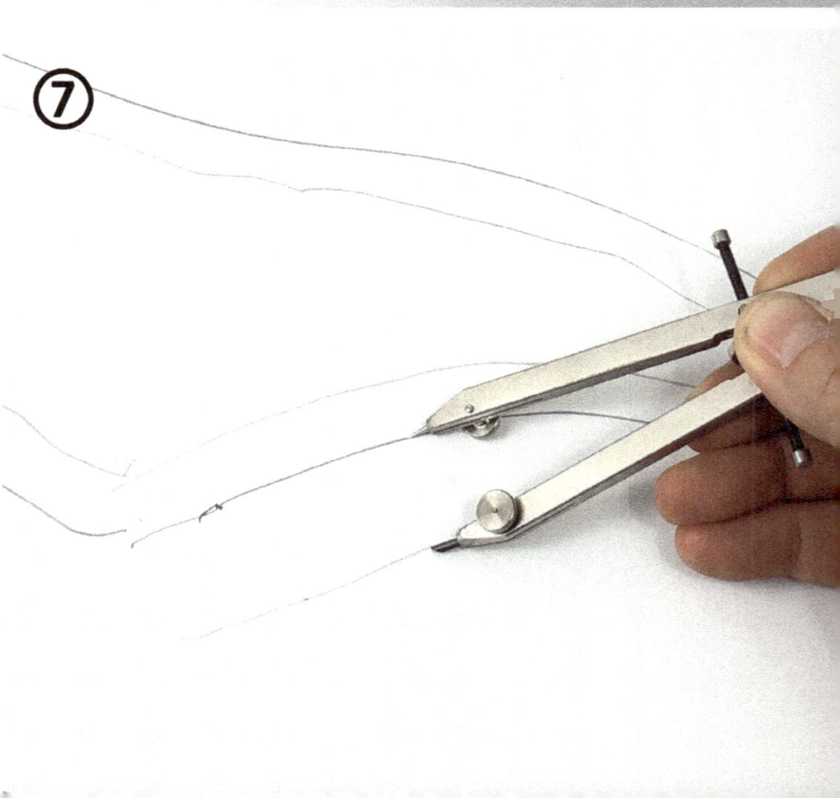
⑦

Marcar las cuadrículas en el papel

5. Coloca el papel en tu superficie de trabajo, centra el lado medial de la horma hacia abajo. Con un lápiz, traza el contorno en el papel, sosteniendo el lápiz a 90º para dibujar la línea lo más cerca posible del contorno de la horma. No te preocupes si la línea no es perfecta, ya que es solo una guía.

6. Pon una medida de 15 mm en el compás y dibuja una primera línea dentro del perfil de la horma.

7. Ahora, ajusta la medida del compás a 20 mm y dibuja una segunda línea fuera perfil de la horma.

8. Para los *fish-bones*, pon una medida de 10 mm en el compás y marca líneas perpendiculares en el contorno de la horma, creando una cuadrícula.

9. Corta la línea exterior marcada en el papel con las tijeras. Con el patrón en bruto cortado, puedes usar las mismas tijeras para cortar las muescas de la cuadrícula.

Con las muescas, el papel sigue los contornos de la horma. Deberás colocar el papel alrededor de todo el canto y hacer cortes más profundos en el empeine, talón y en el canto de la horma. Empieza con un corte cada 10 mm. No pasa nada si más adelante necesitas hacer más cortes.

10. Más o menos se verá así.

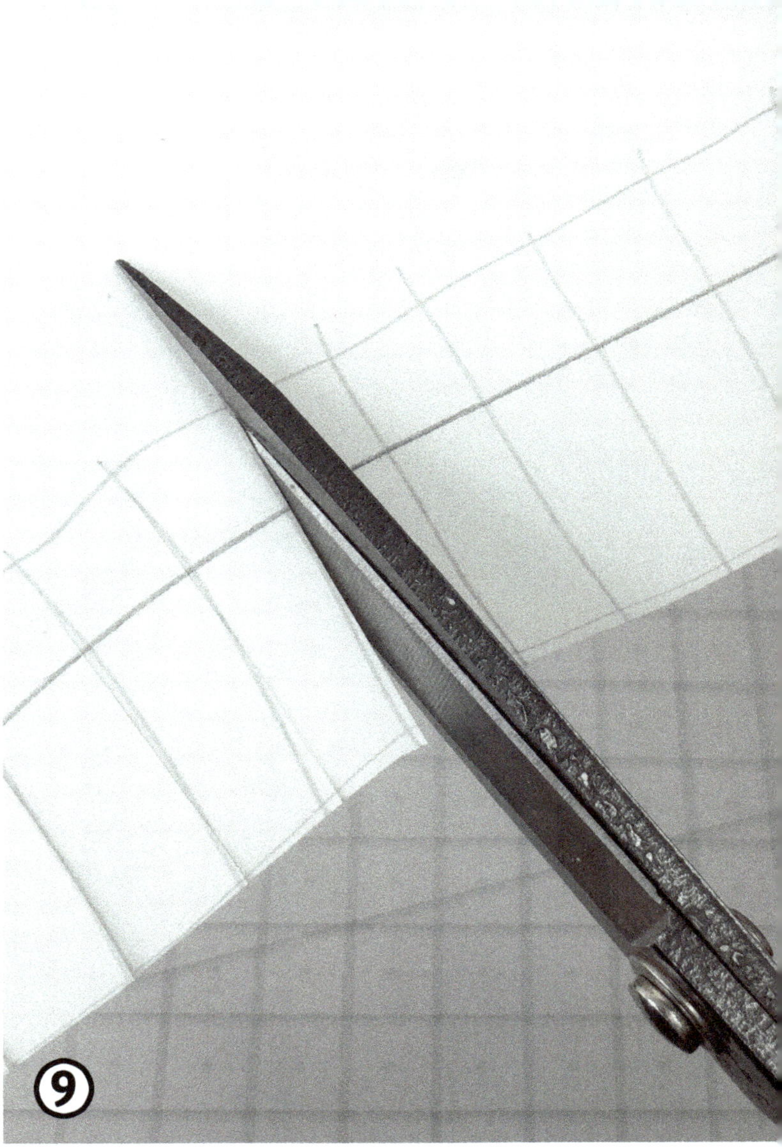

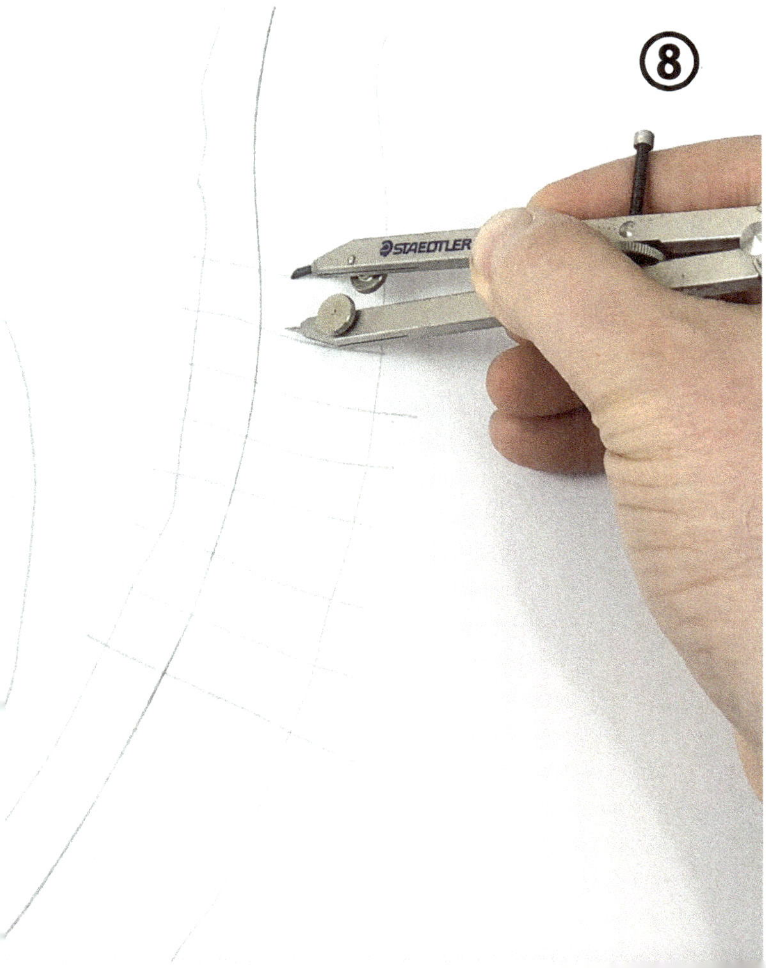

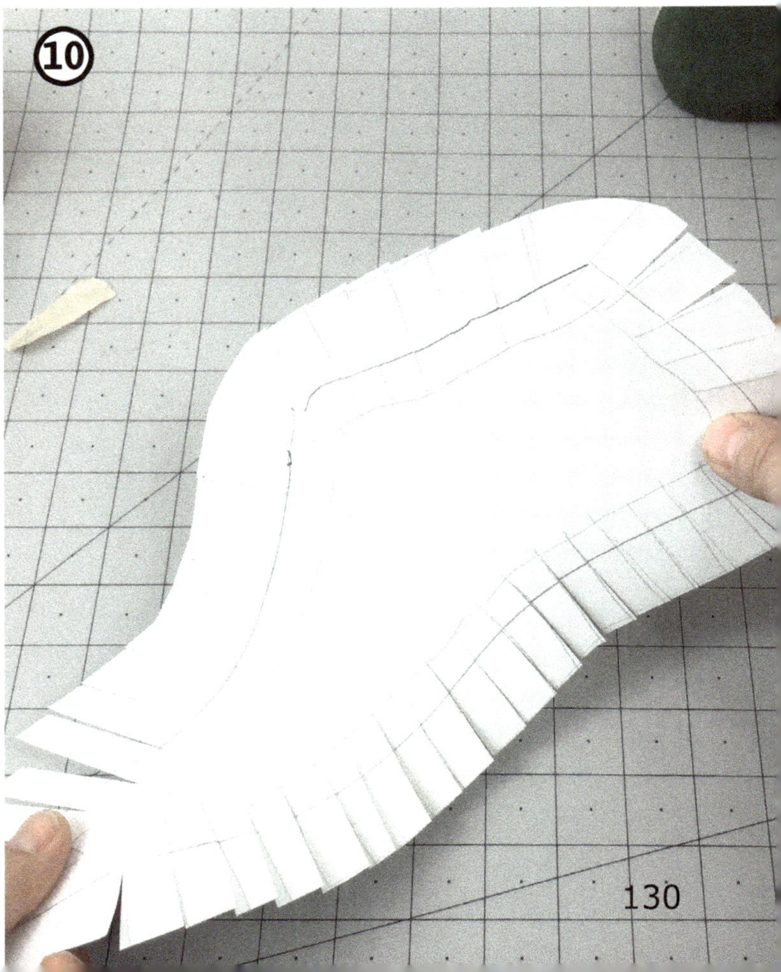

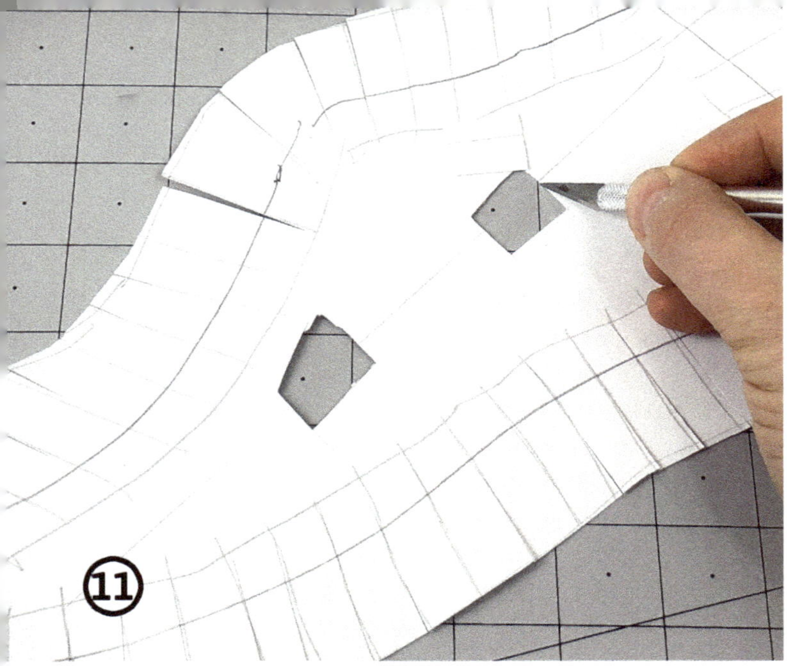

Aberturas en el patrón

11. Para ayudar a posicionar el patrón necesitarás hacer unas aberturas o ventanas en el papel. Dibuja una línea que vaya desde el punto de la talonera hasta el punto de la bola o articulación, y corta dos ventanas para dejar a la vista la cinta en la horma.

12. Coloca un trozo de cinta adhesiva sobre estas aberturas; alinea el patrón con la horma mientras trabajas. La cinta adhesiva te ayudará a mantener el papel en su sitio.

13. Puedes colocar un clavo o tachuela en la horma para ayudar a mantener el papel con el patrón en su lugar, asegúrate de mantener alineado el patrón a través de las ventanas.

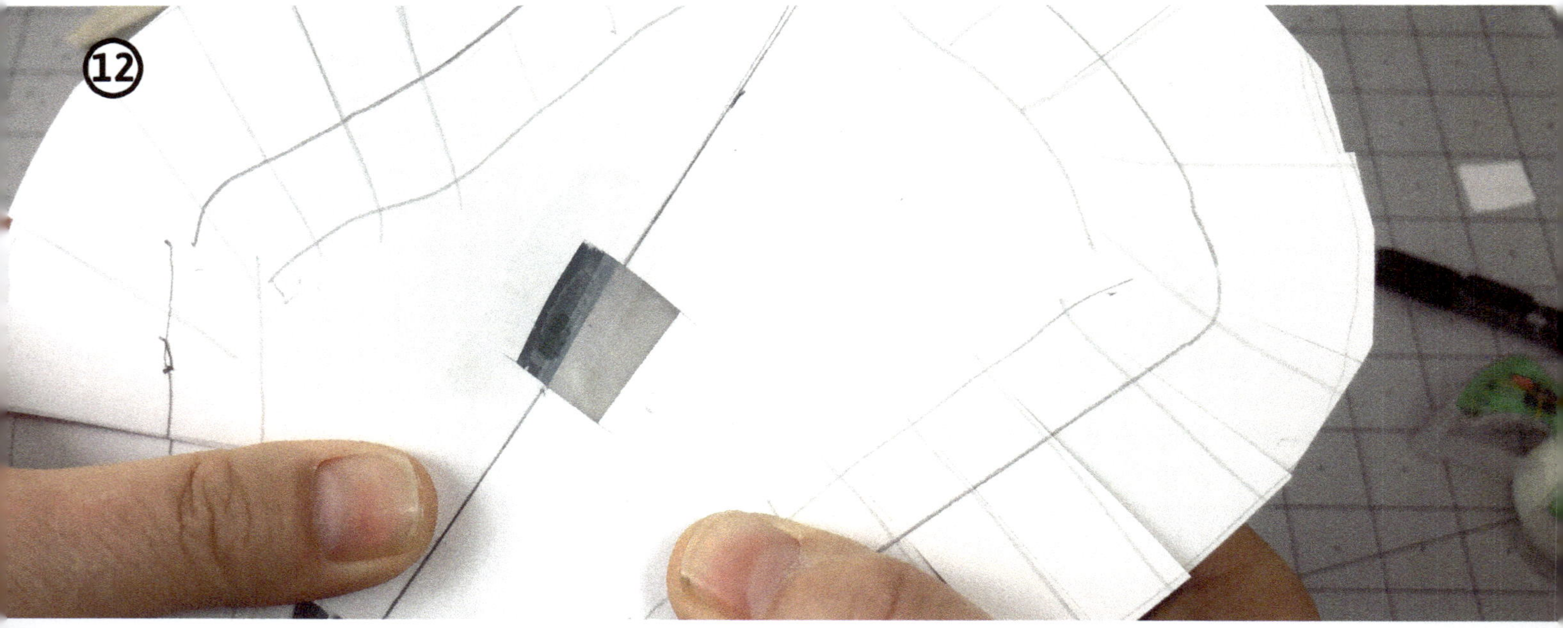

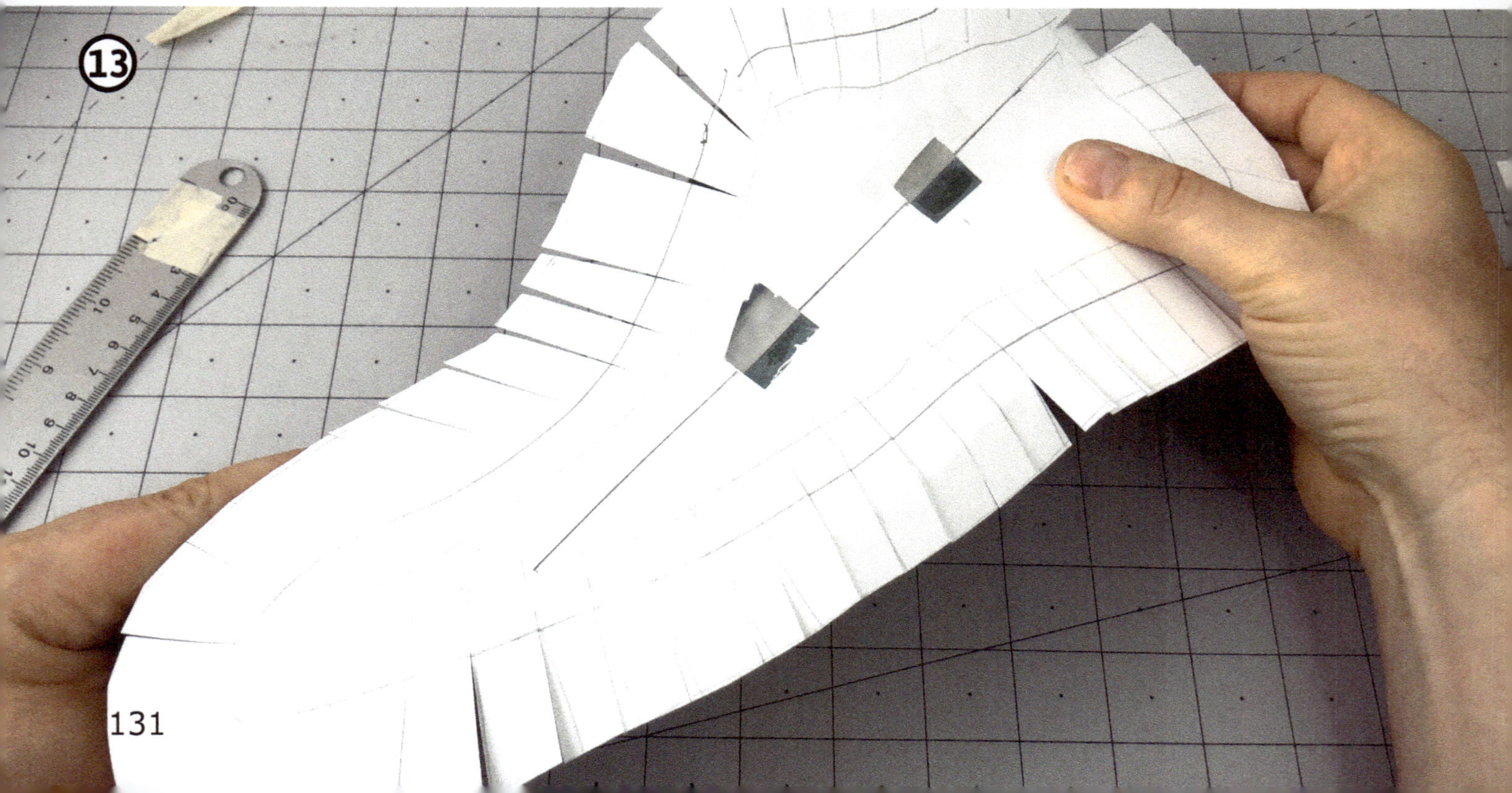

Marcar el contorno de la horma

14. Para marcar el contorno, vuelve a doblar las lengüetas creadas con las cuadrículas. Dobla las pestañas para crear una línea de pliegues. Sigue la línea central previamente marcada en la horma.

Comienza por la parte delantera, después marca la línea central del talón. Para marcar el canto de la horma, presiona el papel para crear los pliegues. También puedes usar el canto de un lápiz para ayudarte a plegar el papel.

15. Al principio quedará algo chapucero y se verá mal; no te preocupes. Mantén la horma y el patrón alineados mientras trabajas. Si ves que no coincide con la línea central o el canto de la horma, rectifica doblando de nuevo las pestañas. Sigue trabajando hasta que estés satisfecho con el resultado.

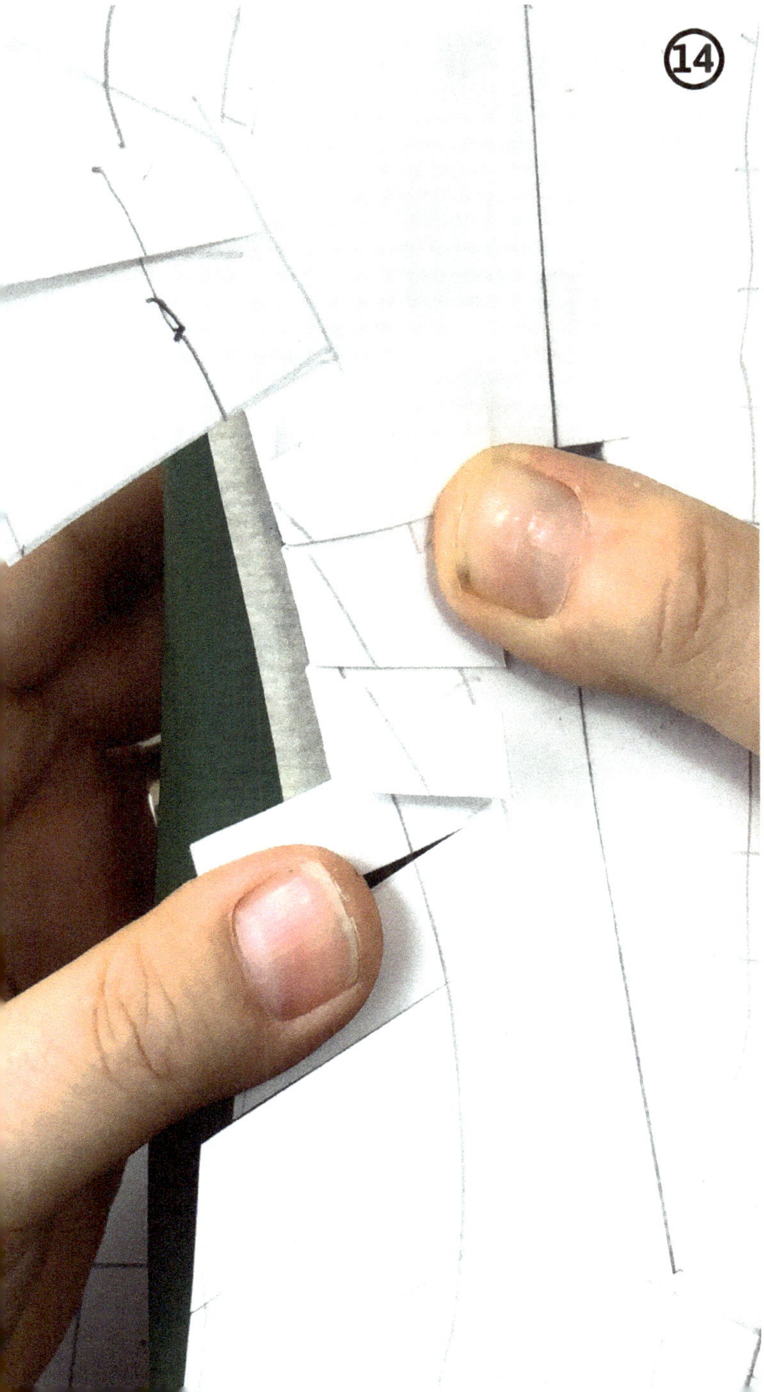

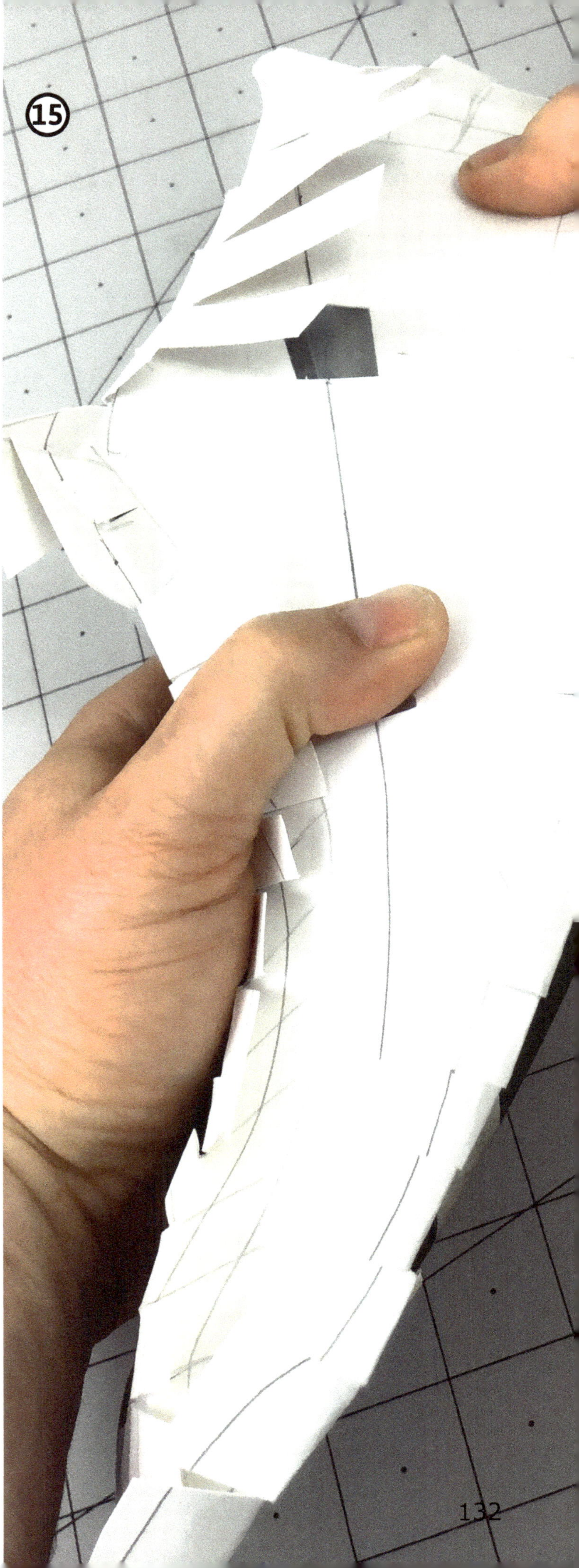

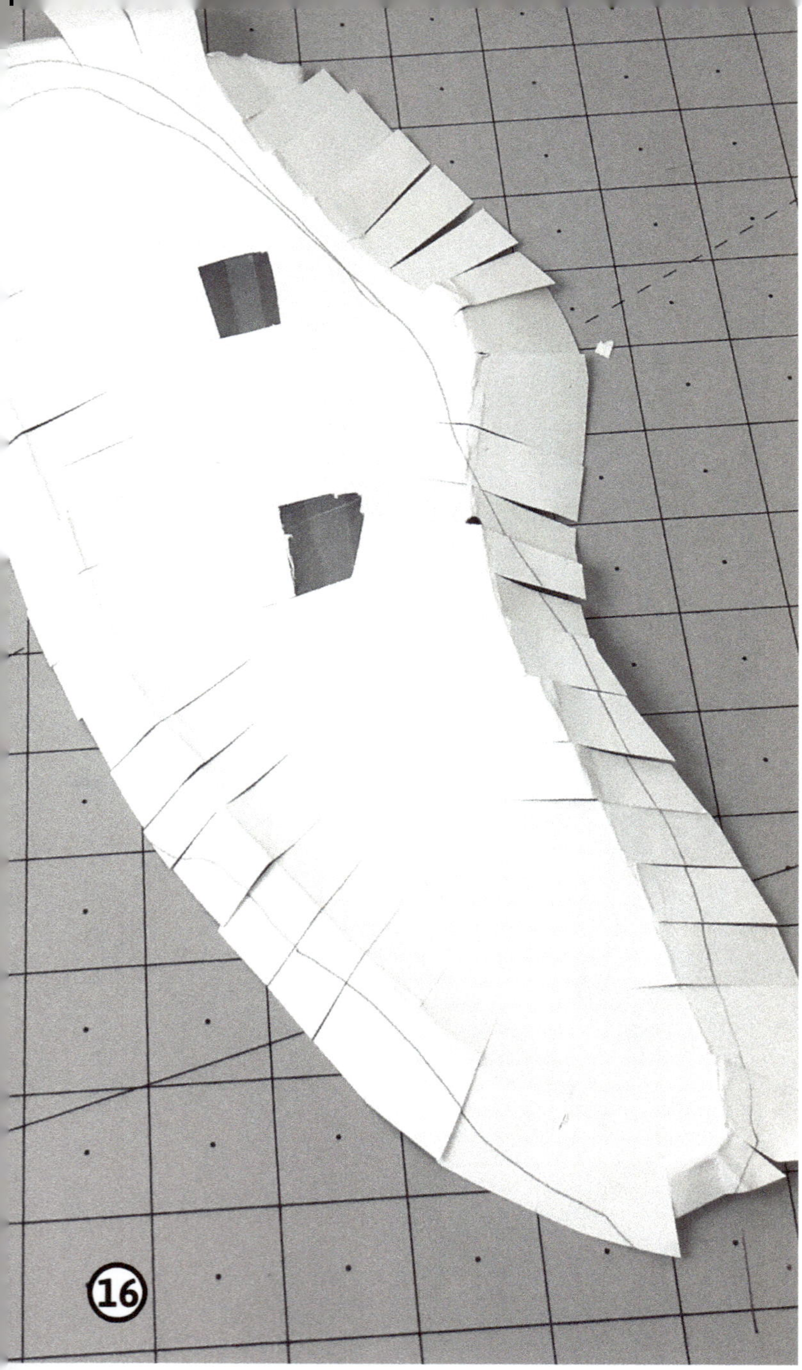

Recortar la trepa

16. Con el contorno marcado, retira el papel de la horma. Revisa el trabajo para ver que tienes la silueta completa.

Puedes volver a colocar el patrón en la horma y hacer las correcciones necesarias; también es posible que debas cortar un poco más de papel, o usar cinta de carrocero para añadir recorrido en las zonas erróneas.

17. Traza la línea del contorno para tener la línea de pliegue visible y utiliza esta línea para recortar el patrón.

18. Con el cortaplumas o con unas tijeras, recorta el exceso de papel y deja solamente el patrón principal. Compara la silueta del patrón en bruto con la horma.

19. Coloca el patrón en una hoja limpia de papel para patronar y traza el contorno para hacer una copia, la necesitarás más adelante para crear otro patrón.

Ahora que tenemos un lado completo, repite la misma operación para crear el lado medial de la horma. Se necesitan ambos lados del patrón para crear la trepa doble.

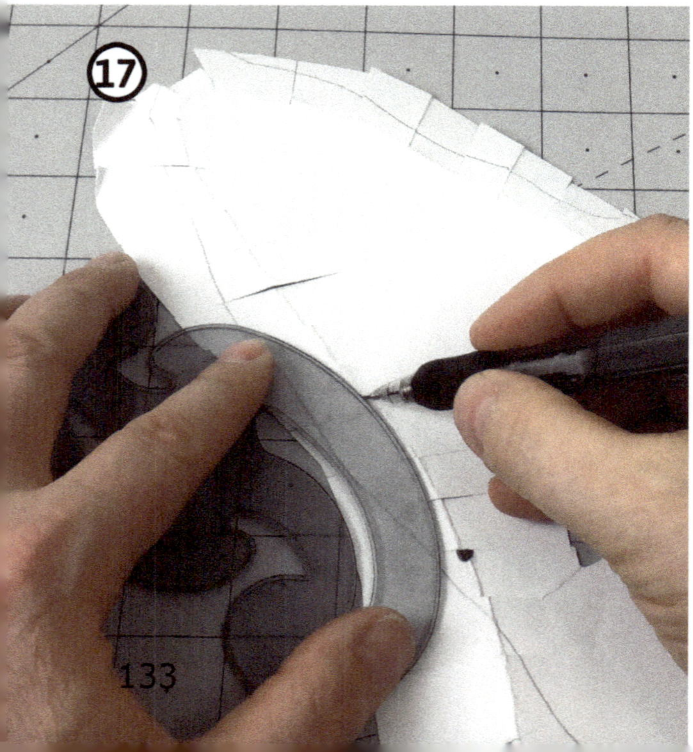

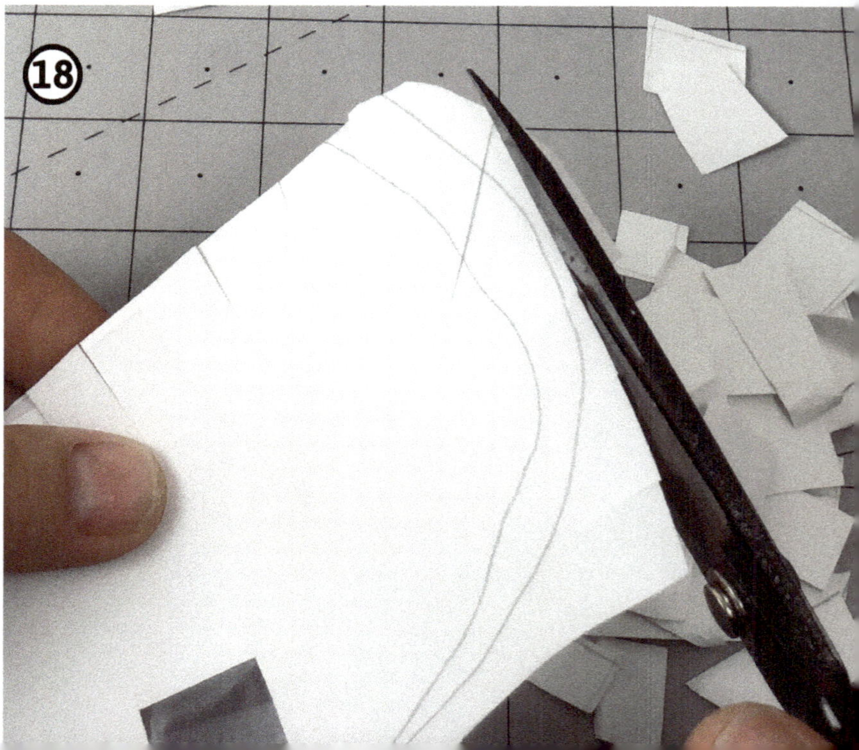

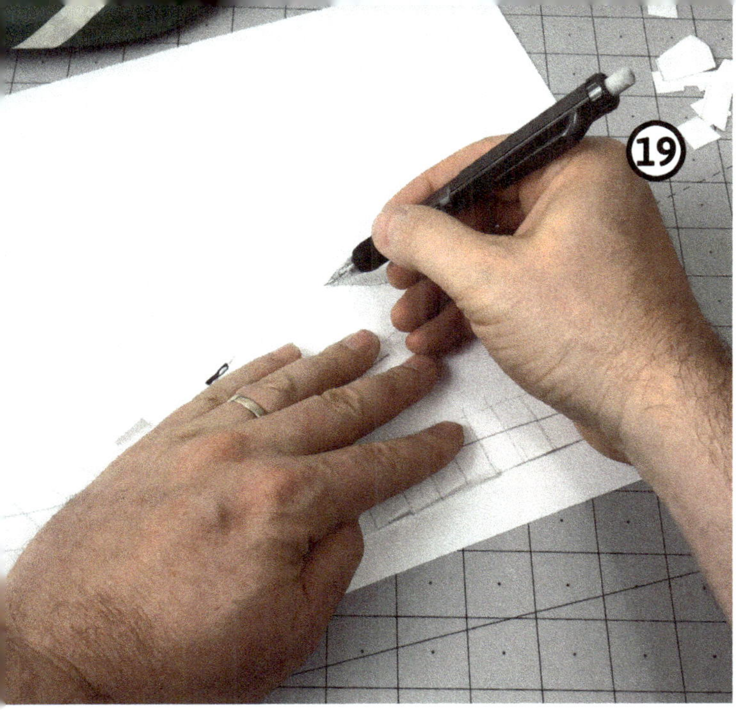
19

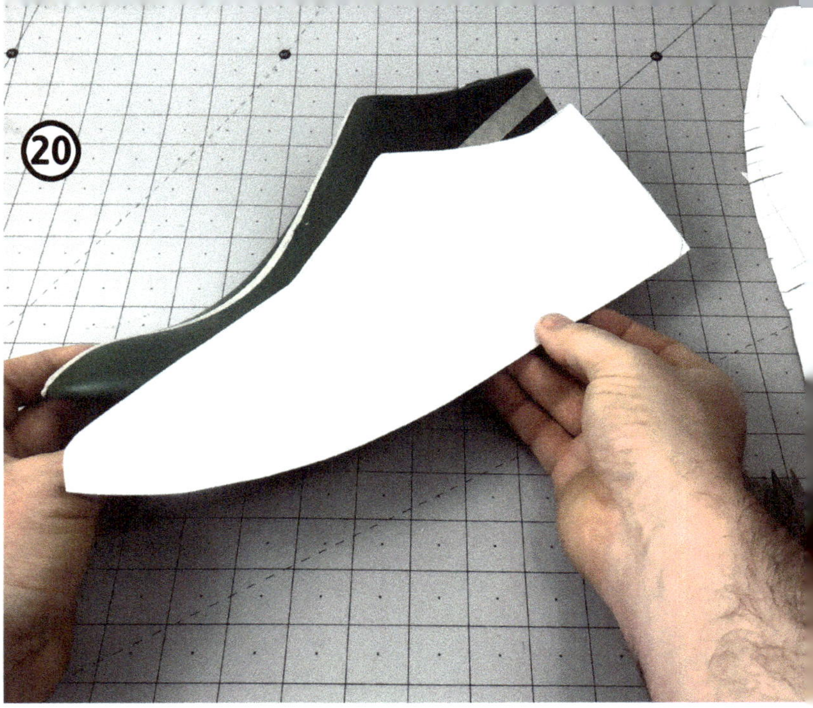
20

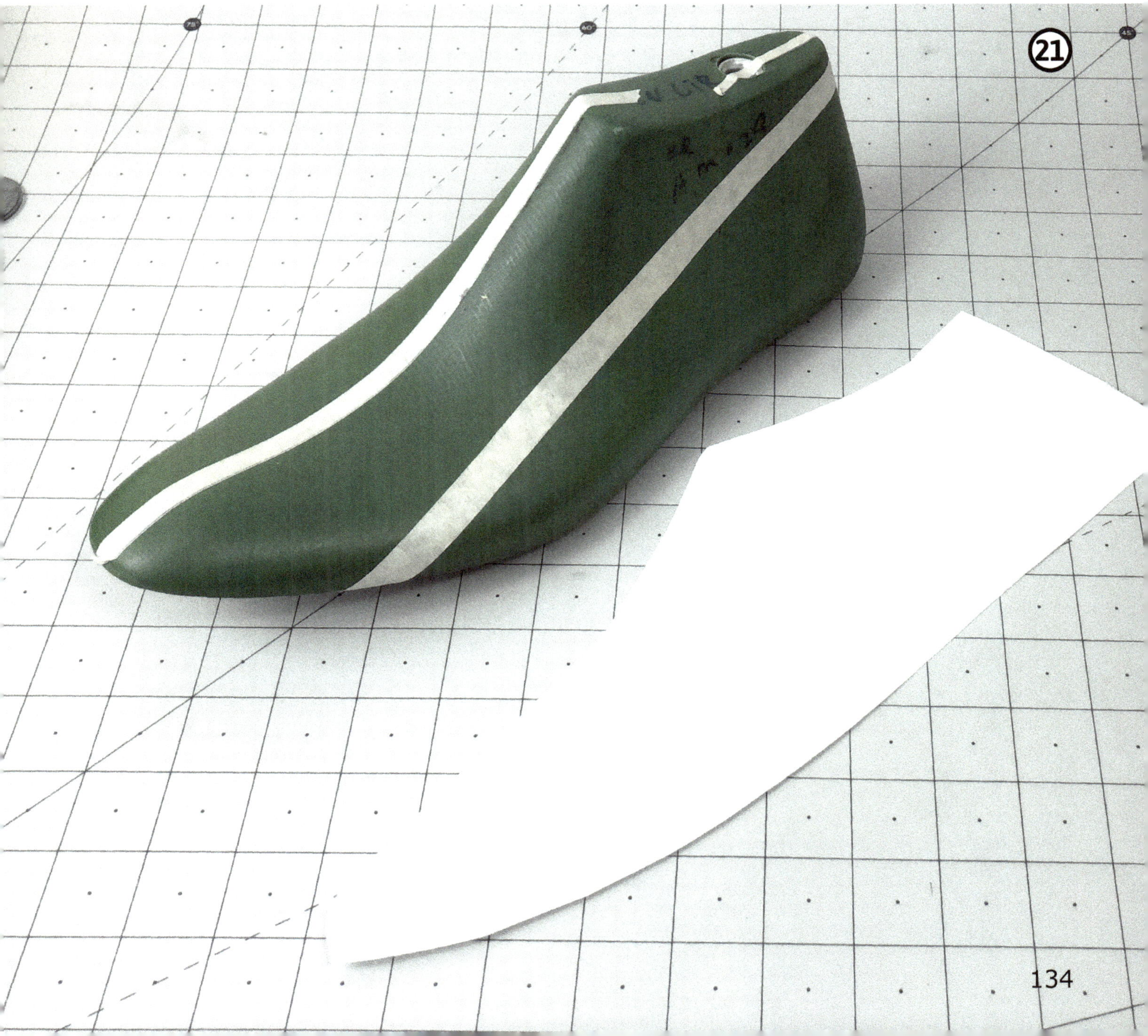
21

La trepa doble

Los lados medial y lateral de la horma no son simétricos, tienen diferencias muy significativas en la trepa creada. El recorrido del lateral exterior del patrón es mayor desde la punta hasta la línea de pisada. La zona medial, medida desde el interior del patrón, es también ligeramente mayor entre la línea de pisada y la cintura. Después de la cintura, la parte exterior del patrón es, de nuevo, un poco más grande.

La trepa doble consiste en obtener los dos lados de la trepa, necesario para crear la trepa simétrica. Si está bien hecha, tendrá todas las curvas del escote, pala y talonera trazadas. El canto inferior de la parte delantera tendrá todavía dos líneas, y las necesitarás por separado para crear con precisión el patrón del canto de la horma.

Hacer la trepa doble

Empieza con una hoja limpia de papel y traza la silueta del lado exterior. Ahora, posiciona y traza el lado interior del patrón sobre las líneas del exterior, intenta que el punto de bridaje y el empeine coincidan. Verás las diferencias. Deja los patrones de los cantos de la horma por separado y traza una nueva línea intermedia entre la línea inferior y las curvas de la parte posterior del patrón.

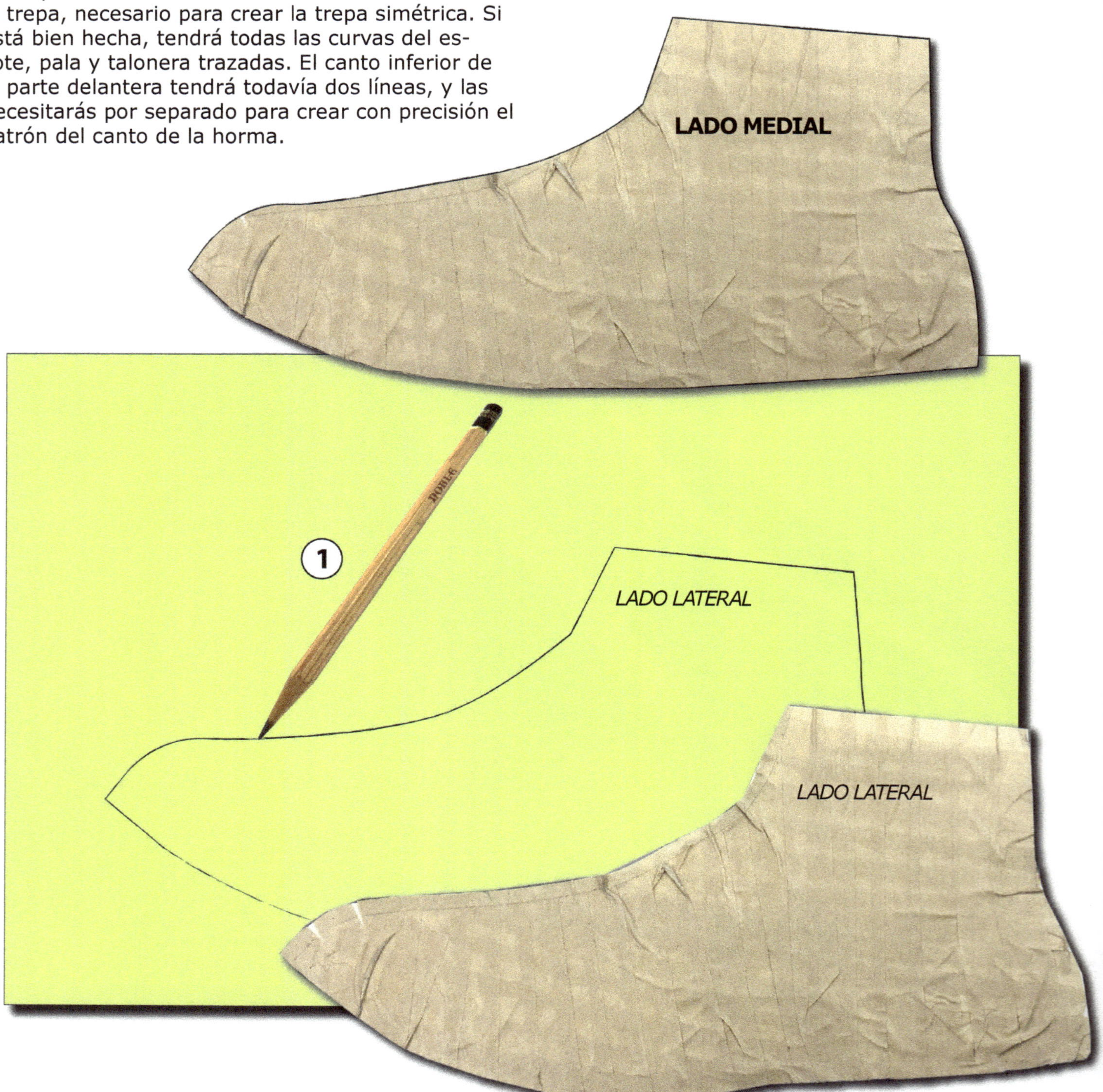

El proceso paso a paso:

1. Traza el lateral (exterior) del patrón en una hoja limpia.
2. Coloca el lado medial (interior) del patrón superpuesto al trazo anterior.
3. Alinea el punto de bridaje.
4. Gira la forma medial para alinear los siguientes puntos:
   El punto de bridaje y el cono inferior.
   La talonera debe apoyar sobre en la línea inferior.
   Centra las curvas traseras.
   Es posible que la línea del escote y el hueco no coincidan, no te preocupes, se corrige más adelante.
5. Manteniendo el patrón medial en su sitio, traza la parte delantera del patrón. Empieza esta nueva línea desde el punto de bridaje, pasando por la punta, hasta la cintura.

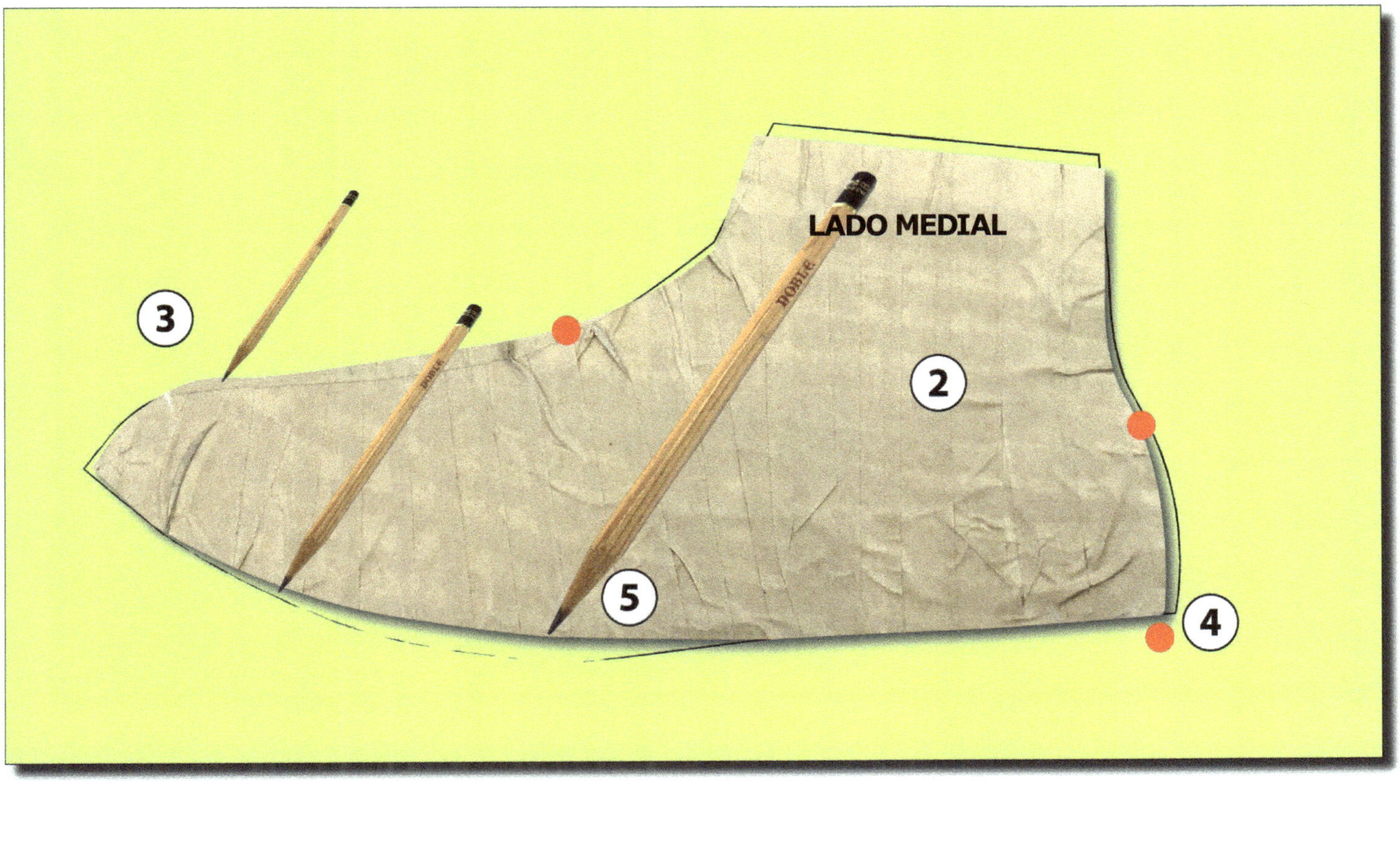

Enfranque y quebrante de la punta

6. Si el punto de la talonera no se alinea, usa un punzón para pinchar el patrón en el punto de bridaje, y gira la pieza interior para alinear la línea del escote y el hueco. Girar la talonera hacia arriba dará tensión al escote o hueco del zapato una vez montado.

En inglés, a este pequeño ajuste se le llama *shank ease*, y tan solo se necesitan unos milímetros; dar demasiado recorrido, hará que el patrón tenga más tensión en las paredes a la hora de montar el zapato, y puede que no necesites este ajuste.

Girar la punta hacia arriba hará que el patrón tenga más quebrante o salida, haciendo que el patrón del corte ciña sobre la punta cuando se monte en la horma.

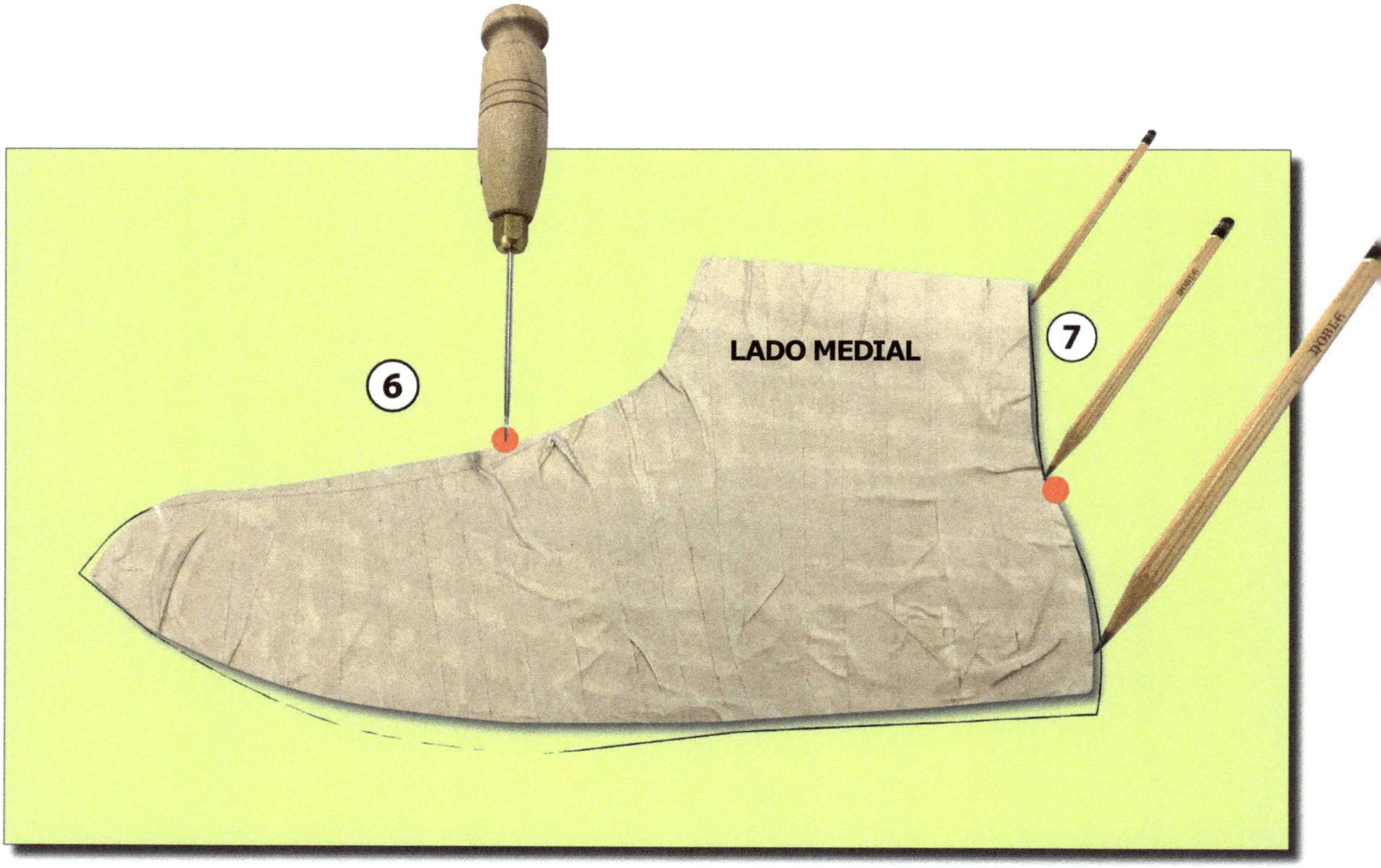

Trazar las curvas del patrón

7. Traza la línea de la curva del talón.
8. Ahora tendrás los dos trazos juntos.
9. El canto de la horma (inferior) será la línea exterior. Mantén el interior dentro del patrón.
10. Pueden quedar huecos en la cintura, talonera, y el empeine. Dibuja una nueva línea que junte los huecos de manera uniforme para crear el nuevo trazo.
11. Termina el nuevo patrón cortando el contorno con cuidado.
12. Marca el código de la horma, la talla y la fecha para que quede listo. Ahora ya puedes diseñar tu patrón directamente en el patrón plano.

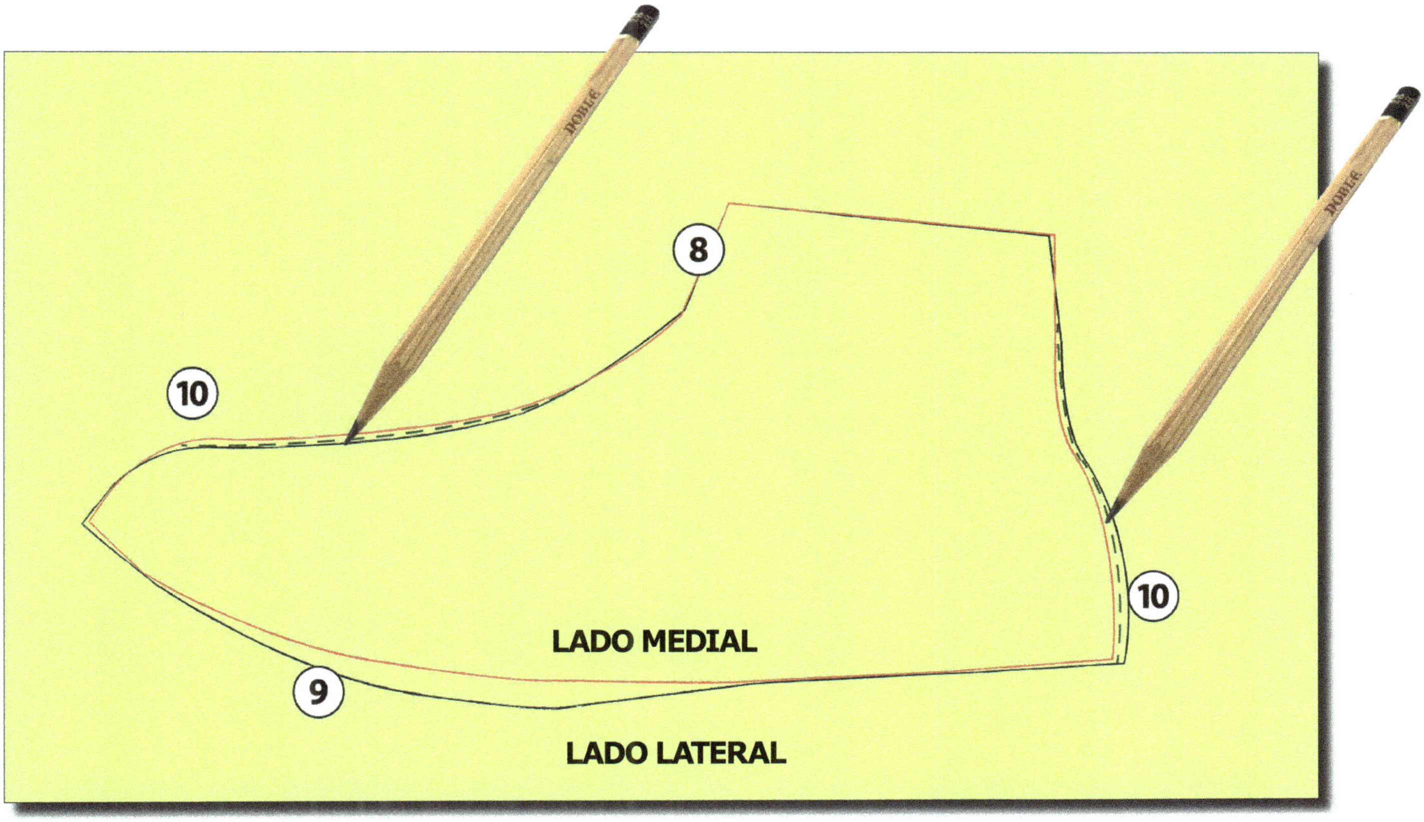

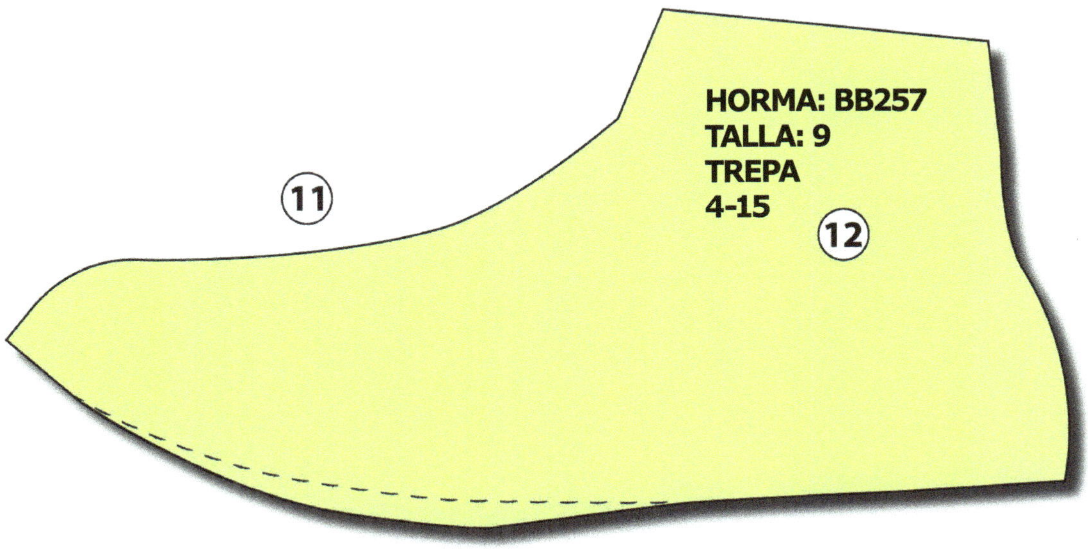

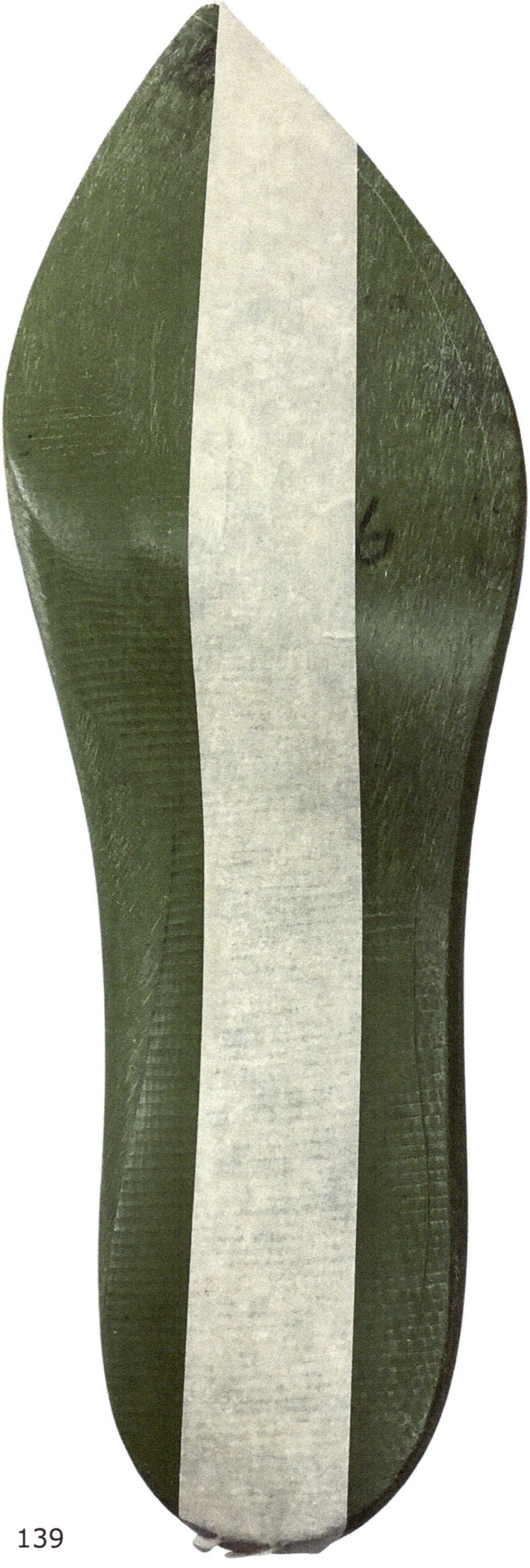

Trazar la planta de la horma

Encinta la base de la horma, desde la punta hasta el talón. Empieza en la línea central y trabaja hacia los exteriores, superponiendo cada tira a medida que avanzas. Una vez que cubras toda la planta de la horma, usa el lápiz para marcar el canto. Ahora, retira la cinta y pégalo en el papel para patronar. Con un cortaplumas o unas tijeras, recorta la línea para tener el patrón listo.

Probar el patrón de la planta

Este patrón es fácil saber si está bien hecho; coloca el patrón en la base de la horma y recorta cualquier trozo que sobresalga. Si hay alguna zona que no haya quedado en la plantilla, puedes volver a poner un trozo de cinta en esa zona y cortarlo de nuevo.

Una vez realizadas las correcciones, haz una copia limpia y escribe el nombre, la talla y la fecha.

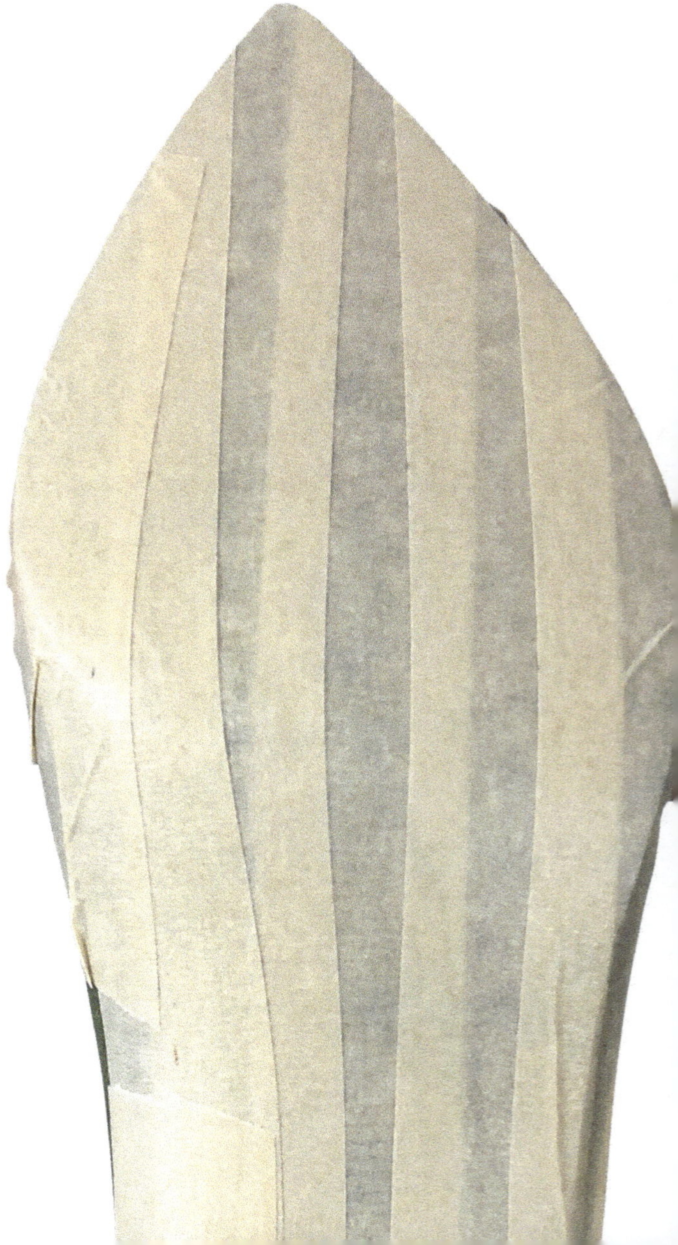

Calibrador de la planta

Necesitarás crear varias veces el patrón para las plantillas y las palmillas o plantas de montado cuando trabajes calzado de señora. Puedes utilizar la misma técnica de encintado para sacar el patrón de la planta, y deberás hacer la misma operación para el calzado de caballero y cualquier calzado deportivo con montado Strobel. Para botas con montado con palmilla, necesitarás el patrón de la planta para crear las plantas de montado y otros refuerzos. Para calzado de vestir de hombre, es necesario este patrón para crear el contorno de las suelas de cuero y el tacón.

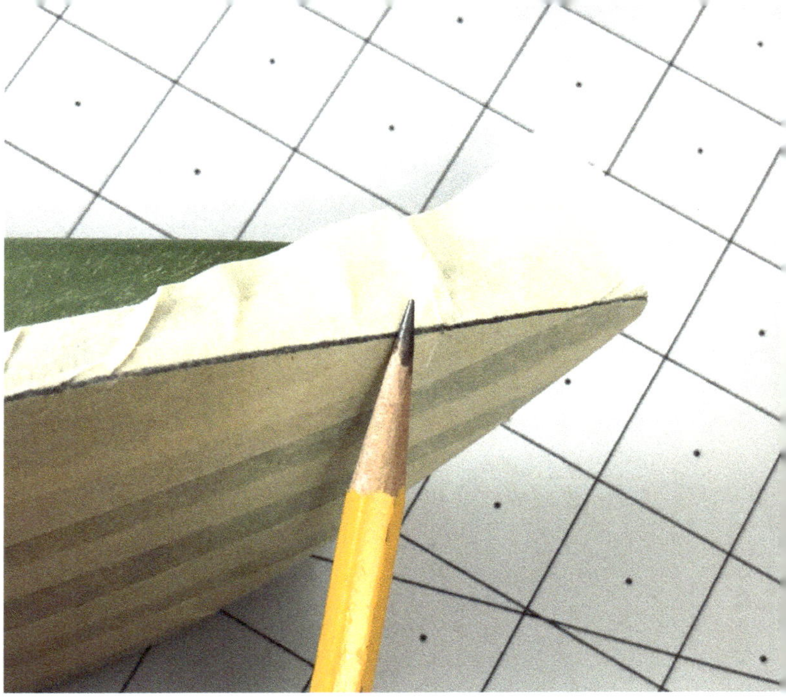

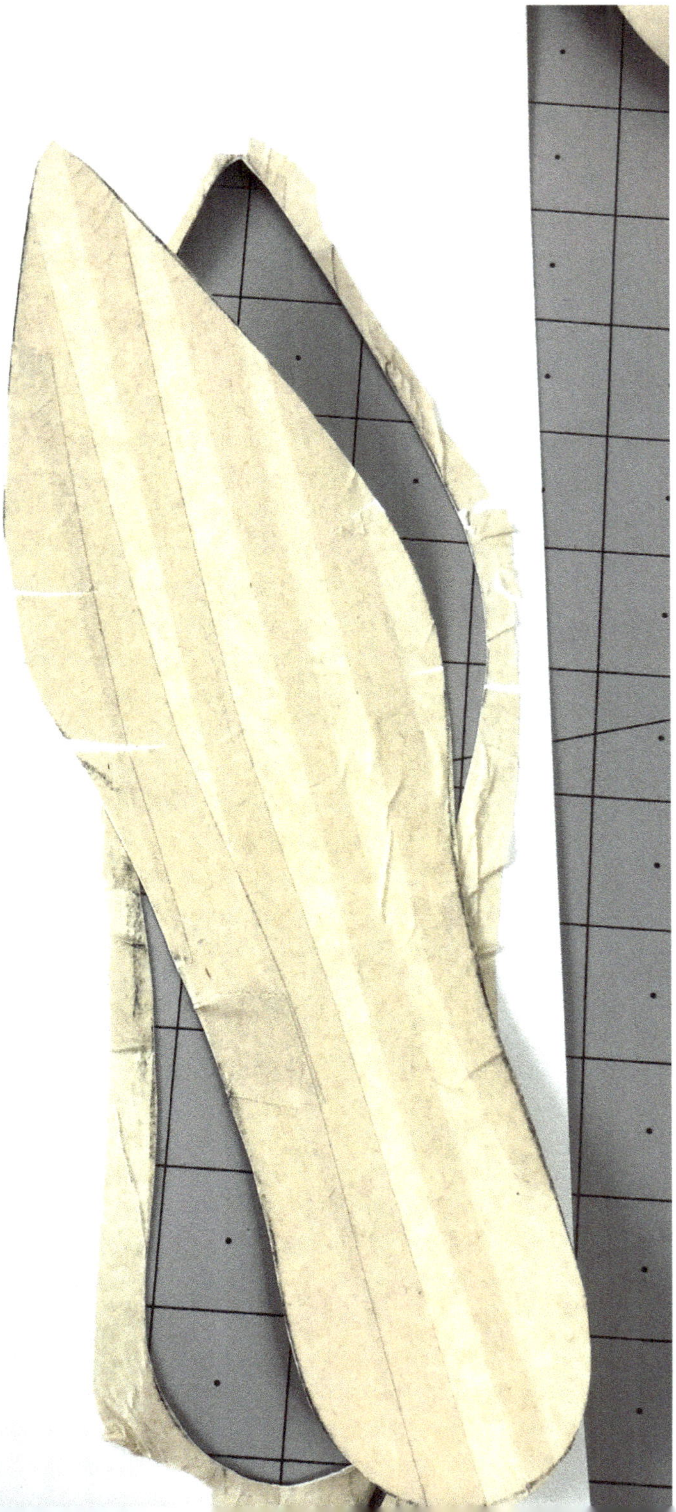

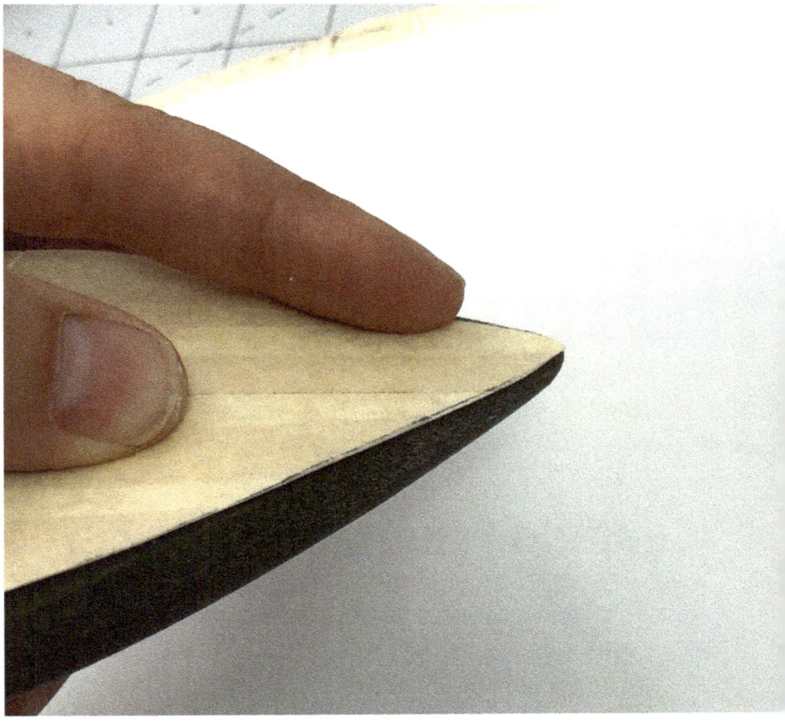

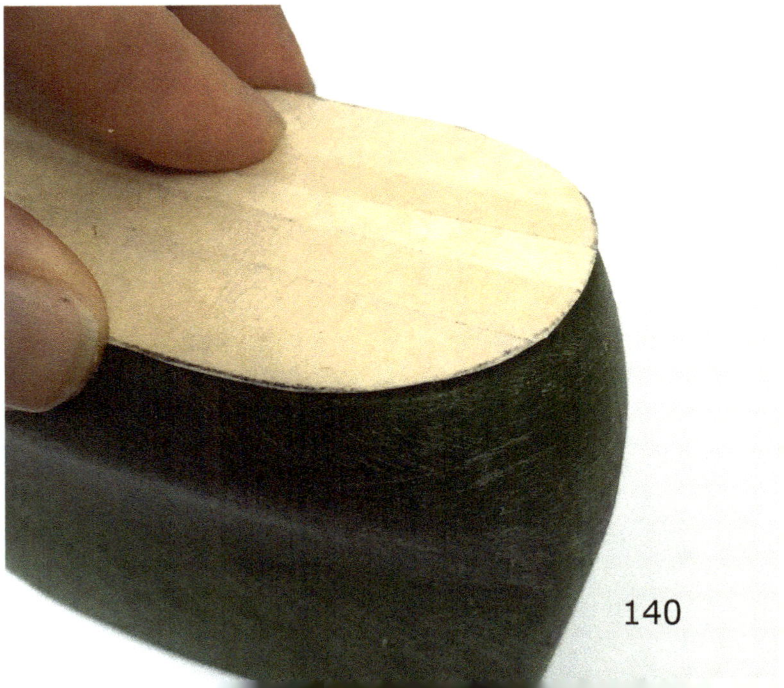

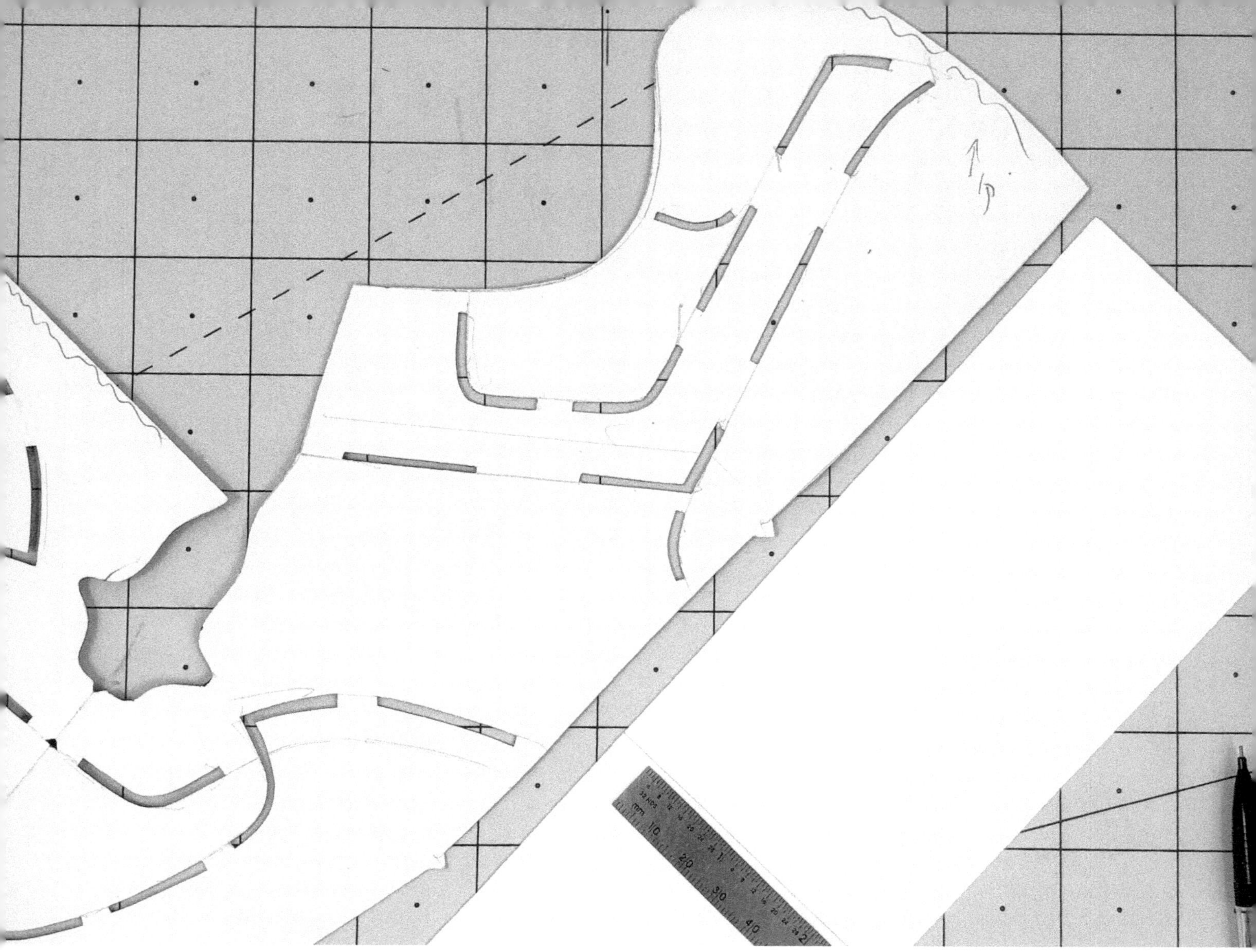

Capítulo 9: normas para crear patrones

Una vez que hayas hecho la trepa, puedes empezar a hacer las diferentes piezas de tu patrón para el nuevo diseño. Dependiendo del estilo de zapato, o de tu gusto personal, puedes elegir uno de las varias opciones para crear los patrones:

- Dibujar el patrón en la trepa 2D ya aplanada.
- Dibujar el patrón sobre la cinta de carrocero pegada en la horma, y después aplanar todo el patrón.
- Dibujar el patrón sobre la cinta de carrocero pegada en la horma, después cortar las piezas y aplanar cada componente individualmente.

No existe un método correcto o incorrecto, pero algunos tipos de calzado pueden adaptarse a un sistema en particular. Al rediseñar un modelo ya existente, puede ser mejor basarse en un patrón plano ya obtenido previamente. Una sandalia hecha a base de tiras es más fácil de crear cortando el diseño directamente de la horma, pieza por pieza. Más adelante, hablaremos en profundidad de estos tres métodos y el proceso para hacer los patrones.

Dibujar los patrones en la trepa aplanada

Algunos diseñadores y modelistas prefieren trabajar en 2D dibujando el diseño del patrón directamente en la trepa. Los diseñadores que ya están familiarizados con la trepa de horma concreta suelen usar este método para hacer un nuevo diseño. Un diseñador que está trabajando en una mejora de un zapato ya existente, puede dibujar los nuevos cambios de diseño directamente sobre un patrón plano ya obtenido.

En la otra mano, las empresas de calzado suelen hacer variaciones de diseño con la misma horma y suela. En este caso, el diseñador ahorra tiempo si trabaja directamente en la trepa ya existente.

Marcar la trepa

Antes de dibujar el diseño, deberás marcar los puntos clave en el patrón. Estos puntos van a asegurar que el diseño se ajuste a la horma y se adapte correctamente.

Patrón de zapatilla alta

Para este ejemplo utilizaremos un patrón de zapatilla alta clásica. Usando nuestra horma, empezaremos con una hoja en blanco de papel y dibujaremos el patrón. Necesitarás papel para patronar, una horma, cinta métrica y la trepa aplanada. Las medidas que vamos a utilizar en este modelo son la talla 9 americano de caballero.

Herramientas necesarias:

Trepa de la horma
Papel para patronar
Regla de acero
Lápiz y bolígrafo
Juego de curvas francesas

Dibujar la base

1. Dibuja una línea horizontal como base.
2. Para ubicar la talonera S, mide la altura de talón de la horma. En este caso, 8 mm.
3. Traza una línea que lo una con la articulación de bola de la línea base. Marca este punto como J.
4. Marca el punto de la talonera con las letras CP. La altura es el 20% de la longitud de calce estándar (aproximadamente 60 mm).

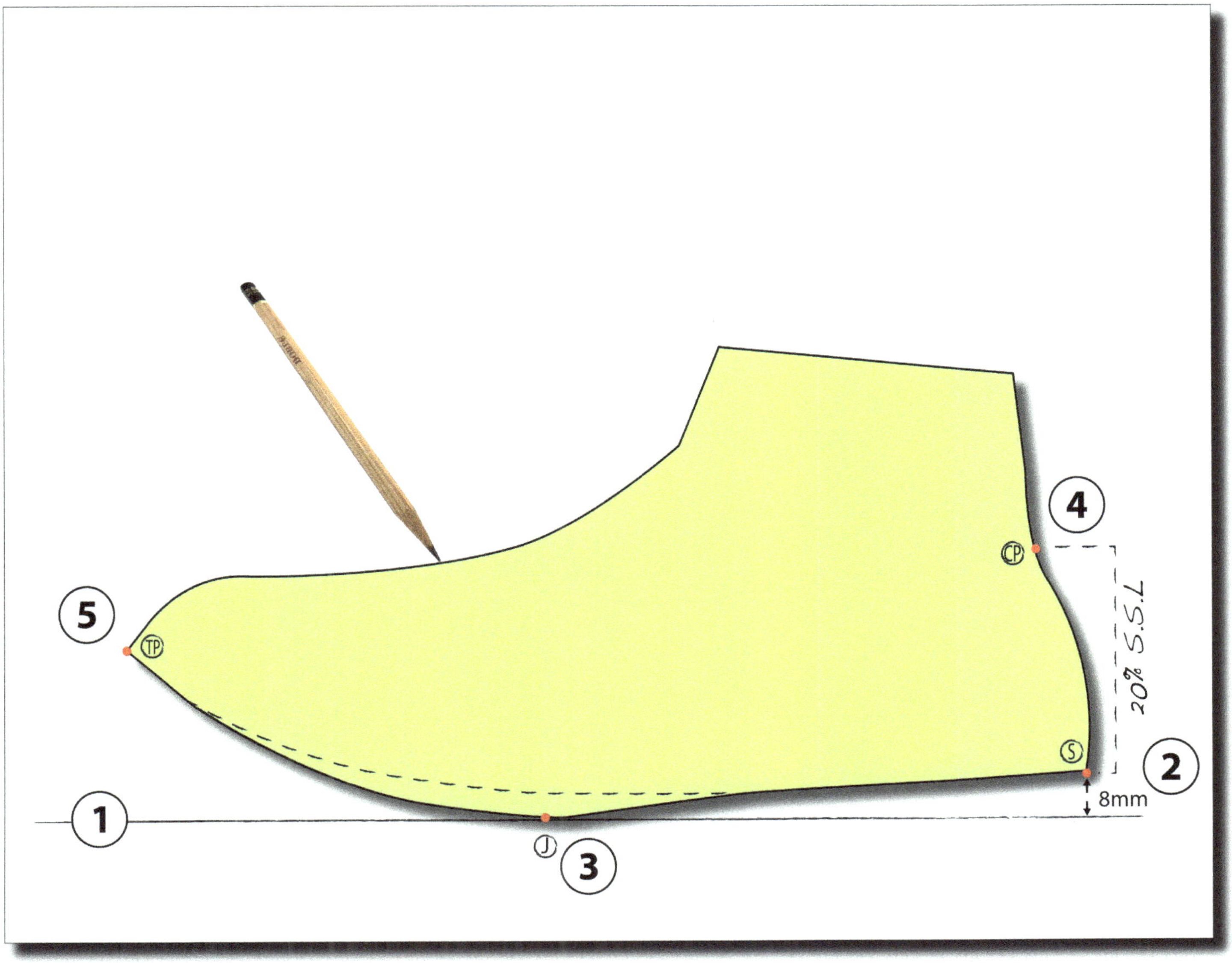

Dibujar el empeine

6. Con el punto de bridaje marcado con la letra V, mide el 75% del S.S.L (longitud de calce) hacia adelante del punto de la talonera, marcado con las letras CP.
7. Marca V1 10 mm por delante del punto de bridaje V.
8. Marca el punto del empeine con la letra I al 25% del S.S.L por encima del punto de bridaje V.
9. Marca el punto del escote con la letra T 12 mm por encima del punto I del empeine

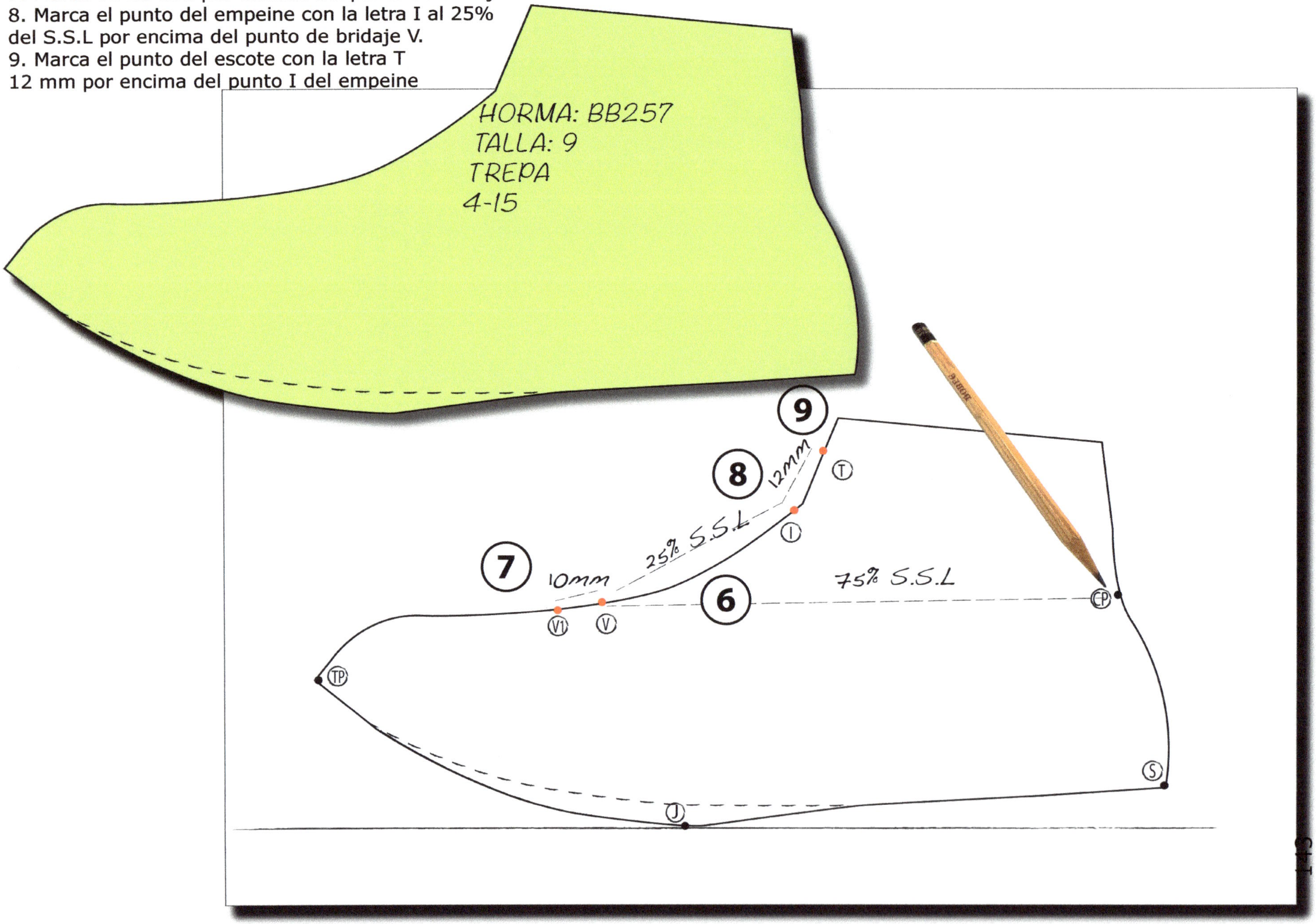

Dibujar la abertura superior

10. Dibuja una línea que vaya desde el punto de la talonera S, hasta el punto del empeine I.
11. La segunda línea de la talonera se dibuja 8º por encima de la primera línea del talón. La línea termina cerca del punto T.
12. Marca el punto M centrado entre los puntos S y T.
13. Desde la línea base, dibuja una línea vertical que cruce el punto M
14. Marca con la letra Q el punto por el que cruce el canto de la horma con la línea vertical.

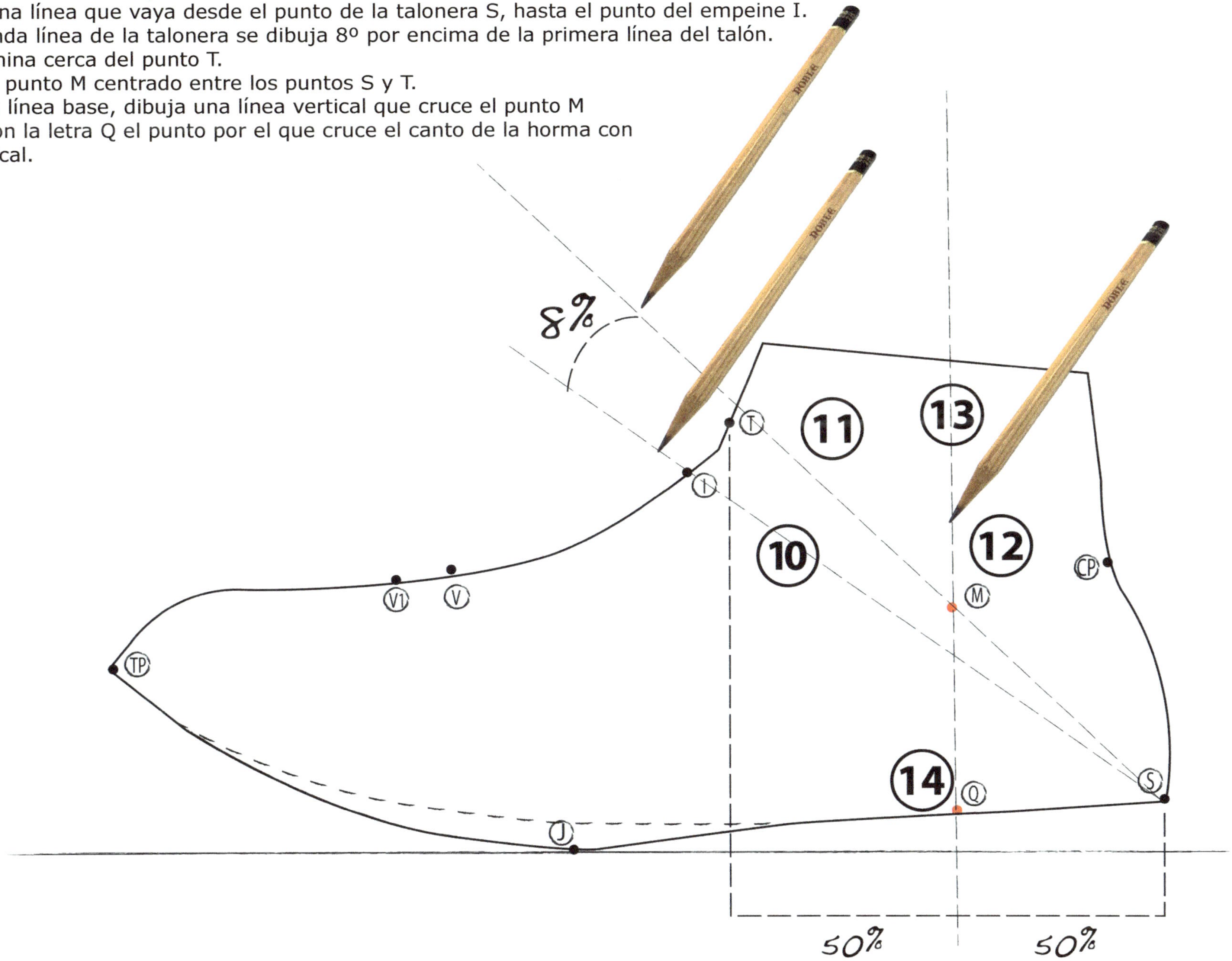

Dibujar la abertura superior

15. La altura del escote de una zapatilla de caña alta es de aproximadamente 135 mm desde el canto de la horma.
16. La abertura del hueco ronda los 105 mm de ancho, centrado en la línea vertical que pasa por M.17.
17. Marca la línea del escote CT en el extremo de la talonera y L en el lado del empeine.
18. Completa la abertura superior conectando CP a L y T a CT.
19. La punta del patrón plano necesita una pequeña alteración.

La línea entre el punto de bridaje y la punta debe enderezarse para que el patrón de la pala sea simétrico y se pueda hacer en espejo (reflejar el patrón), y para dar el quebrante de la punta al patrón, ya que se creará más tensión en la pala cuando se monte en la horma.

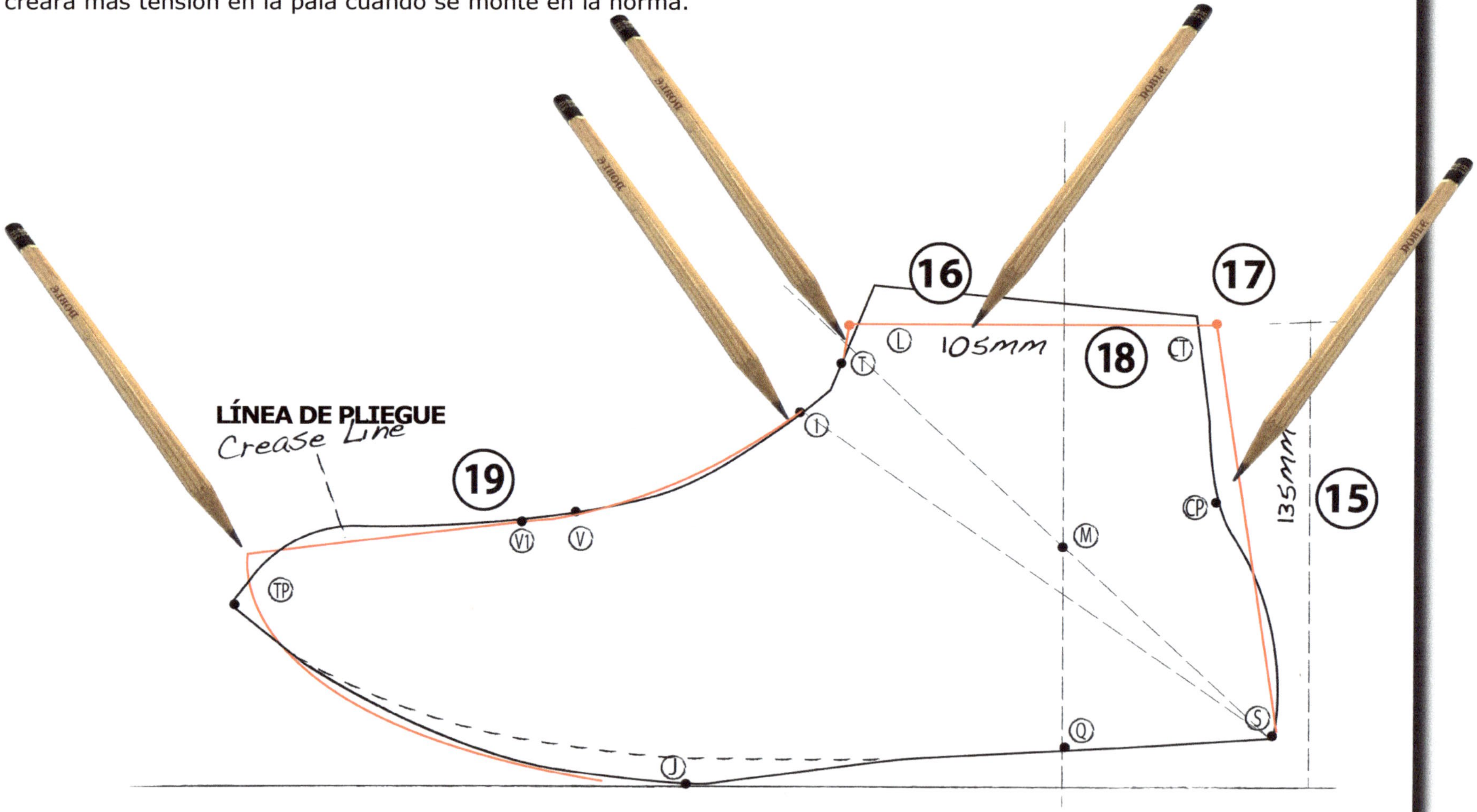

Dibujo: completar los detalles

20. Marca el comienzo de la carrillera paralela a la línea V-I, desplazándolo 10 mm.
21. La carrillera conectará los puntos I y Q.
22. La línea del guardabarros comienza 25 mm por encima del punto TP y aumenta hasta 30 mm en el punto J.
23. La línea del contrafuerte va desde el punto CP hacia adelante antes de terminar en el canto de la horma.
24. La lengüeta empieza en el punto V, 35 mm de ancho en la base, 150 mm de largo y 45 mm de ancho en la parte superior.
25. Utiliza las reglas curvas francesas para dibujar líneas suaves.
26. Con el compás, marca los ojetes o pinchazos dejando un espaciado uniforme.

Ahora que tu diseño está dibujado en el patrón, podemos crear el patrón por piezas recortando las partes individualmente. Según trabajas cada zona, deberás diseñar las superposiciones y dar los márgenes de costura. Hablaremos de estas operaciones más adelante en este capítulo.

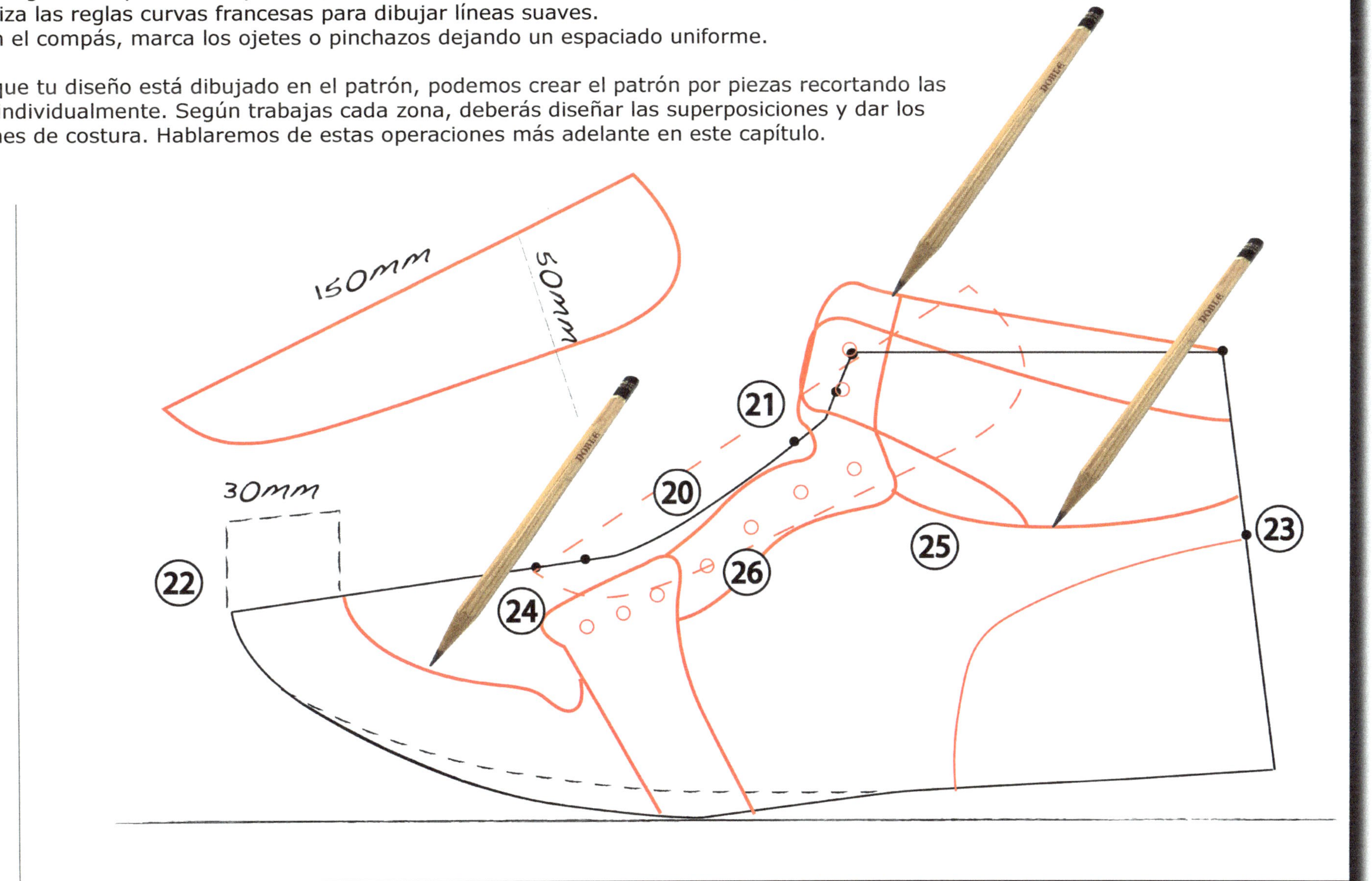

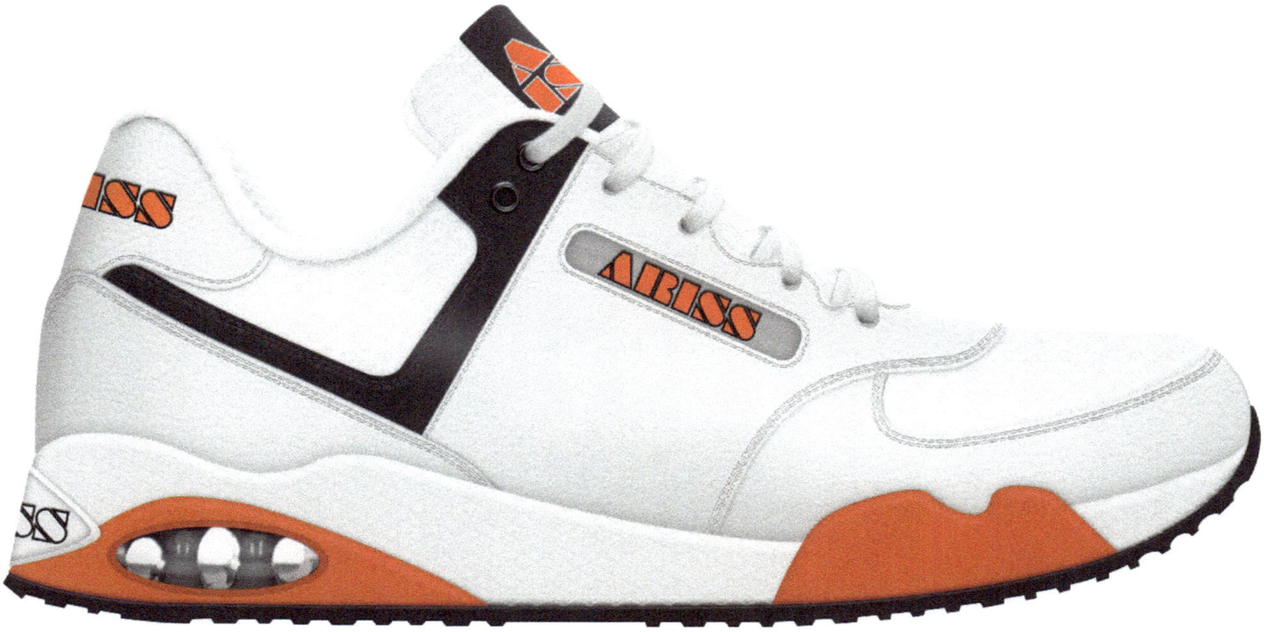

Dibujar el patrón en la horma encintada

Para algunos diseños de calzado es más fácil trabajar en 3D dibujando y modelando el diseño directamente sobre la horma. Dibujar los detalles de la pala, puntera o el guardabarros es mucho más fácil cuando puedes seguir las líneas y el quiebre de la horma. Conseguir hacer la línea superior de la puntera es casi imposible cuando se trabaja en dos dimensiones.

Con la horma en tus manos, puedes buscar y sentir los contornos. Trabajar en tres dimensiones también te permite entender las proporciones y saber cómo serán las líneas de tu patrón en una pieza con volumen. Este método es muy utilizado, y se puede realizar sobre muchos tipos de hormas y calzado. Tanto los modelistas como los diseñadores utilizan esta técnica.

Este proceso es ideal para diseñar el corte de modelos complicados con muchas capas superpuestas. Ver el diseño en tres dimensiones te permitirá hacer las costuras sobre puntos flexibles y ver exactamente cómo quedará la carrillera.

Herramientas necesarias:

Horma
Papel para patronar
Cinta de carrocero de entre 1cm y 2cm de ancho
Regla de metal
Reglas curvas francesas
Compás
Bolígrafo y lápiz
X-acto™ o cortaplumas
Tijeras

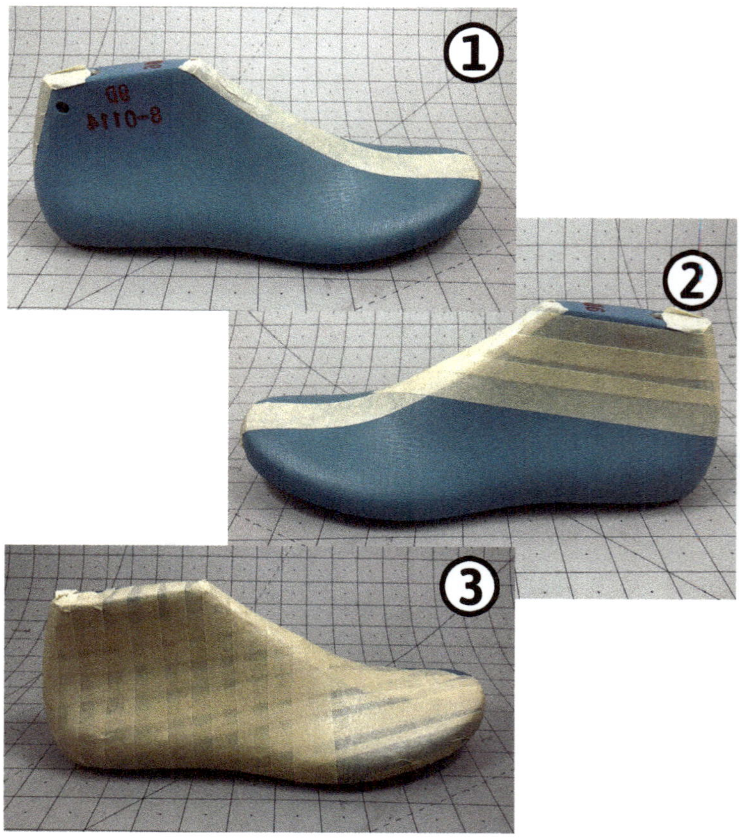

Diseñar patrones sobre la horma

En este ejemplo vamos a crear el patrón de una deportiva clásica. Prepara la horma con la cinta de carrocero siguiendo las indicaciones explicadas en el capítulo 6. También es necesario marcar los puntos del patrón en la horma encintada, como se describe en el capítulo 1. Antes de forrar la horma, asegúrate de que en la superficie de la cinta se puede usar lápiz y bolígrafo sin que emborrone.

Encintar y marcar la horma

1. Encinta la línea central de la talonera y el empeine de la horma.
2. Pon varias capas de cinta en horizontal y vertical para crear una superficie para dibujar.
3. Asegúrate de encintar todo el lateral y la mitad frontal del lado medial.
4. Marca la línea central la horma en el empeine y en la talonera con una tira de cinta ya marcada.
5. Marca los puntos de la bola en el lado medial y lateral
6. Localiza el punto de bridaje V donde la línea central toca con la línea que conecta los puntos de la bola.
7. Marca el punto de la talonera CP, la altura será el 20% de la longitud de horma estándar (60 mm para una talla 9 americano de caballero). Marca la altura de la caña 10 mm por encima del punto de la talonera.
8. Dibuja una línea guía desde el punto 50/50 del perímetro de la bola hasta el punto la talonera CP.
9. En la mitad de la línea de guía, traza una vertical para encontrar la altura del empeine (páginas 17-18).

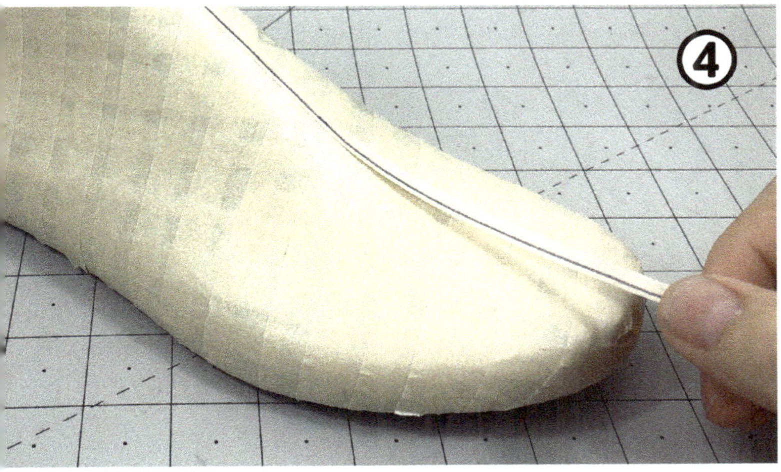

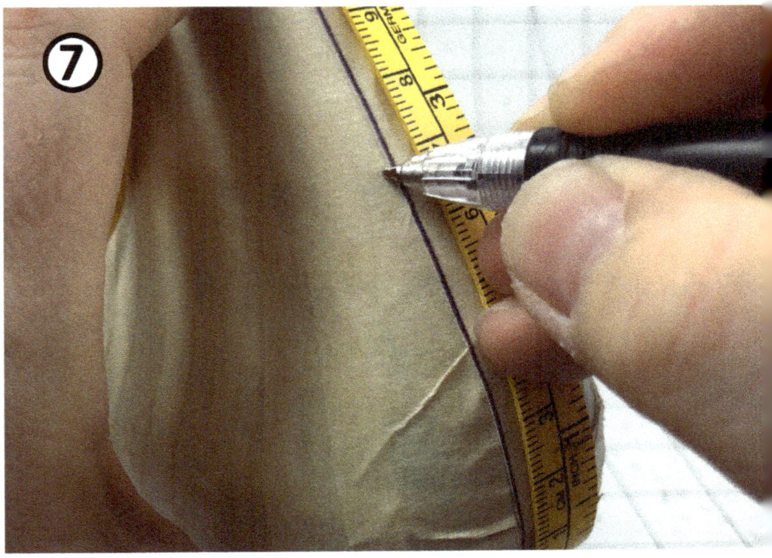

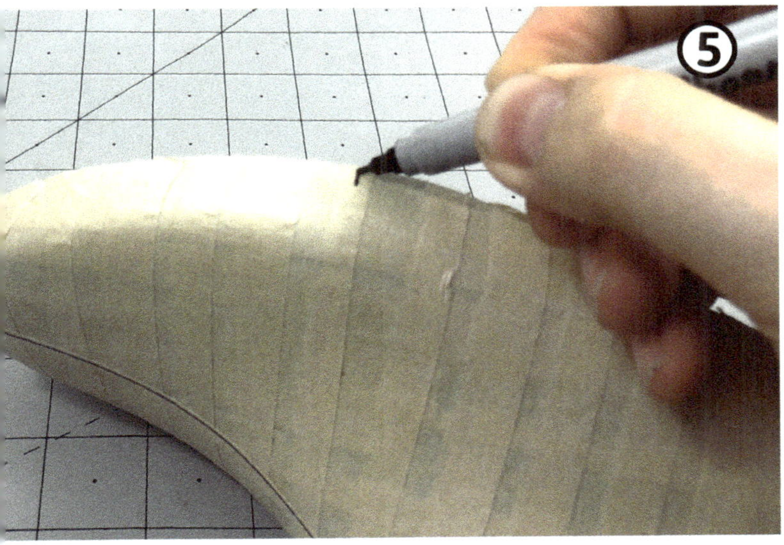

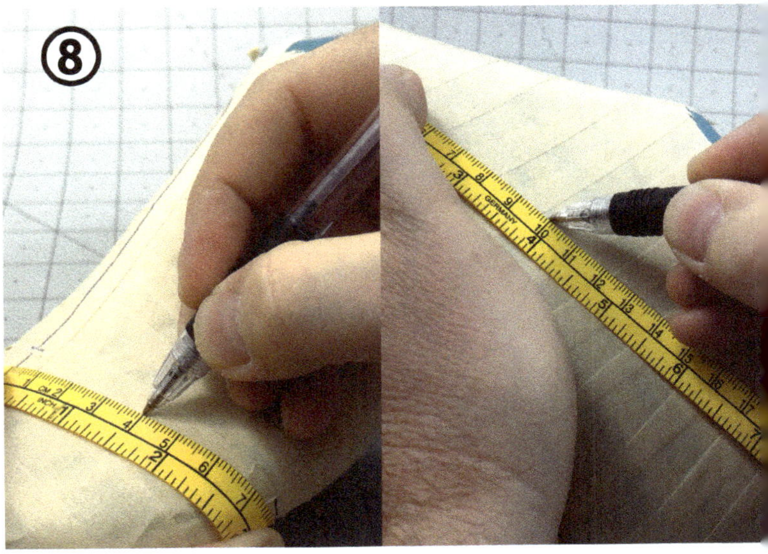

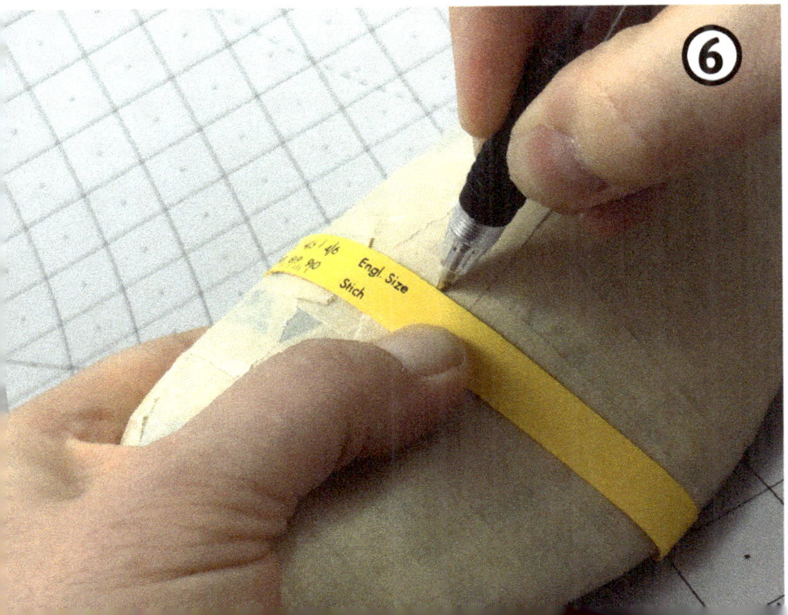

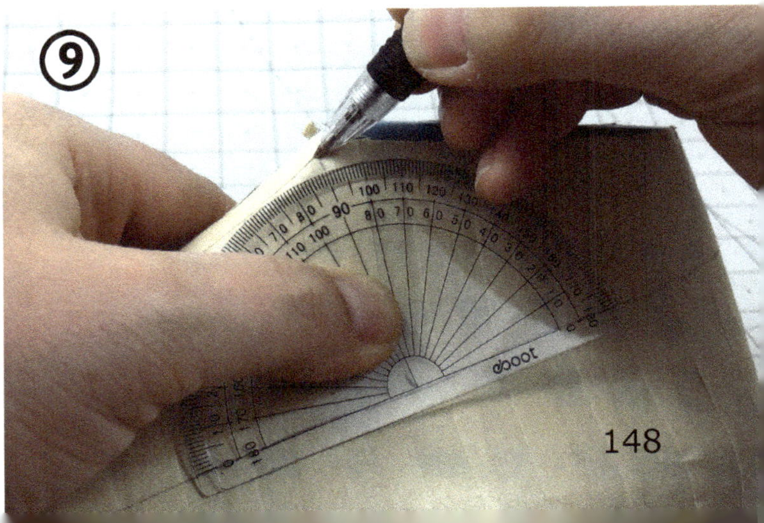

Diseñar y modelar patrones sobre la horma

10. Con las líneas guía creadas, ya puedes dibujar tu nuevo diseño.
11. Mide 10 mm desde la línea central del empeine en los puntos I y V para ubicar la abertura del hueco.
12. Dibuja la carrillera paralela al eje principal.
13. Dibujar el contorno de la carrillera con una línea guía a 20 mm del centro, posiciona los pinchazos.
14. Utiliza el compás para espaciar los pinchazos de manera uniforme.
15. El punto de bridaje está marcado en el centro. Termina la carrillera y dibuja la pala siguiendo la horma.
16. Para la talla 9, el escote debe estar cerca de 60 mm por encima del canto de la horma.
17. Empezando en el punto I, conecta la línea del escote con el talón,
    10 a 15 mm por encima del punto CP.
18. Con la línea del escote completada, dibuja el bigote y el contrafuerte.
19. Marca los detalles que falten en el patrón y entinta las líneas hechas lápiz.

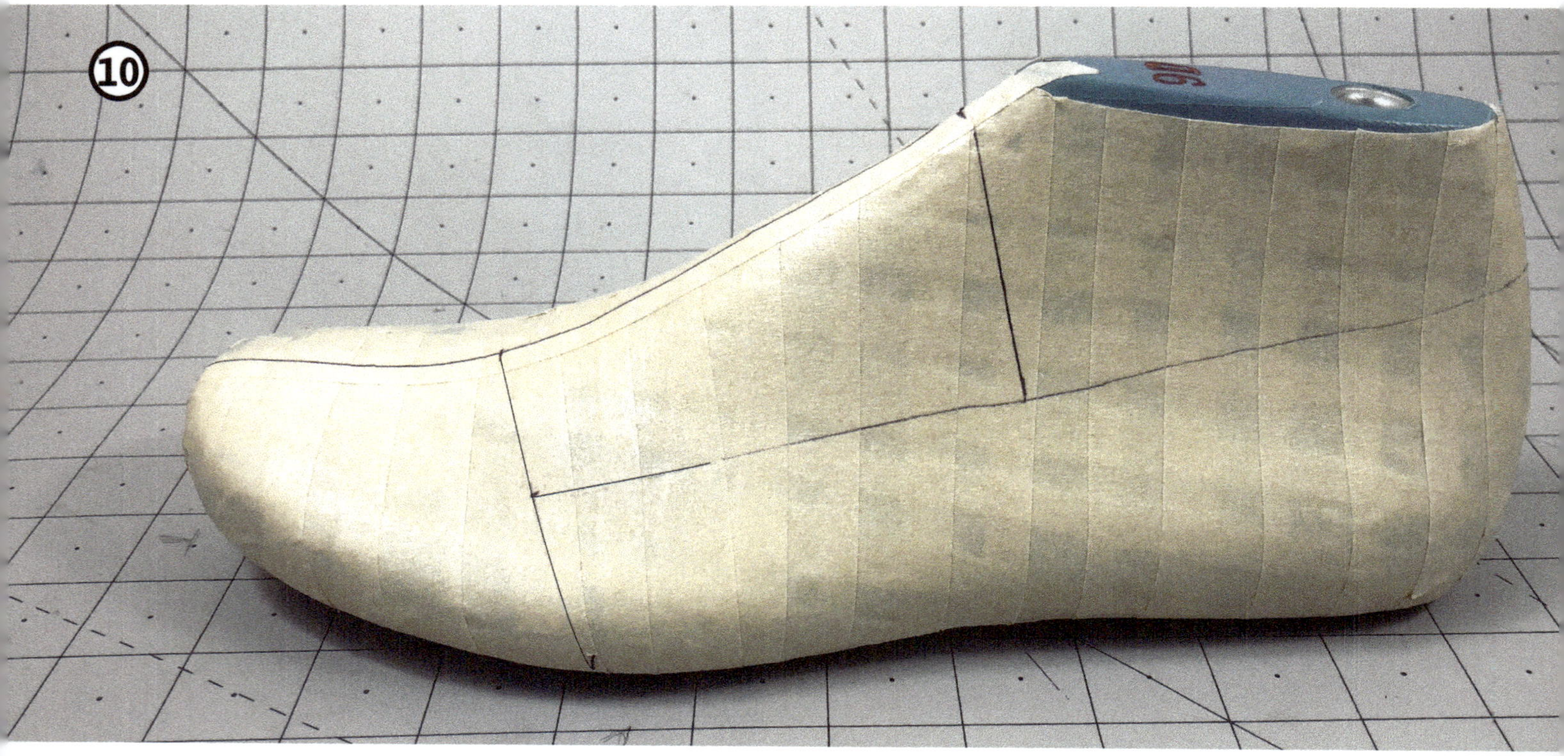

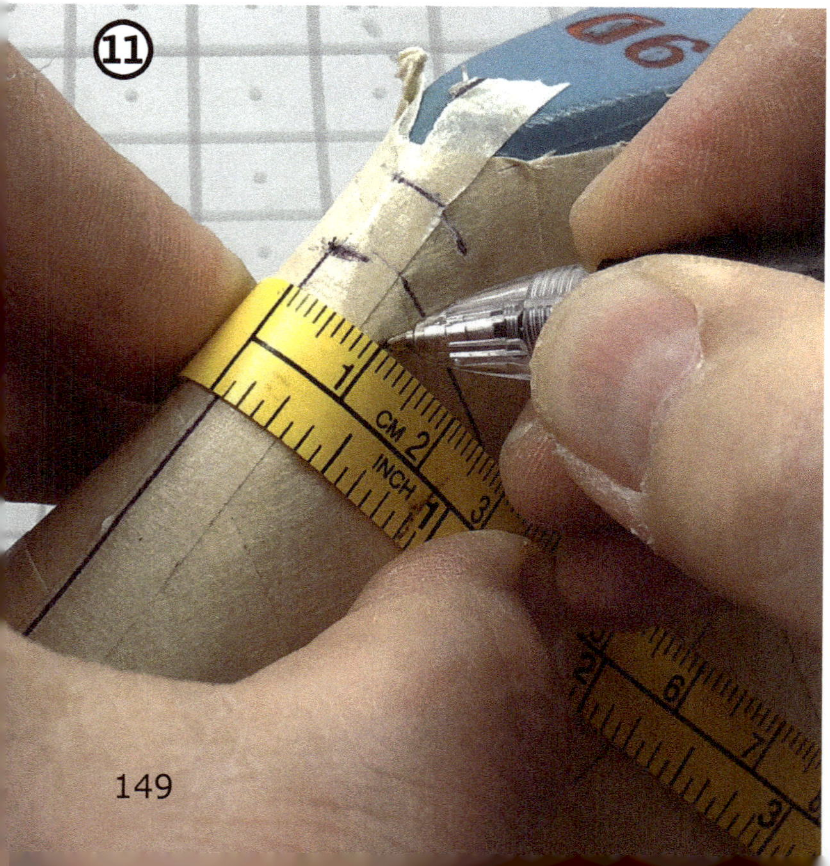

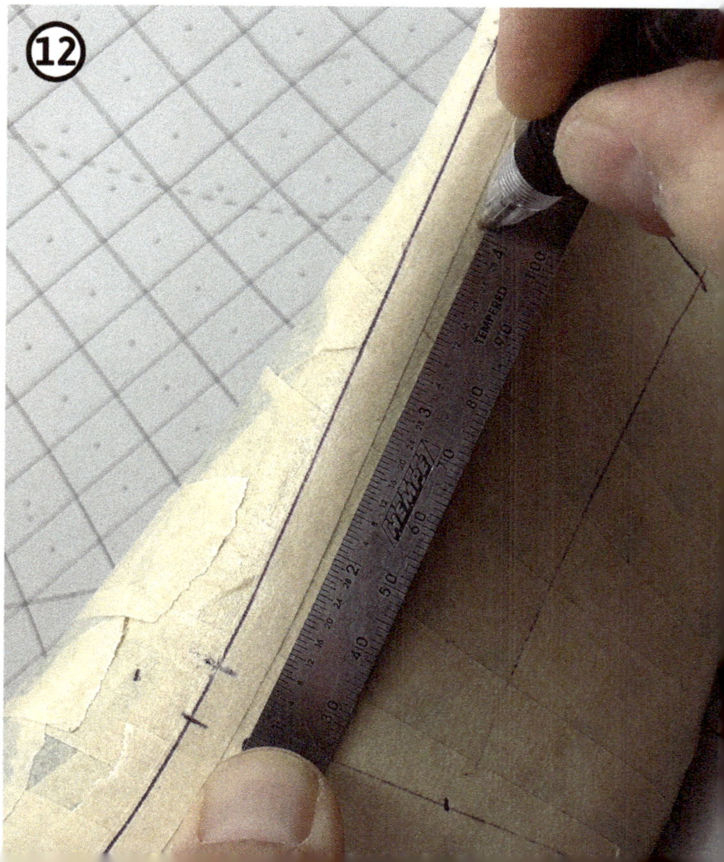

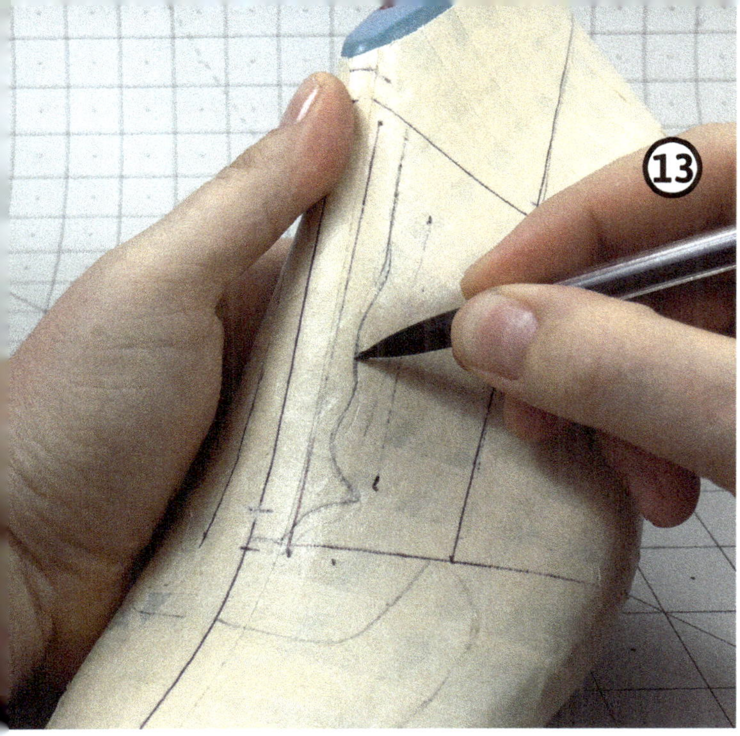
13

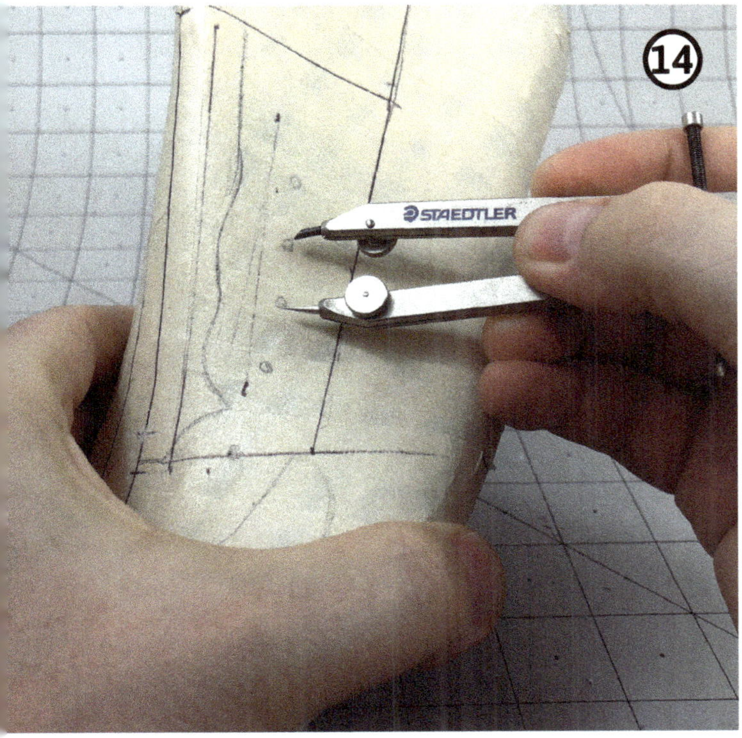
14
STAEDTLER

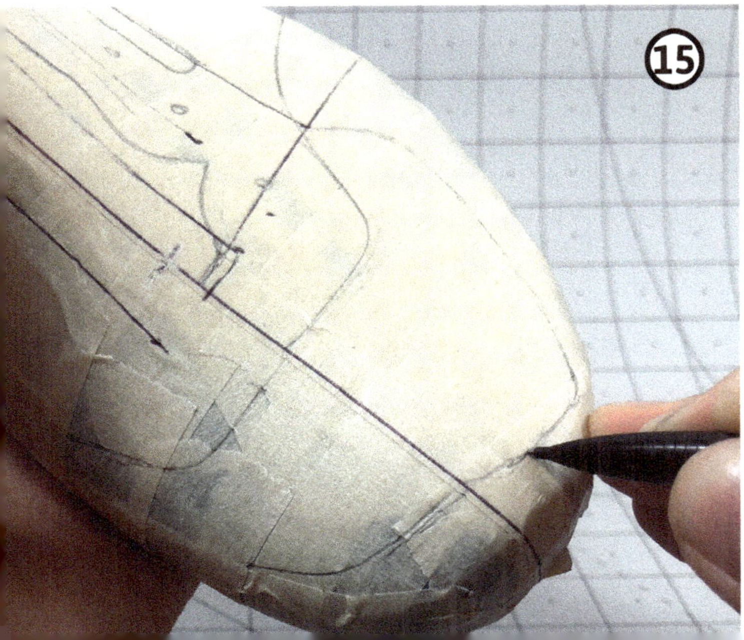
15

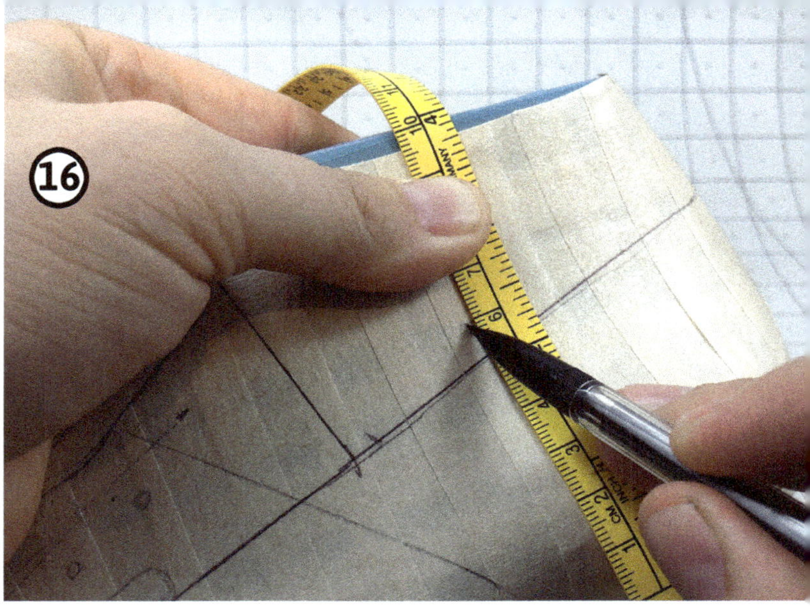
16

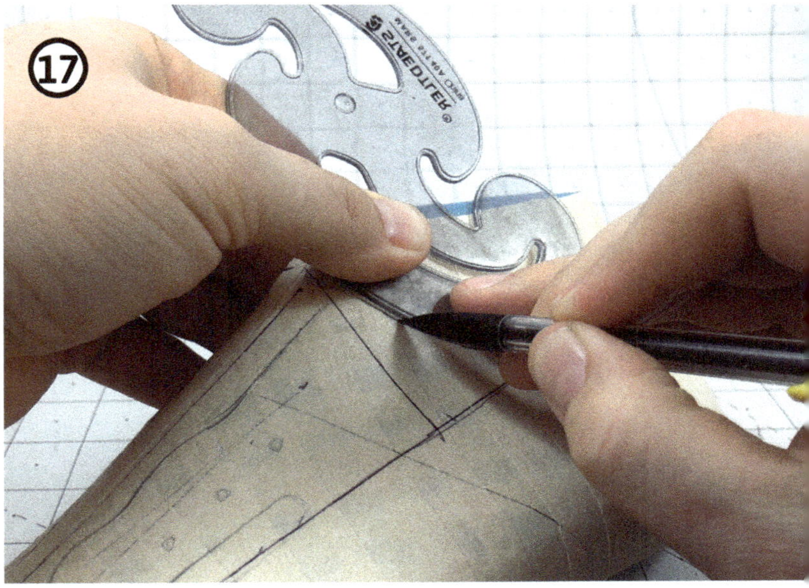
17
STAEDTLER

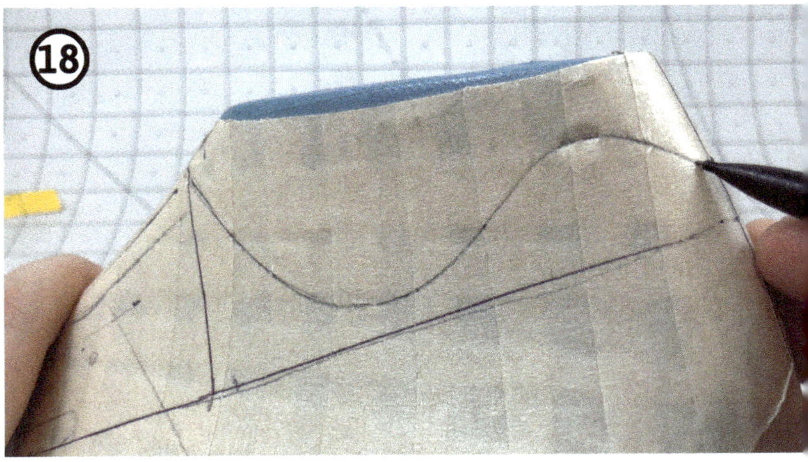
18

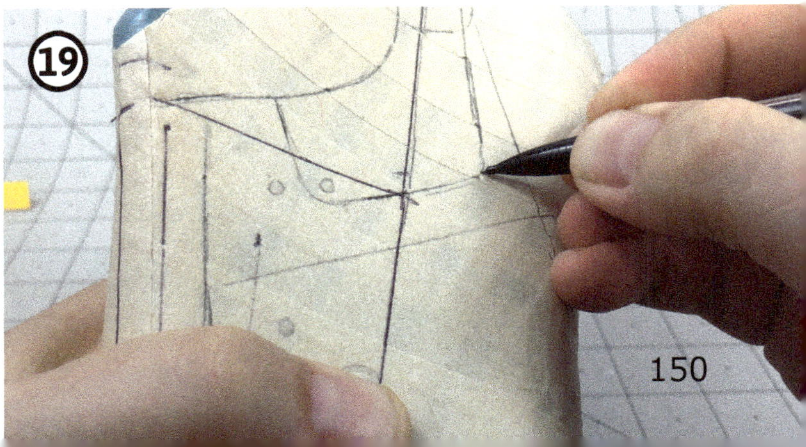
19

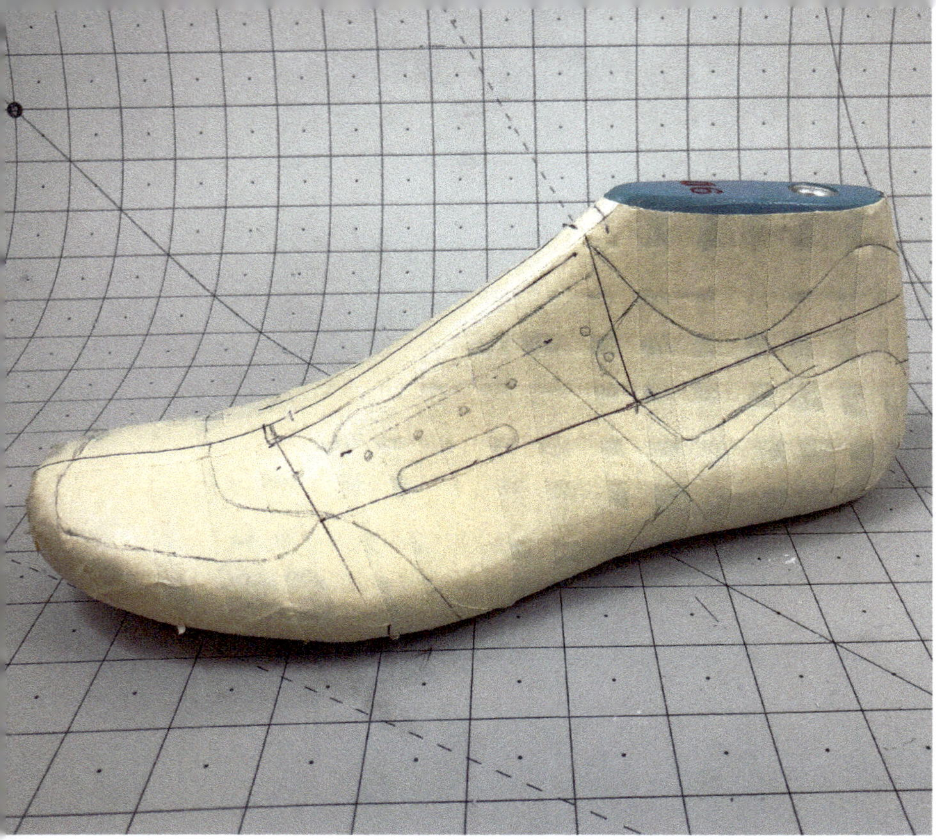
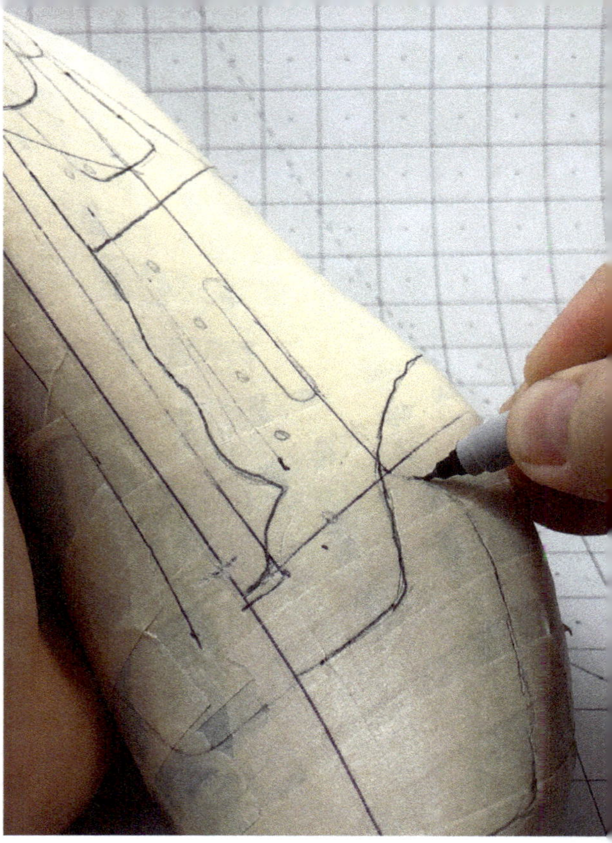
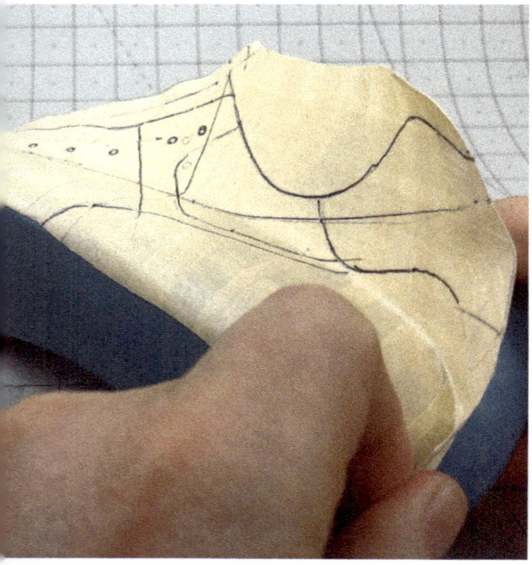
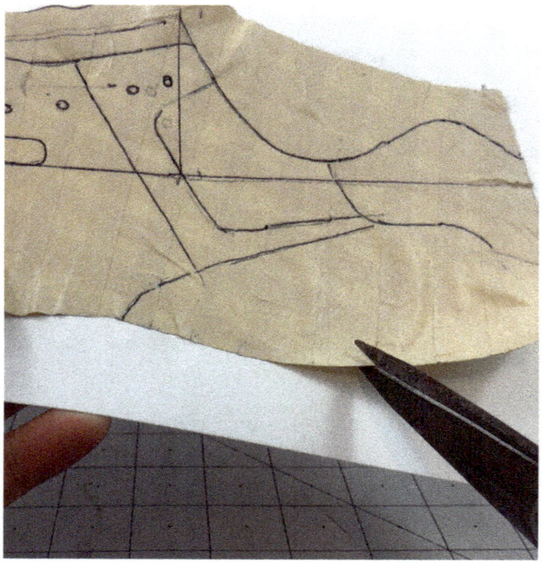
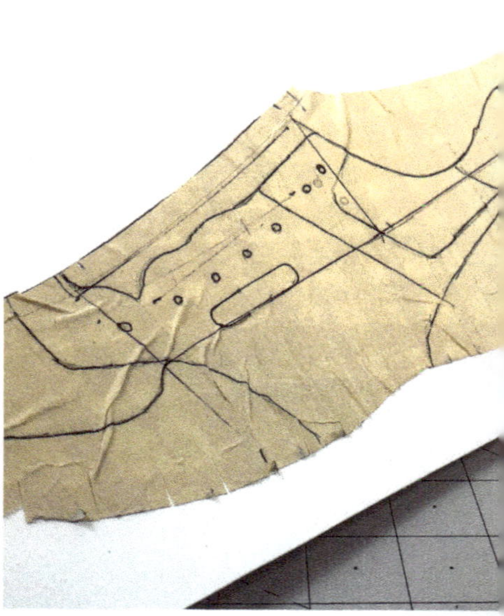

Aplanar la trepa

Sigue el mismo procedimiento que se describe en el capítulo 6. Empieza en la puntera, avanza hacia el talón y retira con cuidado la cinta de la horma. Con el papel en mano, empieza a pegar el centro, trabajándolo hacia la talonera, alisando la cinta hacia abajo, alternando desde el canto de la horma hasta la parte posterior. Deberías poder aplanar esta zona del patrón sin hacer cortes.

Ahora, ve aplanando hacia la base de la carrillera. Después, desde el empeine hasta la línea del escote. La zona del cono y la punta por el canto de la horma necesitarán especial atención. La punta necesitará material adicional para dar el quebrante de la punta o la salida. Con unas tijeras, haz varios cortes para permitir que el patrón se expanda y quede plano.

El área del cono también necesitará varios cortes o muescas para permitir que el patrón quede plano. Dependiendo del contorno de la planta y la curvatura del talón, puede que también debas hacer algunos cortes en esta zona. Con el patrón aplanado, utiliza el cortaplumas para cortar el contorno. Ahora puedes dividir y hacer el patrón por piezas. Cuando copies el patrón plano, recuerda hacer el quebrante de la punta para que los lados medial y lateral se unan en recto (consulta la página 145, paso 19).

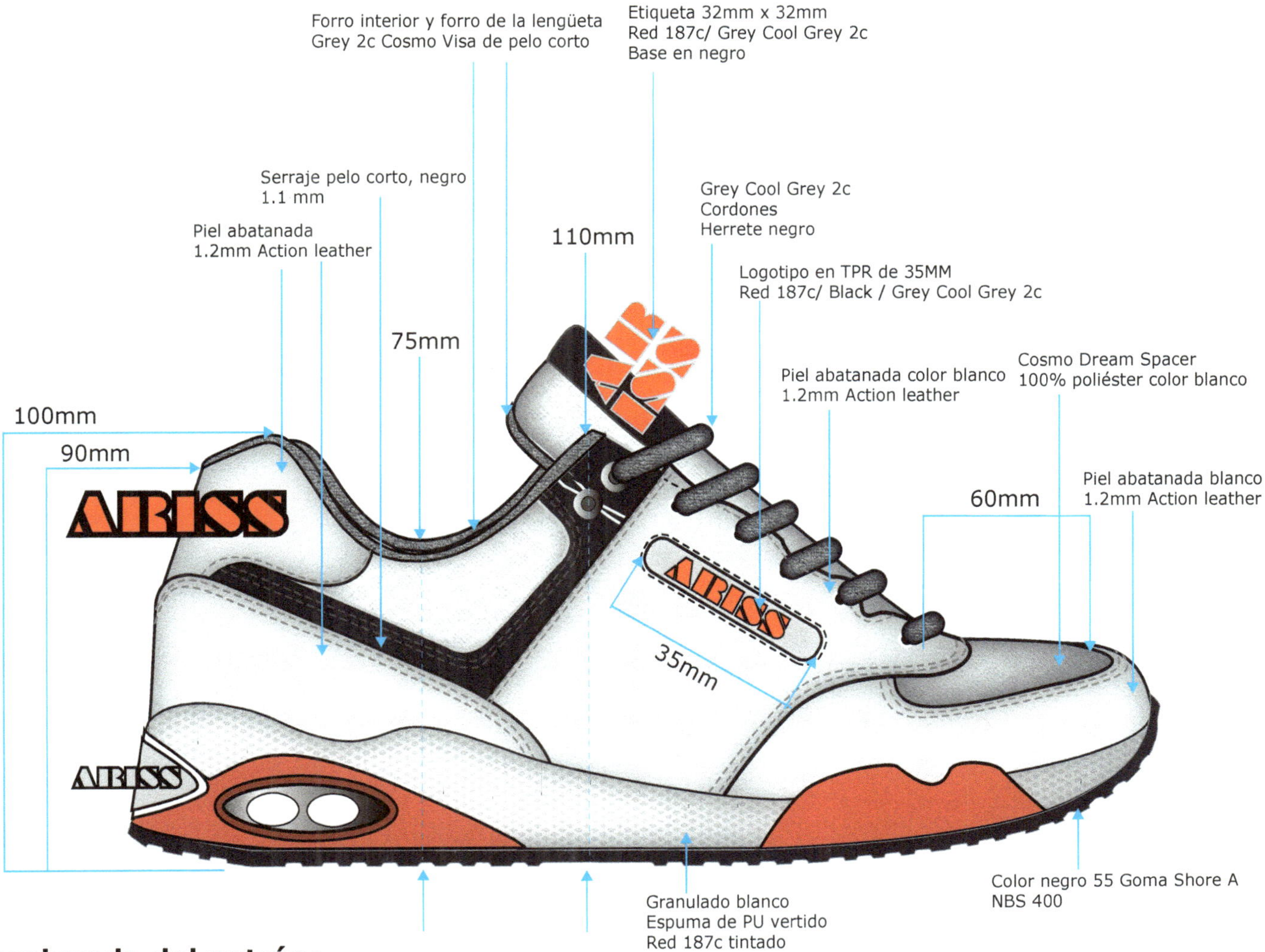

Despiezado del patrón:
Antes de crear todas las piezas del patrón, necesitas una lista de los componentes. En el caso de esta deportiva básica, necesitaremos realizar dieciséis piezas. Algunas de las piezas se reflejan desde el lado medial al lateral. El modelista hará los refuerzos, las piezas de espuma y los forros según el diseño de las piezas del corte.

1. Exterior/forro del lateral superior medial
2. Exterior/forro pared del lateral
3. Tope
4. Puntera/guardabarros
5. Refuerzo de la carrillera
6. Forro de los laterales y medial de la pared
7. Pared medial
8. Pared lateral
9. Pieza del bigote del talón
10. Pieza del contrafuerte exterior
11. Contrafuerte
12. Forro del talón
13. Espuma del escote
14. Exterior/forro de la lengüeta
15. Espuma de la lengüeta
16. Plantilla Strobel

Al crear los patrones, es muy importante que tengas previsto cómo se montarán; ya que algunas piezas son superposiciones y otras quedarán debajo. Debes pensar cómo se unirán todas las piezas al zapato, ¿estarán cosidas o pegadas? Necesitarás dar las entres y el margen de montado (superponer y dar los márgenes de costura) en casi todas las piezas.

En el caso de la deportiva básica, dibujaremos cada patrón para que puedas ver cómo encajan y qué margen de montado necesitan.

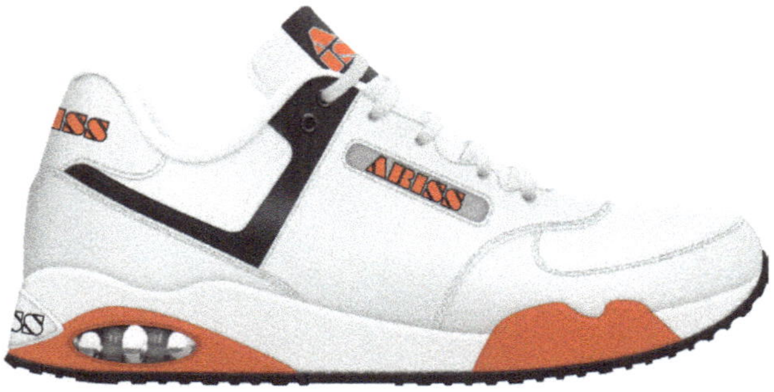

Aparado de la deportiva clásica

Para el aparado de las piezas del patrón, es importante saber cómo se monta el modelo.

Se montan pieza por pieza sobre una base de malla. Ver cómo se unirán las piezas y el orden del aparado dará al modelista la información necesaria para dar el margen de montado y las entres.

En el exterior/forro se hace un corte en el lado medial y se cose con una costura en zigzag con el material besándose (no montado). El refuerzo de la punta (tope) se une con un revestimiento termofusible.

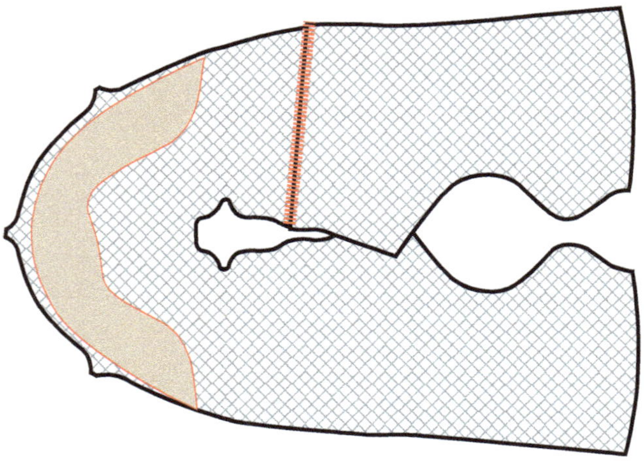

Las piezas del refuerzo de la carrillera se unen momentáneamente al material con una capa autoadhesiva. Quedarán sujetos cuando se coloquen las piezas de la carrillera o paredes.

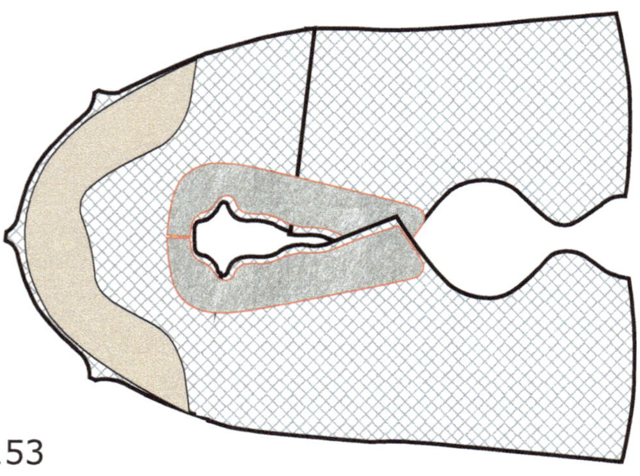

La punta/guardabarros se superpone y sujeta el tope. El material exterior de las paredes se cose asegurando los refuerzos de la carrillera.

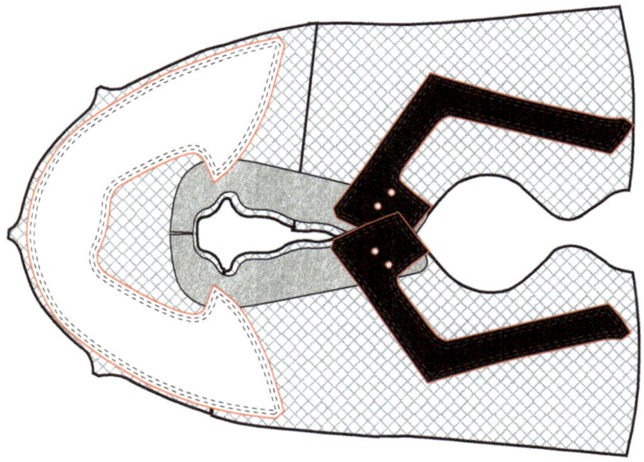

El panel del lado lateral de la pared se une a la pared con una costura invertida. Después, se cose superponiendo el tope y guardabarros a las capas de las paredes.

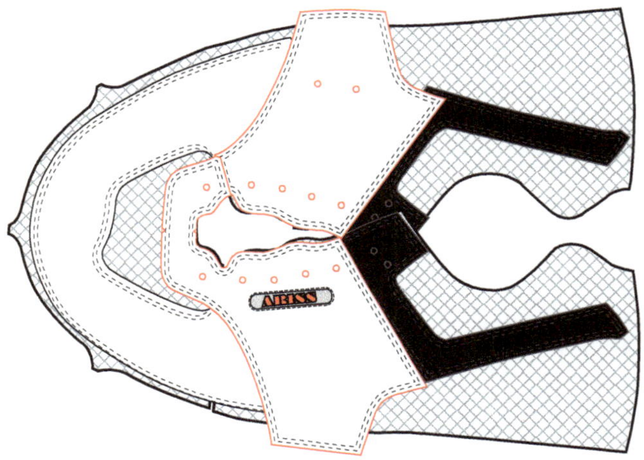

El bigote del talón se une a la pieza de la pared lateral, y el contrafuerte se une a la pieza del contrafuerte exterior del talón con pegamento termofusible.

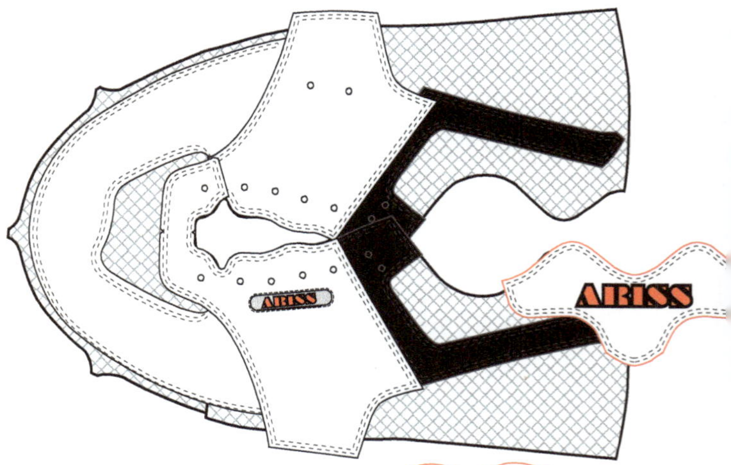

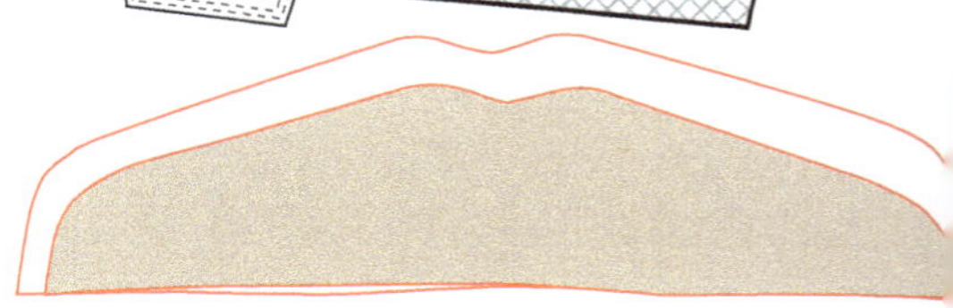

El exterior del contrafuerte y el contrafuerte están unidos al lateral superponiendo las piezas a la pared, forro de la pared y bigote.

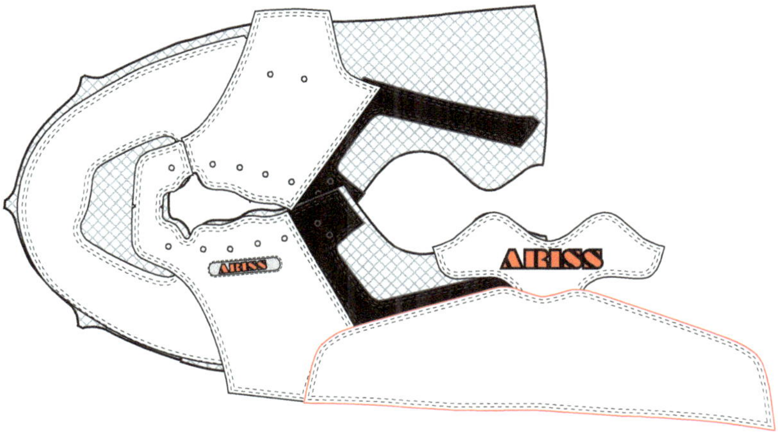

Con el corte aparado, se dobla en el talón hacia el lado opuesto y se cose junto. Al diseñar el corte, es muy importante pensar cómo se cerrará el modelo.

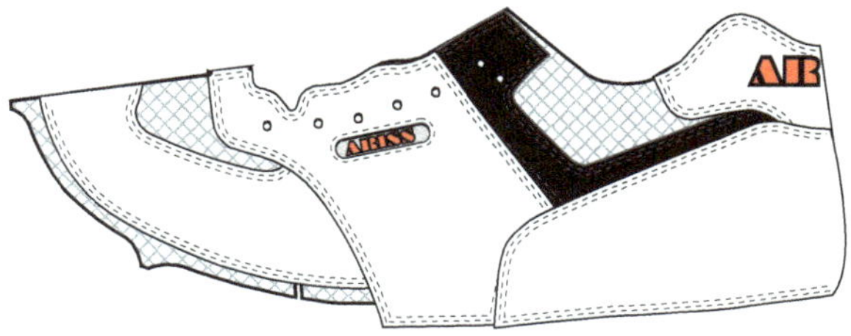

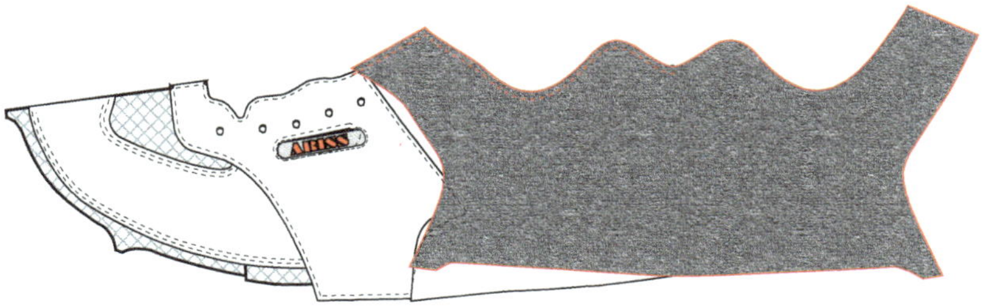

Con el corte cerrado, el forro del talón se une al escote del corte ya cerrado. El forro necesitará 5 mm de margen de costura para hacer la costura invertida.

La espuma del escote se encola, posiciona y se envuelve con el forro hacia abajo; después, el forro del talón se asegura cosiendo el canto inferior del corte.

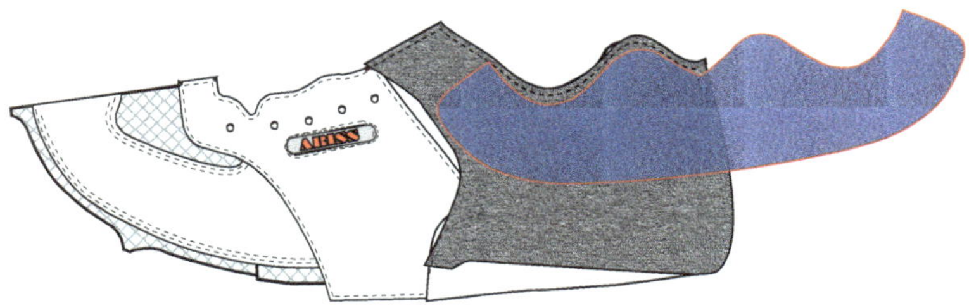

El exterior y forro de la lengüeta tienen un margen de costura extra para hacer una costura invertida. Se coloca la espuma y se cierra la parte inferior de la lengüeta.

Para completar el corte, se coloca la lengüeta y se cose la plantilla Strobel para cerrar la parte inferior. La parte inferior no necesita margen de costura; el modelista o patronista puede hacer más pequeña la plantilla inferior para dar más presión al montado si el corte está demasiado flojo.

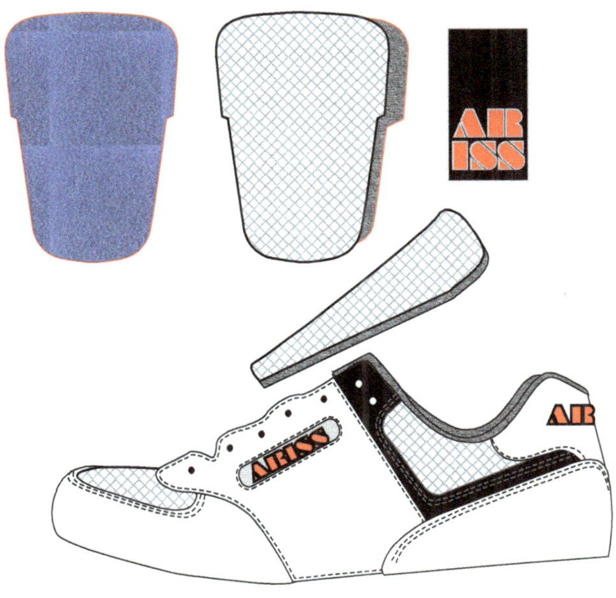

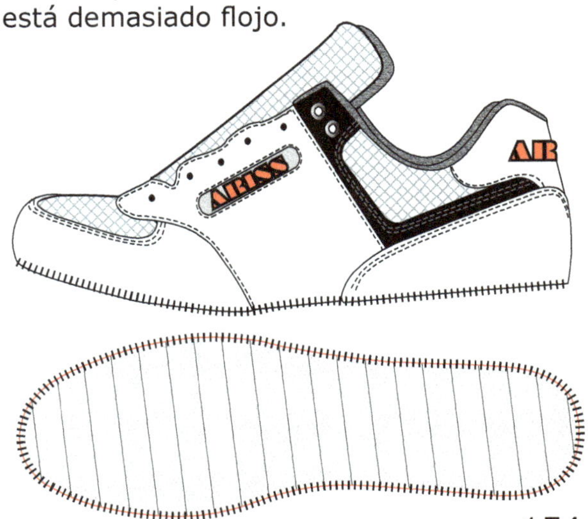

Dividir la trepa para hacer patrones seccionales

Con el diseño dibujado en el patrón plano, es hora de crear las piezas individuales del patrón. En este punto, no importa si hiciste el diseño del modelo en plano o si lo dibujaste sobre la horma encintada y lo aplanaste; el procedimiento es el mismo. El producto terminado se llama despiezado, e incluye cada pieza del modelo de zapato con las entres, margen de montado, refuerzos, forros y componentes de la lengüeta incluidas.

Al hacer el despiece, el modelista tendrá que hacer las entres y los márgenes de costura, con lo cual, tu diseño debe tener las costuras y el acabado del canto escritos para que el operario pueda hacer su trabajo correctamente.
Para ayudarte a crear el despiece, explicaremos los métodos más comunes.

Reflejar

Para crear una pieza simétrica, puedes trazar el patrón en una hoja de papel doblada. Centra el eje en la doblez para trazar el patrón y cortar la pieza perfectamente simétrica. Usa esta técnica para crear la pala, lengüeta, contrafuerte y bigote.

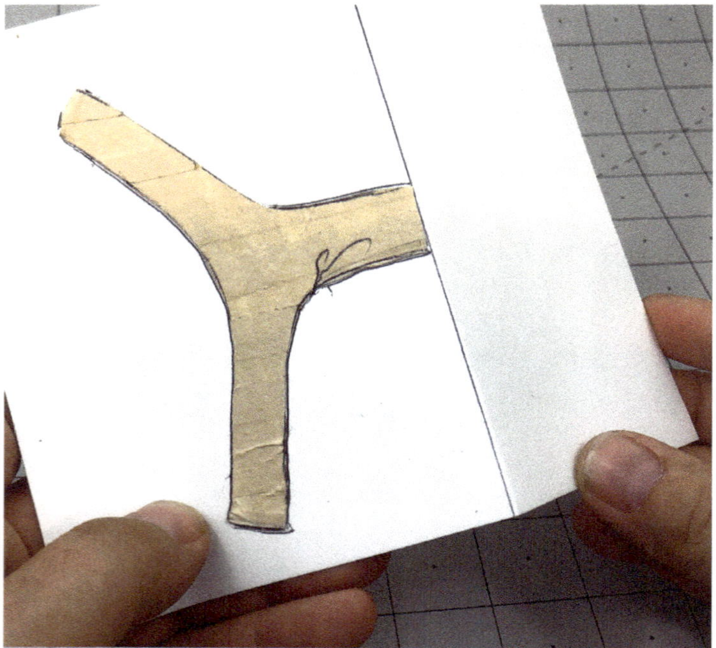

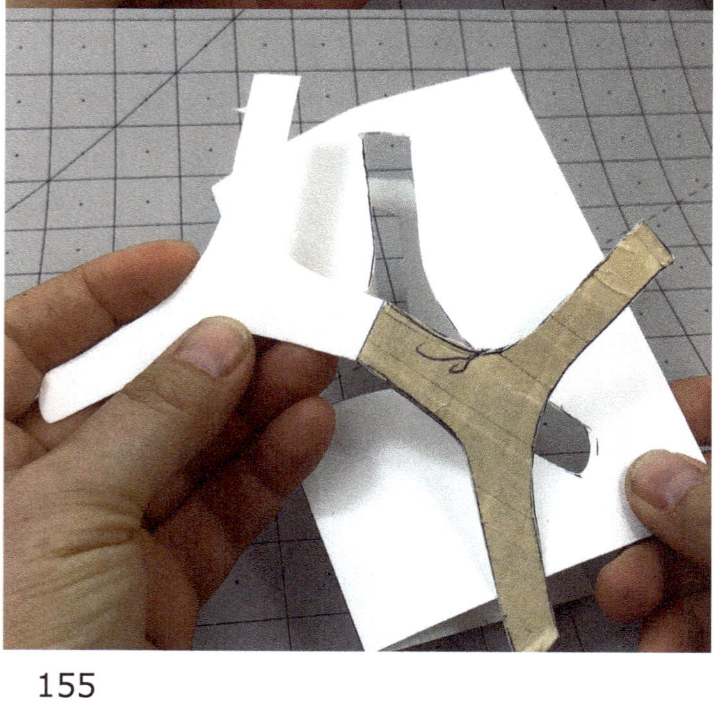

Señalar

Utiliza un compás ajustable como señalador para crear los márgenes de montado, superposiciones, márgenes de costura y las tiras. Abre el compás con la medida que necesites y sigue la línea del patrón marcando el papel para crear tu nueva línea.

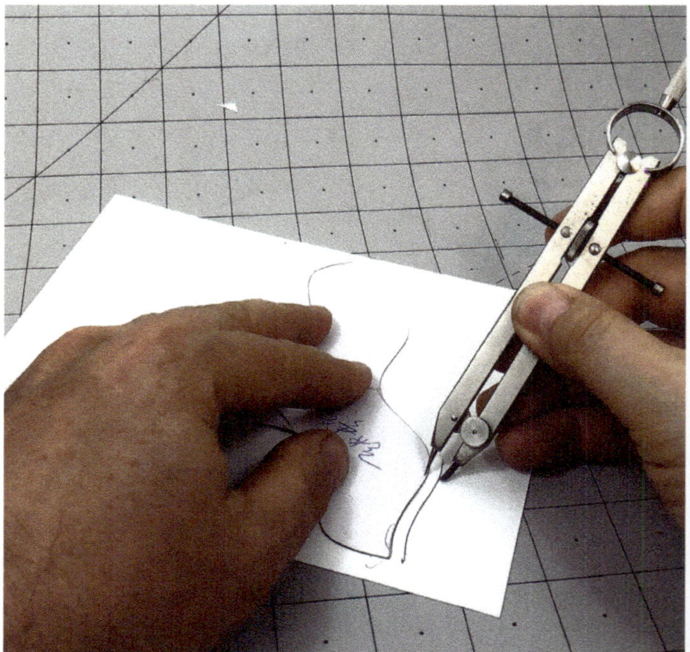

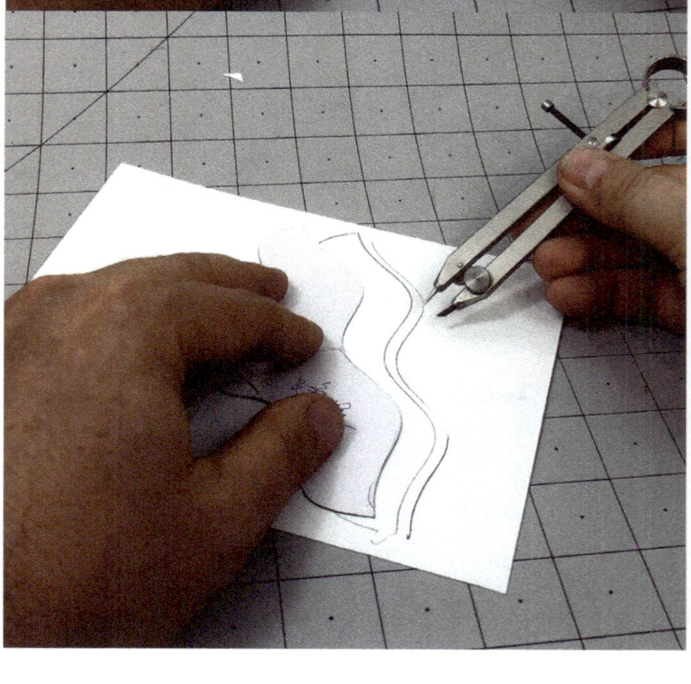

Hacer los calados en el patrón

Para trasladar las marcas de figurado de tu patrón, utiliza un cortaplumas para cortar la línea y hacer calados hacia afuera de la línea que trazaste. Esto te permitirá ver la línea para poder duplicarlo. Asegúrate de tener tu herramienta afilada y recuerda mantener los dedos apartados. Puedes hacer los calados en un patrón encintado, o en los patrones dibujados en la trepa.

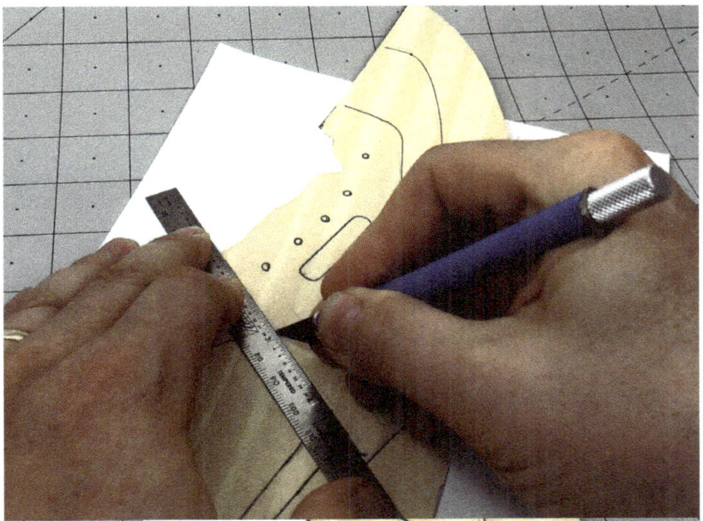

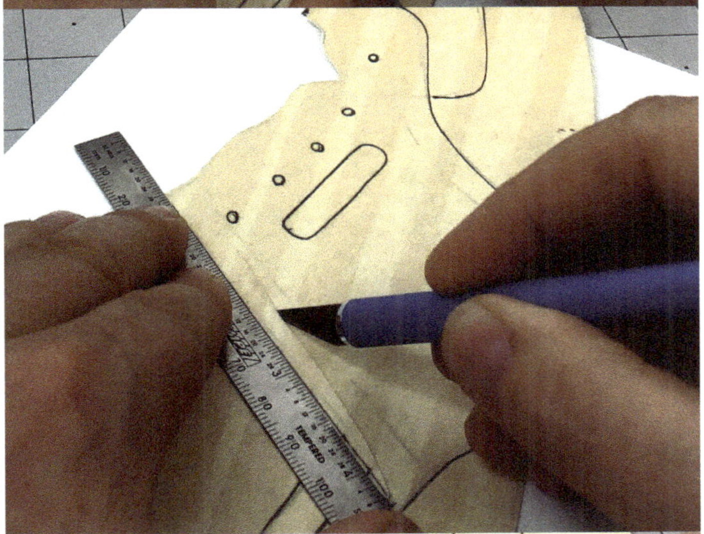

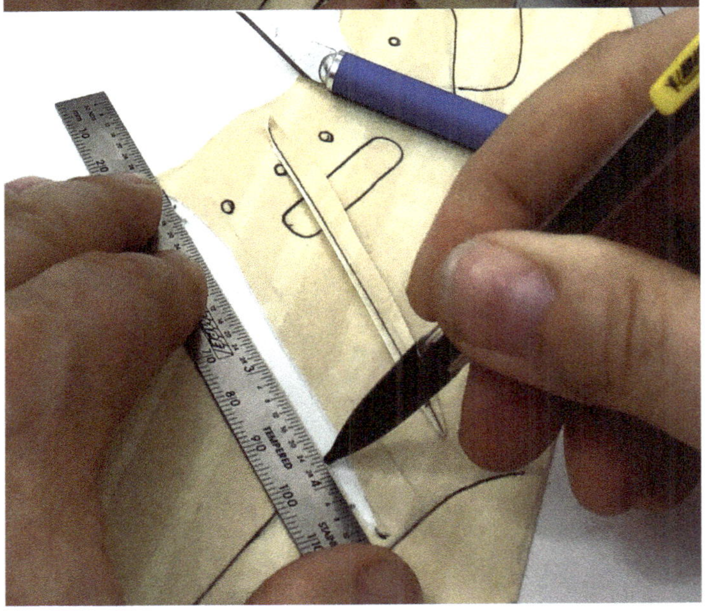

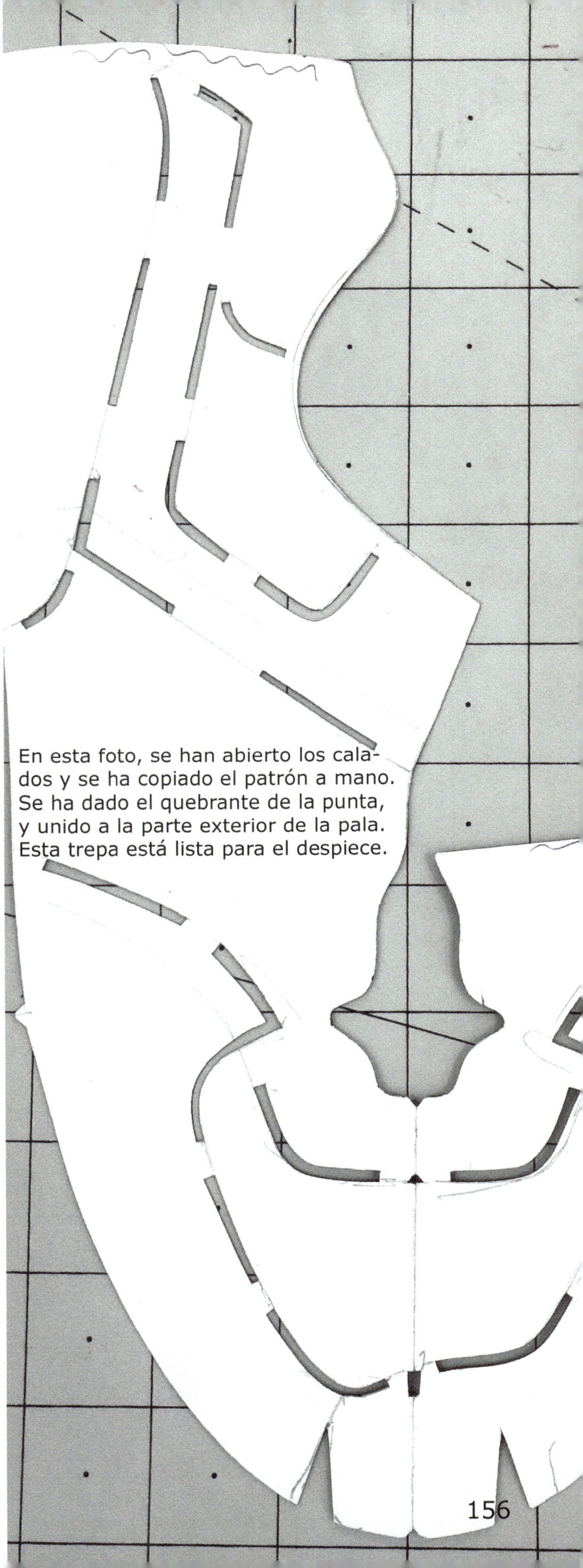

En esta foto, se han abierto los calados y se ha copiado el patrón a mano. Se ha dado el quebrante de la punta, y unido a la parte exterior de la pala. Esta trepa está lista para el despiece.

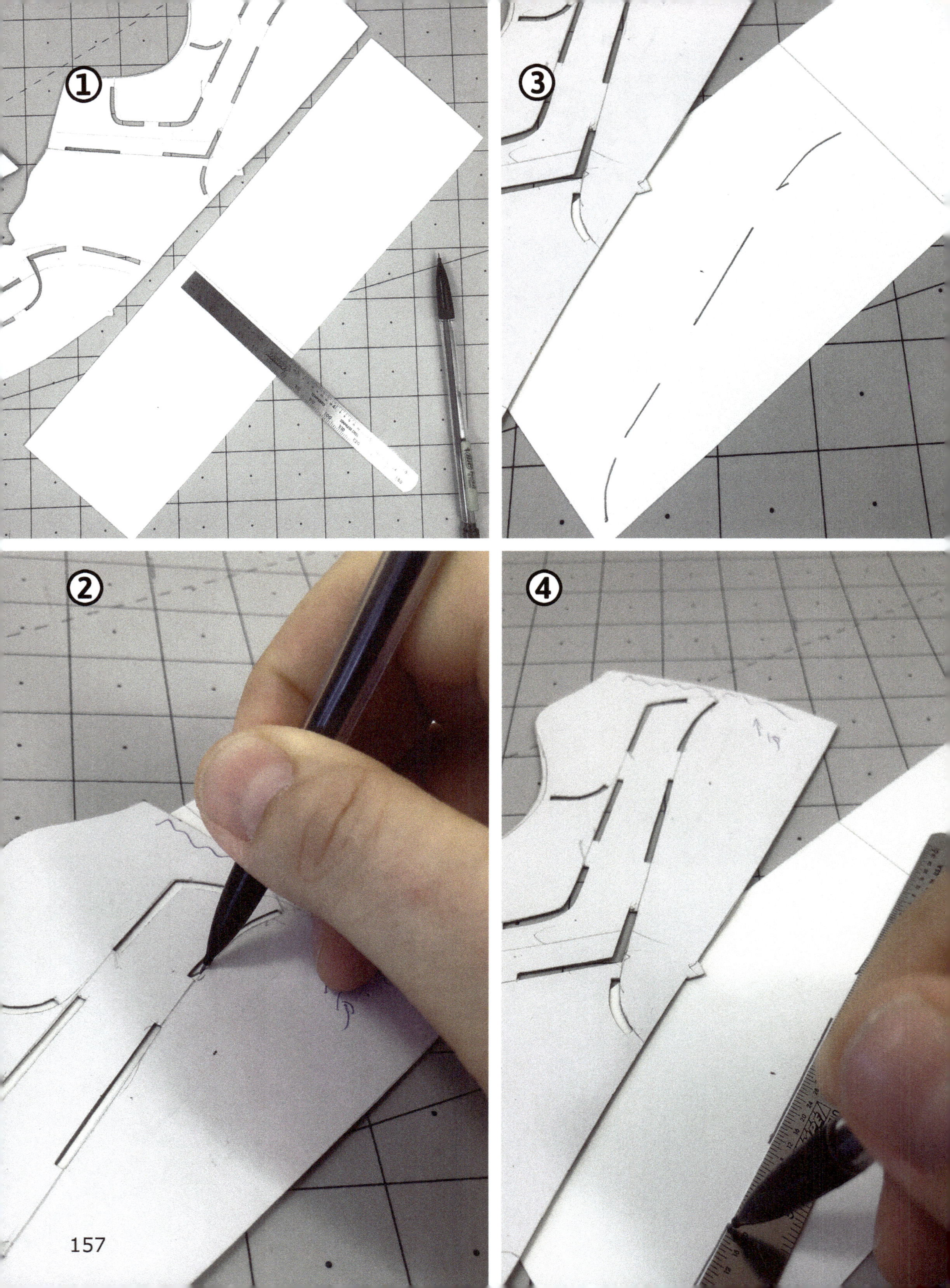
①
③
②
④

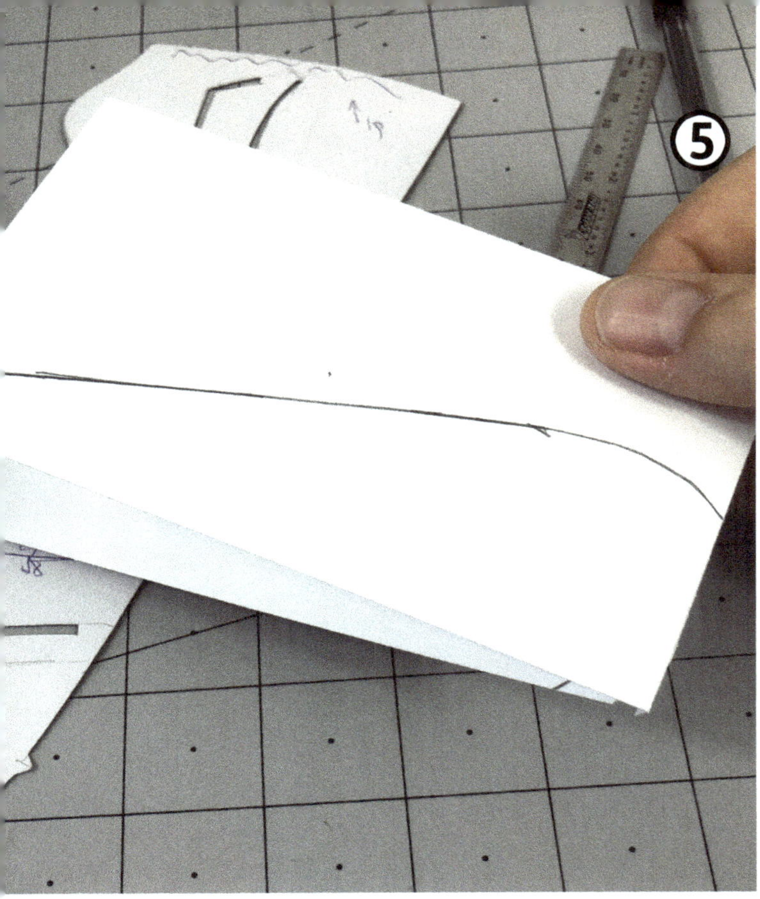

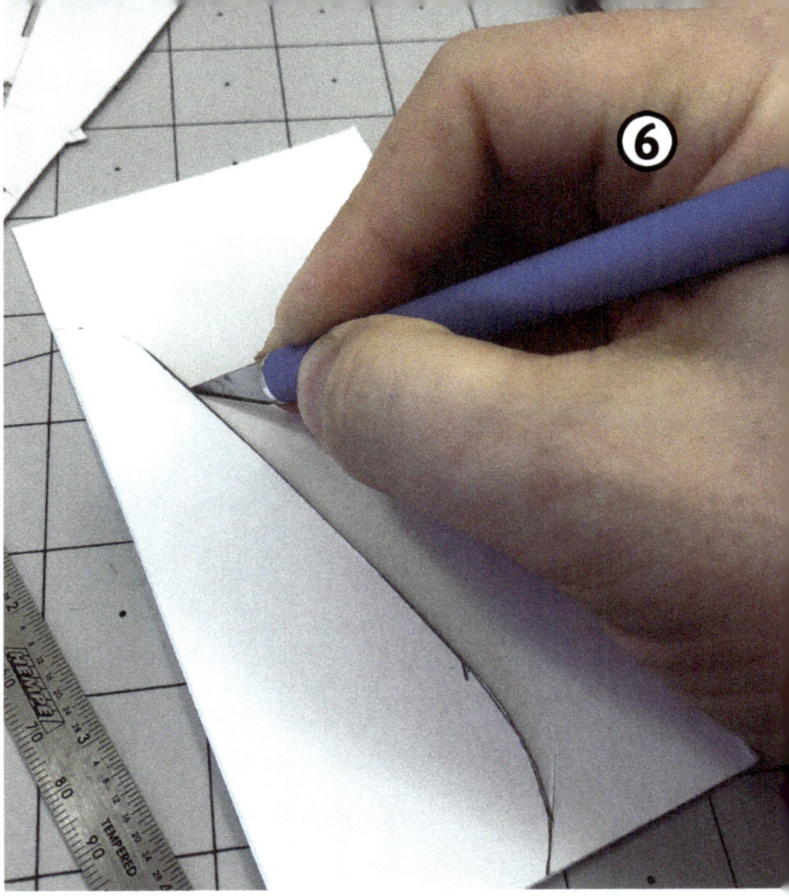

Hacer el despiece

Empezando con la trepa que tiene los calados hechos, escoge una pieza para dibujar. En este caso, empezaremos por el contrafuerte exterior.

1. La pieza es simétrica, necesitaremos suficiente papel para poder reflejar la pieza. Dibuja una línea recta que servirá como eje central.

2. Alinea el calado hecho en la trepa y traza la línea del patrón para hacer la pieza.

3. Aquí está la línea trazada a través de los calados. Asegúrate de que está alineado con la línea central para doblarlo.

4. Utiliza la regla normal y las reglas curvas francesas para crear líneas suaves. Con la pieza dibujada, asegúrate de que la línea para reflejar está centrada.

5. Dobla el papel de patronaje.

6. Utiliza el cortaplumas para cortar las dos capas del papel.

7. Desdobla el papel para ver la pieza completa.

Para las piezas que necesiten un margen de costura o una entre, añádelo a las piezas dibujadas antes de cortarlas.

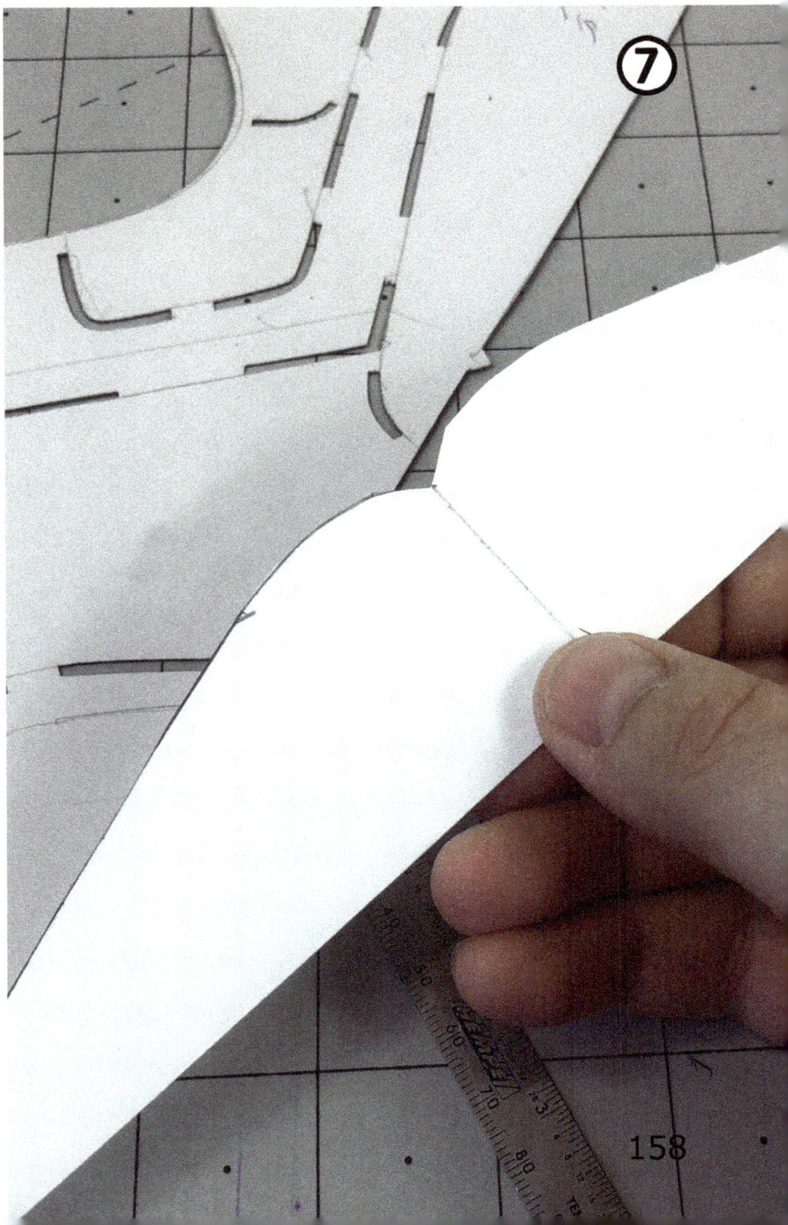

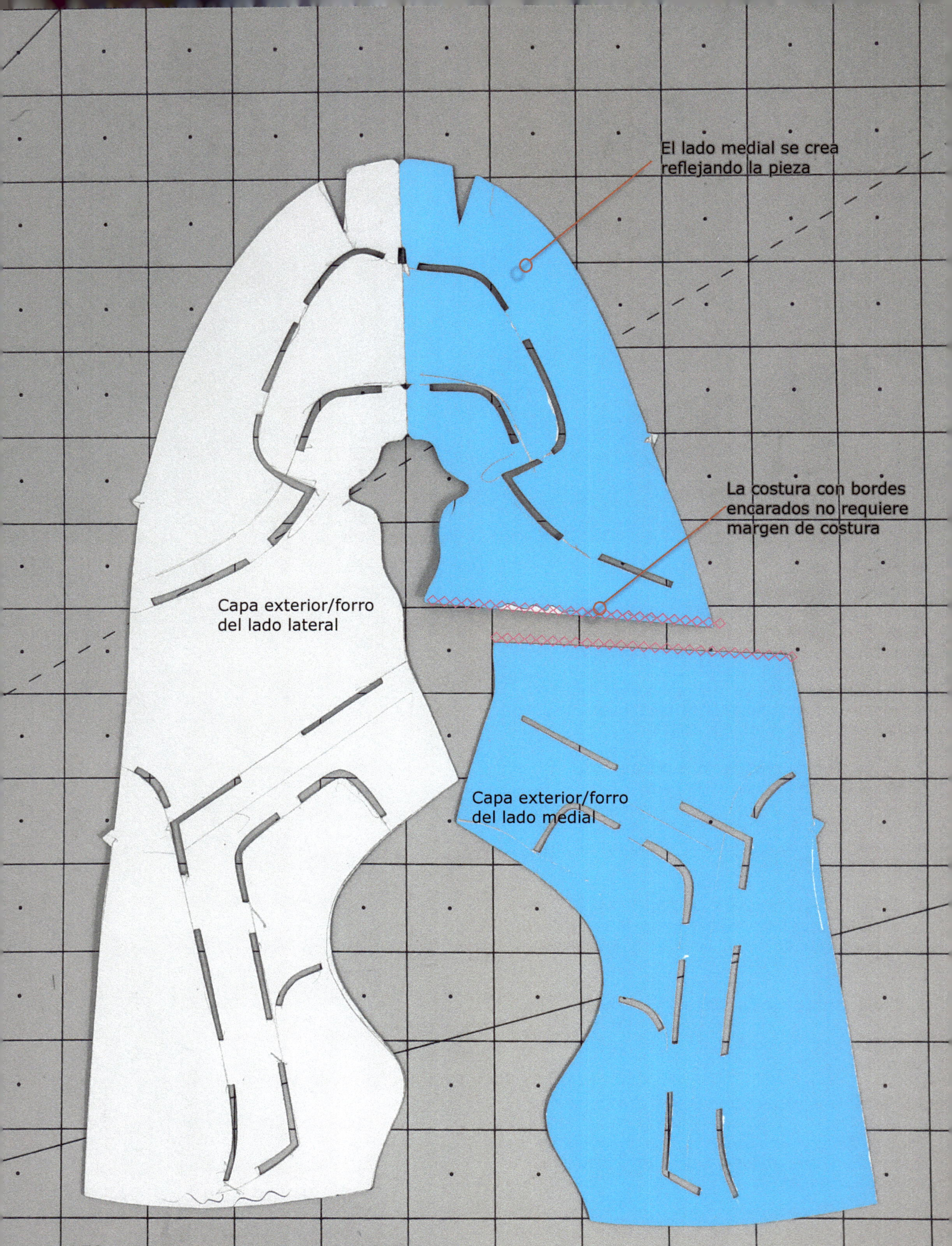
El lado medial se crea reflejando la pieza
La costura con bordes encarados no requiere margen de costura
Capa exterior/forro del lado lateral
Capa exterior/forro del lado medial

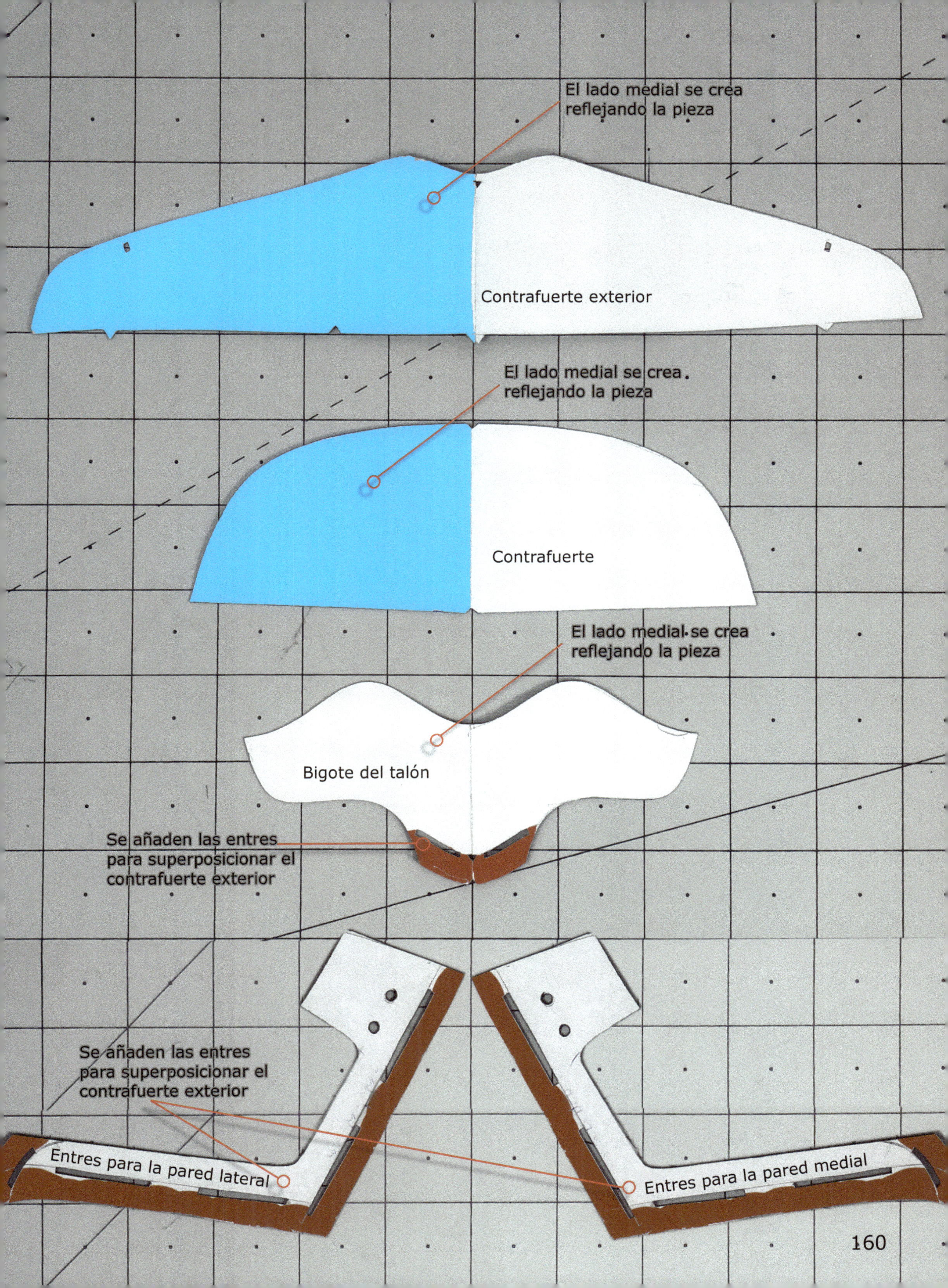
El lado medial se crea reflejando la pieza
Contrafuerte exterior
El lado medial se crea reflejando la pieza
Contrafuerte
El lado medial se crea reflejando la pieza
Bigote del talón
Se añaden las entres para superposicionar el contrafuerte exterior
Se añaden las entres para superposicionar el contrafuerte exterior
Entres para la pared lateral
Entres para la pared medial

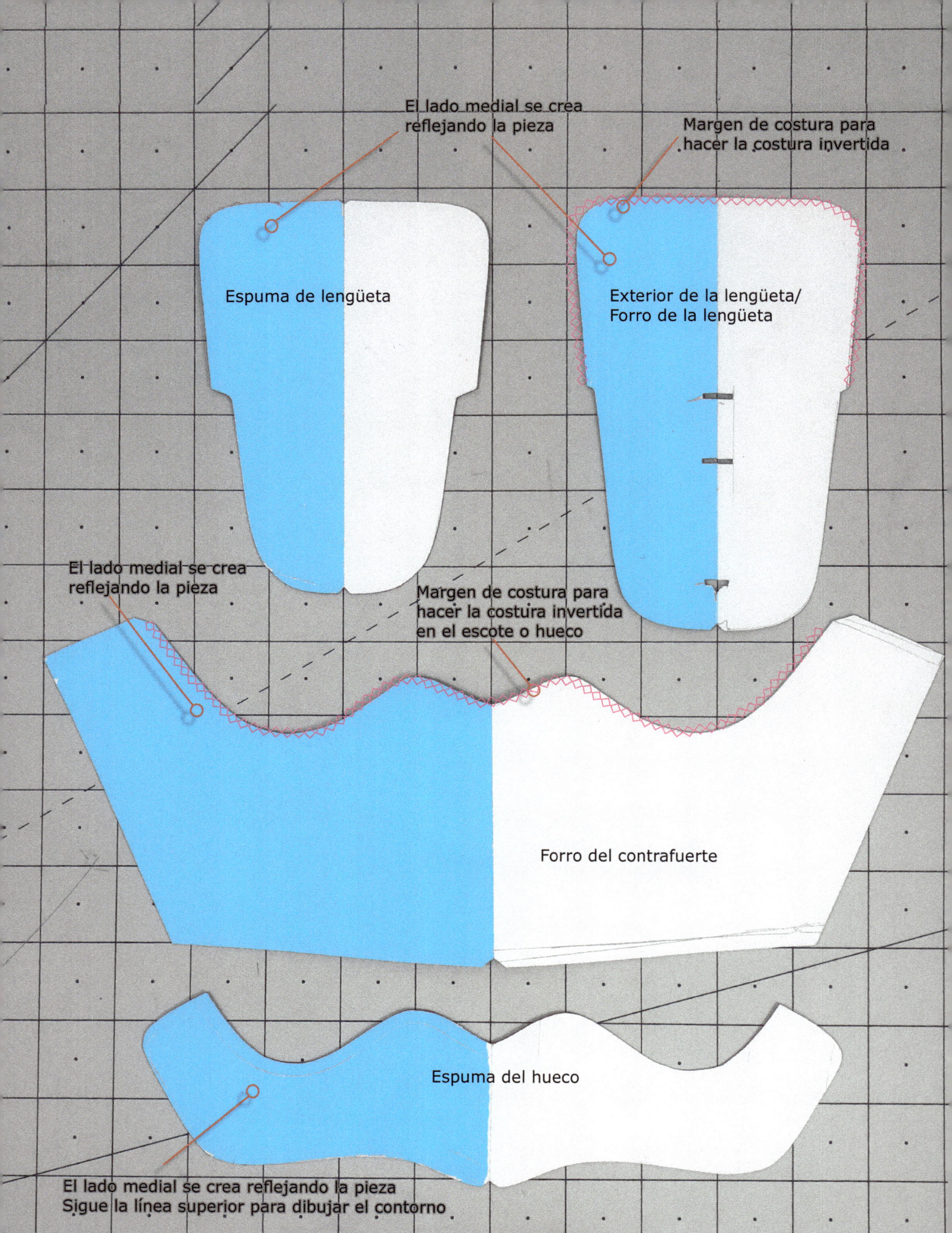
El lado medial se crea reflejando la pieza
Margen de costura para hacer la costura invertida
Espuma de lengüeta
Exterior de la lengüeta/ Forro de la lengüeta
El lado medial se crea reflejando la pieza
Margen de costura para hacer la costura invertida en el escote o hueco
Forro del contrafuerte
Espuma del hueco
El lado medial se crea reflejando la pieza
Sigue la línea superior para dibujar el contorno

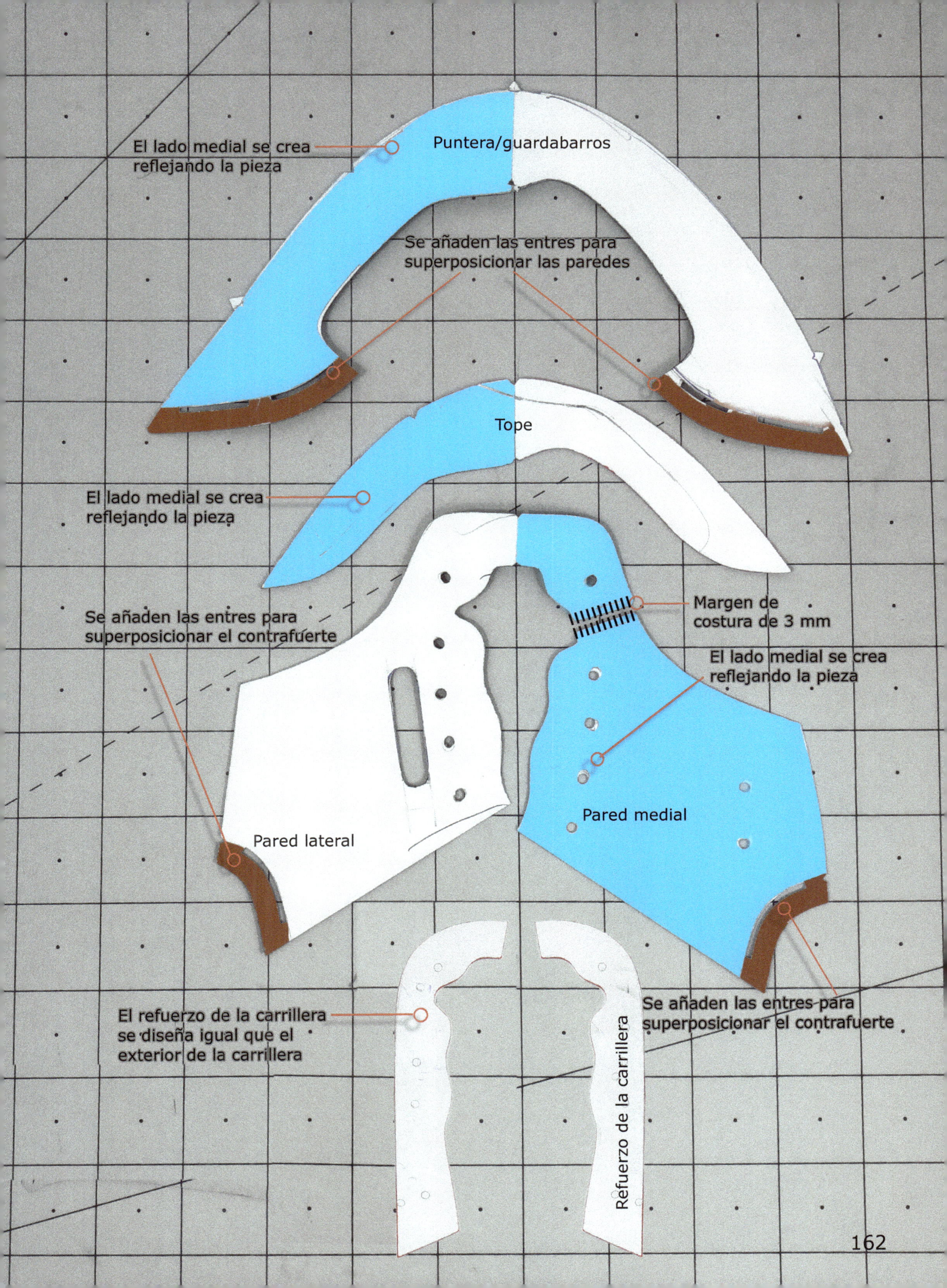
El lado medial se crea reflejando la pieza
Puntera/guardabarros
Se añaden las entres para superposicionar las paredes
Tope
El lado medial se crea reflejando la pieza
Margen de costura de 3 mm
Se añaden las entres para superposicionar el contrafuerte
El lado medial se crea reflejando la pieza
Pared medial
Pared lateral
El refuerzo de la carrillera se diseña igual que el exterior de la carrillera
Se añaden las entres para superposicionar el contrafuerte
Refuerzo de la carrillera

Hacer el despiece: Aplanar cada pieza individualmente

En el ejemplo anterior, el patrón lo diseñamos en la horma y después lo aplanamos en una sola pieza. Funciona muy bien para calzado deportivo con un patrón que tenga bloques grandes. Para diseños con correas o patrones escotados, puede ser mejor quitar la trepa y aplanar pieza por pieza.

Para este ejemplo, vamos a hacer zapato de tacón alto. Hemos escogido un diseño de punta cerrada con pulsera en el tobillo, pero puedes seguir este proceso para crear cualquier zapato de mujer.

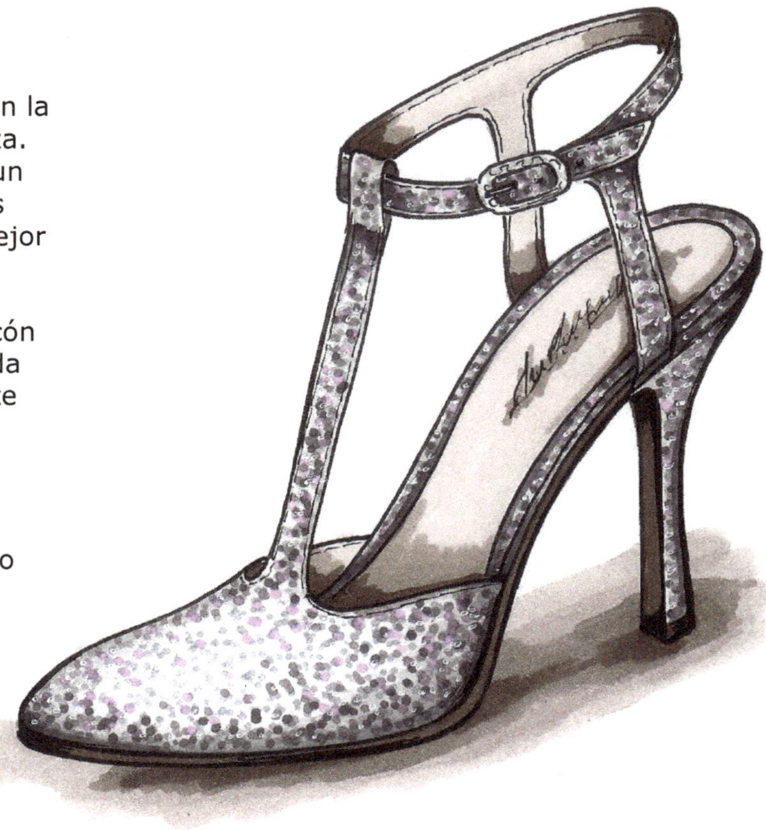

Herramientas necesarias:

Horma
Cinta de carrocero de entre 1cm y 2cm de ancho
Regla de metal
Bolígrafo y lápiz
X-acto™ o cortaplumas
Tijeras
Papel para patronar
Reglas curvas francesas
Compás

Hacer el patrón de la plantilla

1. Encinta del talón a la puntera cubriendo toda la planta.
2. Asegúrate de que la cinta quede plana y lisa, y que se adhiera a la superficie de la horma.
3. Deja que la cinta cubra unos 15 mm del canto de la horma y marca el canto con la mina de un lápiz.
4. Retira con cuidado la cinta de la base, y aplana el patrón sobre el papel de patronaje.
5. Empezando por la línea central del talón, aplana la cinta avanzando hacia la bola.

Trabaja hacia adelante y hacia afuera hasta que toda la cinta quede plana y sin arrugas.

6. Con un portaminas y una regla curva francesa, haz un contorno limpio.
7. Utiliza un cortaplumas o unas tijeras para cortar el patrón de la plantilla.
8. Compáralo con la horma para verificar que tenga la forma correcta.

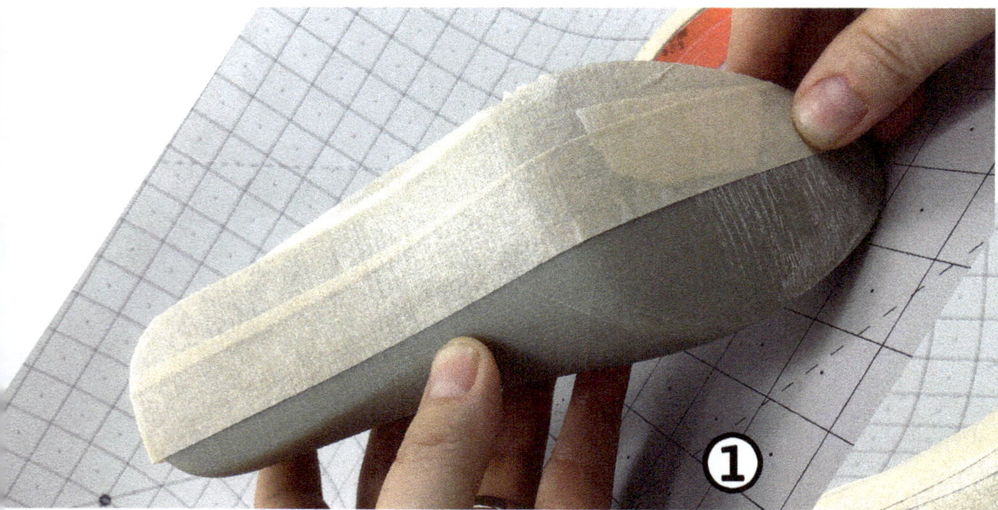

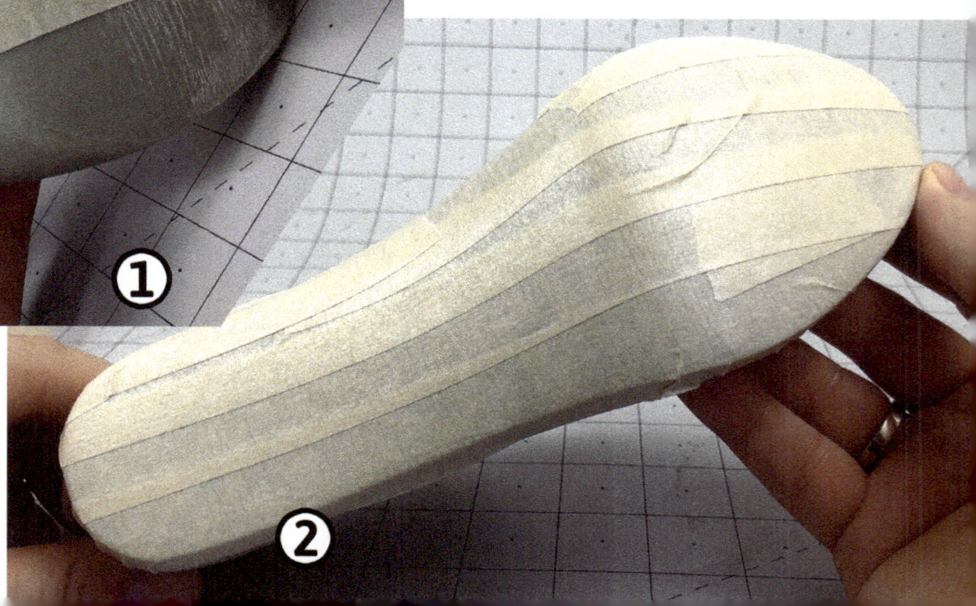

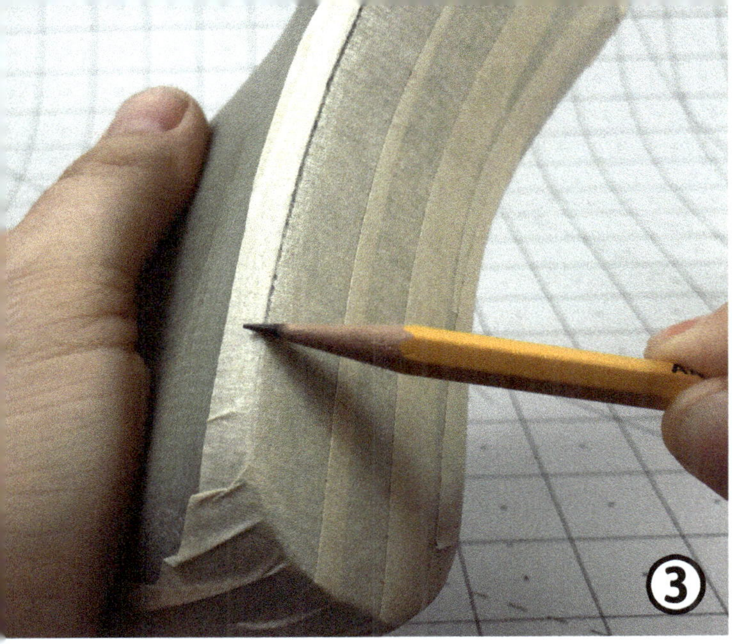
3

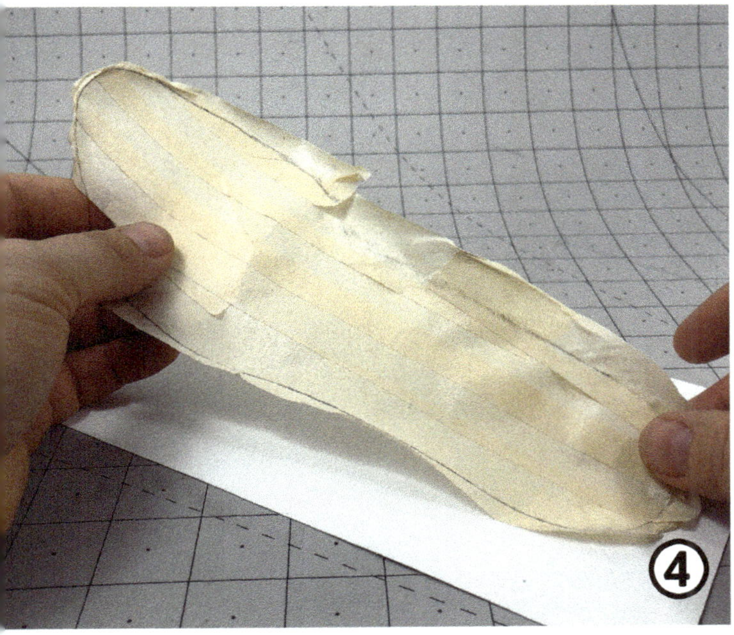
4

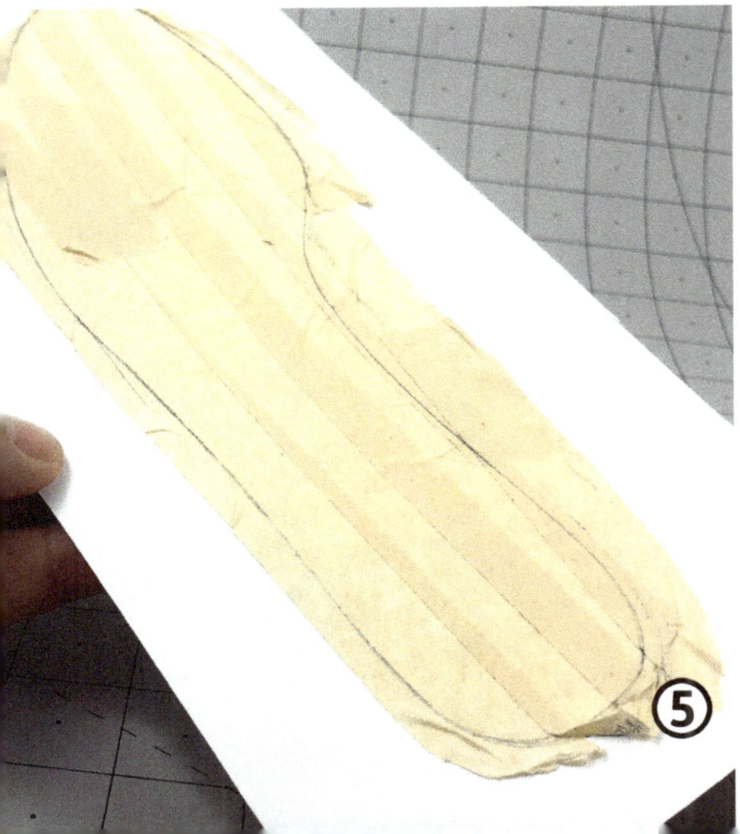
5

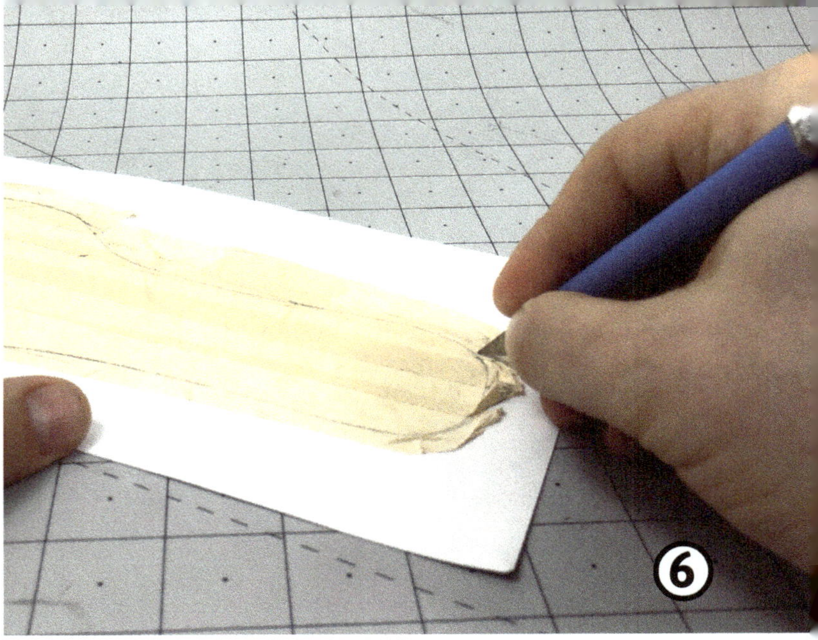
6

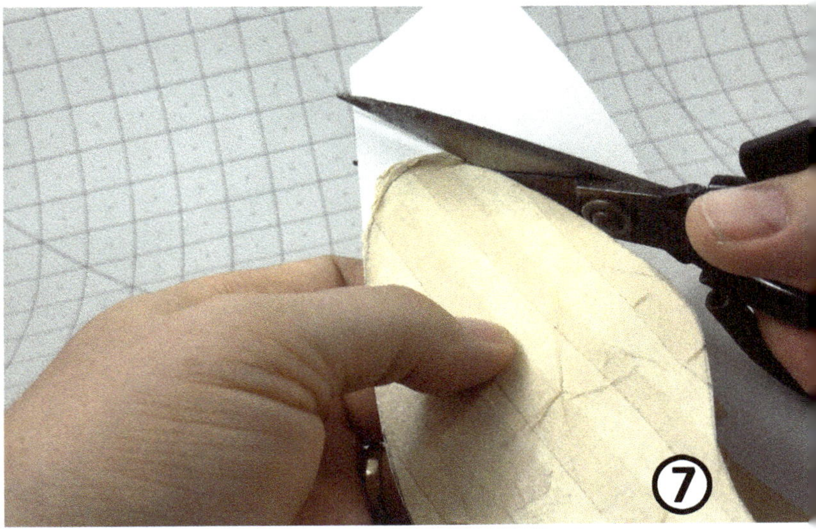
7

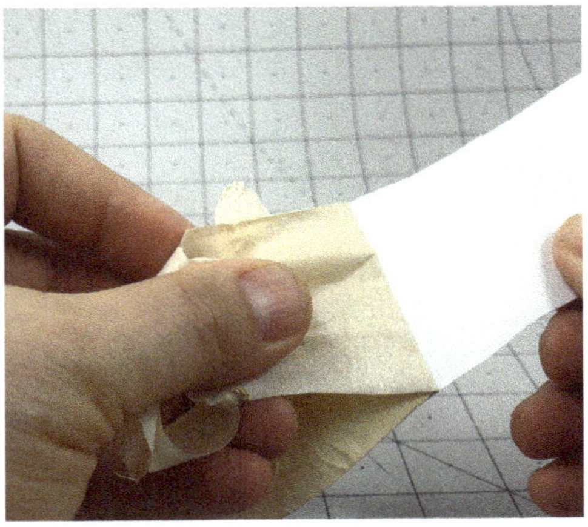

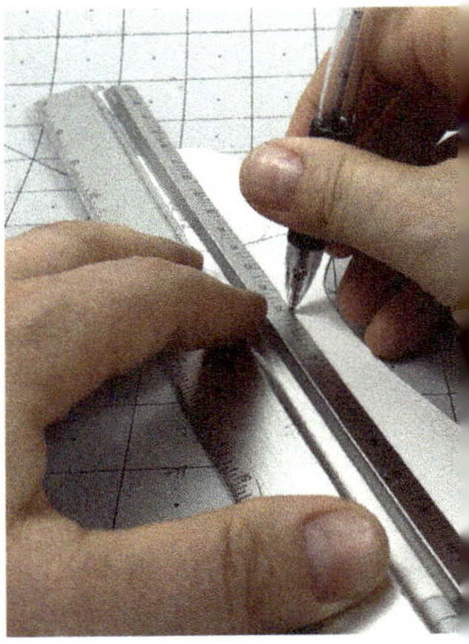

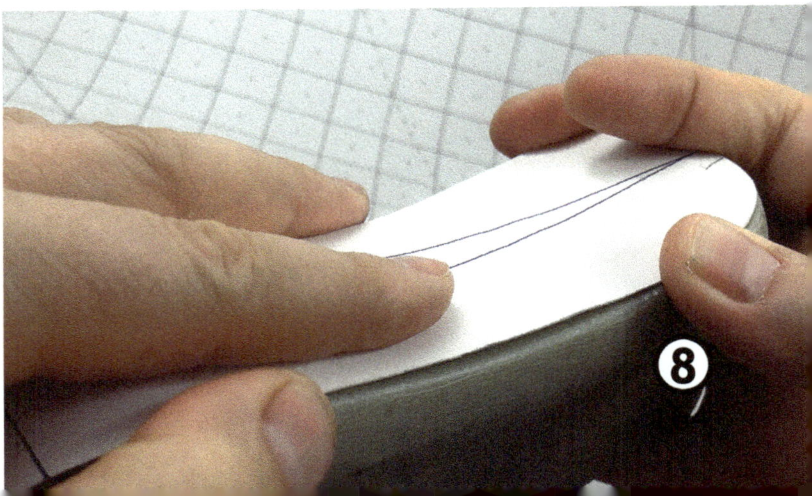
8

Encintar y marcar la horma

1. Encinta las líneas centrales: puntera y talón.
2. Empezando en la parte superior de la horma, pon las capas de cinta horizontalmente.
3. Haz que la cinta se quede superpuesta para crear una superficie homogénea.
4. Pon la cinta en vertical; esto te permitirá que la cinta se mantenga unida cuando la retires de la horma.
5. Cubre todo el lado lateral y la mitad frontal del lado medial.
6. Marca la línea central en el talón con un trozo de cinta previamente marcado.
7. Marca la línea central en el empeine con un trozo de cinta previamente marcado.

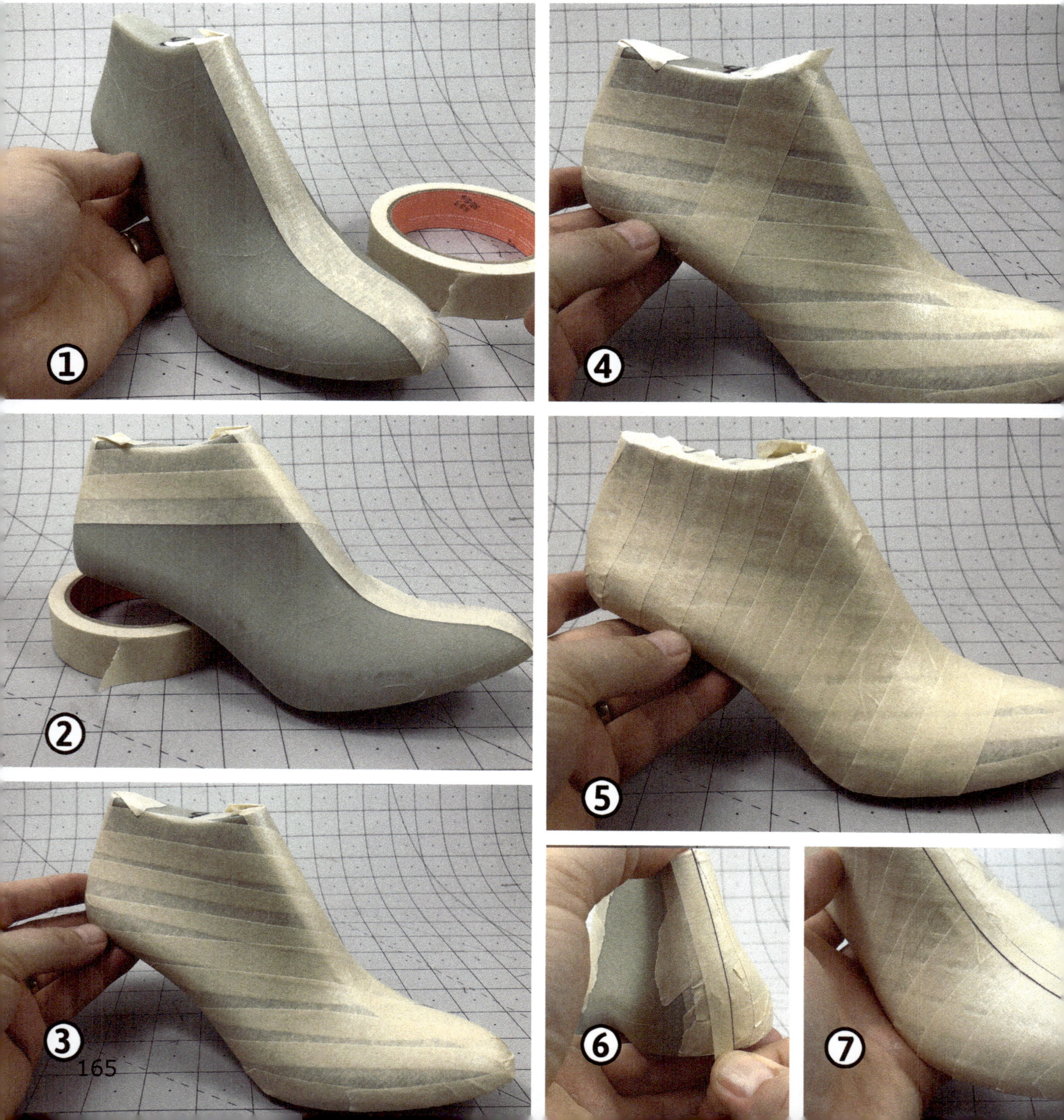

Marcar la horma encintada con los puntos básicos

8. Retira la cinta sobrante del canto de la horma y de la parte superior.
Con un cortaplumas, corta la línea central y retira la cinta sobrante del lado lateral.
9. Marca los puntos de la bola en el lado medial y lateral.
10. Marca el punto de la talonera CP, la altura es el 20% de S.L.L (60 mm aproximadamente).
Marca el punto de la caña B, 6 mm por encima del punto CP.
11. Marca el punto del empeine con I al 25% de la S.L.L, y por encima del punto de bridaje V.
Marca el punto del escote T, 12 mm por encima del punto del empeine I.
12. Localiza el punto de bridaje V donde la línea central toque la línea que conecta los puntos de la bola.

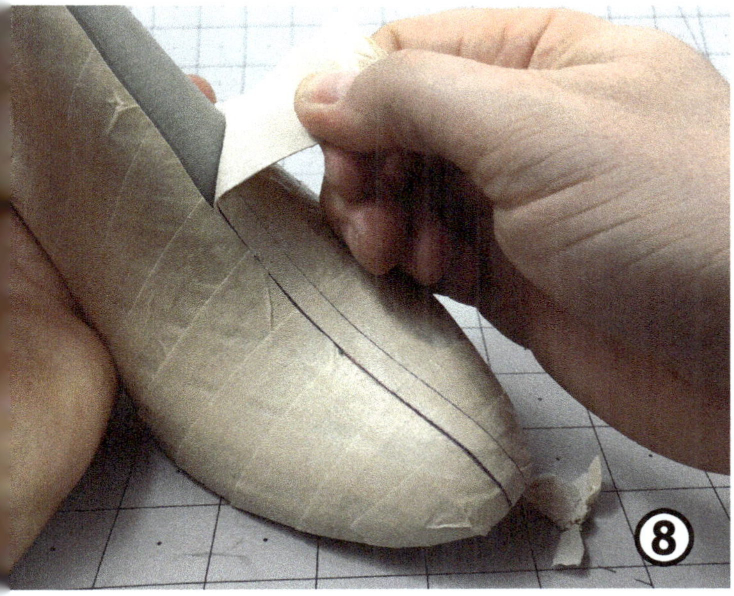

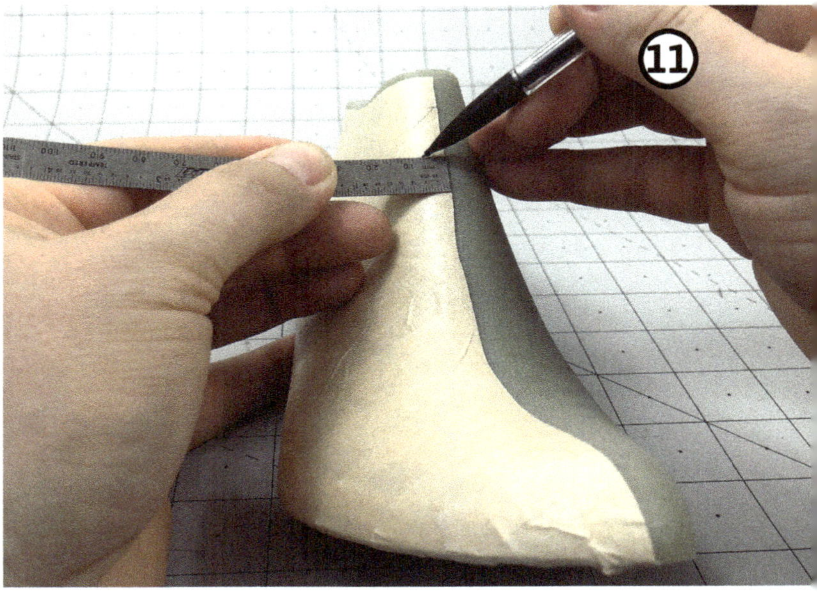

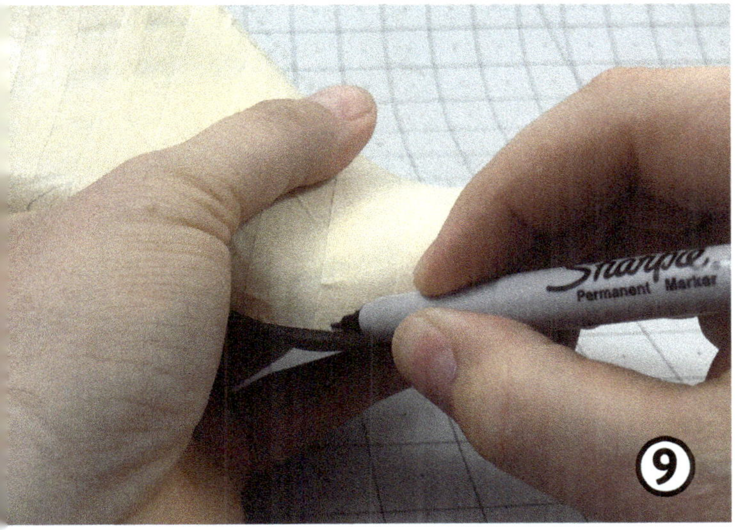

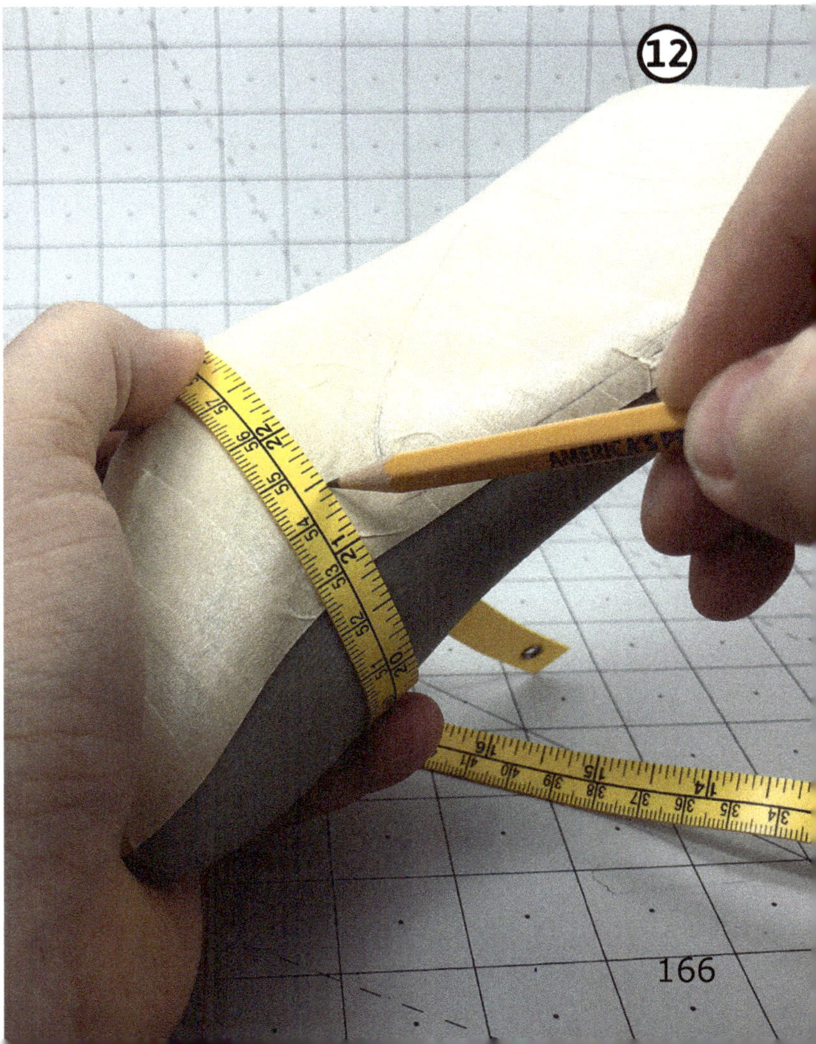

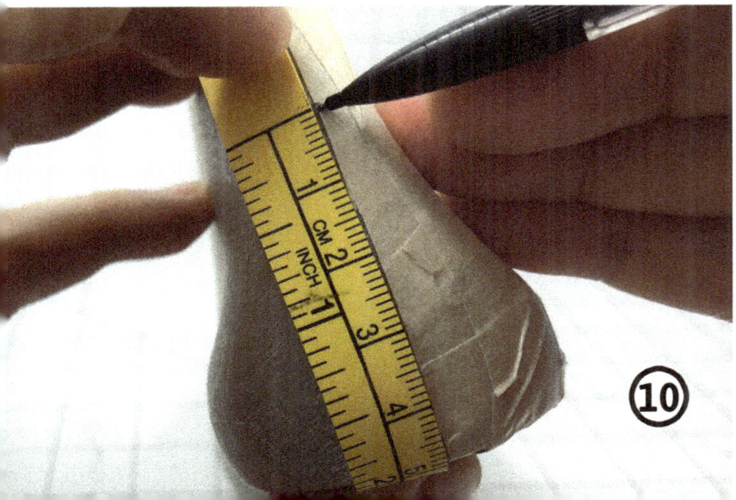

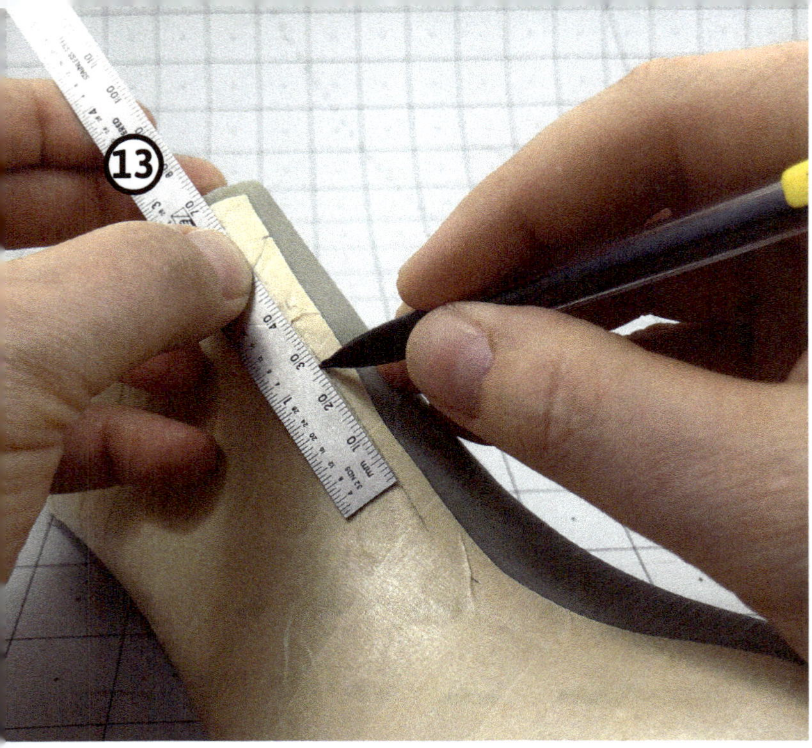
13

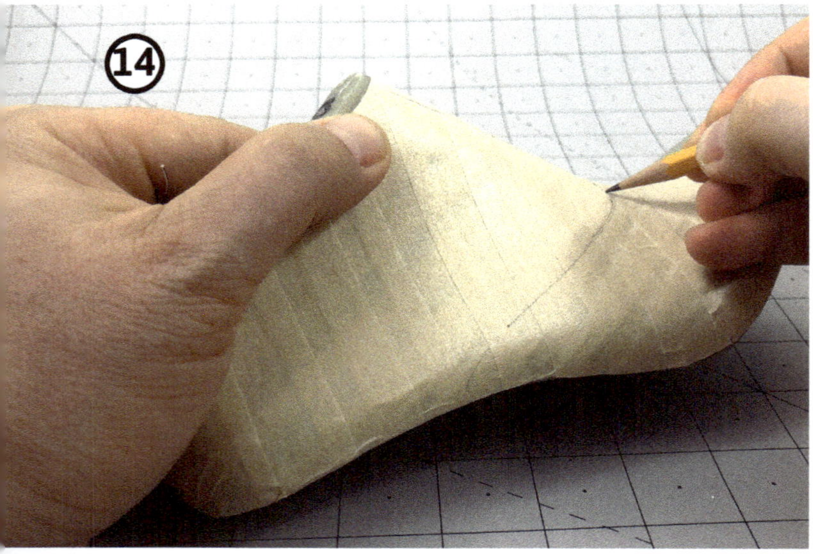
14

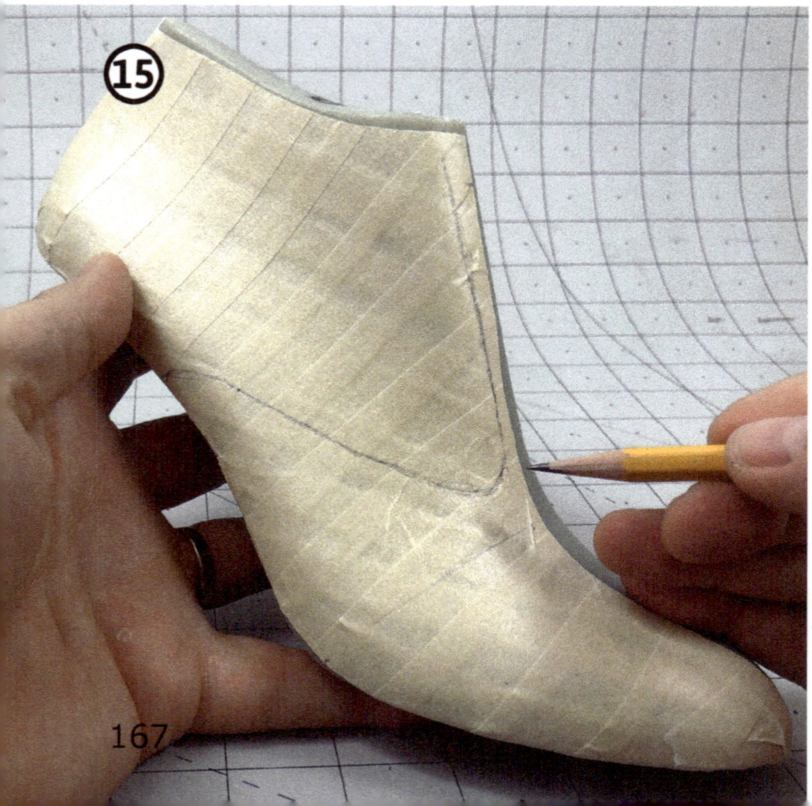
15

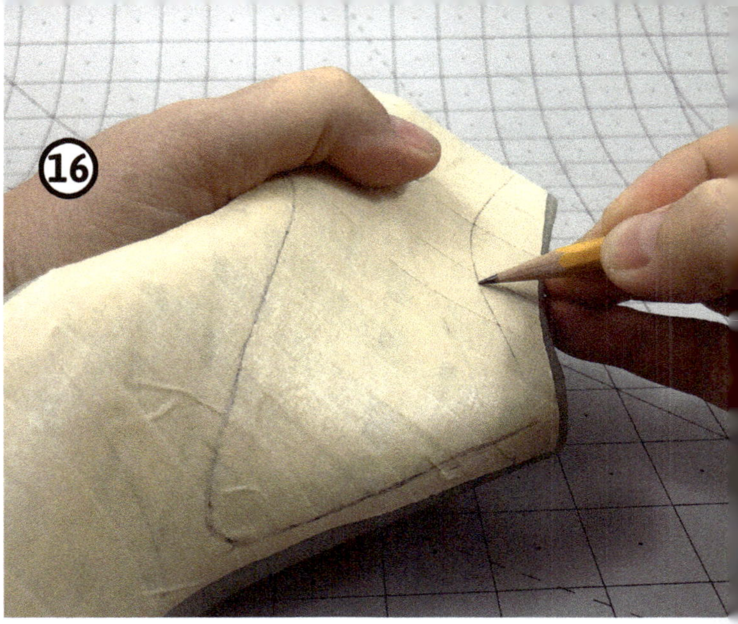
16

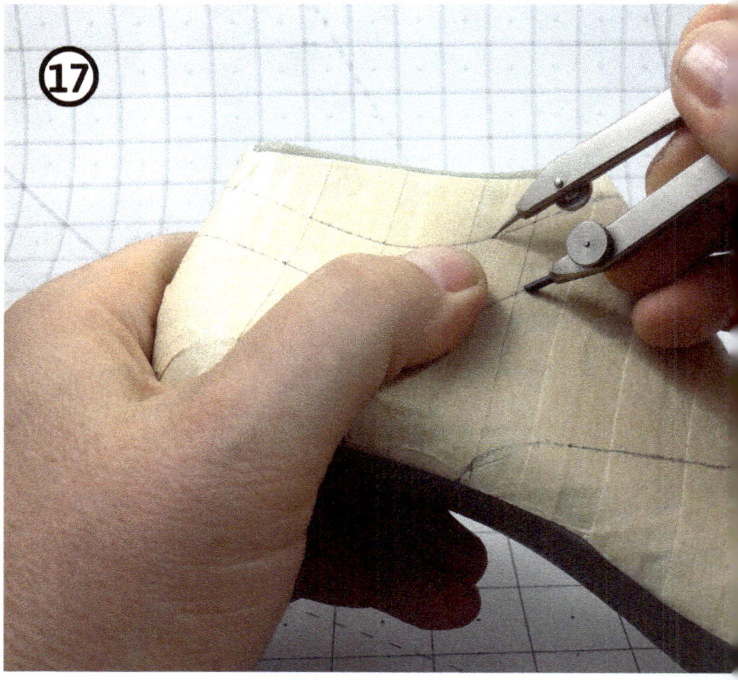
17

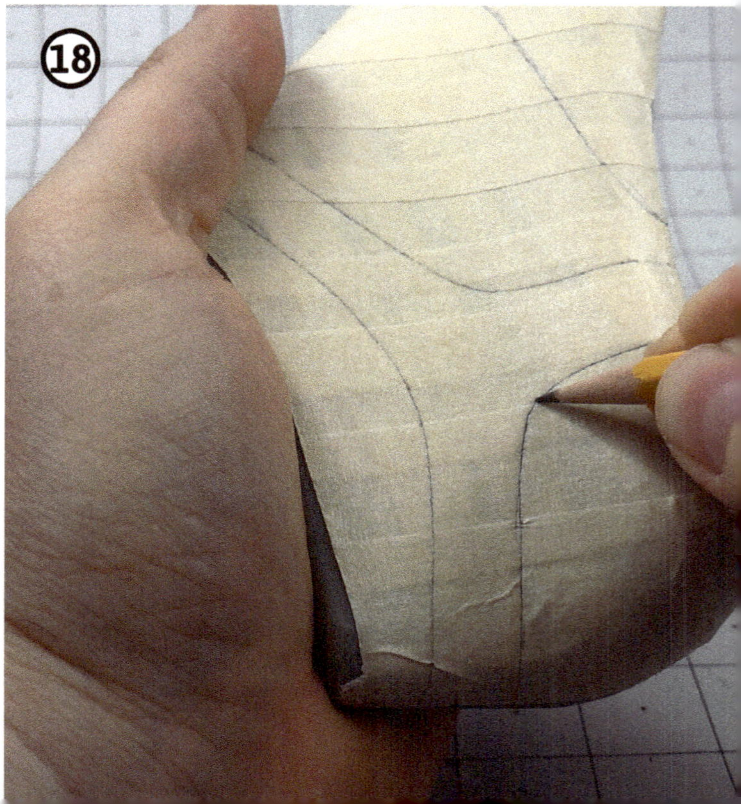
18

Modelar y diseñar un zapato de tacón en la horma

13. Empieza dibujando en la parte superior central la tira con forma de T. Desde el punto I, dibuja la mitad de la anchura de la tira paralela a la línea central.
14. Dibuja la línea que sobrepase el punto de bridaje V. Después, dibuja una línea que conecte la abertura con el canto de la horma.
15. Para evitar pellizcos, las líneas no deben terminar directamente sobre la bola. Puedes utilizar una escalerilla, o sujetar la horma para simular la altura de talón para ayudarte a terminar las líneas.
16. Para dibujar la tira trasera, empieza en el punto I y dibuja la línea superior hasta el punto B.
17. Con el dibujo de la línea superior, puedes transferir el ancho de la correa y dibujar la línea inferior.
18. Ahora, une la tira al canto de la horma.
19. Marca las entres de la correa y dibuja cualquier fornitura que vaya a necesitar el zapato.

Con el diseño completo, ahora es el momento de hacer el despiece.

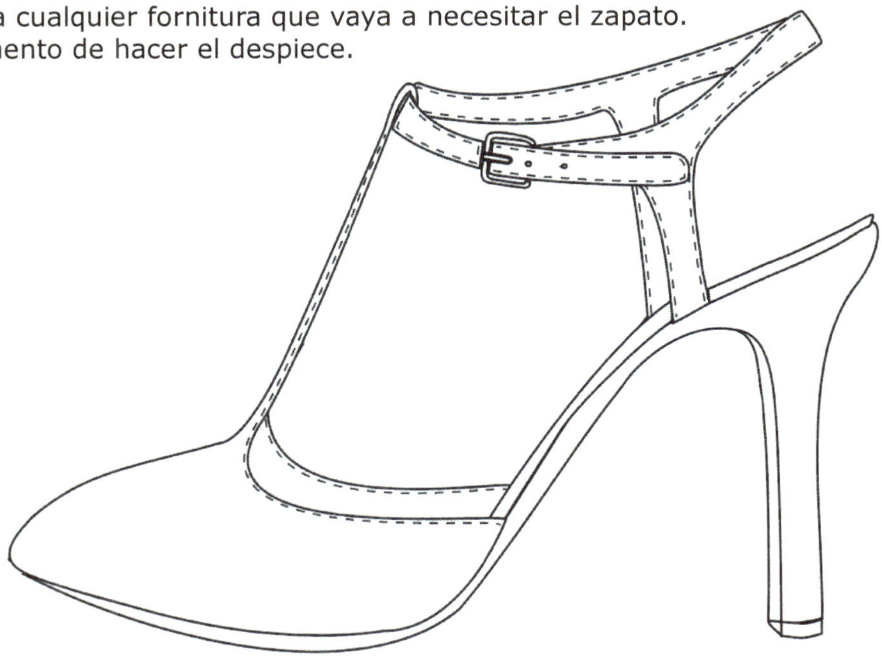

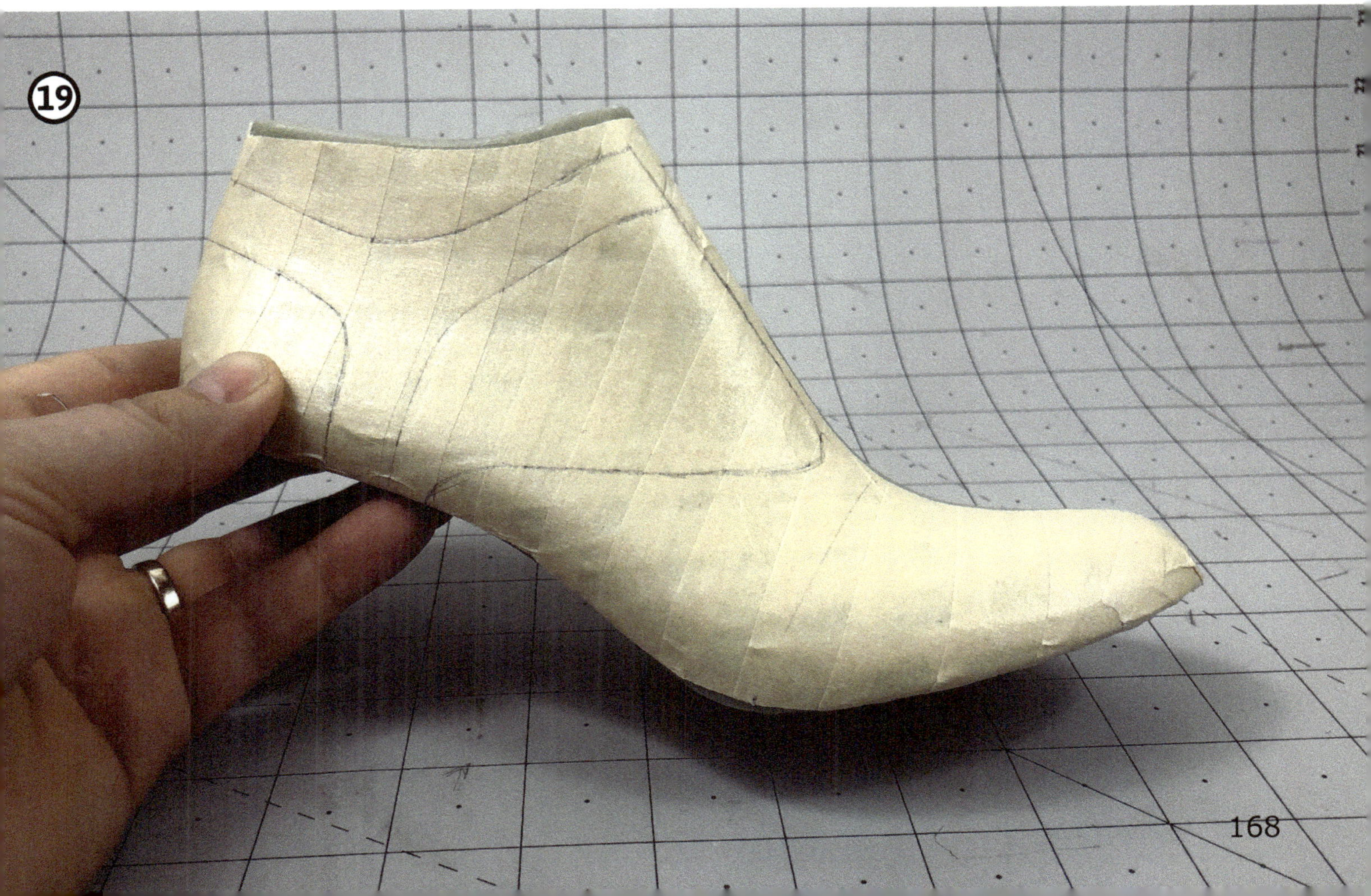

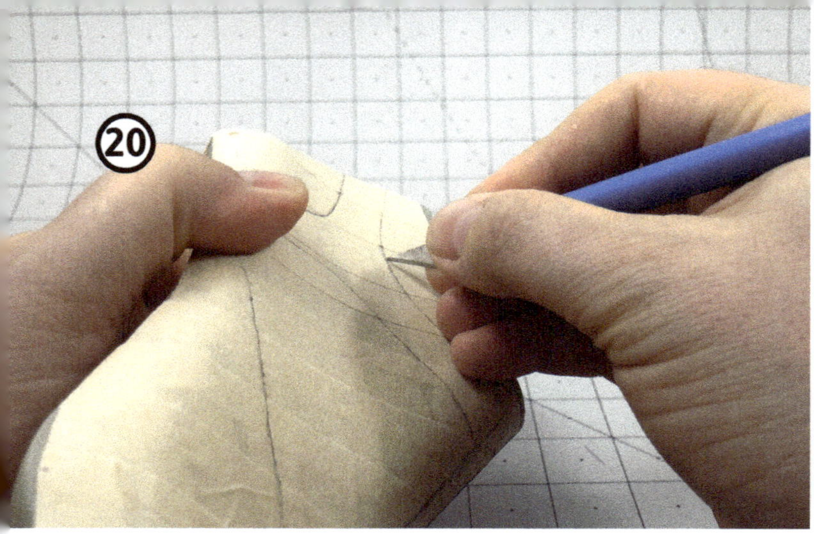
20

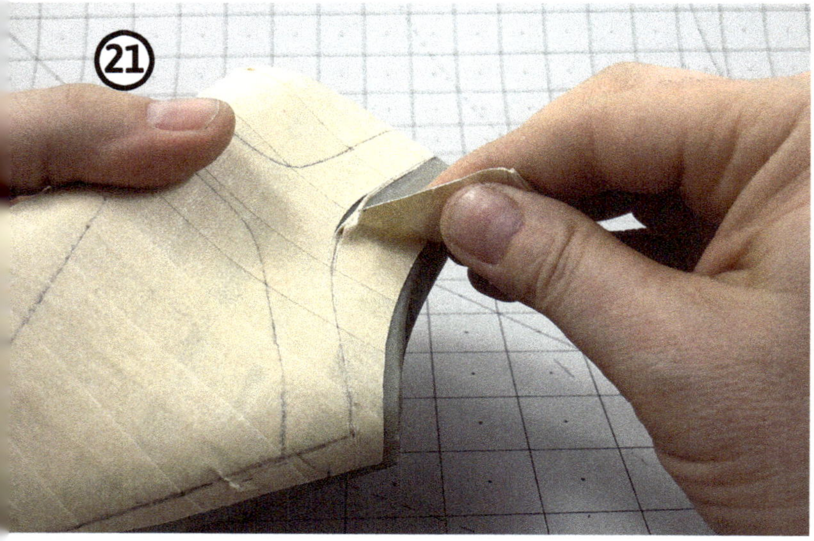
21

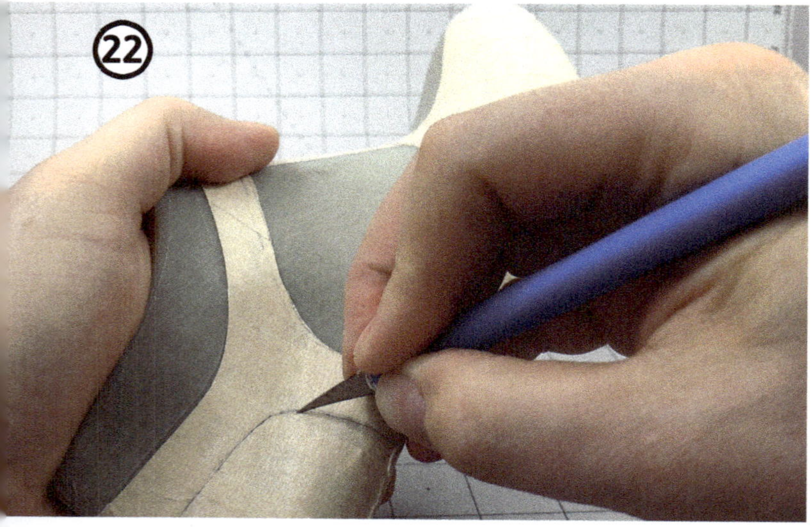
22

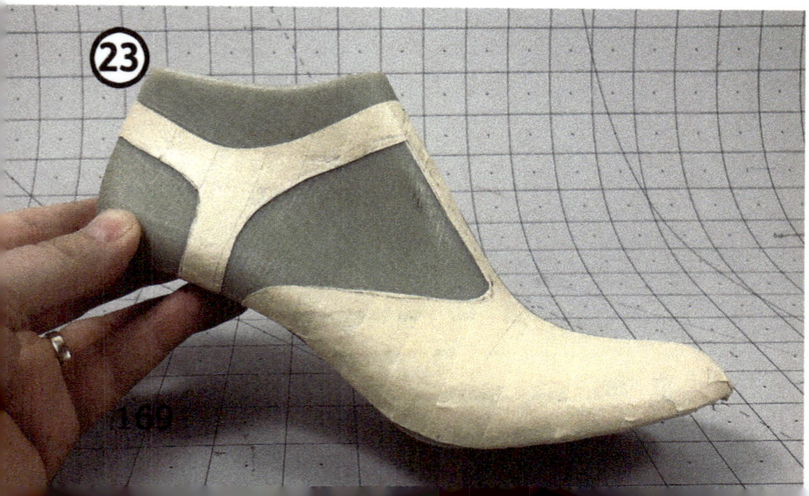
23

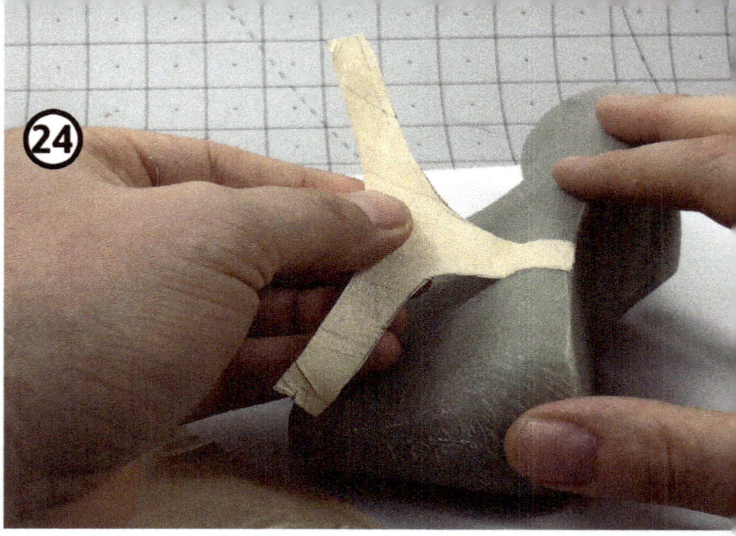
24

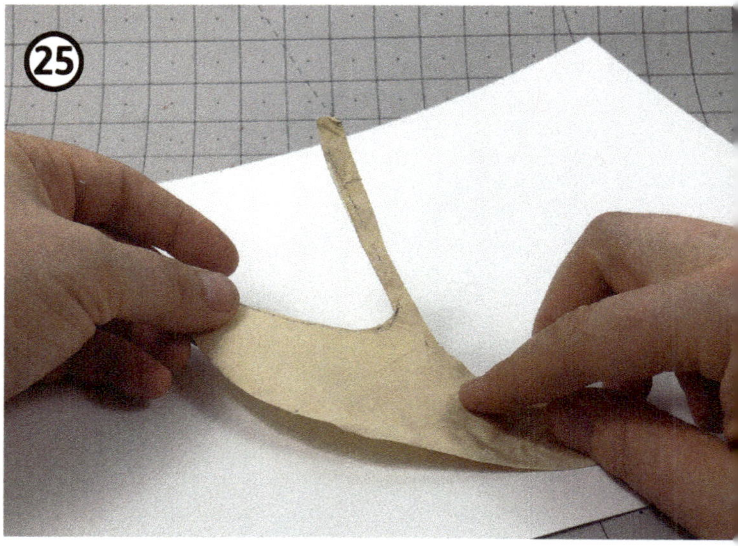
25

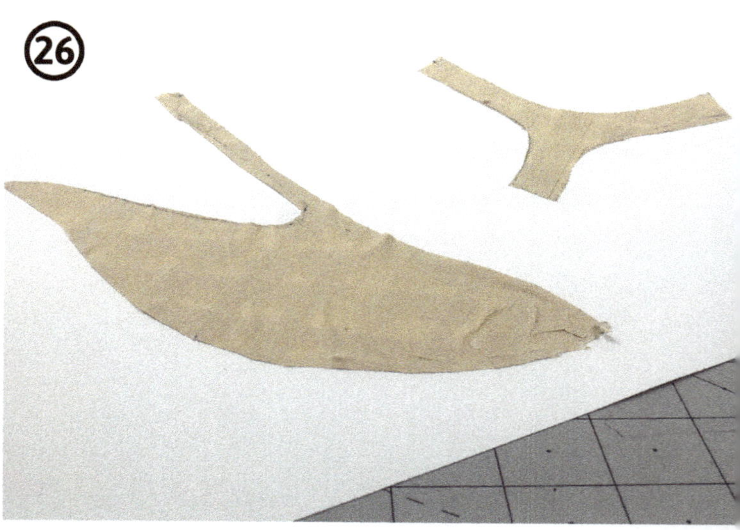
26

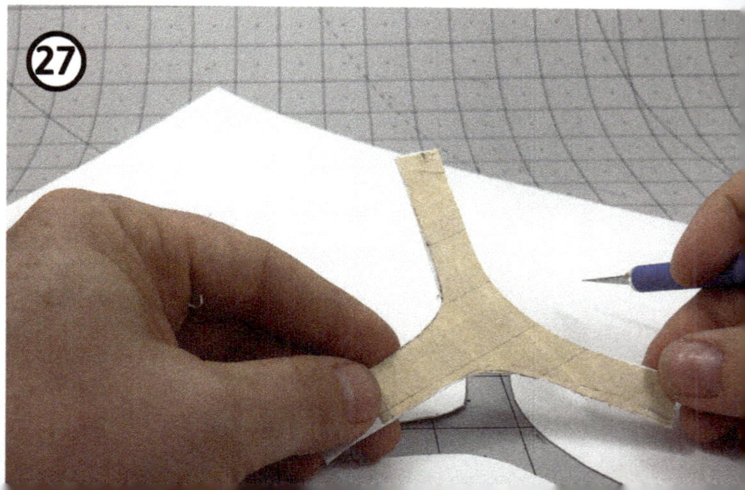
27

Sacado de piezas

20. Con el cortaplumas, corta las líneas del patrón empezando por el escote.
21. Con cuidado, quita el sobrante para dejar solamente el diseño.
22. Quita los espacios sin usar del patrón y deja tan solo los patrones útiles.
23. Con el sobrante retirado, ya tienes listo el diseño.

Aplanar las piezas del patrón

24. Retira las piezas de la horma, con cuidado de no hacer que se estiren o se deformen.
25. Separa y aplana cada pieza en el papel. Deja algo de espacio extra alrededor de las piezas.
26. En esta foto están las piezas del empeine y la pulsera del tobillo.
27. Añade 15 mm a la parte inferior de la tira del talón para que pueda acoplarse debajo de la plantilla. Recorta la pulsera del papel para separar la pieza.
28. Utiliza el compás con la medida establecida en 15 mm para trazar la línea del margen de montado.
29. Con las dos piezas del patrón y la plantilla como nuestros bloques de construcción, crearemos el resto de piezas necesarias para hacer este diseño de zapato de tacón alto.

Listado del despiece del patrón

Antes de hacer el despiece, necesitarás un listado de las piezas. En el caso de este modelo, necesitarás tener diez componentes. Algunas de las partes se reflejan del lado medial al lateral. El modelista creará los refuerzos y los forros basándose en la silueta de las piezas externas.

1. Pala
2. Forro de pala
3. Tope
4. Pulsera del tobillo
5. Forro de la pulsera del tobillo
6. Tira lateral
7. Forro de tira lateral
8. Plantilla
9. Almohadilla para la plantilla
10. Relleno de la plantilla

Algunos zapatos también pueden necesitar forrar el tacón de plástico.

(28)

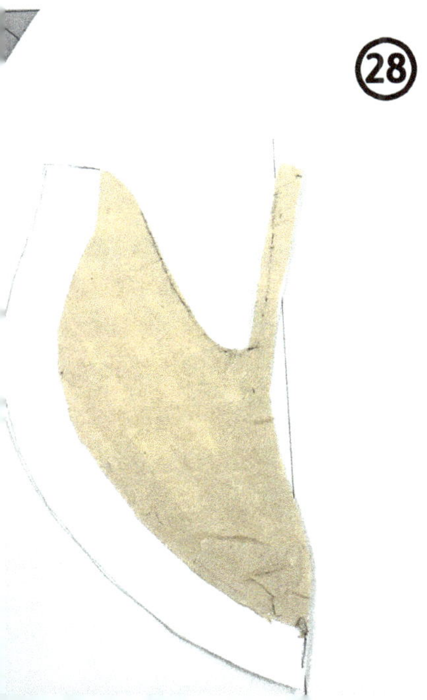

(29)

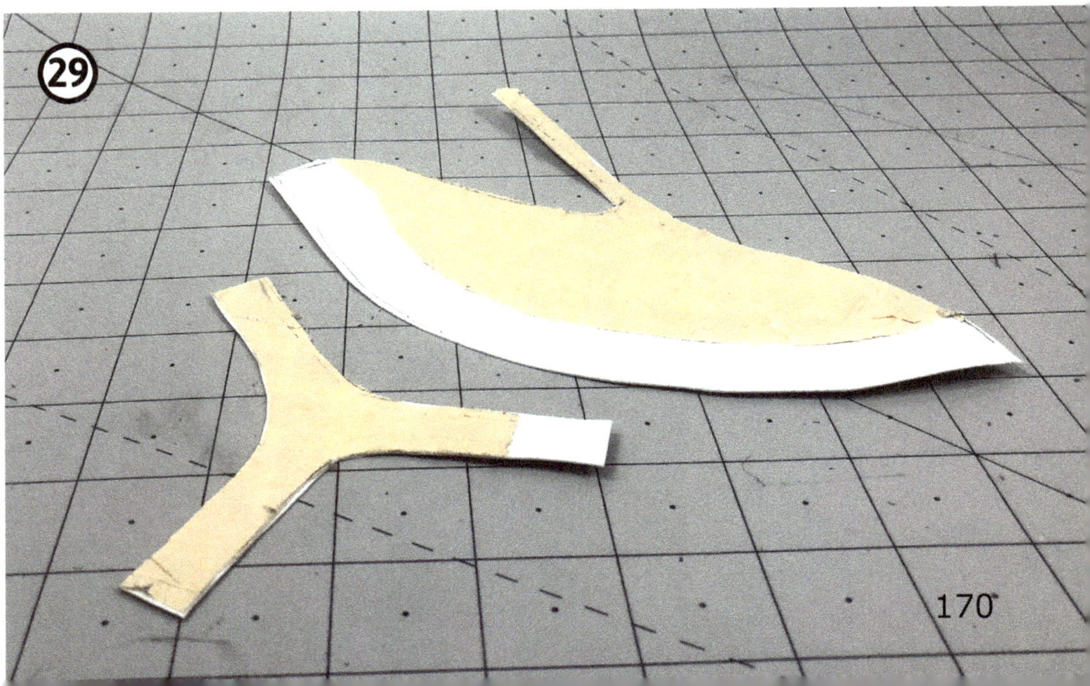

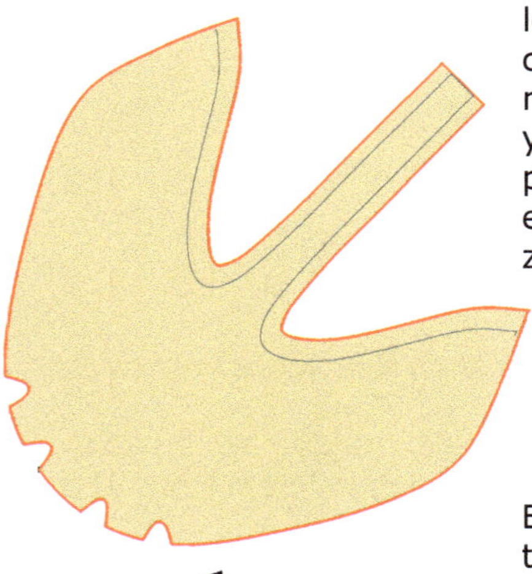

El forro de la pala es la primera pieza que necesitarás crear, y suele hacerse en piel sintética, piel de cabra o becerro. La pieza tiene un margen de montado en la punta y en los laterales; y un margen para hacer el dobladillado en la tira en forma de T y en el escote del zapato.

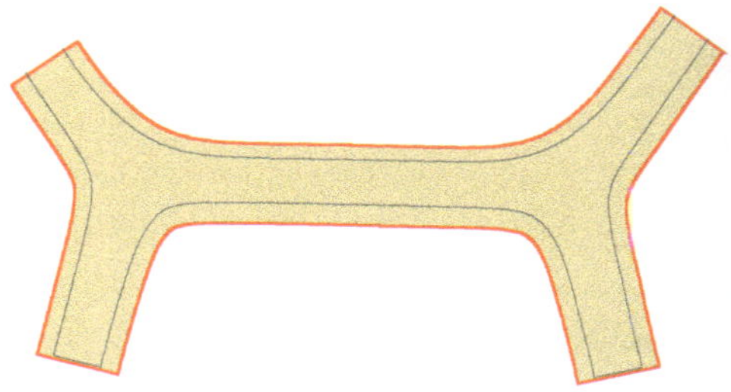

El forro de la pulsera trasera se puede troquelar, y esta pieza necesitará márgenes para el dobladillado.

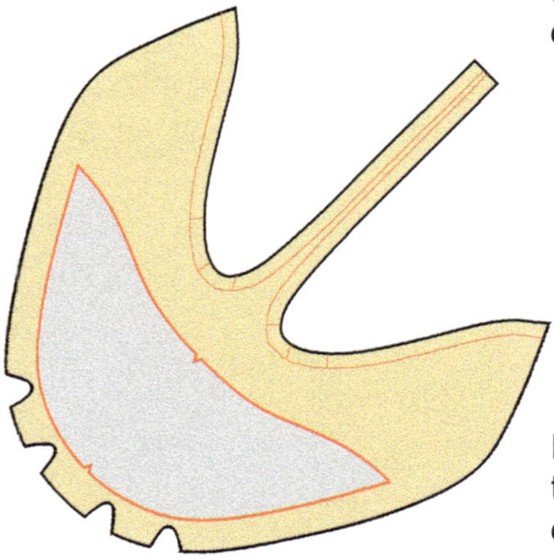

El canto se dobla y se pega. El tope se coloca en la punta y se fija con pegamento termofusible.

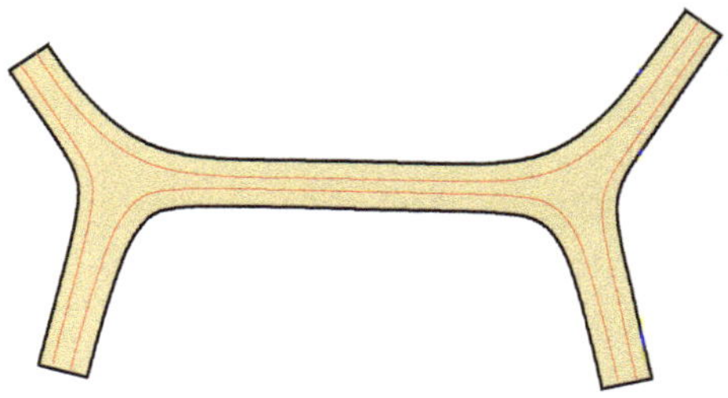

Se posiciona el corte de la pulsera, que puede ir al corte, o se deberá añadir el margen para el dobladillado.

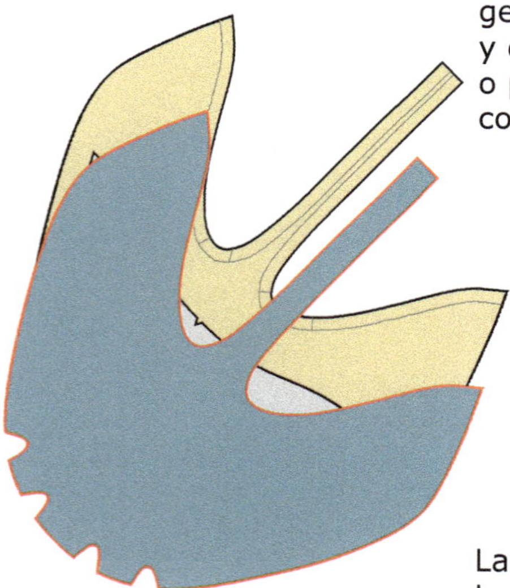

El corte del empeine y la tira en T también pueden tener el canto al corte, o habrá que añadir el margen para el dobladillado. El forro y el corte se unen con cemento o pegamento termofusible y se cosen al canto.

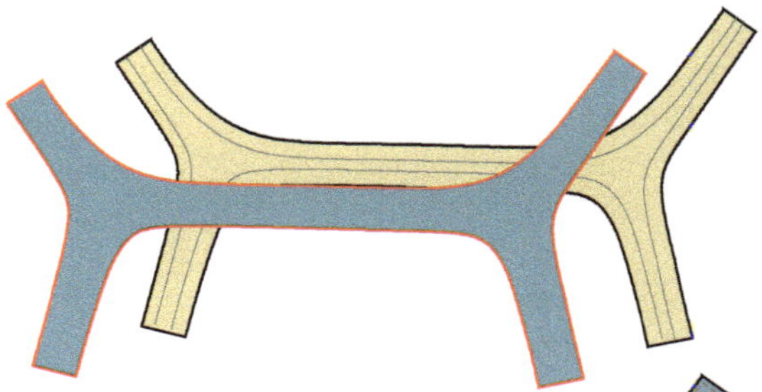

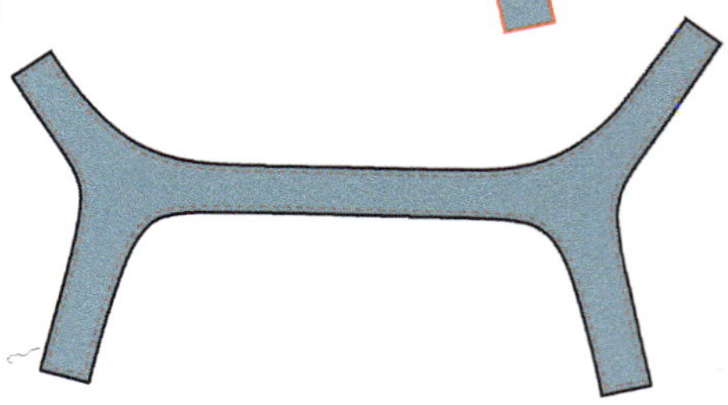

El canto de la pulsera está dobladillado y cosido. Esta pieza se hace por separado para reducir el consumo.

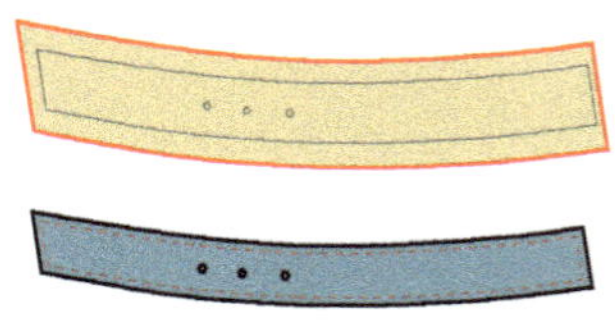

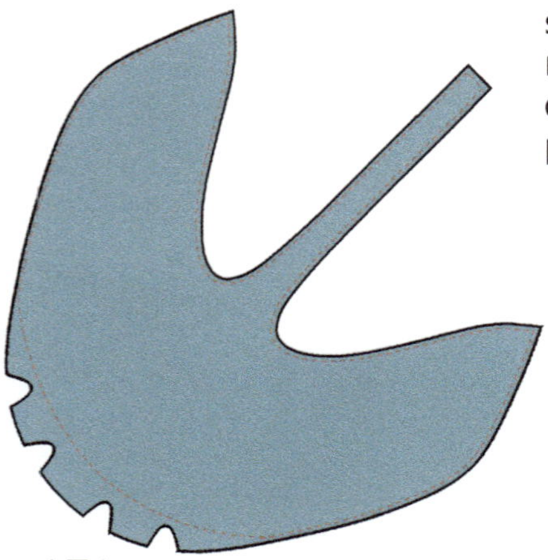

La costura del escote debe seguir en la puntera y quedar cubierta por la suela una vez se monte en la horma. El extremo de la tira en forma de T se dobla y se cose para crear el pase de la pulsera del tobillo.

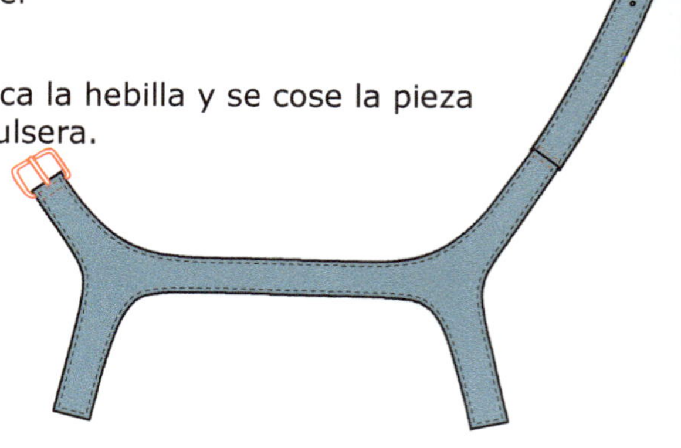

Se coloca la hebilla y se cose la pieza de la pulsera.

La palmilla sigue el contorno de la planta.

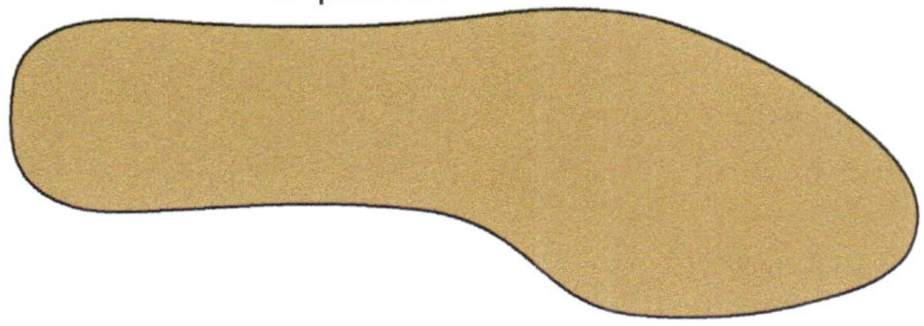

El entredós también se corta siguiendo el contorno de la planta; este componente permite que las tiras queden bajo la plantilla sin dejar bultos. La parte delantera se recortada para dar espacio al margen de montado en la pala.

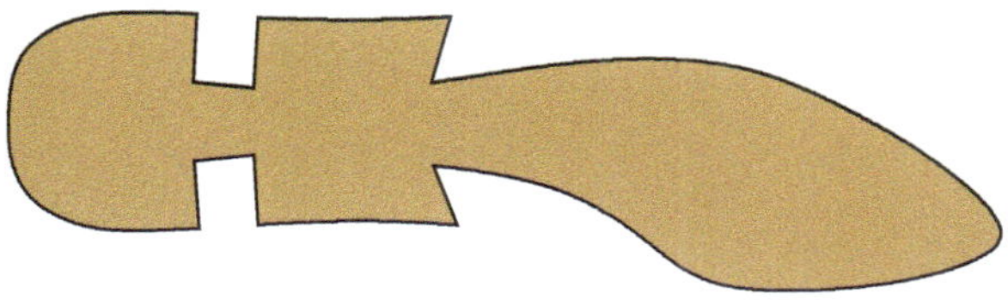

El patrón de la plantilla también es el contorno de la planta. Muchas veces se da un margen de dobladillado para cubrir el borde de la palmilla.

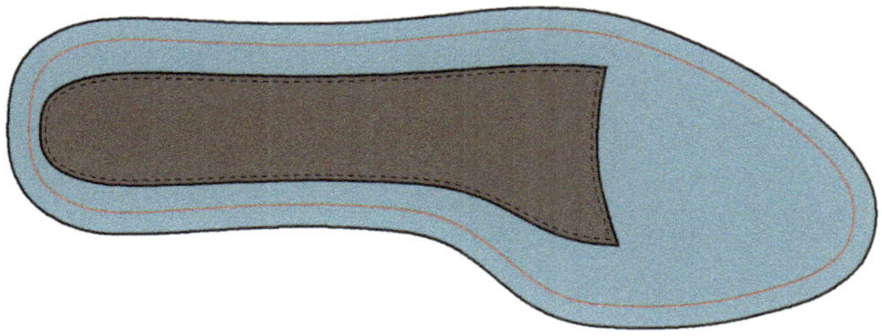

La almohadilla de la plantilla también sigue el contorno de la planta.

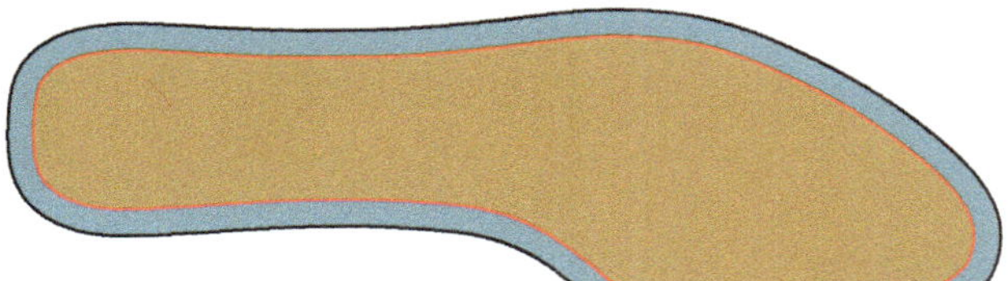

El tejido de la plantilla se pega cubriendo la palmilla. Se puede añadir también una espuma fina para amortiguar.

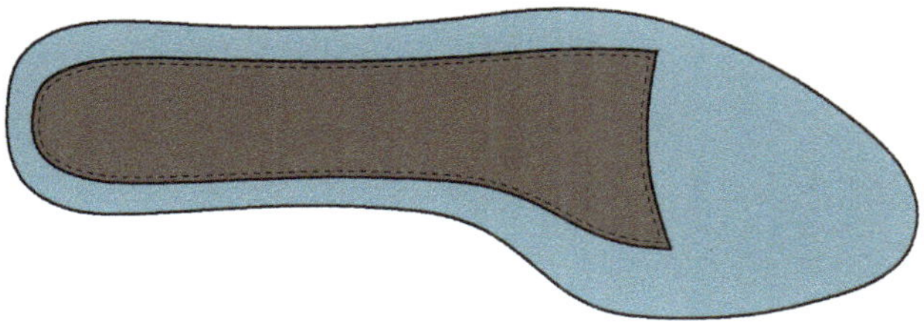

La plantilla se posiciona en la horma antes de montar el corte. Se monta la pala y las tiras de los tobillos se fijan en la palmilla.

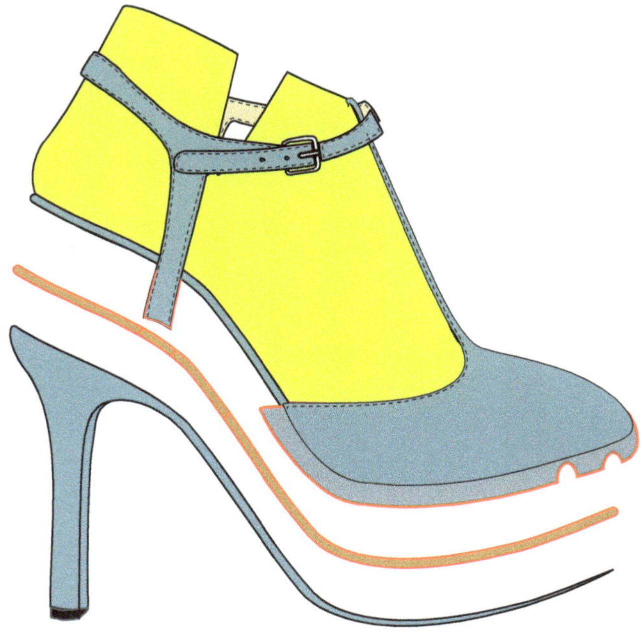

El entredós de la plantilla se coloca antes de poner la suela y el tacón.

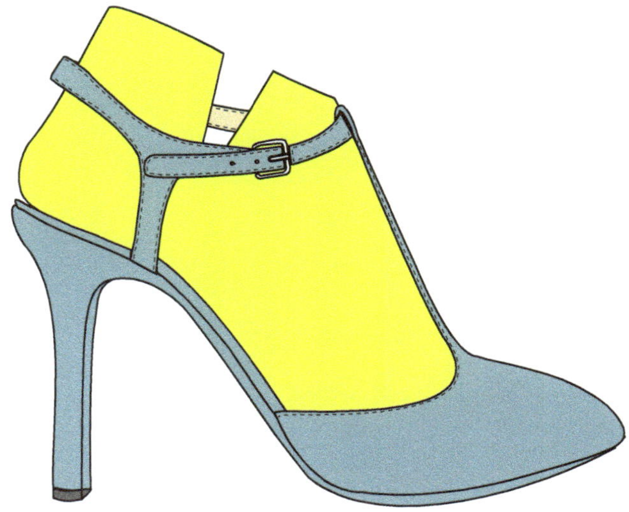

Cuando la suela está lista, se deshorma el zapato y llega el momento de inspeccionar el modelo y de embalarlo.

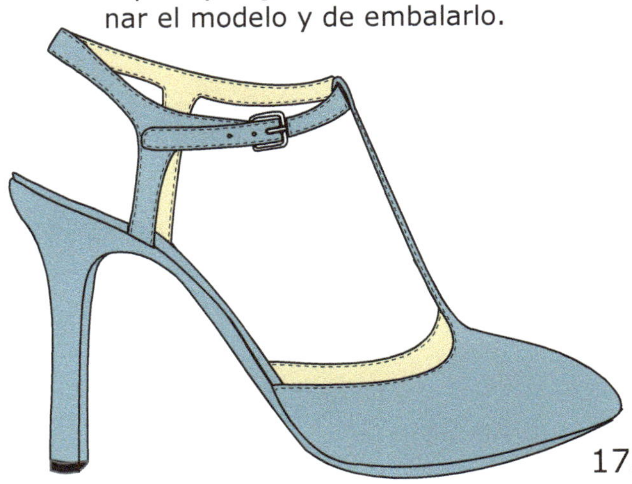

Cómo hacer las piezas de la pala y la tira del empeine

30. Para hacer la pala, empieza doblado el papel por la mitad, ese será el eje central. Traza el patrón.
31. Utiliza la regla curva francesa para hacer un contorno limpio.
32. Con la regla traza la tira del empeine.
33. Añade 15 mm a la longitud de la tira para hacer el pase de la pulsera.
34. Dobla el eje central asegurándote de que la tira quede uniforme.
35. Recorta la pala con unas tijeras o con el cortaplumas.
36. Haz los cortes en la punta para dar el quebrante de la punta o salida.
37. Dobla la tira del empeine y haz el pase. Marca las líneas por las que doble.
38. Para el tope, traza el patrón de la pala. En la línea central, marca una altura de 50 mm desde la base.
39. Dobla y recorta la pieza.
40. Comprueba el ajuste; el tope no debe cubrir el margen de montado.

Sigue la forma de la pala sin incluir el margen.

Para hacer el forro de la pala, duplica el patrón y utiliza el compás para añadir un margen de 5 mm para el canto dobladillado. Dobla la pieza por el eje central y córtalo para crear una pieza simétrica.

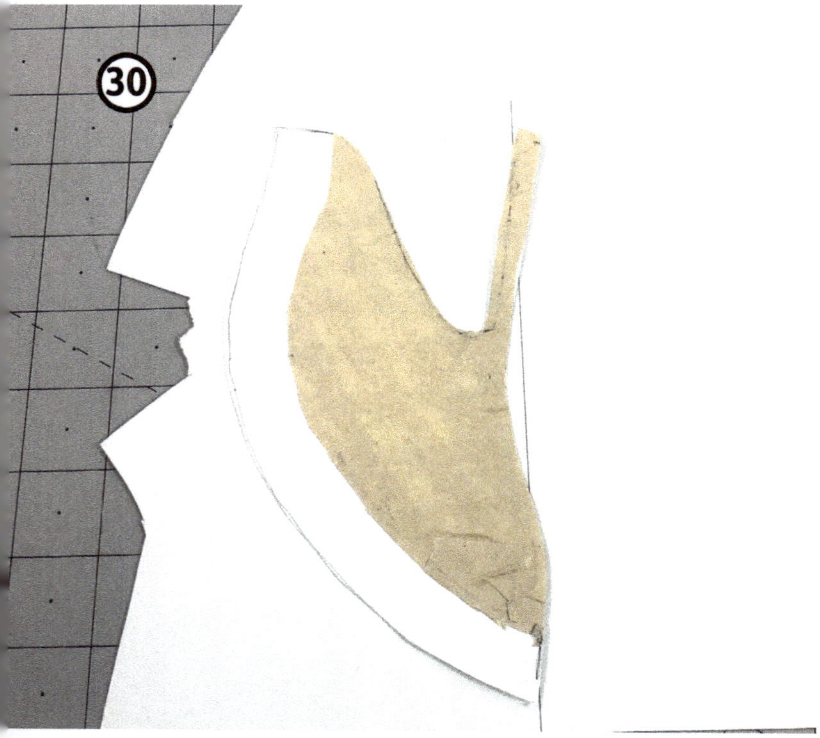

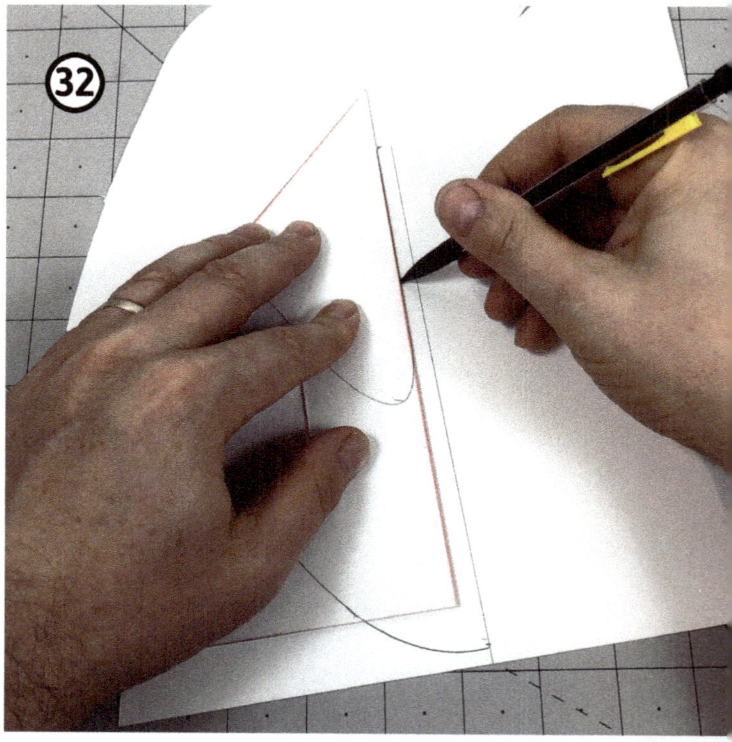

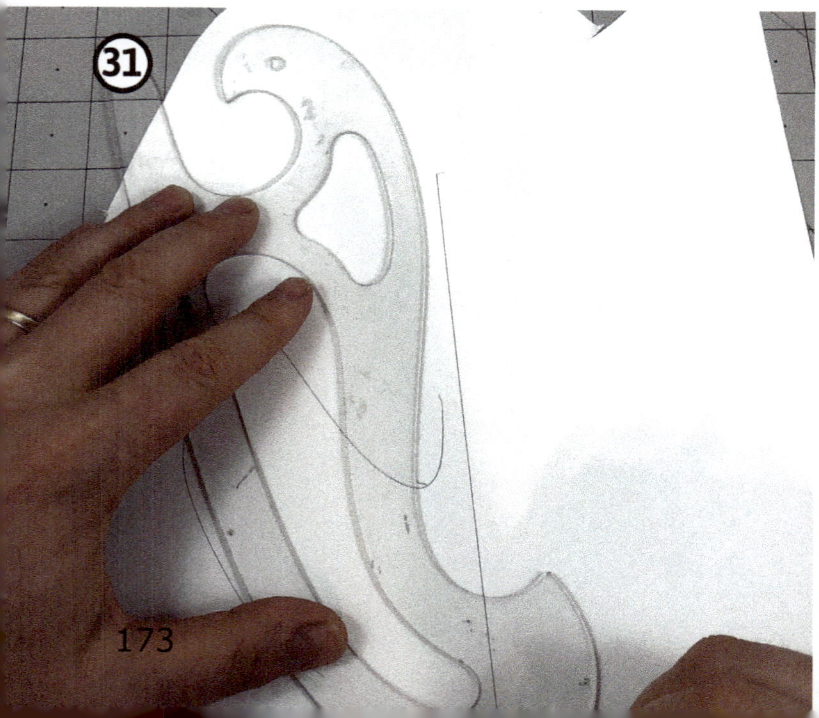

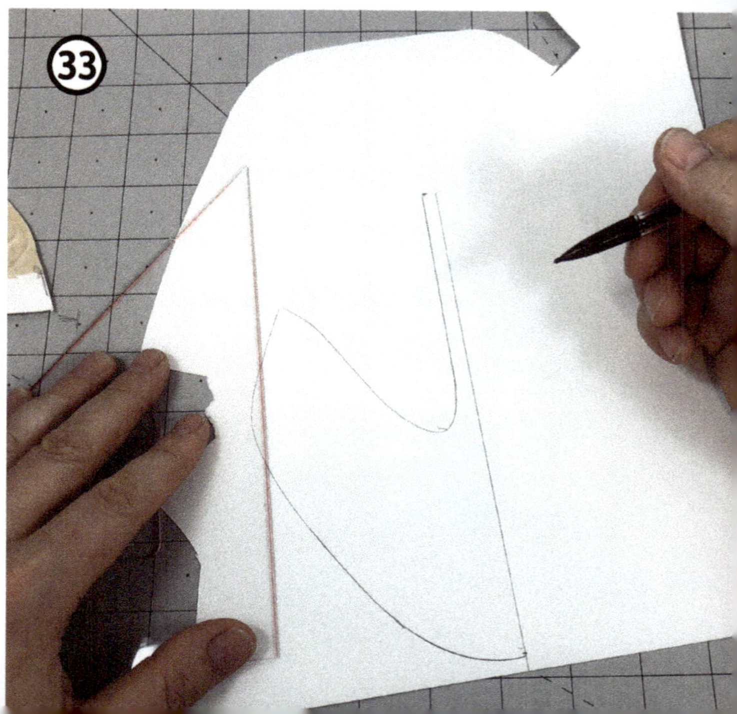

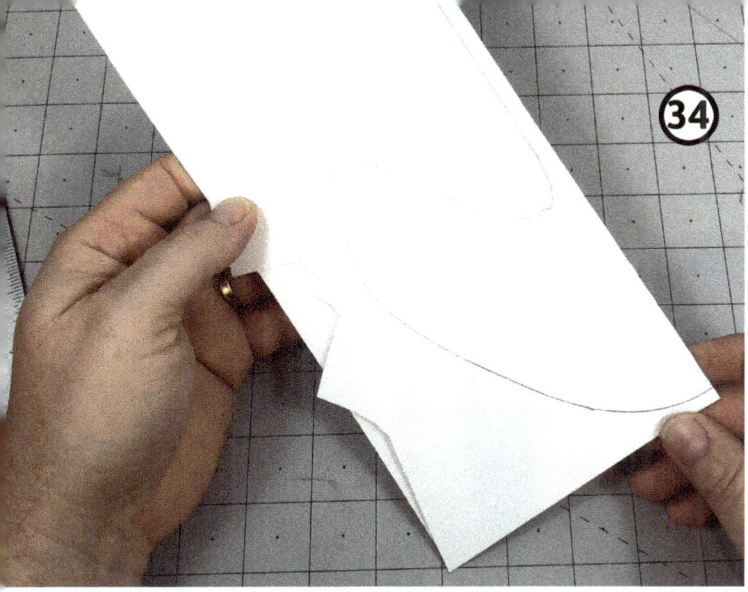
34

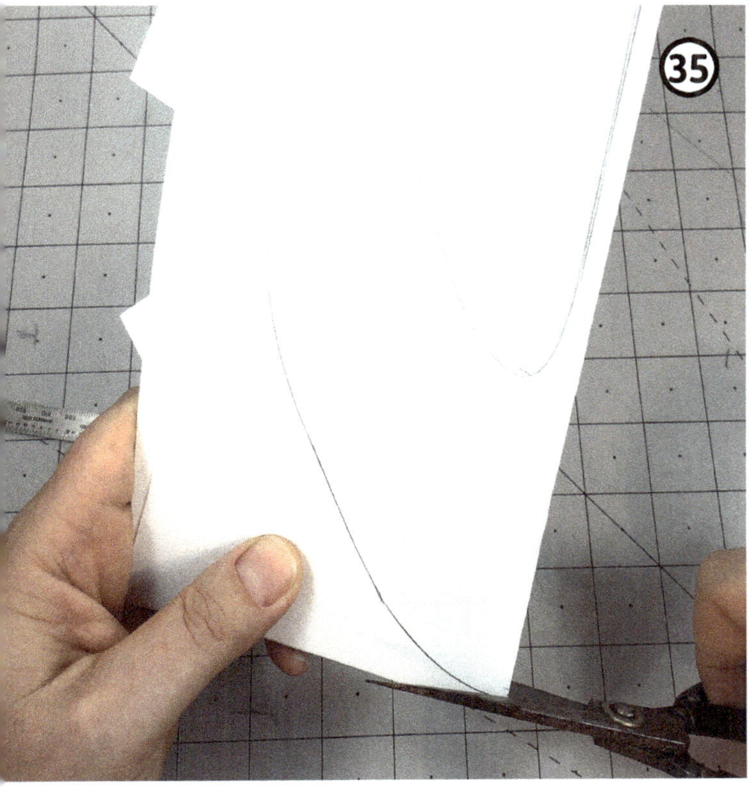
35

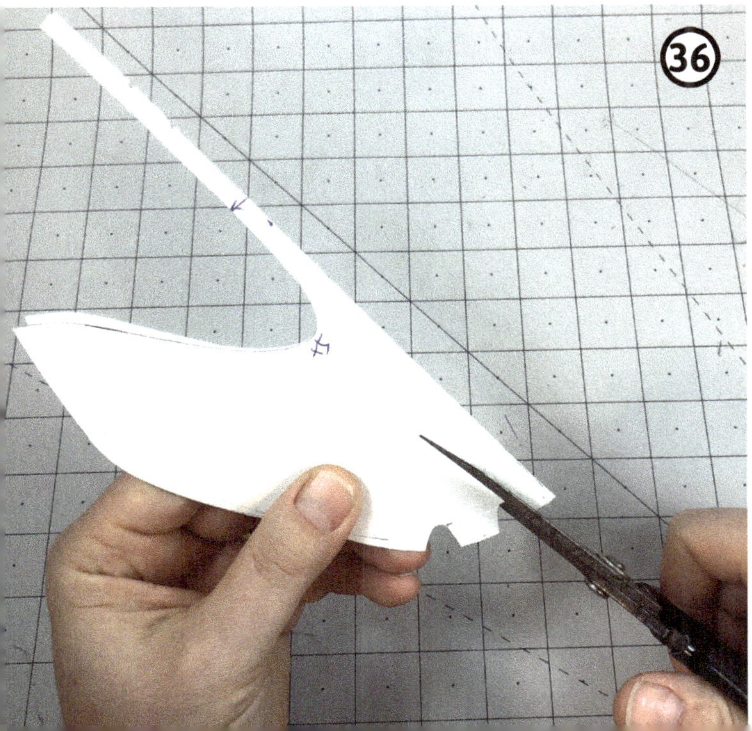
36

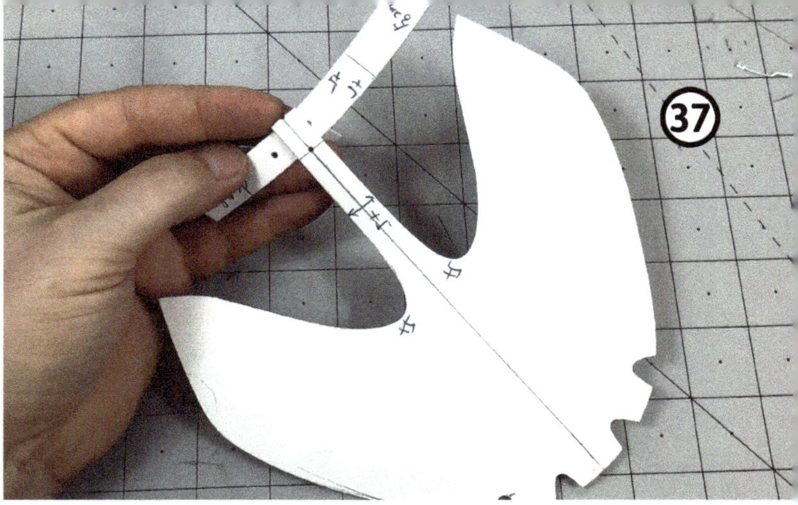
37

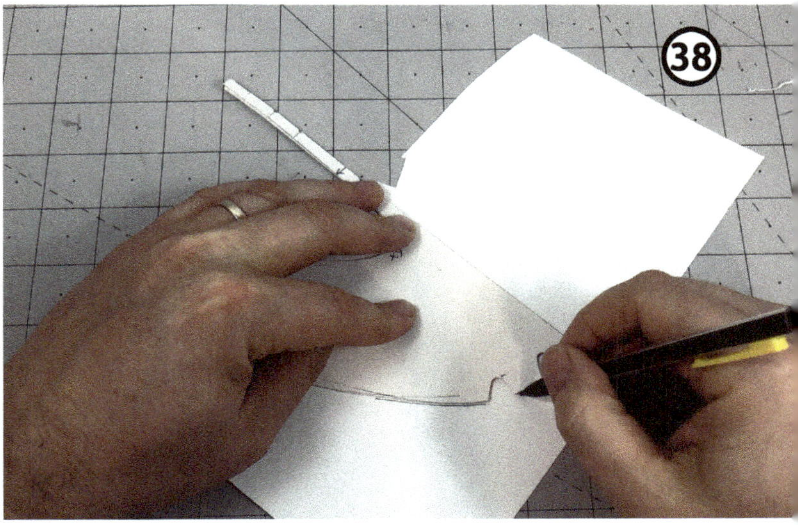
38

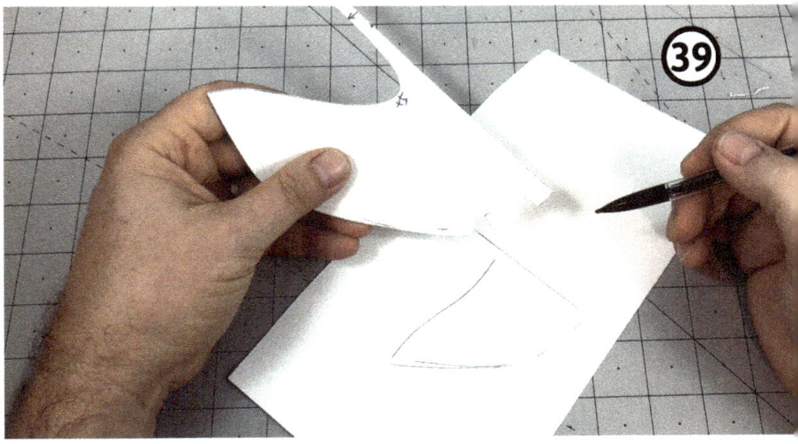
39

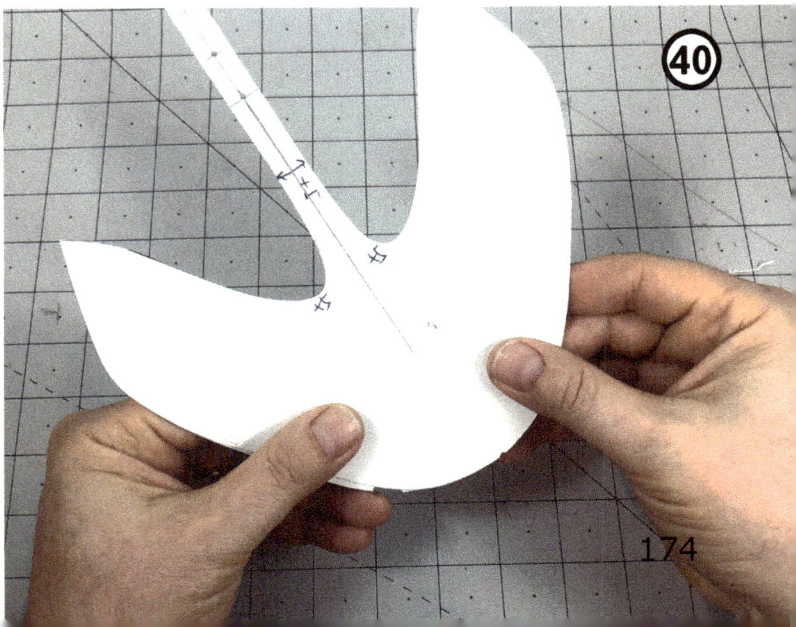
40

Cómo hacer el forro del pala

Refleja la pieza por el eje central para crear el patrón del forro.

41. Empieza por marcar el eje central en el papel de patronaje. Traza el contorno de la pala apoyándote en el eje central.
42. Con la ayuda del compás, añade 5 mm para hacer el canto dobladillado.
43. Dobla y recorta para terminar de hacer el forro de la pala.

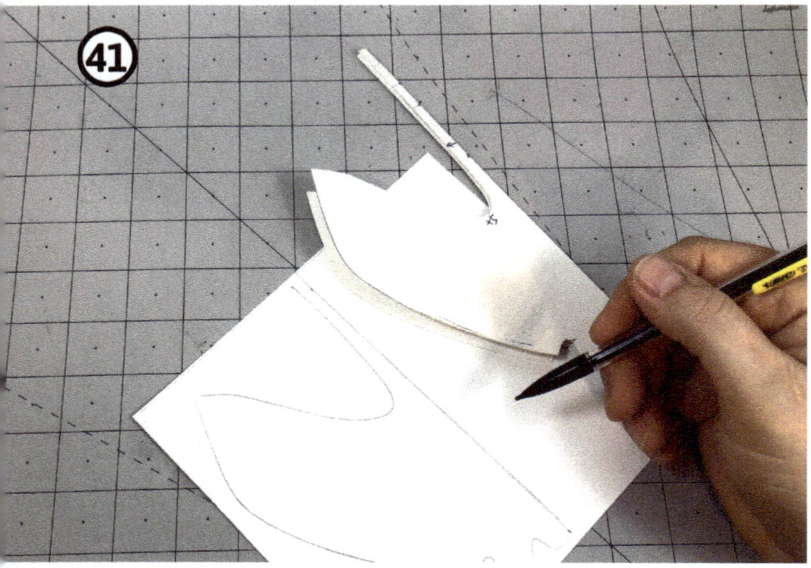

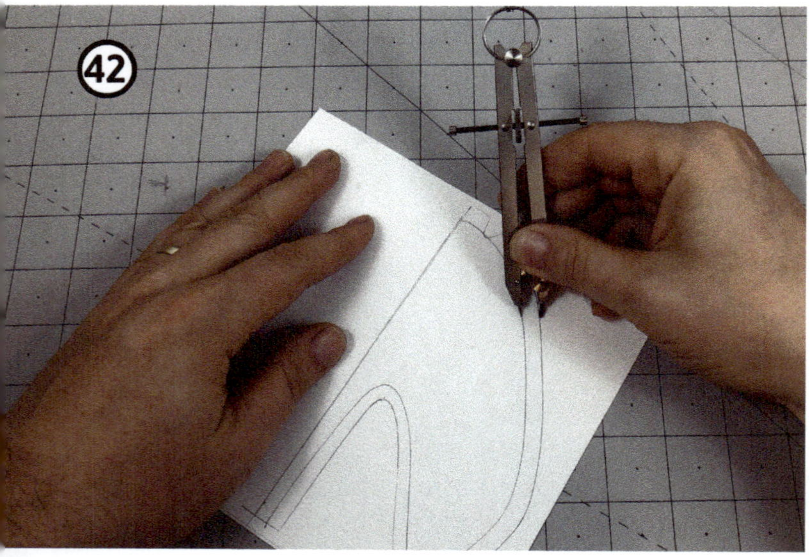

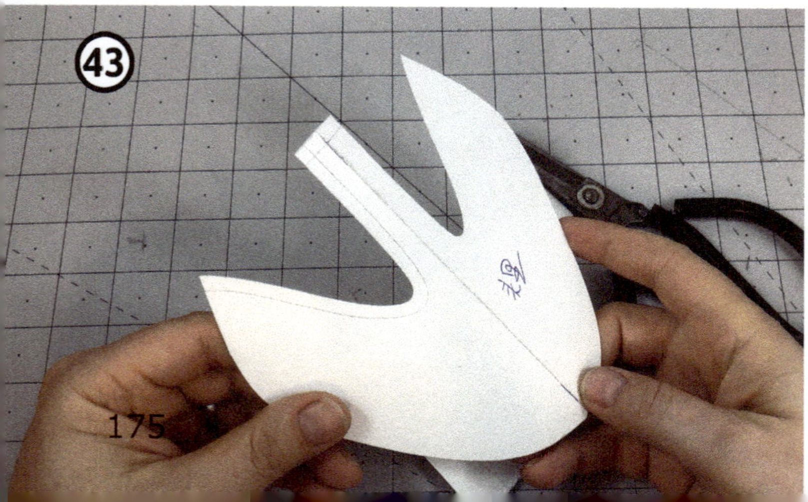

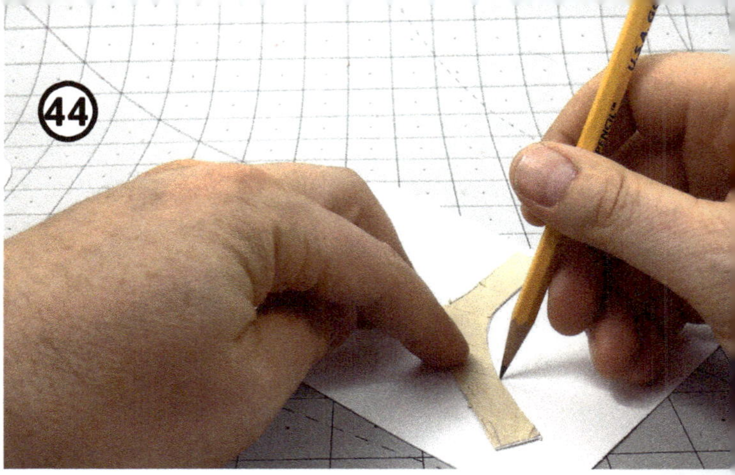

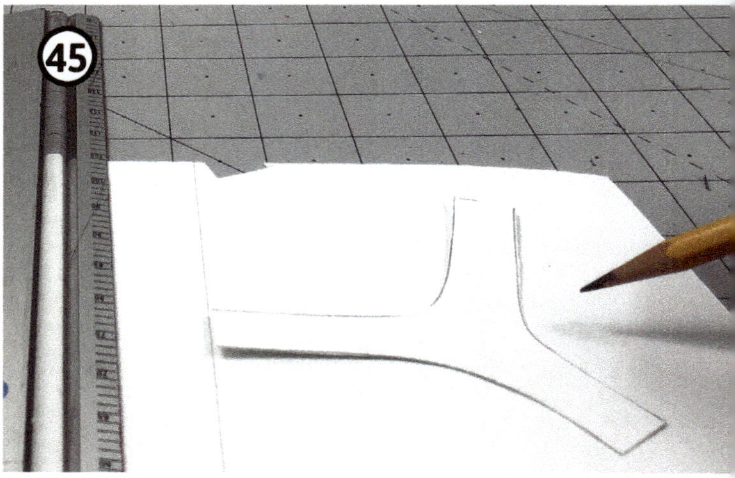

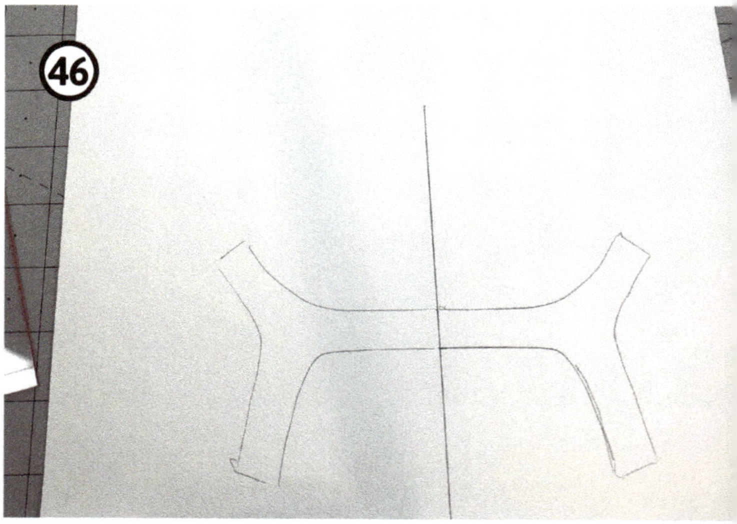

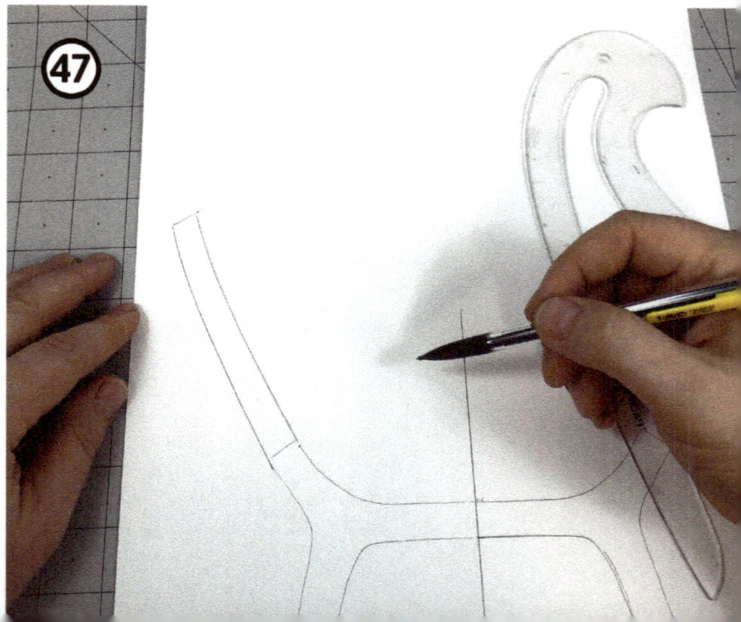

Cómo hacer las piezas de la pulsera

44. Duplica el patrón de la pulsera sobre una hoja nueva haciendo las líneas limpias.
45. Para hacer la pulsera en una pieza, utiliza el papel para reflejar la pieza y hacer la simetría.
46. Dóblalo en el eje central y corta la pieza simétrica. Añade 15 mm en lado lateral para colocar la hebilla.
47. Usa tus patrones para hacer la tira del empeine.
48. Con el cortaplumas, corta las piezas de la pulsera.

Cómo hacer el forro para las piezas de la pulsera

49. Para hacer el forro, empieza haciendo una copia de la pulsera del tobillo.
50. En el compás, fija una medida de 5 mm y traza la línea exterior para hacer el canto dobladillado.
51. Traza el contorno de 5 mm alrededor de las piezas de la pulsera.
52. Recorta las piezas del forro.
53. Tendrás cuatro piezas. La pulsera se separa del resto del patrón para reducir el desperdicio del corte.

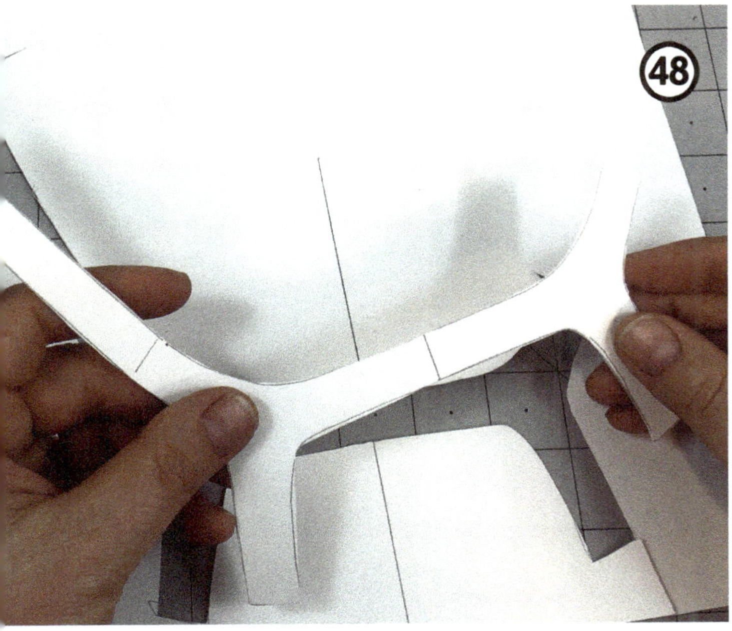

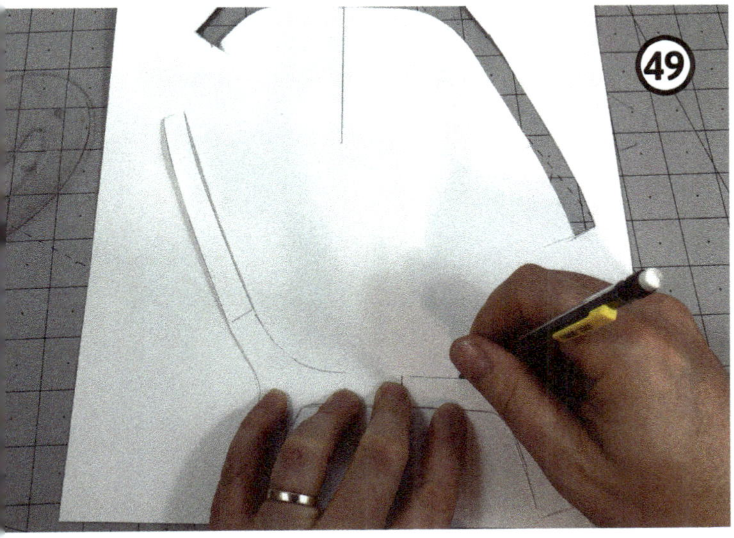

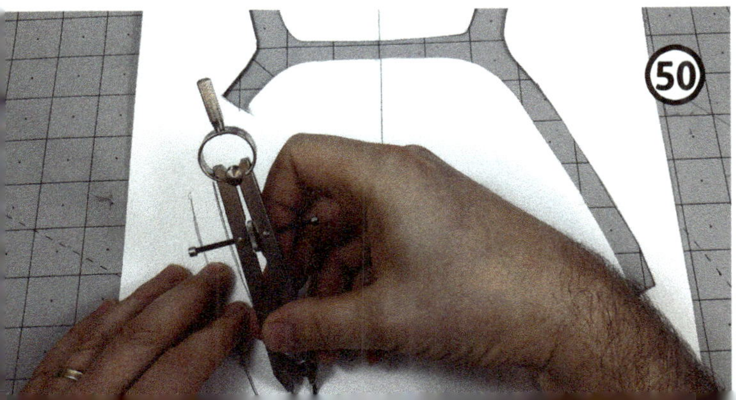

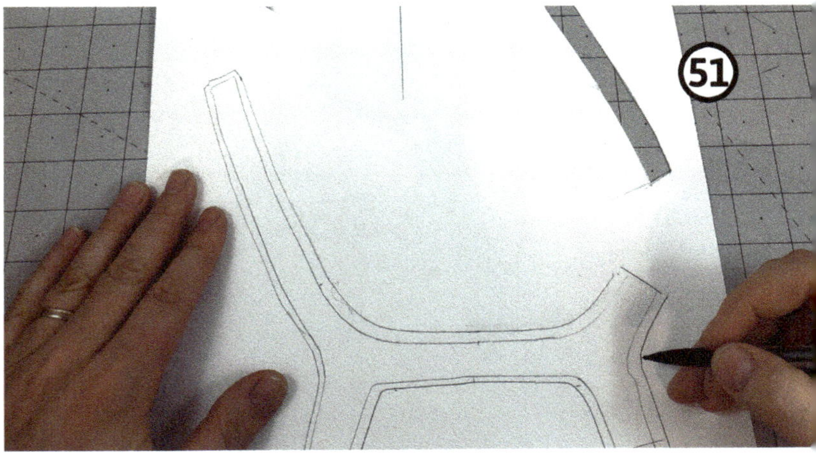

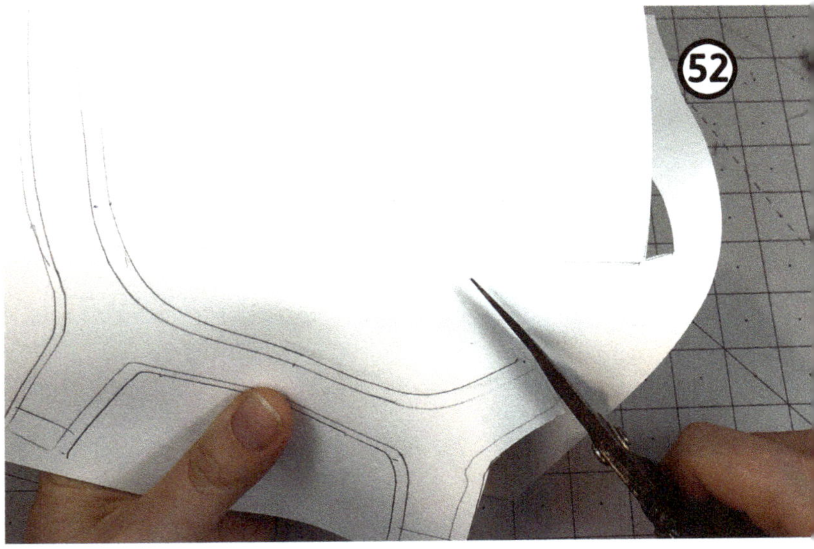

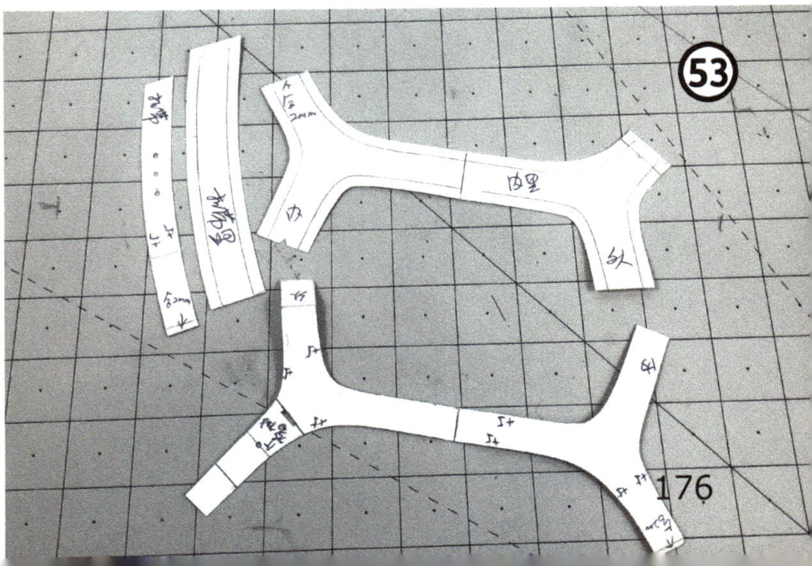

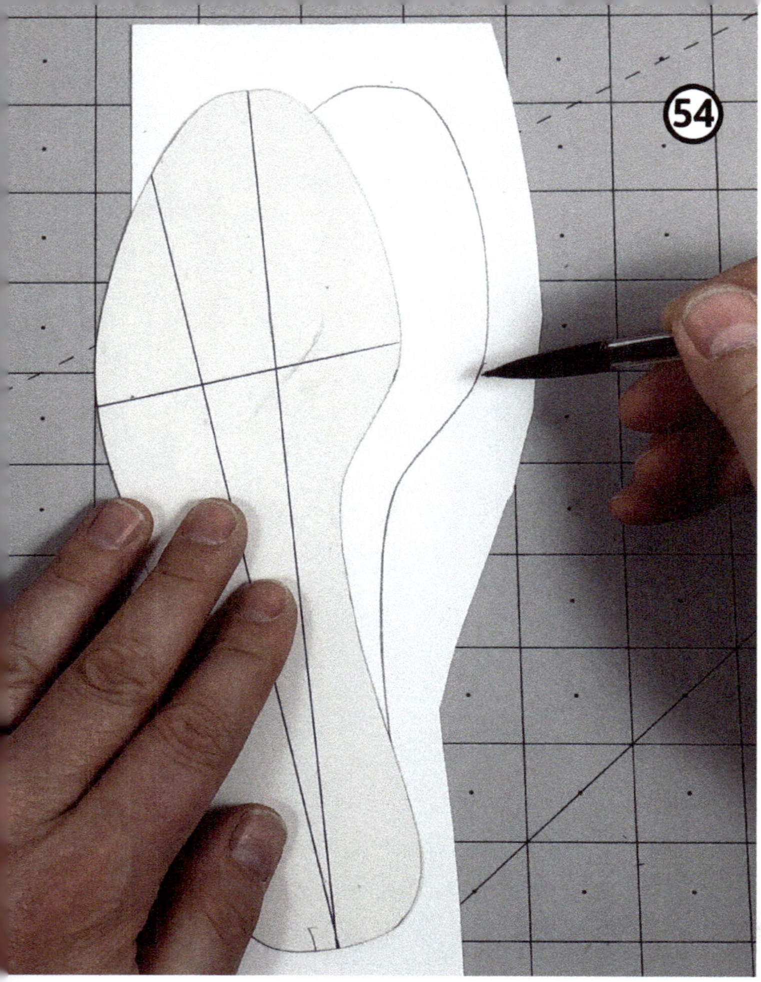

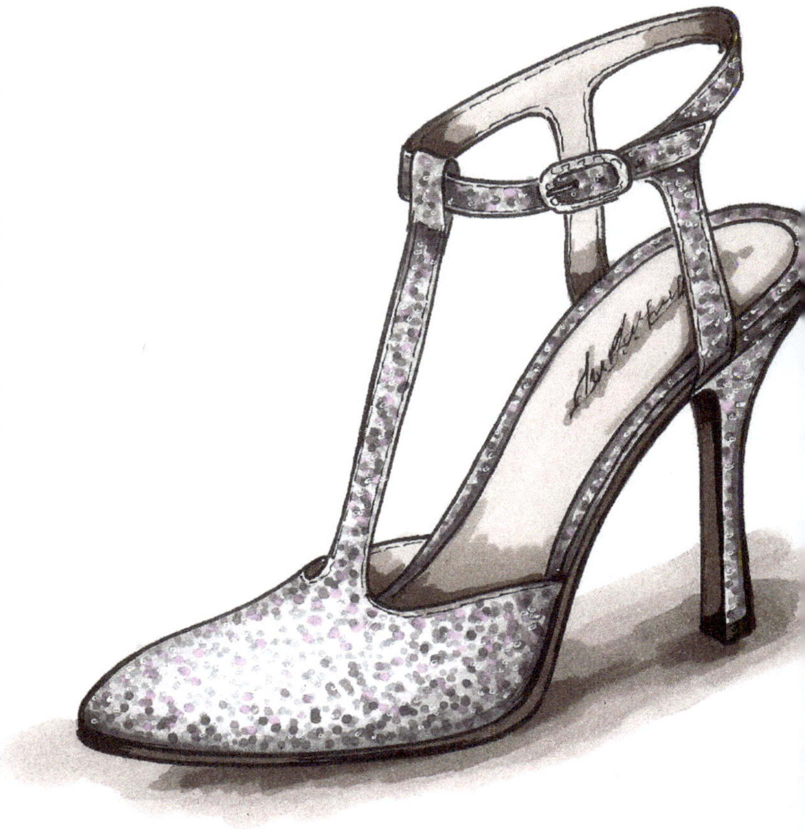

Cómo hacer la almohadilla de la plantilla

54. Los zapatos de tacón suelen tener una plantilla para acolchar. Siguiendo el patrón del piso, copia el contorno y recórtalo.
55. El largo será 5 mm mayor que la línea que marca el perímetro de la bola.
56. Esta zona superpuesta puede utilizarse para hacer un acabado decorativo y la pieza para acolchar.

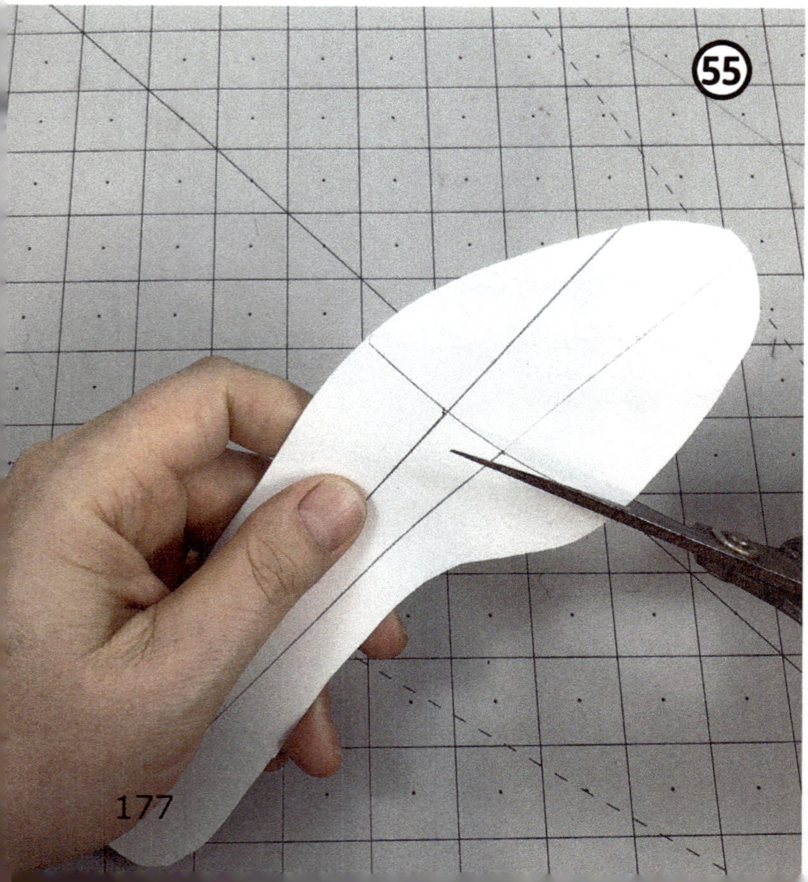

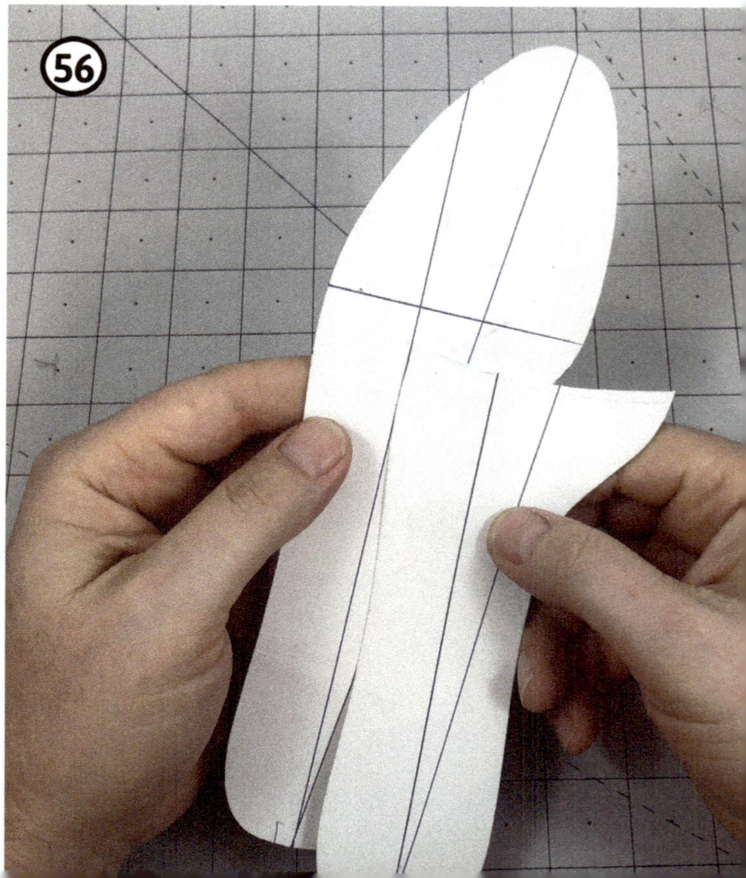

Cómo hacer el la entrepieza

También llamada entredós, este inserto de la palmilla hace que los extremos de la pulsera y el exceso de material de la puntera queden bajo la plantilla sin crear bultos no deseados.

57. Coloca el patrón de la pulsera en la horma.
58. Marca la posición de la tira en la planta.
59. Traza el contorno del margen de la tira.
60. Recorta las aberturas.
61. Marca 15 mm desde el canto de la horma.
62. Corta el patrón dejando el margen de montado.
63. Comprueba las piezas.

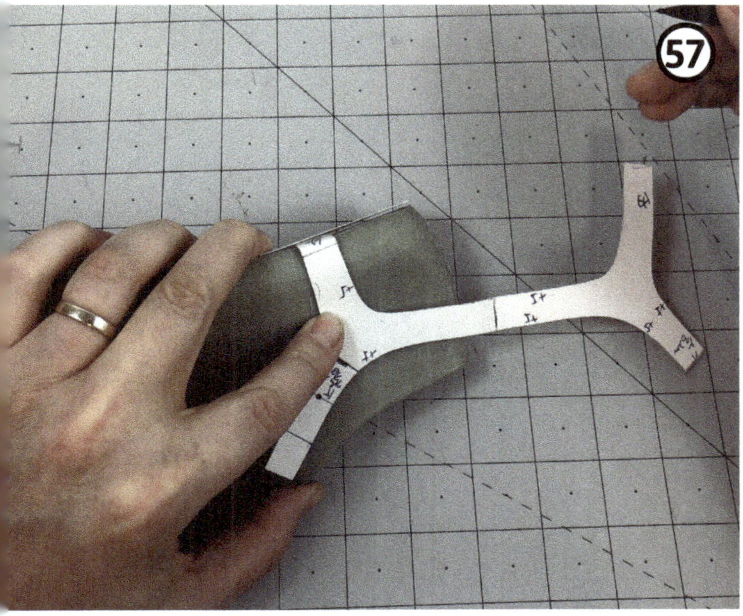

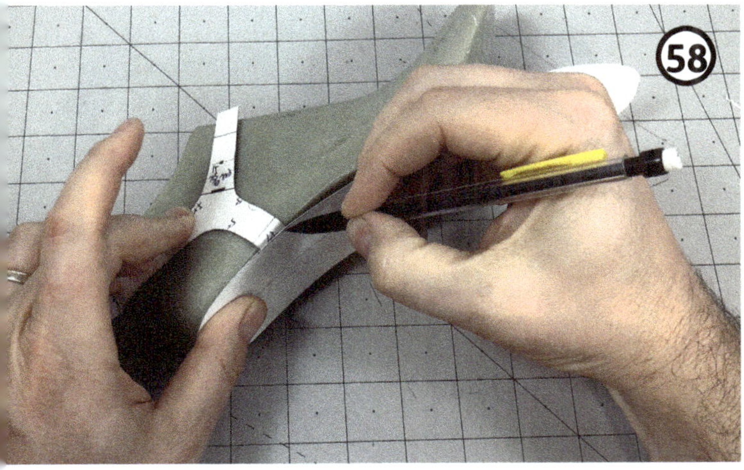

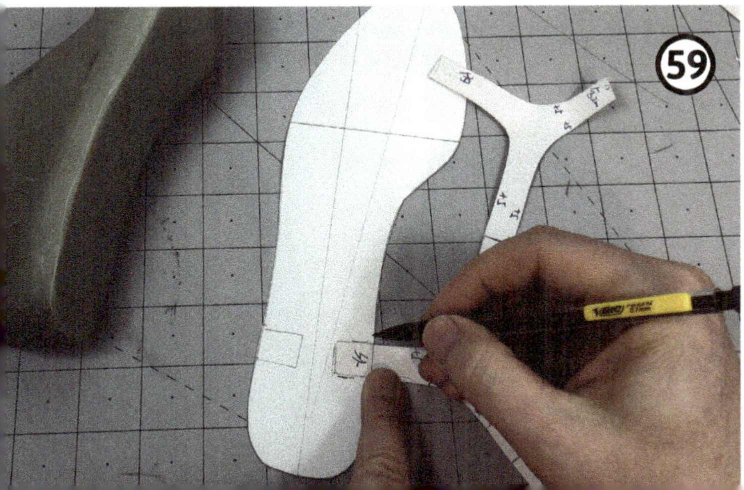

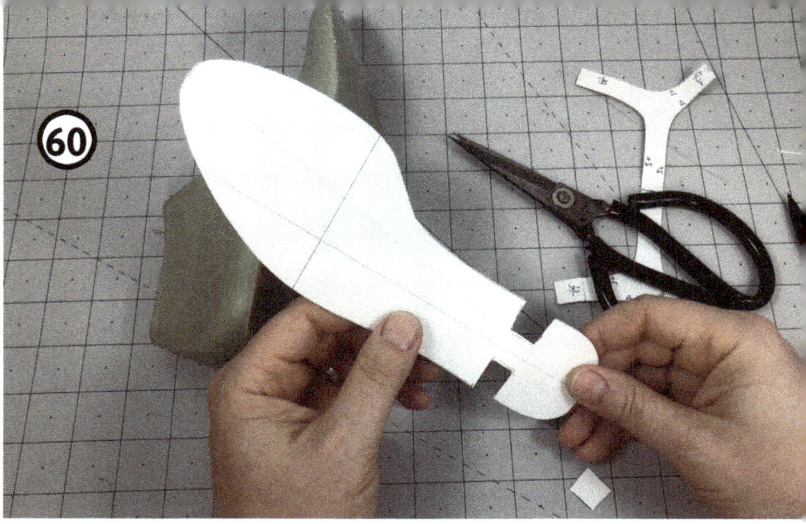

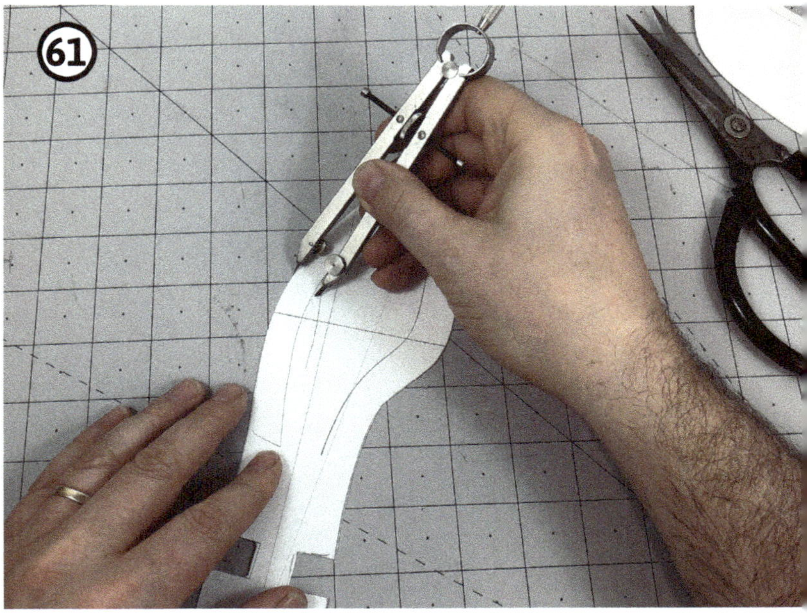

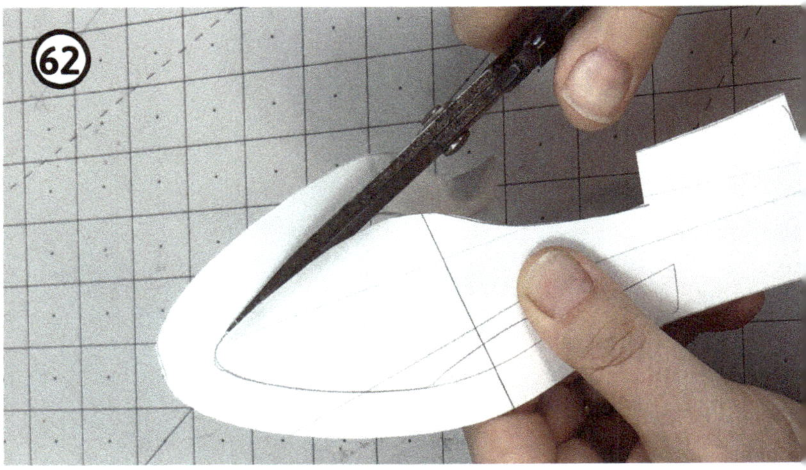

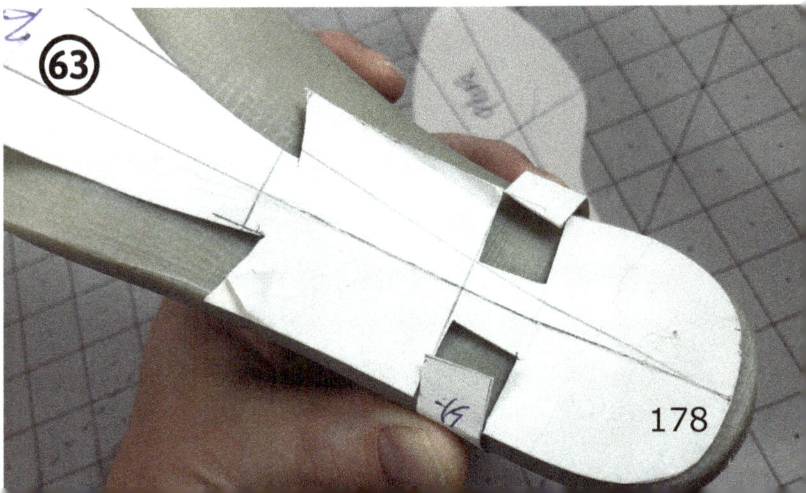

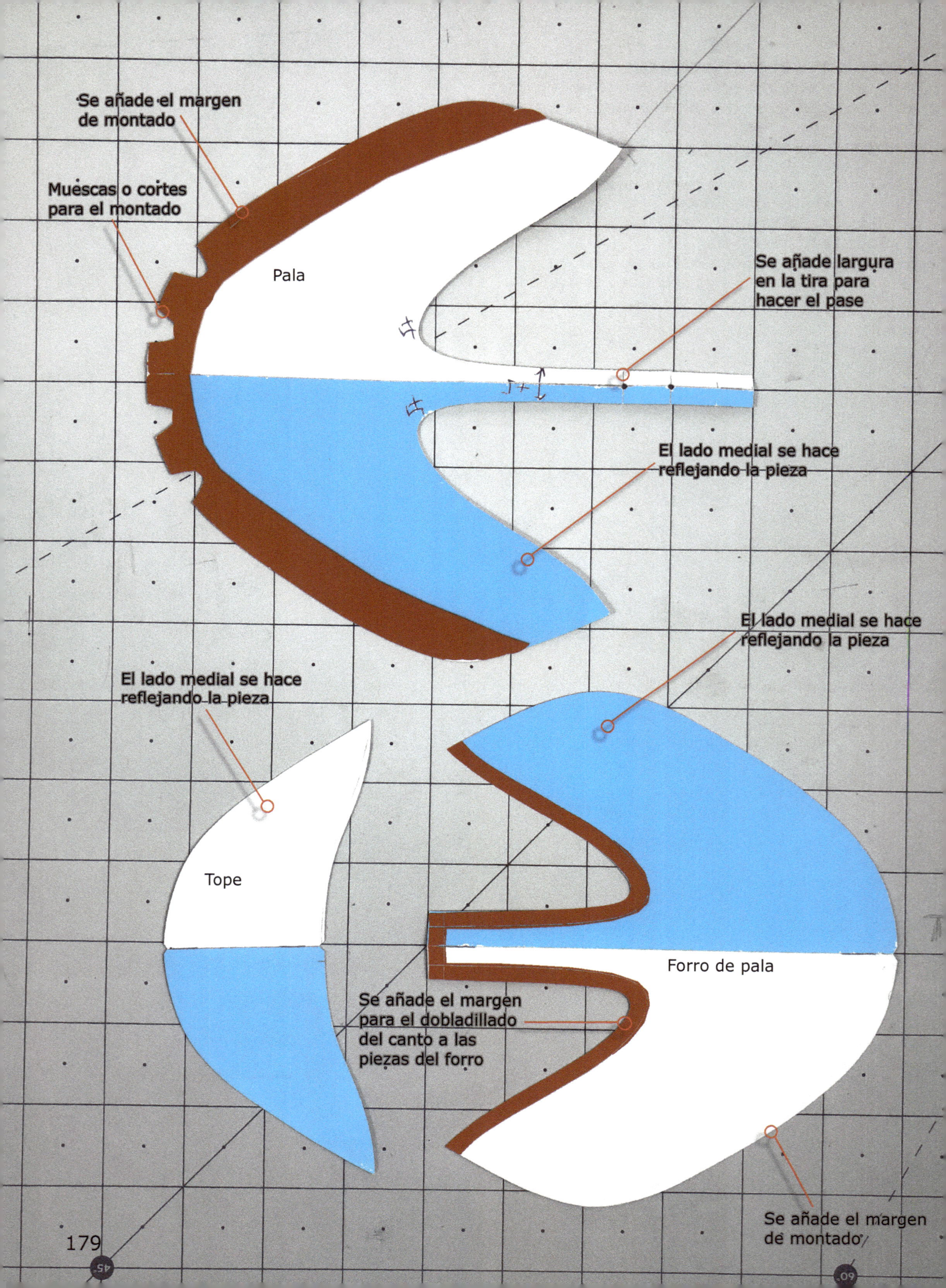
Se añade el margen de montado
Muescas o cortes para el montado
Pala
Se añade largura en la tira para hacer el pase
El lado medial se hace reflejando la pieza
El lado medial se hace reflejando la pieza
El lado medial se hace reflejando la pieza
Tope
Forro de pala
Se añade el margen para el dobladillado del canto a las piezas del forro
Se añade el margen de montado

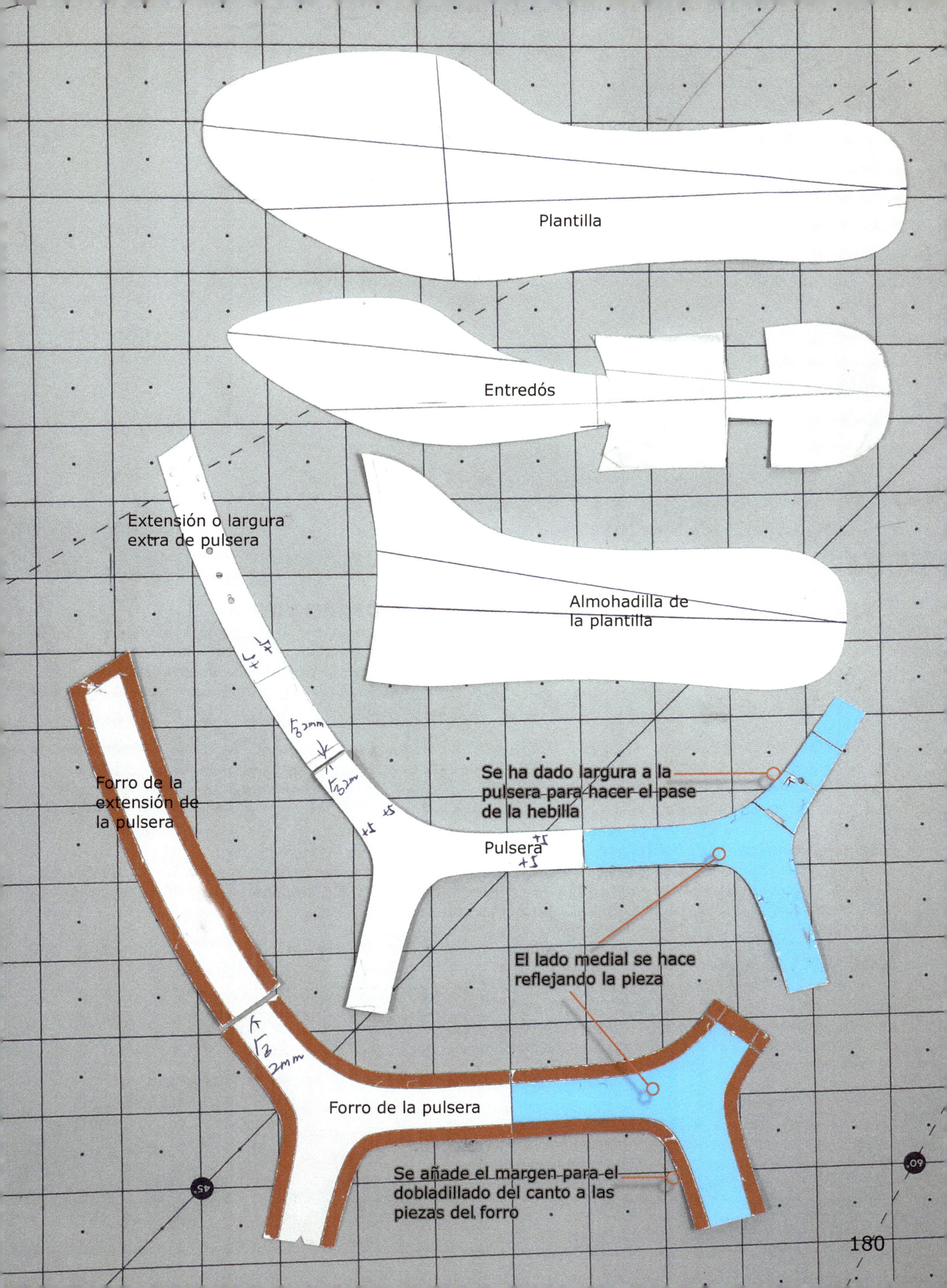
Plantilla
Entredós
Extensión o largura extra de pulsera
Almohadilla de la plantilla
Forro de la extensión de la pulsera
Se ha dado largura a la pulsera para hacer el pase de la hebilla
Pulsera
El lado medial se hace reflejando la pieza
Forro de la pulsera
Se añade el margen para el dobladillado del canto a las piezas del forro
2mm

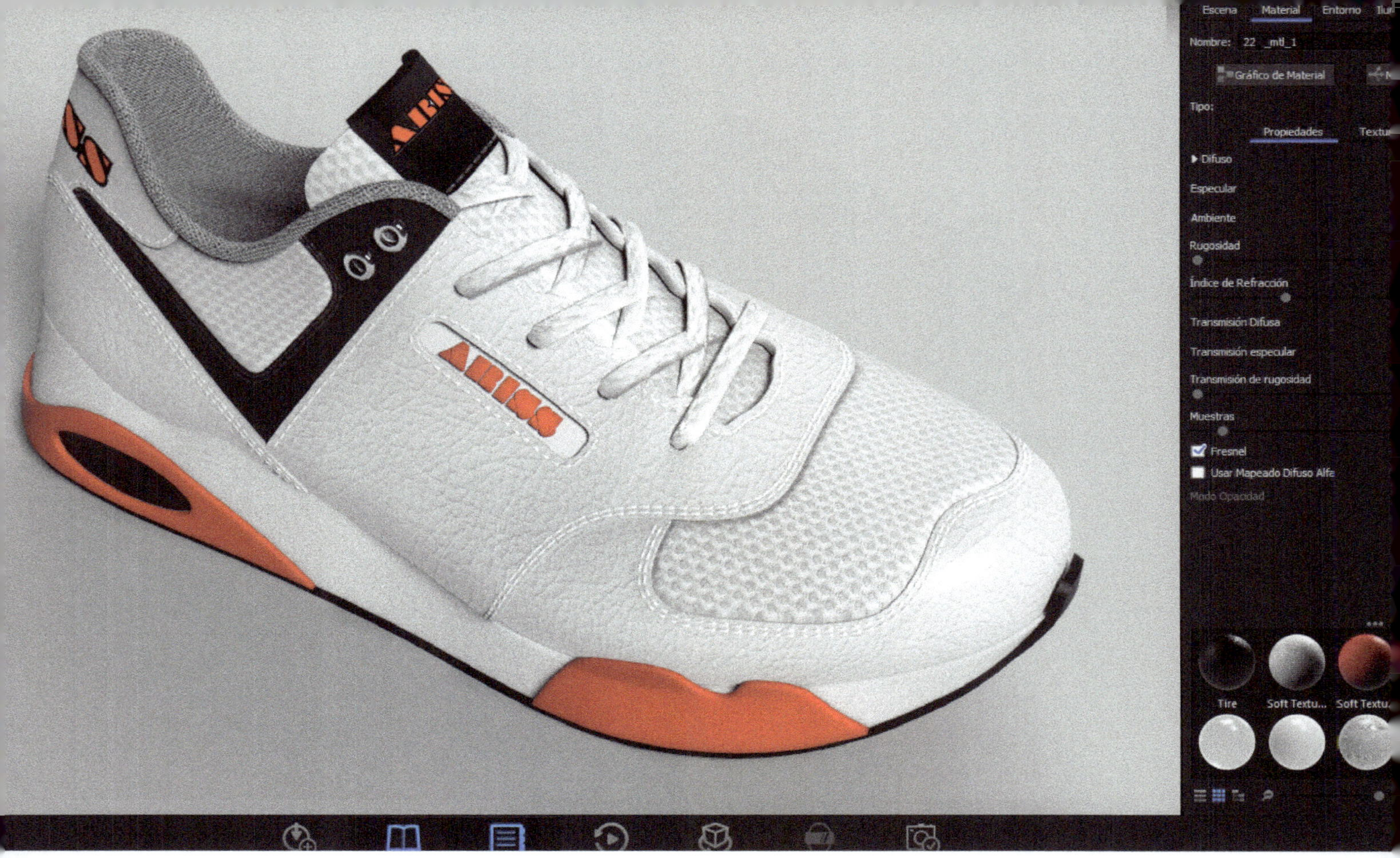

Capítulo 10: creación de patrones por ordenador

Ahora que entiendes los principios básicos del modelismo, podemos estudiar el diseño asistido por ordenador o la creación de patrones con un software específico. En la actualidad, la fabricación del calzado utiliza una combinación de patronaje hecho a mano y a ordenador. Los patrones cortados a mano se utilizan en calzado hecho a medida y piezas únicas o al trabajar ideas nuevas. Cuando llega el momento de hacer la escala de tallas y la producción en masa, el patrón a ordenador es imprescindible.

El patrón digital tiene muchas ventajas sobre el patrón cortado a mano, ya que se puede medir el consumo, calcular el coste y hacer la escala de tallas de manera precisa en tan solo unos minutos. El archivo digital se puede enviar a la fábrica de hormas, a las máquinas de corte de los patrones, a las fábricas de troqueles, al departamento de costes y al taller que se encargue de hacer las herramientas.

Nociones básicas del software para patronar

Los programas de creación de patrones en 3D tienen muchas funciones para ayudarte a hacer tus diseños de calzado. Las características más comunes incluyen dibujos 2D y 3D, bibliotecas de hormas, materiales y tipos de costuras. También hay funciones para crear hormas, fornituras y cordones.

Romans CAD

En este capítulo, explicaremos las funciones y características del programa Romans CAD. El equipo de este software ha creado un sistema completo con herramientas de dibujo, desarrollo, creación de patrones, selección de materiales y corte.

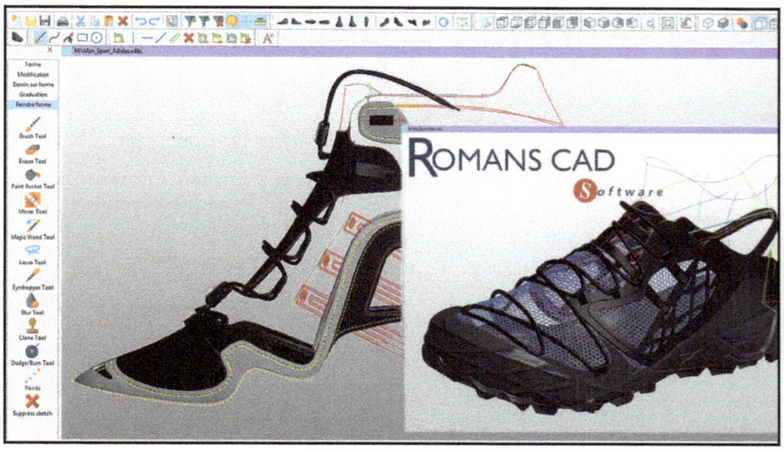

El programa permite que el diseñador, las marcas, los proveedores de materiales y las fábricas de calzado colaboren utilizando la misma plataforma virtual. Estas herramientas de desarrollo aceleran y agilizan el proceso de fabricación de calzado de una manera espectacular y disruptiva.

Cómo utilizar el software de patronaje

Igual que con el patrón hecho a mano, la creación de patrones por ordenador empieza con la horma. Los datos deben importarse al software antes de hacer nada. Si tienes una horma física, tendrás que escanearla. La fábrica de hormas puede proporcionarte los datos en digital, ya que suelen tener un escáneres como parte de su equipo.

Importar la horma

El software de patronaje 3D necesita una horma en formato IGES, STL, STP u otros formatos de archivo compatibles. Si aún no tienes la horma en tu sistema, deberás importarlo. Una vez que el archivo esté listo, el software te pedirá que rellenes algunos datos básicos para colocar la horma en el espacio digital.

Por ejemplo, tendrás que rellenar los datos de la parte superior, lateral y la planta.

Con la horma orientada en el programa, marca los puntos importantes para hacer el patrón:

Altura de talón
Altura del asiento del talón
Punta
Altura del cono
Punto medial de la bola
Punto lateral de la bola
Punto de bridaje

El software también te ayudará a encontrar la línea central del talón, cono y canto de la horma.

Habrá que orientar la horma en el plano base seleccionando el quiebre la puntera o la altura del talón. El software te pedirá que especifiques la talla, escala, sexo y el pie de la horma. Por ejemplo; 11, escala americana, masculino, pie derecho. Esta información es básica a la hora de hacer la escala de los patrones.

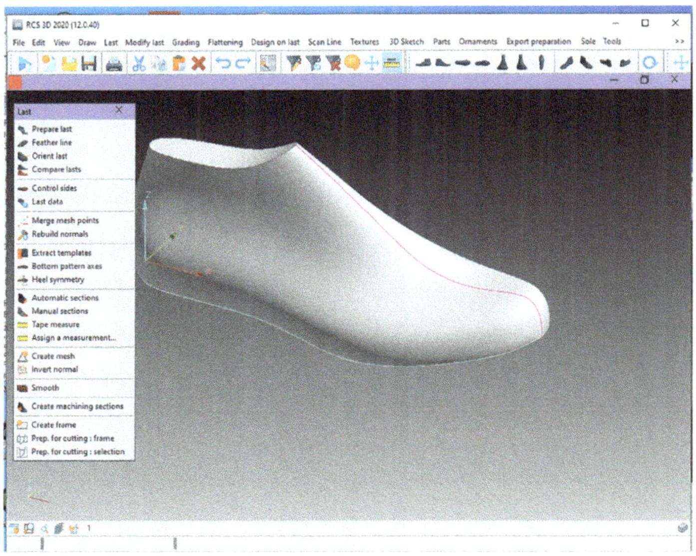

Hacer el diseño por ordenador

Con la horma importada y abierta en la mesa de trabajo, selecciona la herramienta de la pluma para empezar a crear líneas básicas. Estas líneas básicas se pueden editar utilizando un programa de dibujo vectorial 2D, como Adobe Illustrator. El programa de patronaje tiene características similares a Illustrator; lo más importante son las capas para ayudarte a componer el diseño de tu zapato.

El software de Romans tiene una interfaz que permite dibujar a mano directamente sobre la horma 3D utilizando una tableta gráfica o una *tablet*.

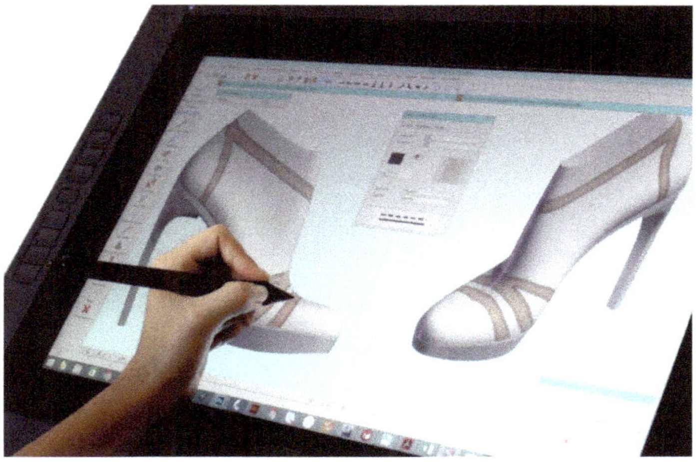

Importar los diseños

Los programas de patronaje más utilizados tendrán una función para importar bocetos o diseños que te permitirá usar archivos 2D para trazar las líneas encima. Con el boceto importado, las proporciones y la escala se pueden ajustar para adaptarse a la horma. Esta función ahorra mucho tiempo y permite al diseñador de calzado transferir la información de los patrones a un técnico de patronaje o modelista.

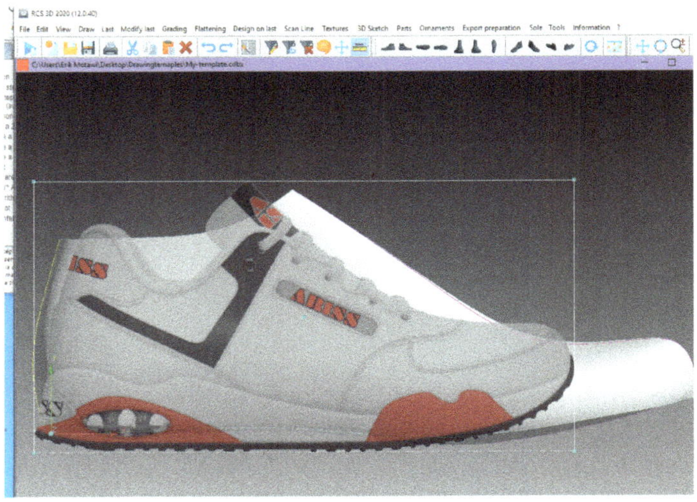

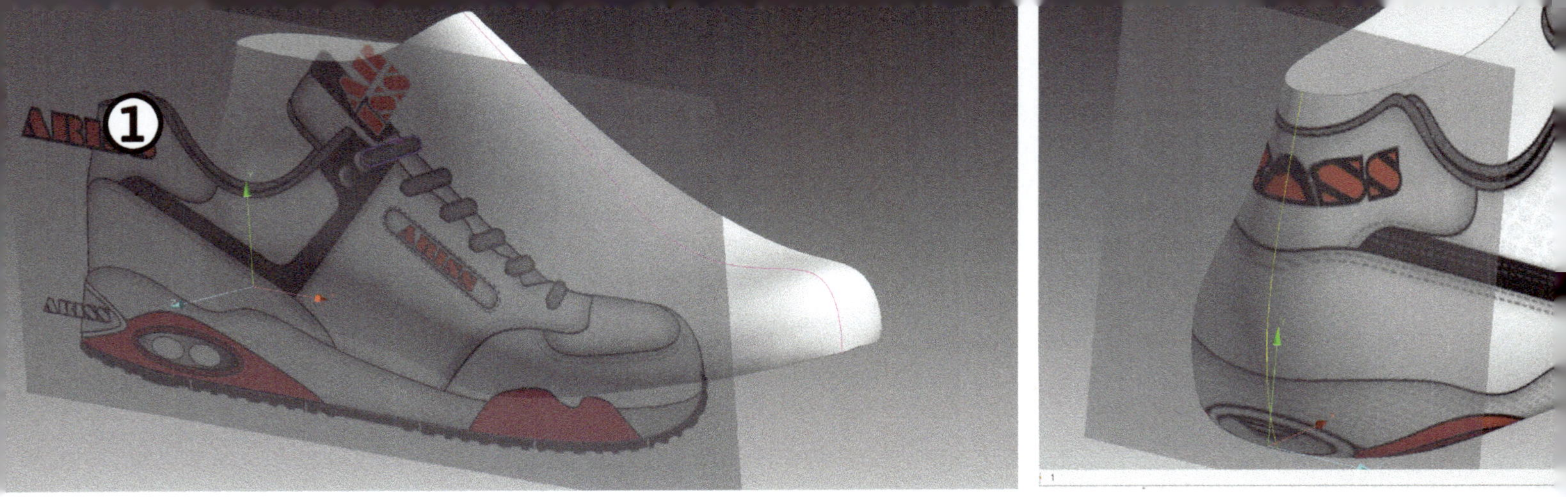

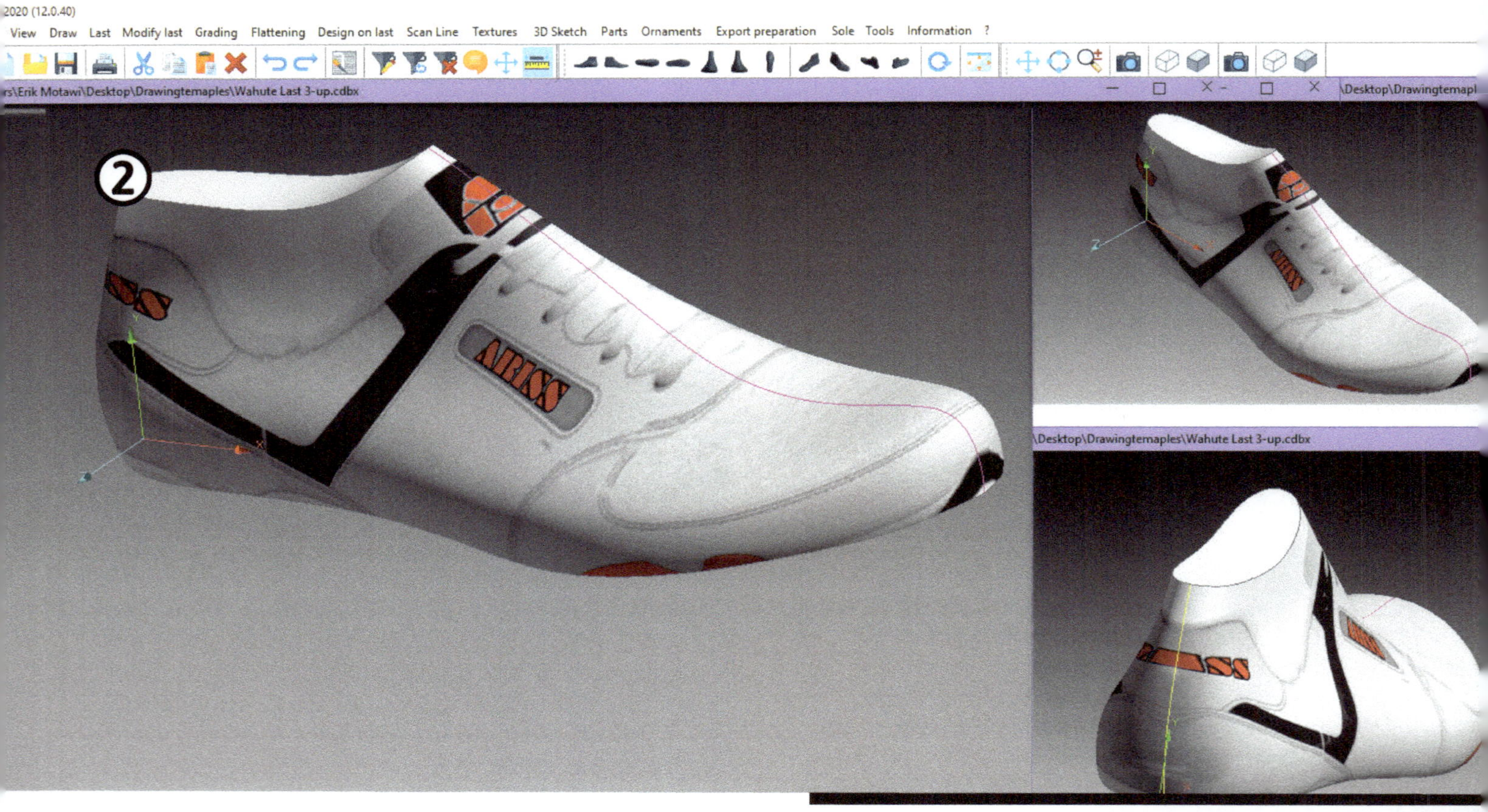

Diseñar

1. Con el programa de diseño 3D Romans CAD, puedes dibujar de manera rápida tu dibujo o diseño plano sobre la superficie 3D de la horma importando y proyectando el boceto. El software permite al diseñador seleccionar los planos 2D y el plano de proyección.

2. El sistema Romans CAD 3D te permite proyectar las vistas lateral, medial, superior e inferior sobre la horma. También permite ajustar el dibujo proyectado en la horma siguiendo una escala, la rotación o por puntos de control y ejes definidos.

3. Con el diseño proyectado en la superficie de la horma, las piezas se pueden trazar en 3D siguiendo un proceso de dibujo vectorial muy parecido al de Adobe Illustrator.

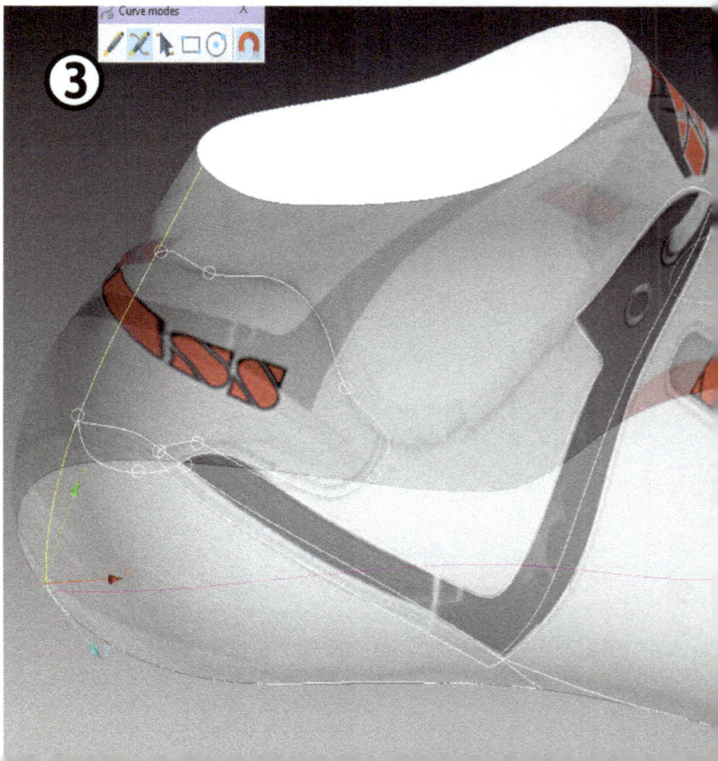

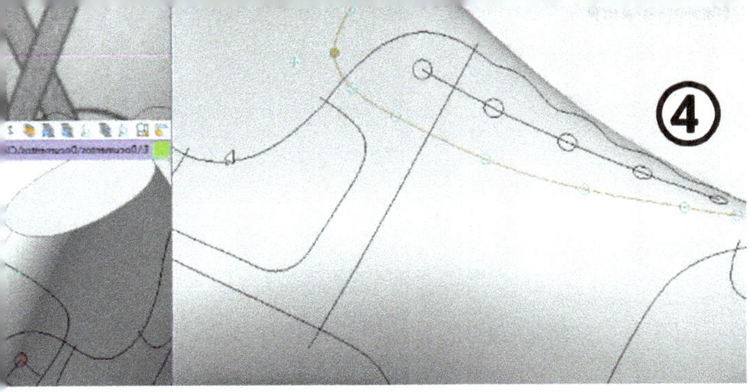

④

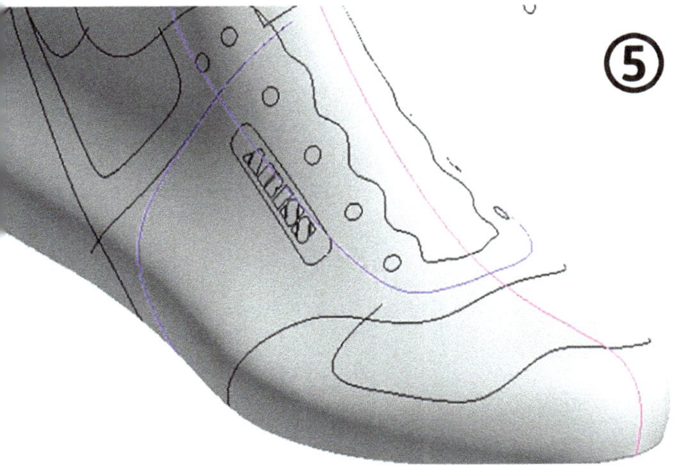

⑤

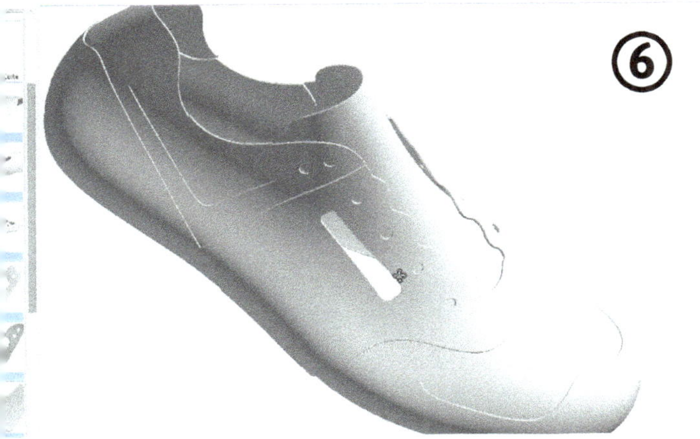

⑥

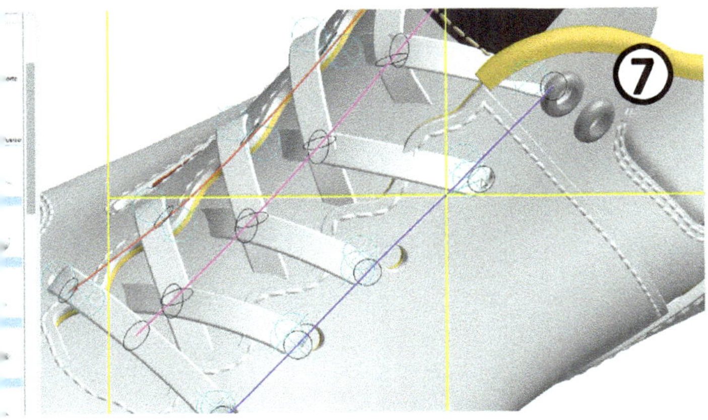

⑦

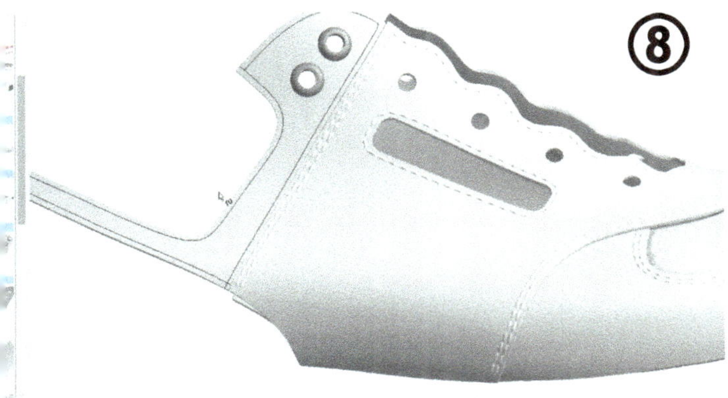

⑧

Crear las líneas del patrón

4. Se utiliza un proceso de dibujo de líneas vectoriales que visualmente parece un sistema de dibujo 2D. Cuando giras la horma en el espacio, verás que las líneas son curvas reales que siguen los contornos.

5. Con el lado lateral completo, utiliza la función de simetría para reflejar las líneas del patrón en el lado medial. Se necesitan unos minutos para limpiar y ajustar el lado medial.

Hacer el patrón en 3D

6. Una vez que hayas creado las curvas de tu línea base del diseño, es hora de crear el patrón 3D por secciones. Las operaciones son similares a las de crear un patrón a mano, con el añadido de seleccionar las líneas para definir las piezas individuales.

Con Romans, debes seleccionar las líneas para cerrar esa pieza del patrón. Las líneas base deben cruzarse para que el software pueda definir y detectar las formas cerradas. Una vez que se crean las piezas, puedes trabajar el color, grosor, acabado del canto y la holgura de la horma. El forro no tienen holgura, pero las piezas superpuestas necesitarán holgura por la construcción de las capas inferiores.

7 y 8. Este software tiene herramientas potentes y versátiles para la creación de detalles, logotipos, fornituras, cordones, costuras y perfiles de suelas.

9. Con el diseño detallado completo, se pueden añadir colores y texturas de diferentes materiales. El archivo 3D se puede exportar a KeyShot™ u otros programas de renderizado para crear archivos de muy alta calidad visual, como se muestra en la fotografía de la página 181.

⑨

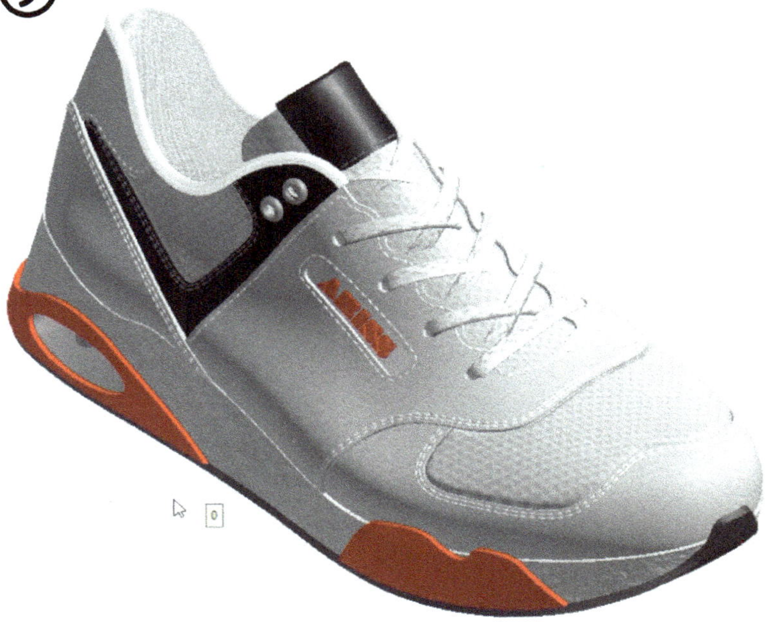

Construir el patrón en 2D

10. El diseñador utiliza la imagen 3D del zapato para confirmar el diseño. La sala de muestras necesitará el patrón seccional 2D completo para hacer el prototipo; ya que el modelo 3D no contiene toda la información necesaria para hacer un despiezado completo.

Aplanar el patrón

11. La primera operación del técnico será aplanar el diseño 3D. Romans puede aplanar el patrón utilizando un comando para la trepa.

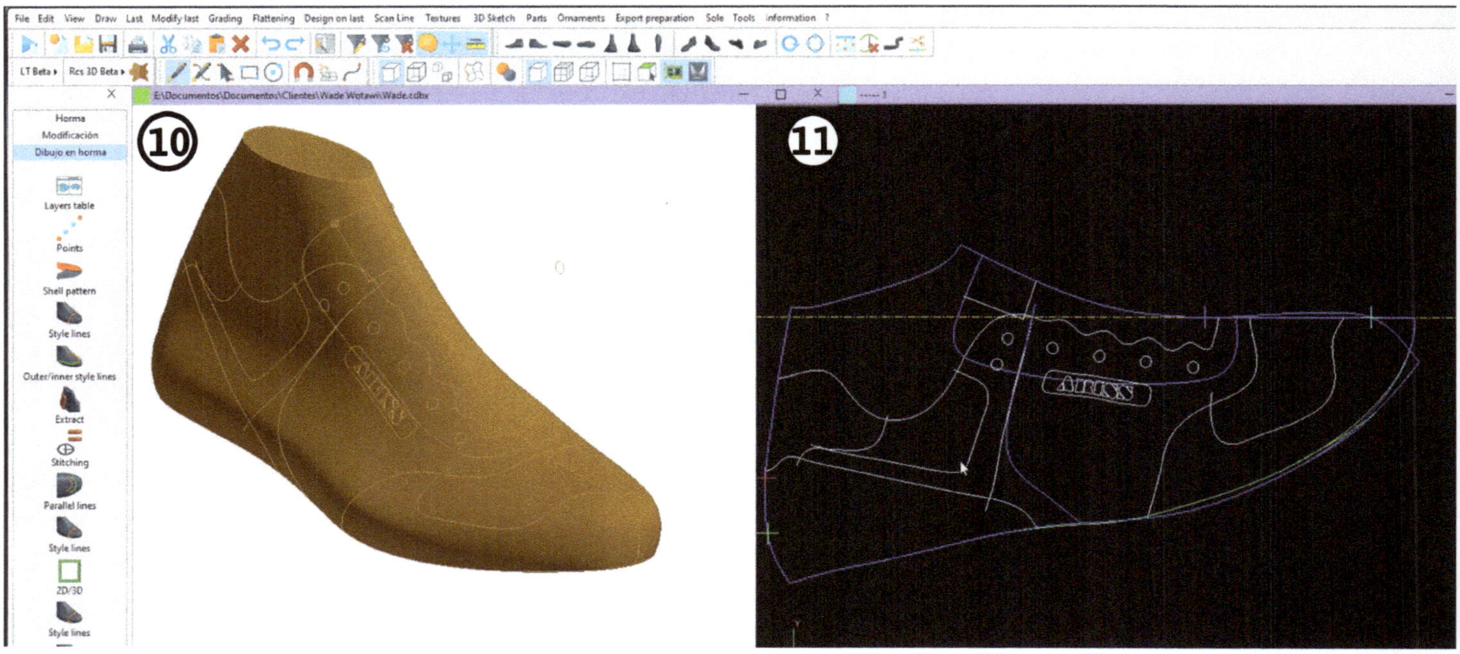

Detallar las piezas del patrón

Las siguientes operaciones del patronista o modelista será especificar la construcción de las piezas, transformándolas en un patrón funcional.

12. El patrón se refleja usando el comando simetría, dando como resultado la pala y carrillera.

13. Este comando refleja las piezas traseras y los contrafuertes en su misma posición.

14. A continuación, la herramienta *margin* se utiliza para añadir las entres al patrón.

15. Esta misma herramienta también se utiliza para crear el margen de montado del corte y la plantilla Strobel.

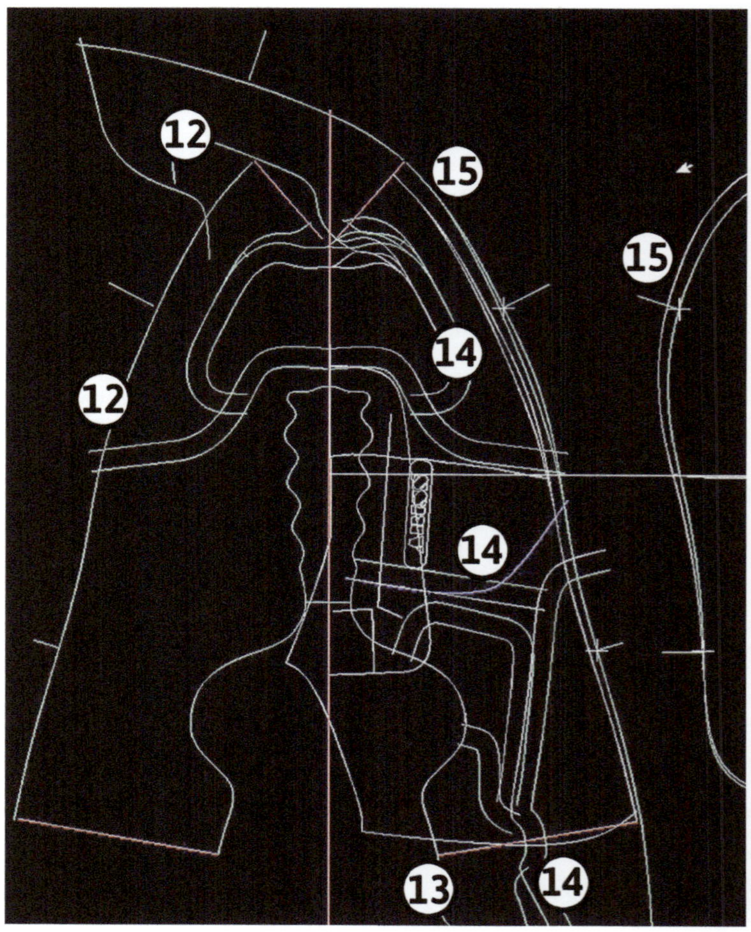

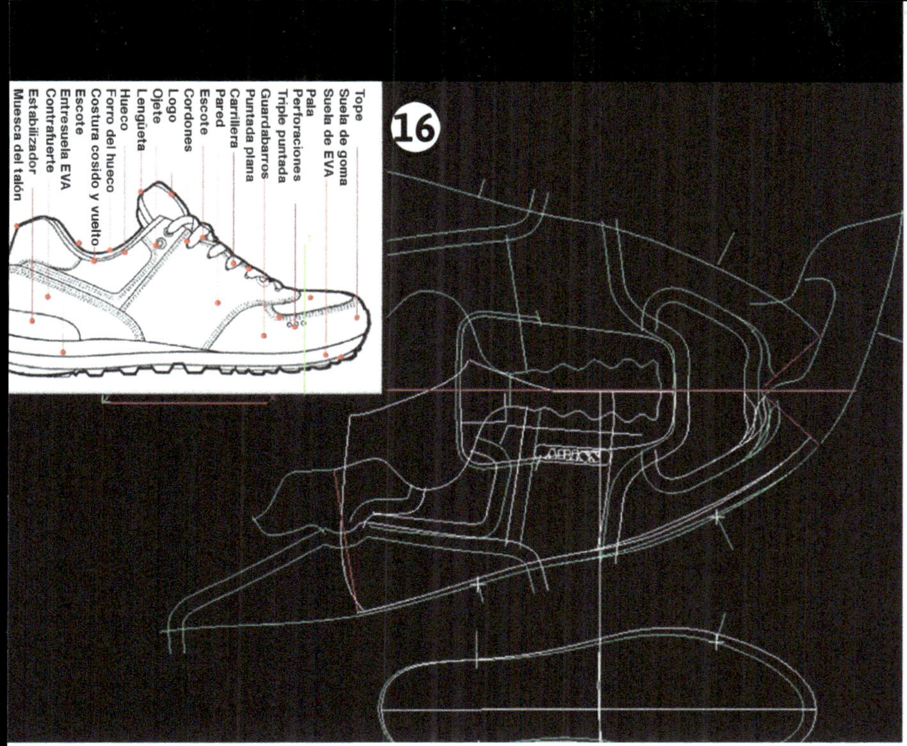

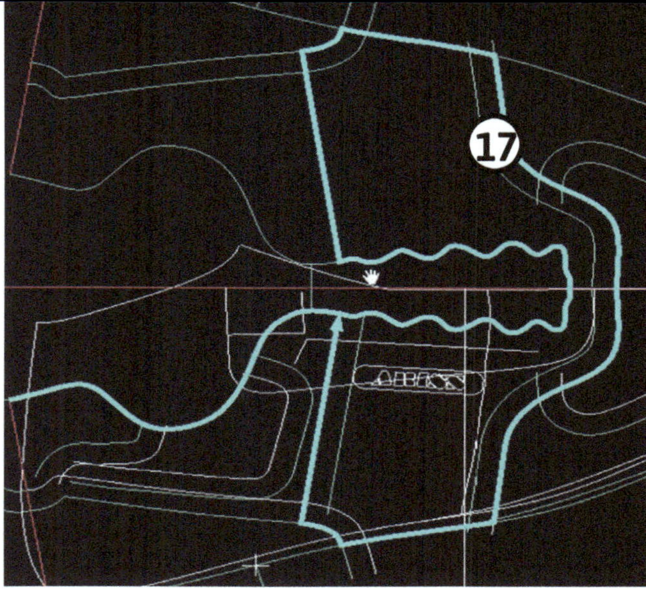

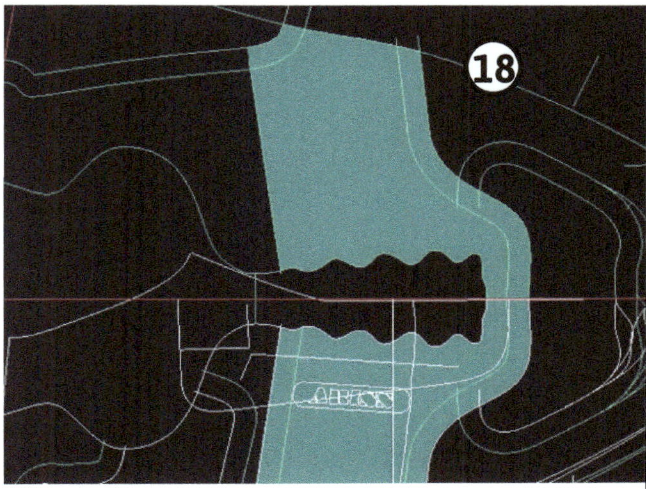

Despiezado

16. Con un dibujo 2D como guía, la siguiente tarea del modelista es *mapear* y crear todas las piezas.

17. Se hace seleccionando las líneas y cerrando la forma para crear una figura cerrada.

18. Se crea la carrillera y se añade al despiece.

19. Todas las partes hechas y en el listado de piezas.

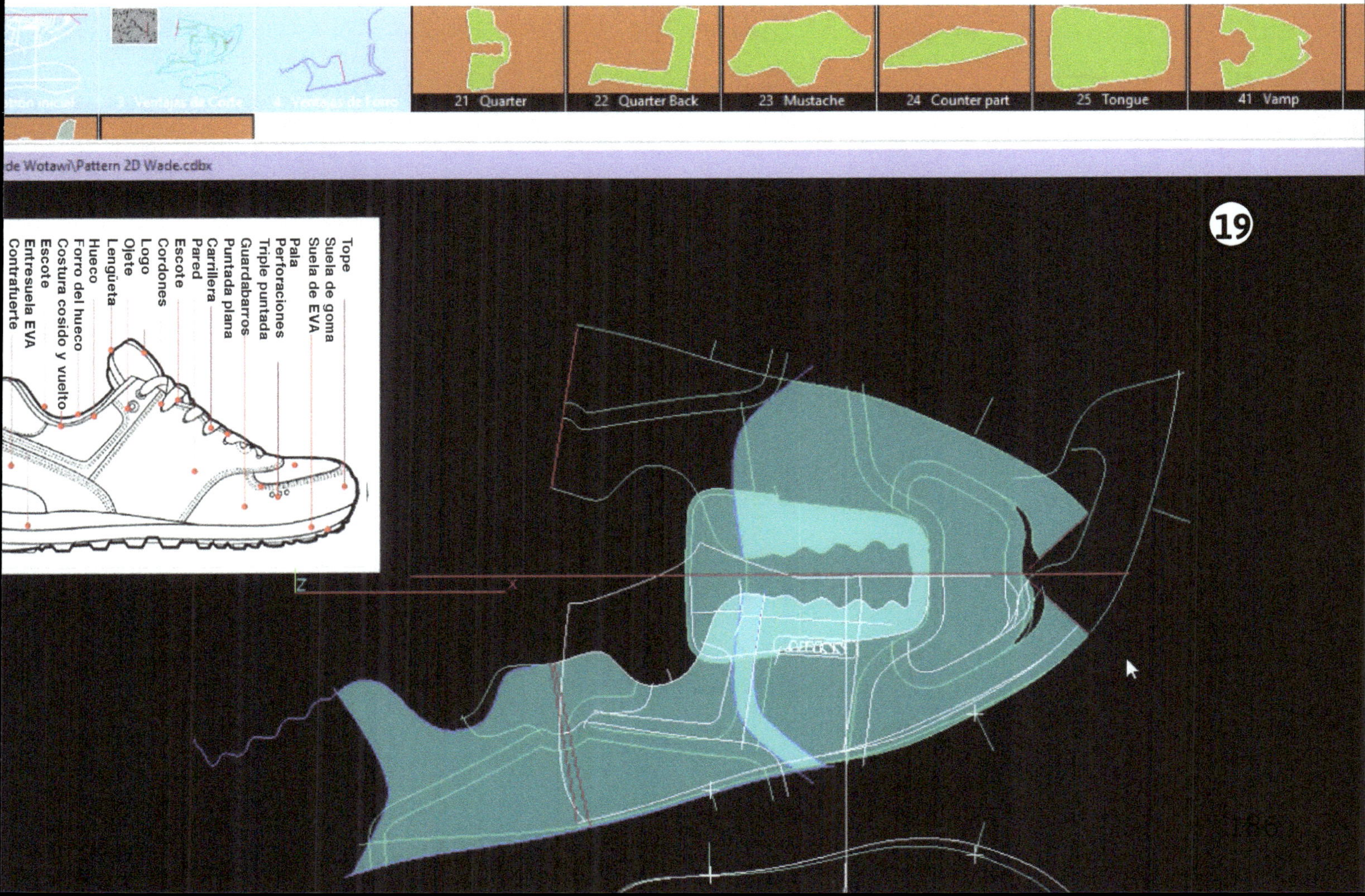

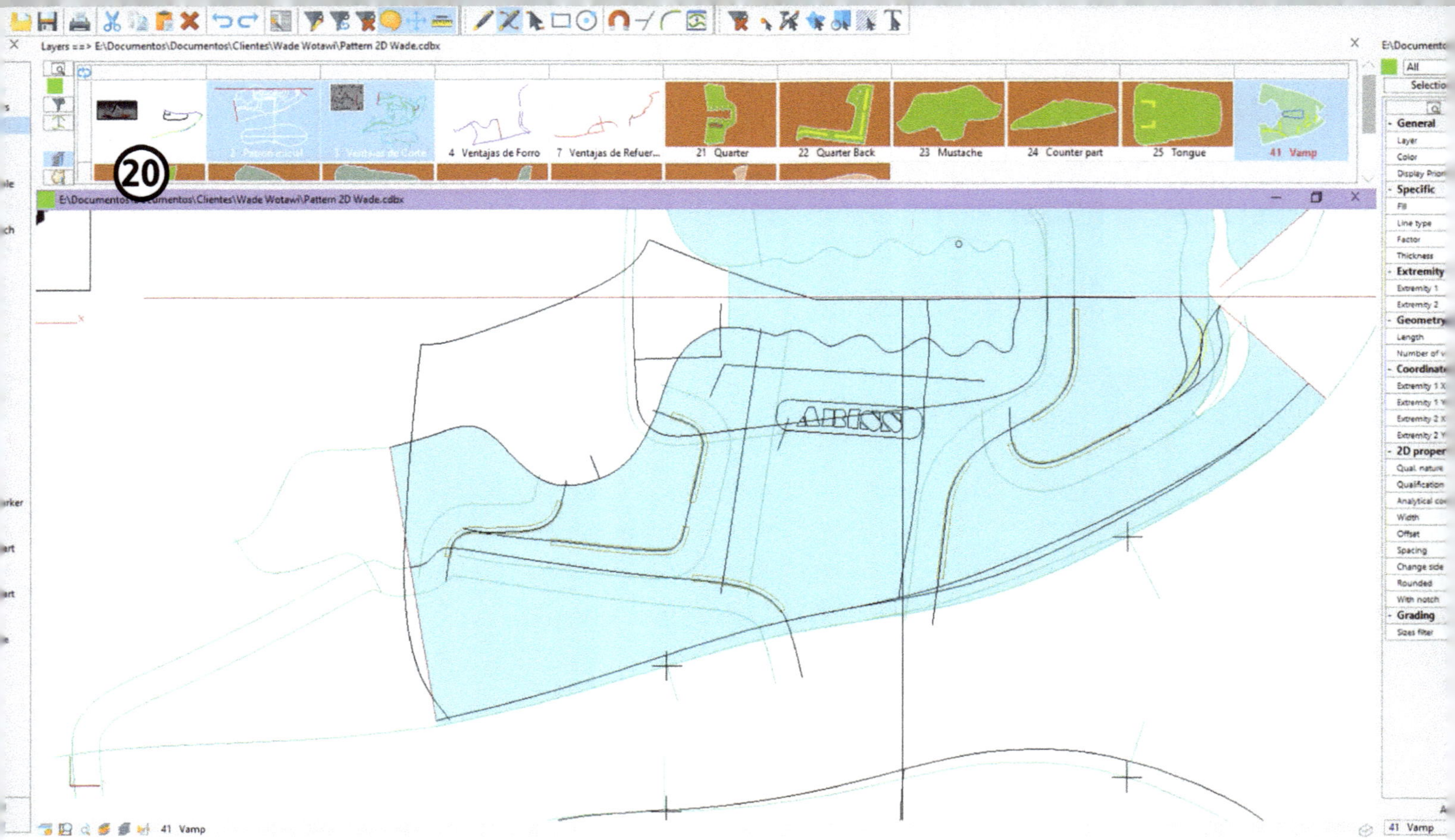

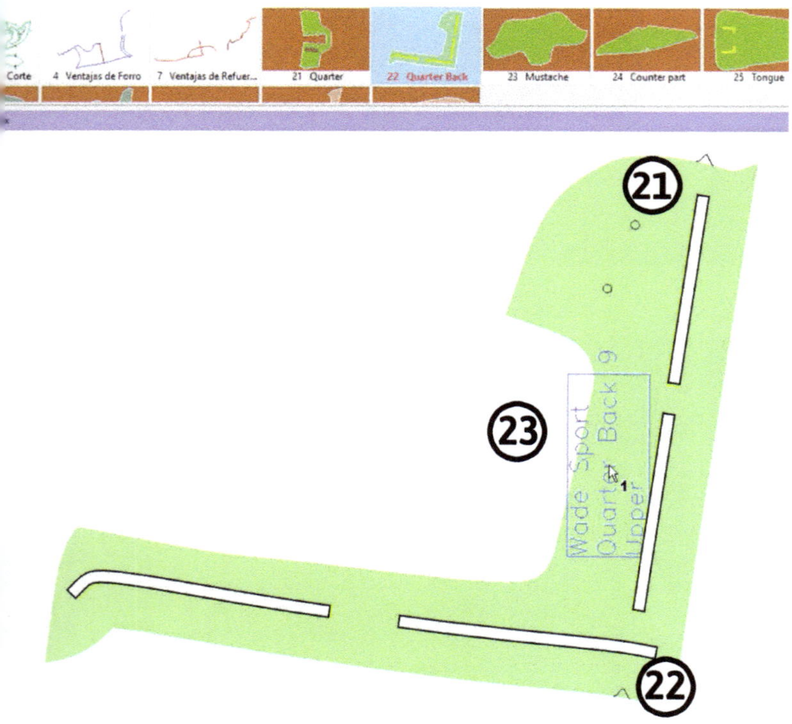

Preparar el patrón para producción

20. Con despiece ya creado, la información se guarda en la base de datos. Durante el proceso de comercialización, el diseñador y desarrollador especifican el material de cada pieza. Con los precios de los materiales y el consumo de la pieza en la misma base de datos, el software puede calcular el coste del material del modelo.

21. Se añaden los calados del figurado para ayudar a los operarios de la sala de muestras. El software los crea automáticamente, ya que el programa conoce la posición de cada pieza y puede crear las aberturas con precisión. Estas marcas no aparecen en el despiece, solo en el patrón de papel.

22. Se crean las marcas de las tallas del patrón y las muescas para alinear las piezas. Estas marcas se trasladan a los troqueles de corte y aparecerán en el producto terminado.

23. Finalmente, el técnico agrega el nombre del zapato, los nombres de las piezas y la marca con la talla. Estos apuntes deben estar impresos en el patrón de papel, pero no aparecerán en las piezas del modelo.

24. El archivo del patrón está completado con todas las piezas montadas y organizadas en su posición. Los datos están listos para ser enviados al *plotter* para su impresión, o a la máquina cortadora de la sala de muestras.

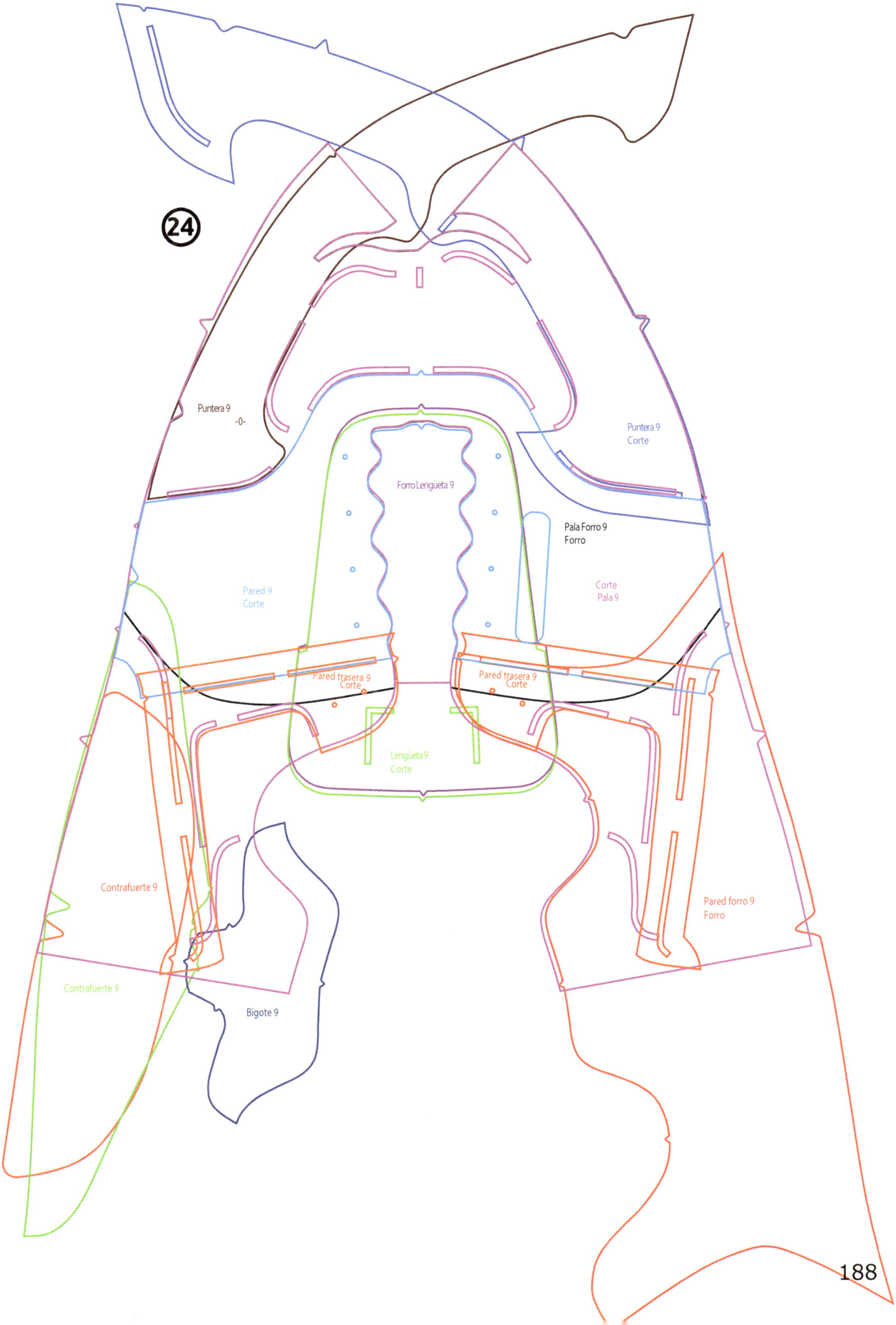
24
Puntera 9
-0-
Puntera 9
Corte
Forro Lengüeta 9
Pala Forro 9
Forro
Pared 9
Corte
Corte
Pala 9
Pared trasera 9
Corte
Pared trasera 9
Corte
Lengüeta 9
Corte
Contrafuerte 9
Pared forro 9
Forro
Contrafuerte 9
Bigote 9

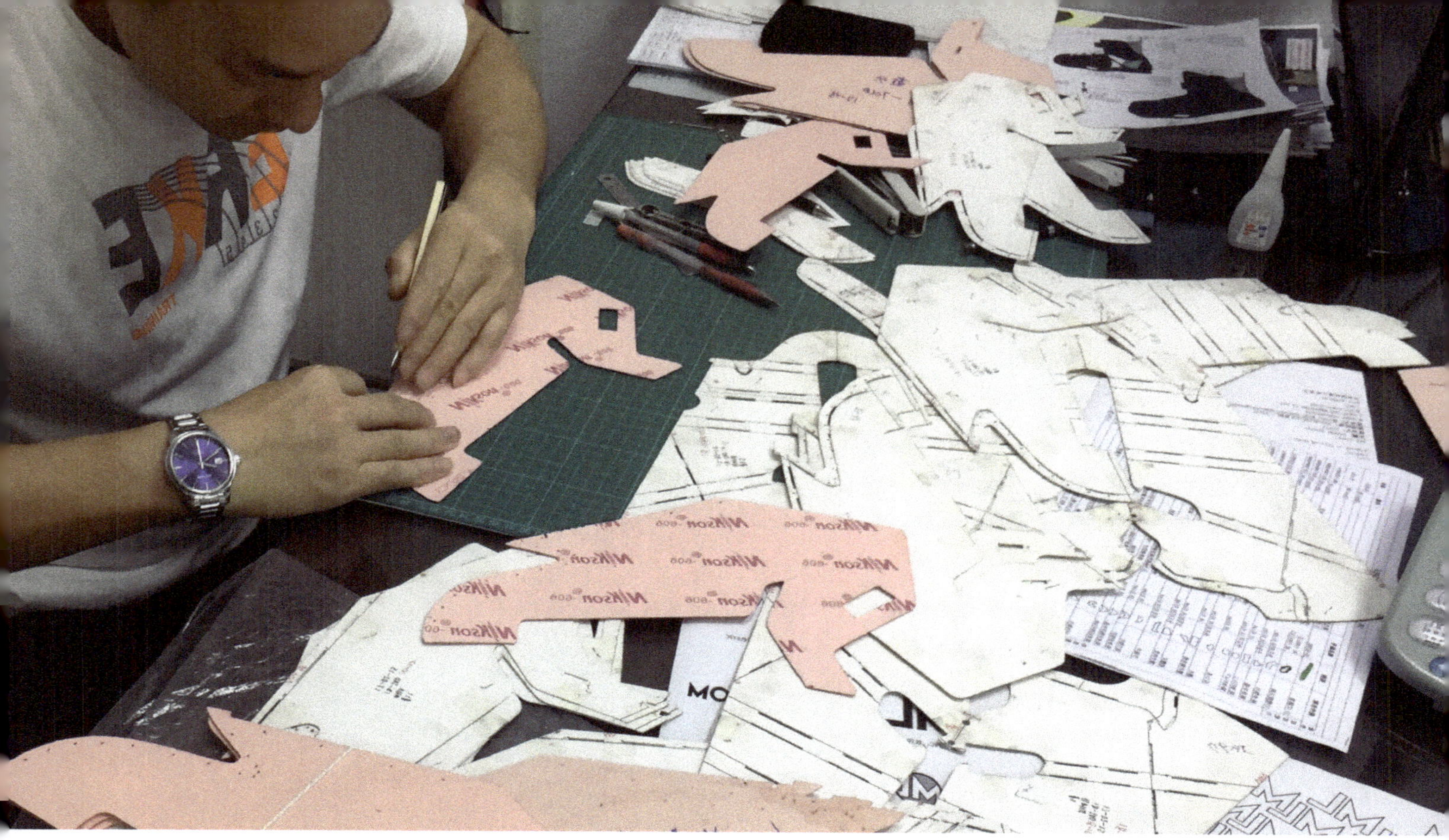

Capítulo 11: escala de tallas

En el proceso de fabricación de calzado, la talla de la muestra siempre debe confirmarse primero. Es posible que los modelos de calce, atletas, diseñadores, modelistas y los jefes de producto deban aprobar el patrón de la muestra física antes de empezar la comercialización. La escala de tallas para un nuevo diseño no se suele pedir hasta que los equipos de ventas hayan recolectado los pedidos. Cuando se aprueba la producción de un nuevo modelo, debe pasar por el proceso de comercialización.

Comercialización

Después de confirmar el patrón, empieza el proceso de comercialización con una reunión donde el patronista y el equipo de producción desglosan y revisan cada componente del modelo en busca de fallos o problemas que dificulten la producción en masa.

Después, el patronista creará las piezas para las demás tallas. El proceso de crear las tallas restantes partiendo de la muestra se llama escala de tallas. Los patrones se ajustan al diseño original teniendo en cuenta los aumentos de las tallas de la horma. Los patrones bien escalados deben reproducir el mismo diseño y ajuste que la muestra aprobada.

Hacer la escala es una tarea complicada que requiere de un técnico capacitado, incluso en la era digital moderna. Un patrón listo para producción, completo y escalado para un modelo deportivo básico puede necesitar más de 200 piezas individuales. Cada pieza del patrón requiere su propio troquel.

Escala de los patrones y la horma

Los patrones de calzado se escalan según las tallas de las hormas. Aunque cada horma tiene sus propias medidas específicas y una forma única, como ya vimos en el capítulo 4, los incrementos de la talla están estandarizados. Para calzado masculino, la longitud de calce cambia 4 mm por cada media talla americana, y 4 mm por talla europea (solo tallas completas). Una horma talla 9 americano mide 276 mm de largo, y la talla 9,5 mide 280 mm de largo.

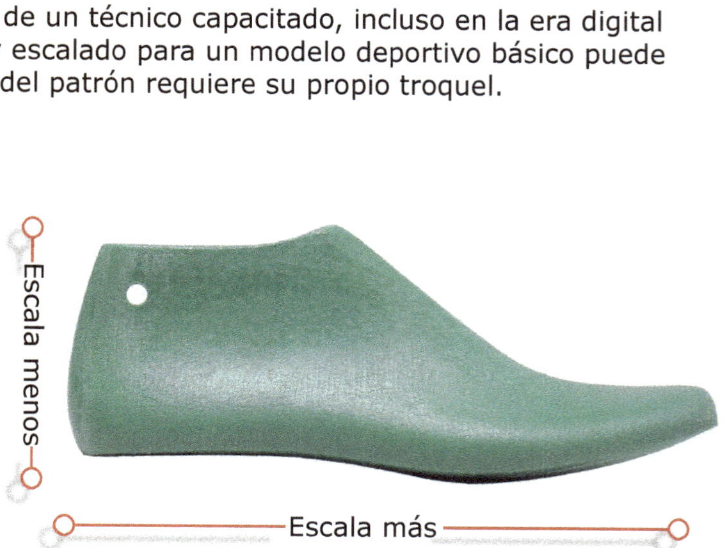

Operaciones de escalado

Una vez que se hace la escala del patrón, se comprueba a mano. Las piezas se cortan del papel para que el modelista las examine y compare las piezas para asegurarse que encajen correctamente y tengan las entres correctas. Los tamaños de los logotipos también se revisan para garantizar que queden proporcionales.

Debe comprobarse la posición y el número de ojetes o pinchazos. Las tallas más grandes pueden necesitar ojetes extra, mientras que las tallas más pequeñas pueden tener menos. Las piezas especiales que estén moldeadas por inyección, o las herramientas para el estampado, pueden compartirse entre las diferentes tallas; no se necesita abrir doce moldes de logotipos para las doce tallas de la escala.

Las otras medidas importantes de la horma también cambian con la talla, pero a ritmos diferentes. Por ejemplo, el perímetro de la bola cambia 3 mm por talla, y el ancho de flancos plantar (medido en el piso o parte inferior de la horma) tiene una medida del 66% del perímetro de la bola. Para una talla 9 americano de caballero, el perímetro de la bola es de 234 mm y el ancho de flancos plantar es de 156 mm. Además, mientras que la longitud del zapato aumenta 4 mm cada media talla, la altura del escote y la altura posterior del cono solo aumenta 1 mm por talla.

Para mantener las proporciones del diseño y el ajuste, cada componente debe adaptarse según la talla, ubicación y par del modelo. El largo de la pala y la lengüeta aumentará según la escala de la horma, mientras que el ancho de las mismas piezas aumentará muy poco, siguiendo los incrementos que se den en los perímetros.

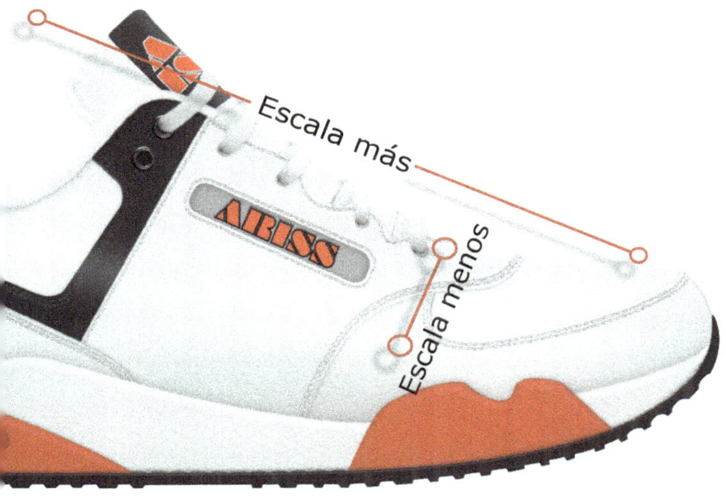

Aprobar la escala

Cuando todo esté revisado y correcto, el modelista o patronista explica a la sala de muestras cómo hacer la escala, creando primero las tallas de los extremos: 6 y 12.

Una vez que estos sean aprobados, la sala de muestras hará el resto de tallas. Los patrones de muestra se revisan para ver las proporciones y cómo ajusta en la suela. Tanto el modelista como el técnico encargado de los moldes se reunirán para comparar el aumento en la pared lateral de la suela según la talla con los patrones. Se utiliza una plantilla o calibrador de papel con el diseño de la pared de la suela junto con el corte correspondiente del modelo.

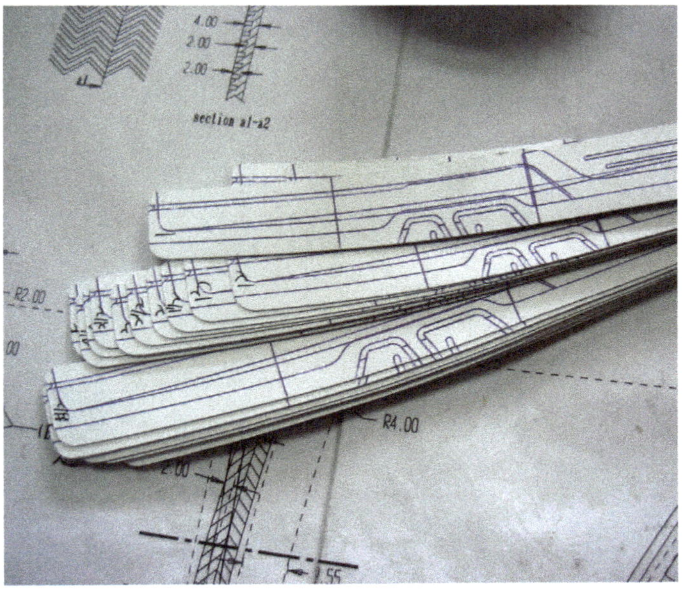

Una vez que se aprueban los patrones, se puede realizar el surtido de tallas completo para probar el ajuste. La fábrica debe esperar a que se confirme el calce de todas las tallas antes de poder fabricar los troqueles.

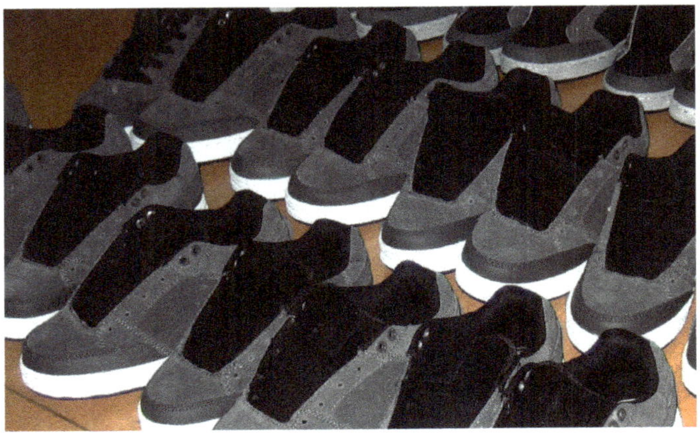

¿Qué piezas no escalan?

No es necesario escalar todas las piezas o zonas que componen el patrón de un modelo. Por ejemplo, no hay que escalar: las sobreposiciones, los vivos, la costura vuelta, el margen de montado, el ancho de las tiras, los ojetes, las fornituras o los logotipos.

Algunos logotipos como el Swoosh™ de Nike™ o las tres rayas de Adidas™, pueden escalarse con dos o tres tamaños compartidos entre diferentes tallas. Las piezas moldeadas casi siempre engloban varias tallas para ahorrar dinero en herramientas.

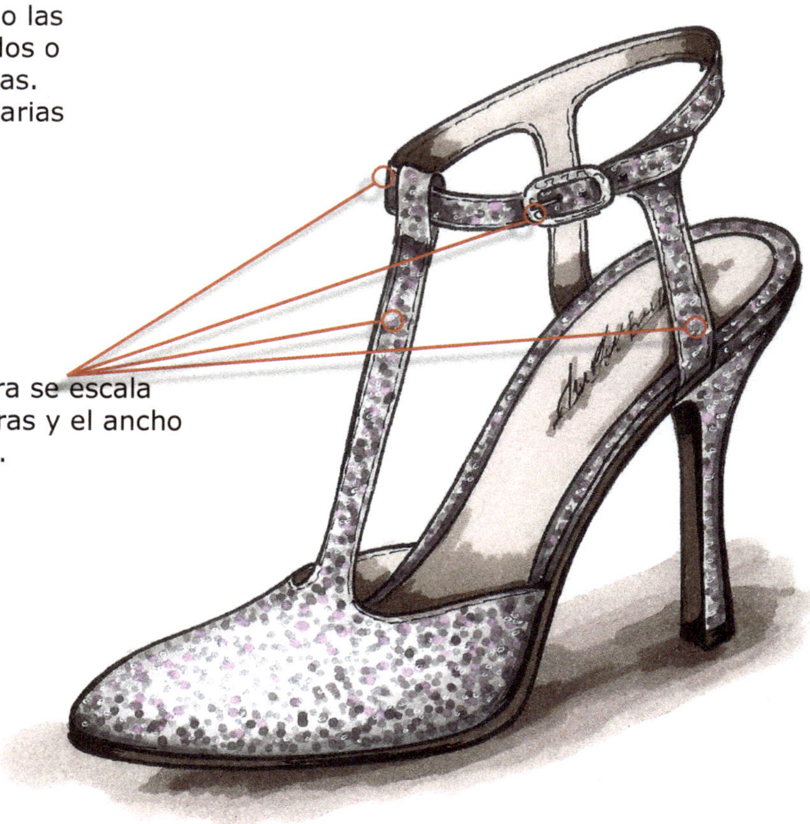

El largo de la tira o pulsera se escala por cada talla, las fornituras y el ancho de la tira no se modifican.

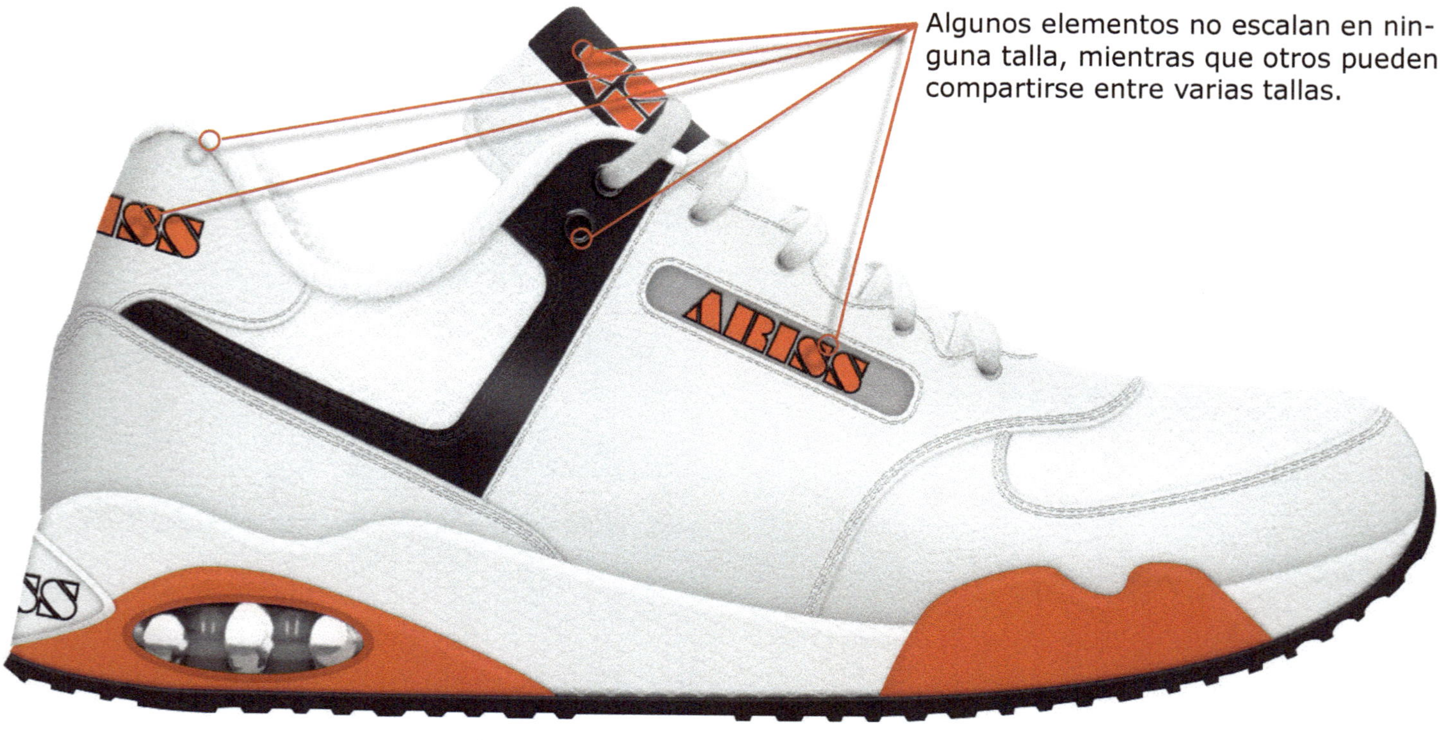

Algunos elementos no escalan en ninguna talla, mientras que otros pueden compartirse entre varias tallas.

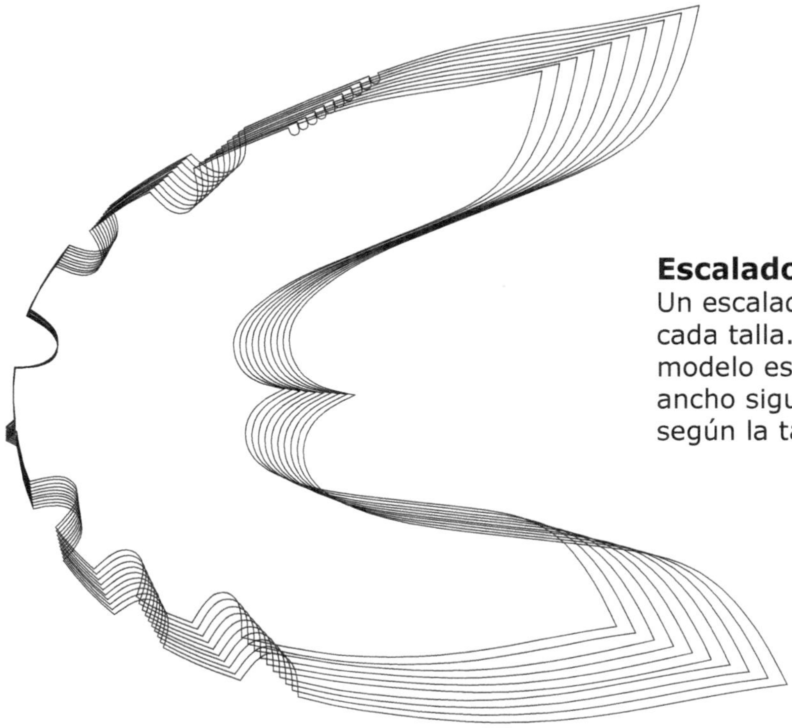

Escalado normal

Un escalado normal crea diferentes piezas para cada talla. Los componentes individuales del modelo están escalados de manera que el largo y ancho siguen las mismas proporciones de la horma según la talla asignada.

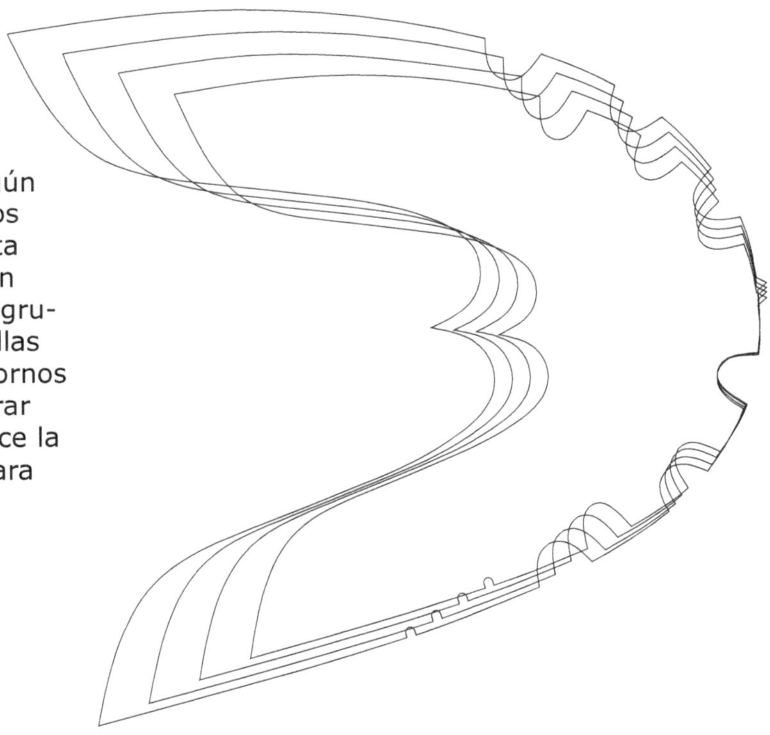

Escalado en grupo

No todas las piezas del patrón se escalan según las proporciones exactas de la horma. Algunos componentes se hacen en grupos. La lengüeta de una zapatilla de *running* suele escalarse en grupo. Las tallas 6 a 8, 9 a 11 y 12 a 14 se agrupan, para que tres patrones cubran nueve tallas completas. Los logotipos moldeados y los adornos bordados casi siempre se agrupan para ahorrar coste en las herramientas. Este método reduce la cantidad de troqueles y moldes necesarios para crear un surtido de tallas completo.

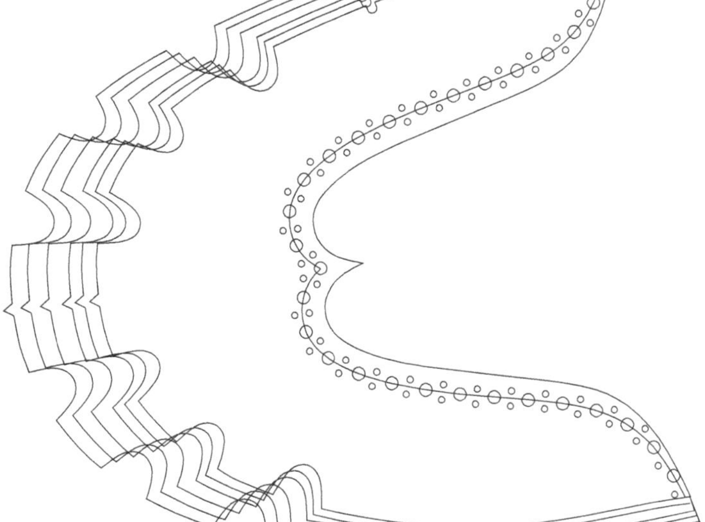

Escalado centrado

El escalado centrado es otra técnica que se utiliza para simplificar las tallas de los patrones. Un zapato pala vega o con picados es un ejemplo de modelo de calzado que se escalaría centrado. La abertura del escote y los picados del diseño están agrupados, por lo que se necesitan menos troqueles de corte.

Técnicas de escalado

Con la llegada de la producción en masa, la necesidad de escalar las tallas transformó la artesanía en un proceso mecánico, y después en un proceso digital.

Escalado manual

El proceso manual es complicado y requiere mucho tiempo. Los zapateros desarrollaron técnicas con incrementos iguales entre las tallas. Este sistema de escalado produjo buenos resultados, siendo un patrón marcado punto por punto como un diagrama, la distancia entre cada punto se ajustaría en 1/8, 1/12 o 1/32 para crear las diferentes tallas.

Escalado mecánico

Las máquinas de escala mecánica o los pantógrafos sustituyeron al escalado manual. Estas máquinas que se introdujeron en la década de 1900, se pueden configurar para copiar, escalar y cortar, y sirviendo a los zapateros hasta bien entrada la era digital.

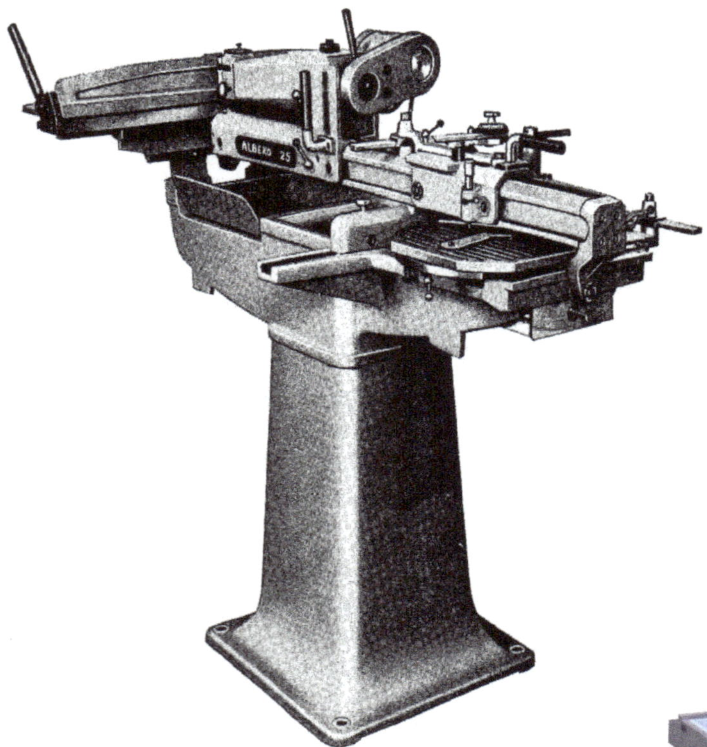

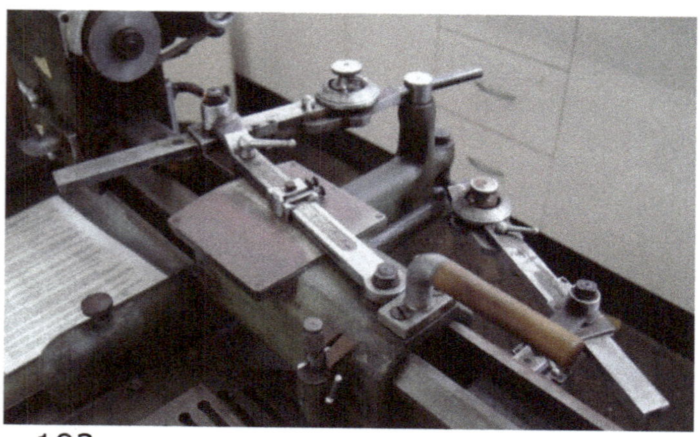

Escalado por ordenador

La forma concreta de hacer la escala de tallas depende del proceso de dibujo del patrón. Si la talla de muestra se creó con un software, la escala consistirá en especificar los puntos fijos que no cambian junto con las medidas de la horma. El programa de ordenador generará los patrones en tan solo unos segundos.

En una fábrica de calzado moderna se utilizan procesos manuales y digitales. La talla intermedia o la muestra se hace primero a mano y posteriormente se digitaliza. A continuación, la computadora se encarga de escalar el patrón de acuerdo con las dimensiones de la horma ya incluidas en el sistema.

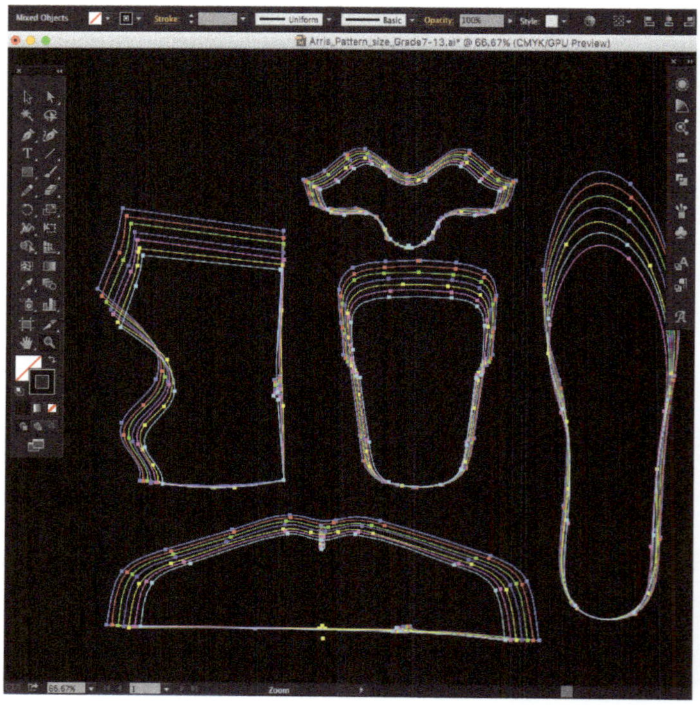

Un *plotter* de corte conectado al sistema informático marca el patrón y corta la cartulina o las láminas de plástico para hacer el patrón.

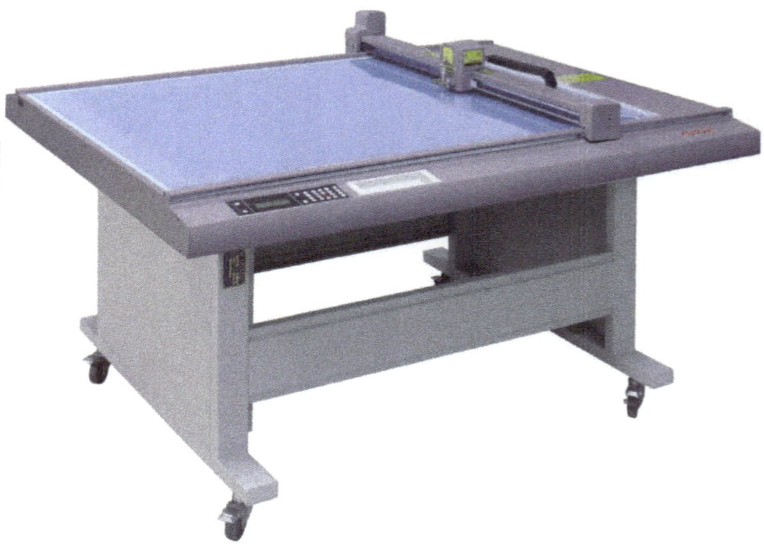

Parámetros de la escala
Hay algunos parámetros de escalado que se deberán especificar. Primero, la escala de la talla de la horma y sus dimensiones. En segundo lugar hay que escoger el tipo de escalado: normal, centrado o en grupo.

Las piezas individuales del zapato están marcadas para que puedan ser separadas. Los puntos de patrón que no escalan también están marcados.

Puntos que no escalan
Entres y margen de costura
Margen de montado
Acabados con vivo
Tamaño de ojetes y pinchazos

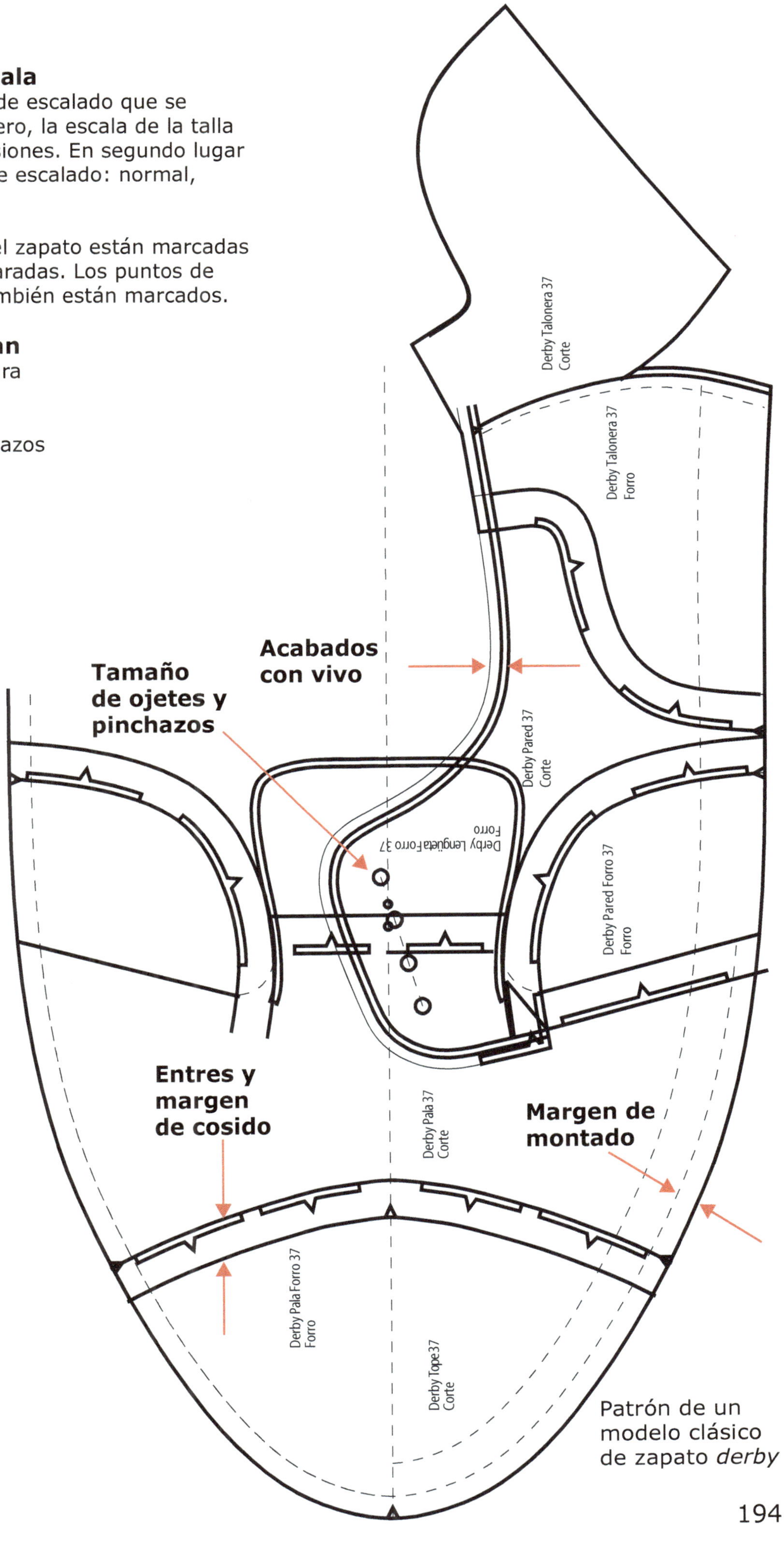

Patrón de un modelo clásico de zapato *derby*

Procesos de escalado por ordenador

Cuando se aprueba el patrón y está listo para hacer la escala, el técnico patronista que trabaje con un software como Romans CAD 2D puede hacer rápidamente la escala de tallas con solo unos pocos comandos.

El operario introduce los datos de escalado en el sistema. Primero, la talla del desarrollo se define para darle al programa un punto de partida desde el cual escalar hacia afuera. El técnico debe especificar la escala y elegir entre escala americana, europea, inglesa, etc. Los otros datos necesarios son los incrementos (talla completa o medias tallas y el rango de tallas), más los anchos necesarios.

Con la información en el programa, el software necesita el centro del escalado marcado; este punto central suele ser el comienzo de la carrillera en calzado deportivo. El paso final se realiza seleccionando las piezas a escalar y habilitando la opción de escalar a todas las tallas.

Así se verían las tallas escaladas juntas:

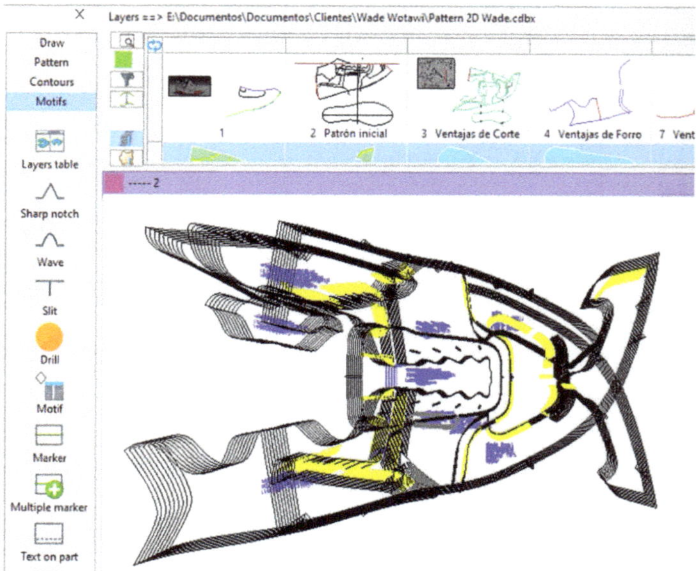

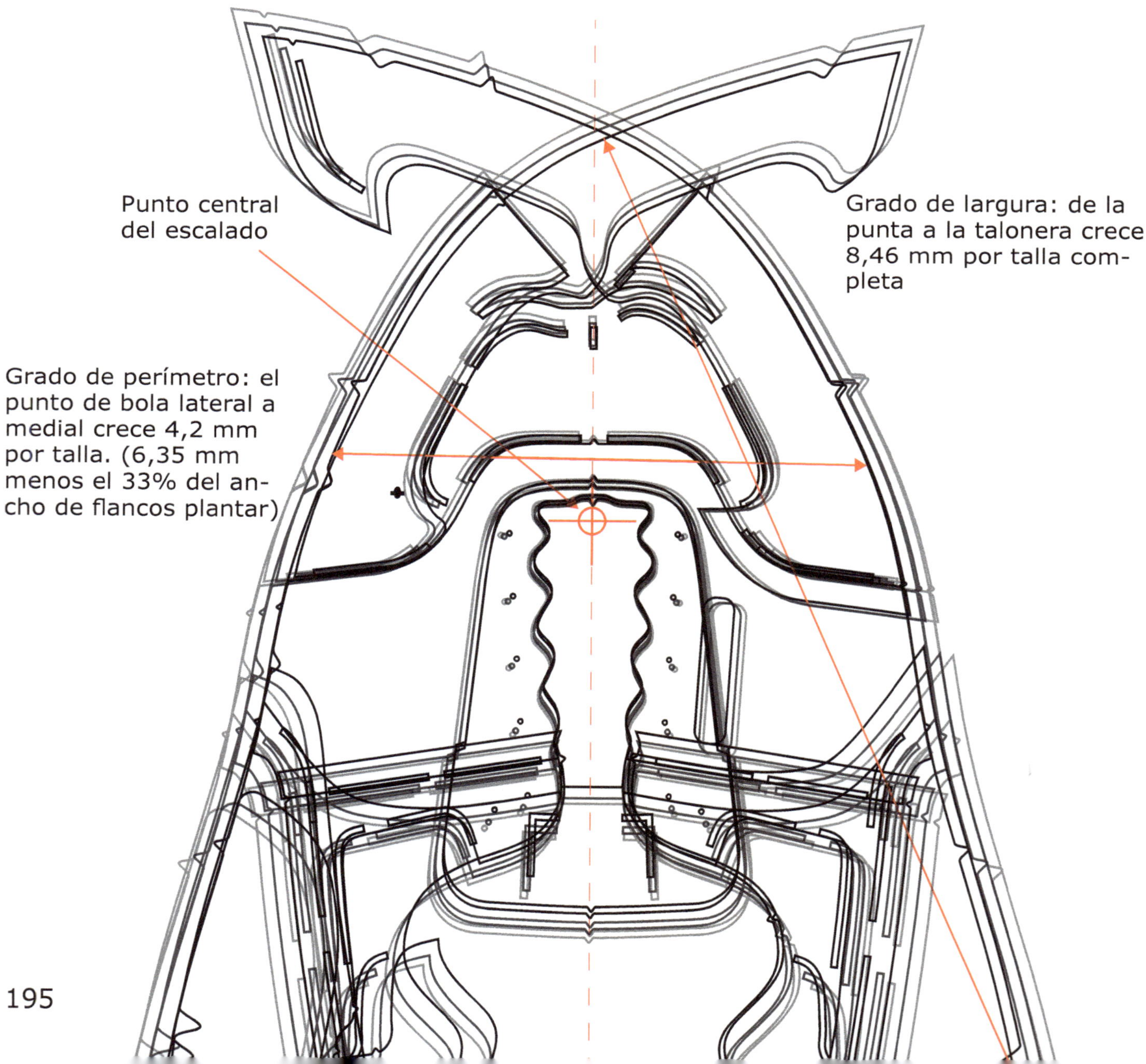

El patrón completo
Aquí están los 117 componentes organizadas por tipo de pieza y talla. Antes de dar la orden de producción, cada una de las 117 piezas necesitará su propio troquel de corte.

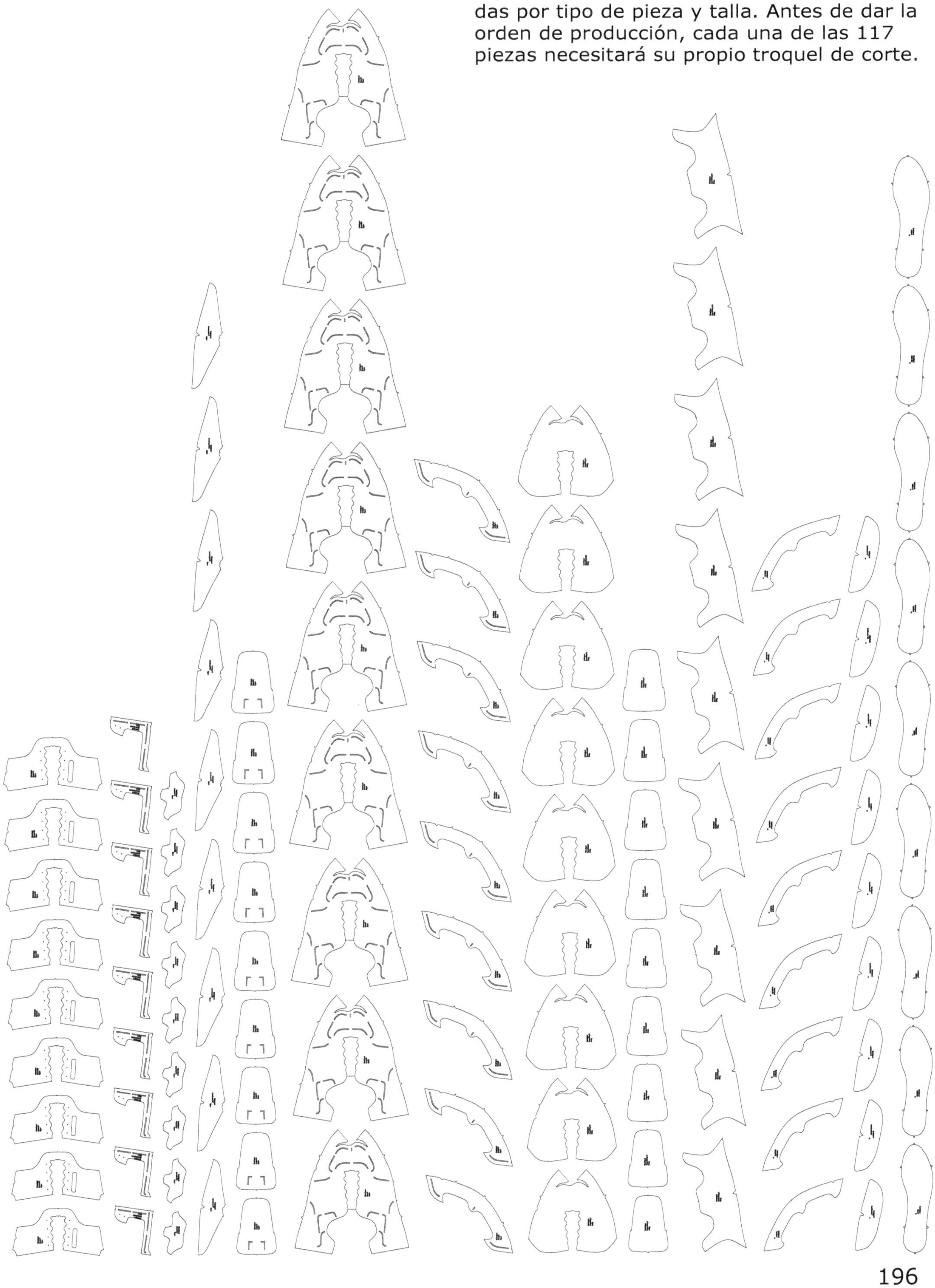

MÁS INFORMACIÓN EN SNEAKERFACTORY.NET

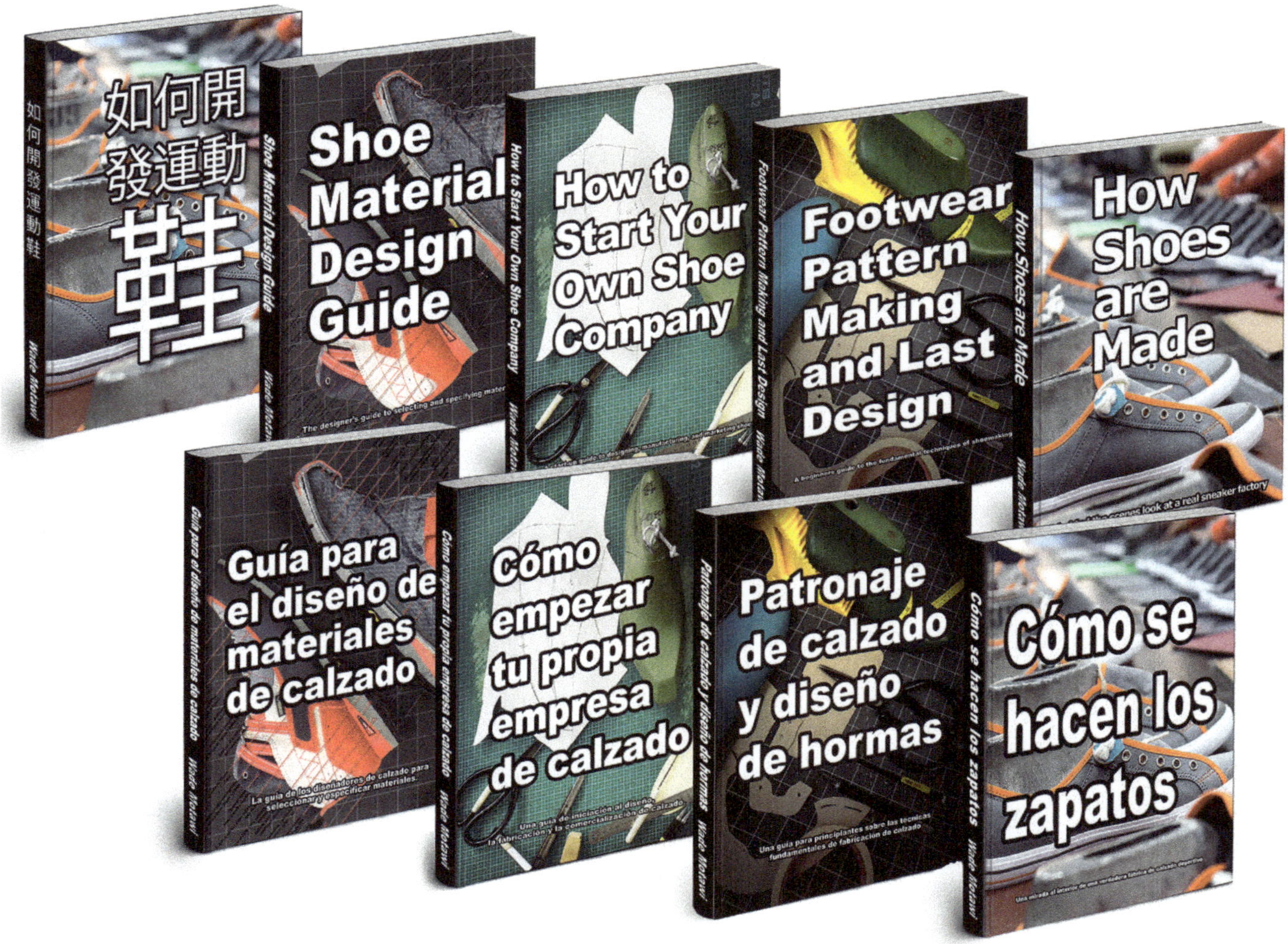

Ya disponible:

How Shoes are Made
Pattern Making And Last Design
How to Start Your Own Shoe Company
Shoe Material Design Guide
Cómo se hacen los zapatos
Cómo empezar tu propia empresa de calzado
Guía para el diseño de materiales de calzado
Patronaje de calzado y diseño de hormas
鞋子是怎样制成的

Próximamente:

How to Design Sneakers
How to Design Women's Shoes

Escríbenos a:
ask_a_shoe_dog@sneakerfactory.net

www.ingramcontent.com/pod-product-compliance
Ingram Content Group UK Ltd.
Pitfield, Milton Keynes, MK11 3LW, UK
UKHW062013041026
15591UKWH00017B/1315

9 781735 883328